普通高等院校土建类专业“十四五”创新规划教材

土的弹塑性力学基础

编著　文畅平　何振华

中国建材工业出版社

图书在版编目（CIP）数据

土的弹塑性力学基础/文畅平，何振华编著．--北京：中国建材工业出版社，2021.9

普通高等院校土建类专业“十四五”创新规划教材

ISBN 978-7-5160-3211-4

Ⅰ.①土…　Ⅱ.①文…②何…　Ⅲ.①土力学—弹性力学—高等学校—教材②土力学—塑性力学—高等学校—教材　Ⅳ.①TU43

中国版本图书馆 CIP 数据核字（2021）第 085097 号

内容简介

本书系统介绍土的弹塑性力学基本概念、基本理论及其本构模型，在内容的介绍与编排上力求由浅入深、简明易懂。全书分为 8 章：张量基本概念、应力分析、应变分析、土体变形的基本特性、弹性力学基本理论、土的弹性本构模型、塑性力学基本理论、土的弹塑性本构模型。本书将经典弹塑性力学基本原理应用于土力学，以反映土的特殊变形本构特性。

本书结合高等土力学、弹塑性力学基本理论，既区别于高等土力学、经典弹塑性力学，又较系统、简明扼要地介绍了土的弹塑性力学基本原理和弹性、弹塑性本构模型。本书可作为高等院校岩土工程及相关学科研究生的教材或教学参考书，也可供高等院校相关专业的教师、科研院所科研人员及土木工程等相关专业的工程技术人员参考。

土的弹塑性力学基础

Tu de Tansuxing Lixue Jichu

编著　文畅平　何振华

出版发行：中国建材工业出版社

地　　址：北京市海淀区三里河路 1 号

邮　　编：100044

经　　销：全国各地新华书店

印　　刷：北京鑫正大印刷有限公司

开　　本：787mm×1092mm　1/16

印　　张：18.75

字　　数：470 千字

版　　次：2021 年 9 月第 1 版

印　　次：2021 年 9 月第 1 次

定　　价：**69.80 元**

本社网址：www.jccbs.com，微信公众号：zgjcgycbs

前　　言

土的弹塑性力学是一门交叉学科，结合了土的特殊变形本构特性和经典弹塑性力学基本理论。本书较为系统地介绍了土的弹塑性力学基本理论及其本构模型，为岩土工程及相关学科的研究生提供一本简明、实用的教材。

本书主要针对岩土工程研究生开设高等土力学、弹塑性力学、张量分析、岩土工程数值模拟等课程教学需要，适应缩减课程教学学时、扩大教学信息量的教学改革而编写。与经典弹塑性力学相比，本书突出土体的特殊变形本构特性的基本概念、基本理论，在理论的叙述方面由浅入深、重点突出，采用通俗易懂的语言阐述严密的弹塑性力学理论。在写作体系上，本书将弹性理论、塑性理论分开；在内容上又将其结合在一起进行编写，使学生对土的特殊变形本构特性、经典弹塑性力学的基本概念、基本理论有更连贯、更深入的认识。与高等土力学教材相比，本书强调土的应力应变分析、土的屈服准则及弹塑性本构模型。全书由8章内容组成，包括张量基本概念、应力分析、应变分析、土体变形的基本特性、弹性力学基本理论、土的弹性本构模型、塑性力学基本理论、土的弹塑性本构模型。全书内容如此划分，不但结构清晰，学习内容也是连续的且各有侧重，保证了理论体系上的完整性。

本书出版前经过中南林业科技大学九届岩土工程学科研究生教学实践，在此基础上笔者又对教学内容进行了修改与充实，此次正式出版，得到了中南林业科技大学研究生院的资助，出版社对本书的出版和质量提高也做了大量工作，在此表示衷心感谢。本书在编写过程中参阅了大量参考资料，在此对这些资料的作者表示诚挚的谢意。

本书可作为高等土力学、弹塑性力学的基础教材，适合高等学校岩土工程及相关学科研究生、科研人员和工程技术人员参考。尽管在过去的教学实践中已经发现和纠正一些错误，但由于作者水平有限，本书内容肯定有不全或不妥当之处，恳请读者或同行提出批评和建议，来电或邮件都可，以便修改完善。作者通信方式：文畅平（中南林业科技大学土木工程学院，邮箱：wenchangping@163. com）；何振华（永州职业技术学院智能制造与建筑工程学院，邮箱：1401010882@qq. com）。

文畅平　何振华
2021年6月

目　　录

1 张量基本概念

矢量、张量符号广泛应用于近代连续介质力学领域。力学中常用的一些物理量，如位移、边界力等是一阶张量，而应力、应变及其增量等是二阶张量。力学中采用张量符号对物理量进行表达，具有数学表达式简洁、物理意义明确等特点。

掌握一定的张量分析的数学基础，有助于更好地了解本构方程的数学推导。本章所介绍的矢量、张量都基于直角笛卡尔坐标系。

1.1 矢　　量

(1) 笛卡尔坐标系

如图1.1所示，三个相互垂直的轴所组成的三维直角坐标系，组成一个笛卡尔坐标系。假定采用右手记法，这三个相互垂直的轴可分别记为 x、y、z 轴，或分别记为 x_1、x_2、x_3 轴，其中 y（x_2）轴和 z（x_3）轴位于图纸平面，x（x_1）轴指向读者。在主应力空间中，该三个坐标轴或分别记为1轴、2轴、3轴。

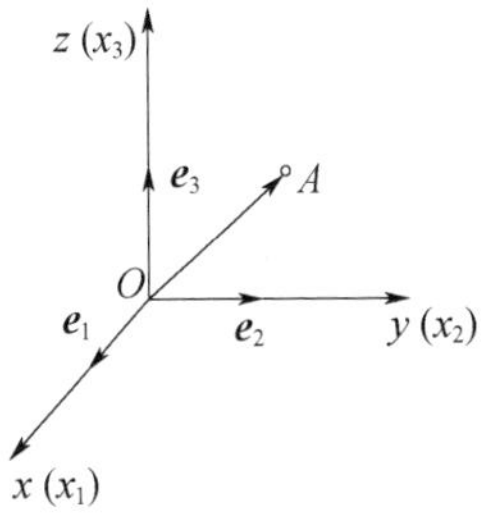

图1.1　笛卡尔坐标系中的矢量

(2) 矢量和标量

矢量是一个既有值的大小又具有方向性的物理量，需要在特定的坐标系中采用若干个独立的物理量进行表达。标量是只有大小而无方向的物理量，不依赖于坐标系。

(3) 单位矢量

图1.1中的 $\boldsymbol{e}_1$、$\boldsymbol{e}_2$、$\boldsymbol{e}_3$ 分别表示沿 x、y、z 轴正方向的单位矢量。例如，$\boldsymbol{e}_1$ 表示为从原点量起的单位长度、沿 x 轴正方向并且垂直 y 轴和 z 轴的单位矢量。

大小为1并且相互垂直的矢量也称为基底矢量，简称为基矢量。$\boldsymbol{e}_i$ 为基底矢量。

(4) 矢量的标记

如图1.1所示，设 A 点为空间中的任一点，通常采用箭头来表示矢量 $\boldsymbol{OA}$，箭头的方向即矢量 $\boldsymbol{OA}$ 的方向，箭头的长度与矢量 $\boldsymbol{OA}$ 的大小成比例。

设 A 点的坐标为 u_1、u_2 和 u_3，矢量 $\boldsymbol{OA}$ 可以表示为 $\boldsymbol{U}$，可以想象为矢量 $\boldsymbol{U}_1$、$\boldsymbol{U}_2$、$\boldsymbol{U}_3$ 的组合，因而可以表示为

$$\boldsymbol{U}=\boldsymbol{U}_1+\boldsymbol{U}_2+\boldsymbol{U}_3 \tag{1.1}$$

矢量的这种表示方式表明，$\boldsymbol{U}_1$、$\boldsymbol{U}_2$、$\boldsymbol{U}_3$ 为 $\boldsymbol{U}$ 的分量。反过来，$\boldsymbol{U}_1$、$\boldsymbol{U}_2$、$\boldsymbol{U}_3$ 将矢量 $\boldsymbol{U}$ 分解为三个分量。

如果进一步简化，矢量 $\boldsymbol{OA}$ 或 $\boldsymbol{U}$ 又可表示为

$$U=(u_1,\ u_2,\ u_3) \tag{1.2}$$

式中，u_1、u_2和u_3为标量值，表示矢量 **OA** 或 **U** 的三个分量值。

式（1.2）中的三个标量u_1、u_2和u_3的排序是至关重要的。矢量 **U** 的标记形式上采用了 A 点的笛卡尔坐标表示。

根据单位矢量 **e**，矢量 **OA** 或 **U** 还可以表示为

$$\boldsymbol{U}=u_1\boldsymbol{e}_1+u_2\boldsymbol{e}_2+u_3\boldsymbol{e}_3 \tag{1.3}$$

在三维空间中，一个矢量有三个分量。在指标记法中，u_i 代表矢量 **U** 的三个分量，也就是说，指标 i 的值从 1 至 3 变化。由于指标可以任意挑选，因而 $u_i=u_j$，即 u_i、u_j 表示同一个矢量。

（5）矢量的值

矢量 **OA** 或 **U** 的值或大小可表示为

$$|\,U\,|=\sqrt{\sum_{i=1}^{3}u_i\boldsymbol{e}_i} \tag{1.4}$$

如果矢量的值为 0，称为零矢量；如果矢量的值为 1，则称为单位矢量。基底矢量为单位矢量。

如果两个矢量大小相等、方向一致，则这两个矢量相同。设两个矢量 **V** 和 **U** 的分量相等，则定义为它们相等，即

$$v_i=u_i \tag{1.5}$$

此时，下标 i 没有特别指明，可以认为它代表了三种可能下标中的任一个。

（6）标量积

标量积也称为点积或内积，两矢量的标量积为一个标量。对于矢量 **V**、**U**，其标量积定义为

$$\boldsymbol{V}\cdot\boldsymbol{U}=|\,v\,|\cdot|\,u\,|\cdot\cos\theta \tag{1.6}$$

式中，$|v|$、$|u|$分别表示两个矢量 **V** 和 **U** 长度的绝对值；θ 表示两个矢量 **V** 和 **U** 在包含它们的平面内的夹角。

对于矢量 **V**、**U** 的标量积，可简单表示为

$$\begin{aligned}\boldsymbol{V}\cdot\boldsymbol{U}&=(v_1\boldsymbol{e}_1+v_2\boldsymbol{e}_2+v_3\boldsymbol{e}_3)(u_1\boldsymbol{e}_1+u_2\boldsymbol{e}_2+u_3\boldsymbol{e}_3)\\&=v_1u_1+v_2u_2+v_3u_3=\sum_{i=1}^{3}v_iu_i\end{aligned} \tag{1.7}$$

矢量与标量的乘积为另一个新的矢量，其值为原矢量乘以标量的绝对值。如果标量为正值，则该新的矢量的方向与原矢量相同；如果标量为负值，则该新的矢量的方向与原矢量相异。

（7）矢量积

矢量积也称为叉积。对于矢量 **V**、**U**，其矢量积定义为

$$\boldsymbol{V}\times\boldsymbol{U}=|V|\cdot|U|\cdot\sin\theta \tag{1.8}$$

两个矢量的矢量积为垂直于两矢量所在平面的一个矢量。

对于矢量 **V**、**U** 的矢量积，表示为 3×3 阶行列式的值，其元素为单位矢量，即

$$\boldsymbol{V}\times\boldsymbol{U}=\begin{vmatrix}e_1 & e_2 & e_3\\ v_1 & v_2 & v_3\\ u_1 & u_2 & u_3\end{vmatrix}$$

$$=\boldsymbol{e}_1(v_2u_3-v_3u_2)+\boldsymbol{e}_2(v_3u_1-v_1u_3)+\boldsymbol{e}_3(v_1u_2-v_2u_1) \tag{1.9}$$

在式（1.9）的行列式中，单位矢量的元素、第一矢量的元素、第二矢量的元素分别构成行列式的第一行、第二行、第三行。

（8）标量场

一个标量由空间中某一点的位置决定。设该点的坐标为(x_1, x_2, x_3)，于是该标量值可以表示为一个函数$f(x_1, x_2, x_3)$。当该函数 f 为常数时，该标量值表示为一个三维空间中的一个面（平面或曲面），则该函数 f 被认为是一个标量场。

（9）梯度

假定一个标量 f 定义在空间中的某个区域，分别对三个坐标 x_1 轴、x_2 轴和 x_3 轴的导数可表示为

$$G_i=\frac{\partial f}{\partial x_i},\ i=1,\ 2,\ 3 \tag{1.10}$$

式中，三个 G_i 为矢量 $\boldsymbol{G}$ 的分量，称为 f 的梯度。

一般情况下，梯度垂直于标量场 f 所示的平面或曲面的表面，它代表最陡的斜度。

（10）矢量场

对于标量 f 的梯度，习惯采用下式表示它们之间的关系：

$$\boldsymbol{G}=\mathrm{grad} f=\nabla f \tag{1.11}$$

式中，符号∇表示为一矢量算子，其分量为$\frac{\partial}{\partial x_1}$、$\frac{\partial}{\partial x_2}$、$\frac{\partial}{\partial x_3}$，即$\nabla=\boldsymbol{e}_1\frac{\partial}{\partial x_1}+\boldsymbol{e}_2\frac{\partial}{\partial x_2}+\boldsymbol{e}_3\frac{\partial}{\partial x_3}$。矢量算子$\nabla$只是一种方便运算的符号，自身无实际意义。

与标量场 $f(x_1, x_2, x_3)$相应的∇f，被认为是矢量场，可表示为

$$\nabla f=\boldsymbol{e}_1\frac{\partial f}{\partial x_1}+\boldsymbol{e}_2\frac{\partial f}{\partial x_2}+\boldsymbol{e}_3\frac{\partial f}{\partial x_3}=\left(\frac{\partial f}{\partial x_1},\ \frac{\partial f}{\partial x_2},\ \frac{\partial f}{\partial x_3}\right) \tag{1.12}$$

需要注意的是，f 为标量，∇f 为矢量，矢量∇f 的方向垂直于标量场 $f(x_1, x_2, x_3)$为常数的曲面。

1.2 张　　量

1.2.1 张量及其阶

（1）张量的定义

将任意一个矢量 $\boldsymbol{U}$ 转换成另外一个矢量 $\boldsymbol{V}$，其转换的线性变换 $\boldsymbol{T}$ 称为张量。也就是说，线性变换 $\boldsymbol{T}$ 作用于矢量 $\boldsymbol{U}$ 而得到另外一个矢量 $\boldsymbol{V}$，即

$$\boldsymbol{V}=\boldsymbol{TU} \tag{1.13}$$

对于$\boldsymbol{U}=\sum_{i=1}^{3}u_i\boldsymbol{e}_i$、$\boldsymbol{V}=\sum_{i=1}^{3}v_i\boldsymbol{e}_i$，线性变换 $\boldsymbol{T}$ 的分量由下式定义，即

$$\begin{Bmatrix}v_1\\v_2\\v_3\end{Bmatrix}=\begin{bmatrix}T_{11}&T_{12}&T_{13}\\T_{21}&T_{22}&T_{23}\\T_{31}&T_{32}&T_{33}\end{bmatrix}\begin{Bmatrix}u_1\\u_2\\u_3\end{Bmatrix} \tag{1.14}$$

式（1.14）可简写为

$$v_i = \sum_{j=1}^{3} T_{ij} \cdot u_j \tag{1.15}$$

式中，T_{ij}（$i=1$，2，3；$j=1$，2，3）称为线性变换 $\boldsymbol{T}$ 的分量，共有 9 个。这时的张量 $\boldsymbol{T}=T_{ij}$ 为二阶三维张量，具有两个独立的指标 i 和 j。

（2）张量的阶

根据上述张量的定义，可以这样来理解张量，即当参考坐标系方向发生变化时，新、旧坐标系中的各个分量之间具有一定的变换关系的物理量。

如图 1.2 所示，需要根据坐标（x，y，z）来确定三维空间中某一点 A 的几何位置。由于 x、y、z 是相互独立的即三个独立量，因此 A 点的几何位置需要由三个独立量进行表达。现在假设 A 点移动到 B 点，其位移量需要三个独立的物理量 u、v、w 才能表达。u、v、w 分别表示该位移量在 x、y、z 方向上的分量。类似这种物理量是由三个独立的量组成的集合，称为矢量或向量，也称为一阶张量。

张量是由 3^n 个分量所组成的集合。也就是说，张量共有 3^n 个分量，其中的 n 称为张量的阶。张量可以有任意阶。例如，$n=0$ 时称为零阶张量，有 $3^0=1$ 个分量；$n=1$ 时称为一阶张量，有 $3^1=3$ 个分量；$n=2$ 时称为二阶张量，有 $3^2=9$ 个分量，依此类推。

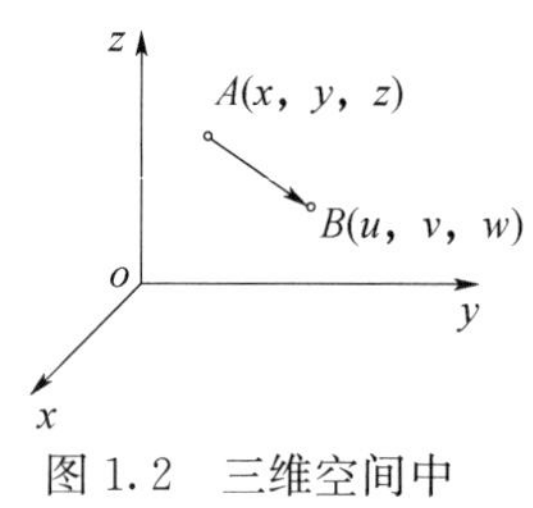

图 1.2　三维空间中一点的几何位置

实际上，零阶张量就是标量，一阶张量即矢量。作用于一点的力可以有三个分量，力是矢量或一阶张量。张量是一个比标量、矢量更为普遍的概念，是标量、矢量概念的推广，而标量、矢量是张量的特例。

1.2.2　张量记法

（1）下标记法

下标也称为足标，字母下标记法是张量的一种最简洁的表示方法。例如，采用下标记法可将某空间中一点的坐标（x，y，z）表示为 x_i（$i=1$，2，3）；某一点至另一点的位移表示为 u_i（$i=1$，2，3）；一点的应力状态即应力张量表示为 σ_{ij}（$i=1$，2，3；$j=1$，2，3）；一点的应变状态即应变张量表示为 ε_{ij}（$i=1$，2，3；$j=1$，2，3）。这种通过将坐标、位移、应力、应变等分别表示为 x_i、u_i、σ_{ij}、ε_{ij}，就显得非常简洁，其中的 i、j 称为字母下标，或称为足标。这种表示张量的记法就称为张量的字母下标记法，或足标记法。如果下标只有一个字母标号，则该张量为一阶张量；如果下标有两个字母标号，就表示为二阶张量。依此类推，n 阶张量的下标字母数为 n 个。

（2）微分记法

在张量的下标中，用一个逗号表示微分。例如，对于偏微分 $\dfrac{\partial u_i}{\partial x_i}$，可简写为 $u_{i,i}$。其中的第一个指标表示张量 $\boldsymbol{u}$ 的分量；“,”表示对第二个指标的偏导数，第二个指标对应于相应的坐标轴。这种表示方法称为张量的微分记法。

例如，$\dfrac{\partial f}{\partial x}$、$\dfrac{\partial f}{\partial y}$、$\dfrac{\partial f}{\partial z}$ 可简写为 $\dfrac{\partial f}{\partial x_i}$（$i=1$，2，3），进一步简化为 $f_{,i}$。写在逗号“,”后面的字母下标 i，表示函数 f 应对 x_i 的相应坐标求导数。又如，$\dfrac{\partial^2 f}{\partial x_i \partial x_j}$（$i$，$j=1$，2，

3）可简写成 $f_{,ij}$。写在逗号“,”后面的字母下标 ij，表示函数 f 应对 x_i、x_j 的相应坐标求导数，可表示$\frac{\partial^2 f}{\partial x^2}$、$\frac{\partial^2 f}{\partial y^2}$、$\frac{\partial^2 f}{\partial z^2}$、$\frac{\partial^2 f}{\partial x\partial y}$、$\frac{\partial^2 f}{\partial y\partial z}$、$\frac{\partial^2 f}{\partial z\partial x}$、$\frac{\partial^2 f}{\partial y\partial x}$、$\frac{\partial^2 f}{\partial z\partial y}$、$\frac{\partial^2 f}{\partial x\partial z}$9个分量中的任何一个。

（3）求和约定

在一个表达式或一个方程式的一项中，如果某一个字母下标同时出现了两次，则该字母下标称为求和指标，或者称为“假足标”，或“哑标”。求和指标表示对该指标进行求和运算，并且省略求和符号“$\sum$”。三维空间一般包含三个分量，因此求和指标表示对该指标分别取 1、2、3 求和，因而称为求和约定，或求和规定。

例如，σ_{ii} 中的字母下标 i，在这个表达式中出现了两次，因此为求和指标或假足标，σ_{ii} 则被视为当 i 分别取 1、2、3 求和，即

$$\sigma_{ii}=\sigma_{11}+\sigma_{22}+\sigma_{33} \tag{1.16}$$

求和指标相当于数学上的求和符号“$\sum$”，因此 σ_{ii} 也可表示为

$$\sigma_{ii}=\sum_{i=1}^{3}\sigma_{ii}=\sigma_{11}+\sigma_{22}+\sigma_{33} \tag{1.17}$$

对于 $\sigma_{ij}\sigma_{ij}$，由于字母下标 i、j 都同时出现了两次，都是求和指标，因此可表示为

$$\sum_{i=1}^{3}\sum_{j=1}^{3}\sigma_{ij}\sigma_{ij}=\sigma_{11}^2+\sigma_{12}^2+\sigma_{13}^2+\sigma_{21}^2+\sigma_{22}^2+\sigma_{23}^2+\sigma_{31}^2+\sigma_{32}^2+\sigma_{33}^2 \tag{1.18}$$

对于 $\sigma_{ij}\sigma_{jk}\sigma_{kl}$，由于字母下标 j、k 都同时出现了两次，都是求和指标，因此 $\sigma_{ij}\sigma_{jk}\sigma_{kl}$ 表示对 j、k 分别取 1、2、3 求和。

对于 $u_{i,i}$，出现了两次的字母下标 i 为求和指标或假足标，$\frac{\partial u_i}{\partial x_i}$则被视为当 i 分别取 1、2、3 求和，即

$$\frac{\partial u_i}{\partial x_i}=u_{i,i}=\frac{\partial u_1}{\partial x_1}+\frac{\partial u_2}{\partial x_2}+\frac{\partial u_3}{\partial x_3} \tag{1.19}$$

对于应力张量 σ_{ij} 对 σ_j 的偏导数 $\sigma_{ij,j}$，可以表示为

$$\frac{\partial \sigma_{ij}}{\partial \sigma_j}=\sigma_{ij,j}=\frac{\partial \sigma_{i1}}{\partial \sigma_{11}}+\frac{\partial \sigma_{i2}}{\partial \sigma_{22}}+\frac{\partial \sigma_{i3}}{\partial \sigma_{33}} \tag{1.20}$$

对于 $\mathrm{d}\sigma_{ij}\mathrm{d}\varepsilon_{ij}$，由于字母下标 i、j 都同时出现了两次，都为求和指标，因而 $\mathrm{d}\sigma_{ij}\mathrm{d}\varepsilon_{ij}$ 表示对 j、k 分别取 1、2、3 求和。因此 $\mathrm{d}\sigma_{ij}\mathrm{d}\varepsilon_{ij}$ 可表示为

$$\begin{aligned}\mathrm{d}\sigma_{ij}\mathrm{d}\varepsilon_{ij}=&\mathrm{d}\sigma_{11}\mathrm{d}\varepsilon_{11}+\mathrm{d}\sigma_{22}\mathrm{d}\varepsilon_{22}+\mathrm{d}\sigma_{33}\mathrm{d}\varepsilon_{33}+\mathrm{d}\sigma_{12}\mathrm{d}\varepsilon_{12}\\&+\mathrm{d}\sigma_{13}\mathrm{d}\varepsilon_{13}+\mathrm{d}\sigma_{23}\mathrm{d}\varepsilon_{23}+\mathrm{d}\sigma_{21}\mathrm{d}\varepsilon_{21}+\mathrm{d}\sigma_{31}\mathrm{d}\varepsilon_{31}+\mathrm{d}\sigma_{32}\mathrm{d}\varepsilon_{32}\end{aligned} \tag{1.21}$$

求和约定首先由爱因斯坦提出，是指标记法的补充。一方面要求指标 i 重复，但不采用求和符号“$\sum$”；另一方面，下标自身可随意选择，采用哪个特别字母并不重要。只有在同一项中出现了两次标记符号，求和约定才有效，像 v_iu_{ii} 是没有特别意义的。

（4）缩并

求和指标与字母下标符号本身无关，例如 σ_{ii}、σ_{jj}、σ_{kk} 都代表三个量的求和。也就是说，张量中一旦出现求和指标，字母下标 ii 可任由其他任意哑标（如 jj 或 kk 等）来替换，而不改变该张量的性质。如果一旦出现哑标，则张量的阶数将下降二阶，这称为“缩并”。例如，a_{ijk} 为三阶张量有 27 个分量，而 a_{ikk} 是一阶张量只有 3 个分量。可以这样认为，张量 a_{ikk} 是张量 a_{ijk} 中的字母下标 k 代替 j 而得到的新的张量。

(5) 自由指标

一个字母下标在一个表达式或一个方程式的一项中只出现了一次，并且在该表达式或该方程式中的两端的每一项中都必须出现一次，这种字母下标称为自由指标。

例如在表达式 $v_i = \sum_{j=1}^{3} T_{ij} \cdot u_j$ 中，字母下标 i 为自由指标，而 j 则为求和指标。

自由指标表示该表达式或该方程式对自由指标分别取 1、2、3 都是成立的。对于应力张量 σ_{ij}，其中的字母下标 i、j 是自由指标，表示字母下标 i、j 分别取 1、2、3 时的九个应力分量。对于 $\sigma_{ij}\sigma_{jk}\sigma_{kl}$，字母下标 i、l 是自由指标，而 j、k 是求和指标。$\sigma_{ij}\sigma_{jk}\sigma_{kl}$ 表示字母下标 i、l 分别取 1、2、3 时的 9 个表达式，其中每一个表达式又是 j、k 分别取 1、2、3 时的九项之和。

通过上述分析可知，一个自由指标与矢量有关；两个自由指标与张量有关。需要注意的是，在一个表达式或方程式中，自由指标的字母符号是不能任意变更的，这一点与求和指标不同。

对于 $a_{11}x_1 + a_{12}x_2 + a_{13}x_3 = b_1$，$a_{21}x_1 + a_{22}x_2 + a_{23}x_3 = b_2$，$a_{31}x_1 + a_{32}x_2 + a_{33}x_3 = b_3$，首先可将其分别缩写为 $a_{1j}x_j = b_1$，$a_{2j}x_j = b_2$，$a_{3j}x_j = b_3$，然后缩写为

$$a_{ij}x_j = b_i \tag{1.22}$$

在第一步缩写中，实际上是假定指标 j 的值从 1～3 变化。从指标 j 重复可知方程式的左边为求和。由于指标字母的选择没有任何限制，所以通常将重复指标作为哑标。第一步得出的三个等式可在最后阶段用自由指标 i 来表示。为了使其一致，须在方程式两边采用同一个指标 i。

对于式 (1.22) 来说，可表示为以下的矩阵形式

$$\begin{bmatrix} a_{11} & a_{12} & a_{13} \\ a_{21} & a_{22} & a_{23} \\ a_{31} & a_{32} & a_{33} \end{bmatrix} \begin{Bmatrix} x_1 \\ x_2 \\ x_3 \end{Bmatrix} = \begin{Bmatrix} b_1 \\ b_2 \\ b_3 \end{Bmatrix} \tag{1.23}$$

式中，a_{ij} 是一个矩阵，x_j、b_i 是矢量，矩阵 a_{ij} 自身只是三个矢量 a_{i1}、a_{i2}、a_{i3} 的集合。

通过上述分析可知，一个自由指标与矢量有关；两个自由指标与张量有关。

对于方程式 $\sigma_{ij,j} + f_i = 0$，字母下标 i 为自由指标，可以从 1 取到 3。j 为求和指标。该方程式代表了 3 个方程，即

$$\begin{aligned} \frac{\partial \sigma_{11}}{\partial x_1} + \frac{\partial \sigma_{12}}{\partial x_2} + \frac{\partial \sigma_{13}}{\partial x_3} + f_1 = 0 \\ \frac{\partial \sigma_{21}}{\partial x_1} + \frac{\partial \sigma_{22}}{\partial x_2} + \frac{\partial \sigma_{23}}{\partial x_3} + f_2 = 0 \\ \frac{\partial \sigma_{31}}{\partial x_1} + \frac{\partial \sigma_{32}}{\partial x_2} + \frac{\partial \sigma_{33}}{\partial x_3} + f_3 = 0 \end{aligned} \tag{1.24}$$

通过上述分析可知，如果某个表达式或方程式中有一个自由指标，则该表达式代表了三个表达式，该方程则代表了三个方程式。如果某个表达式或方程式中有两个自由指标，则该表达式代表了九个表达式，该方程则代表了九个方程式。

(6) 张量下标记法的判断规则

对于张量下标记法，有以下三条规则：①在一个表达式或方程式中的一项，同一个字母

下标只出现一次的称为自由指标。自由指标在表达式或方程式每一项中只能出现一次；②在一个表达式或方程式中的一项，同一个字母下标正好出现两次，为求和指标，表示从 1～3 求和。求和指标在其他任何项中可以刚好出现两次，也可以不出现；③在一个表达式或方程式的同一项中，同一个字母下标出现的次数不能多于两次，否则是错误的。

例如，$\sigma_{ij}\sigma_{ij}$ 不能写成 $\sigma_{ii}\sigma_{jj}$，更不能写成 $\sigma_{ii}\sigma_{ii}$。对于 $\sigma_{ij}\sigma_{jk}\sigma_{kl}$，不能写成 $\sigma_{ij}\sigma_{ij}\sigma_{ij}$。对于 $\frac{\partial f}{\partial \sigma_{ij}}\frac{\partial f}{\partial \sigma_{mn}}\mathrm{d}\sigma_{mn}$，不能写成 $\frac{\partial f}{\partial \sigma_{ij}}\frac{\partial f}{\partial \sigma_{ij}}\mathrm{d}\sigma_{ij}$。因为这种写法改变了自由指标、求和指标的意义，并且也可能毫无意义。

需要注意的是，张量的下标记法中的字母符号，与常用的下标字母的含义是不同的。例如，对于表达式 $\frac{\partial f}{\partial \sigma_{ij}}=\frac{\partial f}{\partial \sigma_{m}}\frac{\partial \sigma_{m}}{\partial \sigma_{ij}}+\frac{\partial f}{\partial \tau_{m}}\frac{\partial \tau_{m}}{\partial \sigma_{ij}}+\frac{\partial f}{\partial \theta_{\sigma}}\frac{\partial \theta_{\sigma}}{\partial \sigma_{ij}}$，式中的字母下标 i、j 表示张量的下标记法，是自由指标。而 σ_{m}、τ_{m} 则表示平均正应力、平均剪应力，其中的字母下标“m”表示的是“平均”的概念，而非张量的字母下标。

1.2.3 张量运算及特性

（1）Kronecker Delta 符号 δ_{ij}

δ_{ij} 可看作一个单位矩阵的缩写形式，即

$$\delta_{ij}=\begin{vmatrix}1 & 0 & 0\\0 & 1 & 0\\0 & 0 & 1\end{vmatrix} \tag{1.25}$$

当 $i=j$ 时，δ_{ij} 的分量为 1，即 $\delta_{11}=\delta_{22}=\delta_{33}=1$；当 $i\neq j$ 时，δ_{ij} 的分量为 0，即 $\delta_{12}=\delta_{13}=\delta_{21}=\delta_{23}=\delta_{31}=\delta_{32}=0$。可表示为

$$\delta_{ij}=\begin{cases}1 & i=j\\0 & i\neq j\end{cases} \tag{1.26}$$

由于 $\delta_{ij}=\delta_{ji}$，所以 δ_{ij} 的矩阵是对称的。由行列式或求和约定都可得到 $\delta_{jj}=\delta_{11}+\delta_{22}+\delta_{33}=3$。

δ_{ij} 可作为一个算子或作为一个函数来使用。例如，根据求和约定，$\delta_{ij}v_{j}$ 可得到矢量的展开式：$\delta_{i1}v_{1}+\delta_{i2}v_{2}+\delta_{i3}v_{3}$，或 v_{i}。当将 1、2、3 赋值给 i 时，得到的分量分别为 v_{1}，v_{2}，v_{3}，所以 $\delta_{ij}v_{j}=v_{i}$。也就是说，将 δ_{ij} 应用于 v_{j}，只是将 v_{j} 中的下标 j 置换成 i，因此符号 δ_{ij} 通常也称为置换算子。又如 $\delta_{ij}\delta_{jk}=\delta_{ik}$，$\delta_{ij}\delta_{jk}\delta_{km}=\delta_{im}$，$a_{ij}=a_{ik}\delta_{kj}$ 等。

再如，根据求和约定，$\delta_{ij}\delta_{ji}$ 表示一个标量和，应用置换算子的概念，$\delta_{ij}\delta_{ji}=\delta_{ii}=\delta_{11}+\delta_{22}+\delta_{33}=3$。同样，$\delta_{ij}a_{ji}=a_{ii}=a_{11}+a_{22}+a_{33}$。此外还有 $a_{ij}\delta_{ij}=a_{ij}\delta_{ji}=a_{ii}$，$e_{i}\cdot e_{j}=\delta_{ij}$ 等。

（2）张量的加减、乘积

张量的加、减法只能在同阶的张量中进行。两个同阶张量的和或差仍然是一个同阶的张量，该新的张量是原两个张量相应分量的相加或相减。例如，两个二阶张量 a_{ij}，b_{ij} 相加，得到的九个分量 c_{ij} 仍然为一个二阶张量，定义为 $c_{ij}=a_{ij}+b_{ij}$。

不同阶的张量可以做乘法运算。对于一个 m 阶张量与一个 n 阶张量，其乘积为一个 $m+n$ 阶的张量。也就是说，张量的乘积构成一个新的张量，该新张量的阶数是原张量的阶数之和。例如，a_{i} 为一阶张量，b_{ij} 为二阶张量，其乘积表示为 $a_{i}b_{jk}=c_{ijk}$。新的张量 c_{ijk} 为一个三阶张量。特别地，一个张量与一个标量的乘积构成一个同阶的张量。例如，张量 a_{ij} 与

标量α的乘积为一个新的同阶的张量b_{ij}，即$b_{ij}=\alpha a_{ij}$。

(3) 张量的内积

对于一个m阶张量$\boldsymbol{A}$与一个n阶张量$\boldsymbol{B}$，从这两个张量中各取出一个下标，约定求和一次后成为一个$m+n-2$阶的新的张量，该张量称为张量$\boldsymbol{A}$与张量$\boldsymbol{B}$的内积，表示为$\boldsymbol{A}\cdot\boldsymbol{B}$。例如，对于两个一阶张量$a_i$、$b_i$，其内积为$a_i\cdot b_i$，该内积为一个零阶张量即标量。对于一个一阶张量$a_i$和一个二阶张量$b_{ij}$，其内积表示为$a_i\cdot b_{jk}$，该内积为一阶张量。对于两个二阶张量$a_{ij}$、$b_{ij}$，其内积表示为$a_{ik}\cdot b_{kj}$，该内积为二阶张量。

对于两个一阶张量$\boldsymbol{A}$与$\boldsymbol{B}$，其内积运算还可表示为

$$\boldsymbol{A}\cdot\boldsymbol{B}=|\boldsymbol{A}|\cdot|\boldsymbol{B}|\cdot\cos(\boldsymbol{A},\boldsymbol{B}) \tag{1.27}$$

式中，$|\boldsymbol{A}|$、$|\boldsymbol{B}|$分别表示张量$\boldsymbol{A}$、$\boldsymbol{B}$的模；$(\boldsymbol{A},\boldsymbol{B})$表示张量$\boldsymbol{A}$、$\boldsymbol{B}$的夹角。

如图1.3所示，在三维空间xyz中，$\boldsymbol{F}$表示一作用力$\boldsymbol{F}$$(F_1, F_2, F_3)$或矢量，$\boldsymbol{S}$表示某方向，方向余弦为$(l, m, n)$，并且$|\boldsymbol{S}|=1$，则有

$$\boldsymbol{F}\cdot\boldsymbol{S}=F_1 l+F_2 m+F_3 n=|\boldsymbol{F}|\cdot\cos(\boldsymbol{F},\boldsymbol{S}) \tag{1.28}$$

根据上式可知，$\boldsymbol{F}\cdot\boldsymbol{S}$是力或矢量$\boldsymbol{F}$在方向$\boldsymbol{S}$上的投影。

图1.3　三维空间中的力或矢量$\boldsymbol{F}$

(4) 张量的特征值

对于某任意张量$\boldsymbol{T}$，如果存在一个单位矢量$\boldsymbol{e}$，使得

$$\boldsymbol{T}\cdot\boldsymbol{e}=\lambda\cdot\boldsymbol{e}\text{，或表示为 } T_{ij}\cdot e_j=\lambda\cdot e_i \tag{1.29}$$

则λ称为张量$\boldsymbol{T}$的一个特征值，或称为固有值。与特征值λ相应的单位矢量$\boldsymbol{e}$则称为特征向量、特征矢量或主方向矢量。

根据矢量的变换规则可得到

$$(T_{ij}-\lambda\delta_{ij})\cdot e_j=0 \tag{1.30}$$

对于$\boldsymbol{e}$有非零解的充要条件是，行列式必须满足以下条件

$$|T_{ij}-\lambda\delta_{ij}|=0 \tag{1.31}$$

该式称为张量$\boldsymbol{T}$的特征方程。

根据线性代数理论，相应于两个不同的特征值λ_1、λ_2 $(\lambda_1\neq\lambda_2)$的特征矢量$\boldsymbol{e}_1$、$\boldsymbol{e}_2$正交，即

$$\boldsymbol{e}_1\cdot\boldsymbol{e}_2=0 \tag{1.32}$$

式中，$\boldsymbol{T}\cdot\boldsymbol{e}_1=\lambda_1\cdot\boldsymbol{e}_1$，$\boldsymbol{T}\cdot\boldsymbol{e}_2=\lambda_2\cdot\boldsymbol{e}_2$。

对于相似张量，其特征值是完全相同的。

(5) 张量的不变量

将张量的特征方程式(1.31)展开后可得到

$$\lambda^3-I_1\lambda^2+I_2\lambda-I_3=0 \tag{1.33}$$

式中

$$\begin{aligned}
I_1&=T_{ii}=T_{11}+T_{22}+T_{33}\\
I_2&=T_{11}T_{22}+T_{22}T_{33}+T_{33}T_{11}-T_{12}T_{21}-T_{23}T_{32}-T_{31}T_{13}\\
I_3&=\begin{vmatrix}T_{11}&T_{12}&T_{13}\\T_{21}&T_{22}&T_{23}\\T_{31}&T_{32}&T_{33}\end{vmatrix}
\end{aligned} \tag{1.34}$$

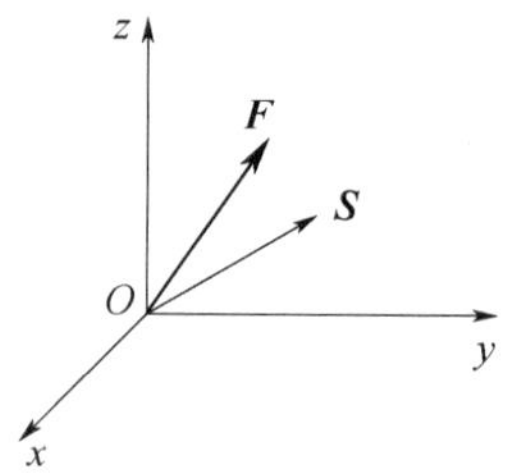

相似张量特征值相同，亦即与坐标系无关，因此张量 $\boldsymbol{T}$ 的特征方程的解是唯一的。因此，I_1、I_2、I_3 是不变量，与张量所依存的基矢量是无关的。

特别地，在主方向上的 I_1、I_2、I_3 可表示为

$$
\begin{aligned}
I_1 &= T_1 + T_2 + T_3 \\
I_2 &= T_1 T_2 + T_2 T_3 + T_3 T_1 \\
I_3 &= T_1 T_2 T_3
\end{aligned}
\tag{1.35}
$$

该式中的 T_1、T_2、T_3 为上述特征方程式（1.33）的三个解，与之相对应的三个特征矢量为 $\boldsymbol{e}_1$、$\boldsymbol{e}_2$、$\boldsymbol{e}_3$。即：$\boldsymbol{T} \cdot \boldsymbol{e}_i = \lambda_i \cdot \boldsymbol{e}_i$，该式不对 i 取总和。

1.2.4 坐标变换

矢量的线性变换定义为张量，张量的分量与所选取的坐标系有关。张量依赖于坐标系而存在，标量则与坐标系无关。当坐标系改变时，张量在新、旧坐标系中的各分量之间存在着一定的关系，而新、旧坐标系之间也存在着一定的关系。

假设 x_i、x'_i 为共原点的两个笛卡尔坐标系的轴，如图 1.4 所示。$Ox_1x_2x_3$ 为旧坐标系，$Ox'_1x'_2x'_3$ 为旋转原坐标轴后所得到的新坐标系。假设一矢量 $\mathbf{V}$ 在两个坐标系中的分量分别为 v_i、v'_i。由于矢量为同一个，所以可采用 x'_i 轴与 x_i 轴的正向夹角的余弦将其分量联系起来。

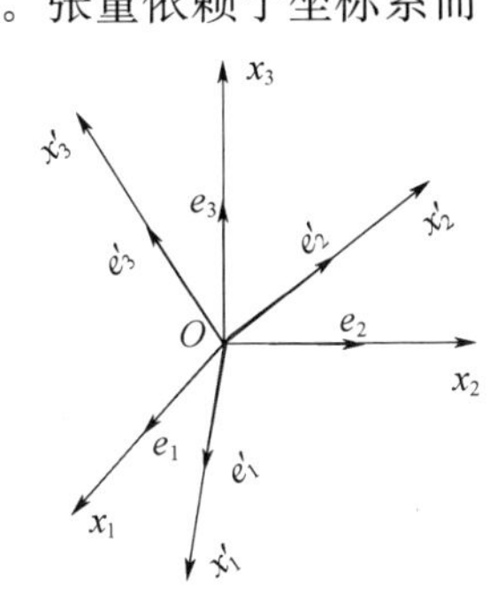

图 1.4 坐标变换

（1）方向余弦 l_{ij}

设 l_{ij} 表示 $\cos(x'_i, x_i)$，即 x'_i 轴与 x_i 轴的正向夹角的余弦，i、j 从 1 至 3 变化。

这些余弦值 $\cos(x'_i, x_i)$ 如表 1.1 所示。

表 1.1 方向余弦 l_{ij}

新坐标轴	原坐标轴		
	x_1	x_2	x_3
x'_1	l_{11}	l_{12}	l_{13}
x'_2	l_{21}	l_{22}	l_{23}
x'_3	l_{31}	l_{32}	l_{33}

采用张量下标记法，新、旧坐标系之间的关系可表示为

$$
x'_i = l_{ij} x_j,\quad x_i = l_{ji} x'_j,\quad l_{ij} = \frac{\partial x'_i}{\partial x_j} = \frac{\partial x_j}{\partial x'_i}
\tag{1.36}
$$

需要注意的是，l_{ij} 是矩阵，其元素是不对称的，即 $l_{ij} \neq l_{ji}$。例如，l_{12} 是 x'_1 轴与 x_2 轴夹角的余弦，而 l_{21} 是 x'_2 轴与 x_1 轴夹角的余弦。假定这种夹角是从旧坐标系到新坐标系量测的角度。

（2）正交性

对于新、旧坐标系，其方向应满足正交关系，即

$$
l_{ik} \cdot l_{jk} = \delta_{ij}
\tag{1.37}
$$

将该式展开可得到

当 $i=j$ 时，$l_{i1}^2+l_{i2}^2+l_{i3}^2=1$；当 $i\neq j$ 时，$l_{i1}\cdot l_{j1}+l_{i2}\cdot l_{j2}+l_{i3}\cdot l_{j3}=0$ (1.38)

该式表明，新坐标系中的一个坐标轴 i，对旧坐标系中的三个坐标轴的方向余弦的平方和为1；新坐标系中的两个不同的坐标轴 i、j，对旧坐标系中的同一个坐标轴 k 的方向余弦乘积之和为0。

对于二阶张量 σ_{ij}，当坐标轴变换时，新、旧坐标系中的各分量应满足

$$\sigma'_{ij}=l_{ik}l_{jl}\sigma_{kl} \tag{1.39}$$

式中，σ'_{ij}、σ_{kl} 分别为对应两组不同坐标系 x'_i、x_i 的二阶张量的分量；l_{ik}、l_{jl} 分别为 x'_i 轴对于 x_k、x'_j 轴对于 x_l 那一组坐标轴的方向余弦，k，$l=1$，2，3。l_{ik}、l_{jl} 应满足如下正交关系

$$l_{ik}l_{jk}=l_{ki}l_{kj}=\delta_{ij} \tag{1.40}$$

将式（1.39）对 k，l 展开为

$$\sigma'_{ij}=l_{i1}l_{j1}\sigma_{11}+l_{i2}l_{j2}\sigma_{22}+l_{i3}l_{j3}\sigma_{33}+2l_{i1}l_{j2}\sigma_{12}+2l_{i2}l_{j3}\sigma_{23}+2l_{i1}l_{j3}\sigma_{13} \tag{1.41}$$

式（1.39）实际上代表了9个方程式，每一个方程式有9项。由于 i、j 及 k、l 具有对称性，因而该式简化为6个方程，每一个方程式有6项。

对于三阶张量 a_{ijk}，当坐标轴变换时，新、旧坐标系中的各分量应满足

$$a'_{ijk}=l_{ip}l_{jq}l_{kr}a_{pqr} \tag{1.42}$$

如果将两个指标给予相同的字母，即将 k 代替 j，那么 a_{ijk} 就变成为 a_{ikk}，这样张量 a_{ikk} 就只有3个分量，每一个分量都是原来的三个分量之和。根据式（1.42）三阶张量的变换规则可得到

$$a'_{ikk}=l_{ip}l_{kq}l_{kr}a_{pqr}=l_{ip}\delta_{qr}a_{pqr}=l_{ip}a_{pq}=a_i \tag{1.43}$$

这就是对一阶张量的变换规则，即 a_{ikk} 为一个一阶张量。

（3）方向余弦 l_{ij} 间的关系

根据方向余弦 l_{ij} 的定义可得到

$$l_{ij}=\boldsymbol{e}'_i\cdot\boldsymbol{e}_j \tag{1.44}$$

式中，$\boldsymbol{e}'_i$、$\boldsymbol{e}_i$ 分别为新、旧坐标系中的基矢量，即单位矢量。

如图1.4所示，参照旧坐标系中的 x_i 轴，新坐标系中的基矢量 $\boldsymbol{e}'_i$ 可表示为

$$\boldsymbol{e}'_i=(\boldsymbol{e}'_i\cdot\boldsymbol{e}_1)\boldsymbol{e}_1+(\boldsymbol{e}'_i\cdot\boldsymbol{e}_2)\boldsymbol{e}_2+(\boldsymbol{e}'_i\cdot\boldsymbol{e}_3)\boldsymbol{e}_3=l_{i1}\boldsymbol{e}_1+l_{i2}\boldsymbol{e}_2+l_{i3}\boldsymbol{e}_3=l_{ij}\boldsymbol{e}_j \tag{1.45}$$

旧坐标系中的基矢量 $\boldsymbol{e}_i$ 则为

$$\boldsymbol{e}_i=l_{ji}\boldsymbol{e}'_j \tag{1.46}$$

于是可得到

$$\boldsymbol{e}'_i\boldsymbol{e}'_j=l_{ir}\boldsymbol{e}_r\cdot l_{jk}\boldsymbol{e}_k=l_{ir}l_{jk}\delta_{rk}=l_{ir}l_{jr}=\delta_{ij} \tag{1.47}$$

同样可得到

$$\boldsymbol{e}_i\boldsymbol{e}_j=\delta_{ij}l_{ri}\boldsymbol{e}'_r\cdot l_{kj}\boldsymbol{e}'_k=l_{ri}l_{kj}\delta_{rk}=l_{ri}l_{rj}=\delta_{ij} \tag{1.48}$$

式中，δ_{ij} 为KroneckerDelta符号。

也可根据以下方法证明 $l_{ir}\cdot l_{jr}=\delta_{ij}$。根据 $x'_i=l_{ij}x_j$ 可得到 $x'_i=l_{ik}x_k$，$x'_j=l_{jm}x_m$。再根据新、旧坐标系的正交性，可得到 $x'_i\cdot x'_j=\delta_{ij}$，$x_i\cdot x_j=\delta_{ij}$。于是可得到 $x'_i\cdot x'_j=l_{ik}x_k l_{jm}x_m=l_{ik}l_{jm}\cdot x_k\cdot x_m=l_{ik}\cdot l_{jm}\cdot\delta_{km}=l_{ik}\cdot l_{jk}=\delta_{ij}$。根据该式可得到 $l_{ir}\cdot l_{jr}=\delta_{ij}$。

实际上，表达式 $l_{ir}\cdot l_{jr}=\delta_{ij}$ 体现了转换矩阵各分量之间的关系。该式隐含了以下6个等式：$l_{11}^2+l_{12}^2+l_{13}^2=1$、$l_{21}^2+l_{22}^2+l_{23}^2=1$、$l_{31}^2+l_{32}^2+l_{33}^2=1$、$l_{11}l_{21}+l_{12}l_{22}+l_{13}l_{23}=0$、$l_{11}l_{31}+l_{12}l_{32}+l_{13}l_{33}=0$、$l_{21}l_{31}+l_{22}l_{32}+l_{23}l_{33}=0$。

对于一阶张量 a_i、二阶张量 a_{ij}，在新坐标系中可分别表示为

$$a'_i=a_jl_{ij}，\ a'_{ij}=l_{il}l_{jm}a_{lm} \tag{1.49}$$

对于一个一阶张量 a_i 和一个二阶张量 b_{ij}，其乘积为一个新的三阶张量：$a_ib_{jk}=c_{ijk}$。张量 c_{ijk} 在新坐标系中可应用同样的定义规则，即根据式（1.49）可得到

$$c'_{ijk}=a'_ib'_{jk}=(l_{im}a_m)(l_{jn}l_{ko}b_{no})=l_{im}l_{jn}l_{ko}a_mb_{no}=l_{im}l_{jn}l_{ko}c_{mno} \tag{1.50}$$

任一矢量都可表示为 $v_i\boldsymbol{e}_i$ 或 $v'_i\boldsymbol{e}'_i$ 的形式

$$v'_i=V\cdot\boldsymbol{e}'_i=v_j\boldsymbol{e}_j\cdot\boldsymbol{e}'_i=v_j\boldsymbol{e}_j\cdot l_{ik}\boldsymbol{e}_k=l_{ik}v_j\delta_{jk}=l_{ij}v_j \tag{1.51}$$

$$v_i=V\cdot\boldsymbol{e}_i=v'_j\boldsymbol{e}'_j\cdot l_{ri}\boldsymbol{e}'_r=l_{ri}v'_j\delta_{jr}=l_{ji}v'_j \tag{1.52}$$

1.2.5 二阶张量

在弹塑性力学中，诸如应力、应变等物理量是由 9 个独立的分量组成的集合，因此为二阶张量。二阶张量具有主值、主轴、不变量等重要特性。

（1）二阶张量的主值

对于一个二阶张量 $\boldsymbol{T}=t_{ij}$（$i=1，2，3；j=1，2，3$），与空间一单位矢量 $\boldsymbol{e}$ 做内积，得到另一个矢量 $\boldsymbol{A}$，即 $\boldsymbol{T}\cdot\boldsymbol{e}=\boldsymbol{A}$。如果矢量 $\boldsymbol{e}$ 与 $\boldsymbol{A}$ 共线，即可得到 $\boldsymbol{A}=\lambda\cdot\boldsymbol{e}$，也即 $\boldsymbol{T}\cdot\boldsymbol{e}=\lambda\cdot\boldsymbol{e}$。此时，$\lambda$ 称为张量 $\boldsymbol{T}$ 的特征值，或称为主值。

（2）二阶张量的主轴

单位矢量 $\boldsymbol{e}$ 称为二阶张量 $\boldsymbol{T}$ 的特征向量，或特征矢量，或主方向矢量，也称为二阶张量 $\boldsymbol{T}$ 的主轴。

（3）二阶张量的不变量

对于二阶张量，根据式（1.29），可得到式（1.30），该式实际上是关于 e_1、e_2、e_3 的线性齐次方程组。如要该方程组有非零解，其系数行列式的值需为 0，即式（1.31）。将该式展开后得到式（1.33）。

式（1.33）为关于 λ 的三次代数方程，其三个根为 λ_1、λ_2、λ_3，即张量 $\boldsymbol{T}$ 的三个主值。该三个主值不随坐标轴而改变，因而为不变量。据此，也可得到 λ 的系数均为不变量，即 I_1、I_2、I_3 是二阶张量 $\boldsymbol{T}_{ij}$ 的三个不变量。

1.2.6 对称张量

（1）对称张量和斜对称张量

对于张量 a_{ij}，如果 $a_{ij}=a_{ji}$，则张量 a_{ij} 可称为对称张量；如果 $a_{ij}=-a_{ji}$，则张量 a_{ij} 可称为斜对称张量，或称为偏斜张量、偏张量。

如果一个张量只是对某一对特定指标对称或斜对称，则称为对这对指标对称或斜对称的张量。如果在一个坐标系中，一个张量对某一对特定指标对称或斜对称，则在所有坐标系中，它对该对指标都对称或斜对称。

例如，在一个坐标系 x_i 中有 $a_{ijk}=a_{ikj}$，表示张量 a_{ijk} 是对 j、k 对称的，那么在一个新坐标系 x'_i 中有 $a'_{ijk}=a'_{ikj}$。如果 $a_{ijk}=-a_{ikj}$，表示张量 a_{ijk} 对 j、k 是斜对称的。

（2）二阶张量的分解

对于任意一个二阶张量 a_{ij}，都可唯一地分解为一个对称张量与一个斜对称张量，即

$$a_{ij}=\frac{1}{2}(a_{ij}+a_{ji})+\frac{1}{2}(a_{ij}-a_{ji})=b_{ij}+c_{ij} \tag{1.53}$$

式中，b_{ij}、c_{ij} 分别为对称张量、斜对称张量。

(3) 二阶对称张量的性质

张量的对称性表明张量不随坐标系的转换而改变，二阶对称张量坐标系变换后仍然为一个对称的二阶张量。二阶对称张量的主要性质：三个主值 λ_1、λ_2、λ_3 都是实数；三个主轴 e_1、e_2、e_3 相互垂直。

对于二阶对称张量，无论三个主值 λ_1、λ_2、λ_3 的值是否相等，都能够找到三个相互垂直的主轴 e_1、e_2、e_3，以这三个主轴为坐标轴建立主坐标系。在主坐标系中，对称的二阶张量有最简单的表达形式 $\begin{vmatrix} \lambda_1 & 0 & 0 \\ 0 & \lambda_2 & 0 \\ 0 & 0 & \lambda_3 \end{vmatrix}$。由于 I_1、I_2、I_3 是二阶张量 $\boldsymbol{T}_{ij}$ 的三个不变量，不随坐标系的转换而改变，因此可将这三个不变量采用三个主值 λ_1、λ_2、λ_3 来表达，这样式 (1.35) 就可改写为

$$\begin{aligned} I_1 &= \lambda_1 + \lambda_2 + \lambda_3 \\ I_2 &= \lambda_1\lambda_2 + \lambda_2\lambda_3 + \lambda_3\lambda_1 \\ I_3 &= \lambda_1\lambda_2\lambda_3 \end{aligned} \tag{1.54}$$

※各向同性张量

如果一个张量的分量在所有坐标系中都具有相同的值，则这个张量是各向同性的，该张量称为各向同性张量。标量即零阶张量就是一个简单的各向同性张量。张量 δ_{ij} 是各向同性的。对于张量 δ_{ij} 采用变换规则可得到

$$\delta'_{ij} = l_{ir} l_{js} \delta_{rs} = l_{ir} l_{jr} = \delta_{ij} \tag{1.55}$$

这就是二阶各向同性张量的定义。任何二阶各向同性张量一定具有 δ_{ij} 常数倍的形式。

由于行、列互换不影响 l 的值，因而有

$$l^2 = \begin{vmatrix} l_{11} & l_{12} & l_{13} \\ l_{21} & l_{22} & l_{23} \\ l_{31} & l_{32} & l_{33} \end{vmatrix} \cdot \begin{vmatrix} l_{11} & l_{21} & l_{31} \\ l_{12} & l_{22} & l_{32} \\ l_{13} & l_{23} & l_{33} \end{vmatrix} = \begin{vmatrix} 1 & 0 & 0 \\ 0 & 1 & 0 \\ 0 & 0 & 1 \end{vmatrix} = 1 \tag{1.56}$$

※笛卡尔张量

由于受到笛卡尔坐标系的限制，上述张量均可称为笛卡尔张量。

通过空间中某点的矢量完全可由该矢量的三个分量所决定。当某个矢量在 x_i 坐标系中的矢量分量 v_i 为已知时，那么可通过变换规则 $v'_i = l_{ij} v_j$ 来求取该矢量在 x'_i 坐标系中的分量。这个变换规则 $v'_i = l_{ij} v_j$ 适用任何矢量。例如，如果 $G_i = \dfrac{\partial \varphi}{\partial x_i}$，那么 $G'_i = \dfrac{\partial \varphi}{\partial x'_i} = \dfrac{\partial \varphi}{\partial x_k} \dfrac{\partial x_k}{\partial x'_i} = l_{ik} G_k$。

在上述变换规则中，新坐标系每一个新的矢量的分量，是原来分量的一个线性组合。这可以作为矢量的定义，并且代替以前认为矢量是具有大小和方向的量的定义。采用这种矢量的新定义，其根本原因是容易推广，并且可应用于称为张量的更为复杂的物理量中，而只有“大小和方向”的定义不能应用于张量。

在弹性力学中，“并矢量”被称为二阶张量。“张量”的名称起源于它与应力（张力）有关的历史。合并两个矢量 $\boldsymbol{A}_i$ 和 $\boldsymbol{B}_i$ 就可以构成一个并矢量的简单例子，采用 $C_{ij} = A_i B_j$ 可定义一个数组 C_{ij}，例如 $C_{23} = A_2 B_3$。该数组 C_{ij} 具有 9 个分量。如果要求在所有坐标系中都采用同样的定义，那么在 x'_i 坐标系中应有

$$C'_{ij}=A'_iB'_j=(l_{is}A_s)(l_{jk}B_k)=l_{is}l_{jk}C_{sk} \tag{1.57}$$

很显然，该变换规则与矢量变换规则很类似。

值得注意的是，不是所有的并矢量都能够像前述的那样由两个矢量合并而成，但是所有的并矢量都具有相同的变换规则。

对于具有三个分量的一阶张量，其分量具有如下特性：如果在旧坐标系 x_i 中某个定点上的分量值为 v_i，那么该点在任何新的坐标系 x'_i中的分量值可由变换规则关系式 $v'_i=l_{ij}v_j$ 求得。当然也存在一个等价的变换规则表达式 $v_i=l_{ji}v'_j$。由于所有矢量都遵循这一规则进行变换，因此这些矢量就是一阶张量。

上述定义可推广至高阶张量。例如，对于一个二阶张量，具有 $3^2=9$ 个分量。这样，在旧坐标系 x_i 中，如果二阶张量在某个定点上的分量值为 a_{ij}，那么该点在其他任何新的坐标系 x'_i中的分量值为 $a'_{ij}=l_{im}l_{jn}a_{mn}$。再如，一个三阶张量有 $3^3=27$ 个分量。在旧坐标系 x_i 中，它们在某一个定点上的值为 a_{ijk}，则在其他任何新的坐标系 x'_i中，在该点的值为 $a'_{ijk}=l_{im}l_{jn}l_{kp}a_{mnp}$。

通过上述分析表明，一个矢量完全可由三个标量进行定义，一个二阶张量完全可由三个矢量进行定义。表示物体内的某点的应力状态的量则构成了一个二阶张量，也就是说，某点的应力状态完全可由三个应力矢量来定义。

需要注意的是，所有的矢量都是张量，但矩阵并不一定是张量。如果物理量不是一个张量中的分量，则不能画 Mohr（莫尔）圆。当已知某一坐标系中的张量，则在所有坐标系中的张量就全知道了，这是由张量具有变换的特性所决定的。特别地，如果张量在某个坐标系中的所有分量都为零，则该张量在所有坐标系中的所有分量也都为零。

※其他张量

（1）逆张量及正交张量

对于任一张量 $\boldsymbol{T}$，如果存在另一个张量 $\boldsymbol{T}^{-1}$，使得 $\boldsymbol{T}\cdot\boldsymbol{T}^{-1}=1$ 成立，则称 $\boldsymbol{T}^{-1}$为张量 $\boldsymbol{T}$ 的逆张量。如果转置张量 $\boldsymbol{T}^{\mathrm{T}}$使得$\boldsymbol{T}^{\mathrm{T}}=\boldsymbol{T}^{-1}$，则张量 $\boldsymbol{T}$ 为正交张量。显然有：$\boldsymbol{T}\cdot\boldsymbol{T}^{\mathrm{T}}=1$。以正交张量为线性变换的称为正交变换，其特点是保持矢量的内积不变。

（2）正定张量

如果对称二阶张量 $\boldsymbol{T}$ 对于任一矢量 $\boldsymbol{v}$，存在 $\boldsymbol{Tv}\cdot\boldsymbol{v}>0$，则称张量 $\boldsymbol{T}$ 为正定张量。

如果正定张量 $\boldsymbol{T}$ 的一个特征矢量$\boldsymbol{e}_1$为 $\boldsymbol{v}$，则也存在 $\boldsymbol{Te}_1\cdot\boldsymbol{e}_1>0$。由于 $\boldsymbol{e}_1\cdot\boldsymbol{e}_1>0$，因此张量 $\boldsymbol{T}$ 的一个特征值λ_1 必定大于零，或者说正定张量的特征值都是大于零的，也即正定张量 $\boldsymbol{T}$ 的行列式大于零。

（3）交错张量

对于 ε_{ijk}符号，或称为交错张量，有 $3^3=27$ 个元素，这些元素根据字母下标规定为+1、−1 或 0。例如，规定 $\varepsilon_{123}=+1$、$\varepsilon_{132}=-1$。这种定义是根据将字母下标交换成 1、2、3 自然顺序所需的交换次数而定的。如果字母下标交换次数为偶数，则元素值为+1；如果字母下标交换次数为奇数，则元素值为−1；如果字母下标重复，则元素值为 0。

对于 ε_{123}，字母下标为自然排序，交换次数为 0 是偶数，因而 $\varepsilon_{123}=+1$。对于 ε_{132}，字母下标通过 2 与 3 交换一次，就可得到 123 的自然排序，因此字母下标交换次数为 1，是奇数，因此 $\varepsilon_{132}=-1$。对于 ε_{223}，字母下标 2 出现重复，因而 $\varepsilon_{223}=0$。

无论字母下标交换方式如何，交换的次数总保持为奇数或偶数。例如，132 被交换成 123，需要交换 1 次，交换的次数为奇数。对于 321、213、132，分别交换成 123，所需要的交换次数分别为3、1、1，交换的次数都是奇数。总之有 $\varepsilon_{123}=\varepsilon_{231}=\varepsilon_{312}=+1$、$\varepsilon_{213}=\varepsilon_{132}=\varepsilon_{321}=-1$、$\varepsilon_{112}=\varepsilon_{223}=\varepsilon_{333}=0$。

上述定义如果采用图解法可以更好理解。如图1.5所示，将数字1、2、3按顺时针顺序标注在一个圆的圆周上，如果字母下标是按照顺时针顺序放置，则 ε_{ijk} 符号为正。例如 ε_{312} 中的字母下标312，是按照顺时针顺序放置的，因而 $\varepsilon_{312}=+1$；如果字母下标按照逆时针顺序放置，则 ε_{ijk} 符号为负。例如 ε_{321} 中的字母下标321，是按照逆时针顺序放置的，因而 $\varepsilon_{321}=-1$。

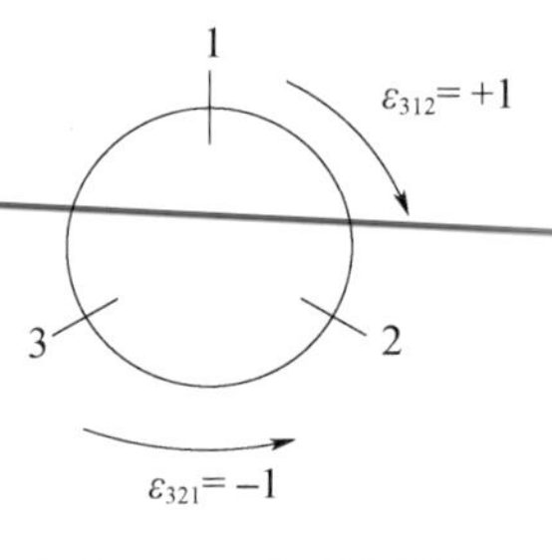

图1.5　ε_{ijk} 符号图解

交错张量 ε_{ijk} 是一个三阶各向同性张量，任何三阶各向同性张量必定具有 ε_{ijk} 常数倍的形式。

采用行列式定义可得到

$$a=\begin{vmatrix} a_{11} & a_{12} & a_{13} \\ a_{21} & a_{22} & a_{23} \\ a_{31} & a_{32} & a_{33} \end{vmatrix}=\varepsilon_{ijk}a_{1i}a_{2j}a_{3k} \tag{1.58}$$

2 应力分析

2.1 Cauchy（柯西）应力公式简介

2.1.1 基本概念

作用在物体上的外力有两种：体力和面力。某点的应力状态由该点的全部应力矢量的总体确定。确定应力矢量所需要的物理量称为应力张量的分量。在应力分析中需要用到自由体、平面、应力矢量、应力张量等概念。

（1）自由体和平面

对于某个单元体，假设连同作用于其上的外力从材料中割离出来，该单元体不再受其余部分的约束而成为自由体。在该自由体被截开、割离出来之前作用于其表面上的内力，在截开之后则由分布在自由体整个表面上的分布力来代替。一般情况下平面的方向由其法线方向确定。如图 2.1 所示，平面 p 将物体截开成 A 和 B 两部分。以 B 部分作为自由体。平面 p 由其在 Q 点的位置与其单位法线 $\boldsymbol{n}$ 的方向所确定。平面 p 有两个侧面，每一个侧面分别与 A、B 两部分相连。

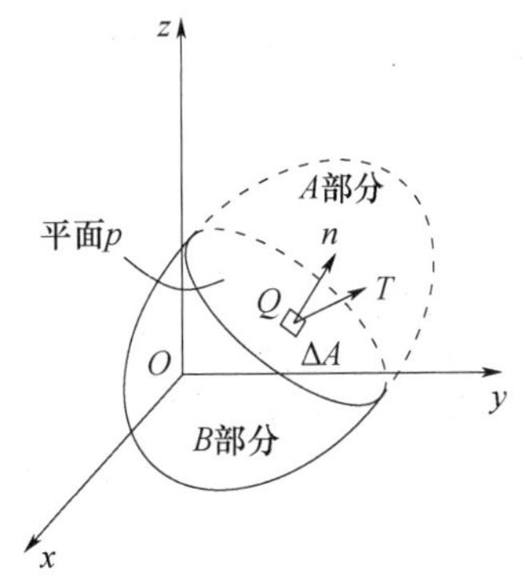

图 2.1 自由体、截面及截面上的应力矢量

（2）体力与体力矢量

体力是指作用在物体微元体上的力，又称为体积力或质量力，如重力、惯性力等。在如图 2.1 所示的连续体中有一点 Q，其坐标为 x_i，被一微元体 ΔV 所包围，该微元体在截面 p 上为 ΔA。作用于微元体 ΔV 上有两种力：体力或体积力，面力或面积力。

在 Q 点的邻域取一个体积微元体 ΔV。设体积微元体 ΔV 的体力为 $\Delta \boldsymbol{T}_{\mathrm{b}}$，则体力 $\Delta \boldsymbol{T}_{\mathrm{b}}$ 按照体积计算的平均集度为$\dfrac{\Delta \boldsymbol{T}_{\mathrm{b}}}{\Delta V}$。假设作用在微元体 ΔV 上的体力有一合力 $\boldsymbol{T}$。考虑 $\Delta V \to 0$ 的极限，假定存在一个确定的极限力集度 $\boldsymbol{T}_{\mathrm{b}}$，于是有

$$\lim_{\Delta V \to 0} \frac{\Delta \boldsymbol{T}_{\mathrm{b}}}{\Delta V} = \boldsymbol{T}_{\mathrm{b}} \tag{2.1}$$

极限力集度$\boldsymbol{T}_{\mathrm{b}}$ 是单位体积上的体力，也就是物体内的 Q 点的邻域单位质量的质量力。如果物体材料密度为 ρ，则微元体 ΔV 的质量为 $m = \rho\Delta V$，作用在微元体 ΔV 的质量上的力为 $m\boldsymbol{T}_{\mathrm{b}}$，而单位体积的力为 $\rho\boldsymbol{T}_{\mathrm{b}}$ 即体力。

当 ΔV 无限缩小，即 $\Delta V\to 0$，而趋于 Q 点时，平均集度$\dfrac{\Delta \boldsymbol{T}_{\mathrm{b}}}{\Delta V}$将趋于一定的极限矢量$\boldsymbol{T}_{\mathrm{b}}$，称为体力矢量。显而易见，体力矢量$\boldsymbol{T}_{\mathrm{b}}$ 的方向即 ΔV 内的体力的极限方向。

（3）面力与面力矢量

面力是指分布在物体表面上的力。设图 2.1 中 ΔA 上的面力为 $\Delta \boldsymbol{T}_{\mathrm{s}}$，则面力的平均集度为$\dfrac{\Delta \boldsymbol{T}_{\mathrm{s}}}{\Delta A}$。对于 $\Delta A\to 0$ 的极限，假定存在一个确定的极限力集度 $\boldsymbol{T}_{\mathrm{s}}$，于是有

$$\lim_{\Delta A\to 0}\frac{\Delta \boldsymbol{T}_{\mathrm{s}}}{\Delta A}=\boldsymbol{T}_{\mathrm{s}} \tag{2.2}$$

极限力集度 $\boldsymbol{T}_{\mathrm{s}}$ 也就是单位面积上的面力。作用在 ΔA 上的面力为 $\boldsymbol{T}_{\mathrm{s}}\Delta A$。

当 ΔA 无限缩小，即 $\Delta A\to 0$，而趋于 Q 点时，平均集度$\dfrac{\Delta \boldsymbol{T}_{\mathrm{s}}}{\Delta A}$将趋于一定的极限矢量 $\boldsymbol{T}_{\mathrm{s}}$，称为面力矢量。

（4）表征应力状态的应力矢量

对于图 2.1 中的 Q 点，过该点的截面可以有无数个，因此有无数个应力矢量 $\boldsymbol{T}$，并且在一般情况下是互不相同的。某一点的应力状态由该点的全部应力矢量的总体确定。

如果已知三个相互垂直面上的应力矢量 $\boldsymbol{T}_1$、$\boldsymbol{T}_2$、$\boldsymbol{T}_3$，那么即可由该点的平衡条件得到经过该 Q 点的任意平面的应力矢量。这样也就无须寻求过该点的无数个平面上的应力矢量。也就是说，经过一点的三个相互垂直平面上的应力矢量 $\boldsymbol{T}_1$、$\boldsymbol{T}_2$、$\boldsymbol{T}_3$ 表征了该点的应力状态。由于上述三个相互垂直的平面都过 Q 点。因此，在绘图时可将 Q 点设为 O 点，三个相互垂直的平面离开 O 点相同的距离，如图 2.2 所示。

（5）应力

物体在外力作用下将产生应力和变形。应力和应变是用以描述物体受力后任何部位的内力和变形的物理量。

如图 2.1 所示，假设物体受到一组平衡力系的作用，采用截面 p 将该物体分成 A、B 两部分。如将 A 部分移去保留 B 部分，则 A 部分对 B 部分的作用应代之以 A 部分对 B 部分的作用力。这种力在 A 部分移去之前是两个部分在截面 p 上的内力即面力，并且为分布力。此面力称为 Q 点处的应力。设 ΔA 上的内力矢量为 $\Delta \boldsymbol{p}$，如图 2.3 所示。

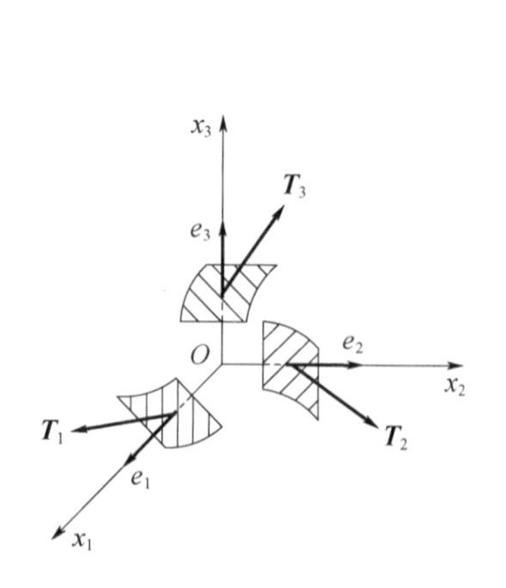

图 2.2　过一点的三个相互垂直面上的应力矢量

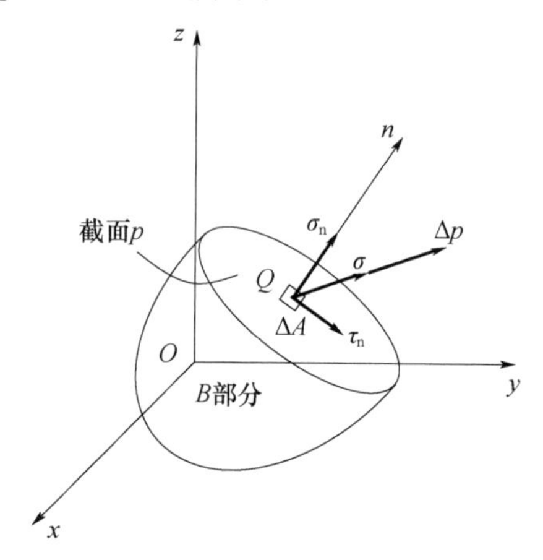

图 2.3　平面 p 上的应力

内力矢量为 $\Delta \boldsymbol{p}$ 的平均集度为$\dfrac{\Delta \boldsymbol{p}}{\Delta A}$。如果令 ΔA 无限缩小，即 $\Delta A \to 0$，而趋于点 Q，则在内力连续分布的条件下，平均集度$\dfrac{\Delta \boldsymbol{p}}{\Delta A}$将趋于一定的极限$\boldsymbol{\sigma}$，即

$$\lim_{\Delta A \to 0}\frac{\Delta \boldsymbol{p}}{\Delta A}=\boldsymbol{\sigma} \tag{2.3}$$

极限矢量 $\boldsymbol{\sigma}$ 也就是过平面 p 上的点 Q 处的应力即面力。由于 ΔA 为标量，因而极限矢量即应力 $\boldsymbol{\sigma}$ 的方向与内力矢量 $\Delta \boldsymbol{p}$ 的极限方向是一致的。

（6）正应力和切应力

应力 $\boldsymbol{\sigma}$ 可分解为两个分量：正应力 σ_{n} 和切应力 τ_{n}。如图 2.3 所示。正应力 σ_{n} 为应力 $\boldsymbol{\sigma}$ 沿所在平面 p 的外法线方向 $\boldsymbol{n}$ 的应力分量；切应力 τ_{n} 则为应力 $\boldsymbol{\sigma}$ 在平面 p 上的应力分量，也称为剪应力。字母下标 n 表示应力所在平面的外法线方向。正应力 σ_{n} 和切应力 τ_{n} 分别表示为

$$\sigma_{\mathrm{n}}=\lim_{\Delta A \to 0}\frac{\Delta p_{\mathrm{n}}}{\Delta A},\quad \tau_{\mathrm{n}}=\lim_{\Delta A \to 0}\frac{\Delta p_{\mathrm{t}}}{\Delta A} \tag{2.4}$$

式中，Δp_{n}、Δp_{t} 分别为内力矢量 $\Delta \boldsymbol{p}$ 在平面 p 上的法向分量、切向分量。

根据正应力 σ_{n} 和切应力 τ_{n} 可得到

$$\sigma_{\mathrm{n}}=\boldsymbol{\sigma}\cdot\boldsymbol{n},\quad \tau_{\mathrm{n}}=\sqrt{\sigma^2-\sigma_{\mathrm{n}}^2} \tag{2.5}$$

如果外法线方向 $\boldsymbol{n}$ 与 Z 坐标轴的正方向一致，如图 2.4 所示，此时则有

$$\sigma_{\mathrm{n}}=\sigma_z,\quad \tau_{\mathrm{n}}=\tau_z \tag{2.6}$$

式中，τ_z 为平面 p 上的切应力。

将切应力 τ_z 分解为两个分量：τ_{zx}、τ_{zy}，分别表示切应力 τ_z 沿 x 轴、y 轴正方向的分量。于是过平面 p 上的点 Q 的应力分量有 3 个：σ_z、τ_{zx}、τ_{zy}。

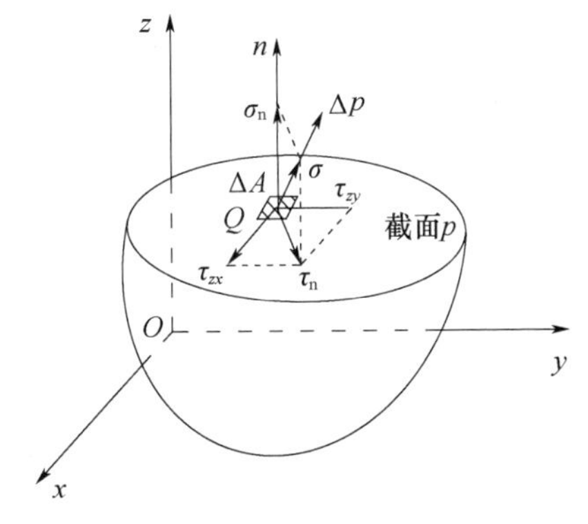

图 2.4　外法线方向 $\boldsymbol{n}$ 与 Z 坐标轴的正方向一致时平面 p 上的应力

在土力学中，规定法向应力以压为正，拉为负。这一点与弹塑性力学是不同的。对于切应力或称为剪应力的规定如下：第一、第二个下标分别表示其所处的平面、方向。当平面外法线与坐标轴正方向一致时，以沿坐标轴的正方向的切应力为正，反之为负；当平面外法线与坐标轴的负方向一致时，以沿坐标轴的负方向的切应力为正，反之为负。

2.1.2　Cauchy（柯西）应力公式

根据图 2.4 以及式（2.5）可得到正应力分量 σ_{n}、切应力分量 τ_{n} 分别为

$$\sigma_n = \boldsymbol{T} \cdot \boldsymbol{n} = T_i \cdot n_i = \sigma_{ij} n_i n_j,\ \tau_n = \sqrt{T_i^2 - \sigma_n^2} \tag{2.7}$$

式中，$T_i^2 = (\sigma_{ij} n_j) \cdot (\sigma_{ik} n_k) = \sigma_{ij} \sigma_{ik} n_j n_k$。

式（2.7）是Cauchy应力公式中最常用的形式。矢量 σ_n 沿法线 $\boldsymbol{n}$ 的方向，矢量 τ_n 位于应力矢量 $\boldsymbol{T}$ 和法线 $\boldsymbol{n}$ 所形成的平面内。

实际上，式（2.7）中包含的表达式 $T_i = \sigma_{ij} n_j$，根据应力张量的对称性也可以写成 $T_i = \sigma_{ji} n_j$。这是Cauchy应力公式的另一种形式，有以下几个方面的意义：

（1）应力分量 σ_{ij} 都必须满足的边界条件；

（2）应力矢量 $\boldsymbol{T}$ 可采用应力张量分量 σ_{ij} 来表示；

（3）如果已知在 x_i 坐标系中的 σ_{ij}，那么它在 x'_i 坐标系中的分量 σ'_{ij} 为 $\sigma'_{ij} = l_{im} l_{jn} \sigma_{mn}$。反之 $\sigma_{ij} = l_{mi} l_{nj} \sigma'_{mn}$。

【例2.1】 已知某点的应力状态由应力张量 σ_{ij} 给出，$\sigma_{ij} = \begin{bmatrix} -70 & 27 & 35 \\ 27 & 30 & -28 \\ 35 & -28 & -40 \end{bmatrix}$，对于单位法线为 $\boldsymbol{n} = \left(\frac{1}{3}, \frac{1}{5}, \frac{\sqrt{8}}{3}\right)$ 的平面，试计算：应力矢量 $\boldsymbol{T}$、正应力分量 σ_n、剪应力分量 τ_n。

求解如下：

（1）根据 $T_i = \sigma_{ij} n_j$ 计算应力矢量的分量 T_i，得到 $T_1 = \sigma_{1j} n_j = \sigma_{11} n_1 + \sigma_{12} n_2 + \sigma_{13} n_3 = 15.07$；$T_2 = \sigma_{2j} n_j = \sigma_{21} n_1 + \sigma_{22} n_2 + \sigma_{23} n_3 = -11.40$；$T_3 = \sigma_{3j} n_j = \sigma_{31} n_1 + \sigma_{32} n_2 + \sigma_{33} n_3 = -31.65$。所以应力矢量 $\boldsymbol{T}$ 的大小为 $T = \sqrt{T_1^2 + T_2^2 + T_3^2} = 36.86$。

（2）根据 $\sigma_n = \sigma_{ij} n_i n_j$ 得到 $\sigma_n = \sigma_{11} n_1^2 + \sigma_{22} n_2^2 + \sigma_{33} n_3^2 + 2(\sigma_{12} n_1 n_2 + \sigma_{23} n_2 n_3 + \sigma_{31} n_3 n_1) = 10.42$。

（3）根据 $\tau_n = \sqrt{T_i^2 - \sigma_n^2}$ 得到 $\tau_n = \sqrt{36.86^2 - 10.42^2} = 35.36$。

2.2 应力张量

2.2.1 应力分量与应力张量

根据图2.3，单位矢量 $\boldsymbol{n}$ 可写成分量形式：

$$\boldsymbol{n} = (n_1, n_2, n_3) \tag{2.8}$$

式中，n_1，n_2，n_3 为方向余弦，根据图2.2可分别表示为

$$n_1 = \cos(\boldsymbol{e}_1 \cdot \boldsymbol{n}),\ n_2 = \cos(\boldsymbol{e}_2 \cdot \boldsymbol{n}),\ n_3 = \cos(\boldsymbol{e}_3 \cdot \boldsymbol{n}) \tag{2.9}$$

对于法线为 $\boldsymbol{n}$ 的平面上的应力矢量 $\boldsymbol{T}$，可采用过该点并且垂直三个坐标轴 x_1、x_2、x_3 的平面上的应力矢量分量 $\boldsymbol{T}_i$ 来表示，如图2.2所示。确定一点应力状态的三个应力矢量 $\boldsymbol{T}_1$、$\boldsymbol{T}_2$、$\boldsymbol{T}_3$ 可表示为

$$\boldsymbol{T} = \boldsymbol{T}_1 n_1 + \boldsymbol{T}_2 n_2 + \boldsymbol{T}_3 n_3 \tag{2.10}$$

需要注意的是，应力矢量 $\boldsymbol{T}$ 不一定垂直于它所作用的平面。应力矢量 $\boldsymbol{T}$ 可以分解成两个分量：正应力、剪应力。正应力为应力矢量 $\boldsymbol{T}$ 垂直于法线为 $\boldsymbol{n}$ 的平面的一个分量；剪应力为应力矢量 $\boldsymbol{T}$ 平行于法线为 $\boldsymbol{n}$ 的平面的一个分量。

与每个坐标平面 x_1，x_2，x_3 有关的应力矢量分量，也可分别分解为沿三个坐标轴方向

的分量。图 2.2 中与坐标轴 x_2 平面相关的应力矢量 $\boldsymbol{T}_2$ 有三个应力分量：正应力 σ_{22}、剪应力 σ_{21} 和 σ_{23}，分别沿坐标轴 x_2，x_1，x_3 的方向。因此，根据 Cauchy 应力公式，应力矢量 $\boldsymbol{T}_2$ 可表示为

$$\boldsymbol{T}_2=\sigma_{21}\boldsymbol{e}_1+\sigma_{22}\boldsymbol{e}_2+\sigma_{23}\boldsymbol{e}_3 \text{ 或 } \boldsymbol{T}_2=\sigma_{2j}\boldsymbol{e}_j \tag{2.11}$$

同样地，分别与坐标轴 x_1、x_3 平面相关的应力矢量 $\boldsymbol{T}_1$、$\boldsymbol{T}_3$ 有

$$\boldsymbol{T}_1=\sigma_{1j}\boldsymbol{e}_j,\ \boldsymbol{T}_3=\sigma_{3j}\boldsymbol{e}_j \tag{2.12}$$

据此，可得到应力矢量 $\boldsymbol{T}$ 的分量 $\boldsymbol{T}_i$ 的一般表达式，即

$$\boldsymbol{T}_i=\sigma_{ij}\boldsymbol{e}_j \tag{2.13}$$

式中，σ_{ij} 表示应力矢量 $\boldsymbol{T}$ 的第 j 个分量，该应力矢量作用在一个单元面上，该单元面的法线方向为 x_i 轴的正方向。

实际上，根据 Cauchy 应力公式 $T_i=\sigma_{ij}n_j$ 也可得到式（2.13）。由于每一个应力矢量都有三个分量，因此确定一点应力状态的三个应力矢量分量 $\boldsymbol{T}_1$、$\boldsymbol{T}_2$、$\boldsymbol{T}_3$ 就有九个应力分量，其中三个为正应力分量，六个为切应力分量。这九个分量构成一个整体表征某一点的应力状态，因此也称为应力张量的分量，以 σ_{ij} 表示。将这九个应力分量按照一定的规则进行排列，令其中每一行为过一点的平面上的三个分量，即

$$\sigma_{ij}=\begin{bmatrix}T_1\\T_2\\T_3\end{bmatrix}=\begin{bmatrix}\sigma_{11}&\sigma_{12}&\sigma_{13}\\\sigma_{21}&\sigma_{22}&\sigma_{23}\\\sigma_{31}&\sigma_{32}&\sigma_{33}\end{bmatrix} \tag{2.14}$$

式中，σ_{11}、σ_{22}、σ_{33} 为正应力分量，其余为剪应力分量。

式（2.14）中的 σ_{ij} 为一个二阶的应力张量，并且为一个对称的二阶张量，各应力分量为应力张量的元素。相对于坐标系 x_1、x_2、x_3，应力张量的九个应力分量的正方向如图 2.5 所示。

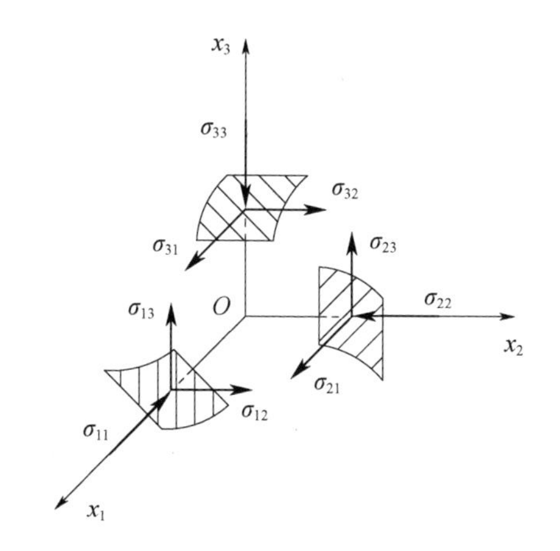

图 2.5　应力张量 σ_{ij} 的典型应力分量及方向

2.2.2　应力张量标记

（1）矩阵记法

式（2.14）中的应力张量 σ_{ij} 与 3×3 阶矩阵的表示方法相同，i、j 分别代表行、列。行与列的数 1、2、3 分别对应于 x、y、z，则应力张量 σ_{ij} 也可表示为

$$
\sigma_{ij}=\begin{bmatrix}\sigma_{xx} & \sigma_{xy} & \sigma_{xz}\\ \sigma_{yx} & \sigma_{yy} & \sigma_{yz}\\ \sigma_{zx} & \sigma_{zy} & \sigma_{zz}\end{bmatrix} \tag{2.15}
$$

式（2.14）、式（2.15）这种表示方法称为应力张量的矩阵记法，因而 σ_{ij} 也可写成$[\sigma_{ij}]$。

值得注意的是，张量可以写成矩阵形式，但写成矩阵形式的不一定都是张量。一般地，矩阵只是一些有序排列的数而已。

（2）von Karman 标记法

式（2.15）也可写成以下形式，即

$$
\sigma_{ij}=\begin{bmatrix}\sigma_{x} & \tau_{xy} & \tau_{xz}\\ \tau_{yx} & \sigma_{y} & \tau_{yz}\\ \tau_{zx} & \tau_{zy} & \sigma_{z}\end{bmatrix} \tag{2.16}
$$

式中，σ 为正应力分量，τ 为剪应力分量。

需要注意的是，σ_x、σ_y、σ_z 分别是 σ_{xx}、σ_{yy}、σ_{zz} 的简写。上述的表示方法实际上是应力张量的字母下标记法，σ_{ij} 也可写成(σ_{ij})。这种张量的表示法称为张量的 von Karman 标记法。

实际上，式（2.14）至式（2.16）是等价的，即

$$
\sigma_{ij}=\begin{bmatrix}\sigma_{11} & \sigma_{12} & \sigma_{13}\\ \sigma_{21} & \sigma_{22} & \sigma_{23}\\ \sigma_{31} & \sigma_{32} & \sigma_{33}\end{bmatrix}\equiv\begin{bmatrix}\sigma_{xx} & \sigma_{xy} & \sigma_{xz}\\ \sigma_{yx} & \sigma_{yy} & \sigma_{yz}\\ \sigma_{zx} & \sigma_{zy} & \sigma_{zz}\end{bmatrix}\equiv\begin{bmatrix}\sigma_{x} & \tau_{xy} & \tau_{xz}\\ \tau_{yx} & \sigma_{y} & \tau_{yz}\\ \tau_{zx} & \tau_{zy} & \sigma_{z}\end{bmatrix} \tag{2.17}
$$

根据切应力对称互等性，实际上只有三个切应力分量是独立的。因此，确定一个应力张量的应力分量实际上为六个：σ_x，σ_y，σ_z、τ_{xy}、τ_{yz}、τ_{zx}。这六个应力分量或应力张量也决定了一点的应力状态。

一般地，物体内各点的应力状态是非均匀分布的，也就是说各点的应力分量为坐标 x、y、z 的函数。因此，应力张量 σ_{ij} 总是针对某一确定点而言的，即应力张量 σ_{ij} 与给定点的空间位置有关。总之，应力张量 σ_{ij} 可以完全确定一点的应力状态。

2.2.3 应力主轴

（1）主平面和主方向

假设空间中一点的应力矢量 $\boldsymbol{T}$（或表示为$\boldsymbol{T}_{\mathrm{n}}$）的方向与单位法线方向 $\boldsymbol{n}$ 相同。根据式（2.5)可知，此时有 $\boldsymbol{T}=\sigma_{\mathrm{n}}$ 和 $\tau_{\mathrm{n}}=0$。即此时处于无剪切应力状态。那么法线为 $\boldsymbol{n}$ 的平面称为该点的主平面，或称为主应力面，主平面的法线方向 $\boldsymbol{n}$ 称为主方向。

对于空间中的某一点来说至少有三个主方向，并且总可以找到三个相互垂直的平面，在这些平面上的剪应力为 0，因此这样的主平面也至少有三个，其法线方向为主方向。

（2）主应力

主平面上的正应力 σ_{n} 称为主应力。三个主应力一般表示为 σ_1、σ_2、σ_3，习惯上按大小顺序排列，即 $\sigma_1>\sigma_2>\sigma_3$。

根据主方向的定义有 $\boldsymbol{T}=\sigma\boldsymbol{n}$，或者以分量的形式表示为 $T_i=\sigma n_i$。再根据 Cauchy 应力公式 $T_i=\sigma_{ij}n_j$ 可得到

$$
\sigma_{ij}n_j=\sigma n_i \tag{2.18}
$$

该式隐含了三个等式：$\sigma_{11}n_1+\sigma_{12}n_2+\sigma_{13}n_3=\sigma n_1$，$\sigma_{21}n_1+\sigma_{22}n_2+\sigma_{23}n_3=\sigma n_2$，$\sigma_{31}n_1+\sigma_{32}n_2+\sigma_{33}n_3=\sigma n_3$。采用 von Karman 标记，这三个等式可分别表示为$(\sigma_x-\sigma)n_x+\tau_{xy}n_y+\tau_{xz}n_z=0$，$\tau_{yx}n_x+(\sigma_y-\sigma)n_y+\tau_{yz}n_z=0$，$\tau_{zx}n_x+\tau_{zy}n_y+(\sigma_z-\sigma)n_z=0$。采用缩写记法为

$$(\sigma_{ij}-\sigma\delta_{ij})n_j=0 \tag{2.19}$$

因此，式（2.18）为三个线性联立方程组，对 n_x、n_y、n_z 是齐次的。为了得到其非零解，行列式必须是 0，即

$$|\sigma_{ij}-\sigma\delta_{ij}|=0 \tag{2.20}$$

这样就决定了 σ 的值，σ 通常有三个根：σ_1、σ_2、σ_3。由于主方向的基本方程为 $T_i=\sigma n_i$，因此三个可能的 σ 的值就是对应于零剪应力的正应力的大小，即三个主应力。

将 σ_1、σ_2、σ_3 代入式（2.19），并且根据 $n_1^2+n_2^2+n_3^2=1$，可决定对应于主应力 σ 每个值的单位法线 n_i 的分量（n_1，n_2，n_3）：

$$\begin{aligned}&\text{对于 }\sigma=\sigma_1,\ \boldsymbol{n}^{(1)}=(n_1^{(1)},\ n_2^{(1)},\ n_3^{(1)});\\&\text{对于 }\sigma=\sigma_2,\ \boldsymbol{n}^{(2)}=(n_1^{(2)},\ n_2^{(2)},\ n_3^{(2)});\\&\text{对于 }\sigma=\sigma_3,\ \boldsymbol{n}^{(3)}=(n_1^{(3)},\ n_2^{(3)},\ n_3^{(3)})\end{aligned} \tag{2.21}$$

这三个方向称为该点的主方向。

（3）应力主轴

将三个相互垂直的主方向作为三个坐标轴方向，称为应力主轴，这样建立的几何空间则称为主应力空间，如图 2.6 所示。

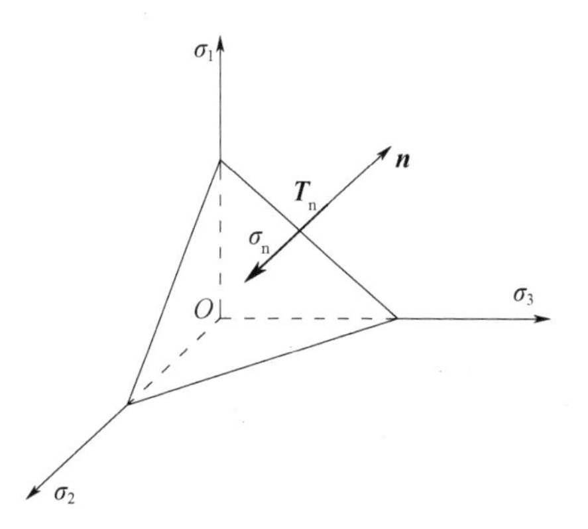

图 2.6　应力主轴及主应力空间

一般结论：

① 如果三个主应力 σ_1、σ_2、σ_3 不相同，则所有主方向 $n_i^{(1)}$、$n_i^{(2)}$、$n_i^{(3)}$ 正交；对于每一个 σ，根据矢量 n_i 的正交性，$(\sigma_{ij}-\sigma\delta_{ij})n_j=0$ 中正好有两个独立的方程。对于 σ_1，如果$(\sigma_{ij}-\sigma\delta_{ij})n_j=0$ 中仅有一个方程是独立的，那么对于 $n_i^{(1)}$ 存在多种选择，并不是所有矢量都能够与确定的一对矢量 $n_i^{(2)}$、$n_i^{(3)}$ 正交；

② 三个主应力 σ_1、σ_2、σ_3，以及相应的三个主方向 n_i 都是实数。

（4）正应力驻值

对于 Cauchy 公式（2.7），三个主方向 n_1、n_2、n_3 满足约束条件：$n_1^2+n_2^2+n_3^2=1$。利用 Lagrange 乘数 σ，并且定义函数 Y 为 $Y=\sigma_n-\sigma(n_1^2+n_2^2+n_3^2-1)$。为了得到 σ_n 的驻值，采用以下条件：$\dfrac{\partial Y}{\partial n_1}=0$，$\dfrac{\partial Y}{\partial n_2}=0$，$\dfrac{\partial Y}{\partial n_3}=0$。这样就可得到式（2.18）隐含的三个等式。因此，主应力 σ_1、σ_2、σ_3 也是驻值，即在所有正应力 σ_n 中的最大值或最小值。

也可根据下述方法获得正应力的驻值：首先，根据 $\sigma_n=\sigma_1n_1^2+\sigma_2n_2^2+\sigma_3n_3^2$、$n_1^2+n_2^2+n_3^2=1$，消去 n_3 得到 $\sigma_n=(\sigma_1-\sigma_3)n_1^2+(\sigma_2-\sigma_3)n_2^2+\sigma_3$。这样可得到正应力 σ_n 的驻值。然后，由于有$\dfrac{\partial\sigma_n}{\partial n_1}=0=2(\sigma_1-\sigma_3)n_1$、$\dfrac{\partial\sigma_n}{\partial n_2}=0=2(\sigma_2-\sigma_3)n_2$，为满足这两个表达式而获得驻值，须有 $n_1=0$，$n_2=0$，$n_3=\pm1$，那么有 $\sigma_3=\sigma_n$。同样，可得到 $\sigma_2=\sigma_n$ 或 $\sigma_1=\sigma_n$。

根据上述分析，σ_1、σ_2、σ_3 为正应力 σ_n 的驻值，并且也是主应力（剪应力为 0），它们作用于主平面上，主平面为垂直于主轴的平面。当 $\sigma_1>\sigma_2>\sigma_3$ 时，σ_1、σ_3 则为 σ_n 的最大值、

最小值，σ_2 则为中间值，分别称为最大主应力、最小主应力、中间主应力。

（5）主应力相对大小的图示

对于某一点的应力状态，如果 $\sigma_1>\sigma_2>\sigma_3$，表示为一个长方体，如图 2.7（a）所示；如果 $\sigma_1>\sigma_2=\sigma_3$，表示为一个圆柱体，如图 2.7（b）所示；如果 $\sigma_1=\sigma_2=\sigma_3$，则可得到一个任何方向都是主方向的静水压应力或球应力系统，如图 2.7（c）所示。

有两个或三个主应力相等的情况称为特殊的或退化的情况。

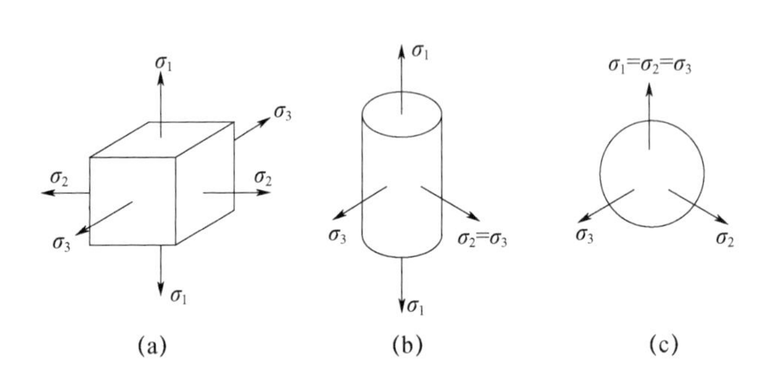

图 2.7　主应力相对大小图示

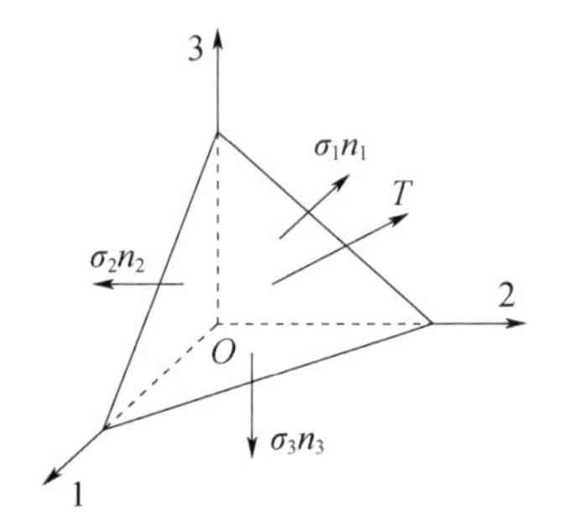

图 2.8　主应力空间斜截面上的应力分量

（6）剪应力驻值

空间中过某点的平面有无数个，其上的剪应力各不相同。如果某斜截面上的剪应力为驻值即极大值时，定义为主剪应力，主剪应力所作用的平面称为主剪应力平面。

采用主轴 1-2-3 作为参考坐标轴来代替 x_1-x_2-x_3 或 σ_1-σ_2-σ_3 坐标系，坐标平面 1-2-3 上所有的剪应力都为 0，如图 2.8 所示。

根据 Cauchy 应力公式 $T_i^2=\sigma_{ij}\sigma_{ik}n_jn_k$、$\sigma_n=\sigma_{ij}n_in_j$，以及 $\tau_n^2=T^2-\sigma_n^2$ 可分别得到：

$$T^2=\sigma_1^2n_1^2+\sigma_2^2n_2^2+\sigma_3^2n_3^2,\quad \sigma_n=\sigma_1n_1^2+\sigma_2n_2^2+\sigma_3n_3^2,$$
$$\tau_n^2=(\sigma_1^2n_1^2+\sigma_2^2n_2^2+\sigma_3^2n_3^2)^2-(\sigma_1n_1^2+\sigma_2n_2^2+\sigma_3n_3^2)^2 \tag{2.22}$$

对应于 $\boldsymbol{n}$ 的条件 $n_1^2+n_2^2+n_3^2=1$ 可获得主剪应力，利用 τ 作为 Lagrange 乘数和函数 $Y=S_n-\tau(n_1^2+n_2^2+n_3^2-1)$，然后利用推导正应力驻值的三个条件式，可得到剪应力 τ_n 的驻值，这样即可确定主剪应力及其作用的平面。

可根据下述方法获得剪应力的驻值：首先，根据式（2.22）中的 τ_n^2 表达式、$n_1^2+n_2^2+n_3^2=1$，消去 n_3 得到：$\tau_n^2=[(\sigma_1^2-\sigma_3^2)n_1^2+(\sigma_2^2-\sigma_3^2)n_2^2+\sigma_3^2]-[(\sigma_1-\sigma_3)n_1^2+(\sigma_2-\sigma_3)\cdot n_2^2+\sigma_3]$。然后，根据$\dfrac{1}{2}\dfrac{\partial\tau_n^2}{\partial n_1}=0$、$\dfrac{1}{2}\dfrac{\partial\tau_n^2}{\partial n_2}=0$ 来求取 τ_n 的驻值。假定 $\sigma_1>\sigma_2>\sigma_3$，使得 τ_n 有驻值的条件分以下几种情况：

①$n_1=n_2=0$，$n_3=\pm1$。此时 $\tau_n=0$ 是最小值，作用在法线与主轴三方向一致的主平面上。

②$n_1=0$，$n_2\neq0$。此时根据$\dfrac{1}{2}\dfrac{\partial\tau_n^2}{\partial n_2}=0$ 得到$(\sigma_2-\sigma_3)^2(1-2n_2^2)=0$。由于 $\sigma_2-\sigma_3\neq0$，则得到 $n_2=n_3=\pm\dfrac{1}{\sqrt{2}}$。这样就决定了两个平面，它们经过主轴 σ_1，并且与 σ_2、σ_3 主轴成45°角。此时，τ_n 的驻值为 $\tau_n^2=\dfrac{1}{4}(\sigma_2-\sigma_3)^2$，或$|\tau_n|=\dfrac{1}{2}|\sigma_2-\sigma_3|$。

③$n_1\neq0$，$n_2=0$。此时根据$\frac{1}{2}\frac{\partial\tau_n^2}{\partial n_1}=0$得到$(\sigma_1-\sigma_3)^2(1-2n_1^2)=0$。由于$\sigma_1-\sigma_3\neq0$，则得到$n_1=n_3=\pm\frac{1}{\sqrt{2}}$。此时，$\tau_n$的驻值为$|\tau_n|=\frac{1}{2}|\sigma_1-\sigma_3|$。这样，$n_1$、$n_2$、$n_3$的这些值就定义了两个平面，它们经过主轴$\sigma_2$，并且与$\sigma_1$、$\sigma_3$主轴成45°角。

同样的方法可得到剪应力τ_n的另一个驻值为$|\tau_n|=\frac{1}{2}|\sigma_1-\sigma_2|$。该剪应力作用于平面$n_1=n_2=\pm\frac{1}{\sqrt{2}}$，$n_3=0$上，该平面经过主轴$\sigma_3$，并且与$\sigma_1$、$\sigma_2$主轴成45°角。

总之：①剪应力τ_n的驻值发生在主平面平分角的平面上或主平面上；②$\frac{1}{2}|\sigma_1-\sigma_2|$、$\frac{1}{2}|\sigma_2-\sigma_3|$、$\frac{1}{2}|\sigma_3-\sigma_1|$称为主剪应力；③主剪应力平面并非纯剪平面。主剪应力中的最大者称为最大剪应力$\tau_{\max}$。④对于$\sigma_1>\sigma_2>\sigma_3$，最大剪应力$\tau_{\max}=\frac{1}{2}|\sigma_1-\sigma_3|$。

（7）纯剪切状态

在x_i坐标系中，假设某一点的应力状态为σ_{ij}，如果有某个坐标系x'_i使得$\sigma'_{11}=\sigma'_{22}=\sigma'_{33}=0$，则定义为该点的应力状态为纯剪切状态，其充要条件为

$$\sigma_{ii}=0，或：I_1=\sigma_{11}+\sigma_{22}+\sigma_{33}=\sigma_x+\sigma_y-\sigma_z=0 \tag{2.23}$$

2.2.4 应力张量不变量

展开行列式（2.20），根据式（1.33）可得到特征方程为

$$\sigma^3-I_1\sigma^2+I_2\sigma-I_3=0 \tag{2.24}$$

式中，I_1、I_2、I_3分别为σ_{ij}对角项之和、对角项的余子式之和、行列式，即

$$I_1=\sigma_{11}+\sigma_{22}+\sigma_{33}=\sigma_x+\sigma_y+\sigma_z$$

$$I_2=\begin{vmatrix}\sigma_{22}&\sigma_{23}\\\sigma_{32}&\sigma_{33}\end{vmatrix}+\begin{vmatrix}\sigma_{11}&\sigma_{13}\\\sigma_{31}&\sigma_{33}\end{vmatrix}+\begin{vmatrix}\sigma_{11}&\sigma_{12}\\\sigma_{21}&\sigma_{22}\end{vmatrix}$$

$$=\begin{vmatrix}\sigma_y&\tau_{yz}\\\tau_{zy}&\sigma_z\end{vmatrix}+\begin{vmatrix}\sigma_x&\tau_{xz}\\\tau_{zx}&\sigma_z\end{vmatrix}+\begin{vmatrix}\sigma_x&\tau_{xy}\\\tau_{yx}&\sigma_y\end{vmatrix}$$

$$I_3=\begin{vmatrix}\sigma_{11}&\sigma_{12}&\sigma_{13}\\\sigma_{21}&\sigma_{22}&\sigma_{23}\\\sigma_{31}&\sigma_{32}&\sigma_{33}\end{vmatrix}=\begin{vmatrix}\sigma_x&\tau_{xy}&\tau_{xz}\\\tau_{yx}&\sigma_y&\tau_{yz}\\\tau_{zx}&\tau_{zy}&\sigma_z\end{vmatrix} \tag{2.25}$$

式（2.24）的三个根即为三个主应力σ_1、σ_2、σ_3。

主应力的求解方法是根据式（2.25）求出I_1、I_2、I_3，再代入式（2.24）求得三个主应力σ_1、σ_2、σ_3。实际上一般不采用这种方法求解，这只是为了引出I_1、I_2、I_3的概念。

以σ_1、σ_2、σ_3为轴的主应力空间中，正应力σ_x、σ_y、σ_z则分别为σ_1、σ_2、σ_3，其作用的面上都没有剪应力。根据式（2.25），在主方向上的I_1、I_2、I_3可表示为

$$I_1=\sigma_1+\sigma_2+\sigma_3$$

$$I_2=\sigma_1\sigma_2+\sigma_2\sigma_3+\sigma_3\sigma_1$$

$$I_3=\sigma_1\sigma_2\sigma_3 \tag{2.26}$$

由于三个主应力 σ_1、σ_2、σ_3 所作用的主平面相互垂直，其法线构成了主应力张量的主轴，与原来的坐标轴 x、y、z 的方向无关，因此三个主应力 σ_1、σ_2、σ_3 又可称为三个应力不变量，完全可以表示出一点的应力状态。由三个主应力 σ_1、σ_2、σ_3 组合而成的三个量 I_1、I_2、I_3 也与选取的坐标轴 x、y、z 无关，因此是应力张量的不变量，即为一点的应力状态的不变量。这三个应力不变量 I_1、I_2、I_3 同样完全可以描述一点的应力状态，因此也可以称为一点应力状态的不变量。

对于方程式（2.24)，其三个根是不变的，三个系数 I_1、I_2、I_3 也不会改变，因而 I_1，I_2，I_3 是应力张量不变量，分别称为应力张量的第一、第二、第三不变量。

需要注意的是，三个不变量 I_1，I_2，I_3 不是应力张量 σ_{ij} 唯一的不变量。通常，存在着应力张量 σ_{ij} 的许多组合，这些组合不以坐标轴的转动而改变。得到这些不变量的最容易的方法是，利用应力张量 σ_{ij} 构成的任何标量（无自由指标）必定是一个不变量。下面这些量都是由应力张量 σ_{ij} 的主值得出的不变量：

$$\sigma_{ii}=\sigma_1+\sigma_2+\sigma_3,\quad \sigma_{ij}\sigma_{ji}=\sigma_1^2+\sigma_2^2+\sigma_3^2,\quad \sigma_{ij}\sigma_{jk}\sigma_{ki}=\sigma_1^3+\sigma_2^3+\sigma_3^3 \tag{2.27}$$

【例 2.2】 设某点的应力状态为 $\sigma_{ij}=\begin{bmatrix}50 & -20 & 0\\ -20 & 80 & 60\\ 0 & 60 & -70\end{bmatrix}$，求该点的三个主应力 σ_1、σ_2、σ_3 以及主方向，并且证明三个主方向正交。

三个主应力 σ_1、σ_2、σ_3 求解如下：

（1）根据应力张量 σ_{ij} 得到三个应力不变量：$I_1=\sigma_x+\sigma_y+\sigma_z=50+80+(-70)=60$，$I_2=\begin{vmatrix}\sigma_y & \tau_{yz}\\ \tau_{zy} & \sigma_z\end{vmatrix}+\begin{vmatrix}\sigma_x & \tau_{xz}\\ \tau_{zx} & \sigma_z\end{vmatrix}+\begin{vmatrix}\sigma_x & \tau_{xy}\\ \tau_{yx} & \sigma_y\end{vmatrix}=-9100$，$I_3=\begin{vmatrix}\sigma_x & \tau_{xy} & \tau_{xz}\\ \tau_{yx} & \sigma_y & \tau_{yz}\\ \tau_{zx} & \tau_{zy} & \sigma_z\end{vmatrix}=-432000$。

（2）根据特征方程 $\sigma^3-I_1\sigma^2+I_2\sigma-I_3=0$ 得到 $\sigma^3-60\sigma^2-9100\sigma+432000=0$。解该一元三次方程可得到三个主应力 σ_1、σ_2、σ_3。

（3）首先求解 $R=\frac{2}{3}\sqrt{I_1^2-3I_2}=117$，$\cos\varphi=\frac{2I_1^3-9I_1I_2+27I_3}{2\sqrt{(I_1^2-3I_2)^3}}=-0.5816$，即 $\varphi=125.562°$。然后求解三个根：$\sigma'=\frac{I_1}{3}+R\cos\frac{\varphi}{3}=107$、$\sigma''=\frac{I_1}{3}+R\cos\frac{2\pi+\varphi}{3}=-91$、$\sigma'''=\frac{I_1}{3}+R\cos\frac{4\pi+\varphi}{3}=44$。于是得到三个主应力分别为：$\sigma_1=107$、$\sigma_2=44$、$\sigma_3=-91$。

主方向计算过程如下：

（1）对于 $\sigma_1=107$，根据式 $(\sigma_{11}-\sigma)n_1+\sigma_{12}n_2+\sigma_{13}n_3=0$ 给出：$-57n_1^{(1)}-20n_2^{(1)}=0$，$-20n_1^{(1)}-27n_2^{(1)}+60n_3^{(1)}=0$。于是得到 $\frac{n_2^{(1)}}{n_1^{(1)}}=-2.85$、$\frac{n_3^{(1)}}{n_1^{(1)}}=-0.949$。再根据 $n_1^2+n_2^2+n_3^2=1$，得到：$n_1^{(1)}=\frac{1}{\sqrt{1+\left(\frac{n_2^{(1)}}{n_1^{(1)}}\right)^2+\left(\frac{n_3^{(1)}}{n_1^{(1)}}\right)^2}}=0.316$。最后得到 $n_2^{(1)}=-0.901$、$n_3^{(1)}=-0.300$。

（2）类似地，对于 $\sigma_2=44$，可得到 $n_1^{(2)}=0.948$、$n_2^{(2)}=0.284$、$n_3^{(2)}=0.145$。对于 $\sigma_3=-91$，可得到 $n_1^{(3)}=0.048$、$n_2^{(3)}=0.335$、$n_3^{(3)}=-0.941$。

三个主方向正交证明如下：

由于 $n_i^{(1)}n_i^{(2)}=0.300-0.256-0.044=0$、$n_i^{(2)}n_i^{(3)}=0.045+0.095-0.140=0$、$n_i^{(3)}n_i^{(1)}=0.015-0.300+0.285=0$，因此三个主方向 $n_i^{(1)}$、$n_i^{(2)}$、$n_i^{(3)}$ 正交。

2.2.5 应力张量分解

(1) 应力张量分解

令 $p=\frac{1}{3}(\sigma_x+\sigma_y+\sigma_z)$，式 (2.17) 可改写为

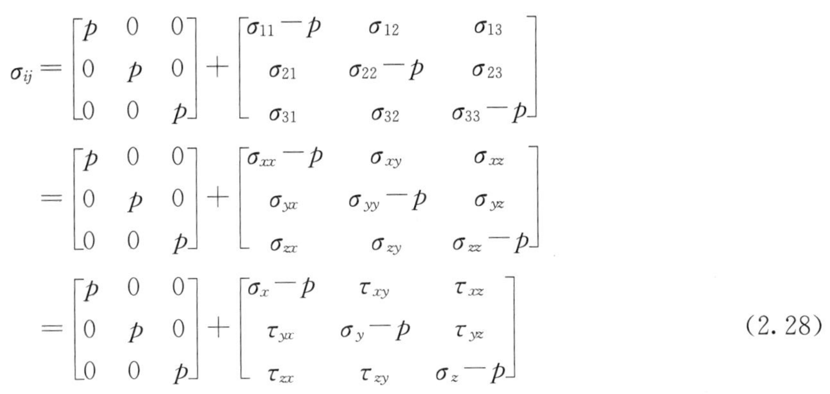

$$\sigma_{ij}=\begin{bmatrix}p&0&0\\0&p&0\\0&0&p\end{bmatrix}+\begin{bmatrix}\sigma_{11}-p&\sigma_{12}&\sigma_{13}\\\sigma_{21}&\sigma_{22}-p&\sigma_{23}\\\sigma_{31}&\sigma_{32}&\sigma_{33}-p\end{bmatrix}$$

$$=\begin{bmatrix}p&0&0\\0&p&0\\0&0&p\end{bmatrix}+\begin{bmatrix}\sigma_{xx}-p&\sigma_{xy}&\sigma_{xz}\\\sigma_{yx}&\sigma_{yy}-p&\sigma_{yz}\\\sigma_{zx}&\sigma_{zy}&\sigma_{zz}-p\end{bmatrix}$$

$$=\begin{bmatrix}p&0&0\\0&p&0\\0&0&p\end{bmatrix}+\begin{bmatrix}\sigma_x-p&\tau_{xy}&\tau_{xz}\\\tau_{yx}&\sigma_y-p&\tau_{yz}\\\tau_{zx}&\tau_{zy}&\sigma_z-p\end{bmatrix} \quad (2.28)$$

式 (2.28) 中任一个等式中的第一项为元素是 $p\delta_{ij}$ 的张量，称为球应力张量；第二项表示偏应力张量。因此，应力张量通常可分成两部分：球应力张量、偏应力张量。

令 s_{ij} 表示偏应力张量，则式 (2.28) 简化为

$$\sigma_{ij}=p\delta_{ij}+s_{ij} \quad (2.29)$$

式中，δ_{ij} 为 Kronecker Delta 符号。

(2) 球应力张量

式 (2.29) 中 $p\delta_{ij}$ 项为球应力张量，或称为球形应力张量、应力球张量、球张量。应力球张量表示的是一种“球形”应力状态，即各向等值的应力状态，或静水压力状态，因而称为静水应力张量。

根据 Cauchy 应力公式 $T_i=\sigma_{ij}n_j$ 可得到 $n_1=\frac{T_1}{\sigma_1}$、$n_2=\frac{T_2}{\sigma_2}$、$n_3=\frac{T_3}{\sigma_3}$。再根据三个主方向 n_1、n_2、n_3 满足约束条件：$n_1^2+n_2^2+n_3^2=1$，可得到 $\left(\frac{T_1}{\sigma_1}\right)^2+\left(\frac{T_2}{\sigma_2}\right)^2+\left(\frac{T_3}{\sigma_3}\right)^2=1$。该式为一个椭球面方程，表示的是在以应力矢量 $\boldsymbol{T}$ 的三个主轴分量为坐标轴的空间内，主半轴为 σ_1、σ_2、σ_3 的一个椭球面，称为应力椭球面。如果过一点的斜面上的应力都采用应力矢量表示，则从该点做出的任一矢量的矢端都落在此椭球面上。

特别地，当 $\sigma_1=\sigma_2=\sigma_3=p$ 时，则得到 $T_1^2+T_2^2+T_3^2=p^2$。该式为一个以坐标原点为球心、半径为 p 的球面的方程，表示的是一个球形应力状态。因此，在主应力空间中，三个主应力均为 p 的应力张量，可表示为 $p\delta_{ij}$，该张量定义为应力球张量，应力球张量便由此而得名。应力球张量中的三个主应力相等，过一点的任意方向均为主轴，即任一平面上只有正应力而无剪应力。球面上任一点都同时作用有指向或背离球心的应力，这相当于静水压力，因此不产生塑性变形且与屈服无关。

(3) 平均应力

球张量 $p\delta_{ij}$ 中的 p 称为平均应力。根据式 (2.25) 至式 (2.27)，平均应力 p 可表示为

$$p=\frac{1}{3}(\sigma_x+\sigma_y+\sigma_z)=\frac{1}{3}\sigma_{kk}=\frac{1}{3}I_1 \tag{2.30}$$

平均应力 p 对于坐标轴可能的所有方向都是相同的，所以又称为球应力或球面应力、静水应力或纯静水应力。有些文献中，平均应力采用 σ_m 表示。

式（2.30）表明，$I_1=3p$，即应力张量第一不变量的物理意义是平均应力（三个正应力的平均值）的 3 倍，代表了通过受力点的无限小球面上的正应力的平均值，属于正应力。在经典塑性理论中，平均应力只产生弹性体积应变，与材料的屈服无关，常将平均应力从应力张量中分离出来。

（4）偏应力张量

对于偏应力张量，或称为应力偏张量、应力偏斜张量、应力偏量。偏应力张量 s_{ij} 定义为从实际应力状态中减去球面应力状态，即应力张量与静水压力之差的应力状态。根据式（2.29)有

$$s_{ij}=\sigma_{ij}-p\delta_{ij} \tag{2.31}$$

对于 $i\neq j$ 时有 $\delta_{ij}=0$，此时 $s_{ij}=\sigma_{ij}$。

式（2.31）给出了偏应力张量 s_{ij} 所需要的定义，其分量为

$$s_{ij}=\begin{bmatrix} s_{11} & s_{12} & s_{13} \\ s_{21} & s_{22} & s_{23} \\ s_{31} & s_{32} & s_{33} \end{bmatrix}=\begin{bmatrix} \sigma_{11}-p & \sigma_{12} & \sigma_{13} \\ \sigma_{21} & \sigma_{22}-p & \sigma_{23} \\ \sigma_{31} & \sigma_{32} & \sigma_{33}-p \end{bmatrix} \tag{2.32}$$

采用 von Karman 标记可表示为

$$s_{ij}=\begin{bmatrix} s_x & s_{xy} & s_{xz} \\ s_{yx} & s_y & s_{yz} \\ s_{zx} & s_{zy} & s_z \end{bmatrix}=\begin{bmatrix} \sigma_x-p & \tau_{xy} & \tau_{xz} \\ \tau_{yx} & \sigma_y-p & \tau_{yz} \\ \tau_{zx} & \tau_{zy} & \sigma_z-p \end{bmatrix} \tag{2.33}$$

根据应力张量 σ_{ij} 分解定义式 $\sigma_{ij}=s_{ij}+p\delta_{ij}$，可得 $\sigma_{ii}=s_{ii}+p\delta_{ii}$。再根据 $p=\frac{1}{3}\sigma_{kk}$，可得到 $\sigma_{ii}=s_{ii}+\sigma_{ii}$，即

$$s_{ii}=s_{11}+s_{22}+s_{33}=0 \tag{2.34}$$

该式满足纯剪切状态的充要条件 $\sigma_{ii}=0$，因此偏应力张量 s_{ij} 描述的是一个纯剪切状态。这是应力偏张量的性质之一。根据式（2.31），由于 $p\delta_{ij}$ 是一个常数正应力，在所有方向上减去一个常数正应力不会改变其方向，因此 s_{ij} 与 σ_{ij} 的主方向一致。

根据式（2.33），偏应力张量 s_{ij} 采用主应力可表示为

$$s_{ij}=\begin{bmatrix} \sigma_1-p & 0 & 0 \\ 0 & \sigma_2-p & 0 \\ 0 & 0 & \sigma_3-p \end{bmatrix}=\begin{bmatrix} \frac{2\sigma_1-\sigma_2-\sigma_3}{3} & 0 & 0 \\ 0 & \frac{2\sigma_2-\sigma_3-\sigma_1}{3} & 0 \\ 0 & 0 & \frac{2\sigma_3-\sigma_1-\sigma_2}{3} \end{bmatrix} \tag{2.35}$$

设 $s_1=\sigma_1-p$、$s_2=\sigma_2-p$、$s_3=\sigma_3-p$，则 s_1、s_2、s_3 称为偏主应力。

（5）偏应力张量的不变量

偏应力张量 s_{ij} 也是一种应力状态，也有其不变量。应力偏张量是一个二阶对称张量，其主轴方向与应力主轴方向一致，因此采用与推导应力张量不变量相类似的方法来推导偏应力张量 s_{ij} 的不变量。根据偏应力张量 s_{ij} 的定义表达式得到

$$|s_{ij}-s\delta_{ij}|=0，或\ s^3-J_1s^2+J_2s-J_3=0 \tag{2.36}$$

式中，J_1，J_2，J_3 为偏应力张量的不变量，或应力偏量不变量，分别称为偏应力张量的第一、第二、第三不变量。

应力偏量不变量扣除了静水压力的影响，比应力张量不变量用途更为广泛，特别是 J_2 使用得最多，其物理意义：在数值上是八面体平面上剪应力的倍数，也是 π 平面上矢径的大小。三个应力偏量不变量 J_1、J_2、J_3 可以表达为以 s_{ij} 的分量或主值 s_1、s_2、s_3 表示的不同形式，或者以应力张量 σ_{ij} 的分量或主值 σ_1、σ_2、σ_3 表示的不同形式，因此有

$$
\begin{aligned}
J_1 &= s_{ii}=s_{11}+s_{22}+s_{33}=s_1+s_2+s_3=0\\
J_2 &= \frac{1}{2}s_{ij}s_{ji}=\frac{1}{2}(s_1^2+s_2^2+s_3^2)=\frac{1}{2}(s_{11}^2+s_{22}^2+s_{33}^2+2\sigma_{12}^2+2\sigma_{23}^2+2\sigma_{31}^2)\\
&= -s_{11}s_{22}-s_{22}s_{33}-s_{33}s_{11}+\sigma_{12}^2+\sigma_{23}^2+\sigma_{31}^2=-s_1s_2-s_2s_3-s_3s_1\\
&= \frac{1}{6}[(s_{11}-s_{22})^2+(s_{22}-s_{33})^2+(s_{33}-s_{11})^2]+\sigma_{12}^2+\sigma_{23}^2+\sigma_{31}^2\\
&= \frac{1}{6}[(\sigma_x-\sigma_y)^2+(\sigma_y-\sigma_z)^2+(\sigma_z-\sigma_x)^2]+\tau_{xy}^2+\tau_{yz}^2+\tau_{zx}^2\\
&= \frac{1}{6}[(\sigma_1-\sigma_2)^2+(\sigma_2-\sigma_3)^2+(\sigma_3-\sigma_1)^2]\\
J_3 &= \begin{vmatrix} s_x & \tau_{xy} & \tau_{xz}\\ \tau_{yx} & s_y & \tau_{yz}\\ \tau_{zx} & \tau_{zy} & s_z \end{vmatrix}=\frac{1}{3}s_{ij}s_{jk}s_{ki}=\frac{1}{3}(s_1^3+s_2^3+s_3^3)=s_1s_2s_3\\
&= \frac{1}{27}(2\sigma_1-\sigma_2-\sigma_3)(2\sigma_2-\sigma_3-\sigma_1)(2\sigma_3-\sigma_1-\sigma_2)
\end{aligned}
\tag{2.37}
$$

(6) 等效应力

在简单拉伸状态中，设拉伸方向的应力为 σ_1，由于 $\sigma_2=\sigma_3=0$，根据式（2.37）得到 $J_2=\frac{1}{3}\sigma_1^2$，即 $\sigma_1=\sqrt{3J_2}$。于是可定义等效应力 q 为

$$q=\sqrt{3J_2}=\frac{1}{\sqrt{2}}\sqrt{(\sigma_1-\sigma_2)^2+(\sigma_2-\sigma_3)^2+(\sigma_3-\sigma_1)^2} \tag{2.38}$$

式中，q 为等效应力，也称为广义剪应力。该等效应力即材料力学第四强度理论的相当应力，因此又称为应力强度，代表复杂应力折合成单向应力状态的当量应力。

广义剪应力 q 并不是一种真实作用的剪应力，只是一种便于研究而引入的虚拟应力，其物理意义并不确定。例如，在单向拉伸条件下，由于 $\sigma_x=\sigma_y=0$，$\sigma_z=\sigma_i=\sigma_1$，$\tau_{xy}=\tau_{yz}=\tau_{zx}=0$，因而有 $\tau_{\text{oct}}=\frac{\sqrt{2}}{3}\sigma_i$，此时 $q=\sigma_i=\sigma_1$，即广义剪应力 q 等效于单向拉伸应力，因此 q 称为等效应力或应力强度。又如，在纯剪切条件下，由于 $\sigma_2=0$，$\sigma_1=\tau$，$\sigma_3=-\tau$，因而有 $\tau_{\text{oct}}=\sqrt{\frac{2}{3}}\tau$，此时等效应力应为 $q=\sqrt{3}\tau$。再如，在常规三轴压缩条件下，由于 $\sigma_1>\sigma_3=\sigma_2$，此时 $q=\sigma_1-\sigma_3$，即主应力差（$\sigma_1-\sigma_3$）。

等效应力 q 是衡量材料处于弹性状态或塑性状态的重要依据，反映了主应力的综合作用，具有以下特点：①是一个不变量，与坐标轴无关；②不代表某个实际平面上的应力，不能在某个特定的平面上表示；③可以理解为一点的应力状态中应力偏量的综合作用，只与应

力偏量的第二不变量 J_2 有关；④叠加一个静水应力状态不影响等效应力的数值。静水应力可采用应力球张量表示，而 J_2 与应力球张量无关。

（7）等效剪应力

在平面纯剪切应力状态下，设切应力为 τ，则有 $\sigma_1=\tau$、$\sigma_2=0$、$\sigma_3=-\tau$。根据式（2.37)得到：$J_2=\tau^2$，即 $\tau=\sqrt{J_2}$。于是定义等效剪应力 τ_{eff} 为

$$\tau_{\text{eff}}=\sqrt{J_2}==\sqrt{\frac{1}{6}\left[(\sigma_1-\sigma_2)^2+(\sigma_2-\sigma_3)^2+(\sigma_3-\sigma_1)^2\right]} \tag{2.39}$$

式中，τ_{eff} 为等效剪应力或等效切应力。

上述等效应力 q、等效剪应力 τ_{eff}，以及后面将要介绍的八面体剪应力 τ_{oct}，都是 J_2 意义下的等效应力量。这些物理量的引入，将复杂应力状态化作“等效”的单向应力状态，从而可能对不同的应力状态的“强度”做定量描述和比较。

（8）偏应力张量不变量与应力张量不变量的关系

偏应力张量 s_{ij} 的三个不变量 J_1、J_2、J_3 与应力张量 σ_{ij} 的三个不变量 I_1、I_2、I_3 有相应的关系，可表示为

$$J_1=0，J_2=\frac{1}{3}(I_1^2-3I_2)，J_3=\frac{1}{27}(2I_1^3-9I_1I_2+27I_3) \tag{2.40}$$

在弹塑性本构关系中，I_1、J_2、J_3 有着重要意义和作用。I_1 只与平均应力或静水压力有关，J_2 反映了剪应力的大小，而 J_3 表示了剪应力的方向。

（9）应力张量分解的物理意义

式（2.29）中将应力张量分解为球张量和偏张量，可以简单理解为将应力分解为正应力和剪应力两种应力。应力张量 σ_{ij}、或应力球张量 $p\delta_{ij}$ 和应力偏张量 s_{ij}，都完全可以表示一点的应力状态。

对于三个主应力 σ_1、σ_2、σ_3，应力张量 σ_{ij} 的三个不变量 I_1、I_2、I_3，应力偏张量 s_{ij} 的两个不变量 J_2、J_3，以及 $\frac{1}{2}\sigma_{ij}\sigma_{ji}$、$\frac{1}{3}\sigma_{ij}\sigma_{jk}\sigma_{ki}$ 等，都是与参考轴的坐标系选择无关的标量不变量。三个独立不变量 I_1、J_2、J_3 分别是应力的一次量、二次量、三次量，并且 I_1 是表示纯静水应力的不变量，而 J_2 和 J_3 则是表示纯剪切状态的不变量。

一点的应力状态可采用 I_1、I_2、I_3，也可采用 J_2、J_3 表示。应力张量第一不变量 I_1 表明变形时一点附近体积改变，应力偏量第二不变量 J_2 与形状应变能有关。

平均应力 σ_{m} 实际上代表了通过受力点的无限小球面上的正应力的平均值。或者说，应力张量第一不变量 I_1 是平均应力 σ_{m} 的 3 倍。$\sqrt{J_2}$ 代表受力点各种剪应力的相对大小，并且 J_2 与通过受力点的无限小球面上的平均剪应力 τ_{m} 平方的 2.5 倍。

考虑一个无限小的球面体单元，在球面上的任一点，其切平面上的应力矢量具有一剪应力分量 τ_{s} 和一正应力分量 σ_{s}。对于球面上的正应力 σ_{s}，其平均值 σ_{m} 可表示为 $\sigma_{\text{m}}=\lim\limits_{S\to 0}\left[\frac{1}{S}\int_S\sigma_{\text{s}}\mathrm{d}S\right]$，其中，$S$ 表示球面。该式的求值为 $\sigma_{\text{m}}=\frac{1}{3}(\sigma_1+\sigma_2+\sigma_3)=\frac{1}{3}I_1$。

对于球面上的剪应力 τ_{s}，可根据通过一点的所有可能的定向面上的应力，沿此球面上求平均值的方法得到球面上的剪应力 τ_{s} 的平均值 τ_{m}，即 $\tau_{\text{m}}=\lim\limits_{S\to 0}\sqrt{\frac{1}{S}\int_S\tau_{\text{s}}^2\mathrm{d}S}$。该式的求值为 $\tau_{\text{m}}=\frac{1}{\sqrt{15}}\sqrt{(\sigma_1-\sigma_2)^2+(\sigma_2-\sigma_3)^2+(\sigma_3-\sigma_1)^2}$，或 $\tau_{\text{m}}=\sqrt{\frac{2}{5}J_2}$。

通过上述分析，可以将不变量 I_1、J_2 分别解释为与平均应力 σ_m、τ_m 有关的物理量。

根据式（2.37），J_2 可表示为

$$J_2=\frac{3}{2}\cdot\frac{1}{3}(s_1^2+s_2^2+s_3^2)=\frac{2}{3}\left[\left(\frac{\sigma_1-\sigma_2}{2}\right)^2+\left(\frac{\sigma_2-\sigma_3}{2}\right)^2+\left(\frac{\sigma_3-\sigma_1}{2}\right)^2\right] \tag{2.41}$$

于是应力偏张量 s_{ij} 的第二不变量 J_2 可理解为主应力偏量平方和的均值的 3/2 倍，并且可进一步理解为主剪应力平方和的均值的 2 倍。此外，J_2 与 q、八面体剪应力 τ_{oct}，以及纯剪应力 τ_s 等都有固定的关系，即

$$J_2=\frac{1}{3}q^2=\frac{3}{2}\tau_{oct}^2=\frac{1}{2}\tau_\pi^2=\tau_s^2=\frac{1}{2}s_{ij}s_{ij} \tag{2.42}$$

偏应力张量第二不变量 J_2 有着丰富的物理意义，代表着各种剪应力，如广义剪应力、八面体剪应力等的大小，也反映偏应力的大小。在塑性理论中，剪应力是引起材料产生剪切变形、进而屈服与破坏的主要原因。因此，J_2 在塑性理论中是一个非常重要的物理量。

采用应力偏量的两个不变量 J_2 和 J_3 还不能完全表示一点的应力状态，因而还需要有一个应力球张量的不变量，这个应力球张量的不变量常采用应力张量的第一不变量 I_1。因此，一点的应力状态可采用（I_1，J_2，J_3）表示。采用这种方法表示一点的应力状态的物理意义：I_1 只与平均应力或静水压力 $\sigma_m=\frac{1}{3}I_1$ 有关，J_2 反映剪应力的大小，J_3 表示剪应力的方向。

在经典弹塑性理论中，应力球张量只产生体积变化不产生形状变化；应力偏张量只产生形状变化不产生体积变化。这样就将体积应变与剪切应变区分开来。此外，体积应变常假设只有弹性分量而无塑性分量，剪切应变才有塑性分量。也就是说，静水压力不影响屈服，塑性变形与静水压力无关，只与应力偏张量有关。这样就使得研究大为简化。这也是应力张量分解的意义。但需要注意的是，这个结论只是针对金属材料而言的，对于岩土类材料则是不成立的。在岩土塑性力学中，土体的塑性变形与应力偏张量有关，也与应力球张量有关，这也是岩土塑性理论与经典塑性理论相区别的地方。

在岩土塑性理论中，应力球张量与应力偏张量都会引起体积应变，这称为剪胀性。剪切变形不仅与应力偏张量有关，也与应力球张量相关，这称为压硬性。土体的压硬性表示围压越高，其抗剪强度越高。岩土材料的塑性变形既与应力偏张量有关，也与应力球张量有关，考虑交叉影响是岩土塑性力学的重要特点。

2.3 应力空间与特征应力平面

2.3.1 主应力空间

（1）主应力空间的表示方法

在应力空间中，所有满足某种特征条件的多个应力点可以构成一个具有该特征的应力面。如满足极限平衡条件的所有应力点构成破坏面即临界状态面；满足开始发生塑性变形条件的所有应力点构成初始屈服面等。

空间中某一点的任意两个应力状态，因应力主轴不同而各异，但其主应力值不变。这样就可由三维应力空间中的同一点表示，这也意味着这种应力空间主要表现为应力的几何性，而非应力状态的取向。应力张量 σ_{ij} 有六个独立分量，如果将这六个分量分别作为应力位置

坐标处理成六维空间，问题将变得复杂。简单的方法是将三个主应力 σ_1、σ_2、σ_3 当作坐标轴组成笛卡尔空间坐标系，将某点的应力状态表示为三维应力空间中的一点，这个空间称为主应力空间，或称为 Haigh-Westergaard 应力空间，如图 2.6 或图 2.8 所示。在这个主应力空间中，每一点的坐标 σ_1、σ_2、σ_3 表示一个可能的应力状态。主应力空间中的一条线表示一条应力路径，即应力状态连续变化在应力空间中所形成的轨迹。应力路径可以在不同的应力空间中、或不同的应力平面上进行表示。

在弹塑性本构关系理论中，通常假定材料为各向同性，因此主应力的作用方向就无关紧要，只需研究一点的主应力大小即可，而三个主应力正好可以采用一个三维空间来直观描述。在三个主应力 σ_1、σ_2、σ_3 作为坐标轴构成的三维主应力空间中，其中一点的应力坐标（σ_1，σ_2，σ_3）即可描述土体中的一点的应力状态。也就是说，以主应力表示的土体中的一点的应力状态在主应力空间中对应一个点，坐标原点与该点的连线称为该点的应力矢量，代表的是土体中相应点的应力大小与方向。主应力空间不仅可以表示一点的应力状态，还可以表示具有某种特征的一系列应力状态。

需要注意的是，主应力空间是抽象的物理空间，只是采用三维几何空间来形象地表示而已。由主应力空间还可引申出应力平面，如偏平面、π 平面、Rendulic 平面等。

（2）空间对角线

在主应力空间中，如果三个主偏应力都为 0，则三个主应力 σ_1、σ_2、σ_3 大小相等，且其值与平均法向应力 σ_m 相等。这种应力状态为各向等压的球应力状态，它的轨迹是过原点的、与各坐标轴有相同夹角的直线，该直线称为空间对角线，其方程可表示为

$$\sigma_1=\sigma_2=\sigma_3=\sigma_m \tag{2.43}$$

式（2.43）表明，空间对角线上的各点所对应的应力状态是各种不同 σ_m 值的球应力状态。空间对角线与各坐标轴有相同夹角，因而又称为等倾线。又由于空间对角线上点的三个应力都相等，即 $\sigma_1=\sigma_2=\sigma_3$，因而也称为等压线，或静水压力线。此外，空间对角线上的点无剪应力分量，因而也称为 p 线。

（3）主坐标系

对于各向同性材料，其应力-应变关系与具体的坐标系方向无关，只与三个主应力 σ_1、σ_2、σ_3 的大小有关。所以可以采用主应力空间及其应力不变量来描述。

将主应力空间中的三个坐标轴 σ_1、σ_2、σ_3 用 1、2、3 代替，此时的三维坐标系则称为主坐标系，如图 2.9 所示。

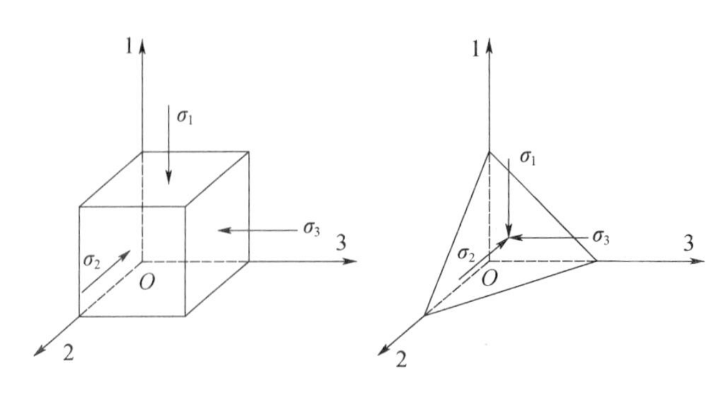

图 2.9 主坐标系

2.3.2 特征应力平面

(1) 主应力面

处于无剪切应力状态的法线为 $\boldsymbol{n}$ 的平面称为主应力面，或主平面，其法线方向 $\boldsymbol{n}$ 称为主方向。图 2.6 或图 2.8、图 2.9 中的斜面即主应力面，其法线方向为 $\boldsymbol{n}$，此时剪应力 $\tau_{\mathrm{n}}=0$，只有法向应力 σ_{n} 也就是正应力，即主应力。对于空间中的某一点，由于至少有三个主方向，主应力面也因此至少有三个。

对于如图 2.10 所示的笛卡尔应力空间中的斜截面 ABC，设其法线方向为 $\boldsymbol{n}$，作用的主应力为 σ（土力学中以压为正）。当斜面 ABC 上的剪应力 $\tau_{\mathrm{n}}=0$ 时，则此时只有法向应力 σ_{n} 也就是正应力，该斜面 ABC 则称为主应力面。需要注意的是，只有当 3 个坐标轴 x、y、z 的方向取为 3 个主应力 σ_1、σ_2、σ_3 的方向时，斜面 ABC 才是主应力面。

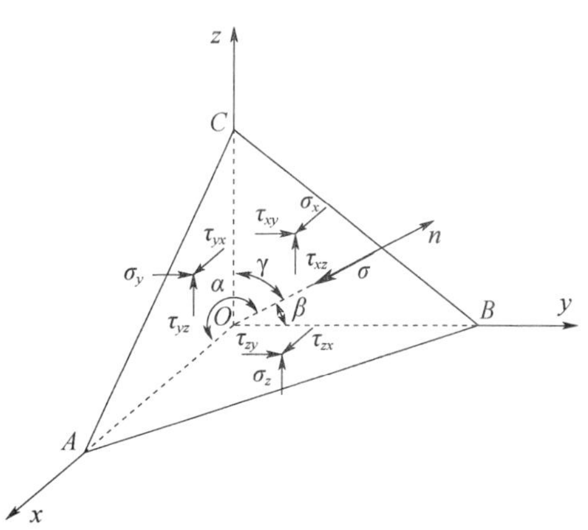

图 2.10　笛卡尔应力空间中的斜截面

设：主应力面 ABC 的面积为 A，σ_x、σ_y、σ_z 作用面的面积分别为 A_x、A_y、A_z，主应力面 ABC 的外法线方向 n 与 3 个坐标轴 x、y、z 的夹角分别为 α、β、γ。因而方向余弦为：$l=\cos\alpha=\dfrac{A_x}{A}$、$m=\cos\beta=\dfrac{A_y}{A}$、$n=\cos\gamma=\dfrac{A_z}{A}$。主应力面的正应力 σ_{n} 在三个坐标轴 x、y、z 方向上的分力则为：$\sigma_x=\sigma_{\mathrm{n}}l$，$\sigma_y=\sigma_{\mathrm{n}}m$，$\sigma_z=\sigma_{\mathrm{n}}n$。根据 3 个坐标轴力的平衡条件：$\sum F_x=0$、$\sum F_y=0$、$\sum F_z=0$，可得到：$\sigma_{\mathrm{n}}Al=\sigma_xA_x+\tau_{yx}A_y+\tau_{zx}A_z$，$\sigma_{\mathrm{n}}Am=\tau_{xy}A_x+\sigma_yA_y+\tau_{zy}A_z$，$\sigma_{\mathrm{n}}An=\tau_{xz}A_x+\tau_{yz}A_y+\sigma_zA_z$。将这三式整理可得到式（2.19）的 $(\sigma_{ij}-\sigma\delta_{ij})n_j=0$。

如果 σ_{n} 已知，则表达式 $(\sigma_{ij}-\sigma\delta_{ij})n_j=0$ 表示的是以方向余弦为 l、m、n 为未知数的三元一次方程组。由主应力面 ABC 的方向余弦的几何条件可得到：$l^2+m^2+n^2=1$，因此 l、m、n 不能同时为 0。根据 Cramer 法则可由行列式 $|\sigma_{ij}-\sigma\delta_{ij}|=0$ 得到上述方程式的解，即式（2.24）$\sigma^3-I_1\sigma^2+I_2\sigma-I_3=0$。

因此，通过主应力面上的应力关系，同样可得到应力张量的三个不变量 I_1、I_2、I_3。

(2) 最大剪应力面

与三个主应力平面斜交，并且具有最大剪应力的应力平面称为最大剪应力面。对于任意一个斜交面上的正应力 σ_{n}、剪应力 τ_{n}，可分别表示为：$\sigma_{\mathrm{n}}=\sigma_1l^2+\sigma_2m^2+\sigma_3n^2$，$\tau_{\mathrm{n}}^2=(\sigma_1l)^2+(\sigma_2m)^2+(\sigma_3n)^2-(\sigma_1l^2+\sigma_2m^2+\sigma_3n^2)^2$。

当该斜面为最大剪应力面时，其面上的法线方向余弦为 l、m、n。如果取 $n^2=1-l^2-m^2$，消去 n 后，对 l、m 求导，再令其为 0，此时有 $l\left[(\sigma_1-\sigma_3)l^2+(\sigma_2-\sigma_3)m^2-\dfrac{1}{2}(\sigma_1-\sigma_3)^2\right]=0$，$m\left[(\sigma_1-\sigma_3)l^2+(\sigma_2-\sigma_3)m^2-\dfrac{1}{2}(\sigma_1-\sigma_3)^2\right]=0$。该两式应有一个解为 $l=m=0$。为了得到不为 0 的解，可设 $l=0$，则得到 $m=\pm\sqrt{\dfrac{1}{2}}$；如果设 $m=0$，则 $l=\pm\sqrt{\dfrac{1}{2}}$。同样，如果分别消去 m、l，可得到其他相应的方向余弦。

根据 Cauchy 应力公式，以及参考例 2.1 的计算过程可得到 $T_{12}=\frac{1}{\sqrt{2}}\sqrt{\sigma_1^2+\sigma_2^2}$，$\sigma_{12}=\frac{1}{2}(\sigma_1+\sigma_2)$，$\tau_{12}=\sqrt{T_{12}^2-\sigma_{12}^2}=\frac{1}{2}|\sigma_1-\sigma_2|$。同样得到 σ_{23}、τ_{23}、σ_{31}、τ_{31}，即这些最大剪应力上的正应力 σ、最大剪应力 τ 为

$$\sigma_{12}=\frac{1}{2}(\sigma_1+\sigma_2),\ \sigma_{23}=\frac{1}{2}(\sigma_2+\sigma_3),\ \sigma_{31}=\frac{1}{2}(\sigma_3+\sigma_1) \tag{2.44}$$

$$\tau_{12}=\frac{1}{2}|\sigma_1-\sigma_2|,\ \tau_{23}=\frac{1}{2}|\sigma_2-\sigma_3|,\ \tau_{31}=\frac{1}{2}|\sigma_3-\sigma_1| \tag{2.45}$$

如果有 $\sigma_1>\sigma_2>\sigma_3$，则上述三个最大剪应力中的最大值为$\frac{1}{2}(\sigma_1-\sigma_3)$。

（3）偏平面和 π 平面

在主应力空间中，如果平均法向应力 σ_m 为常数，其作用轨迹为一个垂直于空间对角线的平面，该平面方程为

$$\sigma_1+\sigma_2+\sigma_3=3\sigma_m \tag{2.46}$$

该平面称为 p 平面。p 平面内的应力只描述了一定球应力 p 下的应力偏张量，因而又称为偏平面。偏平面与空间对角线正交即垂直。

通过坐标原点的偏平面称为 π 平面或 π_0 平面，其方程为

$$\sigma_1+\sigma_2+\sigma_3=0 \tag{2.47}$$

偏平面与 π 平面互相平行，偏平面上的点都可以投影至 π 平面上。偏平面与 π 平面之间的关系如图 2.11 所示。根据偏平面与 π 平面的定义，在一个偏平面内仅仅剪应力发生变化，平均应力 σ_m（或 p）为常量。由于 J_2、J_3 分别代表剪应力的大小和方向，因此偏平面内的应力变化即意味着偏应力不变量 J_2、J_3 的变化。

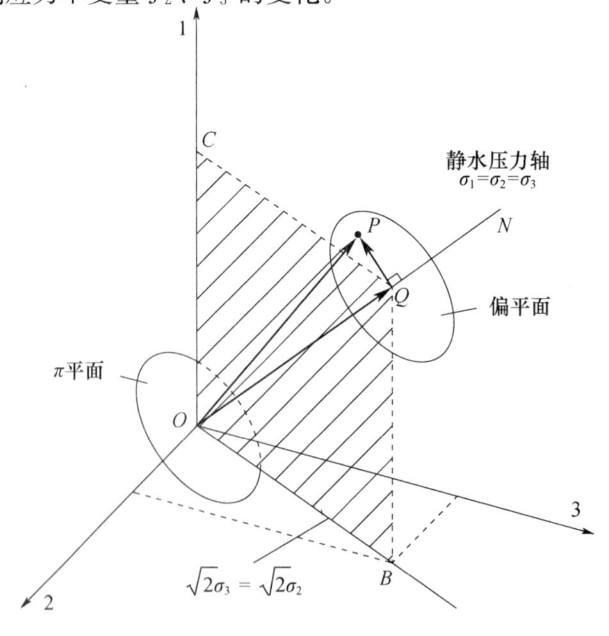

图 2.11　主应力空间中偏平面与 π 平面

在经典塑性力学中，一般假设平均应力 σ_m（或 p）只产生体积应变不产生剪应变，剪应力只产生剪应变不产生体积应变。由于材料的屈服与破坏只与剪应力的大小有关，因此只要研究 π 平面上的应力变化就可以了。虽然土体不是理想塑性体，但是研究偏平面与 π 平面上的应力具有重要意义。

在图 2.12 中，与三个坐标轴成相等夹角的直线 ON 称为静水轴，其上的每一点都对应一个静水应力状态，即：$\sigma_1=\sigma_2=\sigma_3$。沿静水应力轴的单位矢量 $\boldsymbol{e}$，由 $e=\frac{1}{\sqrt{3}}$（1，1，1）给定。对于 π 平面，由于：$\sigma_1+\sigma_2+\sigma_3=0$，因此 π 平面上任一点的应力代表一个无静水应力分量的纯剪切状态。

如图 2.12 所示，矢量 $\boldsymbol{OP}$ 表示的应力状态可分解为两个分矢量：第一个分矢量 $\boldsymbol{OQ}$，沿静水应力轴 $\boldsymbol{ON}$ 方向；第二个分矢量 $\boldsymbol{QP}$，位于垂直于静水压力轴的偏平面中。矢量 $\boldsymbol{OQ}$、$\boldsymbol{QP}$ 的长度分别设为 ξ、ρ，由式（2.48）给出：

$$\xi=\frac{1}{\sqrt{3}}I_1=\sqrt{3}\sigma_{oct}=\sqrt{3}\sigma_m,\quad \rho=\sqrt{2J_2}=\sqrt{3}\tau_{oct}=\sqrt{5}\tau_m \tag{2.48}$$

式中，ξ、ρ 分别定义为矢量 $\boldsymbol{OP}$ 所表示应力状态的静水应力、偏应力部分。

（4）子午面

如果取一个包含空间对角线的平面，这个平面内则包含有球应力 p（$=\sigma_m$），与它垂直的方向表示偏应力。这样一对应力轴构成的 p-q 平面，通常称为子午面。

（5）Rendulic 平面

对于常规轴对称三轴试验，其应力条件为 $\sigma_2=\sigma_3$，所代表的点落在如图 2.11 所示平面 $OBQC$ 上，其纵坐标轴为 σ_1，横坐标轴为 $\sqrt{\sigma_2^2+\sigma_3^2}=\sqrt{2}\sigma_3=\sqrt{2}\sigma_2$。

1936 年，Rendulic 首先采用 σ_1-$\sqrt{2}\sigma_3$ 平面来表示三轴试验中正常固结黏土孔隙比（或含水率）与应力条件之间的关系，因而称此平面为 Rendulic 平面。在 σ_1-$\sqrt{2}\sigma_3$ 应力平面中，对于常规三轴试验条件，其应力点均落在 BOA 范围内，如图 2.13 所示。

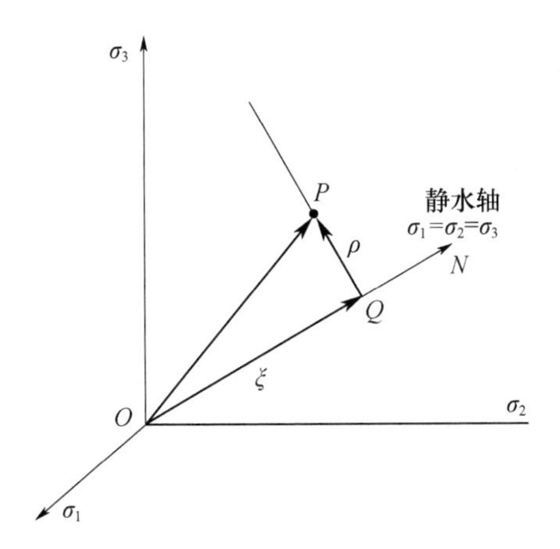

图 2.12　主应力空间中应力状态的几何表示

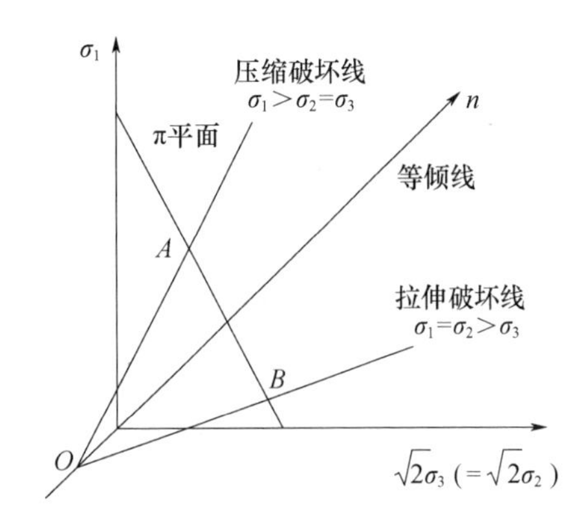

图 2.13　Rendulic 平面

（6）等倾面和八面体平面

如果已知某点的主应力 σ_i（$i=1，2，3$）及其方向（即应力主轴的方向，又称为主方

向），选取应力的主方向为三个坐标轴的方向，通过该点做一个以空间对角线为法线的平面，则该平面与三个坐标轴的夹角相等，均为54°44′，称该平面为等倾面或等斜面。由于这样的平面在几何空间中有八个，可以组成一个空间八面体，因而等倾面也称为八面体面。等倾面或八面体面实际上是一个应力斜截面。

在如图 2.14（a）所示的主应力空间中，如果在立方体上截取$11'=22'=33'$，则斜截面$1'2'3'$与三个主轴σ_1、σ_2、σ_3的倾角相等，该斜截面$1'2'3'$称为等倾面。等倾面的法线方向也就是立方体对角线方向，与坐标轴的方向余弦都为$\pm\frac{1}{\sqrt{3}}$。由于具有等倾面$1'2'3'$特征的平面在所有象限内共有八个，构成了如图 2.14（b）所示的正八面体中的一个平面ABC，因此也称为八面体平面。

八面体平面，或称为八面体应力平面，为一个法线与三个应力主轴夹角相等的平面。八面体平面外法线方向与三个坐标轴的夹角的余弦为$\frac{1}{\sqrt{3}}$，因此其法线可表示为$\boldsymbol{n}=(n_1,\ n_2,\ n_3)=\frac{1}{\sqrt{3}}(1,\ 1,\ 1)$。这样的平面可以得到八个，从而构成正八面体，如图 2.14（b）所示。图中，$OA=OB=OC=OA'=OB'=OC'$。图中的ABC平面为其中的一个八面体平面，其法线方向与空间对角线重合。八面体面上的应力称为八面体应力。

需要注意的是，八面体空间是一般的几何空间，而主应力空间是抽象的物理空间，两者是不同的。

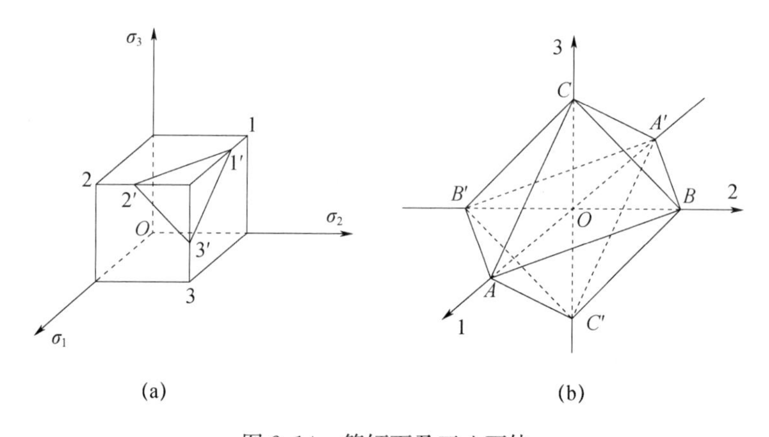

图 2.14　等倾面及正八面体

（a）主应力空间及等倾面；（b）主坐标系中的正八面体及其平面

2.3.3　应力几何图示

（1）主应力空间中的应力图示

在主应力空间中，将某点P的应力状态表示为该三维应力空间中的一点，每一点所具有的坐标（σ_1，σ_2，σ_3）表示一个可能的应力状态，采用某一曲线来表示一点的应力状态的变化，即应力状态连续变化在应力空间中所形成的轨迹，称为应力路径。应力路径可以在不同的应力空间中、或不同的应力平面上进行表示。对于各向同性材料，其应力、应变关系与具体的坐标系方向无关，只与三个主应力σ_1、σ_2、σ_3的大小有关。所以可以采用主应力空间及其应力不变量来描述。由于主应力空间是三维的，就可以得到应力状态比较直观的几何图形及其特征。

在图 2.11 中，设直线 ON 过原点并且与三个坐标轴 σ_1、σ_2、σ_3 有相等夹角即 $54°44'$，其上每一点的应力状态为 $\sigma_1=\sigma_2=\sigma_3$，对应于静水压力状态或球面应力状态。该线上应力偏量 $s_1=s_2=s_3=0$，此时只有应力球形张量 σ_m，这是各向等压的球应力状态，它的轨迹在主应力空间中是经过坐标原点并且与坐标轴有相同夹角的直线。所以直线 ON 称为空间对角线或 λ 线，也称为静水压力轴、静水状态轴。

空间对角线 ON 的三个方向余弦值相等，即 $n_1=n_2=n_3$。又因 $n_1^2+n_2^2+n_3^2=1$，于是可得到 $n_1=n_2=n_3=\pm\frac{1}{\sqrt{3}}$，即夹角为 $\arccos\left(\pm\frac{1}{\sqrt{3}}\right)=54°44'$。

将矢量 $\boldsymbol{OP}$ 而不是点 P 本身，看作应力状态的表示。因此，在点 P 上任意两个主轴位置不同、而不是主应力值不同的应力状态，将由同一点来表示。实际上这意味着在这种应力空间中，主要关心的是关于材料单元的应力几何图形，而不是应力状态。

（2）偏平面上的应力图示

在图 2.11 中，QP 垂直于空间对角线 ON。如果平均应力 σ_m 为常数，也就是 $\sigma_1+\sigma_2+\sigma_3$ 为常数，其轨迹是一个平面，与空间对角线 ON 相垂直，该平面为偏平面，或偏应力平面。因此，任何垂直于空间对角线 ON 的平面都是偏平面。显然，偏平面上各点所对应的应力状态具有相同的球张量。

将应力矢量 $\boldsymbol{OP}$ 分解为 2 个分量：$\boldsymbol{OQ}$ 和 $\boldsymbol{QP}$。$\boldsymbol{OQ}$ 为应力矢量 $\boldsymbol{OP}$ 沿空间对角线 ON，即单位矢量 $\boldsymbol{n}=\left(\frac{1}{\sqrt{3}}, \frac{1}{\sqrt{3}}, \frac{1}{\sqrt{3}}\right)$ 方向的分量；$\boldsymbol{QP}$ 为应力矢量 $\boldsymbol{OP}$ 在偏平面上垂直于应力矢量 $\boldsymbol{OQ}$ 的分量。$\boldsymbol{OQ}$ 相当于应力球张量，$\boldsymbol{QP}$ 相当于应力偏张量。正因此，垂直空间对角线的平面称之为偏平面。于是可得到

$$\begin{aligned}|\boldsymbol{OQ}| &= \boldsymbol{OP}\cdot\boldsymbol{n}\\ &=(\sigma_1, \sigma_2, \sigma_3)\left(\frac{1}{\sqrt{3}}, \frac{1}{\sqrt{3}}, \frac{1}{\sqrt{3}}\right)\\ &=\frac{1}{\sqrt{3}}(\sigma_1+\sigma_2+\sigma_3)=\frac{1}{\sqrt{3}}I_1=\sqrt{3}p\end{aligned} \tag{2.49}$$

由于 $\boldsymbol{OQ}=|\boldsymbol{OQ}|\boldsymbol{n}=(p, p, p)$，也就是说，$P$ 点的应力坐标 $(\sigma_1, \sigma_2, \sigma_3)$ 投影到偏平面，其坐标则为 (p, p, p)，因此，偏平面也称为 p 平面。于是可得到

$$\begin{aligned}\boldsymbol{QP} &= \boldsymbol{OP}-\boldsymbol{OQ}\\ &=(\sigma_1, \sigma_2, \sigma_3)-(p, p, p)\\ &=[(\sigma_1-p), (\sigma_2-p), (\sigma_3-p)]\end{aligned} \tag{2.50}$$

根据偏应力张量 s_{ij} 的定义表达式 $s_{ij}=\sigma_{ij}-p\delta_{ij}$，应力矢量 $\boldsymbol{QP}$ 可表示为 $\boldsymbol{QP}=(s_1, s_2, s_3)$，这样就可得到应力矢量 $\boldsymbol{QP}$ 的长度 ρ 为

$$\rho=|\boldsymbol{QP}|=\sqrt{s_1^2+s_2^2+s_3^2}=\sqrt{2J_2}=\sqrt{\frac{2}{3}}q \tag{2.51}$$

根据上述分析，矢量 $\boldsymbol{OQ}$ 和矢量 $\boldsymbol{QP}$ 分别表示应力状态 σ_{ij} 的静水状态分量 $p\delta_{ij}$、偏应力分量 s_{ij}。该应力状态由图 2.15 所示的点 P 表示。

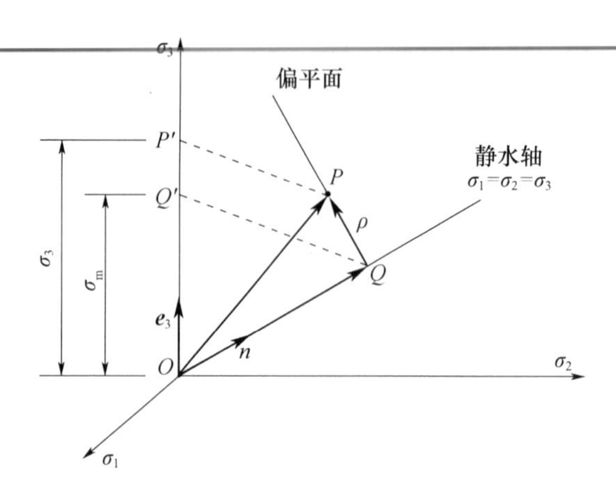

图 2.15　主应力空间及偏平面

矢量 $\boldsymbol{OQ}$ 在 σ_3 轴上的投影 $|OQ'|$ 为

$$|OQ'|=\boldsymbol{OQ}\cdot\boldsymbol{e}_3=(p,\ p,\ p)(0,\ 0,\ 1)=p=\sigma_{\mathrm{m}} \tag{2.52}$$

矢量 $\boldsymbol{QP}$ 在 σ_3 轴上的投影 $|Q'P'|$ 为

$$|Q'P'|=\boldsymbol{QP}\cdot\boldsymbol{e}_3=(s_1,\ s_2,\ s_3)\cdot(0,\ 0,\ 1)=s_3 \tag{2.53}$$

对于矢量 $\boldsymbol{OQ}$ 和矢量 $\boldsymbol{QP}$ 在 σ_1 轴、σ_2 上的投影，可得到类似的结果。

（3）π 平面上的应力图示

根据式（2.48），原点至偏平面的距离即 π 平面与偏平面的距离为 $\xi=\frac{1}{\sqrt{3}}I_1=\sqrt{3}\sigma_{\mathrm{oct}}=\sqrt{3}\sigma_{\mathrm{m}}$，如图 2.16（a）所示。在 π 平面上，三个主应力轴 σ_1、σ_2、σ_3（或表示为 1、2、3）在 π 平面上的投影分别为 σ'_1、$\sigma'_{2'}$、σ'_3 轴（或表示为 $1'$、$2'$、$3'$），QP 为矢量 $\boldsymbol{QP}$ 在同一平面上的投影。

在 σ'_1 轴上的单位矢量 e' 具有与轴 σ_1、σ_2、σ_3 有关的分量 $\frac{1}{\sqrt{6}}(2,\ -1,\ -1)$，矢量 $\boldsymbol{QP}$ 在单位矢量 e' 方向上的投影 QP' 可表示为

$$QP'=|\boldsymbol{QP}|\cos\theta=\boldsymbol{QP}\cdot\boldsymbol{e}'=(s_1,\ s_2,\ s_3)\frac{1}{\sqrt{6}}(2,\ -1,\ -1) \tag{2.54}$$

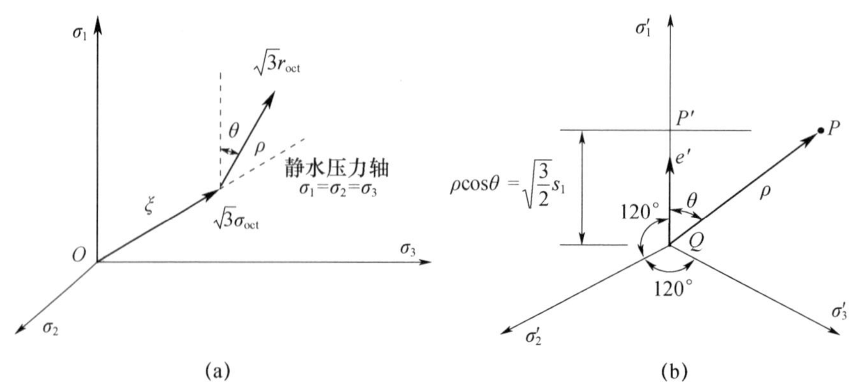

图 2.16　矢量 $\boldsymbol{QP}$ 在 π 平面上的投影

设 π 平面上 QP 与 σ'_1 的夹角为 θ，称为相似角，则

$$QP=|\boldsymbol{QP}|\cos\theta=\frac{1}{\sqrt{6}}(2s_1-s_2-s_3) \tag{2.55}$$

由于 $s_1+s_2+s_3=0$、$|\boldsymbol{QP}|=\sqrt{2J_2}$，因而有

$$QP'=|\boldsymbol{QP}|\cos\theta=\sqrt{\frac{3}{2}}s_1\text{，即 }\cos\theta=\frac{\sqrt{3}}{2}\frac{s_1}{\sqrt{J_2}} \tag{2.56}$$

根据 $\cos3\theta=4\cos^3\theta-3\cos\theta$，因此有

$$\cos3\theta=4\left(\frac{\sqrt{3}}{2}\frac{s_1}{\sqrt{J_2}}\right)^3-3\frac{\sqrt{3}}{2}\frac{s_1}{\sqrt{J_2}}\text{，或 }\cos3\theta=\frac{3\sqrt{3}}{2}\frac{1}{\sqrt{J_2^3}}(s_1^3-s_1J_2) \tag{2.57}$$

由于 $J_2=-(s_1s_2+s_2s_3+s_3s_1)$，于是有：$\cos3\theta=\frac{3\sqrt{3}}{2}\frac{1}{\sqrt{J_2^3}}[s_1^3+s_1^2(s_2+s_3)+s_1s_2s_3]$，再根据 $J_3=s_1s_2s_3$ 可得

$$\cos3\theta=\frac{3\sqrt{3}}{2}\frac{J_3}{\sqrt{J_2^3}} \tag{2.58}$$

该式表示 $\cos3\theta$ 是一个与偏应力不变量 J_2、J_3 有关的不变量。

由于 $s_1=\frac{2}{\sqrt{3}}\sqrt{J_2}\cos\theta$，根据图 2.16 可得到

$$s_2=\frac{2}{\sqrt{3}}\sqrt{J_2}\cos\left(\frac{2\pi}{3}-\theta\right)\text{，}s_3=\frac{2}{\sqrt{3}}\sqrt{J_2}\cos\left(\frac{2\pi}{3}+\theta\right) \tag{2.59}$$

由于主剪应力：$\tau_{12}=\frac{1}{2}(\sigma_1-\sigma_2)=\frac{1}{2}(s_1-s_2)$、$\tau_{31}=\frac{1}{2}(\sigma_3-\sigma_1)=\frac{1}{2}(s_3-s_1)$、$\tau_{23}=\frac{1}{2}(\sigma_2-\sigma_3)=\frac{1}{2}(s_2-s_3)$，于是得到

$$\tau_{12}=\sqrt{J_2}\sin\left(\frac{\pi}{3}-\theta\right)\text{，}\tau_{23}=\sqrt{J_2}\sin\theta\text{，}\tau_{31}=-\sqrt{J_2}\sin\left(\frac{\pi}{3}+\theta\right) \tag{2.60}$$

对于 $\sigma_1\geqslant\sigma_2\geqslant\sigma_3$，有：$\tau_{12}\geqslant0$、$\tau_{23}\geqslant0$、$\tau_{31}\leqslant0$，所以 θ 角必须满足以下关系：

$$\sin\left(\frac{\pi}{3}-\theta\right)\geqslant0\text{、}\sin\theta\geqslant0\text{、}\sin\left(\frac{\pi}{3}+\theta\right)\geqslant0\text{，即 }0\leqslant\theta\leqslant\frac{\pi}{3} \tag{2.61}$$

2.3.4 应力状态 Mohr 图解

一点的应力状态可以采用 Mohr 圆表示，这是一点应力状态最有用的图解方法。在 τ-σ 坐标系中，Mohr 圆上每一点的横坐标 σ_n、纵坐标 τ_n 分别给出了正应力、剪应力分量，它们作用在一个法线方向固定的特定截面上。也就是说，应力 Mohr 圆给出了微单元体上法线为 $\boldsymbol{n}$ 的任一斜截面上的正应力 σ_n、剪应力 τ_n 变化的全貌。

(1) 二维应力状态 Mohr 圆图示

如图 2.17 中，对于 τ_n-σ_n 坐标系，A 点的坐标为(σ_n，τ_n)，分别代表该点的正应力和剪应力分量。如果采用主应力空间 x_1-x_2-x_3，A 点的应力状态则表示为如图 2.18 所示的图形。

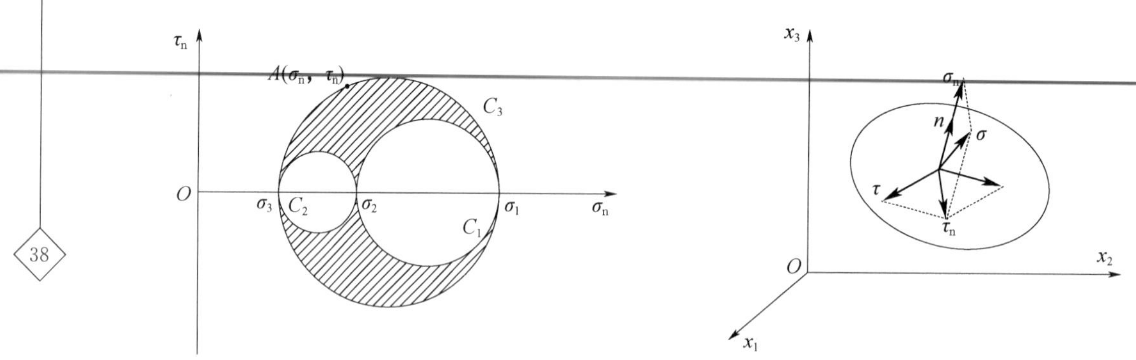

图 2.17　一点应力状态的 Mohr 图示　　图 2.18　任意平面上的正应力和剪应力的图示

考虑过某点的平面其法线为 $\boldsymbol{n}$，如果法线 $\boldsymbol{n}$ 的方向垂直于一个固定的方向，比如 x_3 方向，如图 2.17 所示，那么可以利用 Mohr 平面表示。需要注意的是，x_1-x_2-x_3 平面可以是主应力方向，也可以不是。

将 τ 记为垂直于 x_3 轴的 τ_n 的分量。规定：如果 τ 对所作用的单元面产生顺时针转动，记为正；反之记为负。

对于一个给定点的应力状态，采用 Cauchy 公式计算 σ_n、τ_n 是困难的。如图 2.19 所示，根据作用于自由体上的力的平衡条件，有以下方程：

①当 σ_n 方向上的力的代数和为零时，有

$$\sigma_n=\sigma_{11}\cos^2\alpha+\sigma_{22}\sin^2\alpha+2\sigma_{12}\sin\alpha\cos\alpha \tag{2.62}$$

或者，利用三角函数运算规则得到

$$\sigma_n=\frac{\sigma_{11}+\sigma_{22}}{2}+\frac{\sigma_{11}-\sigma_{22}}{2}\cos2\alpha+\sigma_{12}\sin2\alpha \tag{2.63}$$

②在 τ 方向上的力的代数和为零时，有

$$\tau=-\sigma_{12}\cos^2\alpha+\sigma_{11}\cos\alpha\sin\alpha+\sigma_{21}\sin^2\alpha-\sigma_{22}\sin\alpha\cos\alpha \tag{2.64}$$

或者，利用三角函数运算规则得到

$$\tau=\frac{\sigma_{11}-\sigma_{22}}{2}\sin2\alpha-\sigma_{12}\cos2\alpha \tag{2.65}$$

通过上述分析，于是可得到

$$\left[\sigma_n-\frac{\sigma_{11}+\sigma_{22}}{2}\right]^2+\tau^2=\frac{(\sigma_{11}-\sigma_{22})^2}{4}+\sigma_{12}^2 \tag{2.66}$$

式（2.66）表示的是在 τ_n-σ_n 平面内的一个圆，称为二维平面中的 Mohr 应力圆，如图 2.20所示。该圆的圆心坐标为$\left(\dfrac{\sigma_{11}+\sigma_{22}}{2}，0\right)$，半径 R 为$R=\sqrt{\dfrac{(\sigma_{11}-\sigma_{22})^2}{4}+\sigma_{12}^2}$。Mohr 应力圆的圆心、半径 R 不随角度 α 而变化。

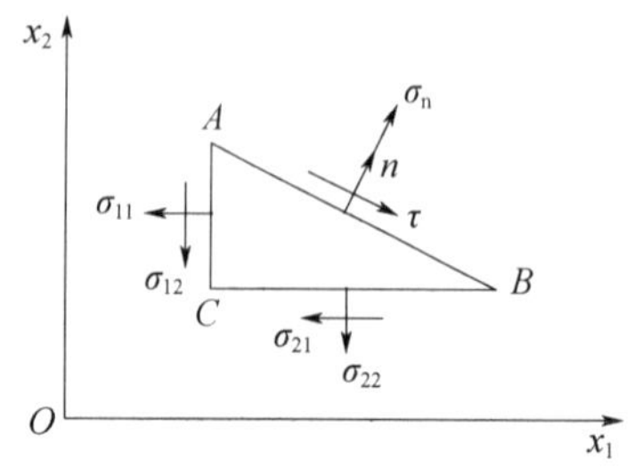

图 2.19　二维情况下自由体的应力分量

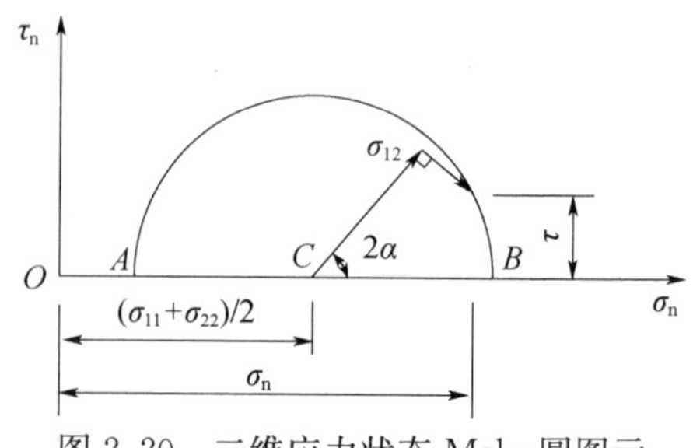

图 2.20　二维应力状态 Mohr 圆图示

在图 2.20 中，在二维条件下 Mohr 圆与 σ_n 轴的交点 A、B 称为次主应力，即相应的方向称为第二主方向。如果 x_3 轴方向为一个主方向，那么 A、B 点所代表的应力主应力，分别为 σ_2、σ_1。设 $\sigma_2<\sigma_1$，则 σ_2、σ_1 分别是 σ_n 的最小值、最大值，显然有 $\sigma_1=\omega+R$、$\sigma_2=\omega-R$。这里与三维情况不一样，当已知任一对（σ_n，τ_n）的值，就可以画出 Mohr 圆，并且可以直接从 Mohr 圆上算出主值。

（2）平面应力状态 Mohr 圆图解

对于平面应力状态，其应力分量为 σ_x、σ_y、τ_{xy}、$\sigma_z=\tau_{yz}=\tau_{zx}=0$。如果已知三个应力分量 σ_x、σ_y、τ_{xy}，就可以利用应力 Mohr 圆图解任意斜截面上的应力（正应力和剪应力）、主应力、主剪应力和最大剪应力。

在 τ_n-σ_n 坐标平面中，标出点 $P_1(\sigma_x，\tau_{xy})$、点 $P_2(\sigma_y，-\tau_{xy})$，连接 P_1P_2 线与 σ_n 轴相交于 C 点，以 C 点为圆心、CP_1 为半径画圆，即可得到应力 Mohr 圆，如图 2.21 所示。该圆与 σ_n 轴相交于 A、B 两点，其坐标分别为$(\sigma_1，0)$、$(\sigma_2，0)$，σ_1、σ_2 即平面应力状态下的大、小主应力。该圆心坐标则为$\left(\dfrac{\sigma_1+\sigma_2}{2}，0\right)$。

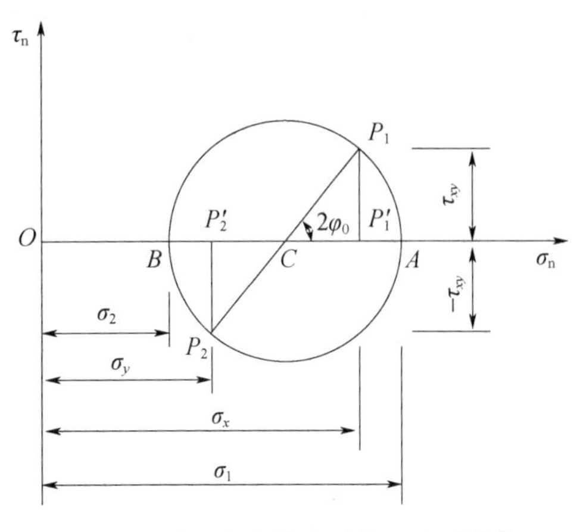

图 2.21　平面应力状态下的 Mohr 图形

根据图 2.21 中的几何关系，或根据表达式（2.66），可分别得到主应力 σ_1、σ_2、主剪应力 τ_{12}、τ_{23}、τ_{31}的表达式为

$$\left.\begin{matrix}\sigma_1\\ \sigma_2\end{matrix}\right\}=\frac{\sigma_x+\sigma_y}{2}\pm\sqrt{\frac{(\sigma_x-\sigma_y)^2}{4}+\tau_{xy}^2} \tag{2.67}$$

$$\tau_{12}=\frac{1}{2}|\sigma_1-\sigma_2|=\sqrt{\frac{(\sigma_x-\sigma_y)^2}{4}+\tau_{xy}^2}，\tau_{23}=\frac{1}{2}|\sigma_2|，\tau_{31}=\frac{1}{2}|\sigma_1| \tag{2.68}$$

平面应力状态下的主剪应力不是最大剪应力 τ_{max}。最大剪应力 τ_{max}是 σ_1、σ_3（$=0$）组成的应力 Mohr 圆的半径，即 $\tau_{max}=\tau_{31}=\dfrac{1}{2}|\sigma_1|$。当主应力 σ_1、σ_2 大小相等、方向相反时，如图 2.22 所示，此时主剪应力 τ_{12}才是最大剪应力 τ_{max}。这时，主剪应力平面上的正应力为 0，主剪应力在数值上等于主应力，这种应力状态实际上是纯剪切应力状态，是平面应力状态的特例。

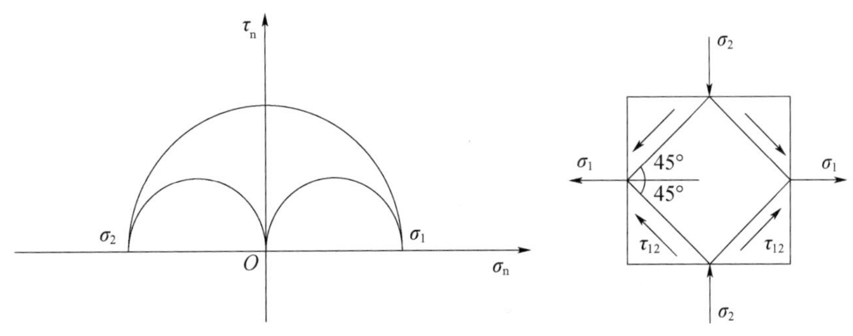

图 2.22　纯剪切应力状态 Mohr 圆

(3) 平面变形条件 Mohr 圆图解

在平面变形条件下，其三个主应力为 σ_1、σ_2、$\sigma_3=\dfrac{\sigma_1+\sigma_2}{2}=\sigma_m$。平面变形条件下的应力 Mohr 圆如图 2.23 所示。

通过与图 2.22 相比较可知，平面变形应力状态 Mohr 圆就是纯剪切应力状态 Mohr 圆的圆心向右移动 σ_3 的距离。因此，可以得到这样的结论：平面变形条件下的应力张量是纯剪切应力张量与应力球张量的叠加。

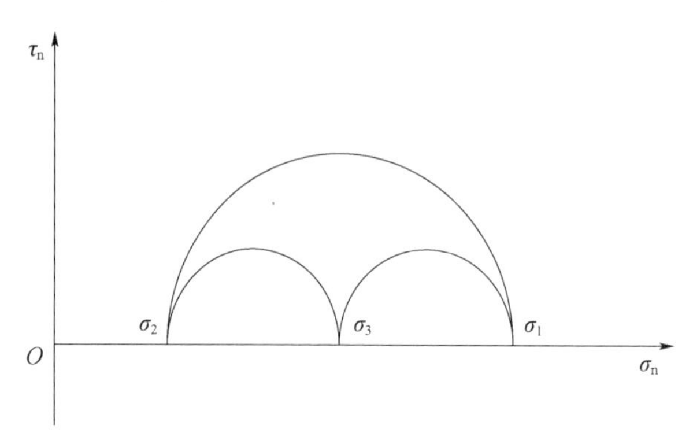

图 2.23　平面变形应力状态 Mohr 圆

(4) 应力张量 Mohr 圆图解

在 τ_n-σ_n 坐标平面中，应力球张量只是一个点 O'，如图 2.24 所示，应力球张量点 O'距离原点 O 的距离为 σ_m。对于应力偏张量 Mohr 圆，只需将原 Mohr 圆的 τ_n 右移 σ_m 至 τ'的位置，两个 Mohr 圆的大小是相同的，τ'轴也必然处于大圆之内。

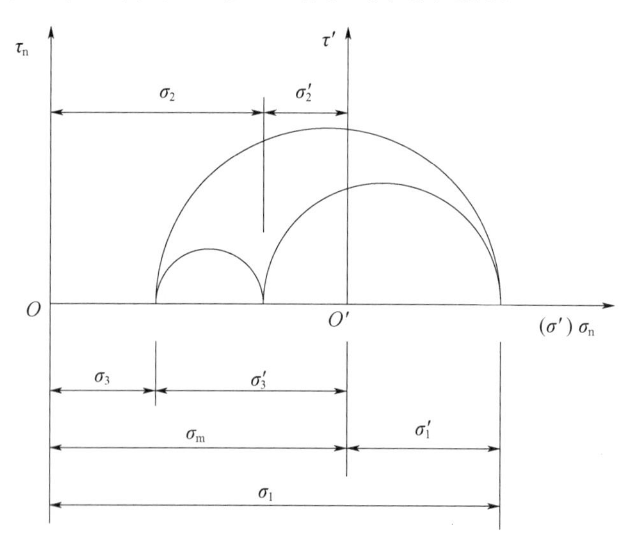

图 2.24　应力偏张量的 Mohr 圆图示

(5) 三维应力状态 Mohr 圆图解

在三维应力条件下，一点的应力状态可以采用六个应力分量表示，也可以采用三个主应力 σ_1、σ_2、σ_3 和三个主方向来表示。如果材料是各向同性的，则仅需三个主应力即可。如果已知某一点的三个主应力 σ_1、σ_2、σ_3 的大小，对于 $\sigma_1>\sigma_2>\sigma_3$ 的情形，则可用如图 2.17 所

示的 τ_n-σ_n 坐标平面中的三个应力 Mohr 圆 C_1、C_2、C_3 表示，这三个 Mohr 圆的圆心坐标分别为$\left(\frac{\sigma_1+\sigma_2}{2},\ 0\right)$、$\left(\frac{\sigma_2+\sigma_3}{2},\ 0\right)$、$\left(\frac{\sigma_1+\sigma_3}{2},\ 0\right)$，其半径分别为$\frac{\sigma_1-\sigma_2}{2}$、$\frac{\sigma_2-\sigma_3}{2}$、$\frac{\sigma_1-\sigma_3}{2}$。而这三个 Mohr 圆的半径刚好又分别是三个主剪应力值 τ_{12}、τ_{23}、τ_{13}。

对于如图 2.17 所示的三个应力 Mohr 圆 C_1、C_2、C_3，每个圆分别表示某方向余弦为 0 的斜截面上的正应力、剪应力的变化规律。例如，对于以主应力 σ_1、σ_3 构成的 Mohr 圆 C_3 来说，其圆周上的点如 A 点，均代表与 σ_3 主方向平行的斜截面上的正应力 σ_n、剪应力 τ_n。也就是说，在主坐标系中，对于每一个法线为 $\boldsymbol{n}$ 的斜截面，可将其相应的正应力、剪应力在 τ_n-σ_n 应力空间中绘制成一点进行表示。

由于上述的斜截面的法线与 σ_3 主方向垂直，并且 $n=0$。因此，三个 Mohr 圆 C_1、C_2、C_3 所围绕的面积即图中阴影部分内的点，便表示 l、m、n 都不为 0 的斜截面上的正应力、剪应力值。因此，应力 Mohr 圆也形象地表征出一点的应力状态。

假设考虑剪应力 τ_n 的正值，即 τ_n-σ_n 应力空间中的上半部分。假设单位法线 $\boldsymbol{n}$ 的分量在主坐标轴 1、2、3 上分别为 n_1、n_2、n_3，并且 $\sigma_1>\sigma_2>\sigma_3$。由于 $\sigma_n^2+\tau_n^2=\sigma_1^2n_1^2+\sigma_2^2n_2^2+\sigma_3^2n_3^2$、$\sigma_n=\sigma_1n_1^2+\sigma_2n_2^2+\sigma_3n_3^2$，根据 $n_1^2+n_2^2+n_3^2=1$ 可解得

$$n_1^2=\frac{\tau_n^2+(\sigma_n-\sigma_2)(\sigma_n-\sigma_3)}{(\sigma_1-\sigma_2)(\sigma_1-\sigma_3)},\quad n_2^2=\frac{\tau_n^2+(\sigma_n-\sigma_3)(\sigma_n-\sigma_1)}{(\sigma_2-\sigma_3)(\sigma_2-\sigma_1)},$$
$$n_3^2=\frac{\tau_n^2+(\sigma_n-\sigma_1)(\sigma_n-\sigma_2)}{(\sigma_3-\sigma_1)(\sigma_3-\sigma_2)}\tag{2.69}$$

即

$$\tau_n^2+(\sigma_n-\sigma_2)(\sigma_n-\sigma_3)\geqslant 0,\quad \tau_n^2+(\sigma_n-\sigma_3)(\sigma_n-\sigma_1)\leqslant 0,$$
$$\tau_n^2+(\sigma_n-\sigma_1)(\sigma_n-\sigma_2)\geqslant 0\tag{2.70}$$

或表示为

$$\tau_n^2+\left[\sigma_n-\frac{\sigma_2+\sigma_3}{2}\right]^2\geqslant\frac{(\sigma_2-\sigma_3)^2}{4},\quad \tau_n^2+\left[\sigma_n-\frac{\sigma_1+\sigma_3}{2}\right]^2\leqslant\frac{(\sigma_1-\sigma_3)^2}{4},$$
$$\tau_n^2+\left[\sigma_n-\frac{\sigma_1+\sigma_2}{2}\right]^2\geqslant\frac{(\sigma_1-\sigma_2)^2}{4}\tag{2.71}$$

在式（2.71）中，第一个方程式表示应力点落在如图 2.17 所示的 Mohr 圆 C_2 的圆周以外的区域，第二个方程式表示应力点落在 C_3 的圆周以内的区域，第三个方程式表示应力点落在 C_1 的圆周以外的区域，因此这就证明了过某点的任意微分面上的正应力 σ_n、剪应力 τ_n 均落在如图 2.17 所示的三个 Mohr 圆所围成的阴影部分内，或圆周边界上。也即如图 2.17 所示的阴影部分表示了 σ_n、τ_n 的允许值。

需要注意的是，如果对一点的应力状态叠加一个球应力张量 σ_m，则三个 Mohr 圆的半径并没有改变，只是整个图形沿 σ_n 轴向右平移一个 σ_m 的距离。因此，整个 Mohr 图形在 σ_n 轴上的位置是由球应力张量确定，Mohr 圆的半径与球应力张量无关，仅与应力偏张量相对应。

对于给定的 n_1，根据 $\sigma_n^2+\tau_n^2=\sigma_1^2n_1^2+\sigma_2^2n_2^2+\sigma_3^2n_3^2$、$\sigma_n=\sigma_1n_1^2+\sigma_2n_2^2+\sigma_3n_3^2$、$n_1^2+n_2^2+n_3^2=1$ 可得到：

$$\tau_n^2+\left[\sigma_n-\frac{\sigma_2+\sigma_3}{2}\right]^2=\frac{(\sigma_2-\sigma_3)^2}{4}+n_1^2(\sigma_1-\sigma_2)(\sigma_1-\sigma_3)\tag{2.72}$$

该式表明，对应于该 n_1 的应力点（σ_n，τ_n）位于如图 2.25 所示的 $C'D'$弧上。为了构造 $C'D'$弧，过点（σ_1，0）做平行于 τ_n 轴的直线 1，并且从该直线量测一个角度 $\alpha=\arccos n_1$，

与直线 1 成 α 角的直线与圆 C_3、C_1 分别交于 C'、D' 点，以 $\left(\frac{\sigma_2+\sigma_3}{2},\ 0\right)$ 为圆心，绘出弧 $C'D'$。

对于给定的 n_2，可得到

$$\tau_n^2+\left[\sigma_n-\frac{\sigma_1+\sigma_3}{2}\right]^2=\frac{(\sigma_1-\sigma_3)^2}{4}+n_2^2(\sigma_2-\sigma_1)(\sigma_2-\sigma_3) \tag{2.73}$$

该式表明，对应于该 n_2 的应力点（σ_n，τ_n）位于如图 2.25 所示的 $E'F'$ 弧上。为了构造 $E'F'$ 弧，过点（σ_2，0）做平行于 τ_n 轴的直线 2，并且从该直线量测一个角度 $\beta=\arccos n_2$，与直线 2 成 β 角的直线与圆 C_2、C_1 分别交于 E'、F' 点，以 $\left(\frac{\sigma_1+\sigma_3}{2},\ 0\right)$ 为圆心，绘出弧 $E'F'$。

同样，对于任一给定的 n_2 值，根据上述三个条件消去 n_1、n_3。

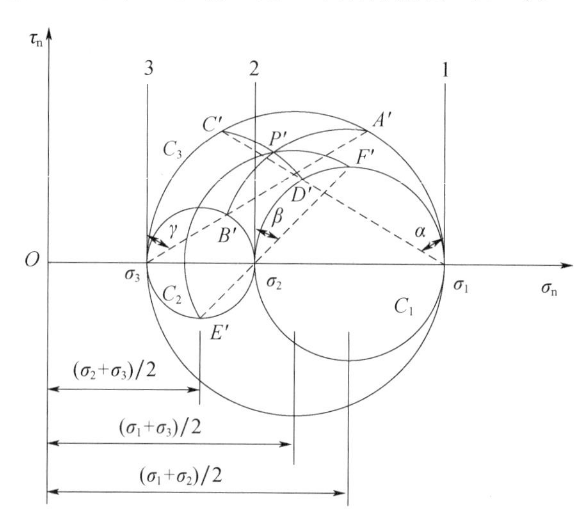

图 2.25　三维条件下的 Mohr 图形（$\sigma_1>\sigma_2>\sigma_3$）

对于给定的 n_3，同样可得到

$$\tau_n^2+\left[\sigma_n-\frac{\sigma_1+\sigma_2}{2}\right]^2=\frac{(\sigma_1-\sigma_2)^2}{4}+n_3^2(\sigma_3-\sigma_1)(\sigma_3-\sigma_2) \tag{2.74}$$

该式表明，对应于该 n_3 的应力点（σ_n，τ_n）位于如图 2.25 所示的 $A'B'$ 弧上。为了构造 $A'B'$ 弧，过点（σ_3，0）做平行于 τ_n 轴的直线 3，并且从该直线量测一个角度 $\gamma=\arccos n_3$，与直线 3 成 γ 角的直线与圆 C_3、C_2 分别交于 A'、B' 点，以 $\left(\frac{\sigma_1+\sigma_2}{2},\ 0\right)$ 作为圆心，绘出弧 $A'B'$。

对于某个给定点 P，如果已知 n_1、n_2、n_3 的值，可以从图形上找到对应于这些值的点（σ_n，τ_n）。由于 n_1、n_2、n_3 中只有两个值是独立的，因而可以利用任意两个值，如 n_1、n_3 来确定对应于这些值的点（σ_n，τ_n）的值。对于某个给定的 n_1 值，可以得到弧 $C'D'$。同样，对于某个给定的 n_3 值，可以得到弧 $A'B'$。$C'D'$ 和 $A'B'$ 的交点 P' 给出了对应于已知的 n_1、n_2、n_3 的 σ_n、τ_n 所要求的值。第三个值 n_2 是用来检验计算过程的，因为第三条弧 $E'F'$ 必须经过相同的点 P'。

在图 2.25 中，将最大剪应力表示为最大纵坐标，它为最大圆 C_3 的半径，其值为

$(\sigma_1-\sigma_3)/2$。为了确定最大剪应力所在平面的方位，利用 n_1^2、n_2^2、n_3^2 的表达式，对应于最大剪应力的 σ_n 等于 $(\sigma_1+\sigma_3)/2$（C_3 的圆心），将 σ_n、τ_n 的这些值代入 n_1^2、n_2^2、n_3^2 的表达式中得到 $n_1^2=n_3^2=\dfrac{1}{2}$，$n_2^2=0$。这些值定义了过主轴 σ_2 并且与主轴 σ_1、σ_3 成45°的两个平面。

最大剪应力为任何两个主应力之差的一半中的最大值，并且作用在法线与各相应主轴成45°的单元面上。$\tau_{12}=\dfrac{1}{2}|\sigma_1-\sigma_2|$、$\tau_{13}=\dfrac{1}{2}|\sigma_1-\sigma_3|$、$\tau_{23}=\dfrac{1}{2}|\sigma_2-\sigma_3|$ 称为主剪应力，它们分别为三个圆的半径，这三个主剪应力中的最大值称为最大剪应力 $\tau_{\max}$。

【例 2.3】 设平面应力状态的应力分量为 $\sigma_x=30\text{MPa}$，$\sigma_y=-50\text{MPa}$，$\tau_{xy}=-30\text{MPa}$，其余应力分量为 0。采用 Mohr 图解：（1）主应力 σ_1、σ_2 以及主方向；（2）主剪应力以及最大主剪应力；（3）假设某截面与 σ_n 轴成顺时针65°的夹角，图解该截面的正应力 σ_n 和剪应力 τ_n。

求解如下：

在 τ_n-σ_n 应力空间中，找出应力点 $P_1(\sigma_x, \tau_{xy})$ 即（30，－30），以及 $P_2(\sigma_y, -\tau_{xy})$ 即（－50，30），连接这两点与 σ_n 轴交于 C 点，以 C 点为圆心、CP_1 为半径做圆，该圆与 σ_n 轴的两个交点为大、小主应力，与 τ_n 轴的两个交点则为主剪应力。如图 2.26 所示。P_1P_2 的方程式为：$\tau_n=30-\dfrac{3}{4}(\sigma_n+50)=-\dfrac{3}{4}\sigma_n-\dfrac{30}{4}$，这样可得到 C 点的坐标为（－10，0）。

根据如图 2.26 所示的几何关系，CP_1 的长度为 $\sqrt{40^2+30^2}=50$，于是可得到 $CP_1=CA=CB=50$，$CD=CE=\sqrt{50^2-10^2}=20\sqrt{6}$，因此 A、B、D 点的坐标分别为（40，0）、（－60，0）、（0，$20\sqrt{6}$）。

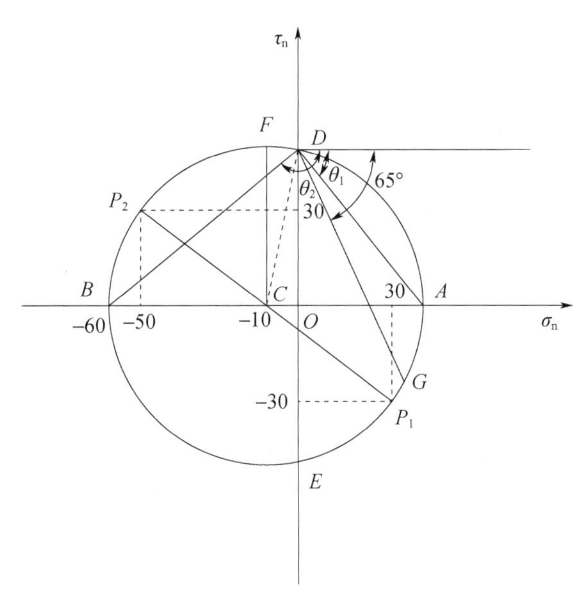

图 2.26　平面应力状态 Mohr 图解示例

（1）可以根据上述计算得到的几何关系，可得到 $\sigma_1=40\text{MPa}$、$\sigma_2=-60\text{MPa}$。

也可根据式（2.67），得到 $\left.\begin{matrix}\sigma_1\\ \sigma_2\end{matrix}\right\}=-10\pm50$，即 $\sigma_1=40\text{MPa}$、$\sigma_2=-60\text{MPa}$。

主方向 1、2 分别与 x 轴顺时针方向成 θ_1、θ_2 的夹角，如图 2.26 所示，其中：$\theta_1=\arctan\dfrac{20\sqrt{6}}{40}=50.77°$、$\theta_2=90°+\arctan\dfrac{60}{20\sqrt{6}}=140.77°$。

(2) 由于 D 点的应力坐标为 $(0，20\sqrt{6})$，于是得到主剪应力为 $\tau=\pm20\sqrt{6}$ MPa。最大主剪应力为过 C 点与 σ_n 轴的垂直线与 Mohr 的交点的竖向坐标，即 CF 的长度即 Mohr 圆的半径，为 $\tau_{\max}=\dfrac{1}{2}(\sigma_1-\sigma_2)=50$（MPa）。

(3) 直线 DG 的方程为 $\tau_n=-2.1445\sigma_n+20\sqrt{6}$，Mohr 圆的方程为 $\tau_n^2+(\sigma_n+10)^2=50^2$，因而 G 点的应力坐标为（33.95，-23.82）。因此，方向 $\boldsymbol{n}$ 的角度为65°的正应力、剪应力分别为 $\sigma_n=33.95$MPa、$\tau_{yx}=23.82$MPa。

作图时注意，τ_{xy} 为正转向，τ_{yz} 为负转向。

2.4 八面体应力

2.4.1 八面体面上正应力

图 2.27 所示的主坐标系，应力张量 σ_{ij} 可表示为 $\sigma_{ij}=\begin{bmatrix}\sigma_1 & 0 & 0\\ 0 & \sigma_2 & 0\\ 0 & 0 & \sigma_3\end{bmatrix}$。在 $\boldsymbol{n}$ 方向的任意应力矢量 $\boldsymbol{T}_{\mathrm{oct}}$ 的正应力分量 σ_{oct}，可采用 Cauchy 公式 $\sigma_n=\sigma_{ij}n_in_j$，即 $\sigma_n=\sigma_1n_1n_1+\sigma_2n_2n_2+\sigma_3n_3n_3$ 得到。因此，在八面体的一个面上的正应力 σ_{oct} 可表示为

$$\sigma_{\mathrm{oct}}=\sigma_1n_1^2+\sigma_2n_2^2+\sigma_3n_3^2=\frac{1}{3}(\sigma_1+\sigma_2+\sigma_3)=\frac{1}{3}I_1 \tag{2.75}$$

注意以下几点：①八面体的一个面上的正应力 σ_{oct} 作用于八面体面的法线方向，是主应力的平均值，或称为静水应力，因此也可采用 σ_m 或 p 表示；②对于各向同性材料，σ_{oct} 仅由体积变化所引起，不受单元形状的影响；③八面体的八个面上的正应力 σ_{oct} 是相同的，也表示为 σ_8；④八面体正应力 σ_{oct} 只与应力球张量 σ_m（或应力张量的第一不变量 I_1）有关，是应力不变量；⑤σ_{oct} 可由应力张量 σ_{ij} 的九个分量表示，而不是三个主应力分量表示；⑥在主应力空间中，$\sqrt{3}\sigma_m$ 代表该点应力状态的偏平面至原点的距离，因此，$\sigma_{\mathrm{oct}}=\dfrac{1}{\sqrt{3}}\sigma_\pi$。$\sigma_\pi$ 为 π 平面上的正应力。

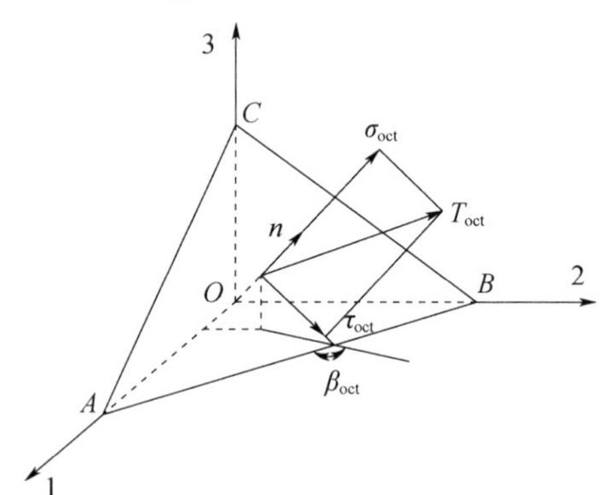

图 2.27 八面体面上的正应力和剪应力

2.4.2 八面体面上剪应力

根据 Cauchy 公式 $\tau_n=\sqrt{T^2-\sigma_n^2}$，可得到：$\tau_{\mathrm{oct}}^2=T_{\mathrm{oct}}^2-\sigma_{\mathrm{oct}}^2$。再根据 $T^2=\sigma_{ij}\sigma_{ik}n_jn_k$ 得到：$T_{\mathrm{oct}}^2=\sigma_1^2n_1^2+\sigma_2^2n_2^2+\sigma_3^2n_3^2=\dfrac{1}{3}(\sigma_1^2+\sigma_2^2+\sigma_3^2)$。于是可得到八面体面上的剪应力 τ_{oct}：

$$\tau_{oct}=\frac{1}{3}\sqrt{(\sigma_1-\sigma_2)^2+(\sigma_2-\sigma_3)^2+(\sigma_3-\sigma_1)^2} \tag{2.76}$$

τ_{oct}也可表示为

$$\tau_{oct}=\frac{2}{3}\sqrt{\tau_{12}^2+\tau_{23}^2+\tau_{31}^2} \tag{2.77}$$

式中，τ_{12}、τ_{23}、τ_{31}为主剪应力，$\tau_{12}=\frac{1}{2}|\sigma_1-\sigma_2|$，$\tau_{23}=\frac{1}{2}|\sigma_2-\sigma_3|$，$\tau_{31}=\frac{1}{2}|\sigma_3-\sigma_1|$。

采用应力不变量、偏应力不变量，τ_{oct}可表示为

$$\tau_{oct}=\frac{\sqrt{2}}{3}\sqrt{I_1^2-3I_2}=\sqrt{\frac{2}{3}J_2} \tag{2.78}$$

采用 x-y-z 坐标系表示的八面体面上的剪应力τ_{oct}可表示为

$$\tau_{oct}=\frac{1}{3}\sqrt{(\sigma_x-\sigma_y)^2+(\sigma_y-\sigma_z)^2+(\sigma_z-\sigma_x)^2+6(\tau_{xy}^2+\tau_{yz}^2+\tau_{zx}^2)} \tag{2.79}$$

注意以下几点：①τ_{oct}为主剪应力，作用于八面体面上；②对于各向同性的线弹性材料，τ_{oct}只引起形状的变化，不产生体积变化；③八面体的八个面上的剪应力τ_{oct}是相同的，也表示为τ_8；④τ_{oct}的方向位于由 $\boldsymbol{n}$ 和 $\boldsymbol{T}_{oct}$ 构成的平面内，它的方向由它至八面体边的倾角β_{oct}决定，如图 2.27 所示；⑤τ_{oct}与 J_2 有关，是应力不变量；⑥σ_{oct}、τ_{oct}可由应力张量σ_{ij}的九个分量表示，而不是三个主应力分量表示；⑦当采用σ_{oct}（σ_8）、τ_{oct}（τ_8），或 p、q 来表示一点的应力状态时，还需要另外一个应力不变量相配合。这个应力不变量常采用应力 Lode 角θ_σ，即一点的应力状态可采用（σ_{oct}，τ_{oct}，θ_σ），或（p，q，θ_σ）表示。

根据图 2.27，也可根据下述方法得到八面体面上的正应力σ_{oct}和剪应力τ_{oct}。取 ABC 为单位面积，作用在平面 ABC 上的总应力为 T_{oct}，其方向不一定与该平面的法线方向重合，则 T_{oct}在三个方向上的分量分别为 t_1、t_2、t_3。由于 $\boldsymbol{n}=(n_1,n_2,n_3)=\frac{1}{\sqrt{3}}(1,1,1)$，因此，根据平衡条件：$t_1=\sigma_1 n_1=\frac{1}{\sqrt{3}}\sigma_1$、$t_2=\sigma_2 n_2=\frac{1}{\sqrt{3}}\sigma_2$、$t_3=\sigma_3 n_3=\frac{1}{\sqrt{3}}\sigma_3$，可得到 $T_{oct}^2=t_1^2+t_2^2+t_3^2=\frac{1}{3}(\sigma_1^2+\sigma_2^2+\sigma_3^2)$。将 T_{oct}分解为八面体面上的正应力σ_{oct}和剪应力τ_{oct}，则有 $\sigma_{oct}=t_1n_1+t_2n_2+t_3n_3=\frac{1}{3}(\sigma_1+\sigma_2+\sigma_3)=\sigma_m=\frac{1}{3}I_1$。根据 $\tau_{oct}=\sqrt{T_{oct}^2-\sigma_{oct}^2}$，得到 $\tau_{oct}^2=\frac{1}{3}(\sigma_1^2+\sigma_2^2+\sigma_3^2)-\frac{1}{9}(\sigma_1+\sigma_2+\sigma_3)^2$，即 $\tau_{oct}=\frac{1}{3}\sqrt{(\sigma_1-\sigma_2)^2+(\sigma_2-\sigma_3)^2+(\sigma_3-\sigma_1)^2}$。

2.4.3 八面体面上剪应力与最大剪应力的关系

根据 $\tau_{oct}^2=\frac{4}{9}(\tau_{12}^2+\tau_{23}^2+\tau_{31}^2)$，可得：$\frac{\tau_{oct}^2}{\tau_{max}^2}=\frac{4}{9}\frac{\tau_{12}^2+\tau_{23}^2+\tau_{31}^2}{\tau_{max}^2}$。假设：$\sigma_1\geqslant\sigma_2\geqslant\sigma_3$，并且采用符号：$\tau_{12}=\tau_{min}$、$\tau_{23}=\tau_{int}$、$\tau_{31}=-\tau_{13}=-\tau_{max}$，则有 $\tau_{min}+\tau_{int}-\tau_{max}=0$。因而，对应于 $\sigma_1\geqslant\sigma_2\geqslant\sigma_3$，$\tau_{min}$、$\tau_{max}$必须有相同的符号。

根据 $\tau_{min}+\tau_{int}-\tau_{max}=0$，即 $\tau_{int}=\tau_{max}-\tau_{min}$。定义 $\xi=\frac{\tau_{min}}{\tau_{max}}\geqslant 0$，于是得到$\frac{\tau_{oct}^2}{\tau_{max}^2}=\frac{8}{9}\cdot\frac{\tau_{max}^2-\tau_{max}\tau_{min}+\tau_{min}^2}{\tau_{max}^2}=\frac{8}{9}(\xi^2-\xi+1)$。设$\frac{\tau_{oct}^2}{\tau_{max}^2}=\frac{8}{9}(\xi^2-\xi+1)=R$。为了求取 R 的驻值，须有

$\frac{\mathrm{d}R}{\mathrm{d}\xi}=\frac{8}{9}(2\xi-1)=0$。当 $\xi=\frac{1}{2}$ 时，R 有一个驻值，并且是其极小值 $R_{\min}=\frac{2}{3}$。由于 $0\leqslant\xi\leqslant 1$，所以当 $\xi=1$ 时，$\tau_{\min}=\tau_{\max}$、$\tau_{\text{int}}=0$。因此，R 的取值范围为 $\frac{2}{3}\leqslant R\leqslant\frac{8}{9}$。即 $\sqrt{\frac{2}{3}}\leqslant\left|\frac{\tau_{\text{oct}}}{\tau_{\max}}\right|\leqslant\frac{2\sqrt{2}}{3}$。由此可知：$|\tau_{\text{oct}}|<|\tau_{\max}|$。

2.4.4 八面体面与偏平面的应力关系

通过上述分析可知，八面体平面上的应力为 σ_{oct}、τ_{oct}，即分别为八面体面上任意应力矢量在空间对角线上的投影、八面体面上的投影。矢量 $\boldsymbol{OP}$ 在偏平面上的投影为 $\sqrt{3}\tau_{\text{oct}}$，即如图 2.12 中矢量 $\boldsymbol{QP}$ 的长度。

矢量 $\boldsymbol{OP}$ 在空间对角线上的投影长度为矢量 $\boldsymbol{OQ}$ 的长度，即 P 点的坐标向量 $[\sigma_1,\sigma_2,\sigma_3]$ 在空间对角线上的投影分量之和，矢量 $\boldsymbol{OQ}$、$\boldsymbol{QP}$ 的长度见式（2.48）。矢量 $\boldsymbol{OQ}$ 的长度与应力第一不变量 I_1 有关，也即偏平面上各点的主应力之和是相等的。而矢量 $\boldsymbol{QP}$ 的长度与偏应力第二不变量 J_2 有关。

在图 2.11 中，在顺着矢量 $\boldsymbol{OQ}$ 的方向上，将 σ_1、σ_2、σ_3 三个主轴投影在偏平面或 π 平面上，以 σ_1'、σ_2'、σ_3' 表示，其夹角为120°。图 2.16 所示的是矢量 $\boldsymbol{QP}$ 在偏平面上的投影。如果将图中的 Q 点改为 O，则是矢量 $\boldsymbol{OP}$ 在 π 平面上的投影。

实际上，八面体平面是一个偏平面，如图 2.28（a）所示，应力矢量 $\boldsymbol{OP}$ 在偏平面或 π 平面上的投影，如图 2.28（b）所示。

八面体面上的剪应力 τ_{oct} 在塑性力学中是一个很重要的物理量，将 $\frac{3}{\sqrt{2}}\tau_{\text{oct}}$ 称为广义应力，即式（2.38）中的等效应力 q，可表示为

$$q=\sqrt{3J_2}=\frac{3}{\sqrt{2}}\tau_{\text{oct}}\tag{2.80}$$

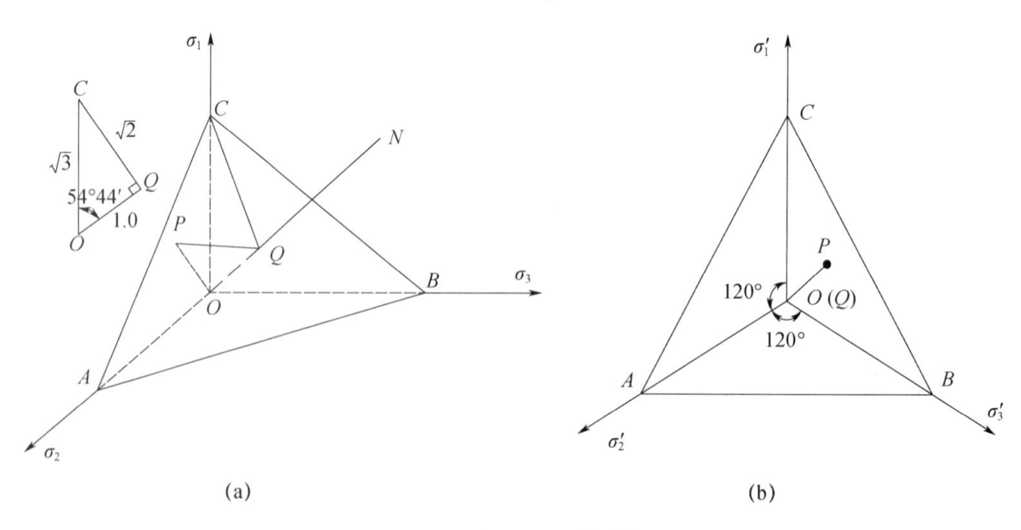

图 2.28 偏平面及其投影

（a）偏平面；（b）偏平面或 π 平面投影

如图 2.28 所示，在 π 平面上，所有点的主应力之和 $(\sigma_1+\sigma_2+\sigma_3)$ 是常数，也就是平均主应力 p 为常数。在 π 平面上任一点 P（σ_1，σ_2，σ_3），向空间对角线 ON 投影都是 Q 点，OP 向 ON 投影的长度都是 $\overline{OQ}$，$\overline{OQ}=\sigma_1 l+\sigma_2 m+\sigma_3 n$。由于 $l=m=n=\frac{1}{\sqrt{3}}$，于是有 $\overline{OQ}=\frac{1}{\sqrt{3}}\cdot(\sigma_1+\sigma_2+\sigma_3)=\frac{1}{\sqrt{3}}I_1=\sqrt{3}\sigma_{\text{oct}}=\sqrt{3}p$。该式表明，$\overline{OQ}$ 与主应力之和 $(\sigma_1+\sigma_2+\sigma_3)$、或应力第一不变量 I_1、或平均正应力 p（八面体主应力 σ_{oct}）有关。也就是说，在偏平面或 π 平面上各点的主应力之和都是相等的。由于 $\overline{OP}^2=\sigma_1^2+\sigma_2^2+\sigma_3^2$、$\overline{OQ}^2=\frac{1}{3}(\sigma_1+\sigma_2+\sigma_3)^2$，根据 $\overline{QP}^2=\overline{OP}^2-\overline{OQ}^2$ 可得到 $\overline{QP^2}=\frac{1}{3}[(\sigma_1-\sigma_2)^2+(\sigma_2-\sigma_3)^2+(\sigma_3-\sigma_1)^2]=3\tau_{\text{oct}}^2=2J_2=\frac{2}{3}q^2$。可见，$QP$ 的长度 $\overline{QP}$ 与八面体剪应力 τ_{oct}、或偏应力第二不变量 J_2 的大小有关。

2.5 应力 Lode 参数

设应力矢量 $\boldsymbol{QP}$ 为八面体面即偏平面上应力的合力，由于该平面的法线方向即主应力空间对角线与三个应力主轴夹角的余弦为 $n_1=n_2=n_3=1/\sqrt{3}$，则沿应力主轴分量分别为 $QP_1=\sigma_1/\sqrt{3}$、$QP_2=\sigma_2/\sqrt{3}$、$QP_3=\sigma_3/\sqrt{3}$，如图 2.29（a）所示。

在 OQ 方向即对角线方向上，将 σ_1、σ_2、σ_3 三个主轴投影在 π 平面或偏平面上，以 σ'_1、σ'_2、σ'_3 表示，其夹角为120°，如图 2.29（b）所示。三个主轴 σ_1、σ_2、σ_3 与在 π 平面上的投影轴 σ'_1、σ'_2、σ'_3 的夹角都为 $\theta=\frac{\pi}{2}-\arccos\frac{1}{\sqrt{3}}$，即如图 2.29（a）中的 OC 与 QC 的夹角，因此 $n'_1=n'_2=n'_3=\cos\theta=\sqrt{2/3}$。于是应力矢量 QP 在八面体面上的投影分量为：$QP'_1=\sqrt{2}\sigma_1/3$（沿 σ'_1 方向）、$QP'_2=\sqrt{2}\sigma_2/3$（沿 σ'_2 方向）、$QP'_3=\sqrt{2}\sigma_3/3$（沿 σ'_3 方向）。

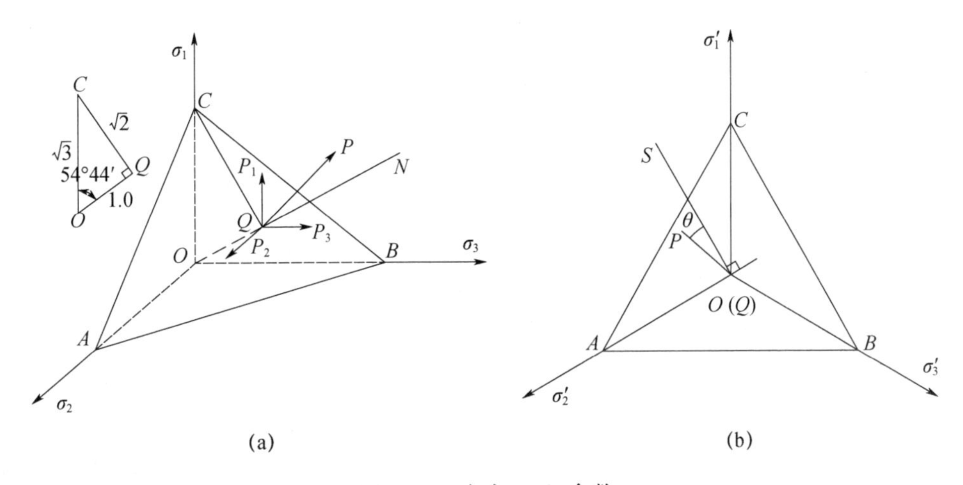

图 2.29 应力 Lode 参数

（a）偏平面；（b）偏平面或 π 平面投影

2.5.1 应力 Lode 角

在主应力空间的 π 平面上，或八面体面上，应力 Lode 角 θ_σ 代表着剪应力的作用方向，如图 2.29（b）所示。以点 Q 为圆心，$\overline{QP}$为半径，可以有无限个应力点。因此，为了描述点 P 在 π 平面上的位置，还需要引入另外一个参数，这个参数即$\overline{QP}$与某一个固定方向的夹角。这个夹角即应力 Lode 角 θ_σ，简写为 θ。

应力 Lode 角 θ 的定义，如图 2.29（b）所示。首先确定 QR，然后确定 QP 与 QR 之间的夹角。QR 在 σ_2 轴与 σ_1 轴之间、与 σ_2 轴正方向夹角为90°的方向上。QP 与 QR 之间的夹角 θ 即应力 Lode 角 θ。以 QR 的逆时针方向为正。

设应力矢量 $\boldsymbol{QP}$ 在偏平面上的投影为 r_σ，于是可采用两个参数 θ_σ 和 r_σ 来表示向量 $\boldsymbol{QP}$。$\boldsymbol{QP}$ 在 QR、σ'_2上的投影分别为

$$\sqrt{\frac{2}{3}}\frac{1}{\sqrt{3}}\sigma_1\cos30^\circ-\sqrt{\frac{2}{3}}\frac{1}{\sqrt{3}}\sigma_3\cos60^\circ=\frac{\sigma_1-\sigma_3}{\sqrt{6}}、\sqrt{\frac{2}{3}}\frac{1}{\sqrt{3}}\sigma_2-\sqrt{\frac{2}{3}}\frac{1}{\sqrt{3}}\sigma_1\cos30^\circ-\sqrt{\frac{2}{3}}\sigma_3\cos60^\circ=$$

$\dfrac{2\sigma_2-\sigma_1-\sigma_3}{3\sqrt{2}}$。由此可得到

$$r_\sigma=\sqrt{\frac{(\sigma_1-\sigma_3)^2}{6}+\frac{(2\sigma_2-\sigma_1-\sigma_3)^2}{18}}=\tau_{\text{oct}}$$

$$\tan\theta_\sigma=\frac{\dfrac{2\sigma_2-\sigma_1-\sigma_3}{3\sqrt{2}}}{\dfrac{\sigma_1-\sigma_3}{\sqrt{6}}}=\frac{1}{\sqrt{3}}\frac{2\sigma_2-\sigma_1-\sigma_3}{\sigma_1-\sigma_3} \tag{2.81}$$

在 π 平面上，应力 Lode 角 θ_σ 的意义如图 2.29 所示。规定：应力 Lode 角 θ_σ 以 π 平面上经原点与中主应力 σ_2 垂直的垂线为零度，逆时针为正，顺时针为负。由于 $3\theta_\sigma$ 的变化范围为 $-90^\circ\leqslant3\theta_\sigma\leqslant90^\circ$，因此 θ_σ 的变化范围为 $-30^\circ\leqslant\theta_\sigma\leqslant30^\circ$。实际上，应力 Lode 角 θ_σ 代表着偏应力第三不变量 J_3 的大小。

2.5.2 应力 Lode 参数

令 $\mu_\sigma=\dfrac{2\sigma_2-\sigma_1-\sigma_3}{\sigma_1-\sigma_3}$，则式（2.81）中的 $\tan\theta_\sigma$ 表达式可简化为

$$\mu_\sigma=\sqrt{3}\tan\theta_\sigma \tag{2.82}$$

式中，μ_σ 称为应力 Lode 参数。

1925 年，Lode 在试验研究中，引用了参数 μ_σ 以表示中主应力 σ_2 的影响，即 μ_σ 代表应力状态的中主应力 σ_2 与其他两个主应力的相对比值。当各应力分量按比例增加时，应力 Lode 参数 μ_σ 的值不变。当 $\mu_\sigma=+1$ 即 $\theta_\sigma=+30^\circ$，此时 $\sigma_1=\sigma_2>\sigma_3$，为常规三轴拉伸试验；当 $\mu_\sigma=-1$ 即 $\theta_\sigma=-30^\circ$，此时 $\sigma_1>\sigma_2=\sigma_3$，为常规三轴压缩试验；在平面应变试验中，$\sigma_1>\sigma_2>\sigma_3$，$\mu_\sigma$ 的值在+1 与−1 之间，即 θ_σ 在+30°与−30°之间。

在试验研究中，只要研究 μ_σ 在+1 与−1 之间，即 θ_σ 在+30°与−30°之间的应力情况就可以了。如果两种应力状态的 μ_σ 值相符，则表明它们所对应的应力状态相同。

在理想塑性理论中，假设应力球张量不影响屈服，决定着屈服的是应力偏张量。而应力 Lode 参数 μ_σ 可以说明应力偏张量的性质。

2.5.3 应力 Lode 参数与 Bishop 参数的关系

应力 Lode 角 θ_σ 和 Lode 参数 μ_σ 都是与中主应力 σ_2 密切相关的参数，也有采用中主应力参数 b 即 Bishop 参数来反映中主应力 σ_2 的影响的。1972 年，Bishop 将 b 定义为

$$b=\frac{\sigma_2-\sigma_3}{\sigma_1-\sigma_3} \tag{2.83}$$

b 与 μ_σ 的关系可表示为

$$\mu_\sigma=2b-1，\text{或 } b=\frac{\mu_\sigma+1}{2} \tag{2.84}$$

θ 与 b 的关系表示为

$$\tan\theta=\frac{1}{\sqrt{3}}(2b-1) \tag{2.85}$$

常规三轴压缩试验时的 $b=0$，常规三轴拉伸试验时的 $b=1$，平面应变试验时的 b 值的变化范围为 $0\leqslant b\leqslant 1$。

在纯压条件下，即 $\sigma_2=\sigma_3=0$、$\sigma_1=\sigma_0$，$b=0$、$\theta_\sigma=-30°$、$\mu_\sigma=-1$；在纯剪条件下，即 $\sigma_2=0$、$\sigma_1=\tau$、$\sigma_3=-\tau$，$b=0.5$、$\theta_\sigma=0$、$\mu_\sigma=0$；在三轴压缩条件下，即 $\sigma_1>\sigma_2=\sigma_3$，$b=0$、$\theta_\sigma=-30°$、$\mu_\sigma=-1$；在三轴拉伸条件下，即 $\sigma_1=\sigma_2>\sigma_3$，$b=1$、$\theta_\sigma=30°$、$\mu_\sigma=1$。

2.5.4 应力 Lode 参数与主剪应力的关系

假设 $\sigma_1>\sigma_2>\sigma_3$，则可以在 $\tau\sigma$ 坐标系中绘制三个应力圆，三个圆的半径分别为三个主剪应力 τ_1 $\left(=\frac{\sigma_2-\sigma_3}{2}\right)$、$\tau_2$ $\left(=\frac{\sigma_1-\sigma_3}{2}\right)$、$\tau_3$ $\left(=\frac{\sigma_1-\sigma_2}{2}\right)$，如图 2.30 所示。

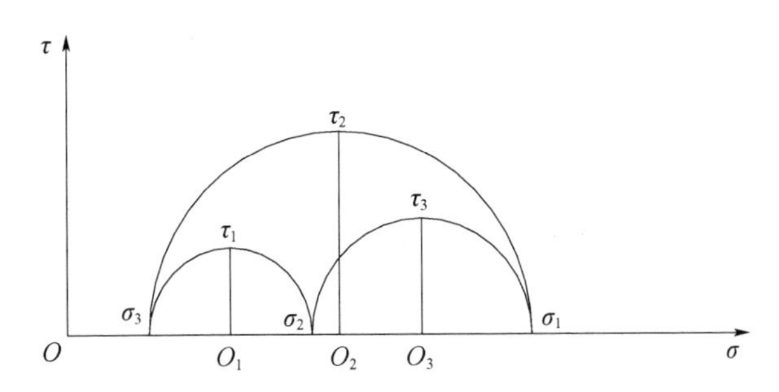

图 2.30 应力圆中的主剪应力图示

根据应力 Lode 参数 μ_σ 的定义，应力 Lode 参数 μ_σ 也可表示为

$$\mu_\sigma=\frac{\tau_1-\tau_3}{-\tau_2} \tag{2.86}$$

对照图 2.30 所示的应力圆可知，应力 Lode 参数 μ_σ 几何上代表大圆圆心到 σ_2 之间的距离与大圆半径 τ_2 之比值。力学上，应力 Lode 参数 μ_σ 表示主剪应力差 $\tau_1-\tau_3$ 与 τ_2 之比值。应力 Lode 参数 μ_σ 反映应力偏张量的作用形式。在三轴压缩条件下，即 $\sigma_1>\sigma_2=\sigma_3$，$\tau_1=0$、$\tau_2=-\tau_3$，因而 $\mu_\sigma=-1$；在三轴拉伸条件下，即 $\sigma_1=\sigma_2>\sigma_3$，$\tau_3=0$、$\tau_2=-\tau_1$，因而 $\mu_\sigma=1$；在纯剪条件下，即 $\sigma_2=0$、$\sigma_1=-\tau_2$、$\sigma_3=\tau_2$，$\tau_1=\tau_3$，因而 $\mu_\sigma=0$。应力 Lode 参数 μ_σ 的变化范围为 $-1\leqslant\mu_\sigma\leqslant 1$。三轴压缩、三轴拉伸、纯剪切情况下的应力圆如图 2.31 所示。

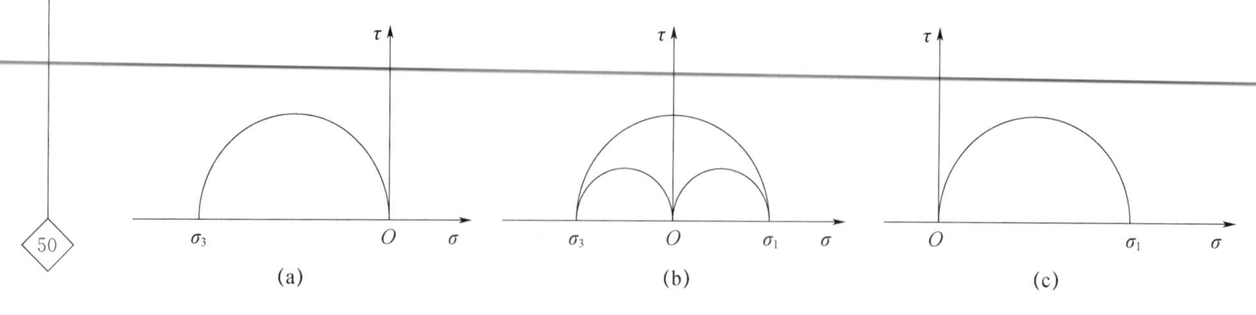

图 2.31　三种特殊的受力状态

(a) 单拉 $\sigma_1=\sigma_2=0$，$\sigma_3<0$，$\mu_\sigma=1$；(b) 纯剪 $\sigma_2=0$，$\sigma_3=-\sigma_1$，$\mu_\sigma=0$；(c) 单压 $\sigma_3=\sigma_2=0$，$\sigma_1>0$，$\mu_\sigma=-1$

2.5.5　应力 Lode 参数与应力张量的关系

应力 Lode 参数 μ_σ 与应力球张量、应力偏张量存在以下关系：

(1) 在以三个主应力 σ_1、σ_2、σ_3 表示的一点应力状态中，增加一个应力球张量，三个应力圆的直径不变，只是整个应力圆沿 σ 轴平移一段距离，应力 Lode 参数 μ_σ 也不改变。说明应力 Lode 参数 μ_σ 与应力球张量无关，或者说应力球张量只影响应力圆在 σ 轴的位置，与反映应力偏张量的应力圆的形状无关。

(2) 如果三个主应力 σ_1、σ_2、σ_3 按同一比例增大或减小，则三个应力圆的直径也按同一比例增加或减小。也就是说，应力变化前后的应力圆虽然大小不同但形状相似。因此，应力 Lode 参数 μ_σ 也不变化。说明如果两个应力状态的应力 Lode 参数 μ_σ 相同，则这两个应力状态是相似的。

(3) 如果三个主应力 σ_1、σ_2、σ_3 任意增大或减小，则三个应力圆的位置、相对大小等都有可能发生改变，变化前后的应力 Lode 参数 μ_σ 也是不同的。说明应力球张量、应力偏张量都发生了变化，并且应力偏张量的大小、形式都发生了变化。

(4) 应力 Lode 参数 μ_σ 是一个描述应力偏张量形式的参数，它排除了应力球张量的影响。凡是在以应力 Lode 角 θ_σ 表示的应力系统中，都可以采用应力 Lode 参数 μ_σ 来代替。如，以 σ_m、J_2、θ_σ 表示的应力系统中，就可以改写成 σ_m、J_2、μ_σ。

(5) 偏应力第三不变量 J_3 没有直观的几何意义和明确的物理意义，需要通过应力 Lode 角 θ_σ 或应力 Lode 参数 μ_σ 间接反映出来。在偏平面或八面体面上，J_3 代表各种剪应力的作用方向，以及偏应力张量的作用形式。

(6) 八面体剪应力 τ_oct 的方向由 θ_σ 来确定。采用八面体应力 σ_oct、τ_oct，以及 $\cos3\theta$，很方便替换应力不变量 I_1、J_2、J_3。这一替换选择的优点是使得不变量的物理解释显而易见了。选用 I_1、J_2、θ_σ，或同样选用 σ_oct、τ_oct、θ_σ 来替代 I_1、I_2、I_3，在三个主应力 σ_1、σ_2、σ_3 的求值中具有另一个重要优点。一般说来，求解 $\sigma^3-I_1\sigma^2+I_2\sigma-I_3=0$ 的三个根不是一件容易的事。但如果采用表达式 $\sigma_{ij}=\sigma_\text{m}\delta_{ij}+s_{ij}$，并且按照给出的以 J_2、θ_σ 表示的主值 s_1、s_2、s_3，就能容易地得到三个主应力的值。

对于偏主应力 s_i 来说，可仿照主应力得到：$s_i^3-J_1s_i^2-J_2s_i-J_3=0$。设：$s_i=r_\sigma\sin\theta_\sigma$。由于 $J_1=0$，因此该式可改写成 $\sin^3\theta_\sigma+\dfrac{J_2}{r_\sigma^2}\sin\theta_\sigma-\dfrac{J_3}{r_\sigma^3}=0$。由于在三角函数中有 $\sin^3\theta_\sigma-\dfrac{3}{4}\sin\theta_\sigma+\dfrac{1}{4}\sin3\theta_\sigma=0$，因此可得到 $r_\sigma=\dfrac{2}{\sqrt{3}}\sqrt{J_2}$，$\sin3\theta_\sigma=-\dfrac{4J_3}{r_\sigma^3}=\dfrac{-3\sqrt{3}}{2}\dfrac{J_3}{\sqrt{J_2^3}}$。于是可得到偏主应力

为 $s_i=r_\sigma\sin\theta_\sigma=\frac{2}{\sqrt{3}}\sqrt{J_2}\sin\theta_\sigma$。式中：$\theta_\sigma$ 为应力 Lode 角，即偏主应力的方向；$r_\sigma=\frac{2}{\sqrt{3}}\sqrt{J_2}$ 为偏主应力的大小。

根据 $\sin\theta_\sigma$ 的最小变化周期 2π 以及 θ_σ 的变化范围，可得到在 $0\sim2\pi$ 范围内 θ_σ 可能有三个取值：θ_σ、$\theta_\sigma+\frac{2}{3}\pi$、$\theta_\sigma+\frac{4}{3}\pi$。$\theta_\sigma$ 的这三个值则代表了三个偏主应力在 π 平面上的方向，因此有 $s_1=\frac{2}{\sqrt{3}}\sqrt{J_2}\sin\left(\theta_\sigma+\frac{2}{3}\pi\right)$，$s_2=\frac{2}{\sqrt{3}}\sqrt{J_2}\sin\theta_\sigma$，$s_3=\frac{2}{\sqrt{3}}\sqrt{J_2}\sin\left(\theta_\sigma+\frac{4}{3}\pi\right)$。根据应力张量分解有 $\sigma_i=\sigma_m+s_i$，由此可得到以 σ_m、J_2、θ_σ 表示的三个主应力的表达式：

$$\begin{bmatrix}\sigma_1\\ \sigma_2\\ \sigma_3\end{bmatrix}=\begin{bmatrix}\sigma_m\\ \sigma_m\\ \sigma_m\end{bmatrix}+\frac{2}{\sqrt{3}}\sqrt{J_2}\begin{bmatrix}\sin\left(\theta_\sigma+\frac{2}{3}\pi\right)\\ \sin\theta_\sigma\\ \sin\left(\theta_\sigma+\frac{4}{3}\pi\right)\end{bmatrix} \tag{2.87}$$

如果已知应力不变量 I_1、J_2、θ_σ 或 J_3，就可直接得到 3 个主应力 σ_1、σ_2、σ_3，而不必求解一元三次方程 $\sigma^3-I_1\sigma^2+I_2\sigma-I_3=0$。在岩土塑性力学中，常采用（$\sigma_{oct}$，$\tau_{oct}$，$\theta_\sigma$）来表示一点的应力状态。

2.6 一点的应力状态描述

一点的应力状态可以采用以下任一种方法进行描述：

（1）应力的各个分量，以及应力张量 σ_{ij}（包括球张量和偏张量）。这是一点应力状态的一般表示形式，代表过该点的微分体六个面上的九个应力分量。

（2）应力的不变量：（σ_1，σ_2，σ_3）、（I_1，I_2，I_3）、（I_1，J_2，J_3）、（I_1，J_2，θ_σ）。

采用（σ_1，σ_2，σ_3）代表作用于一点的三个主平面上的三个主应力；采用（I_1，J_2，J_3）代表作用于一点的三个应力不变量：平均应力、剪应力及其方向；采用（I_1，J_2，θ_σ）代表作用于一点的三个应力不变量：平均应力、剪应力及其方向角。

（3）特征应力斜面上的应力与应力 Lode 角，如 π 平面（σ_π，τ_π，θ_σ）、八面体平面（σ_{oct}，τ_{oct}，θ_σ）、p 平面或子午面（p，q，θ_σ）、Rendulic 平面（σ_1，$\sqrt{2}\sigma_3$，θ_σ）、某球应力下的偏平面（J'_2，θ_σ）。

采用 π 平面（σ_π，τ_π，θ_σ），代表主应力空间 π 平面上作用的正应力、剪应力及其方向角；采用八面体平面（σ_{oct}，τ_{oct}，θ_σ），代表过一点的八面体面上的正应力、剪应力及其方向角；采用 p 平面（p，q，θ_σ），代表作用于一点的静水压力、广义剪应力及其方向角。

在上述一点的应力状态的表示方法中，采用应力的各个分量的表示方法明确直接；采用应力张量的表示方法便于运算；采用应力的不变量的表示方法不受坐标系的限制；采用特征斜面上的应力与应力 Lode 角的表示方法不受坐标系的限制，且形式较为简洁；采用上述第（3）种表示方法，可以表示应力状态及其变化路径，也可以反映由具有某种特征的应力点群所组成的应力面，如屈服面、破坏面等，有特殊的优越性。

值得注意的是，一点的应力状态的描述需要注意两个方面：应力的大小、应力的作用方向。试验研究表明，在不改变应力大小的前提下，仅仅是应力方向的改变，或者是主应力轴的旋转，也会引起土的变形。这种现象是由于土的介质特性，尤其是土由于原生结构和作用

应力引起的各向异性所决定的。因此，主应力轴旋转引起土变形的问题成为土力学研究中的一个重要课题。

因此，仅仅采用应力不变量来表示一点的应力状态仍然不够严密，还必须加上一个反映主应力轴旋转影响的量，这个量可以是旋转角的大小，也可以是较为复杂的应力的张量。一点的应力状态的描述采用应力矢量表示方法也许会具有更好的明确性和应用上的方便性。

此外，平面应变状态下，一点的应力状态可以采用 Mohr 应力圆表示。在一般应力状态下，可以得到由大、中、小主应力两两分别绘制的三个应力圆，如图 2.32 所示，其中 $\sigma_1\sigma_2$ 为中圆、$\sigma_2\sigma_3$ 为小圆、$\sigma_3\sigma_1$ 为大圆。过坐标原点做三条切线，根据切点即可确定它们各自强度发挥面的方向。

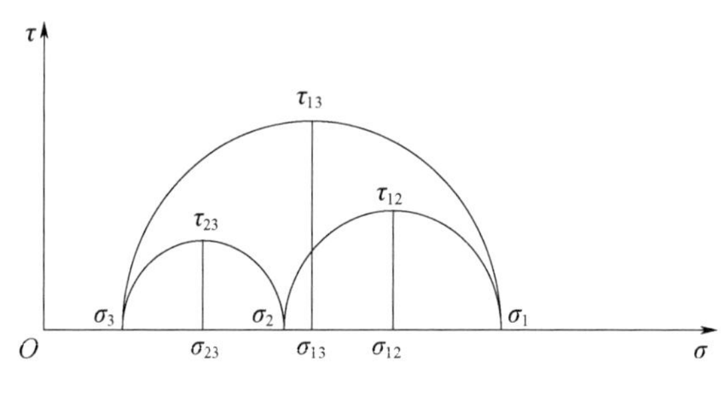

图 2.32　三个主剪应力圆

3 应变分析

3.1 Cauchy 应变公式

3.1.1 基本概念

应变分析中涉及连续体的变形，这是几何问题而非材料性质。对于弹性变形、或是塑性变形的物体，关于点的应变的描述都是一样的。

(1) 刚体运动与刚体位移

物体在外力作用下会运动和产生变形。如果连续体在运动过程中其内各点的位置发生变化即产生位移，如果其内任意两点的间距保持不变，也就是保持初始状态的相对位置，则连续体做刚体运动。刚体运动以连接两点的微线元保持直线并且长度不变为特征。刚体运动产生的位移称为刚体位移，包括平移和转动。

(2) 变形与应变

如果连续体在位移的同时，其内任意两点的相对位置发生改变，也就是改变了两点之间的初始状态的相对位置，即产生了形状的变化，此时称连续体产生了变形或者应变。

如图 3.1 所示，设初始状态下连续体内部的点 A、B、C，$AB=l_0$，AB、AC 的夹角为 θ_0。当连续体变形后位移至如图虚线所示的位置，此时 A、B、C 点的相应位置为 A'、B'、C'，$A'B'=l$，$A'B'$ 与 $A'C'$ 的夹角为 θ。

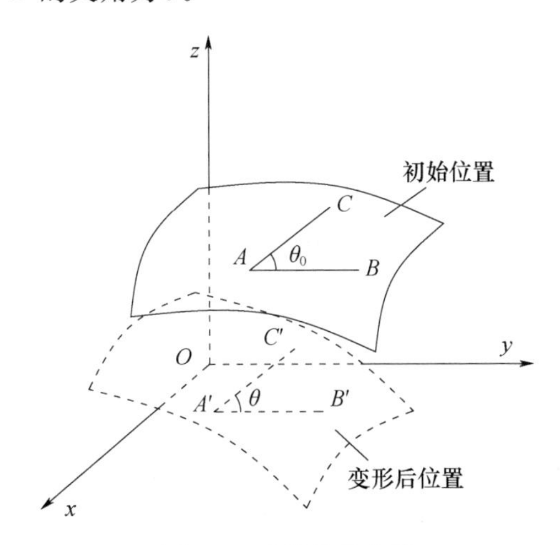

图 3.1 连续体的变形

A 点移动的距离 AA' 称为 A 点位移。如果 $A'B'$、AB 平行且长度相等，则属于平移；如果 $A'B'$ 与 AB 不平行，则此位移兼有转动和平移。如果 $l_0 \neq l$ 则表示 B 点与 A 点之间有相对位移 $(l-l_0)$ 即变形。如果 l_0 足够小，则变形可认为沿 AB 方向是均匀的，相对位移 $(l-l_0)$ 可认为是与 l_0 成正比的。定义长度变化 $(l-l_0)$ 对原长度 l_0 之比为正应变或线应变 ε，即

$$\varepsilon = \frac{l-l_0}{l_0} \tag{3.1}$$

(3) 相对位移矢量

如图 3.2 所示，设初始状态 A 点处的微线元为 AB，变形后位移至 $A'B'$。由于微线元长度极其微小，以及 A 点邻近变形平滑，$A'B'$ 保持直线并且其长度与 AB 相等。

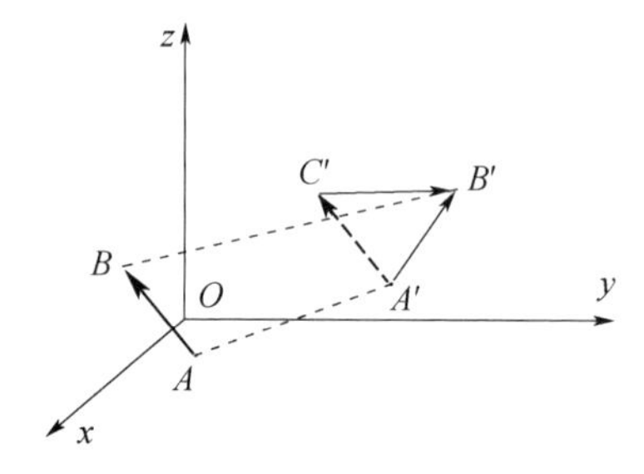

图 3.2 微线元的相对位移矢量

假设矢量 $\boldsymbol{A'C'}$ 长度等于并且方向平行于矢量 $\boldsymbol{AB}$，则矢量 $\boldsymbol{C'B'}$ 称为微线元 AB 的相对位移矢量。设矢量 $\boldsymbol{AB}$ 的方向为 $\boldsymbol{n}$，则相对位移矢量可表示为 $\boldsymbol{\delta}'_{\mathrm{n}}$。

对于主轴为 x_1、x_2、x_3，则相对位移矢量 $\boldsymbol{\delta}'_{\mathrm{n}}$ 的三个分量可分别表示为 $\boldsymbol{\delta}'_1$、$\boldsymbol{\delta}'_2$、$\boldsymbol{\delta}'_3$。假设方向 $\boldsymbol{n}$ 在主轴 x_1、x_2、x_3 上的投影，即向量 $\boldsymbol{n}$ 在三个主轴相应的方向余弦，分别为 n_1、n_2、n_3，则相对位移矢量 $\boldsymbol{\delta}'_{\mathrm{n}}$ 可表示为

$$\boldsymbol{\delta}'_{\mathrm{n}} = \boldsymbol{\delta}'_1 n_1 + \boldsymbol{\delta}'_2 n_2 + \boldsymbol{\delta}'_3 n_3 \tag{3.2}$$

3.1.2 相对位移张量分解

(1) 相对位移张量

对于 $\boldsymbol{\delta}'_1$，表示的是与 x_1 轴方向相关的相对位移矢量 $\boldsymbol{\delta}'_{\mathrm{n}}$ 的分量，$\boldsymbol{\delta}'_1$ 相应于三个主轴 x_1、x_2、x_3 方向上有三个分量，分别表示为 ε'_{11}、ε'_{12}、ε'_{13}。同样，$\boldsymbol{\delta}'_2$ 的三个分量为 ε'_{21}、ε'_{22}、ε'_{23}；$\boldsymbol{\delta}'_3$ 的三个分量为 ε'_{31}、ε'_{32}、ε'_{33}。于是，表达式 (3.2) 可表示为

$$\delta'_i = \varepsilon'_{ji} n_j \tag{3.3}$$

式中，n_i 为向量 $\boldsymbol{n}$ 在三个主轴 x_1、x_2、x_3 相应的方向余弦；ε'_{ij} 则称为相对位移张量。

相对位移张量 ε'_{ij} 有九个分量：ε'_{11}、ε'_{12}、ε'_{13}、ε'_{21}、ε'_{22}、ε'_{23}、ε'_{31}、ε'_{32}、ε'_{33}，通过确定相对位移矢量 $\boldsymbol{\delta}'_{\mathrm{n}}$ 的三个分量 $\boldsymbol{\delta}'_1$、$\boldsymbol{\delta}'_2$、$\boldsymbol{\delta}'_3$，从而完全地确定方向为 $\boldsymbol{n}$ 的相对位移矢量 $\boldsymbol{\delta}'_{\mathrm{n}}$。采用双重标记符号，相对位移张量 ε'_{ij} 表示为

$$\varepsilon'_{ij} = \begin{bmatrix} \varepsilon'_{11} & \varepsilon'_{12} & \varepsilon'_{13} \\ \varepsilon'_{21} & \varepsilon'_{22} & \varepsilon'_{23} \\ \varepsilon'_{31} & \varepsilon'_{32} & \varepsilon'_{33} \end{bmatrix} = \begin{bmatrix} \varepsilon'_{x} & \varepsilon'_{xy} & \varepsilon'_{xz} \\ \varepsilon'_{yx} & \varepsilon'_{y} & \varepsilon'_{yz} \\ \varepsilon'_{zx} & \varepsilon'_{zy} & \varepsilon'_{z} \end{bmatrix} \tag{3.4}$$

相对位移张量 ε'_{ij} 通常是不对称的，并且相应于刚体旋转是斜对称的。

(2) 相对位移张量的分解

对于一点处的变形或应变状态，不能简单地通过三个相对位移矢量分量 $\boldsymbol{\delta}'_1$、$\boldsymbol{\delta}'_2$、$\boldsymbol{\delta}'_3$ 来完全确定，还需要从这些矢量中分离出刚体位移。

刚体运动以连接两点的线元长度保持不变为特征，即如图 3.2 所示的矢量 $\boldsymbol{AB}$ 与矢量 $\boldsymbol{A'B'}$ 的长度相等。由于刚体移动并不引起物体的变形，因而刚体位移在应变分析中没有实际意义，需要从式 (3.4) 中剥离表示刚体位移的那一部分。

对于一个二阶张量 a_{ij}，可以并且只能用唯一的方法分解成为一个对称张量 $b_{ij}=b_{ji}$ 和一

个斜对称张量 $c_{ij}=-c_{ji}$，即 $a_{ij}=\frac{1}{2}(b_{ij}+b_{ji})+\frac{1}{2}(c_{ij}-c_{ji})=b_{ij}+c_{ij}$。因此，可以将相对位移张量 ε'_{ij} 分解为两部分：对称张量和斜对称张量。其中，对称张量代表纯变形，而斜对称张量则代表刚体旋转即刚体位移，即

$$\varepsilon'_{ij}=\frac{1}{2}(\varepsilon'_{ij}+\varepsilon'_{ji})+\frac{1}{2}(\varepsilon'_{ij}-\varepsilon'_{ji}) \tag{3.5}$$

令：$\varepsilon_{ij}=\frac{1}{2}(\varepsilon'_{ij}+\varepsilon'_{ji})$、$\omega_{ij}=\frac{1}{2}(\varepsilon'_{ij}-\varepsilon'_{ji})$，则式（3.5）可表示为

$$\varepsilon'_{ij}=\varepsilon_{ij}+\omega_{ij} \tag{3.6}$$

将 ε_{ij}、ω_{ij} 展开可得到

$$\varepsilon_{ij}=\begin{bmatrix} \varepsilon'_{11} & \frac{1}{2}(\varepsilon'_{12}+\varepsilon'_{21}) & \frac{1}{2}(\varepsilon'_{13}+\varepsilon'_{31}) \\ \frac{1}{2}(\varepsilon'_{21}+\varepsilon'_{12}) & \varepsilon'_{22} & \frac{1}{2}(\varepsilon'_{23}+\varepsilon'_{32}) \\ \frac{1}{2}(\varepsilon'_{31}+\varepsilon'_{13}) & \frac{1}{2}(\varepsilon'_{32}+\varepsilon'_{23}) & \varepsilon'_{33} \end{bmatrix} \tag{3.7}$$

$$\omega_{ij}=\begin{bmatrix} 0 & \frac{1}{2}(\varepsilon'_{12}-\varepsilon'_{21}) & \frac{1}{2}(\varepsilon'_{13}-\varepsilon'_{31}) \\ \frac{1}{2}(\varepsilon'_{21}-\varepsilon'_{12}) & 0 & \frac{1}{2}(\varepsilon'_{23}-\varepsilon'_{32}) \\ \frac{1}{2}(\varepsilon'_{31}-\varepsilon'_{13}) & \frac{1}{2}(\varepsilon'_{32}-\varepsilon'_{23}) & 0 \end{bmatrix} \tag{3.8}$$

式中，ε_{ij} 为对称张量，代表纯变形；ω_{ij} 为斜对称张量，又称为旋转张量或转动张量，代表刚体旋转。

（3）相对位移张量分解的几何图示

如图 3.3 所示的 x_1-x_2 平面中，示出了分别在 x_1、x_2 轴线上的两微线元的初始位置、最终位置。两微线元的最终位置是由原始位置叠加两个分离的变形过程而得到的。也就是说，3.3（a）图可以分解为 3.3（b）图和 3.3（c）图。图 3.3（b）为纯变形所致，图 3.3（c）是由刚体转动所致。

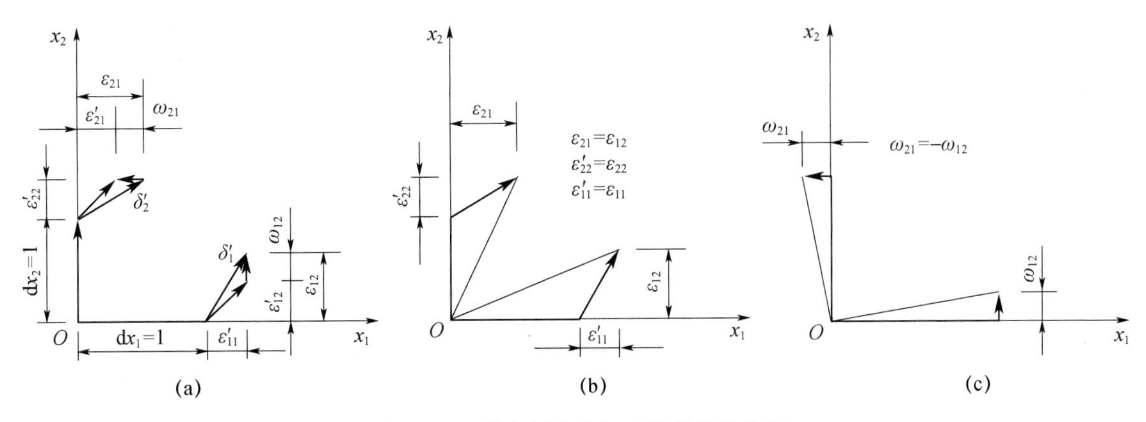

图 3.3　二维空间中的相对位移张量分解

3.1.3 Cauchy 应变公式

（1）表征应变状态的应变矢量

一点的应变状态定义为通过该点的微线元长度变化的总体，以及由此点放射的任何两直线夹角所有变化的总体。假设通过一点的三条线分别平行于三个相互垂直的坐标轴，如果已知其线上的长度、角度的变化，就能够计算出通过该点的任何线段的长度变化，以及由该点放射的任何两条线之间的夹角的变化。

确定相对位移矢量$\boldsymbol{\delta}'_{\mathrm{n}}$的三个分量$\boldsymbol{\delta}'_1$、$\boldsymbol{\delta}'_2$、$\boldsymbol{\delta}'_3$，需要九个标量分量 ε'_{ij}。即由九个标量组成的相对位移张量 ε'_{ij}，则能够完全地确定方向为 $\boldsymbol{n}$ 的相对位移矢量$\boldsymbol{\delta}'_{\mathrm{n}}$。但是，对于一点的变形或应变状态，则不能简单地通过三个相对位移矢量分量$\boldsymbol{\delta}'_1$、$\boldsymbol{\delta}'_2$、$\boldsymbol{\delta}'_3$来完全确定，还需要从这些矢量中分离出刚体位移。

上文中，已经将相对位移张量 ε'_{ij} 分解为代表纯变形的对称张量 ε_{ij}、代表刚体旋转的斜对称张量 ω_{ij}。相应于纯变形、刚体旋转的相对位移矢量分量分别称为应变矢量、旋转矢量，分别记为$\boldsymbol{\delta}_{\mathrm{n}}$、$\boldsymbol{\Omega}_{\mathrm{n}}$。应变矢量$\boldsymbol{\delta}_{\mathrm{n}}$、旋转矢量$\boldsymbol{\Omega}_{\mathrm{n}}$ 分别表示为

$$\delta_i=\varepsilon_{ji}n_j=\varepsilon_{ij}n_j \tag{3.9}$$

$$\Omega_i=\omega_{ji}n_j=-\omega_{ij}n_j \tag{3.10}$$

对于主轴 x_1、x_2、x_3，应变矢量$\boldsymbol{\delta}_{\mathrm{n}}$ 的三个分量可分别表示为 $\boldsymbol{\delta}_1$、$\boldsymbol{\delta}_2$、$\boldsymbol{\delta}_3$。因此，相应于纯变形，表达式（3.2）则变为

$$\boldsymbol{\delta}_{\mathrm{n}}=\boldsymbol{\delta}_1 n_1+\boldsymbol{\delta}_2 n_2+\boldsymbol{\delta}_3 n_3 \tag{3.11}$$

式（3.11）表示的是，对应于主轴 x_1、x_2、x_3 方向上的三条相互垂直的微线元的应变矢量 $\boldsymbol{\delta}_1$、$\boldsymbol{\delta}_2$、$\boldsymbol{\delta}_3$，给出了具有方向 $\boldsymbol{n}$ 的任意微线元的应变矢量$\boldsymbol{\delta}_{\mathrm{n}}$。因此，相应于纯变形，三个应变矢量分量 $\boldsymbol{\delta}_1$、$\boldsymbol{\delta}_2$、$\boldsymbol{\delta}_3$ 就可以完全表征一点的应变状态。

（2）正应变和剪应变

式（3.1）表示的是长度的变化所产生的正应变。与正应变不同的是与畸变相关的剪应变。如果 $\theta\neq\theta_0$，则角度变化量$(\theta-\theta_0)$即畸变或剪应变的度量。也就是说，当角度发生变化时，即产生了剪应变。

通过上述分析，应变可分为两类：正应变和剪应变。正应变是由于长度的变化所产生；剪应变则是与不同于任何微线元的伸长或缩短的畸变相关。

（3）应变矢量分解

对于方向为 $\boldsymbol{n}$ 的任一线元，其应变矢量$\boldsymbol{\delta}_{\mathrm{n}}$ 被分为两部分：一部分在 $\boldsymbol{n}$ 的方向上，称为正应变；一部分在 $\boldsymbol{n}$ 方向的正交平面内，称为剪应变。将正应变、剪应变分别表示为 ε_{n}、$\varepsilon_{\mathrm{ns}}$，如图 3.4所示。

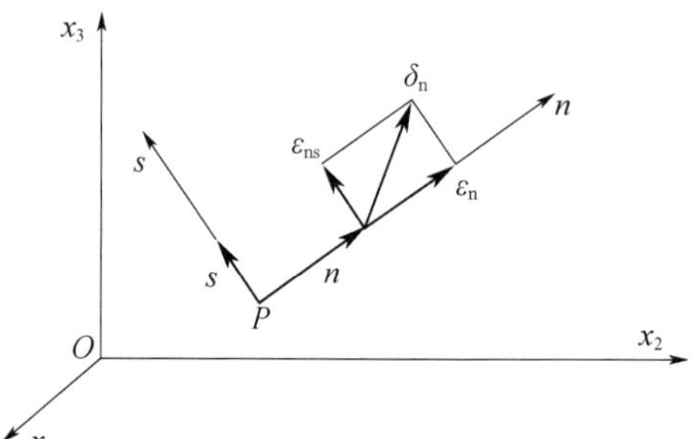

图 3.4 应变矢量的分解

（4）Cauchy 应变公式

设应变矢量$\boldsymbol{\delta}_{\mathrm{n}}$ 相应于 x_1 轴向的分量为 $\boldsymbol{\delta}_1$，相应于三个主轴 x_1、x_2、x_3 的方向，$\boldsymbol{\delta}_1$ 有三个应变分量：正应变 ε_{11}、剪应变 ε_{12} 和 ε_{13}。这三个分量分别相对于三个轴 x_1、x_2、x_3 的方向上。

如图 3.4 所示，P 点的应变矢量$\boldsymbol{\delta}_{\mathrm{n}}$，具有正应

变分量 ε_n 和剪应变分量 ε_{ns}，任一矢量 $\boldsymbol{n}$ 有分量（n_1，n_2，n_3）。根据式（3.9），以及张量 ε_{ij} 的对称性，正应变分量 ε_n 为

$$\varepsilon_n = \boldsymbol{\delta}_n \boldsymbol{n} = \delta_i n_i = \varepsilon_{ij} n_i n_j \tag{3.12}$$

假设与 $\boldsymbol{n}$ 方向正交的单位矢量 $\boldsymbol{s}$ 有分量（s_1，s_2，s_3），则剪应变分量 ε_{ns} 为

$$\varepsilon_{ns} = \boldsymbol{\delta}_n \boldsymbol{s} = \delta_i s_i = \varepsilon_{ij} n_j s_i \tag{3.13}$$

式（3.12）、式（3.13）即为确定任一线元方向 $\boldsymbol{n}$ 的正应变分量和剪应变分量所需的 Cauchy 公式。表达式 $\delta_i = \varepsilon_{ji} n_j = \varepsilon_{ij} n_j$、$\boldsymbol{\delta} = \boldsymbol{\delta}_1 n_1 + \boldsymbol{\delta}_2 n_2 + \boldsymbol{\delta}_3 n_3$、$\varepsilon_n = \varepsilon_{ij} n_i n_j$、$\varepsilon_{ns} = \varepsilon_{ij} n_j s_i$ 分别代表 Cauchy 公式的一个特殊形式。对于一点给定的应变状态，根据式（3.12）、式（3.13）即可直接得到正应变分量和剪应变分量，因而这也是最为实用的 Cauchy 应变公式。

【例 3.1】 给定一点的相对位移张量 $\varepsilon'_{ij} = \begin{bmatrix} 0.10 & 0.20 & -0.40 \\ -0.20 & 0.25 & -0.15 \\ 0.40 & 0.30 & 0.30 \end{bmatrix}$，计算：(a) 应变张量 ε_{ij}、旋转张量 ω_{ij}；(b) 对于具有方向 $\boldsymbol{n} = \left(\frac{1}{2}, \frac{1}{2}, \frac{1}{\sqrt{2}}\right)$ 的微线元，找出其应变矢量 $\boldsymbol{\delta}_n$、转动矢量 $\boldsymbol{\Omega}_n$、相对位移矢量 $\boldsymbol{\delta}'_n$；(c) 正应变 ε_n、剪应变 ε_{ns}，以及合剪应变 ϑ。设单位矢量 $\boldsymbol{s}$ =（1，0，0）。

求解如下：

(a) 根据式（3.7）、式（3.8），可分别得到为应变张量 ε_{ij}、旋转张量 ω_{ij} 为 $\varepsilon_{ij} = \begin{bmatrix} 0.100 & 0 & 0 \\ 0 & 0.250 & 0.075 \\ 0 & 0.075 & 0.300 \end{bmatrix}$、$\omega_{ij} = \begin{bmatrix} 0 & 0.200 & -0.400 \\ -0.200 & 0 & -0.225 \\ 0.400 & 0.225 & 0 \end{bmatrix}$。

(b) 根据式（3.9），$\delta_1 = \varepsilon_{1j} n_j = \varepsilon_{11} n_1 + \varepsilon_{12} n_2 + \varepsilon_{13} n_3 = 0.050$、$\delta_2 = \varepsilon_{2j} n_j = \varepsilon_{21} n_1 + \varepsilon_{22} n_2 + \varepsilon_{23} n_3 = 0.178$、$\delta_3 = \varepsilon_{3j} n_j = \varepsilon_{31} n_1 + \varepsilon_{32} n_2 + \varepsilon_{33} n_3 = 0.250$。$|\boldsymbol{\delta}_n| = \sqrt{0.050^2 + 0.178^2 + 0.250^2} = 0.311$。

根据式（3.10），$\Omega_1 = -\omega_{1j} n_j = -\omega_{11} n_1 - \omega_{12} n_2 - \omega_{13} n_3 = 0.1828$、$\Omega_2 = -\omega_{2j} n_j = -\omega_{21} n_1 - \omega_{22} n_2 - \omega_{23} n_3 = 0.2591$、$\Omega_3 = -\omega_{3j} n_j = -\omega_{31} n_1 - \omega_{32} n_2 - \omega_{33} n_3 = -0.3125$。

$|\boldsymbol{\Omega}_n| = \sqrt{0.1828^2 + 0.2591^2 + (-0.3125)^2} = 0.4452$。

根据式（3.3），$\delta'_1 = \varepsilon'_{j1} n_j = \varepsilon'_{11} n_1 + \varepsilon'_{21} n_2 + \varepsilon'_{31} n_3 = 0.2328$、$\delta'_2 = \varepsilon'_{j2} n_j = \varepsilon'_{12} n_1 + \varepsilon'_{22} n_2 + \varepsilon'_{32} n_3 = 0.4371$、$\delta'_3 = \varepsilon'_{j3} n_j = \varepsilon'_{13} n_1 + \varepsilon'_{23} n_2 + \varepsilon'_{33} n_3 = 0.0629$。

$|\boldsymbol{\delta}'_n| = \sqrt{0.2328^2 + 0.4371^2 + 0.0629^2} = 0.4995$。

(c) 根据式（3.12）得到 $\varepsilon_n = \varepsilon_{11} n_1 n_1 + \varepsilon_{12} n_1 n_2 + \varepsilon_{13} n_1 n_3 + \varepsilon_{21} n_2 n_1 + \varepsilon_{22} n_2 n_2 + \varepsilon_{23} n_2 n_3 + \varepsilon_{31} n_3 n_1 + \varepsilon_{32} n_3 n_2 + \varepsilon_{33} n_3 n_3 = 0.2905$。

根据式（3.13）$\varepsilon_{ns} = \varepsilon_{ij} n_j s_i$ 得到 $\varepsilon_{ns} = \varepsilon_{11} n_1 s_1 + \varepsilon_{22} n_2 s_2 + \varepsilon_{33} n_3 s_3 + \varepsilon_{12} n_2 s_1 + \varepsilon_{13} n_3 s_1 + \varepsilon_{21} n_1 s_2 + \varepsilon_{23} n_3 s_2 + \varepsilon_{31} n_1 s_3 + \varepsilon_{32} n_2 s_3 = \varepsilon_{11} n_1 s_1 + \varepsilon_{12} n_2 s_1 + \varepsilon_{13} n_3 s_1 = 0.0500$。

实际上，剪应变分量 ε_{ns} 为合剪应变 ϑ 在 $\boldsymbol{s}$ 方向的投影值。对于微线元 $\boldsymbol{n}$ 在此点的合剪应变 ϑ 可根据表达式 $\vartheta^2 = |\boldsymbol{\delta}_n|^2 - \varepsilon_n^2$ 进行计算。因此，合剪应变 $\vartheta = \sqrt{|\boldsymbol{\delta}_n|^2 - \varepsilon_n^2} = \sqrt{0.311^2 - 0.2905^2} = 0.111$。

3.2 应变张量

3.2.1 应变与位移的关系

对于如图 3.1 所示的连续体，从初始状态位移至变形后的状态，如果能够确定各点的位移，则连续体的变形状态也就确定了。各点的位移采用 x、y、z 方向的位移分量 u、v、w 表示。由于各点的位移不同，因而位移分量 u、v、w 分别是 x、y、z 的函数，即：$u=u(x, y, z)$、$v=v(x, y, z)$、$w=w(x, y, z)$。

如图 3.2 所示，设 A、B 点的坐标分别为 (x_0, y_0, z_0)、(x, y, z)，A'、B'的坐标分别为 (x'_0, y'_0, z'_0)、 (x', y', z')。则 A 点的位移分量为 $u_0=x'_0-x_0$、$v_0=y'_0-y_0$、$w=w'_0-w_0$；B 点的位移分量为 $u=x'-x$、$v=y'-y$、$w=w'-w$。

假定位移分量 u、v、w 是 x、y、z 的单值连续函数，将 B 点的位移函数相对于 A 点，按照泰勒级数展开，即 $u=u_0+\frac{\partial u}{\partial x}s_x+\frac{\partial u}{\partial y}s_y+\frac{\partial u}{\partial z}s_z+o(s_x^2, s_y^2, s_z^2)$。式中，$s_x$，$x_y$，$s_z$ 为矢量 $\boldsymbol{AB}$ 分别则沿 x、y、z 方向的分量。同样可得到类似于 u 的 v、w 的泰勒级数展开式。假设 B 点在 A 点的邻域内，因而矢量 $\boldsymbol{AB}$ 是一个小量，其三个 s_x、s_y、s_z 的二次项 $o(s_x^2, s_y^2, s_z^2)$是一个高阶微量，可以略去不计。将 A、B 点的位移函数代入式（3.3），于是得到：$\frac{\partial u}{\partial x}s_x+\frac{\partial u}{\partial y}s_y+\frac{\partial u}{\partial z}s_z=(x'-x)-(x'_0-x_0)=\delta'_x$。同样可得到类似于 δ'_x的 δ'_y、δ'_z的表达式。δ'_x、δ'_y、δ'_z为相对位移矢量$\boldsymbol{\delta}'_n$分别则沿 x、y、z 方向的分量，简写为

$$\delta'_i=u_{i,j}s_j \tag{3.14}$$

式中，i，$j=x$，y，z；$u_{i,j}$可表示为

$$u_{i,j}=\begin{bmatrix} \partial u/\partial x & \partial u/\partial y & \partial u/\partial z \\ \partial v/\partial x & \partial v/\partial y & \partial v/\partial z \\ \partial w/\partial x & \partial w/\partial y & \partial w/\partial z \end{bmatrix} \tag{3.15}$$

式（3.15）实际上是以坐标轴 x、y、z 为主轴表示的相对位移张量，即以位移函数表示的相对位移张量 ε'_{ij}。实际上，$u_{i,j}$是不对称的，并且是相应于刚体旋转的斜对称张量。因此，二阶张量 $u_{i,j}$可根据式（3.5）分解为一个对称张量和一个斜对称张量，即

$$u_{i,j}=\frac{1}{2}(u_{i,j}+u_{j,i})+\frac{1}{2}(u_{i,j}-u_{j,i})=\varepsilon_{ij}+\omega_{ij} \tag{3.16}$$

式中，对称张量 $\varepsilon_{ij}=\frac{1}{2}(u_{i,j}+u_{j,i})$称为应变张量，表示纯变形部分；斜对称张量 $\omega_{ij}=\frac{1}{2}\cdot(u_{i,j}-u_{j,i})$称为转动张量，表示刚体位移部分。$\varepsilon_{ij}$、$\omega_{ij}$ 的矩阵形式分别为

$$\varepsilon_{ij}=\begin{bmatrix} \frac{\partial u}{\partial x} & \frac{1}{2}\left(\frac{\partial v}{\partial x}+\frac{\partial u}{\partial y}\right) & \frac{1}{2}\left(\frac{\partial w}{\partial x}+\frac{\partial u}{\partial z}\right) \\ \frac{1}{2}\left(\frac{\partial v}{\partial x}+\frac{\partial u}{\partial y}\right) & \frac{\partial v}{\partial y} & \frac{1}{2}\left(\frac{\partial v}{\partial z}+\frac{\partial w}{\partial y}\right) \\ \frac{1}{2}\left(\frac{\partial w}{\partial x}+\frac{\partial u}{\partial z}\right) & \frac{1}{2}\left(\frac{\partial v}{\partial z}+\frac{\partial w}{\partial y}\right) & \frac{\partial w}{\partial z} \end{bmatrix} \tag{3.17}$$

$$\omega_{ij}=\begin{bmatrix} 0 & \frac{1}{2}\left(\frac{\partial u}{\partial y}-\frac{\partial v}{\partial x}\right) & \frac{1}{2}\left(\frac{\partial u}{\partial z}-\frac{\partial w}{\partial x}\right) \\ -\frac{1}{2}\left(\frac{\partial u}{\partial y}-\frac{\partial v}{\partial x}\right) & 0 & \frac{1}{2}\left(\frac{\partial v}{\partial z}-\frac{\partial w}{\partial y}\right) \\ -\frac{1}{2}\left(\frac{\partial u}{\partial z}-\frac{\partial w}{\partial x}\right) & -\frac{1}{2}\left(\frac{\partial v}{\partial z}-\frac{\partial w}{\partial y}\right) & 0 \end{bmatrix} \tag{3.18}$$

对于纯变形，表达式（3.14）则表示为

$$\delta_i=\varepsilon_{ij}s_j \tag{3.19}$$

这样，一点的应变状态就由式（3.17）所表示的应变张量 ε_{ij} 所表征。

通过上述分析，可得到应变-位移关系式，即

$$\varepsilon_x=\frac{\partial u}{\partial x},\ \varepsilon_y=\frac{\partial v}{\partial y},\ \varepsilon_z=\frac{\partial w}{\partial z},\ \varepsilon_{xy}=\frac{1}{2}\left(\frac{\partial v}{\partial x}+\frac{\partial u}{\partial y}\right),$$
$$\varepsilon_{yz}=\frac{1}{2}\left(\frac{\partial v}{\partial z}+\frac{\partial w}{\partial y}\right),\ \varepsilon_{zx}=\frac{1}{2}\left(\frac{\partial w}{\partial x}+\frac{\partial u}{\partial z}\right) \tag{3.20}$$

3.2.2 应变分量与应变张量

（1）正应变分量

如图 3.2 所示，假设矢量 **AB** 在 Oxy 平面内平行于 x 轴，则 $s_y=0$、$s_x=s$。根据式（3.19)可得到

$$\varepsilon_{xx}=\varepsilon_x=\frac{\delta_x}{s_x}=\frac{\delta_x}{s} \tag{3.21}$$

也就是说，对于主轴为 x、y、x，ε_{xx} 即 ε_x 表示原来与 x 轴平行的矢量的单位长度的伸长或压缩，称为线应变或正应变。同样，ε_y、ε_z 物理意义也是正应变。因此，ε_x、ε_y、ε_z 为应变张量 ε_{ij} 的三个正应变分量。

（2）剪应变分量

如图 3.5 所示，假设有两个矢量 $\boldsymbol{s}_1$、$\boldsymbol{s}_2$ 变形前分别平行于 x 轴、y 轴，$\boldsymbol{e}_1$、$\boldsymbol{e}_2$ 分别为 x 轴、y 轴方向的单位矢量，于是有 $\boldsymbol{s}_1=\boldsymbol{e}_1\boldsymbol{s}_1$、$\boldsymbol{s}_2=\boldsymbol{e}_2\boldsymbol{s}_2$。变形后，矢量 $\boldsymbol{s}_1$、$\boldsymbol{s}_2$ 分别为 $\boldsymbol{s}'_1$、$\boldsymbol{s}'_2$，于是可得到 $\boldsymbol{s}'_1=\boldsymbol{e}_1(\delta_{1x}+s_1)+\boldsymbol{e}_2\delta_{1y}$、$\boldsymbol{s}'_2=\boldsymbol{e}_1\delta_{2x}+\boldsymbol{e}_2(\delta_{2y}+s_2)$。

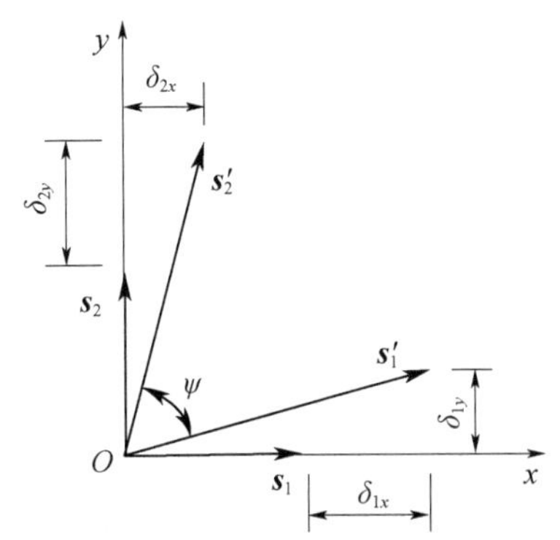

图 3.5　应变分量 ε_{ij} 的几何图示

令两个矢量 $\boldsymbol{s}'_1$、$\boldsymbol{s}'_2$ 的夹角为 ψ，根据矢量内积的定义，有 $\boldsymbol{s}'_1\cdot\boldsymbol{s}'_2=s'_1s'_2\cos\psi$。由于 $\boldsymbol{s}'_1\boldsymbol{s}'_2=(s'_{1x}\boldsymbol{e}_1+s'_{1y}\boldsymbol{e}_2)\cdot(s'_{2x}\boldsymbol{e}_1+s'_{2y}\boldsymbol{e}_2)=s'_{1x}s'_{2x}\boldsymbol{e}_1\boldsymbol{e}_1+s'_{1x}s'_{2y}\boldsymbol{e}_1\boldsymbol{e}_2+s'_{1y}s'_{2x}\boldsymbol{e}_1\boldsymbol{e}_2+s'_{1y}s'_{2y}\boldsymbol{e}_2\boldsymbol{e}_2=s'_{1x}s'_{2x}+s'_{1y}s'_{2y}=s'_{1x}\delta_{2x}+\delta_{1y}s'_{2y}=(s_1+\delta_{1x})\delta_{2x}+\delta_{1y}\cdot(s_2+\delta_{2y})$。略去式中的微量可得到 $\boldsymbol{s}'_1\boldsymbol{s}'_2=s_1\delta_{2x}+s_2\delta_{1y}$。于是可得到 $\cos\psi=\frac{\boldsymbol{s}'_1\boldsymbol{s}'_2}{s'_1s'_2}=\frac{s_1\delta_{2x}+s_2\delta_{1y}}{\sqrt{\delta_{1y}^2+(s_1+\delta_{1x}^2)^2}\sqrt{\delta_{2x}^2+(s_2+\delta_{2y}^2)^2}}$。略去高阶微量后得到

$$\cos\psi=\frac{s_1\delta_{2x}+s_2\delta_{1y}}{s_1s_2}=\frac{\delta_{2x}}{s_2}+\frac{\delta_{1y}}{s_1} \tag{3.22}$$

令矢量 $\boldsymbol{s}_1$、$\boldsymbol{s}_2$ 直角的改变量为 α，由于 α 为等价无穷小，于是可得到

$$\cos\psi=\cos\left(\frac{\pi}{2}-\alpha\right)=\sin\alpha=\alpha \tag{3.23}$$

对于纯变形，总夹角的变化为

$$\alpha=\varepsilon_{xy}+\varepsilon_{yx}=2\varepsilon_{xy} \text{ 即 } \varepsilon_{xy}=\frac{1}{2}\alpha \tag{3.24}$$

通过上述分析，对于 ε_{xy}，表示变形前与 x、y 坐标轴的正方向一致的两正交线段在变形后的夹角变化量的一半，即剪应变。

（3）工程剪应变

如果将变形前与 Ox、Oy 轴正向一致的相互垂直的两线段，在变形过程中发生的夹角的改变量 α 记为 γ_{xy}，称为工程剪应变，也即工程剪应变 γ 为变形前相互垂直的两线段间的总夹角的变化量，于是可得到

$$\varepsilon_{xy}=\frac{1}{2}\gamma_{xy},\ \varepsilon_{yz}=\frac{1}{2}\gamma_{yz},\ \varepsilon_{zx}=\frac{1}{2}\gamma_{zx} \tag{3.25}$$

由于 Ox、Oy 轴的夹角变化与 Oy、Ox 轴的夹角变化是没有什么区别的，因而有 $\gamma_{xy}=\gamma_{yx}$，即 $\varepsilon_{xy}=\varepsilon_{yx}$。同理有 $\gamma_{yz}=\gamma_{zy}$、$\gamma_{zx}=\gamma_{xz}$，也即 $\varepsilon_{yz}=\varepsilon_{zy}$、$\varepsilon_{zx}=\varepsilon_{xz}$。即应变张量 ε_{ij} 的独立剪应变分量为三个。

剪应变的正负号规定如下：当两个坐标轴间的直角减小时为正，反之为负。

（4）应变张量

根据式（3.17）、式（3.20），应变张量 ε_{ij} 可表示为

$$\varepsilon_{ij}=\begin{bmatrix}\varepsilon_{xx} & \varepsilon_{xy} & \varepsilon_{xz}\\ \varepsilon_{yx} & \varepsilon_{yy} & \varepsilon_{yz}\\ \varepsilon_{zx} & \varepsilon_{zy} & \varepsilon_{zz}\end{bmatrix} \tag{3.26}$$

相应于纯变形，对应于主轴方向上的三条相互垂直的应变矢量分量 $\boldsymbol{\delta}_1$、$\boldsymbol{\delta}_2$、$\boldsymbol{\delta}_3$ 可以完全地表征一点的应变状态。因此，应变张量 ε_{ij} 还可表示为

$$\varepsilon_{ij}=\begin{bmatrix}\varepsilon_{11} & \varepsilon_{12} & \varepsilon_{13}\\ \varepsilon_{21} & \varepsilon_{22} & \varepsilon_{23}\\ \varepsilon_{31} & \varepsilon_{32} & \varepsilon_{33}\end{bmatrix} \tag{3.27}$$

应变张量 ε_{ij} 是一个二阶张量，具有九个分量。由于应变张量 ε_{ij} 的对称性，即 $\varepsilon_{12}=\varepsilon_{21}$、$\varepsilon_{23}=\varepsilon_{32}$、$\varepsilon_{31}=\varepsilon_{13}$，或 $\varepsilon_{xy}=\varepsilon_{yx}$、$\varepsilon_{yz}=\varepsilon_{zy}$、$\varepsilon_{zx}=\varepsilon_{xz}$，因此 ε_{ij} 实际上只有六个独立分量。一般地，物体内各点的应变状态是非均匀分布的，也就是说各点的应变分量为坐标 x、y、z 的函数。因此，应变张量 ε_{ij} 总是针对某一确定点而言的，即应变张量 ε_{ij} 与给定点的空间位置有关。总之，应变张量 ε_{ij} 完全确定了一点的应变状态。

3.2.3　应变张量标记

（1）矩阵记法

式（3.17）、式（3.26）、式（3.27）中的应变张量 ε_{ij} 表示方法与 3×3 阶的矩阵写法相同，i、j 分别代表行、列。这种表示方法称为应变张量的矩阵记法，因而 ε_{ij} 也可写成 $[\varepsilon_{ij}]$。

（2）von Karman 标记

根据式（3.25）、式（3.20）、式（3.17），应变张量 ε_{ij} 可表示为

$$\varepsilon_{ij}=\begin{bmatrix}\varepsilon_{x} & \frac{1}{2}\gamma_{xy} & \frac{1}{2}\gamma_{xz}\\ \frac{1}{2}\gamma_{yx} & \varepsilon_{y} & \frac{1}{2}\gamma_{yz}\\ \frac{1}{2}\gamma_{zx} & \frac{1}{2}\gamma_{zy} & \varepsilon_{z}\end{bmatrix} \tag{3.28}$$

式（3.28）中的应变张量 ε_{ij} 采用的是 von Karman 标记。式中：ε 为正应变分量，$\frac{1}{2}\gamma$ 为剪应变分量。上述的表示方法实际上是应力张量的字母下标记法，ε_{ij} 也可写成(ε_{ij})。

实际上，式（3.17）、式（3.26）至式（3.28）是等价的，即

$$\varepsilon_{ij}=\begin{bmatrix}\varepsilon_{11} & \varepsilon_{12} & \varepsilon_{13}\\ \varepsilon_{21} & \varepsilon_{22} & \varepsilon_{23}\\ \varepsilon_{31} & \varepsilon_{32} & \varepsilon_{33}\end{bmatrix}\equiv\begin{bmatrix}\varepsilon_{xx} & \varepsilon_{xy} & \varepsilon_{xz}\\ \varepsilon_{yx} & \varepsilon_{yy} & \varepsilon_{yz}\\ \varepsilon_{zx} & \varepsilon_{zy} & \varepsilon_{zz}\end{bmatrix}\equiv\begin{bmatrix}\varepsilon_{x} & \frac{1}{2}\gamma_{xy} & \frac{1}{2}\gamma_{xz}\\ \frac{1}{2}\gamma_{yx} & \varepsilon_{y} & \frac{1}{2}\gamma_{yz}\\ \frac{1}{2}\gamma_{zx} & \frac{1}{2}\gamma_{zy} & \varepsilon_{z}\end{bmatrix} \tag{3.29}$$

上式三种不同的表示方法可以交换使用，这主要以在某些特定用途中哪个用起来更为方便而定。

采用张量符号，应变张量 ε_{ij} 可表示为

$$\varepsilon_{ij}=\frac{1}{2}(u_{i,j}+u_{j,i}) \tag{3.30}$$

式中，i，$j=x$，y，z。当 $i=j$ 时为正应变；当 $i\neq j$ 时为切应变或剪应变。对于切应变，有 $\varepsilon_{ij}=\varepsilon_{ji}$。

3.2.4 应变主轴

（1）应变主轴的定义

在应力分析中，已经阐明了至少有三个主平面，主平面上无剪应力并且相互正交。主平面的方向称为主方向或应力主轴。在应变分析中，也存在这样的主轴。如果一点存在三个相互垂直的方向，沿着这三个方向只有长度的改变并没有转动，则这三个相互垂直的方向称为应变主轴或变形主轴，应变主轴上的三个应变称为主应变 ε_1、ε_2、ε_3。

对于如图 3.4 所示的应变矢量 $\boldsymbol{\delta}_{\mathrm{n}}$，如果只有正应变分量 ε_{n}，而剪应变分量 $\varepsilon_{\mathrm{ns}}$ 为 0，则 $\boldsymbol{\delta}_{\mathrm{n}}$ 的方向与向量 $\boldsymbol{n}$ 的方向重合，如图 3.6 所示。此时，将应变主轴定义为应变矢量 $\boldsymbol{\delta}_{\mathrm{n}}$ 在任一微线元 $\boldsymbol{n}$ 的方向上，则该微线元 $\boldsymbol{n}$ 的方向定义为应变主轴，或应变主方向。此时，在该主方向上的剪应变为 0，相应的应变即正应变称为主应变。因此，对应于应变主轴或应变主方向，有

$$\boldsymbol{\delta}_{\mathrm{n}}=\varepsilon\boldsymbol{n} \text{ 或 } \delta_i=\varepsilon n_i \tag{3.31}$$

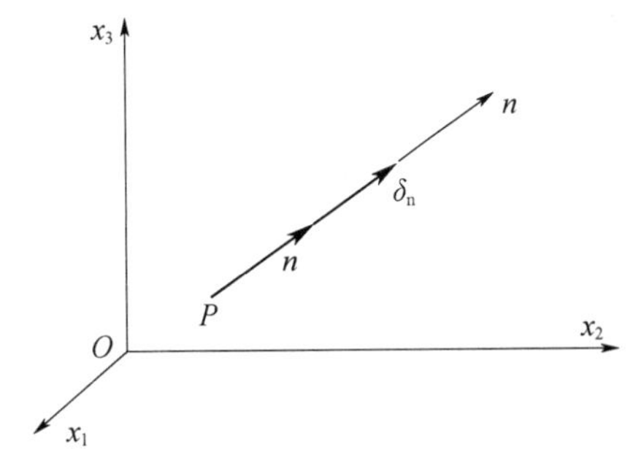

图 3.6　主应变矢量及其应变主方向

（2）正应变驻值

根据 Cauchy 应变公式（3.12）$\varepsilon_{\mathrm{n}}=\varepsilon_{ij}n_in_j$，其中方向余弦 n_1、n_2、n_3 满足约束条件：$n_1^2+n_2^2+n_3^2=1$。利用 Lagrange 乘数 ε，并且定义函数 $Y=\varepsilon_{\mathrm{n}}-\varepsilon(n_1^2+n_2^2+n_3^2-1)$。根据条件：$\frac{\partial Y}{\partial n_1}=0$、$\frac{\partial Y}{\partial n_2}=0$、$\frac{\partial Y}{\partial n_3}=0$ 求取正应变 ε_{n} 的驻值。于是可得到 $2\varepsilon_{11}n_1+2\varepsilon_{12}n_2+2\varepsilon_{13}n_3-2\varepsilon n_1=0$，即 $(\varepsilon_{11}-\varepsilon)n_1+\varepsilon_{12}n_2+\varepsilon_{13}n_3=0$。同样可得到 $\varepsilon_{21}n_1+(\varepsilon_{22}-\varepsilon)n_2+\varepsilon_{23}n_3=0$、$\varepsilon_{31}n_1+\varepsilon_{32}n_2+(\varepsilon_{33}-\varepsilon)n_3=0$。再根据 $|\varepsilon_{ij}-\varepsilon\delta_{ij}|=0$ 可得到结论：三个主应变 ε_1、ε_2、ε_3 为主应变的驻值，即在所有正应变 ε_{n} 中的最大值或最小值。

（3）主剪应变

对于某点处的微线元的剪应变，具有驻值的称为主剪应变。

采用与应力分析相似的方法来确定应变主方向。考虑一点的一个方向为 $\boldsymbol{n}$ 的，并且对应于主应变轴的应变矢量 $\boldsymbol{\delta}_{\mathrm{n}}$ 的微线元，其正应变分量为 ε_{n}、合剪应变分量为 ϑ_{n} 即张量剪应变，则有

$$\vartheta_{\mathrm{n}}^2=\delta_{\mathrm{n}}^2-\varepsilon_{\mathrm{n}}^2 \tag{3.32}$$

根据 $\delta_i=\varepsilon_{ij}n_j$、$\varepsilon_{\mathrm{n}}=\varepsilon_{ij}n_in_j$，可得到：$\vartheta_{\mathrm{n}}^2=\varepsilon_{ij}\varepsilon_{ki}n_jn_k-(\varepsilon_1n_1^2+\varepsilon_2n_2^2+\varepsilon_3n_3^2)^2$，或：$\vartheta_{\mathrm{n}}^2=(\varepsilon_1^2n_1^2+\varepsilon_2^2n_2^2+\varepsilon_3^2n_3^2)^2-(\varepsilon_1n_1^2+\varepsilon_2n_2^2+\varepsilon_3n_3^2)^2$。将该式与剪应力 τ_{n} 的表达式：$\tau_{\mathrm{n}}^2=(\sigma_1^2n_1^2+\sigma_2^2n_2^2+\sigma_3^2n_3^2)^2-(\sigma_1n_1^2+\sigma_2n_2^2+\sigma_3n_3^2)^2$ 进行比较，以 ϑ_{n} 替换 τ_{n} 并且以三个主应变 ε_1、ε_2、ε_3 分别替换三个主应力 σ_1、σ_2、σ_3 后，两个表达式的形式相同。因此，可以比照与应力分析完全相同的方式来得到主剪应变及其相应的方向。

（4）最大剪应变

将三个张量主剪应变记为 ϑ_1、ϑ_2、ϑ_3，则可得到

$$\vartheta_1=\frac{1}{2}|\varepsilon_2-\varepsilon_3|\text{、}\vartheta_2=\frac{1}{2}|\varepsilon_1-\varepsilon_3|\text{、}\vartheta_3=\frac{1}{2}|\varepsilon_1-\varepsilon_2| \tag{3.33}$$

主剪应变的最大值即为最大剪应变。工程主剪应变 γ_1、γ_2、γ_3 分别定义为

$$\gamma_1=|\varepsilon_2-\varepsilon_3|\text{、}\gamma_2=|\varepsilon_1-\varepsilon_3|\text{、}\gamma_3=|\varepsilon_1-\varepsilon_2| \tag{3.34}$$

对于 $\varepsilon_1>\varepsilon_2>\varepsilon_3$ 的情形，最大剪应变 $\gamma_{\max}$ 可表示为

$$\gamma_{\max}=2\vartheta_{\max}=|\varepsilon_1-\varepsilon_3| \tag{3.35}$$

（5）纯剪应变状态

纯剪应变状态的条件与纯剪应力状态的条件相同，即纯剪变形的充要条件为 $\varepsilon_{kk}=0$，即

$$\varepsilon_{11}+\varepsilon_{22}+\varepsilon_{33}=\varepsilon_x+\varepsilon_y+\varepsilon_z=0 \tag{3.36}$$

3.2.5 应变张量不变量

根据 Cauchy 应变公式（3.9）$\delta_i=\varepsilon_{ij}n_j$ 可得到 $\varepsilon_{ij}n_j=\varepsilon n_i$。由于 $n_i=\delta_{ij}n_j$，因此可得到 $\varepsilon_{ij}n_j=\varepsilon\delta_{ij}n_j$，即 $(\varepsilon_{ij}-\varepsilon\delta_{ij})n_j=0$。对于非零解，需有

$$|\varepsilon_{ij}-\varepsilon\delta_{ij}|=0 \tag{3.37}$$

该式与主应力相应的特征方程 $|\sigma_{ij}-\sigma\delta_{ij}|=0$ 相似，只是以应变代替了应力而已。因此，对于应力张量所做出的论述和推导都适用于此。表达式（3.37）可写成

$$\begin{vmatrix}\varepsilon_x-\varepsilon & \varepsilon_{xy} & \varepsilon_{xz}\\ \varepsilon_{yx} & \varepsilon_y-\varepsilon & \varepsilon_{yz}\\ \varepsilon_{zx} & \varepsilon_{zy} & \varepsilon_z-\varepsilon\end{vmatrix}=0 \tag{3.38}$$

式（3.38）有三个实根，相应于三个主应变 ε_1、ε_2、ε_3，因此可写成以下形式：

$$\varepsilon^3-I'_1\varepsilon^2+I'_2\varepsilon-I'_3=0 \tag{3.39}$$

式中，I'_1、I'_2、I'_3 为应变张量的三个不变量，分别称为应变张量的第一、第二、第三不变量，分别表示为

$$I'_1=\varepsilon_{11}+\varepsilon_{22}+\varepsilon_{33}=\varepsilon_x+\varepsilon_y+\varepsilon_z=\varepsilon_{ii}$$

$$I'_2=\begin{vmatrix}\varepsilon_{22} & \varepsilon_{23}\\ \varepsilon_{32} & \varepsilon_{33}\end{vmatrix}+\begin{vmatrix}\varepsilon_{11} & \varepsilon_{13}\\ \varepsilon_{31} & \varepsilon_{33}\end{vmatrix}+\begin{vmatrix}\varepsilon_{11} & \varepsilon_{12}\\ \varepsilon_{21} & \varepsilon_{22}\end{vmatrix}$$

$$=\begin{vmatrix}\varepsilon_y & \varepsilon_{yz}\\ \varepsilon_{zy} & \varepsilon_z\end{vmatrix}+\begin{vmatrix}\varepsilon_x & \varepsilon_{xz}\\ \varepsilon_{zx} & \varepsilon_z\end{vmatrix}+\begin{vmatrix}\varepsilon_x & \varepsilon_{xy}\\ \varepsilon_{yx} & \varepsilon_y\end{vmatrix}$$

$$I'_3=\begin{vmatrix}\varepsilon_{11} & \varepsilon_{12} & \varepsilon_{13}\\ \varepsilon_{21} & \varepsilon_{22} & \varepsilon_{23}\\ \varepsilon_{31} & \varepsilon_{32} & \varepsilon_{33}\end{vmatrix}=\begin{vmatrix}\varepsilon_x & \varepsilon_{xy} & \varepsilon_{xz}\\ \varepsilon_{yx} & \varepsilon_y & \varepsilon_{yz}\\ \varepsilon_{zx} & \varepsilon_{zy} & \varepsilon_z\end{vmatrix} \tag{3.40}$$

如果采用三个主应变 ε_1、ε_2、ε_3 表示，则三个应变张量不变量 I'_1、I'_2、I'_3分别为

$$I'_1=\varepsilon_1+\varepsilon_2+\varepsilon_3$$
$$I'_2=\varepsilon_1\varepsilon_2+\varepsilon_2\varepsilon_3+\varepsilon_3\varepsilon_1$$
$$I'_3=\varepsilon_1\varepsilon_2\varepsilon_3 \tag{3.41}$$

将式（3.39）解得的三个主应变 ε_1、ε_2、ε_3，代入表达式（3.37）中即可得到主方向 $\boldsymbol{n}_1$、$\boldsymbol{n}_2$、$\boldsymbol{n}_3$。

【例 3.2】 给定应变张量 $\varepsilon_{ij}=\begin{bmatrix}0.023 & -0.015 & 0.001\\ -0.015 & 0.009 & 0.008\\ 0.001 & 0.008 & 0.013\end{bmatrix}$，计算主应变和主方向。

（1）主应变 ε_1、ε_2、ε_3

根据式（3.40），可得到三个应变张量不变量 I'_1、I'_2、I'_3分别为 $I'_1=0.045$、$I'_2=0.000333$、$I'_3=-0.00000195$。根据式（3.39）得到特征方程为 $\varepsilon^3-0.045\varepsilon^2+0.000333\varepsilon+0.00000195=0$。该方程式的三个根即三个主应变 ε_1、ε_2、ε_3。

首先求解 $R=\frac{2}{3}\sqrt{I_1^2-3I_2}=0.021354$，$\cos\varphi=\frac{2I_1^3-9I_1I_2+27I_3}{2\sqrt{(I_1^2-3I_2)^3}}=-0.082157$，即 $\varphi=94.712541°$。然后求解三个根：$\varepsilon'=\frac{I_1}{3}+R\cos\frac{\varphi}{3}=0.0332$、$\varepsilon''=\frac{I_1}{3}+R\cos\frac{2\pi+\varphi}{3}=-0.00378$、$\varepsilon'''=\frac{I_1}{3}+R\cos\frac{4\pi+\varphi}{3}=0.01558$。于是得到三个主应变分别为 $\varepsilon_1=0.0332$、$\varepsilon_2=0.01558$、$\varepsilon_3=-0.00378$。

（2）主方向

对于 $\varepsilon_1=0.0332$，根据 $(\varepsilon_{11}-\varepsilon)n_1+\varepsilon_{12}n_2+\varepsilon_{13}n_3=0$、$\varepsilon_{21}n_1+(\varepsilon_{22}-\varepsilon)n_2+\varepsilon_{23}n_3=0$，得到方程式：$0.0102n_1-0.015n_2+0.001n_3=0$、$-0.015n_1+0.0242n_2+0.008n_3=0$。于是得到 $\frac{n_2}{n_1}=-0.6800+0.0667\frac{n_3}{n_1}$、$\frac{n_2}{n_1}=-0.6198+0.3306\frac{n_3}{n_1}$，即 $\frac{n_3}{n_1}=-0.2281$、$\frac{n_2}{n_1}=-0.6952$。根据 $n_1^2+n_2^2+n_3^2=1$，得到 $n_1=\frac{1}{\sqrt{1+(n_2/n_1)^2+(n_3/n_1)^2}}=0.8071$，$n_2=-0.5611$，$n_3=-0.1841$。

对于 $\varepsilon_2=0.01558$，得到方程式：$-0.00742n_1-0.015n_2+0.001n_3=0$、$-0.015n_1+0.00658n_2+0.008n_3=0$。于是得到 $\frac{n_2}{n_1}=0.4947+0.0667\frac{n_3}{n_1}$、$\frac{n_2}{n_1}=-2.2796+1.2158\frac{n_3}{n_1}$，即 $\frac{n_3}{n_1}=2.4143$、$\frac{n_2}{n_1}=0.6557$。于是得到 $n_1=0.3711$，$n_2=0.2433$，$n_3=0.8959$。

对于 $\varepsilon_3=-0.00378$，得到方程式：$-0.02678n_1-0.015n_2+0.001n_3=0$、$-0.015n_1-0.01278n_2+0.008n_3=0$。于是得到 $\frac{n_2}{n_1}=1.7853+0.0667\frac{n_3}{n_1}$、$\frac{n_2}{n_1}=1.1737-0.6260\frac{n_3}{n_1}$，即 $\frac{n_3}{n_1}$

$=-0.8829$、$\frac{n_2}{n_1}=1.7264$。于是得到 $n_1=0.4583$，$n_2=0.7912$，$n_3=-0.4046$。

由于 $n_i^{(1)}n_i^{(2)}=0.2995-0.1365-0.1650=0$、$n_i^{(2)}n_i^{(3)}=0.1700+0.1925-0.3625=0$、$n_i^{(3)}n_i^{(1)}=0.3698-0.4440+0.0744=0$，因此三个主方向 $n_i^{(1)}$、$n_i^{(2)}$、$n_i^{(3)}$ 正交。

3.2.6 应变张量分解

（1）应变张量分解

令 $\varepsilon_m=\frac{1}{3}(\varepsilon_x+\varepsilon_y+\varepsilon_z)$，式（3.29）可改写为

$$\varepsilon_{ij}=\begin{bmatrix}\varepsilon_m & 0 & 0\\ 0 & \varepsilon_m & 0\\ 0 & 0 & \varepsilon_m\end{bmatrix}+\begin{bmatrix}\varepsilon_{11}-\varepsilon_m & \varepsilon_{12} & \varepsilon_{13}\\ \varepsilon_{21} & \varepsilon_{22}-\varepsilon_m & \varepsilon_{23}\\ \varepsilon_{31} & \varepsilon_{32} & \varepsilon_{33}-\varepsilon_m\end{bmatrix}$$
$$=\begin{bmatrix}\varepsilon_m & 0 & 0\\ 0 & \varepsilon_m & 0\\ 0 & 0 & \varepsilon_m\end{bmatrix}+\begin{bmatrix}\varepsilon_{xx}-\varepsilon_m & \varepsilon_{xy} & \varepsilon_{xz}\\ \varepsilon_{yx} & \varepsilon_{yy}-\varepsilon_m & \varepsilon_{yz}\\ \varepsilon_{zx} & \varepsilon_{zy} & \varepsilon_{zz}-\varepsilon_m\end{bmatrix}$$
$$=\begin{bmatrix}\varepsilon_m & 0 & 0\\ 0 & \varepsilon_m & 0\\ 0 & 0 & \varepsilon_m\end{bmatrix}+\begin{bmatrix}\varepsilon_x-\varepsilon_m & \frac{1}{2}\gamma_{xy} & \frac{1}{2}\gamma_{xz}\\ \frac{1}{2}\gamma_{yx} & \varepsilon_y-\varepsilon_m & \frac{1}{2}\gamma_{yz}\\ \frac{1}{2}\gamma_{zx} & \frac{1}{2}\gamma_{zy} & \varepsilon_z-\varepsilon_m\end{bmatrix} \tag{3.42}$$

式（3.42）中任一个等式中的第一项为元素是 $\varepsilon_m\delta_{ij}$ 的张量，称为球应变张量，或应变球张量；第二项表示的是从实际应变状态中减去球面应变状态，称为偏应变张量。因此，应变张量通常可分成两部分：球应变张量和偏应变张量。

令 e_{ij} 表示偏应变张量，则式（3.42）简化为

$$\varepsilon_{ij}=\varepsilon_m\delta_{ij}+e_{ij} \tag{3.43}$$

式中，δ_{ij} 为 Kronecker Delta 符号。

通过上述分析，应变张量 ε_{ij} 如应力张量 σ_{ij} 一样也可分成两部分：一部分与体积变化相关的球体部分，称为应变球张量；另一部分与形状变化（畸变）相关的偏斜部分，称为偏应变张量。应变球张量表示体积的改变；偏应变张量与塑性剪切变形有关。

（2）应变球张量

应变球张量表示各个方向有相同的正应变，代表体积应变部分，或称为球形应变张量，可表示为 $\varepsilon_m\delta_{ij}$，即

$$\begin{bmatrix}\varepsilon_m & 0 & 0\\ 0 & \varepsilon_m & 0\\ 0 & 0 & \varepsilon_m\end{bmatrix}=\varepsilon_m\begin{bmatrix}1 & 0 & 0\\ 0 & 1 & 0\\ 0 & 0 & 1\end{bmatrix}=\varepsilon_m\delta_{ij} \tag{3.44}$$

式中，δ_{ij} 为 Kronecker Delta 符号。

（3）平均应变

根据式（3.44），应变球张量的元素为 $\varepsilon_m\delta_{ij}$，其中的 ε_m 称为平均应变、应变均值或纯静水应变，是应变张量 ε_{ij} 的纯静水应变（球面应变）分量，即

$$\varepsilon_m=\frac{1}{3}(\varepsilon_x+\varepsilon_y+\varepsilon_z)=\frac{1}{3}(\varepsilon_1+\varepsilon_2+\varepsilon_3)=\frac{1}{3}\varepsilon_{kk}=\frac{1}{3}I'_1 \tag{3.45}$$

式中，I'_1为应变张量第一不变量。

由于 ε_m 对于坐标轴可能的所有方向都是相同的，所以也称为球应变或静水应变。

(4) 体积应变

对于一单位立方体，其边缘沿主应变轴 1、2、3 方向，那么变形后，对于主轴无剪应变，因而其三轴仍然保持相互正交。该单位立方体变成为边长为（$1+\varepsilon_1$）、（$1+\varepsilon_2$）、（$1+\varepsilon_3$）的矩形平行六面体。相对体积变化 ε_v 为

$$\varepsilon_v=\frac{\Delta V}{V}=(1+\varepsilon_1)(1+\varepsilon_2)(1+\varepsilon_3)-1 \tag{3.46}$$

对于小应变，略去高阶微量，于是可得到

$$\varepsilon_v=\frac{\Delta V}{V}=\varepsilon_1+\varepsilon_2+\varepsilon_3=I'_1=\varepsilon_x+\varepsilon_y+\varepsilon_z=\frac{\partial u}{\partial x}+\frac{\partial v}{\partial y}+\frac{\partial w}{\partial z} \tag{3.47}$$

式（3.47）给出了体积相对变化即体积应变 ε_v的表达式，称为单位体积的体积变化，或称为膨胀，或简称体积变化。因此，应变张量球体部分 ε_{kk} 与体积应变 ε_v 成比例。式（3.47）后部分给出了体积应变与位移分量之间的关系表达式。

应变球张量 $\varepsilon_m\delta_{ij}$ 代表体积应变部分，所以平均应变 ε_m 是体积应变 ε_v 的平均值，即

$$\varepsilon_v=3\varepsilon_m \tag{3.48}$$

(5) 偏应变张量

偏应变张量或称为应变偏张量、应变偏斜张量、应变偏量，表示为

$$e_{ij}=\varepsilon_{ij}-\varepsilon_m\delta_{ij} \tag{3.49}$$

根据 δ_{ij} 的定义，对于 $i\neq j$ 时有 $\delta_{ij}=0$，此时 $e_{ij}=\varepsilon_{ij}$。

式（3.49）定义了偏应变张量 e_{ij}，其分量采用 von Karman 标记可表示为

$$e_{ij}=\begin{bmatrix} e_x & e_{xy} & e_{xz} \\ e_{yx} & e_y & e_{yz} \\ e_{zx} & e_{zy} & e_z \end{bmatrix}=\begin{bmatrix} \frac{2\varepsilon_x-\varepsilon_y-\varepsilon_z}{3} & \varepsilon_{xy} & \varepsilon_{xz} \\ \varepsilon_{yx} & \frac{2\varepsilon_y-\varepsilon_z-\varepsilon_x}{3} & \varepsilon_{yz} \\ \varepsilon_{zx} & \varepsilon_{zy} & \frac{2\varepsilon_z-\varepsilon_x-\varepsilon_y}{3} \end{bmatrix} \tag{3.50}$$

采用主应变，偏应变张量 e_{ij} 分量可表示为

$$e_{ij}=\begin{bmatrix} \varepsilon_1-\varepsilon_m & 0 & 0 \\ 0 & \varepsilon_2-\varepsilon_m & 0 \\ 0 & 0 & \varepsilon_3-\varepsilon_m \end{bmatrix}=\begin{bmatrix} \frac{2\varepsilon_1-\varepsilon_2-\varepsilon_3}{3} & 0 & 0 \\ 0 & \frac{2\varepsilon_2-\varepsilon_3-\varepsilon_1}{3} & 0 \\ 0 & 0 & \frac{2\varepsilon_3-\varepsilon_1-\varepsilon_2}{3} \end{bmatrix} \tag{3.51}$$

式（3.51）表明，当 x、y、z 方向与主应变方向重合时，则只有三个主应变 ε_1、ε_2、ε_3，此时对应有三个偏主应变 e_1、e_2、e_3，或称为偏应变张量的主值，分别表示为

$$e_1=\varepsilon_1-\frac{1}{3}\varepsilon_v,\quad e_2=\varepsilon_2-\frac{1}{3}\varepsilon_v,\quad e_3=\varepsilon_3-\frac{1}{3}\varepsilon_v \tag{3.52}$$

(6) 偏应变张量的性质

偏应变张量，或应变偏量，代表形状应变部分，其中三个正应变之和等于 0，即 $e_{11}+$

$e_{22}+e_{33}=0$，表明没有体积改变量。由于纯剪切变形的充要条件为 $\varepsilon_{kk}=0$，因此偏应变张量 e_{ij} 为纯剪切状态。根据式（3.52），由于 $\varepsilon_m\delta_{ij}$ 是一个常数正应变，在所有方向上减去一个常数正应变不会改变其方向，因此 e_{ij}、ε_{ij} 方向是一致的，两者有相同的主轴。

（7）偏应变张量不变量

偏应变张量 e_{ij} 的不变量类似偏应力张量 s_{ij} 的不变量，偏应变张量不变量出现在行列式方程 $|e_{ij}-e\delta_{ij}|=0$ 的三次式中，即

$$e^3-J'_1e^2-J'_2e-J'_3=0 \tag{3.53}$$

式中，J'_1、J'_2、J'_3 为偏应力张量 s_{ij} 的三个不变量，分别表示为

$$\begin{aligned}
J'_1&=e_{ii}=e_x+e_y+e_z=e_1+e_2+e_3=0\\
J'_2&=\frac{1}{2}e_{ij}e_{ij}\\
&=-(e_1e_2+e_2e_3+e_3e_1)\\
&=\frac{1}{6}[(\varepsilon_x-\varepsilon_y)^2+(\varepsilon_y-\varepsilon_z)^2+(\varepsilon_z-\varepsilon_x)^2+(\varepsilon_{xy}^2+\varepsilon_{yz}^2+\varepsilon_{zx}^2)]\\
&=\frac{1}{6}[(\varepsilon_1-\varepsilon_2)^2+(\varepsilon_2-\varepsilon_3)^2+(\varepsilon_3-\varepsilon_1)^2]\\
&=\frac{1}{2}(e_x^2+e_y^2+e_z^2+2e_{xy}^2+2e_{yz}^2+2e_{zx}^2)\\
J'_3&=\frac{1}{3}e_{ij}e_{jk}e_{ki}=\begin{vmatrix} e_x & e_{xy} & e_{xz}\\ e_{yx} & e_y & e_{yz}\\ e_{zx} & e_{zy} & e_z\end{vmatrix}=\frac{1}{3}(e_1^2+e_2^2+e_3^2)=e_1e_2e_3
\end{aligned} \tag{3.54}$$

上述各式中的 e_1、e_2、e_3 为偏应变张量的主值。偏应变张量不变量 J'_1、J'_2、J'_3 与应变张量不变量 I'_1、I'_2、I'_3 的关系如下：

$$J'_1=0,\ J'_2=\frac{1}{3}(I'^2_1-3I'_2),\ J'_3=\frac{1}{27}(2I'^3_1-9I'_1I'_2+27I'_3) \tag{3.55}$$

（8）等效应变

在复杂应力状态下，往往采用与应变偏量的第二不变量 J'_2 相关的等效应变来度量变形程度，这类似采用等效应力来度量复杂应力的大小。在简单拉伸中，设拉伸方向的应变为 ε_1，则 $\varepsilon_2=\varepsilon_3=-\frac{1}{2}\varepsilon_1$，根据式（3.54）得到 $J'_2=\frac{3}{4}\varepsilon_1^2$，即 $\varepsilon_1=\frac{2}{\sqrt{3}}\sqrt{J'_2}$。于是可定义等效应变为

$$\begin{aligned}
\varepsilon_{\text{eff}}&=\frac{2}{\sqrt{3}}\sqrt{J'_2}\\
&=\frac{\sqrt{2}}{3}\sqrt{(\varepsilon_x-\varepsilon_y)^2+(\varepsilon_y-\varepsilon_z)^2+(\varepsilon_z-\varepsilon_x)^2+6(\varepsilon_{xy}^2+\varepsilon_{yz}^2+\varepsilon_{zx}^2)}\\
&=\frac{\sqrt{2}}{3}\sqrt{(\varepsilon_x-\varepsilon_y)^2+(\varepsilon_y-\varepsilon_z)^2+(\varepsilon_z-\varepsilon_x)^2+\frac{3}{2}(\gamma_{xy}^2+\gamma_{yz}^2+\gamma_{zx}^2)}\\
&=\frac{\sqrt{2}}{3}\sqrt{(\varepsilon_1-\varepsilon_2)^2+(\varepsilon_2-\varepsilon_3)^2+(\varepsilon_3-\varepsilon_1)^2}
\end{aligned} \tag{3.56}$$

式中，ε_{eff} 为等效应变，又称为广义剪应变，或应变强度，代表复杂应变状态折合成单向拉

伸或压缩状态的当量应变。

等效应变具有以下特点：①是一个不变量；②不代表某一实际微线元的应变，因此在某个坐标系中不存在这一特定的微线元；③可以理解为一点的应变状态中的应变偏张量的综合作用；④在单向均匀拉伸时，等效应变等于拉伸方向上的线应变。将 $\varepsilon_2=\varepsilon_3=-\frac{1}{2}\varepsilon_1$ 代入式（3.56），即 $\varepsilon_{\mathrm{eff}}=\varepsilon_1$。

（9）等效切应变

在平面纯剪切应力状态情况下，如果切应变为 γ，则主应变为 $\varepsilon_1=-\varepsilon_3=\frac{1}{2}\gamma$，$\varepsilon_2=0$，此时，$J'_2=\frac{1}{4}\gamma^2$，即 $\gamma=2\sqrt{J'_2}$。于是定义等效切应变为

$$\gamma_{\mathrm{eff}}=2\sqrt{J'_2}=\sqrt{3}\varepsilon_{\mathrm{eff}} \tag{3.57}$$

式中，γ_{eff} 为等效切应变，也称为纯剪应变，或剪应变强度。

上述等效应变 $\varepsilon_{\mathrm{eff}}$、等效切应变 γ_{eff}，以及下面将要介绍的八面体剪应变 γ_{oct}，都是 J'_2 意义下的等效应变量。这些物理量的引入，将复杂应变化作“等效”的单向应变状态。

3.3 八面体面上应变

变形前与三个主应变轴 1、2、3 有相同倾角的材料线单元为八面体单元，八面体面上的正应变、剪应变分别以 $\varepsilon_{\mathrm{oct}}$、$\gamma_{\mathrm{oct}}$ 表示。

3.3.1 八面体面上正应变

对于八面体单元，单位矢量 $\boldsymbol{n}$ 具有分量 $\left(\frac{1}{\sqrt{3}},\frac{1}{\sqrt{3}},\frac{1}{\sqrt{3}}\right)$。根据 Cauchy 应变公式（3.12）$\varepsilon_{\mathrm{n}}=\varepsilon_{ij}n_in_j$，可得到八面体面上正应变 $\varepsilon_{\mathrm{oct}}$ 为

$$\varepsilon_{\mathrm{oct}}=\frac{1}{3}(\varepsilon_1+\varepsilon_2+\varepsilon_3)=\frac{1}{3}I'_1 \tag{3.58}$$

该式表明，八面体面上的正应变 $\varepsilon_{\mathrm{oct}}$ 表示为三个主应变的平均值，即式（3.45）中的平均正应变 ε_{m}，即球应变或静水应变。

3.3.2 八面体面上剪应变

采用工程剪应变定义的八面体平面上的剪应变 γ_{oct}，可根据剪应变 ϑ_{n} 的表达式（3.32）得到 $\gamma_{\mathrm{oct}}=2\vartheta_{\mathrm{oct}}$，于是可得到

$$\gamma_{\mathrm{oct}}=\frac{2}{3}\sqrt{(\varepsilon_1-\varepsilon_2)^2+(\varepsilon_2-\varepsilon_3)^2+(\varepsilon_3-\varepsilon_1)^2} \tag{3.59}$$

采用应变不变量、偏应变不变量表示为

$$\gamma_{\mathrm{oct}}=\frac{2\sqrt{2}}{3}\sqrt{I_1'^2-3I'_2}=2\sqrt{\frac{2}{3}J'_2} \tag{3.60}$$

采用非主应变表示为

$$\gamma_{\mathrm{oct}}=\frac{2}{3}\sqrt{(\varepsilon_x-\varepsilon_y)^2+(\varepsilon_y-\varepsilon_z)^2+(\varepsilon_z-\varepsilon_x)^2+6(\varepsilon_{xy}^2+\varepsilon_{yz}^2+\varepsilon_{zx}^2)} \tag{3.61}$$

该式为采用 x-y-z 坐标系表示的八面体面上的剪应变表达式。γ_{oct} 的几何意义：τ_{oct} 的指向与八面体的法线方向所交的直角的改变量。在工程中为了方便描述塑性现象，将 $\frac{1}{\sqrt{2}}\cdot\gamma_{oct}$ 称为广义应变，这个引入的虚拟值记为 ε_s，即

$$\varepsilon_s=\frac{1}{\sqrt{2}}\gamma_{oct}=\frac{\sqrt{2}}{3}\sqrt{(\varepsilon_1-\varepsilon_2)^2+(\varepsilon_2-\varepsilon_3)^2+(\varepsilon_3-\varepsilon_1)^2} \tag{3.62}$$

3.4 应变 Lode 参数

参照 Mohr 应力圆与应力 Lode 参数 μ_σ，同样有 Mohr 应变圆与应变 Lode 参数。令 θ_ε、μ_ε 分别表示应变 Lode 角、应变 Lode 参数（π 平面上的 y 轴与 ε'_z 轴重合），则有

$$\theta_\varepsilon=\tan^{-1}\frac{2\varepsilon_2-\varepsilon_1-\varepsilon_3}{\sqrt{3}(\varepsilon_1-\varepsilon_3)}=\frac{1}{\sqrt{3}}\mu_\varepsilon,\quad \mu_\varepsilon=\frac{2\varepsilon_2-\varepsilon_1-\varepsilon_3}{\varepsilon_1-\varepsilon_3} \tag{3.63}$$

应力 Lode 参数 μ_σ 表示一点的应力状态的特征，而应变 Lode 参数 μ_ε 表示一点的应变状态的特征。应变 Lode 参数 μ_ε 的变化范围为 $-1\leqslant\mu_\varepsilon\leqslant+1$。当单向拉伸时，$\varepsilon_2=\varepsilon_3$，$\varepsilon_1>0$，此时 $\mu_\varepsilon=-1$。在塑性状态下如果假定体积不可压缩，则有 $\varepsilon_2=\varepsilon_3=-\frac{1}{2}\varepsilon_1$；当纯剪切时，$\varepsilon_1=-\varepsilon_3$，$\varepsilon_3=0$，此时 $\mu_\varepsilon=0$；当单向压缩时，$\varepsilon_1=\varepsilon_2$，$\varepsilon_3<0$，此时 $\mu_\varepsilon=+1$。在塑性状态下如果假定体积不可压缩，则有 $\varepsilon_1=\varepsilon_2=-\frac{1}{2}\varepsilon_3$。

3.5 应变状态 Mohr 图解

对于应变分析，可按照与应力分析相似的方法绘制应变 Mohr 圆。

在应变 Mohr 圆中，每一点的横坐标、纵坐标分别代表与一给定方向的微线元相关的正应变、张量剪应变（工程剪应变的一半）。如果已知三个主应变 ε_1、ε_2、ε_3，在 $\frac{\gamma}{2}$-ε 平面中，以 O_1、O_2、O_3 为圆心的坐标为 $OO_1=\frac{\varepsilon_1+\varepsilon_2}{2}$、$OO_2=\frac{\varepsilon_1+\varepsilon_3}{2}$、$OO_3=\frac{\varepsilon_3+\varepsilon_2}{2}$。三个 Mohr 圆的半径分别为 $R_1=\frac{\varepsilon_1-\varepsilon_2}{2}$、$R_2=\frac{\varepsilon_1-\varepsilon_3}{2}$、$R_3=\frac{\varepsilon_2-\varepsilon_3}{2}$。如图 3.7 所示，所有可能的应变状态都位于阴影部分。最大剪应变 $\gamma_{max}=\varepsilon_1-\varepsilon_3$。

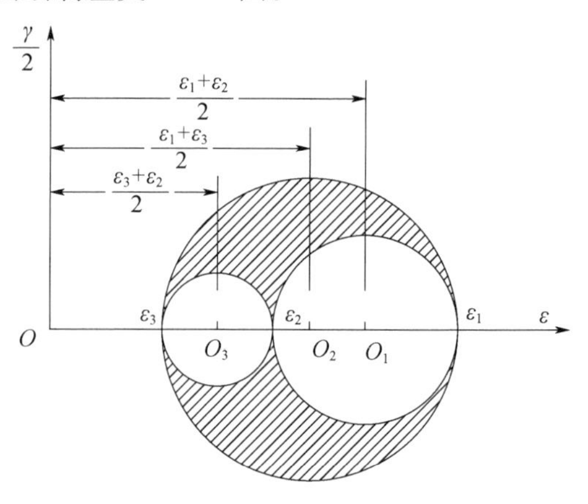

图 3.7 应变 Mohr 圆

【例 3.3】 一点的平面应变状态下的应变分量为 $\varepsilon_x=0.0025$，$\varepsilon_y=-0.0015$，$\varepsilon_{xy}=-0.0010$，$\varepsilon_z=\gamma_{xz}=\gamma_{yz}=0$。沿用绘制 Mohr 圆的符号约定得到 $\gamma_{xy}=+0.0020$（即直角 xOy 增

大），$\gamma_{yx}=-0.0020$（即直角 yOx 减小）。这样就得到 Mohr 圆上的两点的坐标：A（0.0025，0.0010）、B（-0.0015，-0.0010）、Mohr 圆的半径 $R=\sqrt{\dfrac{(0.0025+0.0015)^2}{4}+\dfrac{0.0020^2}{4}}=0.002236$、最大剪应变 $\gamma_{\max}=2R=0.004472$。Mohr 圆如图 3.8 所示。

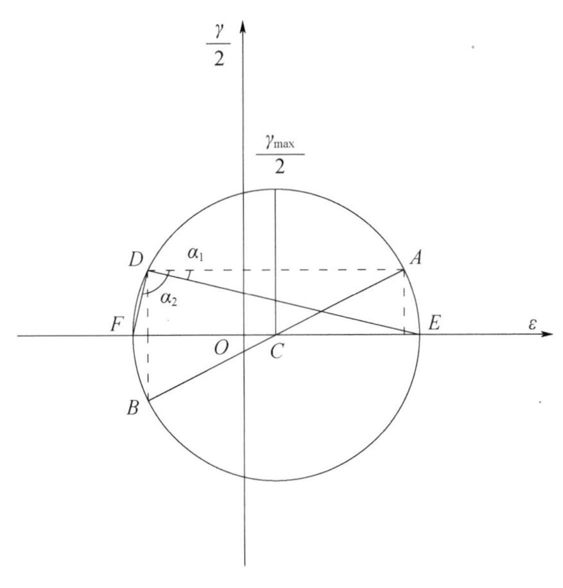

图 3.8　平面应变 Mohr 圆

于是可得到直线 AB 的方程式为 $\dfrac{\gamma}{2}=0.5\varepsilon-0.00025$，据此得到 Mohr 圆的圆心坐标为 C（0.0005，0）。于是得到 E、F 点的坐标分别为（0.002736，0）、（-0.001736，0），即 $\varepsilon_1=0.002736$、$\varepsilon_2=-0.001736$。

过 A 点做 ε 轴的平行线，与 Mohr 圆交于 D 点，该点为 Mohr 圆的极，其坐标为（-0.0015，0.0010）。DA 与 DE 的顺时针夹角 α_1 为主应变 ε_1 的方向，DA 与 DF 的顺时针夹角 α_2 为主应变 ε_2 的方向，分别为 $\alpha_1=+12.92°$、$\alpha_2=+103.28°$。

4 土体变形的基本特性

4.1 土工试验与应力路径

土工试验是深入认识土性状的重要手段。在分析土的应力-应变本构特性前，先介绍基本的试验条件及其应力路径。

4.1.1 土工试验

室内土工试验主要有直剪试验、固结试验和三轴试验。

直剪试验可测定土的抗剪强度，以及材料接触面间的应力-应变关系。试验开始时为K_0加载条件，而剪切过程中q、p都增加。剪切过程中的大、小主应力值、方向都是未知的，也就是土试样的整个应力状态是未知的。因此不能准确绘制该试验过程的应力路径。此外，土试样中的剪应力分布不均匀，只在剪切盒中部剪切带分布得比较均匀。

固结试验是侧向不能变形条件下的压缩试验，其轴向应变完全等于体积应变，有时也称为侧限压缩试验、单向压缩试验或一维固结试验。试验采用e-p曲线或e-$\lg p$曲线来描述土的应力-应变关系，e为孔隙比，p为竖向压力。由于应力状态总是处于$\sigma_3=K_0\sigma_1$，所以土试样不会破坏，但是试验过程中产生剪应力和剪应变、压应力和体积应变。该试验要求土试样高度与直径之比应尽量小，压缩是土试样产生应变的主要原因，不能揭示土的应力-应变-强度关系的全过程，以及土体一般的受力变形的特性。

三轴试验是最普遍、最常用的土工试验类型之一。但这种试验方法存在以下不足：在土试样中产生应力和应变不均匀分布、端部约束影响，并且只能研究有限范围内的应力和应变状态。由于土试样上、下两端约束的影响，采用土试样高度与直径之比不能太小。常规三轴仪可以开展等压固结、K_0（静止侧压力系数）固结、三轴压缩剪切与伸长剪切等路径的试验。如果试验是在排水条件下进行的，则初始静水压力状态为各向同性固结条件。

（1）静水压力试验

静水压力试验简称HC试验，或称为静水压缩试验、各向等压试验。在排水条件下，该试验又称为等向固结排水试验。试验中，保持轴压σ_a等于围压σ_c，即$\sigma_1=\sigma_3$。该试验可得到土的体积模量K。

HC试验属于纯体积应变，也可以认为是三轴剪切试验的第一阶段。随着围压σ_c的增加，相应的应力增量所引起的体积应变增量越来越小。这是由于土试样逐渐被压密的结果，土的这种性质称为压硬性。卸载时土试样会发生回弹，再加载时的曲线并不完全与卸载曲线重合，产生滞回圈。在不排水条件下可量测土试样的孔压u，孔压与围压之比$\frac{\Delta u}{\Delta\sigma_3}$即为孔压

系数 B，该系数反映了试验土的饱和程度。

（2）K_0 试验

试验中保持 $\varepsilon_2=\varepsilon_3=0$，$\sigma_3=K_0\sigma_1$。

（3）比例加载试验

比例加载试验又称为等比加载试验，简称 PL 试验。采用三轴仪进行等比加载试验，试验起始于初始静水压力状态，然后土试样在轴向、侧向经受增加的应力增量 $\Delta\sigma_1$、$\Delta\sigma_3$，并且保持$\frac{\sigma_1}{\sigma_3}=\frac{\Delta\sigma_1}{\Delta\sigma_3}=K$，其中 K 值一般为不小于 1.0 的常数。土试样总是处于加载压缩即 $\Delta\varepsilon_v>0$，或卸载回弹即 $\Delta\varepsilon_v<0$ 的状态。

该试验中最为普遍的试验：静水压缩试验（HC，$K=1.0$）、K_0 固结试验。

（4）三轴压缩试验

三轴压缩试验简称 TC 试验，分为三种试验方法：常规三轴剪切试验、减压三轴压缩剪切试验、等 p 三轴压缩试验。

①常规三轴剪切试验

常规三轴剪切试验简称 CTC 试验，或简称为常规三轴试验。试验中保持围压 σ_c 不变，增加轴压 σ_a 进行压缩状态下的剪切试验，直至试样剪切破坏。轴压 σ_a 为 σ_1 即最大主应力，围压 σ_c 即 σ_3（$=\sigma_2$）。试验中的应力条件为 $\Delta\sigma_2=\Delta\sigma_3=0$，$\Delta\sigma_1>0$。

②减压三轴压缩剪切试验

减压三轴压缩剪切试验简称 RTC 试验。试验过程中，保持轴压 σ_a 不变，减小围压 σ_c 进行压缩状态下的剪切试验，直至试样剪切破坏。此时，轴压 σ_a 为 σ_1 即最大主应力，围压 σ_c 即 σ_3（$=\sigma_2$）。试验中的应力条件为 $\Delta\sigma_1=0$，$\Delta\sigma_2=\Delta\sigma_3<0$。

③等 p 三轴压缩试验

等 p 三轴压缩试验即平均主应力 p 为常数的三轴压缩试验，简称 PTC 试验。试验中保持平均应力 p 不变。固结、排水条件下又称为等 p 三轴固结排水剪切试验。

试验保持轴压 σ_a 增加，而围压 σ_c 是减小的，试验的应力条件为 $\Delta\sigma_1>0$、$\Delta\sigma_2=\Delta\sigma_3<0$，并且 $\Delta\sigma_1=2|\Delta\sigma_3|$。

（5）三轴伸长试验

三轴伸长试验简称 TE 试验，分为三种试验方法：常规三轴伸长试验、减压三轴伸长试验、等 p 三轴伸长试验。

①常规三轴伸长试验

常规三轴伸长试验简称 CTE 试验。试验中保持轴压 σ_a 不变，增大围压 σ_c 进行伸长状态下的剪切试验，直至试样剪切破坏。轴压 σ_a 为 σ_3，而围压 σ_c 为 σ_1，并且 $\sigma_2=\sigma_1$。试验中的应力条件为 $\Delta\sigma_3=0$，$\Delta\sigma_2=\Delta\sigma_1>0$。

②减压三轴伸长试验

减压三轴伸长试验简称 RTE 试验。试验中保持围压 σ_c 不变，减小轴压 σ_a 进行伸长状态下的剪切试验，直至试样剪切破坏。轴压 σ_a 为 σ_3，围压 σ_c 为 σ_1。其应力条件为 $\Delta\sigma_2=\Delta\sigma_1=0$，$\Delta\sigma_3<0$。

③等 p 三轴伸长试验

等 p 三轴伸长试验即平均主应力 p 为常数的三轴伸长试验，简称 PTE 试验。试验中保持平均应力 p 不变，在轴压 σ_a 减小的同时而围压 σ_c 是增加的，即 $\Delta\sigma_1<0$、$\Delta\sigma_3>0$，并且

$\Delta\sigma_1=-2\Delta\sigma_3$。

（6）真三轴试验

真三轴仪可提供主应力空间内最一般的应力路径。试验以比例加载开始，其应力状态在破坏包络线内，然后以主应力任意改变值 $\Delta\sigma_1$、$\Delta\sigma_2$、$\Delta\sigma_3$ 继续加载。主应力空间的任意路径常采用 Bishop 常数 b 表示。参数 b 的值在 0 与 1 之间变化。当 $b=0$、$b=1$ 时，分别对应于 CTC、CTE 路径。

4.1.2 试验应力路径

（1）主应力空间中的试验应力路径

对于 PL 试验，试验起始于初始静水压力状态，然后土试样在三个主方向上经受增加的应力增量 $\Delta\sigma_1$、$\Delta\sigma_2$、$\Delta\sigma_3$，使得 $\Delta\sigma_1:\Delta\sigma_2:\Delta\sigma_3=1:\alpha_1:\alpha_2$。其中，$\alpha_1$、$\alpha_2$ 是用于确定图 4.1中的向量 ***NP*** 方向的两个参数。

考虑将 CTC、CTE、TC、TE、HC 的应力路径，作为这种常规直线应力路径的特殊例子，相应于每一种试验分别采用参数 α_1、α_2 的不同值。例如，HC 路径对应于 $\alpha_1=\alpha_2=1$，而 CTC 路径对应于 $\alpha_1=\alpha_2=0$。

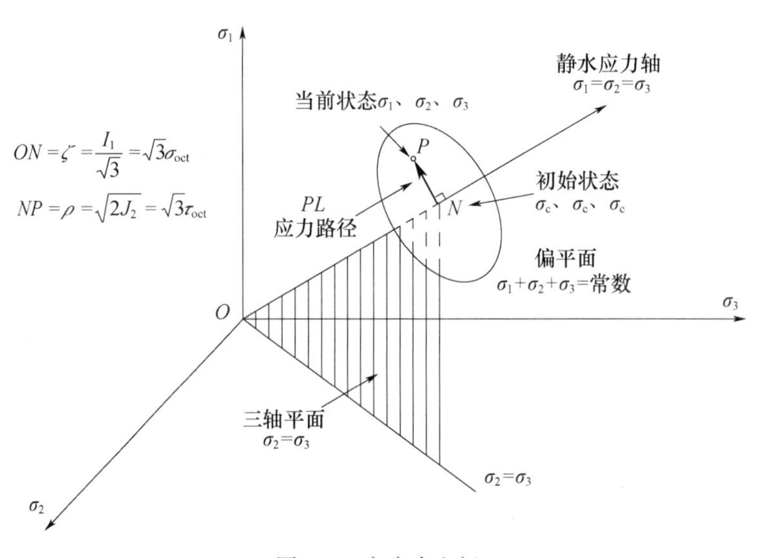

图 4.1　主应力空间

（2）q-p 平面中的试验应力路径

对于 HC 试验，其应力条件为 $\Delta\sigma_1=\Delta\sigma_2=\Delta\sigma_3$。由于 $\Delta q=0$、$\Delta p=\frac{1}{3}\Delta\sigma_1$、$\frac{\Delta q}{\Delta p}=0$，因此在 q-p 平面中的斜率为 0。对于 K_0 试验，其应力条件为 $\Delta\sigma_3=\Delta\sigma_2=K_0\Delta\sigma_1$。由于 $\Delta q=(1-K_0)\Delta\sigma_1$、$\Delta p=\frac{1+2K_0}{3}\Delta\sigma_1$、$\frac{\Delta q}{\Delta p}=\frac{3(1-K_0)}{1+2K_0}$，因此，在 q-p 平面中的斜率为$\frac{3(1-K_0)}{1+2K_0}$。对于 PL 试验，在 q-p 平面中的斜率为$\frac{3(1-K)}{1+2K}$。对于 CTC 试验，其应力条件为 $\Delta\sigma_1>0$、$\Delta\sigma_2=\Delta\sigma_3=0$。由于 $\Delta q=\Delta\sigma_1$、$\Delta p=\frac{1}{3}\Delta\sigma_1$、$\frac{\Delta q}{\Delta p}=3$，因此在 q-p 平面中的斜率为 3。对于 RTC 试验，其应力条件为 $\Delta\sigma_1=0$，$\Delta\sigma_2=\Delta\sigma_3<0$。由于 $\Delta q=|\Delta\sigma_3|$、$\Delta p=-\frac{2}{3}|\Delta\sigma_3|$、$\frac{\Delta q}{\Delta p}$

$=-\frac{3}{2}$，因此在 q-p 平面中的斜率为$-\frac{3}{2}$。对于 PTC 试验，其应力条件为 $\Delta\sigma_1>0$，$\Delta\sigma_2=\Delta\sigma_3=-\frac{1}{2}\Delta\sigma_1$。由于 $\Delta q=\frac{3}{2}\Delta\sigma_1$、$\Delta p=0$，因此在 q-p 平面中的路径是垂直 p 轴向上的。对于 CTE 试验，其应力条件为 $\Delta\sigma_3=0$，$\Delta\sigma_2=\Delta\sigma_1>0$。由于 $\Delta q=\Delta\sigma_1$、$\Delta p=\frac{2}{3}\Delta\sigma_1$、$\frac{\Delta q}{\Delta p}=\frac{3}{2}$，因此在 q-p 平面中的斜率为$\frac{3}{2}$。对于 RTE 试验，其应力条件为 $\Delta\sigma_2=\Delta\sigma_1=0$，$\Delta\sigma_3<0$。由于 $\Delta q=|\Delta\sigma_3|$、$\Delta p=-\frac{1}{3}|\Delta\sigma_3|$、$\frac{\Delta q}{\Delta p}=-3$，因此在 q-p 平面中的斜率为-3。对于 PTE 试验，其应力条件为 $\Delta\sigma_1=-2\Delta\sigma_3<0$，$\Delta\sigma_3>0$。由于 $\Delta q=-3\Delta\sigma_3$、$\Delta p=0$，因此在 q-p 平面中的路径垂直 p 轴向下。

上述试验在 q-p 平面中的应力路径如图 4.2 所示。

(3) 三轴平面 σ_1-$\sqrt{2}\sigma_3$ 中的试验应力路径

对于 HC 试验，其路径与 σ_1 轴的夹角为 $\arctan\sqrt{2}=54.74°$。由于假设试验都是起始于初始静水压力状态，因此上述试验路径起始于 HC 线。对于 CTC 试验，由于 $\Delta\sigma_2=\Delta\sigma_3=0$、$\Delta\sigma_1>0$，因此其路径垂直$\sqrt{2}\sigma_3$ 轴向上。对于 RTC 试验，由于 $\Delta\sigma_1=0$，$\Delta\sigma_2=\Delta\sigma_3<0$，因此其路径平行于$\sqrt{2}\sigma_3$ 轴负方向。对于 PTC 试验，由于 $\Delta\sigma_1>0$，$\Delta\sigma_2=\Delta\sigma_3=-\frac{1}{2}\Delta\sigma_1$、$\frac{\Delta\sigma_1}{\sqrt{2}\Delta\sigma_3}=-\frac{2}{\sqrt{2}}$，因此其路径的斜率为$-\frac{2}{\sqrt{2}}$。对于 CTE 试验，由于 $\Delta\sigma_3=0$，$\Delta\sigma_2=\Delta\sigma_1>0$，其路径与 CTC 相同。对于 RTE 试验，由于 $\Delta\sigma_2=\Delta\sigma_1=0$，$\Delta\sigma_3<0$，其路径与 RTC 相同。对于 PTE 试验，由于 $\Delta\sigma_1=-2\Delta\sigma_3<0$，$\Delta\sigma_3>0$，$\frac{\Delta\sigma_1}{\sqrt{2}\Delta\sigma_3}=-\frac{2}{\sqrt{2}}$，因此其路径的斜率为$-\frac{2}{\sqrt{2}}$，但是与 PTC 反向。

三轴平面（σ_1-$\sqrt{2}\sigma_3$ 平面）中试验应力路径如图 4.3 所示。

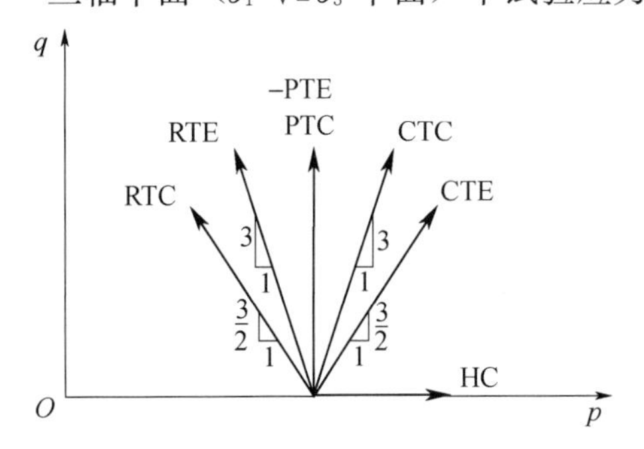

图 4.2 q-p 平面中的试验应力路径

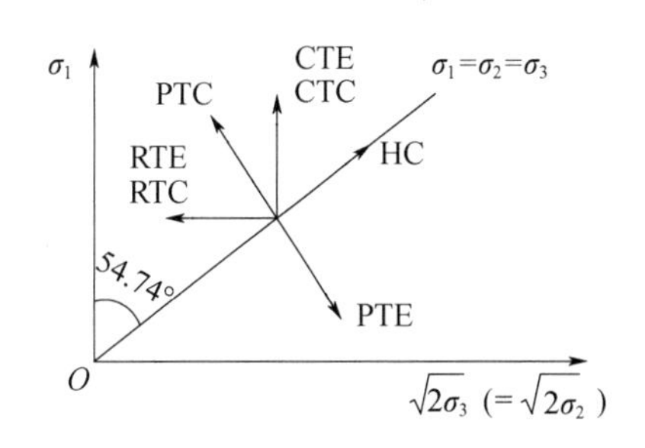

图 4.3 σ_1-$\sqrt{2}\sigma_3$ 平面中的试验应力路径

(4) 子午面（$\sqrt{J_2}$-I_1 平面）中的试验应力路径

对于 HC 试验，应力不变量 I_1 或 σ_{oct}、J_2 或 τ_{oct} 的变化由下式给出

$$\Delta\sigma_{oct}=\frac{1}{3}\Delta I_1=\Delta\sigma_c,\quad \Delta\tau_{oct}=\Delta J_2=0 \tag{4.1}$$

式中，$\Delta\sigma_c$ 为静水应力平均应力的增量，即 $\Delta\sigma_1=\Delta\sigma_2=\Delta\sigma_3=\Delta\sigma_c$。

根据式（4.1），HC试验路径是在 I_1 轴上，并且从 $3\Delta\sigma_c$ 处的正方向。

对于CTC试验，八面体正应力增量 $\Delta\sigma_{oct}$、八面体剪应力增量 $\Delta\tau_{oct}$ 分别表示为

$$\Delta\sigma_{oct}=\frac{1}{3}\Delta I_1=\frac{1}{3}\Delta\sigma_1,\ \Delta\tau_{oct}=\sqrt{\frac{2}{3}\Delta J_2}=\frac{\sqrt{2}}{3}\Delta\sigma_1 \tag{4.2}$$

式中，$\Delta\sigma_1$ 为最大主应力 σ_1 的变化值。

根据式（4.2）可得到 $\frac{\sqrt{\Delta J_2}}{\Delta I_1}=\frac{1}{\sqrt{3}}$，表示在子午面（$\sqrt{J_2}$-$I_1$ 应力平面）中CTC试验的应力路径的斜率为 $\frac{1}{\sqrt{3}}$。

对于RTC试验，八面体正应力增量 $\Delta\sigma_{oct}$ 和剪应力增量 $\Delta\tau_{oct}$ 的表达式为

$$\Delta\sigma_{oct}=\frac{1}{3}\Delta I_1=\frac{2}{3}|\Delta\sigma_2|,\ \Delta\tau_{oct}=\sqrt{\frac{2}{3}\Delta J_2}=\frac{\sqrt{2}}{3}|\Delta\sigma_2| \tag{4.3}$$

式中，$\Delta\sigma_2$ 是主应力 σ_2 的增量（$\Delta\sigma_2=\Delta\sigma_3<0$）。

需要注意的是，式（4.3）中的 $\Delta\tau_{oct}>0$，而 $\Delta\sigma_{oct}<0$，因此 $\frac{\sqrt{\Delta J_2}}{\Delta I_1}=-\frac{1}{2\sqrt{3}}$。因此，子午面（$\sqrt{J_2}$-$I_1$ 应力平面）中RTC的应力路径的斜率为 $-\frac{1}{2\sqrt{3}}$。

对于PTC试验，八面体正应力增量 $\Delta\sigma_{oct}$ 和剪应力增量 $\Delta\tau_{oct}$ 的表达式为

$$\Delta\sigma_{oct}=\frac{1}{3}\Delta I_1=0,\ \Delta\tau_{oct}=\sqrt{\frac{2}{3}\Delta J_2}=\sqrt{2}|\Delta\sigma_3| \tag{4.4}$$

根据式（4.4），PTC的试验路径在子午面（$\sqrt{J_2}$-I_1 应力平面）中垂直 I_1 轴向上。

对于CTE试验，其八面体正应力增量 $\Delta\sigma_{oct}$ 和剪应力增量 $\Delta\tau_{oct}$ 的表达式为

$$\Delta\sigma_{oct}=\frac{1}{3}\Delta I_1=\frac{2}{3}\Delta\sigma_1,\ \Delta\tau_{oct}=\sqrt{\frac{2}{3}\Delta J_2}=\frac{\sqrt{2}}{3}\Delta\sigma_1 \tag{4.5}$$

式中，$\Delta\sigma_1$ 是围压 σ_1 的增量（$\Delta\sigma_1=\Delta\sigma_2$）。

根据式（4.5）可得到 $\frac{\sqrt{\Delta J_2}}{\Delta I_1}=\frac{1}{2\sqrt{3}}$，表示在子午面（$I_1$-$\sqrt{J_2}$ 应力平面）中CTE试验的应力路径的斜率为 $\frac{1}{2\sqrt{3}}$。

对于RTE试验，八面体正应力增量 $\Delta\sigma_{oct}$ 和剪应力增量 $\Delta\tau_{oct}$ 的表达式为

$$\Delta\sigma_{oct}=\frac{1}{3}\Delta I_1=\frac{1}{3}|\Delta\sigma_3|,\ \Delta\tau_{oct}=\sqrt{\frac{2}{3}\Delta J_2}=\frac{\sqrt{2}}{3}|\Delta\sigma_3| \tag{4.6}$$

式中，$\Delta\sigma_3$ 是轴压 σ_a 的增量，$\Delta\sigma_3<0$。

需要注意的是，式（4.6）中的 $\Delta\tau_{oct}>0$，而 $\Delta\sigma_{oct}<0$，因此 $\frac{\sqrt{\Delta J_2}}{\Delta I_1}=-\frac{1}{\sqrt{3}}$。因此，子午面（$I_1$-$\sqrt{J_2}$ 应力平面）中RTE的应力路径的斜率为 $-\frac{1}{\sqrt{3}}$。

对于PTE试验，由于 $\Delta I_1=0$、$\sqrt{\Delta J_2}>0$，因此其路径垂直 I_1 轴向上，与PTC相同。

子午面（$\sqrt{J_2}$-I_1 平面）中的试验应力路径如图4.4所示。

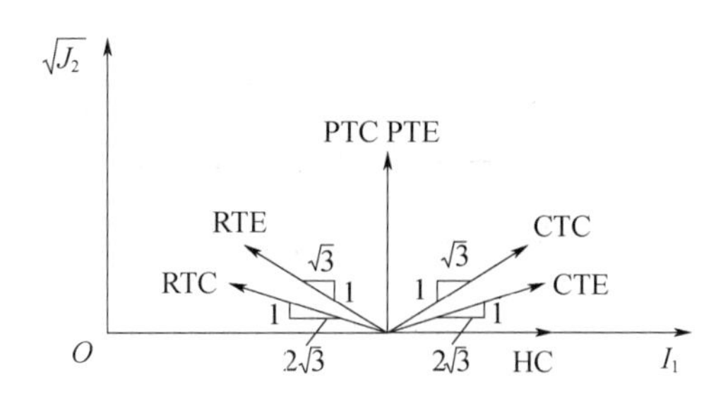

图 4.4 $\sqrt{J_2}$-I_1 平面中的试验应力路径

(5) 偏平面中的试验应力路径

对于三轴压缩(TC)试验,试验中施加应力增量 $\Delta\sigma_1$、$\Delta\sigma_2$、$\Delta\sigma_3$,使得静水应力保持不变,即 $\sigma_1+\sigma_2+\sigma_3$ 始终保持为常数,等于初始值 $3\sigma_c$。即,外加的应力增量 $\Delta\sigma_1$、$\Delta\sigma_2$、$\Delta\sigma_3$ 需满足 $\Delta\sigma_1+\Delta\sigma_2+\Delta\sigma_3=0$ 的条件。

对于 TC 试验,满足如下条件:σ_1 增加,即 $\Delta\sigma_1>0$;而 σ_2、σ_3 都等值减小,即 $\Delta\sigma_2=\Delta\sigma_3<0$,并且还需要满足 $\Delta\sigma_2=\Delta\sigma_3=-\dfrac{1}{2}\Delta\sigma_1$ 的条件。其中:σ_1、σ_2、σ_3 分别为最大主应力、中间主应力、最小主应力。

应力 Lode 角 θ 可方便地用来确定在偏平面中的应力路径,如图 4.5 所示。

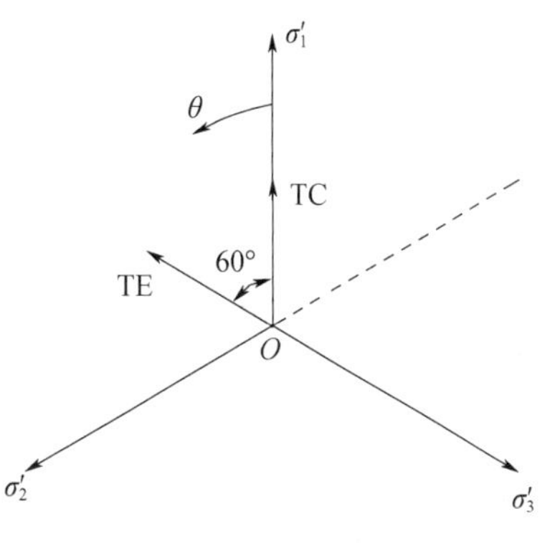

图 4.5 偏平面或八面体平面

对于 TC 应力路径,根据 $\cos\theta=\dfrac{2\sigma_1-\sigma_2-\sigma_3}{2\sqrt{3J_2}}$ 可知 $\cos\theta=1$,即 $\theta=0°$。在这种情况下,将对应于 $\theta=0°$的子午面(以压应力为正)定义为压缩子午面,或压缩子午线。这里需要注意两点:一是 $\theta=0°$的子午面包含有 $\theta=$常数的静水应力轴的平面;二是如果以拉应力为正,则压缩子午面对应于 $\theta=60°$。

对于 CTC 和 RTC 路径,由于两种路径都有 $\sigma_1>\sigma_2=\sigma_3$,因此可同样得到压缩子午面对应于 $\theta=0°$。也就是说,压缩子午面包括了 TC、CTC 和 RTC。

对于三轴拉伸(TE)试验,满足如下条件:σ_1 减小,即 $\Delta\sigma_1<0$;而 σ_2、σ_3 都等值增加,即 $\Delta\sigma_2=\Delta\sigma_3>0$,并且需满足 $\Delta\sigma_2=\Delta\sigma_3=-\dfrac{1}{2}\Delta\sigma_1$ 的条件。在 TE 试验中,σ_1 是最小主应力,σ_2、σ_3 分别为中间、最大主应力,并且 $\sigma_2=\sigma_3$,即 $\sigma_2=\sigma_3>\sigma_1$。

如果以 $\sigma_1=\sigma_2>\sigma_3$ 代入 $\cos\theta=\dfrac{2\sigma_1-\sigma_2-\sigma_3}{2\sqrt{3J_2}}$ 中,则可得到 $\cos\theta=\dfrac{1}{2}$,即 $\theta=60°$。在这种情况下,将对应于 $\theta=60°$的子午面(以压应力为正)定义为拉伸子午面。这里同样需要注意的是:一是 $\theta=60°$的子午面包含有 $\theta=$常数的静水应力轴的平面;二是如果以拉应力为正,则拉伸子午面对应于 $\theta=0°$。拉伸子午面包括了 TE、CTE 和 RTE。

对于 TC、TE 试验,其八面体正应力增量 $\Delta\sigma_{oct}$ 和剪应力增量 $\Delta\tau_{oct}$ 分别为

$$\Delta\sigma_{oct}=\frac{1}{3}\Delta I_1=0,\quad \Delta\tau_{oct}=\sqrt{\frac{2}{3}\Delta J_2}=\frac{1}{\sqrt{2}}\left|\Delta\sigma_1\right| \tag{4.7}$$

※试验应变路径

静水压力试验由于 $\varepsilon_1=\varepsilon_2=\varepsilon_3$，因而应变路径沿等应变线变化。CTC 试验的应变条件为 $\Delta\varepsilon_1>0$，$\Delta\varepsilon_2=\Delta\varepsilon_3<0$。RTC 试验的应变条件为 $\Delta\varepsilon_1>0$，$\Delta\varepsilon_2=\Delta\varepsilon_3<0$。PTC 的应变条件为 $\Delta\varepsilon_1>0$，$\Delta\varepsilon_2=\Delta\varepsilon_3=-\frac{1}{2}\Delta\varepsilon_1<0$。CTE 试验的应变条件为 $\Delta\varepsilon_1<0$，$\Delta\varepsilon_2=\Delta\varepsilon_3>0$。RTE 试验的应变条件为 $\Delta\varepsilon_1<0$，$\Delta\varepsilon_2=\Delta\varepsilon_3>0$。PTE 的应变条件为 $\Delta\varepsilon_1<0$，$\Delta\varepsilon_2=\Delta\varepsilon_3>0$。

4.2　土的变形特性

土是岩石风化的产物，是一种由土颗粒、空气、水和孔隙组成的多相材料。通常，根据土颗粒间的黏聚力将土分为无黏性土、黏性土两类。无黏性土如碎石土、砂土、粉土等，土颗粒间黏聚力可忽略不计，其密实状态可采用相对密实度 D_r、孔隙比 e、孔隙率 n 等指标描述。无黏性土按土颗粒间的密实程度又分为松散土和密实土。

黏性土的土颗粒间有黏聚力，包括黏土、黏性粉砂土、砾泥和冰碛物等。黏性土的应力历史可由超固结比 OCR 来定义。依据超固结比 OCR，黏性土可分为超固结土（$OCR>1$）、正常固结土（$OCR=1$）和欠固结土（$OCR<1$）。

土中应力一般由固相、液相、气相等分担。只有土骨架所分担的应力才能够使得土体产生变形，这部分应力才能够对土体强度产生影响。因此须对总应力、有效应力作用下的应变进行区分。有效应力与总应力之间的关系即 Terzaghi 提出的有效应力原理。

对于饱和土来说，有效应力原理常表述为总应力等于土骨架承担的应力与孔隙水承担的应力之和。土骨架承担的应力直接影响土体的变形与强度，称为有效应力；孔隙水承担的应力并不直接影响土体的变形与强度，称为中和应力。对于非饱和土来说，中和应力由与孔隙水压力、孔隙气压力有关的一个等效的孔隙压力（即流体压力）来代替。因此，有效应力为总应力与孔隙压力之差。

土的有效应力是一种随着荷载作用、土的固结发展而不断变化的物理量，有着强烈的时间依赖性。土的有效应力不仅取决于荷载作用，还取决于岩土材料的压缩性、渗透性和湿密状态等，并且受到加载路径等的综合影响。

一般认为，天然土的孔隙体积不小于土颗粒固体骨架的体积。土颗粒重新排列产生的体积应变将会改变孔隙体积，这将影响土的后续性质。由于外应力作用，土骨架可随固体土颗粒重新排列至新的位置而产生变化，这种变化主要是转动和滑移，并且随着土颗粒间的作用力而发生相应的变化。由于土颗粒、水是不可压缩的，因此土骨架的实际可压缩性依据土颗粒结构排列而定。

对于完全饱和土，只有在排水条件下才会产生体积变化。也就是说，饱和土体在不排水条件下是不可能发生体积变化的。对于干燥的、或非饱和土体，由于存在着使土颗粒重新排列的间隙，因此也常常产生土体体积的变化。

有效应力原理提出了作用于土体上的任一点的全应力 σ_{ij}、有效应力和在孔隙流体（水和空气）之间的关系。对于完全饱和土体，土体的变形将引起孔隙水压力的变化，同时与固体骨架交换平均应力。Terzaghi 的有效应力原理可用数学公式表示为

$$\sigma_{ij}=u\delta_{ij}+\sigma'_{ij} \tag{4.8}$$

式中，σ_{ij} 为全应力张量；σ'_{ij} 为有效应力张量；u 为孔隙水压力。

对于非饱和土体，孔隙压力 u 由孔隙水压力 u_w、孔隙空气压力 u_a 两部分所组成。针对这种情况，1963 年 Bishop 和 Blight 提出了以下的有效应力数学表达式

$$\sigma_{ij}=[u_a-\chi(u_a-u_w)]\delta_{ij}+\sigma'_{ij} \tag{4.9}$$

式中，χ 是一个无量纲的参数，由试验确定，主要与土的饱和度有关，即 χ 与水所占据的孔隙体积成比例；(u_a-u_w)项表示土中吸力的大小。令

$$u=u_a-\chi(u_a-u_w) \tag{4.10}$$

于是式（4.9）可简写为

$$\sigma_{ij}=u\delta_{ij}+\sigma'_{ij} \tag{4.11}$$

式中，u 为孔隙空气压力与孔隙水压力联合作用的全部孔隙压力。

这样，式（4.11）就与式（4.8）具有相同的形式。也即式（4.9）与式（4.8）具有相同的形式。

对于完全饱和土，$\chi=1$，孔隙压力为孔隙水压，即 $u=u_w$，则式（4.9）简化为式（4.8）；对于完全干燥土，$\chi=0$，孔隙压力为空隙空气压力，即 $u=u_a$。表达式（4.9）中由于存在一个参数 χ，因而实际使用起来是不方便的。为了消除参数 χ 带来的不便，在实际中常将土视为两相材料来处理，也就是只考虑完全饱和土和完全干燥土。对于完全饱和土，根据孔隙水压力的变化，将会遇到两种不同的情况：排水条件和不排水条件。

当应力施加速度很慢，以致由应力所引起的超静孔隙压力可以忽略不计时，此时可认为土体是处于排水条件之下；当应力施加速度很快，以致由应力所引起的超静水压力来不及消散，此时可认为土体是处于不排水条件之下。土体在不排水条件下不会发生体积应变，也即没有体积的变化，土体单元只发生剪切（偏斜）应变。所以，不排水条件通常称为等体积条件。不排水条件意味着土体的含水量不变，等体积条件是基于孔隙水和固体土颗粒不可压缩的假设上的一个近似。

饱和土的排水条件与不排水条件，表示了在许多实际岩土工程应用中的最重要的状况。例如，对于饱和无黏性土进行稳定性或逐渐破坏的分析，常常是基于完全排水的条件，因为无黏性土具有很强的渗水性。此时的无黏性土排水相当快。然而无黏性土（如砂）的不排水变形和强度特性，在研究突然加载的问题中是最受关注的。如地震引起的地下振动，由于孔隙水压力过分增大而导致土体完全失去了剪切强度，使得大量饱和（特别是松散的）无黏性土产生液化现象。

在土形成的漫长地质过程中，由于受到风化、搬运、沉积、固结和地壳运动的影响，其应力-应变关系十分复杂，并且与诸多因素有关。例如，土颗粒之间存在某种程度上的黏结，从而可能对土的力学特性产生影响。土是一种复杂材料，大部分性质取决于其种类、应力历史、密度、以及扰动力的特性等。对土的性质影响最大的物理性质是孔隙比、含水量、土的结构以及矿物质等。在力学特性方面，当前的和先前的应力状态以及荷载特性，如单调荷载、比例荷载、周期荷载等，均会影响土的性质，从而影响土的应力-应变特性。土的应力-应变性质的复杂性主要源于土的变形和强度特性受到多种因素的影响，例如土的结构与构造、密度、含水量、排水条件、孔隙的饱和度、加载速率、约束压力、加载（或应力）历史、当前的应力状态、各向异性等。

经典弹塑性力学基于金属的两个基本试验：单向拉伸和静水压力试验。试验的基本结论是：(1) 变形分为弹性和塑性两个阶段；(2) 初始屈服极限明显，初始拉、压屈服极限（强度）相等；(3) 塑性阶段表现出应变硬化或理想塑性特征，属于稳定材料；(4) 不产生塑性体积应变；（5）无静水屈服特征；（6）剪切不引起体积变形；（7）无弹塑性耦合。

对于土体材料而言，其变形特性有别于金属材料而具有一系列的特殊性，其变形基本特性是土力学及岩土工程学科的重要理论基础之一。土的变形特性主要表现为应力-应变关系的非线性、变形的弹塑性、静压屈服特性、硬化或软化特性、压硬性和剪胀性、摩擦特性等。有学者将上述土体变形特性分为两大类：基本变形特性和一般变形特性。其中基本变形特性包括非线性和弹塑性、静压屈服特性、摩擦屈服特性、压硬性和剪胀性等；一般变形特性包括硬化和软化、各向异性、路径相关性、弹塑性耦合特性、非关联性等。沈珠江认为压硬性和剪胀性是土体的基本力学特性，是土体材料区别于其他工程材料的标志，因而土可定义为具有压硬性和剪胀性的材料。也有学者将土体的这些变形特性区分为三大类：基本特性、亚基本特性与关联基本特性。其中基本特性包括压硬性、剪胀性、摩擦特性等；亚基本特性包括应力历史和应力路径的依存性、软化特性、各向异性、结构性、蠕变特性、颗粒破碎特性以及温度特性等；关联基本特性包括屈服特性、正交流动性、相关联性等。

4.2.1 土的基本变形特性

（1）非线性与弹塑性

在较低的应力水平下，土体的应力-应变关系为线性关系，属于弹性范围；在较高的应力水平下，土体的应力-应变关系表现出明显的非线性塑性性质；在卸载条件下，土体产生明显的塑性应变 ε^{p} 和塑性体积应变 ε_{v}^{p}。

土的宏观变形不是土颗粒本身的变形，主要是由于土颗粒间位置的改变。这样在不同应力水平下，由相同的应力增量而引起的应变增量就会不同，即表现出非线性，如图 4.6 所示三轴试验所得到的（$\sigma_1-\sigma_3$）-ε_a 曲线。其初始阶段的直线段很短，对于松砂和正常固结黏土几乎无直线段，加载一开始就呈现出非线性性质。土体应力-应变关系的非线性特征比其他材料明显得多，其非线性变形基本上是非弹性的。除了在很低的应力水平下，在任何给定的应力状态下卸载，只有一小部分应变可以得到恢复。可恢复（可逆）应变代表总应变中的弹性部分，这些弹性应变主要是由于土样中土颗粒的弹性变形所致。另一方面，不可恢复（不可逆）应变称为塑性应变，是由于土颗粒的滑移（或滑动）、重新排列以及压碎造成的。塑性变形引起了土样中内部结构的改变。土体材料的应力-应变非线性的产生，就是因为在弹性变形以外还出现塑性变形。土体中的孔隙使得土体受力后土颗粒之间的相对位置发生变化，当荷载卸除后这种位置变化不能恢复，从而形成较大的塑性变形。

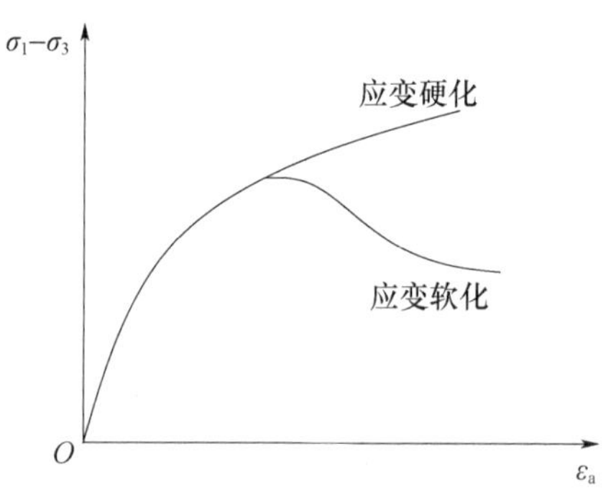

图 4.6　土的应力-应变曲线

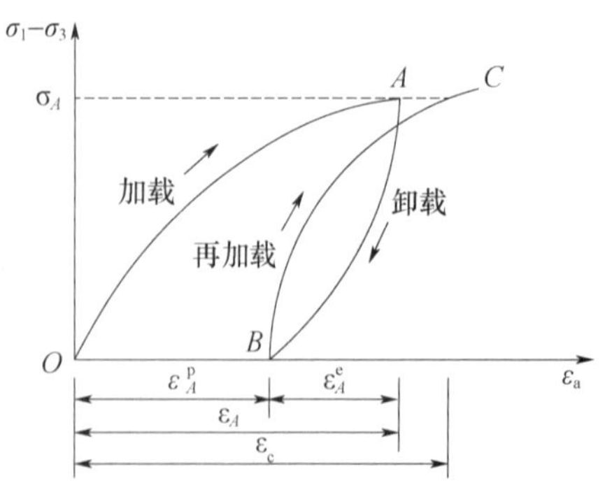

图 4.7　土体加载、卸载应力-应变曲线

如果加载到某一应力后再卸载，土的应力-应变关系曲线将如图 4.7 所示，表明土的变形是非线性、非弹性的，这正是土体变形的显著特征之一。当加载至 A 点，然后卸载至 B 点，OA 为加载曲线段，AB 为卸载曲线段，加载后卸载至原应力状态时，土一般不会

恢复到原来的应变状态，卸载后能够恢复的应变是弹性应变 ε^e，不能恢复的应变是塑性应变 ε^p，这种塑性应变往往占有较大的比率。

当沿加载路径 BC 重新再加载至同一应力水平 σ_A 时，一般会产生与 ε_A 不同的应变 ε_c。再加载曲线段的应力-应变关系仍然是非线性的，并且塑性应变将成为主要部分，一般不与卸载曲线重合，而存在一个剪刀形的环，称为回滞环。回滞环的存在说明卸载后再加载过程中能量被塑性变形所消耗，再加载还会产生新的塑性变形。

试验表明，在很低的应力水平下，由于加载、卸载所产生的应变主要是弹性应变，土颗粒滑移引起的塑性变形非常小；卸载、再加载曲线基本上是带有很小滞后回线的相同线性路径。在较高的应力水平下，根据卸载、再加载可以观察到，滞后回线几乎具有相等的斜率。随着应力水平的增加，尤其是接近破坏状态时，滞后回线变得较宽。此时卸载，由于应力水平较高，将产生大的滑动塑性应变，返回的曲线就具有非线性，滞后回线的斜率也就将减小。卸载时试样还发生体缩。由于卸载时平均正应力 p 是减小的，这种卸载体缩显然无法用弹性理论进行解释。一般认为这是由于土的剪胀变形的可恢复性和加载卸载引起的土结构的变化所造成的。

在重复加载、卸载过程中，回滞环将逐渐减小，即塑性变形增量将逐渐减小。实际上，在每一次应力循环过程中，都有可恢复的弹性应变和不可恢复的塑性应变。土体在各种应力状态下都有塑性变形，即使在加载初始阶段（即应力-应变关系接近直线的阶段），变形仍然包含弹性变形和塑性变形，卸载后不能回复到原点。总之，应力-应变关系的非线性和变形的非弹性（弹塑性）是土体变形的突出特点。由于土的塑性应变常常是主要的，因此土体材料是弹塑性材料。

(2) 土的静压屈服特性

静压屈服特性是指在纯静水压力 p 作用下材料产生体积应变屈服的特性。土的静压屈服特性可由体积应变-体积应力关系加以说明。

在各向等压或等比压缩时，土体中的孔隙总是减小的，从而发生较大的体积压缩，这种体积压缩大部分是不可恢复的，从而产生塑性体积应变。也就是说，土体在各向等压或静水压力作用下，不仅产生弹性体积应变，也产生较大的塑性体积应变，这就是土的静压屈服特性，或称为等压屈服特性。

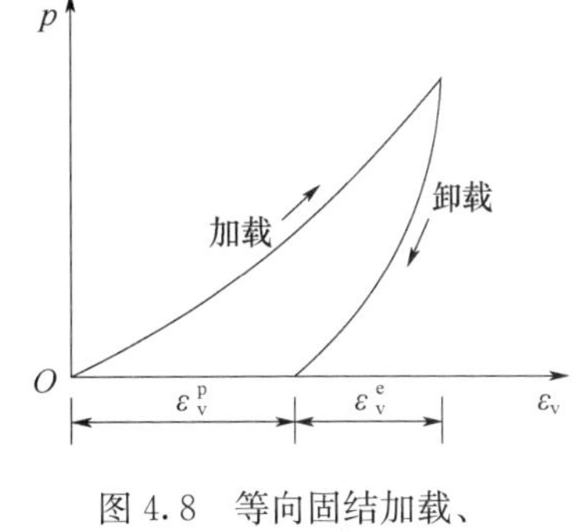

图 4.8 等向固结加载、卸载 p-ε_v 曲线

图 4.8 所示为排水条件下饱和砂土三轴等向固结试验的 p-ε_v 关系典型曲线。在各向等压条件下，即在体积应力 p 或称为静水压力的作用下，随着土体中水、气的排出，土体不仅产生弹性体积应变 ε_v^e，还会产生塑性体积应变 ε_v^p，并且塑性体积应变 ε_v^p 比弹性体积 ε_v^e 应变更大。土体的这种性质称为静压屈服特性。图 4.8 清晰地描述了土在静水加载、卸载条件下的非线性性质。当卸载到初始应力状态时只有部分应变得到恢复，说明加载过程中即同时产生了弹性变形和塑性变形。

从宏观上来说，土体在各向等压作用下是不受剪切的；在微观上，土颗粒间有错动。而土体的塑性变形与土颗粒的错位滑移有关。土体压缩前，土颗粒架空，存在较大孔隙；压缩后，有些土颗粒挤入原来的孔隙，土颗粒错动，相对位置调整，土颗粒间发生剪切位移。当荷载卸除后，不能再使它们架空，无法恢复到原来的体积，就形成较大的塑性体积应变。

（3）土的摩擦特性

摩擦特性指的是材料的屈服极限由于静水压力作用而提高的特性。土体属于摩擦型材料，但饱和不排水的黏土则属于无摩擦型材料。土体破坏是剪切破坏，其屈服与破坏受静水压力影响。一般来说，土体材料的屈服与破坏服从 Mohr-Coulomb 准则及 Drucker-Prager 准则。

（4）土的剪胀性

土体在剪切时产生体积膨胀或收缩，称为剪胀。一般来说，密实砂土、超固结黏性土发生剪胀；而松砂、正常固结黏性土发生剪缩。

图 4.9（b）所示为土的体积应变 ε_v 与轴向应变 ε_1 关系曲线。曲线 1 的体积应变 ε_v 开始为正值，不久后就变为负值，表示在剪切过程中先排水体积压缩，然后会吸水体积增大，称为剪胀。曲线 2 在剪切过程中排水量不断增加，即只产生体积压缩变形，体积应变 ε_v 在剪切过程中随偏应力$(\sigma_1-\sigma_3)$的增大而不断增大，称为剪缩。

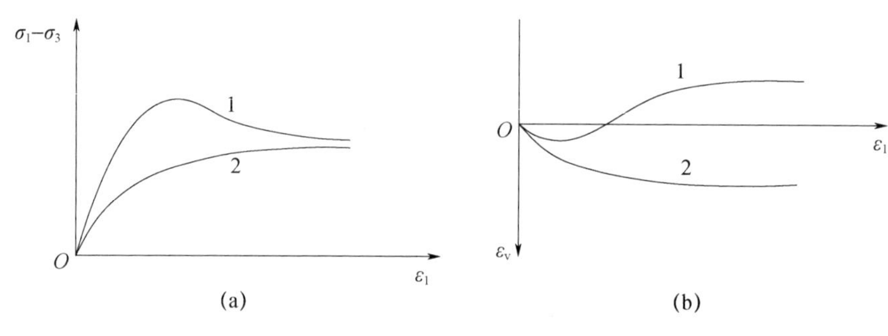

图 4.9　土的三轴试验典型曲线

（a）$(\sigma_1-\sigma_3)$-ε_1 曲线；（b）ε_v-ε_1 曲线

在常规三轴压缩试验中，由于平均主应力增量 $\Delta p=\Delta\sigma_1/3$ 在加载过程中总是正的，所以体积应变 ε_v 不可能是体积的弹性回弹，只能是剪应力 $\Delta(\sigma_1-\sigma_3)$所引起。根据 Hooke 定律，剪应力不引起弹性体积应变，因此剪切引起的体积应变只能是塑性体积应变。这种由剪应力所引起的体积变化称为剪胀性，剪胀性是散体材料的一个非常重要的特性。

土体受剪切时土颗粒有相互错动位移的趋势，同时发生体积变形和剪切变形。松砂、正常固结黏性土土体颗粒易于移动而填充到邻近的孔隙，于是发生剪缩现象；密实砂土、超固结黏性土，受剪切时土体颗粒相互移动时需要滚越另一些土颗粒，且常常出现叠架现象，而不易填充到邻近的孔隙，于是就发生剪胀现象。当剪应力处于卸载状态时，土体的剪缩或剪胀变形也将发生少量回弹。

需要注意的是，对于松砂、正常固结黏性土的剪缩，有人认为这是剪胀之后的剪缩，没有剪胀，体积压缩会更大。

剪应力（$\sigma_1-\sigma_3$）产生弹性剪应变 ε_s^e 和塑性剪应变 ε_s^p，还会引起体积的收缩或膨胀，称为土的剪胀性。广义的剪胀性是指剪切引起的体积变化，既包括体胀，也包括体缩。体缩常称为“剪缩”，或称为负的剪胀。土的剪胀性实质上是由于剪应力引起的土颗粒间的相互位置的变化，加大或减小了土颗粒间的孔隙，从而发生了体积变化。

（5）土的压硬性

在一定应力范围内，土的抗剪强度 τ_f 随压应力 σ 的增大而增高，也就是说平均压应力 p

越大，土能承受的剪应力 q 就越大，土的这种性质称为压硬性。Coulomb 公式 $\tau_f=c+\sigma\tan\varphi$ 就是对土体的压硬性的数学表达。实际上，人们早就认识到土的压硬性这一重要性质，并且在实践中应用了土的这一特性，如地基的排水固结、软土地基上慢速填土施工等。

对于图 4.9 所示的常规三轴压缩试验中，只要土体受到一球应力（静水压力）加载增量 Δp，土体便会发生体积收缩增量，即新的压缩。这种体缩包含弹性、塑性两部分。当球应力处于卸载状态时，体缩变形中的弹性部分可以恢复，即土体发生少量体变回弹。土的压硬性表现为平均压应力 p 不仅产生弹性和塑性体应变，还会引起剪切刚度的增高。球应力变化引起剪切刚度发生变化，从而剪应变发生变化，这种耦合作用即土的压硬性。土的压硬性还可以由约束应力（围压 σ_3）对应力-应变关系的影响加以说明。

图 4.10 所示是固结排水剪 $\sigma_3=c$ 条件下的典型试验结果，表示了不同的围压 σ_3 对土的应力-应变关系的影响。图中三条曲线的应力路径为$(\sigma_3)_1>(\sigma_3)_2>(\sigma_3)_3$。随着约束应力围压 σ_3 的增大，土的抗剪强度$(\sigma_1-\sigma_3)_f$ 得到提高。这表现出约束应力越大，对应的孔隙比越小，能承受的剪应力越大，表现了土体材料的压硬性。这种特性是金属材料所不具有，摩擦材料所具有的特性。

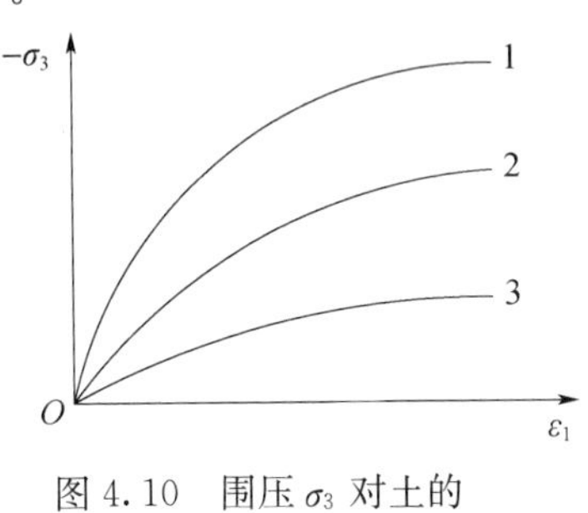

图 4.10 围压 σ_3 对土的 $(\sigma_1-\sigma_3)$-ε_1 关系的影响

土在三轴试验中的初始切线模量 E_i 与围压 σ_3 的关系，可采用 1963 年 Janbu 所提出的表达式进行描述，即

$$E_i=Kp_a\left(\frac{\sigma_3}{p_a}\right)^n \tag{4.12}$$

式中，K、n 为试验常数；p_a 为大气压。

根据式（4.12）可知，土的变形模量随围压 σ_3 增大而提高，这种现象称为土的压硬性。对于黏性土，其压硬性表现在压缩过程中模量随密度的增高而增高的特性。由于土是由散碎的颗粒所组成的，所以围压 σ_3 所提供的约束应力对于提高其强度和刚度是至关重要的。这也是土区别于其他材料的重要特性之一。

4.2.2 土的一般变形特性

（1）土的硬化或软化特性

土的应力-应变关系比一般材料复杂得多，其应力-应变关系没有明显的弹性阶段和初始屈服阶段。土的典型的硬化或软化应力-应变关系曲线如图 4.6 所示。总的来说，土体材料普遍存在着应变硬化或应变软化特性，其应力-应变关系曲线接近弹塑性硬化或软化材料。对于图 4.6，在应力较小的区域，土的硬化或软化曲线可接近弹性范畴，但并非线弹性。土的软化曲线有明显的峰值 τ_f 和最终值即残余强度。对于某些土，很难测定其残余强度。

土的应力-应变曲线一般表现出两种形态：一种是应力随应变增加而增加，但增加的速度越来越慢，最后趋于稳定。这在塑性理论中称为应变硬化，或称为加工硬化。另一种是应力开始时随应变增加而增加，在达到一个峰值后，应力随应变增加而下降，最后也趋于稳定。这在塑性理论中称为应变软化，或称为加工软化。

图 4.9 所示为土的常规三轴压缩试验的一般结果，其中曲线 1 为密实砂土或超固结黏性土的应力-应变曲线，曲线 2 为松砂或正常固结黏性土的应力-应变曲线。松砂或正常固结黏

性土的应力-应变关系表现为应变硬化，而密实砂土或超固结黏性土的应力-应变关系表现为应变软化。

如图 4.9（a）所示，密实砂土或超固结黏性土相较于松砂或正常固结黏性土，具有较高的刚性（应力-应变曲线斜率较陡）和较高的峰值（最大或破坏）应力。在峰值应力之后，两类土的应力-应变曲线是截然不同的。随着应变达到峰值之后，松砂或正常固结黏性土表现出在剪切强度方面有很小的降低或没有降低，其行为可称作应变强化性质；密实砂土或超固结黏性土则在达到剪切强度峰值之后，应力-应变曲线显著下降，表现出应变软化性质。在非常大的应变情况下，也就是在应变控制试验的最后，两类土都达到相同的极限剪切抗力，或剩余剪切抗力。

如图 4.9（b）所示，对于两类土，无论其初始的固结状态如何，体应变开始阶段都是压缩的或紧密的。但在峰值应力之后，密实砂土或超固结黏性土表现出很大的膨胀，即体积增加；而松砂或正常固结黏性土则继续受压。

对于松砂、正常固结黏性土，当受剪切时，由于土体颗粒易于相互错动产生剪切变形而填充到邻近的孔隙，并伴随剪缩，土颗粒间的结构变得更加紧密，表现在应变增加强度提高，呈现应变硬化。软土同样如此。

对于密实砂土，由于土颗粒排列紧密，当受剪切时土体颗粒相互错动产生剪切变形，同时伴随着剪胀现象的发生，土体颗粒必须克服颗粒间的“咬合力”才能相互错动，故表现为较高的抗剪强度。尔后颗粒间的这种相互“咬合力”因颗粒的滚落、棱角的破碎被逐渐克服，就表现为应变在增长但强度在降低，于是曲线表现为应变软化型。

对于超固结黏性土，在受剪切过程中，土颗粒间的黏结力或称为结构性强度逐渐丧失或损伤，至峰值强度后结构性强度完全丧失，就表现为应变软化。

应变软化的过程实际上是一种不稳定的过程，常伴随着应变的局部化，即出现剪切带。软化的应力-应变曲线其应力、应变之间不成单值函数关系，反映土的这种应变软化性质的数学模型形式比较复杂，也难以准确反映这种应力-应变关系的特性。

此外，有研究表明，硬化过程随着围压 σ_3 增大而增强，软化过程随着围压 σ_3 增大而减弱。由于围压 σ_3 的增大意味着静水压力的增大，这也说明了静水压力对土体材料的屈服强度的影响。

（2）弹塑性耦合特性

土体材料进入塑性阶段后，反复加载、卸载，或受到周期荷载作用，将引起弹性性质、塑性性质的相互作用与影响，这种现象称为弹塑性耦合作用。例如，塑性变形的增加将引起弹性模量的减小，这就属于弹塑性耦合作用。

弹塑性耦合是指弹性模量随塑性变形的发展而变化。有人认为弹塑性耦合性质与不相适应的流动规则无关，但实际上不相适应特性与耦合性质是密切相关的。例如，1967 年 Palmer 根据 Drucker 公设证明了在非耦合的情况下，一定服从相适应的流动规则。

也有学者认为不存在弹塑性耦合问题。试验表明，土体材料一般都具有弹塑性耦合的特性。但是对该问题的研究还不充分，在土体本构理论中一般不考虑弹塑性耦合问题。

（3）土的各向异性

在土的沉积，以及随后的固结过程中，使得土产生各向异性。土的各向异性主要表现为横向各向同性，竖向与横向性质不同。横向各向同性是指在水平面各个方向上的性质大致相同。土的各向异性可分为初始各向异性、诱发各向异性。土的各向异性也可分为结构各向异

性、应力引起的各向异性。

由天然沉积和固结所造成的各向异性可归入初始各向异性，或生成各向异性、原生各向异性。例如，天然黏土由于沉积作用而形成的在水平方向的力学性质的横向各向同性，而在竖向力学性质就不同，称为初始各向异性。天然粒状的土通常沉积成为近乎水平的土层，以后又承受一维荷载，结果产生了各向异性应力。研究表明，几乎所有的天然砂、砾沉积物都具有某种形式的各向异性结构。

土颗粒受到一定的应力后发生应变，其空间位置将发生变化，从而造成土的空间结构的改变。这种结构的变化将影响土进一步加载的应力-应变关系，并且使之不同于初始加载时的应力-应变关系，称为诱发各向异性，或称为次生各向异性。

应力导致的各向异性是指在拉、压或剪切应力作用下，引起了屈服极限等的变化。例如，土体材料在拉、压应力的反复作用下，引起应力屈服极限一边强化、一边弱化的现象。这种由于应力状态不同引起的强度和变形不同称为应力诱发各向异性。例如，土体在相同的体积应力作用下，其三轴压缩强度大于三轴伸长强度，就可以理解为是应力诱发的各向异性。

次生各向异性主要是由土体受荷土体颗粒的位置和形态改变而形成，且受应力路径和应力历史的影响。目前还难以准确描述次生各向异性。生成的和应力引起的联合各向异性引起了学者的浓厚研究兴趣，对于砂，尚缺乏这方面的研究数据。

由微观结构变化引起的各向异性称为结构各向异性，对土强度造成的影响较小。

（4）土的结构性

原状天然土的各向异性常常是其结构性的表现。土的结构性是由于土颗粒的空间排列集合，以及土中各相间、土颗粒间的作用力所造成的。土的结构性可以明显提高土的强度和刚度，对于黏性土尤其如此。取样和其他扰动会破坏土的结构。原状黏土与重塑土的无侧限抗压强度之比称为灵敏度，这是黏性土结构性的一个指标。

对于结构性很强的原状土，如很硬的黏土，可能在一定的应力范围内，其变形几乎是弹性的。只有到了一定的应力水平条件下，才会产生塑性变形。一般土在加载过程中弹性和塑性变形几乎是同时产生的，没有明显的屈服点，所以也称为弹塑性材料。

4.2.3 土的变形行为特性

（1）体积应力 p 与剪应变 ε_s、剪应力 q 与体积应变 ε_v 的耦合作用

土的剪胀性与压硬性表明了体积应力 p、剪应力 q 与体积应变 ε_v、剪应变 ε_s 之间的耦合作用。

对于弹性材料，根据 Hooke 定律，剪应力不引起体积应变，体积应力不引起剪应变，即不存在所谓的“交叉”影响。土体却存在这种“交叉”影响。对于经典塑性力学，静水压力不产生屈服，剪应力只产生弹性、塑性剪应变。体积应力与剪应变、剪应力与体积应变之间不存在任何关系，或者说没有耦合关系。对于土体材料，却存在着相互影响或称为耦合关系。这种关系称为土体材料的压硬性与剪胀性。

压硬性是指静水压力 p 与剪应变 ε_s 之间的耦合作用。剪胀性是指剪应力 q 与体积应变 ε_v 之间的耦合作用。也就是说，静水压力 p 不仅产生弹性的、塑性的体积应变，还会引起剪应变刚度的增高而使得剪应变发生变化。剪应力 q 不仅产生弹性的、塑性的剪切变形，还会引起体积的膨胀或收缩。

土体受剪发生剪应变。剪应变的一部分与土体骨架的轻度偏斜相对应，荷载卸除后能恢复的变形是弹性剪应变。另一部分与土颗粒间的相对错动滑移相联系，为塑性剪应变。剪应力 q、体积应力 p 都会引起剪应变。

如图 4.11 所示，三轴仪中的土样在应力 $q=\sigma_1-\sigma_3$ 和 σ_3 下变形稳定后，保持 q 不变而降低σ_3，则会发现随着 σ_3 减小，轴向应变 ε_1 不断增大，直至破坏。在这一应力变化过程中，Mohr 圆直径不变，但位置不断向左移动，如图 4.11（a）所示，Mohr 圆从 A 移动至 B。当 σ_3 减小到一定值后，Mohr 圆与 Coulomb 包线相切，土样剪坏。

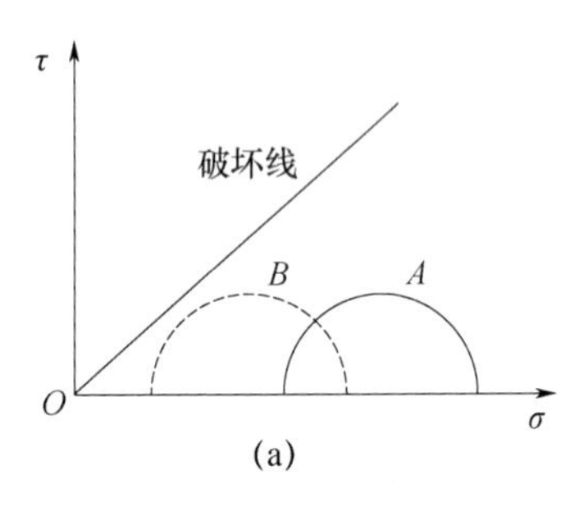

(a)

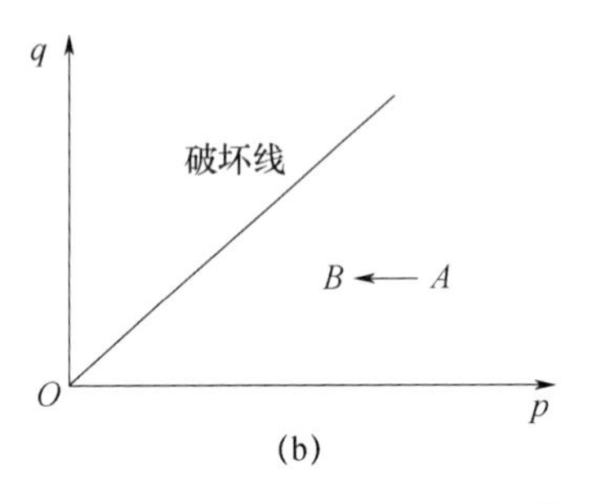

(b)

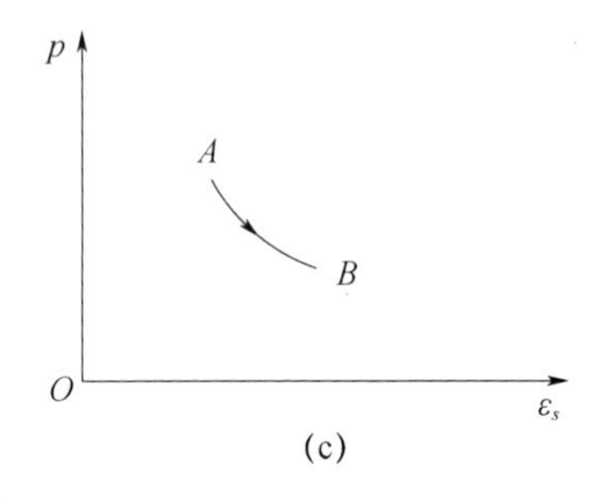

(c)

图 4.11 体积应力 p 的变化引起的剪应变 ε_s

这种变化可采图 4.11（b）中的 q-p 坐标系下的应力路径 AB 来表示。对于轴对称三轴试验，$\varepsilon_s=\varepsilon_1-\frac{\varepsilon_v}{3}$。剪应变 ε_s 与体积应力 p 的关系曲线，如图 4.11（c）所示的 AB 段，剪应变 ε_s 随体积应力 p 的减小而增加。若 p 增大，同样会发生剪应变，只是方向与图 4.11（c）中的 AB 方向相反。由此可见，体积应力或球应力 p 的变化引起了不可恢复的塑性剪应变 ε_s^p。施加各向相等的球应力会引起土颗粒间的相对错动滑移。如果初始应力是各向相等的，即不存在初始剪应力，这种微观的错动滑移在各个方向上都是均匀的，宏观上便没有剪应变。如果土体存在初始剪应力，则施加各向相等的球应力增量时，微观错动在各个方向上是不均匀的，宏观上便表现为剪应变。

上述土的剪切-膨胀现象，或者说是偏量响应和静水响应分量之间的耦合效应，是土的变形行为的一个重要特征。这些耦合效应表示一种应力或应变所引发的各向异性，并且是由于在较高的剪应力水平下所产生的土颗粒重新排列和内部结构发生变化所致。

（2）剪胀与硬化的伴生关系

研究表明，硬化与剪缩、软化与剪胀常有伴生现象。在图 4.9 中，松砂或正常固结黏性土的应力-应变关系表现为应变硬化，其体积应变与轴向应变 ε_v-ε_1 关系则表现为剪缩，如图 4.9（b）中 ε_v-ε_1 曲线 2 所示。密实砂土或超固结黏性土的应力-应变关系表现为应变软化，其体积应变与轴向应变 ε_v-ε_1 关系则表现为剪胀，如图 4.9（b）中 ε_v-ε_1 曲线 1 所示。说明硬化或软化与剪缩或剪胀相互间有一定的联系。但需要注意的是，这种联系未必是必然的，也不一定必然是同步伴生的。

试验表明，软化型土往往是剪胀的，而剪胀型土则不一定是软化的。对于应变软化型土，若采用峰值强度设计，就意味着不允许土体有发生超过峰值强度所对应的应变，否则将降低土体的安全度。如果发生较大应变区域不大，或者允许局部区域达到剪切破坏，这部分区域将向其邻近区域发生应力迁移，降低土体的安全度，这时只需考虑适当加大安全储备即可。但如果设计时能够预测到有较大区域的土体将发生超过峰值强度所对应的应变，那么设计中就应考虑土体的软化问题并合理选用强度指标。

(3) 应力-应变-固结性质

对于 CTC 试验中的围压 σ_3 为约束压力或称为固结压力，对土的性质的影响可以通过考虑如图 4.9、图 4.10 所示的应力-应变-体积的变化曲线来表示。这些曲线是根据松砂或正常固结黏性土、密实砂土或超固结黏性土的排水三轴压缩试验而获得的。由图可以看出，σ_3 对土的性质影响的行为，从应变软化到应变强化，并且随着约束压力 σ_3 的增大，在最大破坏应力时应变也增大。这种性质的变化对于初始密实的砂的影响尤其明显。随着约束压力 σ_3 的增大，体积应变具有更大的压缩性。

当约束压力 σ_3 值增大时，尽管峰值（或破坏）偏斜应力$(\sigma_1-\sigma_3)_f$ 值增大，但峰值（或破坏）应力比$(\sigma_1/\sigma_3)_f$ 的值是减小的。对于一个初始孔隙比的特定值，造成在破坏时没有体积变化的约束压力称为临界约束压力。对于一个特定的 σ_3 的值，也存在着一个在破坏时不产生体积变化的初始孔隙比的相应值。1967 年 Lee 和 Seed 将这个孔隙比定义为临界孔隙比。

不论初始孔隙比如何，根据约束压力 σ_3 的值，一个特定的土样可表现出收缩或膨胀的性质。对于约束压力 σ_3 大于临界状态值的试验，土的性质通常具有应变强化的特性，并且破坏时具有体积压应变。而对于临界值以下的约束压力 σ_3，应力-应变曲线通常表现出在峰值之后剪切强度下降、破坏时产生体积膨胀。所以，土的行为特性为松散的还是密实的，需要依据土的初始固结状态，以及约束压力而定。

(4) 时间相关性

一般情况下，人们常关心的是土体受荷的最终状态，也即破坏状态，在大多数情况下不考虑时间对土的应力-应变关系、强度（主要是抗剪强度）的影响。在应力作用下土颗粒产生错动、滑移，土颗粒间的空间位置重新排列，直至稳定。这一过程实际上是孔隙气、水排出，孔隙被压缩的过程，宏观上表现为土体的变形。这一变形过程中，一方面由于土颗粒间的摩擦，以及孔隙水的阻力，使得孔隙中气、水排出受阻，从而使得土体的变形延迟；另一方面黏性土颗粒间结合水的黏滞性也使得土体的变形延迟。

从宏观上看，土的流变特性包括以下几个方面：①蠕变特性，即恒定应力水平条件下应变随时间增长的现象；②松弛特性，即恒定应变水平条件下应力随时间衰减的现象；③长期强度，即在一定的应力水平下，一定时间内强度随时间变化的现象；④流动特性，即在一定的时间内，土的应变速率随应力变化的现象。

当材料的应力或应变随时间而变化时，这种性质就称为黏滞性或简称黏性，相应的应力-应变关系就称为黏性本构关系或黏性本构方程。由于黏性常与弹性或塑性性质同时发生，因此材料的黏性本构关系可分为黏弹性、黏塑性、黏弹塑性三类。工程实践中常将材料的黏性性质称为流变，并且将常应力条件下的应变随时间不断变化的性质称为蠕变，将常应变条件下的应力随时间而不断变化的性质称为应力松弛。

对于黏性土，其蠕变性随着塑性、活动性、含水量增加而加剧。黏性土体的固结与时间有关。在侧限压缩条件下，由于土的流变性而发生压缩，称为次固结。长期的次固结可以使得土体不断加密，而使正常固结土呈现出超固结土的特性，称为拟似超固结土，或称为“老黏土”。

4.2.4 土的变形特性的应力条件相关性

土的变形特性表现出与应力历史、应力水平、应力路径、中主应力 σ_2 的相关性。

（1）应力历史相关性

应力历史包括在过去地质年代中受到的固结和地壳运动的作用，以及土在实验室、工程施工运行中受到的应力过程。对于黏性土，应力历史一般是指其固结历史。如果黏性土在其历史上受到过的最大先期固结压力（一般指的是有效应力）大于目前受到的固结压力，那么就是超固结土。如果目前的固结压力是其历史上的最大固结压力，那么就是正常固结土。如新近填土等，还没有在自重应力作用下完成固结，是典型的欠固结土。对于黏性土，即使固结应力不变，但在长期荷载作用下发生的次固结，使得正常固结土表现出超固结的特性。这也是一种应力历史的影响。

土在过去所承受过的应力历史不同，如正常固结、超固结、欠固结等，在当今同样的应力状态下表现出的力学性质具有显著差异。例如，超固结黏性土排水三轴试验 q-ε_a 曲线，在应变较小时就出现明显的峰值；正常固结黏性土，其破坏时的应变却可以超过 20%。超固结黏性土、正常固结黏性土两者的 q_f 值相差较大。这是由于超固结黏性土初始剪缩后剧烈剪胀、而正常固结黏性土具有剪缩的性质所致。

应力历史对土有一定的后效性，即土对应力历史有一定的记忆性。对于历史上作用过的应力有一定的记忆性是土的应力效应的一个重要特征。应力历史伴随着应变历史。即使历史上作用过的应力后来有所减小或者消除，使得由历史应力状态变到现在的应力状态，但相应的应变不会再恢复原状，应力历史状态的影响仍然要保留其全部或大部。在重新作用的应力不超过历史应力的情况下，土将没有或只有很小的变形发生，表现出岩土材料对于应力历史的某种记忆。

正因为应力历史的作用，超固结土的压缩曲线常在应力历史 σ_c 的前或后，有明显的差异。如图 4.12 所示，对于土的压缩 e-σ 曲线来说，在曲线前段 AB 段，即 $\sigma_0<\sigma_c$，此时曲线相对平缓，表现出超固结土的性质；在曲线的后段 BC 段，$\sigma_c<\sigma_0$，表现出与正常固结土相同的性质。对于如图 4.13 所示的剪切曲线来说，表现出与压缩曲线相类似的特点。一般认为，当应力超过先期固结压力后，曲线将与正常固结土相一致。

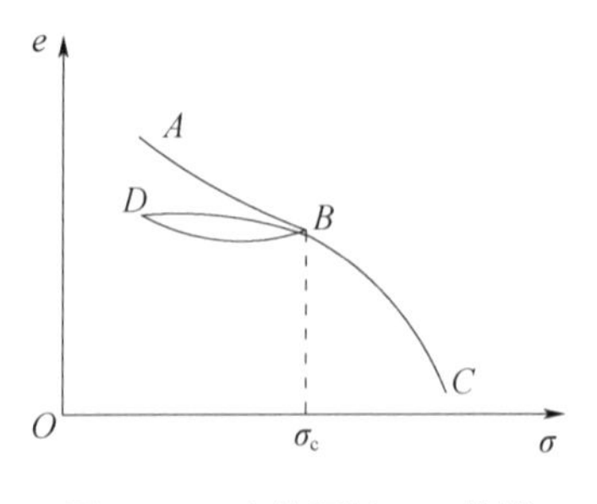

图 4.12 土的压缩 e-σ 曲线

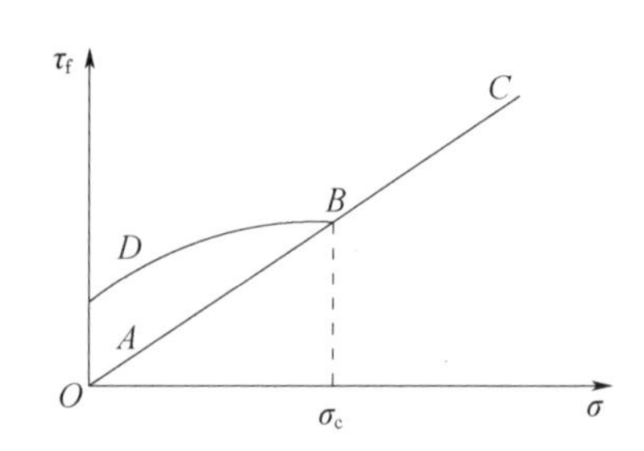

图 4.13 土的剪切 τ_f-σ 曲线

如果历史上虽然没有发生过超固结，但发生过与超固结有相似效应的作用，如某种胶固溶液的侵入，或人工灌浆处理，或触变，或者土体的结构受到某种扰动等，均会使曲线的平缓段增长，结果是或减小土的变形，或提高土的强度。在地基处理中，强夯、预压等之类的方法，也是使现在的基底作用压力不大于它在基础工作前已经承受过的历史压力，这样可获

得压缩变形的平缓段。

这种转折处的应力常称为准先期固结压力或土的结构强度。对于有明显结构性效应的土体来说，如密实砂土、比较干燥的黏性土等，它们的应力-应变曲线会呈现出应变软化的特性，应力-应变曲线有峰值及峰值后的残余值。与软化相比，相对疏松的砂土、高湿度的黏性土等，它们的应力-应变曲线会呈现出应变硬化的特性，应变会随着应力的增加以逐渐减缓的速率而增大。

工程实践中，使建筑物的基础传递的应力小于先期固结压力，或在超过先期固结压力时按不同的压缩系数进行沉降计算，是一种常用的措施。对于软黏土地基来说，正确确定土体的先期固结压力是一个很重要的问题，常用的方法有 Casagrande 法、Schmestman 法等。

(2) 应力水平相关性

应力水平是指能发挥抗剪强度的水平，也是指使用围压大小的应力水平，一般有两层含义：一是指围压绝对值的大小；二是指应力（常为剪应力）与破坏值之比。

如图 4.10 所示，随着围压 σ_3 的增大，土体的强度和刚度都明显提高，应力-应变曲线形状也发生变化。在很高的围压 σ_3 下，即使很密实的土，其应力-应变关系曲线也没有剪胀性和应变软化的现象。土的抗剪强度 τ_f 或 q_f，将随着正应力 σ_n 或围压 σ_3 的增大而增高。但破坏时的应力比，或者砂土的内摩擦角 φ，则常常随着围压 σ_3 的增大而降低。有一些模型，如 E-μ 模型中的 $E_t=(1-R_tS)^2E_i$，在数学表达式中已经考虑了应力水平。也有一些模型，如 K-G 模型，在选定试验参数时做了考虑。随着土质条件的不同，高应力与低应力条件下由于土具有不同的压碎、土颗粒重新排列、咬合作用等，使得土的应力-应变关系曲线有很大的差异。

一般来说，应力水平主要是指偏应力作用的水平，即球应力或偏应力相对接近某一个特征应力的水平。对于土体来说，应力水平表示应力的总体水平接近土体破坏时的应力状态的程度。由于土的应力-应变关系的强烈非线性，因而不同应力水平下土体的力学性质显著不同。对于球应力来说，当应力超过能使土体发生结构体缩破坏的周围应力越大时，即球应力作用的水平越高，土体的压硬性越明显。对于偏应力来说，应力越接近于能使土体发生剪切破坏的偏应力，即偏应力作用的水平越高，土体的剪切变形发展越快，剪胀性越明显。这种应力水平对土体变形、强度特性的影响也是岩土材料区别于其他材料的重要特征。在土的应力-应变曲线上，对应于峰值应力或达到规定破坏标准的应力，称为破坏应力。应力-应变曲线渐近线的剪应力，称为极限剪应力，如图 4.14 所示。

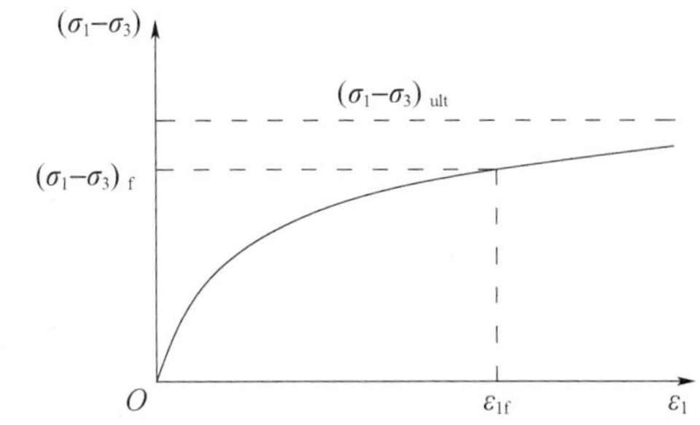

图 4.14　常规三轴试验土的应力-应变曲线

由于土的应力-应变关系的非线性特征，其变形大小和作用应力 $(\sigma_1-\sigma_3)$ 与土的破坏剪应力 $(\sigma_1-\sigma_3)_f$ 所接近的程度有密切关系。一般地，应力的这种接近程度可采用它们的比值来表示，称为应力水平。应力水平 S 可表示为

$$S=\frac{(\sigma_1-\sigma_3)}{(\sigma_1-\sigma_3)_f} \tag{4.13}$$

将破坏剪应力 $(\sigma_1-\sigma_3)_f$ 与极限剪应力 $(\sigma_1-\sigma_3)_{ult}$ 的比值称为破坏比 R_f，即

$$R_f=\frac{(\sigma_1-\sigma_3)_f}{(\sigma_1-\sigma_3)_{ult}} \tag{4.14}$$

(3) 应力路径相关性

对于弹性材料，其应变只与应力状态有关。对于岩土材料，其应力-应变关系具有非线性、弹塑性特征，因此应变除了与应力状态有关外，还与施加这个应力状态时的应力实际变化所经历的路径即应力路径有着密切的关系。

应力路径是指应力状态增减变化至某种新的应力状态所经历的变化路径。应力路径相关性是指土体材料的应力-应变-强度关系受到应力（或应变）路径的影响。应力（或应变）路径指的是在实验室条件下或工程条件下，一点的应力（或应变）在加载、卸载过程中所走过的路径或路线。对于同一种土体材料来说，其应力-应变-强度关系特性也要受到应力路径的影响，也就是说没有唯一的应力-应变关系。因此，在土的塑性力学中常采用应力与应变的增量理论（$d\sigma_{ij}$ 与 $d\varepsilon_{ij}$ 关系），而不是全量理论（σ_{ij} 与 ε_{ij} 关系）来表述其应力-应变关系。只有在特别说明不受应力路径影响的情况下才采用全量理论。

应力路径就是在应力平面、或应力空间内的线形。根据应力平面、或应力空间内采用总应力还是有效应力，应力路径可分为总应力路径、有效应力路径。不同的应力路径作用下，土性会有不同的变化。采用应力路径的观点可以：①模拟土的实际受力条件，并且测定相应的土性指标；②选择施工时合理的加载方式；③研究不同条件下的土性的变化规律与参数。如：采用等向压缩路径即 $q=0$ 的试验，研究体积模量 K_t；采用纯剪切路径即等 p 试验，研究剪切模量 G_t；采用反复加载、卸载路径，研究弹性模量；采用无侧胀（控制侧向应力）压缩路径，研究侧压力系数 K_0 等。

应力路径是应力状态变化的轨迹。一个应力状态可以在应力平面、或应力空间内以一个点来表示。当一个应力状态的变化是连续的，就可以采用应力平面、或应力空间内的一条线来表示。

在工程实践中，以下实际问题的应力路径存在明显的差异：①基坑开挖中，基底的土中应力的变化是 σ_1 减小的被动挤伸过程；而坑壁的土中应力的变化是 σ_3 减小的被动压缩过程。②对于建筑物基础来说，其基底的土中应力的变化是 σ_1 增大的主动压缩过程；地基破坏时，两侧的土中应力的变化是 σ_3 增大的主动挤伸过程。③地基土在沉积过程中，土中应力的变化是 $\sigma_3/\sigma_1=K_0$（K_0 为侧土压力系数）的变化过程。

(4) 中主应力 σ_2 相关性

有试验表明，土的应力-应变关系曲线的形状受中主应力 σ_2 的影响显著。在不同的主应力 σ_2 的条件下，平面应变试验中的试样破坏时的轴向应变小于常规三轴压缩试验。在一定的侧限压力条件下，平面应变试验初始的应力-应变曲线段的切线斜率大于常规三轴压缩试验，并且呈现出显著的应变软化现象。随着中主应力 σ_2 的增大，曲线初始模量将提高，强度也有所提高，体胀减小，应变软化加剧。

常规三轴试验中，$\sigma_2=\sigma_3$。而实际问题中，两者一般是不相等的，这就有必要研究中主应力 σ_2 的变化对变形的影响。为了说明 σ_2 在 σ_1 和 σ_3 之间的位置，采用如下指标：Lode 参数 μ_σ、Lode 角 θ_σ、Bishop 参数 b 等。

中主应力 σ_2 对土体的变形有明显的影响，主要体现在以下几方面：影响土的抗剪强度、体应变 ε_v、影响应力-应变曲线的软化或硬化的形态。

（5）应力方向相关性

对于直剪试验，土试样剪切过程中，土体中的大、小主应力发生转动，其大小和方向都是未知的，以致给分析试验结果带来困难。

对于三轴试验，如果不注意克服试样上、下端的摩擦，也是不能保持主应力 σ_1、σ_3 的正确方向的。因此，人们早就注意到应力方向改变的影响。

对于一般土，主要受到压力、剪力的影响，但有时也有拉力区产生。目前，为了模拟真实的工程实际情况，在土工试验设计中，用拉伸试验成果，或者是常规三轴的伸长试验，考虑不同应力方向测定出实际的土体的应力-应变关系，以解决工程技术问题。

4.3 土的应力-应变响应特性

试样的初始状态是指试验开始时的控制条件，如干密度、含水率、饱和度、土质特性（如高含水率的低密度黏土、裂隙硬黏土、分散土等）、原状或扰动状态等。例如，软黏土更多的表现出具有剪缩的特点而近似硬化型的应力-应变关系；而压实黏土则表现出带有超固结土的具有软化型的性状。对于砂土，由于相对密度的不同，其初始孔隙率各异，相应的应力-应变-体变就呈现出明显的特征各异。

增、减湿作用通过改变土中的吸力、胶结力、胀缩力、重力等，导致土体产生变形。对应于应力效应，增、减湿作用也有增、减湿作用状态、历史、路径、水平、性质以及类型等，这些因素的不同产生的影响效果也不同。此外，增、减湿作用的这些特性与应力的相应特性的耦合，往往是反映具体条件下土体变形的真实作用。这也是岩土材料区别于其他材料的又一个重要特点。

排水、或不排水条件对土的应力-应变关系的性状有着显著影响。在工程实践中，应根据实际情况来决定是采用排水试验还是不排水试验。排水条件下，松砂与正常固结黏性土的应力-应变关系曲线相似，密砂与超固结黏性土相似。一般说来，密砂与超固结黏性土破坏时的应变较小，并且表现出应变软化现象，加载过程中体积少许减小后即发生剪胀。松砂与正常固结黏性土破坏时的应变较大，并且表现出应变硬化现象，即加载时体积主要发生压缩，最后体积少许膨胀，其最大值与密砂、超固结黏性土的残余值接近。排水条件下的ε_v-ε_a曲线与不排水条件下的 Δu-ε_a 有相似性。松砂与正常固结黏性土在排水剪切时收缩，不排水剪切时产生正孔隙水压力；密砂与超固结黏性土在排水剪切时膨胀，不排水剪切时产生负孔隙水压力。

在不排水条件下，土的应力-应变关系具有以下特点：

（1）对于密砂、松砂、压实黏土都可呈现应变软化现象；在侧限压力较高的条件下，松砂容易表现出应变软化现象；压实黏土在含水率低于最佳含水率时也更容易表现出应变软化现象。

（2）对于正常固结黏性土，破坏时的应变较小，达到主应力差峰值$(\sigma_1'-\sigma_3')_{max}$时，还未达到有效主应力比峰值$(\sigma_1'/\sigma_3')_{max}$，强度虽然有所增长，但增长的趋势逐渐减慢。也有研究表明，当$(\sigma_1'-\sigma_3')_{max}$与$(\sigma_1'/\sigma_3')_{max}$在应变较大时同时达到，就出现强度下降或应变软化现象。

（3）对于超固结黏性土，总的趋势是表现出应变硬化现象，随着固结比 OCR 的增大其破坏时的应变增大，表现出更加典型的应变硬化曲线。

实践中如何考虑各向异性的影响，目前还缺乏经验。

4.3.1 黏性土应力-应变响应特性

（1）黏性土应变机理

可设想三种机理对黏性土的应变进行解释：①板状颗粒的弯曲；②垂直荷载作用下的垂直应变；③纯黏土颗粒间距离的改变。

在荷载作用下，黏土板状颗粒产生弯曲，当荷载移除后，板状颗粒弯曲产生的应变可能恢复，这种应变一般为弹性应变。在垂直荷载作用下，黏性土体产生垂直应变，这种应变使黏土颗粒沿剪切面方向重新定向排列，当应力移除后这类应变大多数不能够恢复。这是未扰动的原状黏土变形的最主要原因。在荷载作用下，黏土颗粒间距离发生改变从而产生应变，这种应变也是不能恢复的。后面两类应变都是塑性应变。总之，在一般压力范围内，天然原状黏土的应变主要是由于颗粒间的相对移动和重新排列造成的，而重塑、高塑性黏土在荷载作用下颗粒间的距离的改变是应变的主要原因。

（2）黏性土各向同性响应特性

这里所指的各向同性采用各向等压试验模拟。这种压缩条件下的剪应力很小，或者无剪应力。图 4.15 所示为黏性土的各向等压一般试验结果。荷载 p'沿 $A \rightarrow B$ 增加，卸载至 D，并沿 $D \rightarrow B \rightarrow C$ 再加载。图 4.15（a）所示是比体积 ν（$1+e$）（或孔隙比 e）与有效法向应力 p'的关系曲线；图 4.15（b）所示是比体积 ν（或孔隙比 e）与有效法向应力 $\lg p'$的关系曲线。如果在卸载-再加载的 $B \rightarrow D \rightarrow B$ 形成的循环圈较小而略去时，可以理想化为两条直线，不会有显著的误差，如图 4.16 所示。大多数黏性土的各向等压试验常能理想化为直线形式。当然，对于不同的黏性土，这些直线的斜率和位置是不同的。

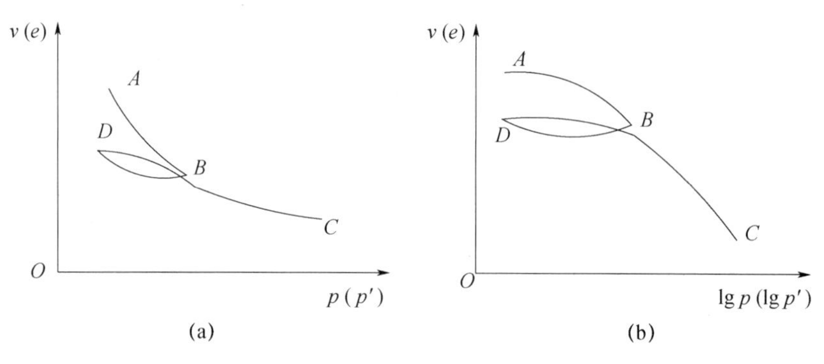

图 4.15　黏性土各向等压试验结果

（a）ν（e）-p'；（b）ν（e）-lg$p$（lgp'）

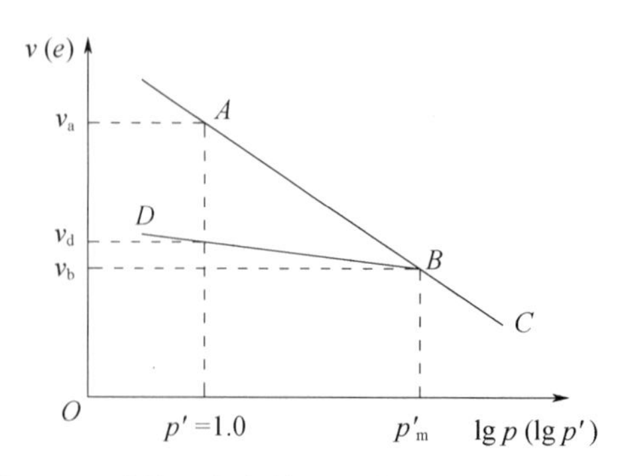

图 4.16　黏性土各向等压试验的理想化状态边界

据图 4.15 和图 4.16 可知土有四个方面的基本性质：①响应与加载路径有关，并且为非线性；②卸载与再加载阶段实际上为弹性的，并且有少量滞后现象；③卸载曲线表明，存在某些不可恢复的应变，即塑性应变；④再加载超过先前的试验结果的水平，基本上是沿着无卸载前的路径进行的。

正常固结可理解为黏性土沿 AC 线的压缩状态；而超固结可理解为黏性土沿 BD 线的膨胀状态。如果黏性土的状态在 AC 上某处为正常固结，则 AC 线称为正常固结线或原始固结线。如果黏性土的状态处在 BD 线上某处，则为超固结，则 BD 线称为膨胀线。膨胀线的位置用相应于 B 点的最大先期应力来决定。

正常固结线 AC 线具有特殊意义。当试样沿 AC 从 A 点各向等压加载至 B 点卸载，其状态可沿膨胀线 BD 线在 AC 之左移动；黏性土状态不可能在 AC 之右移动，因为膨胀之后再加载超过 B 点时，仍然沿 AC 线移动。因此，AC 线代表一条边界在其左为可能的状态。定义正常固结线、膨胀线的斜率分别为 λ、κ。因此 AC 线的斜率为

$$-\lambda=\frac{\mathrm{d}\nu}{\mathrm{d}(\ln p')}=\frac{p'\mathrm{d}\nu}{\mathrm{d}p'} \tag{4.15}$$

BD 线的斜率为

$$-\kappa=\frac{\mathrm{d}\nu}{\mathrm{d}(\ln p')}=\frac{p'\mathrm{d}\nu}{\mathrm{d}p'} \tag{4.16}$$

正常固结线、膨胀线一般分别称为 $-\lambda$ 线、$-\kappa$ 线。两个参数 λ、κ 确定后才能决定 $-\lambda$ 线、$-\kappa$ 线的位置。对于 $-\lambda$ 线，如正常固结黏土在 $p'=1.0\text{kN/m}^2$ 时的比体积为 ν_λ，则 $-\lambda$ 线的方程为

$$\nu=\nu_\lambda-\lambda\ln p' \tag{4.17}$$

对于 $-\kappa$ 线，其位置不是唯一的，它取决于先期应力 p'_{m}。如超固结黏性土在 $p'=1.0\text{kN/m}^2$ 时的比体积为 ν_κ，则 $-\kappa$ 线的方程为

$$\nu=\nu_\kappa-\kappa\ln p' \tag{4.18}$$

λ、ν_λ、κ 可视为黏性土的常数，其数值取决于黏性土的种类，并且由试验确定。

(3) 黏性土单向压缩响应特性

对黏性土试样进行单向压缩试验，同样可得到类似图 4.15 的比体积 ν $(1+e)$（或孔隙比 e）与有效法向应力 p' 的关系曲线、比体积 ν（或孔隙比 e）与有效法向应力 $\ln p'$ 的关系曲线。将黏性土的单向压缩特性理想化成直线，如图 4.17 所示。黏性土理想化成直线的斜率和位置取决于土类。将某一种黏性土的各向均等压缩试验、单向压缩试验的成果，绘制在如图 4.17 所示的图中，两类试验的正常固结线为斜率都为 $-\lambda$ 线互相接近的平行直线；两类试验的膨胀线为斜率都为 $-\kappa$ 线互相接近的平行直线。

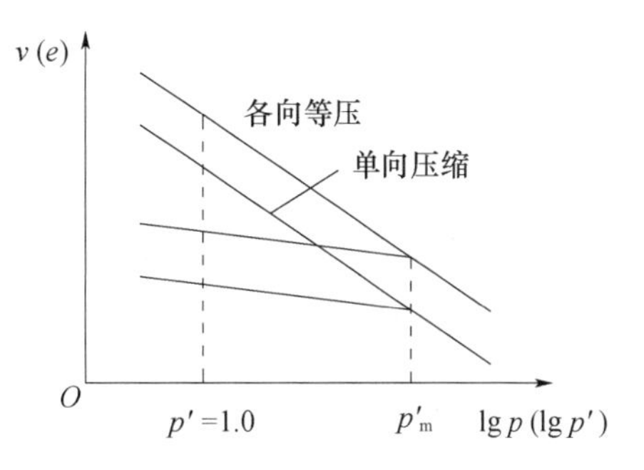

图 4.17　单向压缩试验的理想化状态边界

定义正常固结黏土单向压缩时，在 $p'=1.0\text{kN/m}^2$ 时的比体积为 ν_0，则单向压缩的正常固结线（$-\lambda$ 线）方程式为

$$\nu=\nu_0-\lambda\ln p' \tag{4.19}$$

单向压缩的膨胀线（$-\kappa$ 线）方程式为

$$\nu=\nu_{\kappa 0}-\kappa \ln p' \tag{4.20}$$

式中，ν_{κ}、$\nu_{\kappa 0}$ 都不是土的常数，但两者都与最大先期应力 p' 有关。

对于各向均等压缩有

$$q/p'=0 \tag{4.21}$$

对于单向压缩：

$$q/p'=\frac{\sigma'_{\mathrm{v}}(1-K_0)}{\frac{1}{3}\sigma'_{\mathrm{v}}(1+2K_0)}=\frac{3(1-K_0)}{1+2K_0}\neq 0 \tag{4.22}$$

式中，$p'=\frac{1}{3}(\sigma'_{\mathrm{v}}+2\sigma'_{\mathrm{h}})$；$q=\sigma'_{\mathrm{v}}-\sigma'_{\mathrm{h}}$；$K_0=\sigma'_{\mathrm{h}}/\sigma'_{\mathrm{v}}$ 为静止侧压力系数；σ'_{v}，σ'_{h} 分别为垂直、水平向有效压力。

对于一般正常固结黏性土，其静止侧压力系数 K_0 为常数，因而 q/p' 也为常数，因而其正常固结线（$-\lambda$ 线）簇中，每一条直线相应于某一定值 q/p'。对于超固结黏性土，其 K_0 不是常数，并且 K_0 与超固结比 OCR 有关。

对于包括结构物沉降计算在内的许多计算，以及为了导出单向压缩的基本方程式，土力学中定义参数 m_{v} 为单向压缩的体积压缩系数，即土体的压缩模量的倒数，即

$$m_{\mathrm{v}}=\frac{\mathrm{d}\varepsilon_{\mathrm{v}}}{\mathrm{d}\sigma'_{\mathrm{v}}} \tag{4.23}$$

式中，$\mathrm{d}\sigma'_{\mathrm{v}}$ 为垂直有效应力的变化；$\mathrm{d}\varepsilon_{\mathrm{v}}$ 为单向压缩时，$\mathrm{d}\sigma'_{\mathrm{v}}$ 为引起的体积应变增量。由于 $\mathrm{d}\varepsilon_{\mathrm{v}}=-\frac{\mathrm{d}\nu}{\nu}$，则 $m_{\mathrm{v}}\mathrm{d}\sigma'_{\mathrm{v}}=-\frac{\mathrm{d}\nu}{\nu}$。根据单向固结时 K_0 为常数、$p'=\frac{1}{3}(1+2K_0)\sigma'_{\mathrm{v}}$ 及其微分式可得到

$$\frac{\mathrm{d}\sigma'_{\mathrm{v}}}{\sigma'_{\mathrm{v}}}=\frac{\mathrm{d}p'}{p'} \tag{4.24}$$

对 $\nu=\nu_0-\lambda\ln p'$ 微分，并且根据上述分析，可得到

$$m_{\mathrm{v}}=\frac{\lambda}{v\sigma'_{\mathrm{v}}} \tag{4.25}$$

根据该式可知，即使 λ 为常数，单向压缩的体积压缩系数 m_{v} 也不可能是常数。因此，在较小的应力增量条件下，通常假设正常固结线为直线。

在土力学中，压缩试验常按孔隙比 e 与垂直有效应力的 $\lg\sigma'_{\mathrm{v}}$ 绘制 e-$\lg\sigma'_{\mathrm{v}}$ 关系曲线。对于正常固结线，其直线段的斜率为压缩指数 C_{c}；对于膨胀线，其直线段的斜率为膨胀指数 C_{s}。C_{c} 和 C_{s} 分别表示为

$$-C_{\mathrm{c}}=\frac{\mathrm{d}e}{\mathrm{d}(\lg\sigma'_{\mathrm{v}})},\quad -C_{\mathrm{s}}=\frac{\mathrm{d}e}{\mathrm{d}(\lg\sigma'_{\mathrm{v}})} \tag{4.26}$$

由于 $\lg\sigma'_{\mathrm{v}}=0.434\ln\sigma'_{\mathrm{v}}$、$\mathrm{d}e=\mathrm{d}v$，则有

$$-C_{\mathrm{c}}=\frac{\mathrm{d}\nu}{0.434\mathrm{d}(\ln\sigma'_{\mathrm{v}})}$$

或

$$-0.434C_{\mathrm{c}}=\frac{\sigma'_{\mathrm{v}}\mathrm{d}\nu}{\mathrm{d}\sigma'_{\mathrm{v}}} \tag{4.27}$$

最后得到

$$C_c = 2.303\lambda \tag{4.28}$$

对于单向膨胀，由于 K_0 不是常数，膨胀指数 C_s 与 κ 并无这样的关系，但在某些情况下可假定 K_0 为常数，因此可同样得到

$$C_s = 2.303\kappa \tag{4.29}$$

（4）三轴排水剪切条件下响应特性

图 4.18、图 4.19 所示分别为正常固结黏性土、超固结黏性土重塑试样的常规三轴排水压缩试验一般结果。两种土试样的差别仅在于应力历史不同。

对于超固结黏性土试样：q-ε_a 关系曲线有明显的峰值点，其 q 的最大值与正常固结黏性土不同；ε_a-ε_v 关系曲线与正常固结黏性土不同，初始剪缩随后剧烈剪胀；超固结黏性土试样的变形在破坏后是不均匀的，由于其试验路径也是斜率 $dq/dp'=3$ 的直线，但是试样按照应力路径至 q 的最大值，并且在试验终了却降至 q 的较低值。

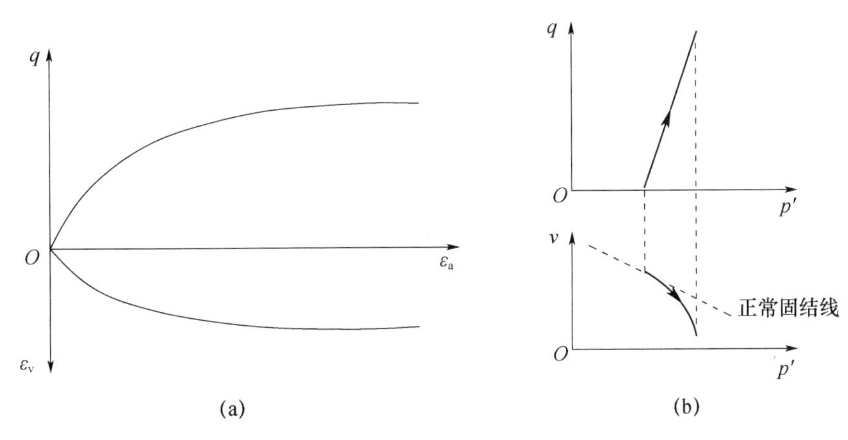

图 4.18　正常固结黏性土常规三轴排水试验

（a）应力-应变曲线；（b）试验应力路径

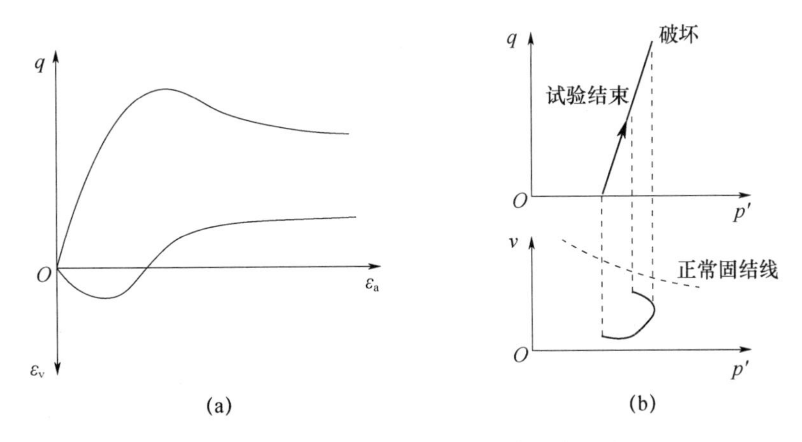

图 4.19　超固结黏性土常规三轴排水试验

（a）应力-应变曲线；（b）试验应力路径

黏性土强度参数 c、φ 值与应力路径基本无关，而抗剪强度、应力-应变关系等都与应力

路径有密切相关性。但是，如果不考虑土的实际应力路径，而采用常规三轴试验所测得的应变参数，在某些条件下将产生不能容许的误差。试验研究表明，除了天然胶结土、流动黏性土以外，多数黏性土都表现有归一化性状。由于该特性，为表达和测定黏性土性状的特征值提供了十分方便的形式，因此这一点具有很大的实用价值。

黏性土试样的超固结比相同，而固结应力不同，因而最大先期固结应力 p'_m 也是不同的，但试验结果呈现出极为相似的应力-应变特性。图 4.20（a）给出了三个不同固结应力 σ_3 的等向固结黏性土的理想应力-应变曲线。如果按照固结应力进行归一化，即采用 $(\sigma_1-\sigma_3)/\sigma_3$-$\varepsilon_a$ 坐标系绘制应力-应变曲线，则图 4.20（a）中的三条曲线合并为一条曲线，如图 4.20（b）所示，这样得出的归一化图解，可以用来代表其他不同的 σ_3 值而相同类型试验中正常固结黏性土的性状。归一化概念不限于作为一种表达试验成果的方便的方法，而且可以用来系统评价应力历史对一种黏性土的变形强度影响的重要性。

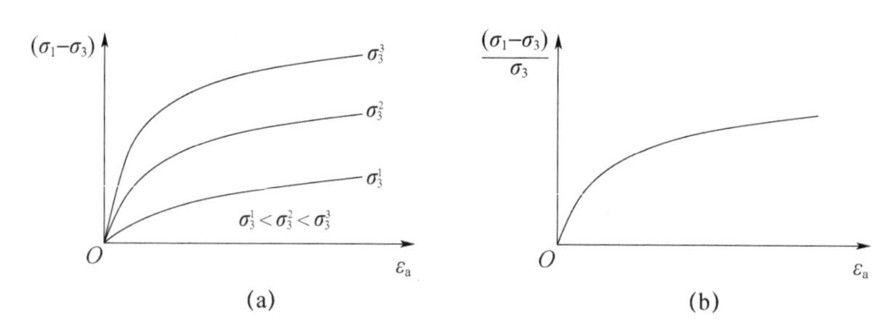

图 4.20　黏性土常规三轴排水试验曲线及归一化

（a）$(\sigma_1-\sigma_3)$-ε_a 曲线；（b）$(\sigma_1-\sigma_3)$-ε_a 归一化曲线

（5）三轴不排水剪切条件下响应特性

图 4.21、图 4.22 所示分别为正常固结黏性土、超固结黏性土重塑试样的常规三轴不排水试验一般结果。

对于超固结黏性土试样：q-ε_a 关系曲线与正常固结相似，Δu-ε_a 关系曲线与超固结排水所得的 ε_a-ε_v 相似。不排水试验中的孔隙水压力变化 Δu，可以设想为排水试验中体积压缩变化的同一个物理现象的不同表现形式。在 q-p' 平面绘制有效应力路径，是从总应力路径的左侧取横距 u，该总应力路径是从代表土试样初始状态的点，以斜率 1：3 上升而得到的。破坏时当孔隙水压力为负，有效应力路径就在总应力路径之右侧。

对于正常固结黏性土，在不排水剪切过程中，其孔隙比随应变的增大而有下降的趋势，但是由于土体的体积在不排水剪切条件下不能减小，结果偏应力引起孔隙水压力增大。当偏应力达到最大值后，试样的破坏区可能发生内部颗粒重新排列的固结，使得土试样的强度并未全部发挥，因此随着应变的继续发展，有效应力比仍然能够继续增大，所以正常固结黏性土表现出应变硬化的特点。

对于超固结黏性土，由于具有低压缩性，当 σ_3 较小时，剪应力引起的孔隙压力也小，因而孔隙压力系数值也较小，接近破坏时土体趋于膨胀，破坏时的孔隙水压力系数减小，从而孔隙压力减小甚至为负值；但是当 σ_3 较大时，剪切过程中则不容易产生膨胀，土试样破坏时可能出现正的孔隙水压力，这样就与正常固结黏性土一样，表现为塑性破坏时的应变硬化的特点。

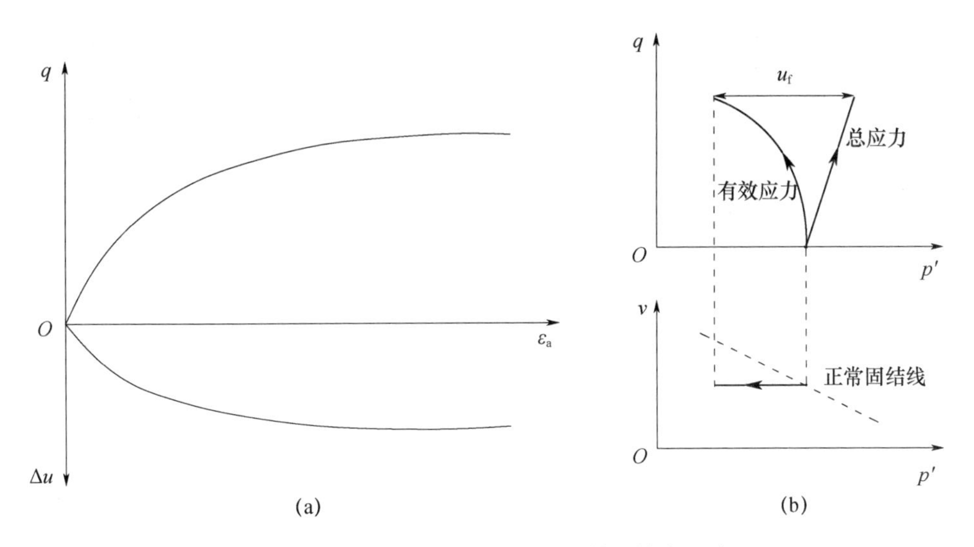

图 4.21 正常固结黏性土常规三轴不排水试验

(a) 应力-应变曲线；(b) 试验应力路径

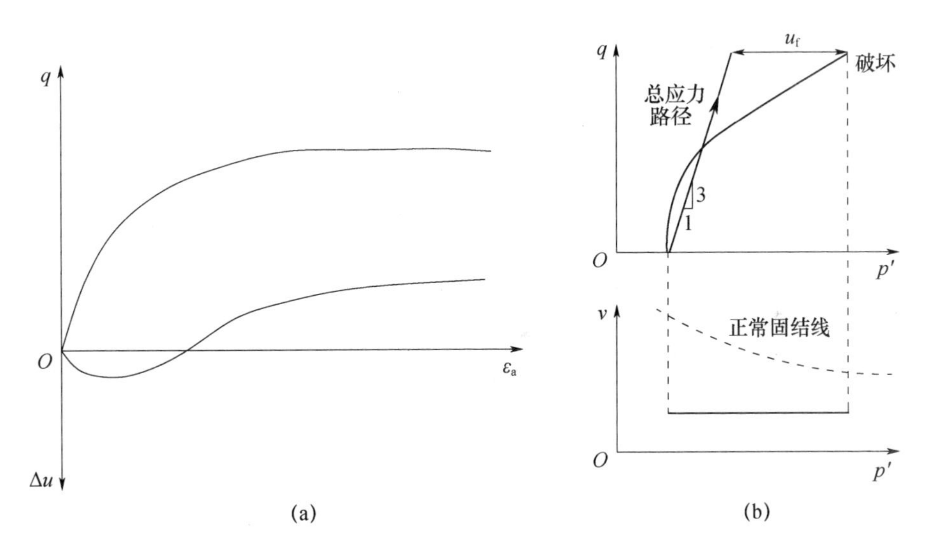

图 4.22 超固结黏性土常规三轴不排水试验

(a) 应力-应变曲线；(b) 试验应力路径

4.3.2 无黏性土应力-应变响应特性

(1) 无黏性土应变机理

无黏性土不存在黏性或黏聚性，干的无黏性土与排水条件下的无黏性土其应力-应变特性是一样的。一种理论假设土颗粒是刚性的，在荷载作用下颗粒相互间不滑动，颗粒的排列一般是稳定的。但实际上土颗粒不是刚性的，颗粒的变形将使颗粒间发生的轻微相对运动，最终导致稳定排列的破坏，从而产生较大的应变。

另一种理论认为，对于密实排列的无黏性土颗粒，在荷载作用下发生垂直压缩，以及土颗粒发生侧向移动，这就伴生了颗粒排列的体积增加，即颗粒间的孔隙增大。Reynolds 称这种应变现象为剪胀。值得注意的是，剪胀时除克服颗粒间摩阻力外，还要克服与颗粒间接触、咬合程度有关的阻力。

还有一种理论认为，无黏性土颗粒间为光滑接触时的阻力最小，高强咬合接触时的阻力最大，这种现象称为咬合作用。在剪切过程中，如果颗粒间接触方式由高强咬合变成微弱咬合时，则咬合作用就逐渐减小。1972 年，Rowe 采用这种方式用以解释峰值后应变软化或强度降低的现象。

研究指出，无黏性土在高压力作用下的土颗粒破碎比较显著，因而引起土颗粒移动、重排列等的变形特性。影响破碎的因素有颗粒大小、形状和强度；土的级配；应力条件和剪应变的大小等。试验表明，粒径越大、棱角越锐、强度越低、级配越均匀、主应力比 σ_1/σ_3 越大等，土颗粒越容易压碎，破碎量也越大。

需要指出的是，上述几种无黏性土的应变机理很少是相互独立的，只不过在某些情况下剪胀、咬合作用为主要作用，而在另外一些情况下颗粒压碎、重排列则有可能是主要的。当然，土体中的土颗粒的实际运动远比这些应变机理复杂得多。

与黏性土一样，当发生剪切时，无黏性土会剪胀或收缩，并且剪胀或收缩的趋势取决于应力历史、密度、应力状态、应力路径，如图 4.9 所示的松散砂、密实砂的响应。可以看出，不同密度的砂将随着应力状态、应力路径的不同而出现剪胀或收缩。

与黏性土相比较，砂的响应在更大程度上取决于现有的孔隙比。用于决定砂的原位密度或孔隙比很困难，所以这一点在评价砂的现场性质时很关键。黏性土的密度或状态很容易通过现场勘探获得的相对未扰动土样决定。但是，砂沉积物中几乎不可能得到未扰动的样本，孔隙比或密度通常必须依赖于原位试验的经验来估算。

岩土材料并非总是遵守 Drucker 稳定性假设。无论是密实土还是松散土，经常会出现超过极限荷载后材料软化的特性，松散砂也会发生失稳。对于松散砂，研究的重点是其液化的性能。研究表明，松散砂在低于破坏应力时表现出不稳定性。这一性质在排水加载条件下收缩时发生。

（2）无黏性土各向同性响应特性

正常固结黏性土各向均等压缩状态处于如图 4.16 所示的正常固结线（$-\lambda$ 线）上，并且其比体积唯一决定其现有的应力状态。无黏性土的压缩性与黏性土有所不同，砂的比体积随初始加载并不唯一决定其现有的应力状态。

图 4.23 所示为密实砂、松砂试样的各向等压试验结果。初始松砂试样的状态沿 D_1B_1 线，初始密实砂试样的状态沿 D_2B_2 线。两个砂试样的制备都在相应于砂的自重很低的应力下，因而其真正的初始状态是在 D_1、D_2 的左侧，而 D_1、D_2 为较小应力作用的应力状态。

D_1B_1 线、D_2B_2 线形状相似，其位置只取决于试样的比体积。按不同的比体积可做出一簇线，每一条相应于试样所具有的不同的初始比体积。该线明显为曲线，并且在相对高应力下趋近公共包络线 AC。其他砂土也有类似的特性，但这些线的位置主要取决于这些砂土的级配和颗粒形状。

图 4.23 可理想化为图 4.24。虽然理想化仅在 DB 范围内，并且沿 AC 是正确的，但这常常是有用的简化。为了数学分析，将 AC 线与 DB 线交于 B 点。图 4.24 与黏性土的图 4.16类似，但 DB 线的斜率 κ 接近于 0。

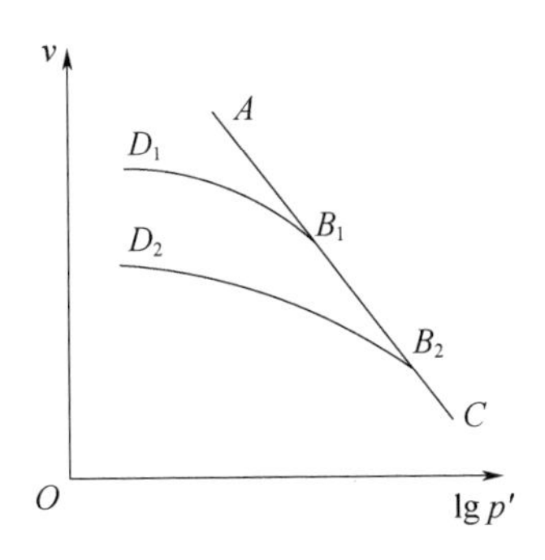

图 4.23　砂的各向等压试验

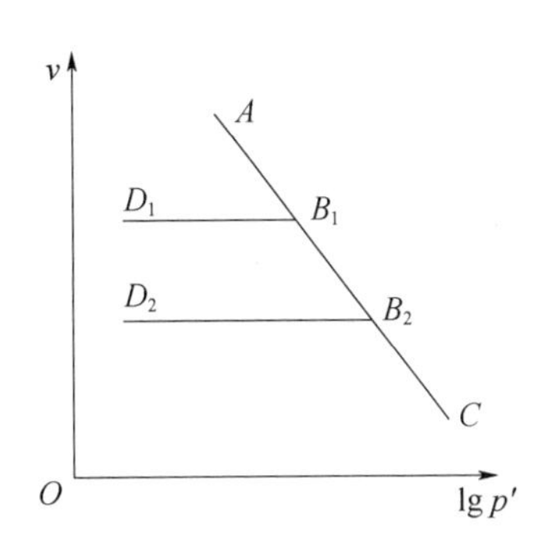

图 4.24　砂的各向等压试验的理想化状态边界

根据图 4.24，在适宜应力下，不论应力路径如何，砂表现出具有超固结的特点，并且因为 κ 接近于 0，因而在各向均等压缩条件下接近于刚性。在高应力条件下，砂又趋近于 AC 线（$-\lambda$ 线），具有正常固结的特征。

（3）无黏性土单向压缩响应特性

砂土在单向压缩条件下，其应力-应变关系特性具有三个层次：

首先，当应力水平增加时砂的刚度逐渐增高。这种应力-应变关系特性称为锁紧，为粒状土的一般特征。当应力增加时，土中松散砂颗粒排列破坏，继而颗粒密实排列也破坏，达到比较密实的排列时，土颗粒间的接触点压紧，同时还有少量的土颗粒的滑动。

其次，随着应力水平继续增加，由于少量土颗粒的碎裂从而产生屈服现象，造成土颗粒间较大的相对移动。这时可听到清脆的碎裂声。颗粒分析、微观检验表明，试验前后发生了大量颗粒的分解。

最后，当应力达到一定水平后，土颗粒碎裂会使得余留的、新的颗粒进一步排列紧密。由于颗粒数量增加，单位接触的平均作用力实际上在减小。因此当应力进一步增加时，砂土再次变成更大的刚性。

虽然所有的粒状土的压缩并没有上述那样明显区别的变形阶段，但都可能发生这样相似的一般过程，在所有应力水平下，颗粒间都会滑动；实际上在较小的应力时，仅在局部区域有颗粒压碎现象。当超过某一应力水平时，颗粒压碎就占主导地位了。

（4）三轴排水剪切条件下响应特性

对于饱和砂的排水三轴试验，其一般的应力-应变曲线类似图 4.9。

对于密砂，其变形过程可分为三个阶段。在初始阶段，试样体积有轻微压缩，并且有少许鼓凸现象，水平应变为负值，其数值小于垂直应变，颗粒排列因挤压而更加密实。在峰值前后阶段，在较小的应变时，试样由剪缩迅速转为剪胀，直至应力-应变曲线出现峰值，峰值点相当于体变曲线上的一个拐点，其体变率最大。密度越高，咬合作用越强，剪胀现象就越突出，峰值也就越大。峰值点以后随应变增加试样继续剪胀，此时咬合作用逐渐减弱，于是出现应变软化现象，砂越密实软化越明显。在最大值阶段，随着应变的继续增加，咬合作用、剪胀现象逐渐减弱而消失，此时应力或体积的变化可略去不计。在较大应变时 q 达到一个常数，称为残余强度，比峰值强度有明显的降低。

对于松砂，偏应力 q 随应变增加而不断增加，剪切过程中被压密称为剪缩现象。在较大应变时，q 达到最大值，此时应力-应变曲线渐趋于平缓。由于松砂的咬合作用具有微小的特征，即使应变再增加也不会使强度显著降低，因而松砂的峰值就是它的最大值，相应的体

变率最小，或者为一个常值，这相当于同类密实砂的残余强度。

在高压力下，砂土的应力-应变特性与上述显著不同。其排水三轴压缩的应力-应变特性如下：①密砂在高侧压力作用下，峰值应变较大，剪切时体积显著减小。这是颗粒压碎，承受应力的颗粒间的接触点数目大量增加而趋于平缓的缘故。密砂的应力-应变-体变特征与松砂在低侧压力作用下的特征极为相似。②随着侧压力的增加，无论是密砂还是松砂，剪胀倾向减弱。由剪胀过渡到剪缩，密砂的剪胀变化幅度远大于松砂。③密砂在高侧压力作用下的应力-应变软化特性逐渐减弱。这是由于密砂在高压力下的绝对压缩性有所降低所致。

（5）三轴不排水剪切条件下响应特性

通过不排水剪切条件，可以了解砂的相对密度对其性状的影响。首先，随着孔隙率的增大，破坏时的应变迅速增大；其次，对于更高的孔隙率，砂破坏时的应变反而降低。

密砂产生较大的负孔隙水压力，松砂表现出较高的孔隙水压力，具有极低的剪切强度。当偏应力达到最大值的破坏点时，其孔隙压力表现出趋于减小、或保持不变，因而破坏总应力不变。对于松砂，在破坏点以后，孔隙水压力急剧升高。

研究指出，对于饱和砂的三轴排水试验，主应力差的最大值$(\sigma_1'-\sigma_3')_{max}$与有效主应力比的最大值$(\sigma_1'/\sigma_3')_{max}$是一致的，即在同一轴应变时都达到破坏；而在不排水试验中，主应力差的最大值与有效主应力比的最大值一般是不一致的。

5 弹性力学基本理论

5.1 概　　述

对于一个固体力学问题的解答，在任一瞬间都须满足以下三个条件：①平衡或运动方程；②几何条件或应变与位移的协调性；③材料本构定律或应力-应变关系。

用于静力分析的平衡方程可表示为

$$T_i=\sigma_{ji}n_j,\ \sigma_{ji,j}+F_i=0,\ \sigma_{ji}=\sigma_{ij} \tag{5.1}$$

式中，σ_{ij}、F_i、T_i 分别为应力、体力和面力。式中第一项为应力边界条件，其他两项为平衡条件。

根据 $\sigma_{ji,j}+F_i=0$ 可知，在物体内任何一点，对于给定的体力 F_i，只能得到三个平衡方程或运动方程，因此就有了六个未知量，即在物体给定点上的应力分量 σ_{ij}。因此，一个平衡组就是一组但不是唯一的一组方程。一般来说，所有的应力状态都满足式（5.1）中的应力边界条件和平衡条件。

对于小变形的情形，应变-位移关系可表示为

$$\varepsilon_{ij}=\frac{1}{2}(u_{i,j}+u_{j,i}) \tag{5.2}$$

协调条件也就是可积性条件，表示为

$$\varepsilon_{ij,kl}+\varepsilon_{kl,ij}-\varepsilon_{ik,jl}-\varepsilon_{jl,ik}=0 \tag{5.3}$$

该条件建立了应变场 ε_{ij} 分量与位移场分量 u_i 的联系。为了保证这些应变-位移关系对于一个规定的应变场是可积的，需要加上这些应变和位移的协调条件。

对于一个给定的位移场 u_i，可能不是给定的体力 F_i、面力 T_i 所实际产生，其相应的协调应变分量 ε_{ij} 可直接由式（5.2）得到。一般来说，与满足位移边界条件的连续变形相协调的位移模式有无限多个。

经典弹性力学解法常常是将应力函数作为仅有的未知函数。在这种情况下，应变可积性条件须加在应变场上，以保证连续单值位移场的存在。多数情况下，位移在方程中是直接作为未知量的，这时就不需要应变可积性条件了，只要根据应变-位移关系式从位移中得出应变。在这种情况下，六个应力分量 σ_{ij}、三个位移分量 u_i，它们都是未知的物理量。其中应变采用位移来表示。另一方面，由于平衡方程或运动方程只有三个，即 $\sigma_{ji,j}+F_i=0$，因此还需要另外增加六个方程来完成问题的求解。这些增加的方程需要由材料的本构关系或应力-应变关系给出。

上述静力平衡条件、运动或几何条件等，与材料特性无关，对于弹性材料、非弹性材料

或塑性材料都是有效的。材料的特性只能体现在其本构关系中，这些本构关系给出了任何一点的应力分量 σ_{ij} 与应变分量 ε_{ij} 之间的关系。这种关系可能是简单的，但也可能是很复杂的，这依赖于材料的特性以及所受到的力的条件，材料某种特定的本构关系由试验确定。一旦建立了材料的本构关系，就可建立求解固体力学问题的一般方程。

材料的真实特性通常是非常复杂的。但是可以通过理想化或简化，从数学上近似地模拟材料本身的真实特性。例如，材料特性可以高度理想化成与时间无关。对于一个理想的弹性材料模型，其特性可以进一步理想化为可逆的、与加载路径无关。对于一个塑性模型，它是不可逆的、与加载路径有关。但需要注意的是，与这些理想化的材料模型相对应的本构关系，只能够描述材料所具有的实际物理现象的一个有限部分，因为任何理想化的模型都有其自身不足。

在多数工程应用中，时间无关性的应力-应变关系是一种合理的近似。与时间无关的本构模型包括线弹性与非线性弹性材料。这些材料重新加载、卸载有相同的曲线，在不可逆的塑性范围则用亚弹性理论与塑性形变理论。材料本构模型或应力-应变关系都是基于以下两个假设：①材料特性是与时间无关的。在材料的本构方程中不直接出现时间变量；②忽略力学和热学过程的相互作用，只考虑处于等温条件下的材料，并且不考虑温度对本构方程的影响。

5.1.1 弹性材料

描述弹性材料的力学特性需要用到弹性本构关系。弹性本构关系是在不同的工程问题中得到广泛应用的弹性理论的基础，能够很好地描述处于工作荷载水平下的许多工程材料的性能。塑性理论也需要这些弹性本构关系。

（1）弹性材料的定义

材料受力后就会产生变形，如果施加的力撤除后材料恢复它原来的形状、大小，则可认为这种材料的应力-应变关系是弹性的，这种材料就可称为弹性材料，其当前的应力状态仅与当前的变形状况有关，即应力是应变的函数。

（2）弹性响应函数

弹性材料的本构方程可表示为

$$\sigma_{ij}=F_{ij}(\varepsilon_{kl}) \tag{5.4}$$

式中，F_{ij} 是材料的弹性响应函数；σ_{ij}、ε_{ij} 分别为应力张量、应变张量。

式（5.4）所描述的材料弹性性能是可逆的，并且与路径无关，即应变仅由当前应力状态所决定，与应力历史无关，反之亦然。

（3）Cauchy 弹性材料和 Green 弹性材料

由式（5.4）定义的弹性材料通常称为 Cauchy 弹性材料。在特定的加载-卸载循环过程中，Cauchy 弹性材料可产生能量，显然这与热力学定律相违背。因此，采用超弹性或 Green 弹性材料进行表述，表明式（5.4）中的弹性响应函数 F_{ij} 进一步受到弹性应变能函数 W 存在的限制。

（4）亚弹性材料

有时亚弹性模型用于描述增量弹性本构关系。对于亚弹性材料，其应力状态通常是当前的应变状态，以及达到这种状态的应力路径的函数，本构方程一般可表示为

$$\mathrm{d}\sigma_{ij}=F_{ij}(\mathrm{d}\varepsilon_{kl},\ \sigma_{mn}) \tag{5.5}$$

式中，$\mathrm{d}\sigma_{ij}$ 为应力增量张量；$\mathrm{d}\varepsilon_{kl}$ 为应变增量张量。

5.1.2 材料的对称性

如果材料的力学性能在某些方向上是相同的，那么就说材料关于这些方向具有对称性。材料的对称性体现在一组坐标轴的转换下，其本构关系形式的不变性。如果根本不存在材料的对称性，则材料是各向异性的。

材料的对称性分为：①正交各向异性材料的对称性，即材料具有三个正交的材料对称性平面；②横向各向同性材料的对称性，即材料对某一个坐标轴有轴对称性；③各向同性材料的对称性，即材料内部的所有方向上，材料的力学性能都是一样的。任何一个平面都是材料的对称面，任何一条曲线都是旋转对称轴。值得注意的是，在产生塑性变形后，这种初始的各向同性将被破坏，因为塑性变形实际上是各向异性的。

5.1.3 变形过程热力学本质

研究物体的状态，需要知道其变形状态和温度。如果变形过程中材料内部各点的温度与其周围介质温度保持平衡，则这一变形过程称为等温过程；如果变形过程中，各点的温度升降、热量无损耗，则称这一变形过程为绝热过程。物体的瞬态高频振动、高速变形过程等，都可视为绝热过程。

物体的变形过程，严格说来都是一个热力学过程。如果物体在外力作用下处于平衡状态，即动能的增量 $\Delta E_k=0$。一般情况下，应变能增量 ΔU 与变形过程有关。在弹性变形条件下，ΔU 与变形过程无关，与初始状态、最终状态相关。假定弹性变形过程中是绝热的，即物体周围介质所吸收的热量或向外散发的热量的增量 $\Delta Q=0$，因此外力所做的功等于物体中的应变能的变化，亦即外力所做的功全部转化为材料内部的应变能。

令动能为 E_k、应变能为 U，根据热力学第一定律，在 Δt 时间间隔内，物体从一种状态变化至另一种状态的总能量变化为 $\Delta E_k+\Delta U$。假设体力 F_i、面力 T_i 所做功的增量为 ΔW，物体周围介质所吸收的热量或物体向外散发的热量的增量为 ΔQ，则有 $\Delta E_k+\Delta U=\Delta W+\Delta Q$。设物体体积为 V，位移为 u_i，则动能可表示为 $E_k=\frac{1}{2}\iiint_V \rho\frac{\partial u_i}{\partial t}\frac{\partial u_i}{\partial t}\mathrm{d}V$，$\Delta E_k=\frac{\partial E_k}{\partial t}\Delta t=\iiint_V \rho\frac{\partial u_i}{\partial t}\frac{\partial u_i}{\partial t}\mathrm{d}t\mathrm{d}V$。由于 Δt 内的位移变化量 Δu_i 为 $\Delta u_i=\frac{\partial u_i}{\partial t}\Delta t$，因此 $\Delta E_k=\iiint_V \rho\frac{\partial u_i}{\partial t}\Delta u_i\mathrm{d}V$。设物体的表面积为 S，则外力功变化为 $\Delta W=\iiint_V F_i\Delta u_i\mathrm{d}V+\iint_S T_i\Delta u_i\mathrm{d}S=\iiint_V[F_i\Delta u_i+(\sigma_{ij}\Delta u_i)_{,j}]\mathrm{d}V=\iiint_V(\sigma_{ij,j}+F_i)\Delta u_i\mathrm{d}V+\iiint_V\sigma_{ij}\Delta u_{i,j}\mathrm{d}V$。于是有 $\Delta W-\Delta E_k=\iiint_V\left(\sigma_{ij,j}+F_i-\rho\frac{\partial^2 u_i}{\partial t^2}\right)\Delta u_i\mathrm{d}V+\iiint_V\sigma_{ij}\Delta u_{i,j}\mathrm{d}V$。由于 $\sigma_{ij,j}+F_i=\rho\frac{\partial^2 u_i}{\partial t^2}$ 为运动微分方程，$u_{i,j}=\varepsilon_{ij}+\omega_{ij}$ 为应变 - 位移关系式，并且应力在刚体位移上不做功，即 $\sigma_{ij}\Delta\omega_{ij}=0$，于是可得到 $\Delta W-\Delta E_k=\iiint_V\sigma_{ij}\Delta\varepsilon_{ij}\mathrm{d}V$。如果物体在外力作用下处于平衡状态，即 $\Delta E_k=0$，于是有：$\Delta W=\iiint_V\sigma_{ij}\Delta\varepsilon_{ij}\mathrm{d}V=\iiint_V\Delta U\mathrm{d}V$。根据上述分析，可得到 $\Delta U=\iiint_V\sigma_{ij}\Delta\varepsilon_{ij}\mathrm{d}V+\Delta Q$。假定弹性变形过程中是绝热的，即 $\Delta Q=0$，因此有 $\Delta U=\Delta W$ 。即外力所做的功等于物体中的应变能的变化，亦即外力所做的功全部转化为材料内部的应变能。

5.1.4 虚功原理

设一物体受到一组体力 F_i、面力 T_i 而处于平衡状态，在其体积 V 内的平衡方程为 $\sigma_{ij,j}+F_i=0$。设该物体的表面积为 S，其中给定面力 T_i 的部分表面积为 S_σ、给定位移的部分表面积为 S_u。在 S_σ 上的边界条件为 $\sigma_{ij}n_j=T_i$。

假设该处于平衡状态的物体，由于某种原因其平衡位置得到了一个约束许可的、任意的、微小的虚位移 δu_i，其分量为 δu、δv、δw。实际力系在虚位移上所做的功称为虚功。外力的总虚功 δw 为实际的体力 F_i、面力 T_i 在虚位移上所做的功，即

$$\delta w=\iiint_V F_i\delta u_i\mathrm{d}V+\iint_{S_\sigma}T_i\delta u_i\mathrm{d}S \tag{5.6}$$

在物体产生微小虚变形的过程中，总虚应变能 δU 为

$$\delta u=\iiint_V \sigma_{ij}\delta\varepsilon_{ij}\mathrm{d}V \tag{5.7}$$

虚位移原理可表述为在外力作用下处于平衡状态的可变形体，当给予物体微小虚位移时，外力的总虚功等于物体的总虚应变能，即 $\delta W=\delta U$，因此，虚位移原理表示为

$$\iiint_V F_i\delta u_i\mathrm{d}V+\iint_{S_\sigma}T_i\delta u_i\mathrm{d}S=\iiint_V \sigma_{ij}\delta\varepsilon_{ij}\mathrm{d}V \tag{5.8}$$

5.1.5 弹性应变能与余能

（1）外力在变形上所做的总功

弹性体受到外力作用后产生变形，外力的势能也会发生变化。当外力不致物体产生加速运动便可忽略系统动能，同时可忽略热能等其他能量的消耗，则外力势能的变化就全部转化为应变能，这种应变能是一种势能，储存于材料体内部。

如图 5.1 所示，AD 边单位外力为 $\sigma_x\mathrm{d}y\mathrm{d}z$，在单位应变 $\mathrm{d}u$ 上所做的功为 $-\sigma_x\mathrm{d}y\mathrm{d}z\mathrm{d}u$。$BC$ 边外力 $\sigma_x\mathrm{d}y\mathrm{d}z$ 在单位应变 $\mathrm{d}\left(u+\frac{\partial u}{\partial x}\mathrm{d}x\right)$ 上所做的功为 $\sigma_x\mathrm{d}y\mathrm{d}z\mathrm{d}\left(u+\frac{\partial u}{\partial x}\mathrm{d}x\right)$。于是，外力在 $ABCD$ 变形上所做的功 W 为

$$W=\int_0^{\varepsilon_x}\sigma_x\mathrm{d}\left(\frac{\partial u}{\partial x}\mathrm{d}x\right)\mathrm{d}y\mathrm{d}z=\int_0^{\varepsilon_x}\sigma_x\mathrm{d}\varepsilon_x\mathrm{d}x\mathrm{d}y\mathrm{d}z \tag{5.9}$$

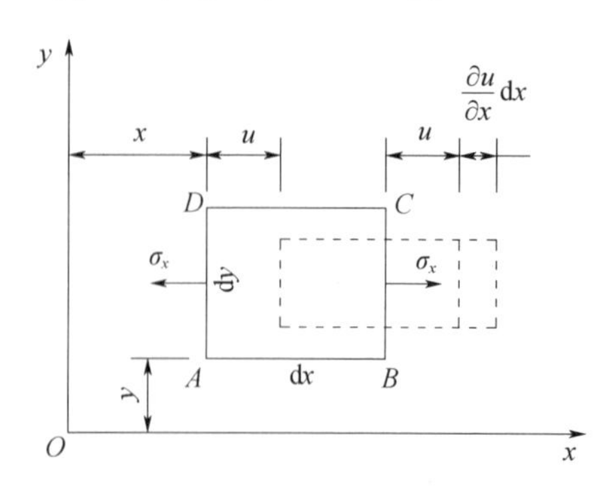

图 5.1 外力作用下弹性体形变

(2) 总应变能

如图5.1所示，由于 y 方向上无外力，虽然有变形但没有做功，因此 σ_x 所做的功 W 将全部转化为系统的应变能。令总应变能为 U_t，则有

$$U_t = W = \int_0^{\varepsilon_x} \sigma_x \mathrm{d}\varepsilon_x \mathrm{d}x\mathrm{d}y\mathrm{d}z \tag{5.10}$$

令 $U_0 = \int_0^{\varepsilon_x} \sigma_x \mathrm{d}\varepsilon_x = \frac{1}{2}\sigma_x\varepsilon_x$，则总应变能 U_t 为

$$U_t = U_0 \mathrm{d}x\mathrm{d}y\mathrm{d}z \tag{5.11}$$

推广到一般情况，则总应变能表示为

$$U_t = \iiint_V U_0 \mathrm{d}x\mathrm{d}y\mathrm{d}z \tag{5.12}$$

其中 $U_0 = \frac{1}{2}(\sigma_x\varepsilon_x + \sigma_y\varepsilon_y + \sigma_z\varepsilon_z + \tau_{xy}\gamma_{xy} + \tau_{yz}\gamma_{yz} + \tau_{zx}\gamma_{zx})$，简写为

$$U_0 = \frac{1}{2}\sigma_{ij}\varepsilon_{ij} \tag{5.13}$$

(3) 单位体积应变能

引入广义 Hooke 定律，则有 $U_0 = \frac{1}{2E}(\sigma_x^2 + \sigma_y^2 + \sigma_z^2) - \frac{\upsilon}{E}(\sigma_x\sigma_y + \sigma_y\sigma_z + \sigma_z\sigma_x) + \frac{1}{2G} \cdot (\tau_{xy}^2 + \tau_{yz}^2 + \tau_{zx}^2)$，或 $U_0 = \frac{1}{2}[\lambda e^2 + 2G(\varepsilon_x^2 + \varepsilon_y^2 + \varepsilon_z^2) + G(\gamma_{xy}^2 + \gamma_{yz}^2 + \gamma_{zx}^2)]$。对这两式分别微分得到：

$$\sigma_{ij} = \frac{\partial U_0(\varepsilon_{ij})}{\partial \varepsilon_{ij}},\quad \varepsilon_{ij} = \frac{\partial U_0(\sigma_{ij})}{\partial \sigma_{ij}} \tag{5.14}$$

式中，$U_0(\varepsilon_{ij})$、$U_0(\sigma_{ij})$ 分别为应变分量、应力分量表示的单位体积应变能，或者称为应变能密度，统称为应变能函数。式(5.14)表明，弹性应变能 $U_0(\varepsilon_{ij})$ 对任一应变分量的改变率等于相应的应力分量；而弹性应变能 $U_0(\sigma_{ij})$ 对任一应力分量的改变率等于相应的应变分量。

对于线弹性材料，其单位体积应变能的一般形式为式(5.13)。对于理想弹性材料，在确定的应变状态下具有确定的应变能。由于应变能函数是正定的势函数，所以弹性应变能又称为弹性势。

在简单拉伸试验中，由于是单向应力状态，唯一的非零应力分量是 $\sigma_x = \sigma_{11}$，并且其相应的应变分量为 $\varepsilon_x = \varepsilon_{11}$。因此，对于任意的应变值 ε_{11}，单位体积应变能 U_0 的值为 $U_0(\varepsilon_{11}) = \int_0^{\varepsilon_{11}} \sigma_{11}\mathrm{d}\varepsilon_{11}$。在如图5.2(a)所示的线弹性材料的单轴拉伸应力-应变曲线中，$U_0(\varepsilon_{11})$ 表示的是应力-应变曲线与应变轴的面积 W。对于线性弹性材料，W 实际上所代表的是 σ-ε 直线下的三角形面积 $\frac{1}{2}\sigma_{11}\varepsilon_{11}$。此时的 $U_0(\varepsilon_{11})$ 也可表示为 $W(\varepsilon_{11}) = \int_0^{\varepsilon_{11}} \sigma_{11}\mathrm{d}\varepsilon_{11}$。将 σ-ε 曲线与应力轴的面积，即直线之上的三角形面积设为 Ω，由于该三角形面积也为 $\frac{1}{2}\sigma_{11}\varepsilon_{11}$，因此 $\Omega = W$。定义 Ω 为单位体积应变余能，也称为应力能，简称余能。此时，余能可表示为 $\Omega(\sigma_{11}) = \int_0^{\sigma_{11}} \varepsilon_{11}\mathrm{d}\sigma_{11}$。对于如图5.2(b)所示的非线性弹性材料，余能不等于应变能。

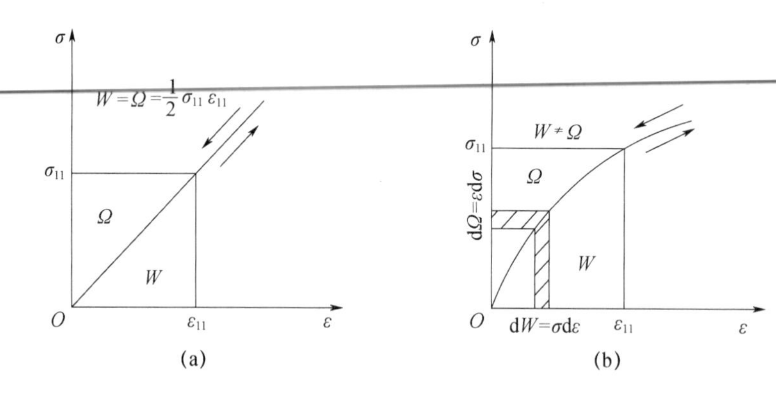

图 5.2 弹性材料的应变能密度和余能密度

(a) 线性弹性；(b) 非线性弹性

(4) 弹性应变能函数 $W(\varepsilon_{ij})$

为了避免概念上的混乱，做如下规定：将采用应变表示的弹性应变能函数称为应变能函数，或简称应变能，记为 W；以应力表示的应变余能密度函数称为余应变能函数，或简称应变余能、应力能，记为 Ω。

在一般的三维情形下，可采用以下形式：

$$W(\varepsilon_{ij})=\int_0^{\varepsilon_{ij}}\sigma_{ij}\,\mathrm{d}\varepsilon_{ij},\Omega(\sigma_{ij})=\int_0^{\sigma_{ij}}\varepsilon_{ij}\,\mathrm{d}\sigma_{ij} \tag{5.15}$$

式（5.14）可改写为

$$\sigma_{ij}=\frac{\partial W(\varepsilon_{ij})}{\partial \varepsilon_{ij}},\quad \varepsilon_{ij}=\frac{\partial \Omega(\sigma_{ij})}{\partial \sigma_{ij}} \tag{5.16}$$

式中，$W(\varepsilon_{ij})$、$\Omega(\sigma_{ij})$分别称为应变能函数、余应变能函数，分别为应变 ε_{ij}、应力 σ_{ij} 的函数。

应变能 $W(\varepsilon_{ij})$的物理意义为外力作用下储存于变形体内部的能量，而应变余能$\Omega(\sigma_{ij})$的物理意义则不明确：①应变余能与应变能互补，即 $\sigma_{ij}\varepsilon_{ij}=\Omega(\sigma_{ij})+W(\varepsilon_{ij})$；②应变余能表示为 $\Omega(\sigma_{ij})=\int_0^{\sigma_{ij}}\varepsilon_{ij}\,\mathrm{d}\sigma_{ij}$，其积分分量为应力分量；③ 在线弹性情形下，应变余能在数值上等于应变能，即 $\Omega(\sigma_{ij})=W(\varepsilon_{ij})$；④ 在非线性弹性情形下，$\Omega(\sigma_{ij})\neq W(\varepsilon_{ij})$ 。

【例 5.1】对于非线性弹性材料，其单轴应力-应变关系可采用单项幂函数表达：$\varepsilon=b\sigma^n$，式中的 n 为常数。计算弹性应变能函数 $W(\varepsilon_{ij})$和应变余能函数 $\Omega(\sigma_{ij})$。

根据式（5.15）可得到 $W=\int_0^{\sigma}\sigma(nb\sigma^{n-1})\mathrm{d}\sigma=\int_0^{\sigma}nb\sigma^n\mathrm{d}\sigma=\frac{n}{n+1}b\sigma^{n+1}=\frac{n}{n+1}\sigma\varepsilon,\Omega=\int_0^{\sigma}b\sigma^n\mathrm{d}\sigma=\frac{1}{n+1}b\sigma^{n+1}=\frac{1}{n+1}\sigma\varepsilon$ 。因而有$\frac{W}{\Omega}=n$。也就是说，此时的应变能密度 W 与余能密度Ω 的比值$\frac{W}{\Omega}$为常数。

(5) Green 弹性（超弹性）本构方程

对于虚功方程式（5.8），如果 δu_i、$\delta\varepsilon_{ij}$ 表示物体的实际位移和应变的变化率，则其左边两项表示该瞬间在物体上所做的机械功的变化率，并且这种功将以机械应变能的形式储存在材料体内部，其形式可表示为 $\iiint_V\delta W\mathrm{d}V=\iiint_V\sigma_{ij}\delta\varepsilon_{ij}\,\mathrm{d}V$。式中：$\delta W$ 为应变能密度的增长率。该式必须对任意体积做积分都是成立的。所以 $\delta W=\sigma_{ij}\delta\varepsilon_{ij}$。由于应变能密度 W 从定义上讲只是应变 ε_{ij} 的函数，因而其增长率也能够以微分的形式表述成 $\delta W=\frac{\partial W}{\partial\varepsilon_{ij}}\delta\varepsilon_{ij}$，即式(5.16)$\sigma_{ij}=\frac{\partial W(\varepsilon_{ij})}{\partial\varepsilon_{ij}}$。该式称为 *Green* 弹性（超弹性）本构方程。

这是从能量角度出发建立的弹性体的应力-应变关系的一般形式。弹性应变能函数 $W(\varepsilon_{ij})$ 是应变分量 ε_{ij} 的函数，这可保证了加载循环过程中不产生能量，并且热力学定律也始终得到满足。

另一方面，可以让物体的应力 σ_{ij} 产生一个无穷小的变化 $\delta\sigma_{ij}$（或是应力 σ_{ij} 的增量），与体力变化率 δF_i（或 F_i），以及指定作用在 S 面上的力 δT_i（或 T_i）相平衡的。此时，类比于式（5.8），虚功方程的形式可表示为 $\iiint_V\delta F_iu_i\mathrm{d}V+\iiint_V\delta T_iu_i\mathrm{d}S=\int_V\delta\sigma_{ij}\varepsilon_{ij}\mathrm{d}V$。由于 δF_i 和 δT_i 在 u_i 上所做的功的变化率，与物体内能的增长率是相等的，则可写成以下的形式：$\int_V\delta\Omega\mathrm{d}V=\int_V\delta\sigma_{ij}\mathrm{d}V$。该式必须对任意体积的积分都成立，因而有 $\delta\Omega=\delta\sigma_{ij}\varepsilon_{ij}$。余能密度函数 Ω 按照其定义只是应力函数，这种能量的增长率可表示为 $\delta\Omega=\frac{\partial\Omega}{\partial\sigma_{ij}}\delta\sigma_{ij}$，即式(5.16)中的 $\varepsilon_{ij}=\frac{\partial\Omega(\sigma_{ij})}{\partial\sigma_{ij}}$。该式为超弹性本构方程 $\sigma_{ij}=\frac{\partial W(\varepsilon_{ij})}{\partial\varepsilon_{ij}}$ 的逆形式。

假设 $W+\Omega=\sigma_{ij}\varepsilon_{ij}$ 成立，对 σ_{mn} 求导后可得到 $\frac{\partial W}{\partial\sigma_{mn}}+\frac{\partial\Omega}{\partial\sigma_{mn}}=\sigma_{ij}\frac{\partial\varepsilon_{ij}}{\partial\sigma_{mn}}+\varepsilon_{ij}\frac{\partial\sigma_{ij}}{\partial\sigma_{mn}}$。由于应变能密度 W 是应变 ε_{ij} 的函数，因而可得到 $\frac{\partial W}{\partial\sigma_{mn}}=\frac{\partial W}{\partial\varepsilon_{ij}}\frac{\partial\varepsilon_{ij}}{\partial\sigma_{mn}}$。于是可得到 $\frac{\partial\Omega}{\partial\sigma_{mn}}=\varepsilon_{ij}\frac{\partial\sigma_{ij}}{\partial\sigma_{mn}}+\left(\sigma_{ij}-\frac{\partial W}{\partial\varepsilon_{ij}}\right)\frac{\partial\varepsilon_{ij}}{\partial\sigma_{mn}}$。根据 $\sigma_{ij}=\frac{\partial W}{\partial\varepsilon_{ij}}$，可知 $\left(\sigma_{ij}-\frac{\partial W}{\partial\varepsilon_{ij}}\right)\frac{\partial\varepsilon_{ij}}{\partial\sigma_{mn}}=0$，因而有 $\frac{\partial\Omega}{\partial\sigma_{mn}}=\varepsilon_{ij}\frac{\partial\sigma_{ij}}{\partial\sigma_{mn}}=\varepsilon_{ij}\delta_{im}\delta_{jn}$。由于 $\varepsilon_{ij}\delta_{im}\delta_{jn}=\varepsilon_{mn}$，因而得到 $\varepsilon_{mn}=\frac{\partial\Omega}{\partial O_{mn}}$。该式与 $\varepsilon_{ij}=\frac{\partial\Omega}{\partial\sigma_{ij}}$ 是相同的。这也说明了，以不同的方式也能获得对余能密度函数 Ω 相同的结果。

（6）应变能 $W(\varepsilon_{ij})$ 分解

由于变形分解为体积的变化和形状的变化两部分，因而可以理解为将应变能 $W(\varepsilon_{ij})$ 也可分解为相应的两部分。引起体积变化的各向同性平均正应力，即静水压力为 $\sigma_m=\frac{1}{3}\cdot(\sigma_1+\sigma_2+\sigma_3)$，而与之相应的平均正应变为 $\varepsilon_m=\frac{1}{3}(\varepsilon_1+\varepsilon_2+\varepsilon_3)$。对于应力状态 $\sigma_{ij}=\sigma_m\delta_{ij}$ 不引起微小单元体的形状改变。体积改变所储存于单位体积内部的应变能，称为体积改变能，记为 W_1，则有

$$W_1=\frac{3}{2}\sigma_m\varepsilon_m=\frac{\sigma_m^2}{2K}=\frac{1}{18K}(\sigma_1+\sigma_2+\sigma_3)^2=\frac{1}{18K}I_1^2 \tag{5.17}$$

对于应力偏张量 $s_{ij}=\sigma_{ij}-\sigma_m\delta_{ij}$，为引起形状改变的应力状态。由于形状改变所储存于单位体积内部的应变能，称为畸变能，记为 W_2，则有

$$W_2 = \frac{1}{2} s_{ij} e_{ij}$$

$$= \frac{1}{2}\left[\frac{(2\sigma_1 - \sigma_2 - \sigma_3)^2}{18G} + \frac{(2\sigma_2 - \sigma_3 - \sigma_1)^2}{18G} + \frac{(2\sigma_3 - \sigma_1 - \sigma_2)^2}{18G}\right]$$

$$= \frac{(\sigma_1 - \sigma_2)^2 + (\sigma_2 - \sigma_3)^2 + (\sigma_3 - \sigma_1)^2}{12G} = \frac{1}{2G} J_2 = \frac{3}{4G} \tau_{oct}^2 \tag{5.18}$$

式中，s_{ij}、e_{ij} 分别为应力偏张量、应变偏张量。

于是，单位体积应变能即弹性应变能函数 $W(\varepsilon_{ij})$，可表示为

$$W(\varepsilon_{ij}) = \frac{1}{18K} I_1^2 + \frac{1}{2G} J_2 \tag{5.19}$$

该式表明，系统的总应变能与坐标的形状无关，$W(\varepsilon_{ij})$ 是一个不变量。

5.1.6 材料稳定性

设体积为 V，表面积为 S 的材料，所施加的面力、体力分别为 T_i 和 F_i，相应引起的位移、应力、应变分别为 u_i、σ_{ij}、ε_{ij}。这个力、应力、位移、应变的共存系统，既满足平衡条件，也满足协调条件（几何条件）。

现在考虑一个外力系的作用，该外力系完全不同于导致现存应力 σ_{ij} 和应变 ε_{ij} 状态的力系。这个外力系作用施加有附加的面力 $\mathrm{d}T_i$ 和体力 $\mathrm{d}F_i$，材料将产生应力 $\mathrm{d}\sigma_{ij}$、应变 $\mathrm{d}\varepsilon_{ij}$、位移 $\mathrm{d}u_i$，并且组成附加组。

（1）稳定材料的定义

Drucker 假设：①在施加附加外力组期间，外加力系作用在其产生的位移改变量上做正功；②在施加和卸除附加力系的循环中，附加外力系在其产生的位移改变量上所做的净功为非负值。这即所谓的 Drucker 关于材料稳定性的假设，亦即材料稳定性的定义，满足该假设条件的材料称为稳定的材料。

对于上述两个稳定性要求，在数学上可表示为：

$$\iint_S \mathrm{d}T_i \mathrm{d}u_i \mathrm{d}S + \iiint_V \mathrm{d}F_i \mathrm{d}u_i \mathrm{d}V > 0, \oint_S \mathrm{d}T_i \mathrm{d}u_i \mathrm{d}S + \oint_V \mathrm{d}F_i \mathrm{d}u_i \mathrm{d}V \geqslant 0 \tag{5.20}$$

式中，$\oint$ 是指整个力和应力的附加组施加和卸载的整个循环上的积分。

式（5.20）中的两个表达式分别称为第一假设、第二假设，或分别称为小范围稳定性、循环稳定性。这些稳定性要求比热力学定律附加了更多的限制，因为热力学定律仅仅要求 T_i 和 F_i 在 $\mathrm{d}u_i$ 上所做的功为非负即可。应用虚功原理，式（5.20）可简化为以下不等式

$$\text{对于小范围稳定性：} \mathrm{d}\sigma_{ij} \mathrm{d}\varepsilon_{ij} > 0;$$

$$\text{对于循环稳定性：} \oint \mathrm{d}\sigma_{ij} \mathrm{d}\varepsilon_{ij} \geqslant 0 \tag{5.21}$$

式中，$\oint$ 是指在附加应力组 $\mathrm{d}\sigma_{ij}$ 的一个加载、卸载循环上的积分。

需要强调的是，这里指的功仅仅是附加力 $\mathrm{d}T_i$ 和 $\mathrm{d}F_i$ 在其所产生的位移 u_i 的“该变量”上所做的功，并不是全部力在 $\mathrm{d}u_i$ 上所做的功。

根据稳定材料的概念，有用的净能量不能从材料中得到，也不能根据作用于其上的力系在一次施加、卸除附加力及位移的循环中得到。如果仅仅产生不可恢复的变形（永久的或塑

性)，则必定有能量的输入。对于弹性材料，所有的变形都是可恢复的，并且稳定性要求外部作用于这样一个循环中所做的功为零，即：$\oint \mathrm{d}\sigma_{ij}\,\mathrm{d}\varepsilon_{ij}=0$。这也为应变能函数$W$、余能密度函数$\Omega$的存在提供了充要条件。

(2) W 和Ω 的存在性

对于弹性材料，设当前的应力、应变状态分别为σ_{ij}^0、ε_{ij}^0。先在当前的应力状态下施加一个附加应力组，然后卸除这个附加应力组。当应力状态返回到σ_{ij}^0时，应变状态也返回到ε_{ij}^0。一个应变循环也因此从开始于ε_{ij}^0到最终回到ε_{ij}^0而完成一个循环。在这样一个循环上，由于没有永久（塑性）应变，因此第二个假设要求：

$$\oint(\sigma_{ij}-\sigma_{ij}^0)\,\mathrm{d}\varepsilon_{ij}=0 \tag{5.22}$$

在选择无应力和无应变的初始状态时，有：

$$\oint\sigma_{ij}\,\mathrm{d}\varepsilon_{ij}=0 \tag{5.23}$$

在整个循环过程中，无论路径如何，该式必须是成立的，因此，该式中的被积函数必须是一个全微分，这也导致了将弹性应变能函数W考虑成只是应变的函数，即：

$$W(\varepsilon_{ij})=\int_0^{\varepsilon_{ij}}\sigma_{ij}\,\mathrm{d}\varepsilon_{ij},\sigma_{ij}=\frac{\partial W(\varepsilon_{ij})}{\partial\varepsilon_{ij}} \tag{5.24}$$

类似地，第二稳定性假设也将导致弹性余能密度Ω的存在，并且Ω只是应力的函数。实际上，第一假设也能够确保对任何基于假设的W或Ω函数的弹性本构模型，总可以得到一个唯一的逆本构关系。

如图5.3所示。σ-ε曲线表达稳定性假设与应力-应变之间的唯一可逆关系间的密切联系。在（a）至（c）图中，应力σ仅由应变ε所唯一确定，反之亦然。一个附加应力$\Delta\sigma>0$所产生的附加应变$\Delta\varepsilon>0$，以及$\Delta\sigma\Delta\varepsilon>0$。即附加应力$\Delta\sigma$做的是正功，如图中的阴影部分。根据Drucker假设，这一类材料的性质是稳定的，属于稳定材料。

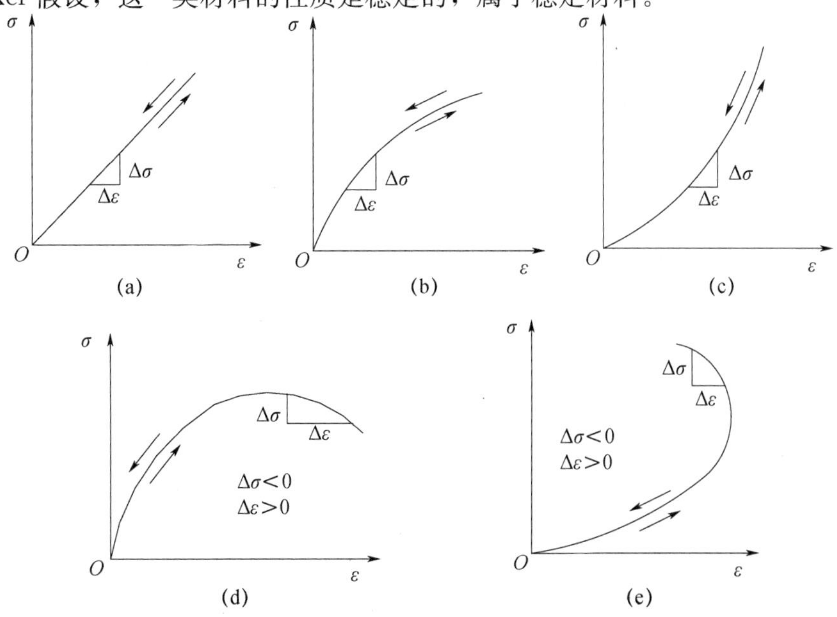

图5.3 弹性材料的稳定和非稳定应力-应变曲线

在图5.3中的（d）图中，变形曲线有一个下降段，应变随应力降低而增加。应力σ仅由应变ϵ所唯一确定，但反之并不总是正确的。在下降段，附加应力所做的功是负值，也就是$\Delta\sigma\Delta\varepsilon<0$。这样一个应变软化特性是不稳定的。（e）图中，应变随应力增加而降低，因而应力σ不能够仅由应变值来决定，并且$\Delta\sigma\Delta\varepsilon<0$，材料也是不稳定的。根据Drucker假设，这一类材料的性质是不稳定的，属于非稳定材料，与热力学准则相矛盾。

（3）唯一性

设一个弹性体的体积为V，表面积为S，指定表面拉应力的表面积为S_T，指定表面位移的面积为S_u。当体力F_i、面力T_i作用于物体上时，产生的应力、应变、位移分别为σ_{ij}、ε_{ij}、u_{ij}。

假定对所施加的力、位移做一些小变化，这些变化是由S_T上的面力增量dT_i、V中的体力增量dF_i、S_u上的位移增量du_i来表征。现在要研究的问题是，所产生的应力增量$d\sigma_{ij}$、应变张量$d\varepsilon_{ij}$，是否由所施加的力和位移的增量dT_i、dF_i、du_i唯一确定。如果不是，则一定存在至少两个相对于所施加的力和位移的增量dT_i、dF_i、du_i的解。这两个解分别记为（a）和（b），由增量表示，分别记为：$d\sigma_{ij}^a$、$d\varepsilon_{ij}^a$；$d\sigma_{ij}^b$、$d\varepsilon_{ij}^b$。

对于上述两个解，每一个解都满足平衡和协调（几何）要求，即相应于S_T上零表面力和V中的零体力组（$d\sigma_{ij}^a-d\sigma_{ij}^b$）是一个平衡组。类似地，应变（$d\varepsilon_{ij}^a-d\varepsilon_{ij}^b$）和在$S_u$上的位移（$du_i^a-du_i^b$）为零，构成一个协调组。应用虚功原理表达式可得到：$0=\iiint_V(d\sigma_{ij}^a-d\sigma_{ij}^b)(d\varepsilon_{ij}^a-d\varepsilon_{ij}^b)dV$。这是因为在$S_T$上$dT_i^a-dT_i^b=0$、在$S_u$上$du_i^a-du_j^b=0$、在$V$上$dF_i^a-dF_j^b=0$。

如果能够证明$0=\iiint_V(d\sigma_{ij}^a-d\sigma_{ij}^b)(d\varepsilon_{ij}^a-d\varepsilon_{ij}^b)dV$中的被积函数是正定的，则唯一性就得到了证明。作为一个证例，考虑处于线性超弹性材料的情形，如果将应力状态、应变状态分别以$d\sigma'_{ij}$和$d\varepsilon'_{ij}$表示，即$d\sigma'_{ij}=d\sigma_{ij}^a-d\sigma_{ij}^b$、$d\varepsilon'_{ij}=d\varepsilon_{ij}^a-d\varepsilon_{ij}^b$，则本构关系$\sigma_{ij}=C_{ijkl}\varepsilon_{kl}$可表示为$d\sigma'_{ij}=C_{ijkl}d\varepsilon'_{kl}$。于是有$\iiint_V C_{ijkl}d\varepsilon'_{kl}d\varepsilon'_{kl}dV=0$。该式中的被积函数是正定的二次式，这是因为在弹性常数E、G、K都为正值的条件限制下，对称张量C_{ijkl}中的弹性系数行列式总是正值。所以，只有当$d\varepsilon'_{ij}=0$即$d\varepsilon_{ij}^a=d\varepsilon_{ij}^b$时，上式才成立。此外，根据$d\sigma'_{ij}=C_{ijkl}d\varepsilon'_{kl}$的本构关系可得到$d\sigma'_{ij}=0$，即$d\sigma_{ij}^a=d\sigma_{ij}^b$。因此，唯一性得到证明，并且在物体的每一个点上仅有可能有一个值，要么是$d\sigma_{ij}$，要么是$d\varepsilon_{ij}$。

（4）正交性

对于弹性材料，第二稳定性假设意味着本构关系一定是$\sigma_{ij}=\frac{\partial W}{\partial \varepsilon_{ij}}$、$\varepsilon_{ij}=\frac{\partial \Omega}{\partial \sigma_{ij}}$所描述的Green（超弹性）型。并且，这些关系还必须是满足第一稳定性的要求，即$d\sigma_{ij}d\varepsilon_{ij}>0$，其对本构方程的一般形式施加附加条件。

如果应力增量的分量$d\sigma_{ij}$通过微分以应变增量$d\varepsilon_{ij}$来表示，即$d\sigma_{ij}=\frac{\partial \sigma_{ij}}{\partial \varepsilon_{kl}}d\varepsilon_{kl}=\frac{\partial^2 W}{\partial \varepsilon_{ij}\partial \varepsilon_{kl}}d\varepsilon_{kl}$。根据$d\sigma_{ij}d\varepsilon_{ij}>0$，可得到$\frac{\partial^2 W}{\partial \varepsilon_{ij}\partial \varepsilon_{kl}}d\varepsilon_{ij}d\varepsilon_{kl}>0$。也就是说，二次项形式$\frac{\partial^2 W}{\partial \varepsilon_{ij}\partial \varepsilon_{kl}}d\varepsilon_{ij}d\varepsilon_{kl}$必须对任意的$d\varepsilon_{ij}$分量值都是正定的。

对于二维或三维笛卡尔直角坐标系空间，函数$f(x_i)$为常数正交的含义如图5.4所示。

在任意点 x_i 处，垂直于 f 为常数的曲线（或曲面）的外法线，是一个垂直于切线（或切面）的矢量N（或 N_i）。在点 x_i 处 f 的梯度∇f（或 $\partial f/\partial x_i$），是在常数 f 的表面的垂直方向上。因此，矢量 $\mathbf{N}_i$ 正比于 $\partial f/\partial x_i$，即：$\dfrac{N_i}{N_j}=\dfrac{\partial f/\partial x_i}{\partial f/\partial x_j}$（$i$，$j=1$，2，3）。类似地，$\varepsilon_{ij}=\dfrac{\partial \Omega}{\partial \sigma_{ij}}$与该式一样，是一个正交关系式。对于给定的应力点 σ_{ij}，常数 Ω 曲面的外法线，表示相应于 σ_{ij} 的应变矢量 ε_{ij}。这时，σ_{ij} 在应力坐标轴方向上的每一个分量与相应的应变分量 ε_{ij} 成正比。

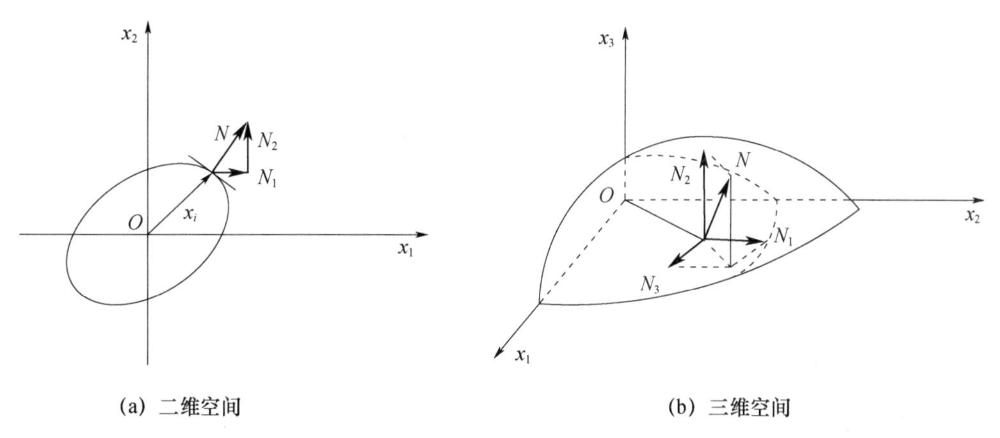

图 5.4　梯度 $\partial f/\partial x_i$ 对 f 表面的正交性

在图 5.5 中，余能密度 Ω＝常数的曲面，在九维空间中采用符号表示。在这一空间内，σ_{ij} 的状态由一个点来代表，对应于应力 σ_{ij} 的应变 ε_{ij} 分量在应力空间中，如 ε_{11} 作为 σ_{11} 方向上的分量等，绘制成一个自由矢量，其原点在应力点 σ_{ij}，这个自由矢量总是在相应的应力点 σ_{ij} 处余能密度垂直于 Ω＝常数的表面。

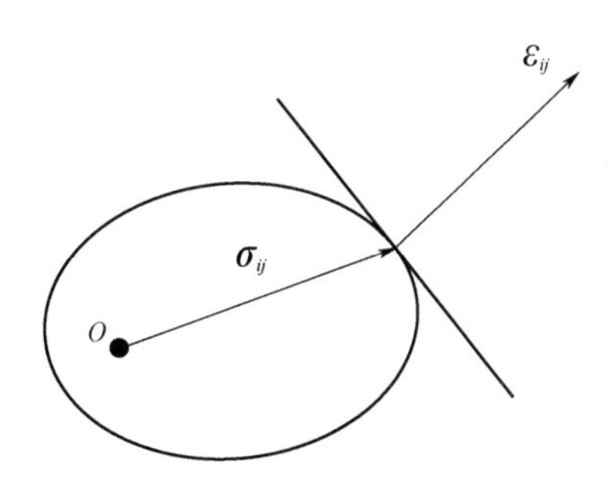

图 5.5　ε_{ij} 对 Ω 曲面的正交性

对于应力和应变关系的可能形式，正交性给予其一个非常强并且重要的限制。例如，假设余能密度仅为 J_2 的函数，即 $\Omega=\Omega(J_2)$。那么，基于 $\varepsilon_{ij}=\dfrac{\partial \Omega}{\partial \sigma_{ij}}$ 的正交性条件可得到：$\varepsilon_{ij}=\dfrac{\partial \Omega}{\partial J_2}\dfrac{\partial J_2}{\partial \sigma_{ij}}=F(J_2)s_{ij}$。该式表明，此时的体积应变总是为 0。因此，在使用本构方程 $\varepsilon_{ij}=(1+\upsilon)F\sigma_{ij}-\nu F\sigma_{kk}\delta_{ij}$，当 F 仅为 J_2 的函数时，必须选择泊松比 $\upsilon=0.5$ 即不可压缩性来满足该正交性条件。

由于σ_{ij}与ε_{ij}对称性，在六维应力空间中的σ_x、σ_y、σ_z、τ_{xy}、τ_{yz}、τ_{zx}的正应变矢量以ε_x、ε_y、$\varepsilon_z\gamma$、$_{xy}>\gamma_{yz}$、γ_{zx}表示，其正交性条件为$\varepsilon_x=\dfrac{\partial\Omega}{\partial\sigma_x}$、$\gamma_{xy}=\dfrac{\partial\Omega}{\partial\tau_{xy}}$。式中：$\Omega$是以六个独立的应力分量来表示的。需要注意的是，在处理非零应力分量时较少和使用一个六维的应力空间。对于各向同性线弹性材料，图 5.6 所示分别代表在二维子空间（σ_x，τ_{xy}）和（σ_x，σ_y）中的拉应力σ_x和剪应力τ_{xy}的组合，以及双轴拉应力σ_x和σ_y的组合的情形。

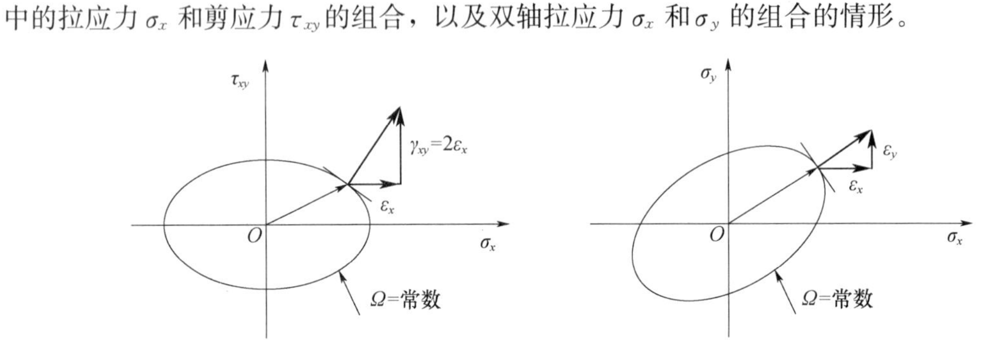

(a) 拉应力σ_x与剪应力τ_{xy}的组合　　(b) 双轴拉应力σ_x和σ_y的组合

图 5.6　二维应力空间中各向同性线性弹性材料的正交性

(5) 外凸性

对于二维函数$f(x_i)$，外凸性意味着曲线$f(x_1, x_2)$为常数上的每一点的切线都不与曲线相交，但是可以在曲线上或曲线外侧，如图 5.7（a）所示。对于三维空间，$f(x_1, x_2, x_3)$为常数的外凸曲面的每一个切平面都是一个支撑面，并且不与曲面相交。

外凸性的另一个定义是，任何连接了常数f曲线（或曲面）上的两个点，如图 5.7（a）中所示的A、B两点的线段，都是在曲线（或曲面）上或曲线内。一个非外凸性函数的例子，如图 5.7（b）所示，其中连接A、B两点的线段，位于常数f曲线的外边。

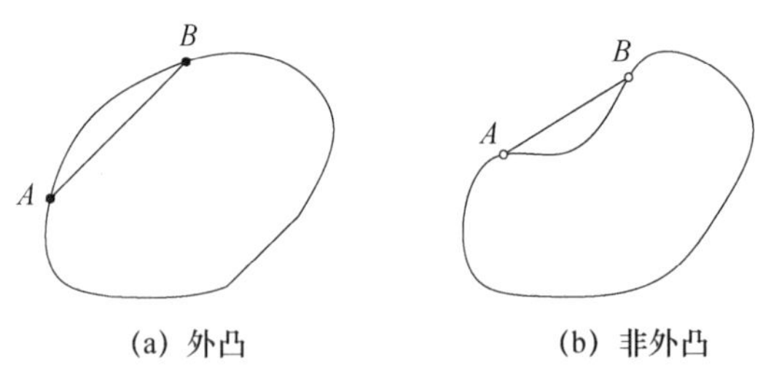

(a) 外凸　　(b) 非外凸

图 5.7　函数$f(x_i)$在二维空间的外凸性

【例 5.2】一个初始无应力和应变的材料，受到一个联合加载史的作用，在（σ，τ）的空间形成如下的连续直线路径（拉应力σ，剪应力τ），应力的单位为 MPa，如图 5.8（a）所示。路径 1：（0，0）至（0，68.95）；路径 2：（0，68.95）至（206.85，68.95）；路径 3：（206.85，68.95）至（206.85，−68.95）；路径 4：（206.85，−68.95）至（0，0）。假设材料为不可压缩的非线性弹性材料，J_2具有单项的幂次型，即$\varepsilon_{ij}=(1+\upsilon)F\sigma_{ij}-\upsilon F\sigma_{kk}\delta_{ij}$、$\varepsilon_{kk}=(1-2\upsilon)F\sigma_{kk}$、$e_{ij}=(1+\upsilon)Fs_{jj}$中的标量函数$F(I_1, J_2, J_3)$具有$F(J_2)=bJ_2^m$的形式。式中的$b$、$m$为材料常数。对于简单拉伸的材料的应力-应变关系为：$10^3\varepsilon=10^{-3}\sigma^3$。式中的$\sigma$的单位为 MPa。

分析和图解证明该算例，在路径 2 的末端处所获得的应变分量ε，γ满足正交性条件式

$\varepsilon_{ij}=\dfrac{\partial \Omega}{\partial \sigma_{ij}}$。

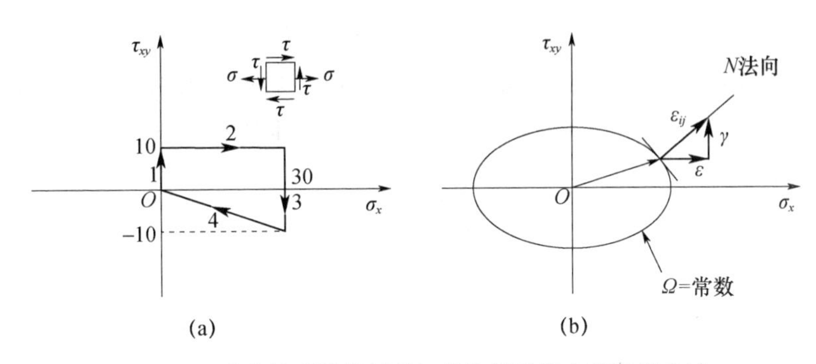

图 5.8　非线性弹性材料的加载路径及常余能密度曲线

该算例已得到，在路径的末端处的应变分量 ε，γ 分别为 $\varepsilon=36\times10^{-3}$、$\gamma=36\times10^{-3}$。余能密度 Ω 为 $\Omega=\dfrac{9}{4}\times10^{-6}\left(\dfrac{\sigma^2}{3}+\tau^2\right)^2$。

关于正交性的解析式为 $\varepsilon=\dfrac{\partial \Omega}{\partial \sigma}=3\times10^{-6}\left(\dfrac{\sigma^2}{3}+\tau^2\right)\sigma$、$\gamma=\dfrac{\partial \Omega}{\partial \tau}=9\times10^{-6}\left(\dfrac{\sigma^2}{3}+\tau^2\right)\tau$。将路径 2 的末端的 $\sigma=206.85$MPa、$\tau=68.95$MPa（30，10）代入可得到：$\varepsilon=36\times10^{-3}$、$\gamma=36\times10^{-3}$。结果相同，表明正交性条件是满足的。

对于图 5.8（b），在任何点（σ，τ）处，余能密度 Ω 为常数的曲线的切线，可由以下表达式得到 $\mathrm{d}\Omega=0=\dfrac{9}{2}\times10^{-6}\left(\dfrac{\sigma^2}{3}+\tau^2\right)\left(\dfrac{2\sigma}{3}\mathrm{d}\sigma+2\tau\mathrm{d}\tau\right)$，或切线的斜率为$\dfrac{\mathrm{d}\tau}{\mathrm{d}\sigma}=-\dfrac{\sigma}{3\tau}$。因而应力点（206.85，68.95）处的法线 N 的斜率为$\dfrac{3\tau}{\sigma}=1$。图中所示的应变矢量，在 σ、τ 轴向的分量为 $\varepsilon=36\times10^{-3}$、$\gamma=36\times10^{-3}$，其原点在应力点（206.85，68.95）。该矢量的斜率为$\dfrac{\gamma}{\varepsilon}=1$，即在应力点（206.85，68.95）处，该矢量处于余能密度 Ω 为常数的曲线的法线 N 的方向上。

5.2　各向同性线弹性应力-应变关系

5.2.1　广义 Hooke 定律

（1）弹性本构方程

对于理想弹性体，一点的应力状态采用如下矩阵形式：

$$\begin{Bmatrix}\sigma_x\\ \sigma_y\\ \sigma_z\\ \tau_{xy}\\ \tau_{yz}\\ \tau_{zx}\end{Bmatrix}=\begin{bmatrix}c_{11}&c_{12}&c_{13}&c_{14}&c_{15}&c_{16}\\ c_{21}&c_{22}&c_{23}&c_{24}&c_{25}&c_{26}\\ c_{31}&c_{32}&c_{33}&c_{34}&c_{35}&c_{36}\\ c_{41}&c_{42}&c_{43}&c_{44}&c_{45}&c_{46}\\ c_{51}&c_{52}&c_{53}&c_{54}&c_{55}&c_{56}\\ c_{61}&c_{62}&c_{63}&c_{64}&c_{65}&c_{66}\end{bmatrix}\begin{Bmatrix}\varepsilon_x\\ \varepsilon_y\\ \varepsilon_z\\ \gamma_{xy}\\ \gamma_{yz}\\ \gamma_{zx}\end{Bmatrix}\tag{5.25}$$

式中，c_{ij} 为弹性常数，与坐标轴选择无关，i，$j=1$，2，…，6。

式（5.25）用张量表示为

$$\sigma_{ij}=c_{ijkl}\varepsilon_{kl} \tag{5.26}$$

式中，c_{ijkl} 为弹性常数。

式（5.26）称为广义 Hooke 定律或弹性本构方程。其弹性常数 c_{ijkl} 共 36 个。但这些弹性常数并不是独立的。实际上，各向同性材料独立的弹性常数只有 2 个。c_{ijkl} 中的下标字母 i、j、k、l 只取 1、2、3。

c_{ij} 与式（5.26）中的 c_{ijkl} 的对应关系为 $c_{11}=c_{1111}$、$c_{12}=c_{1122}$、$c_{13}=c_{1133}$、$c_{14}=c_{1112}$、$c_{15}=c_{1123}$、$c_{16}=c_{1131}$、$c_{21}=c_{2211}$、…、$c_{26}=c_{2231}$、…。

（2）Lamé 常量

对于各向同性弹性材料，如果坐标轴 x、y、z 为主应变方向，则同时必为主应力方向，即应变主轴与应力主轴重合。这样坐标轴可采用 1、2、3 表示。根据式（5.25）得到

$$\begin{Bmatrix}\sigma_x\\ \sigma_y\\ \sigma_z\end{Bmatrix}=\begin{bmatrix}c_{11} & c_{12} & c_{13}\\ c_{21} & c_{22} & c_{23}\\ c_{31} & c_{32} & c_{33}\end{bmatrix}\begin{Bmatrix}\varepsilon_x\\ \varepsilon_y\\ \varepsilon_z\end{Bmatrix} \tag{5.27}$$

对于各向同性材料，由于 ε_x 对 σ_x 的影响与 ε_y 对 σ_y 的影响、ε_z 对 σ_z 的影响，都是相同的，因此有 $c_{11}=c_{22}=c_{33}$。同理，ε_y、ε_z 对 σ_x 的影响相同，即 $c_{12}=c_{13}$。类似地，$c_{21}=c_{23}$、$c_{31}=c_{32}$。因此，可令 $c_{11}=c_{22}=c_{33}=a$，$c_{12}=c_{21}=c_{13}=c_{31}=c_{23}=c_{32}=b$。由此，对于应变主轴 1、2、3 来说，弹性常数只有 2 个，即 a 和 b。令 $a-b=2\mu$、$b=\lambda$、$\theta=\varepsilon_1+\varepsilon_2+\varepsilon_3$，于是可得到

$$\sigma_1=\lambda\theta+2\mu\varepsilon_1,\ \sigma_2=\lambda\theta+2\mu\varepsilon_2,\ \sigma_3=\lambda\theta+2\mu\varepsilon_3 \tag{5.28}$$

通过坐标变换后，可得到任意坐标系内的本构方程

$$\sigma_{ij}=\lambda\delta_{ij}\theta+2\mu\varepsilon_{ij} \tag{5.29}$$

式中，λ、μ 称为 Lamé 常量。该式说明了各向同性线弹性材料只有 λ、μ 弹性常数。

式（5.29）中的参数 θ 实际上为体应变 $\theta=\dfrac{\Delta V}{V_0}$，根据广义 Hooke 定律可得到

$$\theta=\frac{1-2\upsilon}{E}(\sigma_x+\sigma_y+\sigma_z) \tag{5.30}$$

体应变即变形前后单位体积的相对变化。对于一个微小六面体单位，设其变形前的体积为 V_0，即 $V_0=\mathrm{d}x\mathrm{d}y\mathrm{d}z$，变形后的体积为 $V=(1+\varepsilon_x)\mathrm{d}x(1+\varepsilon_y)\mathrm{d}y(1+\varepsilon_z)\mathrm{d}z=\mathrm{d}x\mathrm{d}y\mathrm{d}z[(1+\varepsilon_x+\varepsilon_y+\varepsilon_z+o(\varepsilon^2)]$。略去高阶项，并且令 $\theta=\varepsilon_x+\varepsilon_y+\varepsilon_z$，则得 $V=V_0+V_0\theta$，即 $\theta=\dfrac{\Delta V}{V_0}$。

当 $\sigma_x=\sigma_y=\sigma_z=\sigma_m$ 时，$\theta=\dfrac{3(1-2\upsilon)}{E}\sigma_m$。令 $K=\dfrac{\sigma_m}{\theta}$，则有

$$K=\frac{E}{3(1-2\upsilon)} \tag{5.31}$$

式中，K 为弹性体积膨胀系数，即体积模量。

（3）工程弹性常数

有些工程材料具有明显的非对称弹性性质，其弹性性质往往可以认为是对于适当选取的坐标系中的平面 $x=0$、$y=0$、$z=0$ 为对称。由于这三个平面相互正交，因而这些材料称为正交各向异性材料。根据任一坐标系变换时弹性常数 c_{ij} 保持不变，再根据广义 Hooke 定律

式（5.26）可得到正交各向异性弹性材料的本构关系，即

$$\sigma_x=c_{11}\varepsilon_x+c_{12}\varepsilon_y+c_{13}\varepsilon_z,\ \sigma_y=c_{21}\varepsilon_x+c_{22}\varepsilon_y+c_{23}\varepsilon_z,$$
$$\sigma_z=c_{31}\varepsilon_x+c_{32}\varepsilon_y+c_{33}\varepsilon_z,\ \tau_{xy}=c_{44}\gamma_{xy},\ \tau_{yz}=c_{55}\gamma_{yz},\ \tau_{zx}=c_{66}\gamma_{zx} \tag{5.32}$$

式中，c_{11}至c_{66}为9个弹性常数。其中$c_{12}=c_{21}$、$c_{13}=c_{31}$、$c_{32}=c_{23}$。

将式（5.29）中的ε_{ij}解出后，根据应力分量表示的应变分量，例如$\varepsilon_x=\frac{\lambda+\mu}{\mu(3\lambda+2\mu)}\sigma_x-\frac{\lambda}{2\mu(3\lambda+2\mu)}(\sigma_y-\sigma_x)$，稍加变换并且令$\sigma=\sigma_{ii}$，于是可缩写为

$$\varepsilon_{ij}=\frac{\lambda}{2\mu}\sigma_{ij}-\frac{\lambda\delta_{ij}}{2\mu(3\lambda+2\mu)}\sigma \tag{5.33}$$

对于物体边界法向与x轴重合的两对边上有均匀σ_x的作用，其他边均为自由边的情形，根据材料力学$\varepsilon_x=\frac{1}{E}\sigma_x$、$\varepsilon_y=\varepsilon_z=-\upsilon\varepsilon_x=-\frac{\upsilon}{E}\sigma_x$，与式（5.33）相比较，可得到

$$E=\frac{\mu(3\lambda+2\mu)}{\lambda+\mu},\ \upsilon=\frac{\lambda}{2(\lambda+\mu)} \tag{5.34}$$

式中，E、υ分别为弹性模量、泊松比。

工程上常采用E、υ表示广义 Hooke 定律。在这种情况下，式（5.33）可改写为

$$\varepsilon_{ij}=\frac{1+\upsilon}{E}\sigma_{ij}-\frac{\upsilon}{E}\delta_{ij}\sigma \tag{5.35}$$

如果解出应力σ_{ij}，则可得到

$$\sigma_{ij}=\frac{E}{1+\upsilon}\varepsilon_{ij}+\frac{\upsilon E}{(1+\upsilon)(1-2\upsilon)}\delta_{ij}\theta \tag{5.36}$$

（4）应力-应变关系分解

根据σ_m、ε_m得到体积模量K

$$K=\frac{\sigma_m}{\theta}=\frac{\sigma_m}{I'}=\frac{E}{3(1-2\upsilon)}=\lambda+\frac{2}{3}\mu \tag{5.37}$$

于是得到

$$\sigma_m=3K\varepsilon_m \tag{5.38}$$

再根据应力偏张量s_{ij}、应变偏张量e_{ij}以及$\mu=\frac{E}{2(1+\nu)}$，可得到$s_{ij}+\sigma_m\delta_{ij}=\lambda\theta\delta_{ij}+2\mu\cdot(e_{ij}+\varepsilon_m\delta_{ij})=2\mu e_{ij}+3K\varepsilon_m\delta_{ij}$。于是得到

$$s_{ij}=2\mu e_{ij}=2Ge_{ij} \tag{5.39}$$

式中，$\mu=\frac{E}{2(1+\upsilon)}=G$，$G$表示各向同性线弹性材料的切变模量。需要注意的是，切变模量G并不是独立的弹性常数。对于各向同性线弹性材料，只有λ、μ或E、υ两个弹性常数。

式（5.38）、式（5.39）是广义 Hooke 定律的另外一种形式。由这两式可知，材料变形可分为两部分：一部分为各向相等的正应力（即静水压力）引起的相对体积变形，另一部分为应力偏张量引起的几何形状的变化。前一种变形不包括形状的改变（即畸变）；后一种变形则不包含体积的变化。塑性理论常采用这种分解方法。

（5）平面应力情况下的广义 Hooke 定律

对于平面应力情形，由于$\sigma_z=\tau_{yz}=\tau_{zx}=0$，根据式（5.35）可得到

$$\varepsilon_x=\frac{1}{E}(\sigma_x-\upsilon\sigma_y),\ \varepsilon_y=\frac{1}{E}(\sigma_y-\upsilon\sigma_x),\ \varepsilon_z=-\frac{\upsilon}{E}(\sigma_x+\sigma_y),\ \gamma_{xy}=\frac{1}{G}\tau_{xy} \tag{5.40}$$

根据式（5.36）可得到

$$\sigma_x=\frac{E}{1+\upsilon^2}(\varepsilon_x+\upsilon\varepsilon_y),\ \sigma_y=\frac{E}{1+\upsilon^2}(\varepsilon_y+\upsilon\varepsilon_x),\ \tau_{xy}=G\gamma_{xy} \tag{5.41}$$

（6）平面应变情况下的广义 Hooke 定律

对于平面应变情形，由于 $\varepsilon_z=\gamma_{yz}=\gamma_{zx}=0$，根据式（5.35）可得到

$$\varepsilon_x=\frac{1+\upsilon}{E}[(1-\upsilon)\ \sigma_x-\upsilon\sigma_y],\ \varepsilon_y=\frac{1+\upsilon}{E}[(1-\upsilon)\ \sigma_y-\upsilon\sigma_x],\ \gamma_{xy}=\frac{1}{G}\tau_{xy} \tag{5.42}$$

根据式（5.36）可得到

$$\sigma_x=\frac{E}{(1+\upsilon)\ (1-2\upsilon)}[(1-\upsilon)\ \varepsilon_x+\nu\varepsilon_y],$$

$$\sigma_y=\frac{E}{(1+\upsilon)\ (1-2\upsilon)}[(1-\upsilon)\ \varepsilon_y+\nu\varepsilon_x],$$

$$\sigma_z=\frac{\upsilon E}{(1+\upsilon)\ (1-2\upsilon)}(\varepsilon_x+\varepsilon_y),\ \tau_{xy}=G\gamma_{xy} \tag{5.43}$$

当式（5.40）中的弹性常数 E、υ 分别换成$\frac{E}{1-\upsilon^2}$、$\frac{\upsilon}{1-\upsilon}$，则可得到式（5.42）。

5.2.2 本构关系一般形式

对于 Cauchy 弹性材料，最常采用的线性应力-应变关系的形式一般可表示为

$$\sigma_{ij}=B_{ij}+C_{ijkl}\varepsilon_{kl} \tag{5.44}$$

式中，B_{ij} 为对应于初始无应变状态的初始应力张量的分量，此时所有应变分量 $\varepsilon_{kl}=0$；C_{ijkl} 为材料的弹性常量张量。

假设初始无应变状态对应于一个初始无应力状态，那么 $B_{ij}=0$，于是上式可简化为$\sigma_{ij}=C_{ijkl}\varepsilon_{kl}$，即式（5.26）。该式是线性 Hooke 定律最简单推广。由于 σ_{ij} 和 ε_{kl} 都是二阶张量，因而 C_{ijkl} 是一个四阶张量。又由于 σ_{ij} 和 ε_{kl} 都是对称的，因而可引出以下对称条件：

$$C_{ijkl}=C_{jikl}=C_{ijlk}=C_{jilk} \tag{5.45}$$

这样，C_{ijkl} 的独立常数可减少至 36 个。

对于 Green 弹性材料，弹性常数的四个下标可以当作 $C_{(ij)(kl)}$ 成对地考虑，并且各对的顺序可交换，即 $C_{(ij)(kl)}=C_{(kl)(ij)}$，因而所需要的独立常数由三十六个减少至二十一个。也就是说，当已知这二十一个常数，就可得到全部的八十一个常数。如果还存在一个与前一个弹性对称平面正交的弹性对称平面，那么弹性常数的数量将进一步减少，第二个平面的对称也就意味着第三个正交平面的对称（正交对称），而且弹性常数的数量将减少至九个。对于横向各向同性材料，其弹性常数数量为五个。如果指定一个三维对称，即沿 x、y、z 轴方向的性质都是相同的，那么将不能区分 x、y、z 轴的方向，只需要三个独立的弹性常数来描述这种材料的弹性性质。最后，如果某个固体的弹性性质不是方向的函数，那么就只需要两个独立的弹性常数就可描述其性质。

对于各向同性材料，表达式 $\sigma_{ij}=C_{ijkl}\varepsilon_{kl}$ 中的弹性常数对各个方向都必须相同。因此，材料的弹性常量张量 C_{ijkl} 一定是一个各向同性的四阶张量，其最一般形式可表示为

$$C_{ijkl}=\lambda\delta_{ij}\delta_{kl}+\mu(\delta_{ik}\delta_{jl}+\delta_{il}\delta_{jk})+\alpha(\delta_{ik}\delta_{jl}-\delta_{il}\delta_{jk}) \tag{5.46}$$

式中，λ、μ、α 为标量常数。

由于 C_{ijkl} 必须满足对称性条件，即 $\alpha=0$，因此式（5.46）变为 $C_{ijkl}=\lambda\delta_{ij}\delta_{kl}+\mu(\delta_{ik}\delta_{jl}+\delta_{il}\delta_{jk})$。于是 $\sigma_{ij}=[\lambda\delta_{ij}\delta_{kl}+\mu(\delta_{ik}\delta_{jl}+\delta_{il}\delta_{jk})]\varepsilon_{kl}$，即

$$\sigma_{ij}=\lambda\varepsilon_{kk}\delta_{ij}+2\mu\varepsilon_{ij} \tag{5.47}$$

该本构方程表明，对于各向同性线弹性材料，仅有两个独立的材料弹性常数 λ 和 μ，这两个常数通常称为 Lamé 常数。

对于应变 ε_{ij}，可根据式（5.47）的本构方程中的应力进行表达，即 $\sigma_{kk}=(3\lambda+2\mu)\varepsilon_{kk}$，或 $\varepsilon_{kk}=\dfrac{\sigma_{kk}}{3\lambda+2\mu}$，于是可得到

$$\varepsilon_{ij}=\frac{-\lambda\delta_{ij}}{2\mu(3\lambda+2\mu)}\sigma_{kk}+\frac{1}{2\mu}\sigma_{ij} \tag{5.48}$$

本构方程式（5.47）、式（5.48）都是各向同性线弹性材料本构关系的一般形式。这些本构方程的一个最重要的结论就是，各向同性材料的应力张量、应变张量的主方向是重合的。

5.2.3 应力-应变关系分解

对于各向同性线弹性本构关系，在球量（平均应力、或静水压力、或体积应力）、偏量（剪切）响应分量之间，可找到一个简洁的、符合逻辑的分离形式。通过约定 $i=j$、$\sigma_{ii}=I_1=3p$、$\delta_{ii}=3$，静水压力响应值可直接由本构方程式（5.47）导出，即 $3p=(3\lambda+2\mu)\varepsilon_{kk}=(3\lambda+2G)\varepsilon_{kk}=3K\varepsilon_{kk}$，于是可得到

$$p=K\varepsilon_{kk} \tag{5.49}$$

为了得到偏量响应关系，根据偏应力张量 s_{ij} 定义表达式 $s_{ij}=\sigma_{ij}-p\delta_{ij}$ 得到

$$s_{ij}=(\lambda\varepsilon_{kk}\delta_{ij}+2\mu\varepsilon_{ij})-\frac{1}{3}(3\lambda+2G)\varepsilon_{kk}\delta_{ij} \tag{5.50}$$

根据 $\varepsilon_{ij}=\dfrac{1}{3}\varepsilon_{kk}\delta_{ij}+e_{ij}$ 以及 $\mu=G$，可得 $s_{ij}=\lambda\varepsilon_{kk}\delta_{ij}+2G\left(e_{ij}+\dfrac{1}{3}\varepsilon_{kk}\delta_{ij}\right)-\dfrac{1}{3}(3\lambda+2G)\varepsilon_{kk}\delta_{ij}$。式（5.50）化简后可表示为

$$s_{ij}=2Ge_{ij} \tag{5.51}$$

通过上述分析，两个表达式 $p=K\varepsilon_{kk}$、$s_{ij}=2Ge_{ij}$ 给出了静水压力和偏量关系所需要的分离形式。这样可根据静水压力和应力偏量，得到总的弹性应变 ε_{ij} 的表达式为

$$\varepsilon_{ij}=\frac{1}{3K}p\delta_{ij}+\frac{1}{2G}s_{ij}\text{，或 }\varepsilon_{ij}=\frac{1}{9K}I_1\delta_{ij}+\frac{1}{2G}s_{ij} \tag{5.52}$$

类似地，也可根据体应变和偏应变，将 σ_{ij} 表示为

$$\sigma_{ij}=K\varepsilon_{kk}\delta_{ij}+2Ge_{ij} \tag{5.53}$$

试验结果表明，常数 E、G、K 总是正值，即物体必须允许荷载在其上做功。因此，在一定方向上的单向拉伸应力，会造成相同方向上的材料伸长。类似地，由一个简单的剪切应力造成的剪应变也与这个应力方向相同。最后，静水压力会造成体积的缩小，这样可得到：$-1\leqslant\upsilon\leqslant0.5$。对于现有的任何一种材料，还没有实际经验表明泊松比 υ 为负值，因此，泊松比 υ 的取值范围为 $0\leqslant\upsilon\leqslant0.5$。而泊松比 $\upsilon=0.5$ 意味着 $G=E/3$ 和 $1/K=0$，或者弹性不可压缩性。需要注意的是，对于各向同性线弹性材料，这些工程弹性常数只有两个是独立的。

5.2.4 弹性常数

（1）静水压缩试验

在静水压缩试验中，$\sigma_{11}=\sigma_{22}=\sigma_{33}=p=\sigma_{kk}/3$，是应力分量中的仅有的几个非零分量。如图 5.9（a）所示。这时体积模量 K 定义为静水压力 p 与相应的体积改变 ε_{kk} 的比值。因此，

根据 $\varepsilon_{kk}=\dfrac{\sigma_{kk}}{3\lambda+2\mu}$得到

$$K=\frac{p}{\varepsilon_{kk}}=\lambda+\frac{2}{3}\mu \tag{5.54}$$

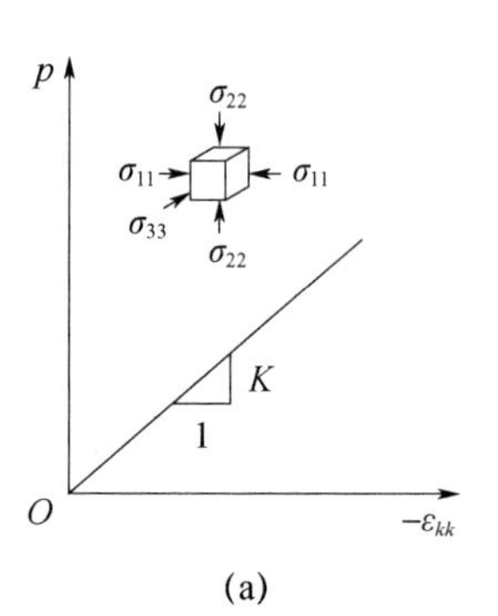

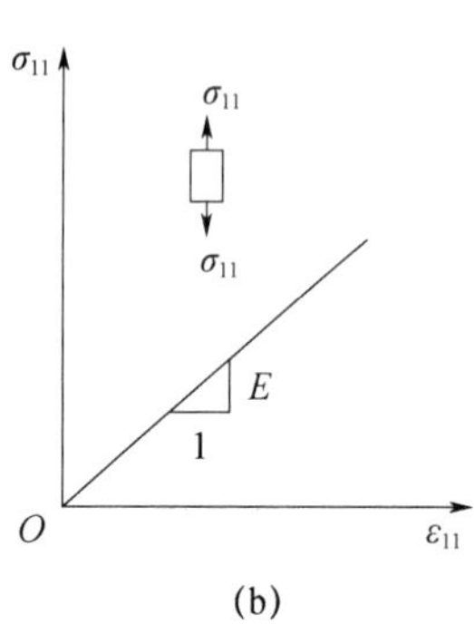

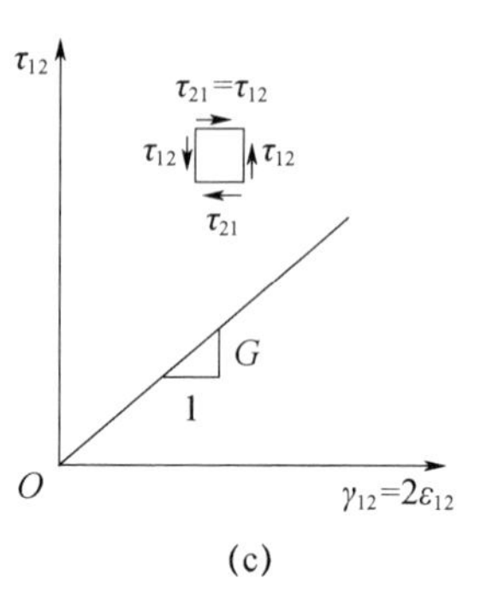

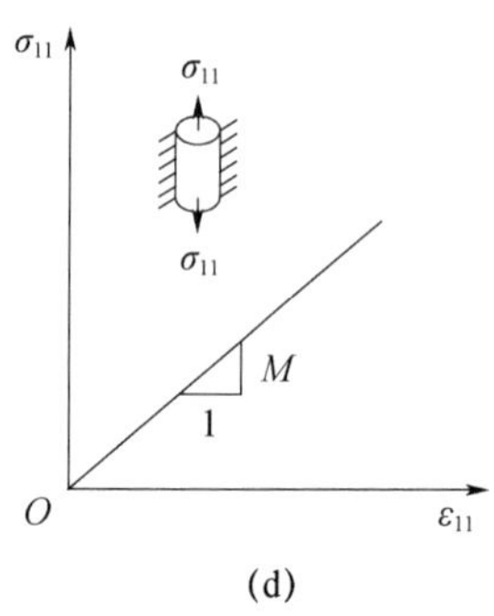

图 5.9　简单试验中各向同性线弹性材料的性质

(a) 压缩；(b) 拉伸；(c) 剪切（纯剪切）；(d) 单轴应变

（2）简单拉伸试验

在简单拉伸试验中，唯一的非零应力分量是 $\sigma_{11}=\sigma$。如图 5.9（b）所示。将杨氏模量 E 和泊松比 υ 分别定义为 $E=\dfrac{\sigma_{11}}{\varepsilon_{11}}$、$\upsilon=-\dfrac{\varepsilon_{22}}{\varepsilon_{11}}=-\dfrac{\varepsilon_{33}}{\varepsilon_{11}}$。据此可得到

$$E=\frac{\mu(2\mu+3\lambda)}{\mu+\lambda},\quad \upsilon=\frac{\lambda}{2(\lambda+\mu)} \tag{5.55}$$

（3）简单剪切（纯剪切）试验

在简单剪切试验中，$\sigma_{12}=\sigma_{21}=\tau_{12}=\tau_{21}=\tau$，其他应力分量均为 0。如图 5.9（c）所示。剪切模量 G 可定义为 $G=\dfrac{\sigma_{12}}{\gamma_{12}}=\dfrac{\tau}{2\varepsilon_{12}}$。根据本构方程 $\sigma_{ij}=\lambda\varepsilon_{kk}\delta_{ij}+2\mu\varepsilon_{ij}$ 得到

$$G=\mu \tag{5.56}$$

（4）单轴应变试验

单轴应变试验是将单轴向的应力分量 σ_{11}，施加于一个圆柱形试样的轴向上，这个圆柱形试样的侧向受到约束以抵抗侧向运动来实现的，如图 5.9（d）所示。因此，ε_{11} 是这种情形中唯一的非零分量。约束模量 M 就可定义为 $M=\dfrac{\sigma_{11}}{\varepsilon_{11}}$。由于此时有 $\varepsilon_{kk}=\varepsilon_{11}$，因此可得 $\sigma_{11}=\lambda\varepsilon_{11}+2\mu\varepsilon_{11}=(\lambda+2\mu)\varepsilon_{11}$，于是得到

$$M=\lambda+2\mu \tag{5.57}$$

图 5.9 说明了在上述概括的简单试验条件下描述模型性能的应力-应变关系。各种不同弹性模量间的换算关系可参阅相关文献，这样就可将上述两个本构方程以不同的形式进行表达。以下的表达式则是实际中较为常用的形式：

$$\sigma_{ij}=\frac{E\upsilon}{(1+\upsilon)(1-2\upsilon)}\varepsilon_{kk}\delta_{ij}+\frac{E}{1+\upsilon}\varepsilon_{ij},\quad \sigma_{ij}=2G\varepsilon_{ij}+\frac{3K\upsilon}{1+\upsilon}\varepsilon_{kk}\delta_{ij} \tag{5.58}$$

$$\varepsilon_{ij}=\frac{1+\upsilon}{E}\sigma_{ij}-\frac{\upsilon}{E}\sigma_{kk}\delta_{ij},\quad \varepsilon_{ij}=\frac{1}{2G}\sigma_{ij}-\frac{\upsilon}{3K(1-2\upsilon)}\sigma_{kk}\delta_{ij} \tag{5.59}$$

5.2.5 本构方程矩阵形式

上述所讨论的应力-应变关系，可以很方便地采用矩阵形式进行表达。以矩阵形式表达的应力-应变关系，适用数值解法。

（1）三维情况

对于本构方程 $\sigma_{ij}=\frac{E\upsilon}{(1+\upsilon)(1-2\upsilon)}\varepsilon_{kk}\delta_{ij}+\frac{E}{1+\upsilon}\varepsilon_{ij}$，可采用矩阵形式表示为

$$\{\sigma\}=[C]\{\varepsilon\} \tag{5.60}$$

式中的矩阵 $[C]$ 称为弹性本构矩阵或弹性模量矩阵，可表示为

$$[C]=\frac{E}{(1+\upsilon)(1-2\upsilon)}\times\begin{bmatrix}(1-\upsilon) & \upsilon & \upsilon & 0 & 0 & 0\\ \upsilon & (1-\upsilon) & \upsilon & 0 & 0 & 0\\ \upsilon & \upsilon & (1-\upsilon) & 0 & 0 & 0\\ 0 & 0 & 0 & \frac{1-2\upsilon}{2} & 0 & 0\\ 0 & 0 & 0 & 0 & \frac{1-2\upsilon}{2} & 0\\ 0 & 0 & 0 & 0 & 0 & \frac{1-2\upsilon}{2}\end{bmatrix} \tag{5.61}$$

如果以 K、G 分别代替 υ、E，则弹性本构矩阵 $[C]$ 可表示为

$$[C]=\begin{bmatrix}K+\frac{4}{3}G & K-\frac{2}{3}G & K-\frac{2}{3}G & 0 & 0 & 0\\ K-\frac{2}{3}G & K+\frac{4}{3}G & K-\frac{2}{3}G & 0 & 0 & 0\\ K-\frac{2}{3}G & K-\frac{2}{3}G & K+\frac{4}{3}G & 0 & 0 & 0\\ 0 & 0 & 0 & G & 0 & 0\\ 0 & 0 & 0 & 0 & G & 0\\ 0 & 0 & 0 & 0 & 0 & G\end{bmatrix} \tag{5.62}$$

对于本构方程式 $\varepsilon_{ij}=\frac{1+\upsilon}{E}\sigma_{ij}-\frac{\upsilon}{E}\sigma_{kk}\delta_{ij}$，也可采用矩阵形式表示为

$$\{\varepsilon\}=[C]^{-1}\{\sigma\}\text{或}\{\varepsilon\}=[D]\{\sigma\} \tag{5.63}$$

式中的矩阵 $[D]$ 称为弹性柔度矩阵，通过对弹性本构矩阵 $[C]$ 求逆而得到，即

$$[D]=\frac{1}{E}\begin{bmatrix}1 & -\upsilon & -\upsilon & 0 & 0 & 0\\ -\upsilon & 1 & -\upsilon & 0 & 0 & 0\\ -\upsilon & -\upsilon & 1 & 0 & 0 & 0\\ 0 & 0 & 0 & 2(1+\upsilon) & 0 & 0\\ 0 & 0 & 0 & 0 & 2(1+\upsilon) & 0\\ 0 & 0 & 0 & 0 & 0 & 2(1+\upsilon)\end{bmatrix} \tag{5.64}$$

（2）平面应力情况

在许多实际工程计算中，已广泛应用了平面应力关系。当三维情形退化为二维平面应力情况时，$\sigma_z=\tau_{yz}=\tau_{zx}=0$，此时，$\{\sigma\}=[C]\{\varepsilon\}$和 $\{\varepsilon\}=[D]\{\sigma\}$可表示为

$$\begin{Bmatrix}\sigma_x\\\sigma_y\\\tau_{xy}\end{Bmatrix}=\frac{E}{1-\upsilon^2}\begin{bmatrix}1&\upsilon&0\\\upsilon&1&0\\0&0&\frac{1-\upsilon}{2}\end{bmatrix}\begin{Bmatrix}\varepsilon_x\\\varepsilon_y\\\gamma_{xy}\end{Bmatrix}\tag{5.65}$$

$$\begin{Bmatrix}\varepsilon_x\\\varepsilon_y\\\gamma_{xy}\end{Bmatrix}=\frac{1}{E}\begin{bmatrix}1&-\upsilon&0\\-\upsilon&1&0\\0&0&2\ (1+\upsilon)\end{bmatrix}\begin{Bmatrix}\sigma_x\\\sigma_y\\\tau_{xy}\end{Bmatrix}\tag{5.66}$$

在平面应力条件下，剪应变分量 γ_{yz} 和 γ_{zx} 为 0，应变分量 ε_z 是非零的，可表示为

$$\varepsilon_z=\frac{-\upsilon}{E}(\sigma_x+\sigma_y)=\frac{-\upsilon}{1-\upsilon}(\varepsilon_x+\varepsilon_y)\tag{5.67}$$

该式表明，应变分量 ε_z 是 ε_x 和 ε_y 的线性函数。

（3）平面应变情况

平面应变条件下，$\varepsilon_z=\gamma_{yz}=\gamma_{zx}=0$。平面应变条件通常出现在均匀横截面不变的细长物体，并且受到沿其纵向（z 轴）的均匀荷载作用的情形。例如，隧道、土坡和挡土墙等。在平面应变条件下，$\{\sigma\}=[C]\{\varepsilon\}$ 和 $\{\varepsilon\}=[D]\{\sigma\}$ 可采用以下的简单形式：

$$\begin{Bmatrix}\sigma_x\\\sigma_y\\\tau_{xy}\end{Bmatrix}=\frac{E}{(1+\upsilon)\ (1-2\upsilon)}\begin{bmatrix}1-\upsilon&\upsilon&0\\\upsilon&1-\upsilon&0\\0&0&\frac{1-2\upsilon}{2}\end{bmatrix}\begin{Bmatrix}\varepsilon_x\\\varepsilon_y\\\gamma_{xy}\end{Bmatrix}\tag{5.68}$$

$$\begin{Bmatrix}\varepsilon_x\\\varepsilon_y\\\gamma_{xy}\end{Bmatrix}=\frac{1+\upsilon}{E}\begin{bmatrix}1-\upsilon&-\upsilon&0\\-\upsilon&1-\upsilon&0\\0&0&2\end{bmatrix}\begin{Bmatrix}\sigma_x\\\sigma_y\\\tau_{xy}\end{Bmatrix}\tag{5.69}$$

在平面应变条件下，应力分量 $\tau_{yz}=\tau_{zx}=0$，而应力分量 σ_z 可表示为

$$\sigma_z=\upsilon(\sigma_x+\sigma_y)\tag{5.70}$$

（4）轴对称情况

在轴对称荷载作用下的旋转体的分析方法，与平面应力、平面应变条件下的分析相类似，因为这也是一个二维问题，如图 5.10 所示。

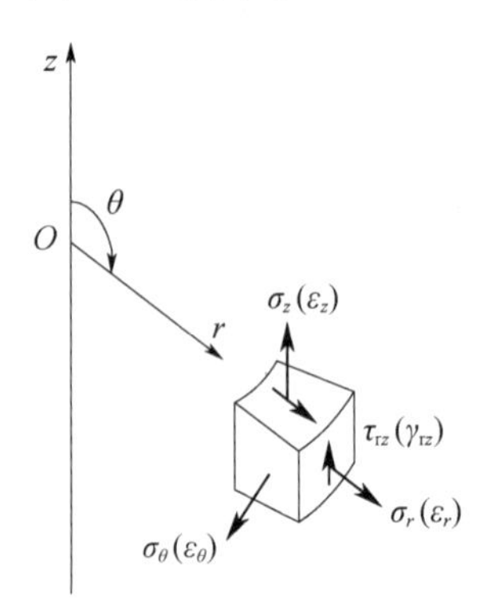

图 5.10　轴对称情况中的应力和应变分量

轴对称情况下，$\tau_{z\theta}=\tau_{\theta r}=\gamma_{z\theta}=\gamma_{\theta r}=0$，非零应力分量为 σ_r、σ_z、σ_θ 和 τ_{rz}，以及相应的非零应变分量 ε_r、ε_z、ε_θ 和 γ_{rz}。这样，$\{\sigma\}=[C]\{\varepsilon\}$ 和 $\{\varepsilon\}=[D]\{\sigma\}$ 可采用以下的简单

形式：

$$\begin{Bmatrix}\sigma_r\\\sigma_z\\\sigma_\theta\\\tau_{rz}\end{Bmatrix}=\frac{E}{(1+\upsilon)(1-2\upsilon)}\begin{bmatrix}1-\upsilon&\upsilon&\upsilon&0\\\upsilon&1-\upsilon&\upsilon&0\\\upsilon&\upsilon&1-\upsilon&0\\0&0&0&\frac{1-2\upsilon}{2}\end{bmatrix}\begin{Bmatrix}\varepsilon_r\\\varepsilon_z\\\varepsilon_\theta\\\gamma_{rz}\end{Bmatrix}\tag{5.71}$$

$$\begin{Bmatrix}\varepsilon_r\\\varepsilon_z\\\varepsilon_\theta\\\gamma_{rz}\end{Bmatrix}=\frac{1}{E}\begin{bmatrix}1&-\upsilon&-\upsilon&0\\-\upsilon&1&-\upsilon&0\\-\upsilon&-\upsilon&1&0\\0&0&0&2(1+\upsilon)\end{bmatrix}\begin{Bmatrix}\sigma_r\\\sigma_z\\\sigma_\theta\\\tau_{rz}\end{Bmatrix}\tag{5.72}$$

【例 5.3】对于各向同性线弹性材料，应力与应变的主轴是重合的。参照应变主轴，应变张量 ε_{ij} 由 $\varepsilon_{ij}=\begin{bmatrix}\varepsilon_1&0&0\\0&\varepsilon_2&0\\0&0&\varepsilon_3\end{bmatrix}$ 给出，其中 ε_1、ε_2、ε_3 为主应变。将其代入 $\sigma_{ij}=\lambda\varepsilon_{kk}\delta_{ij}+2\mu\varepsilon_{ij}$ 中，所有剪应力分量都将为 0，即：$i\neq j$ 时 $\sigma_{ij}=0$。这样，主应力与主应变是同轴的。

【例 5.4】对于各向同性线弹性材料，试求出以应力不变量 I_1、J_2 表示的弹性余能密度函数 Ω 的表达式。

将 $\sigma_{ij}=s_{ij}+\frac{1}{3}\sigma_{kk}\delta_{ij}$ 代入 $\varepsilon_{ij}=\frac{1+\upsilon}{E}\sigma_{ij}-\frac{\upsilon}{E}\sigma_{kk}\delta_{ij}$，可得到 $\varepsilon_{ij}=\frac{1+\upsilon}{E}s_{ij}+\frac{1-2\upsilon}{3E}I_1\delta_{ij}$。式中：$I_1=\sigma_{kk}$。根据 $\Omega=\int_0^{\sigma_{ij}}\varepsilon_{ij}\,\mathrm{d}\sigma_{ij}$ 得到 $\Omega=\frac{1+\upsilon}{E}\int_0^{\sigma_{ij}}s_{ij}\,\mathrm{d}\sigma_{ij}+\frac{1-2\upsilon}{3E}\int_0^{\sigma_{ij}}I_1\delta_{ij}\,\mathrm{d}\sigma_{ij}$。由于有 $J_2=\frac{1}{2}s_{ij}s_{ij}$、$\mathrm{d}J_2=\frac{1}{2}s_{ij}\,\mathrm{d}s_{ij}=s_{ij}\,\mathrm{d}\sigma_{ij}$、$\mathrm{d}I_1=\delta_{ij}\,\mathrm{d}\sigma_{ij}$，因而该式可简化成 $\Omega=\frac{1+\upsilon}{E}\int_0^{J_2}\mathrm{d}J_2+\frac{1-2\upsilon}{3E}\int_0^{I_1}I_1\,\mathrm{d}I_1=\frac{1+\upsilon}{E}J_2+\frac{1-2\upsilon}{6E}I_1^2$。采用 G、K 表示为 $\Omega=\frac{J_2}{2G}+\frac{I_1^2}{18K}$。这与式(5.19)相同，说明对于各向同性线弹性材料，其弹性余能密度函数 Ω 与弹性应变能密度函数 W 是相同的。

由于体积模量 K 和剪切模量 G 均为正值，并且 I_1^2 和 J_2 总是正值且不可为 0（除非 $\sigma_{ij}=0$），因而上式表示的弹性余能密度 Ω 是一个以应力分量表示的正定二次型。对于各向同性线弹性材料，以现有的应力分量，即当前的 I_1 和 J_2，即可明确确定弹性余能密度 Ω，而不管达到这些当前的应力分量值的加载（应力）路径如何。也就是说，在这种情况下，弹性余能密度 Ω 是与应力路径无关的。然而一般说来，对于 Cauchy 弹性材料，无论是线性的还是非线性的，这是不正确的。

5.3 各向异性线弹性应力-应变关系

将应变能密度函数 W 采用多项式展开，并且只保留二阶项，可得

$$W=c_0+\alpha_{ij}\varepsilon_{ij}+\beta_{ijkl}\varepsilon_{ij}\varepsilon_{kl}\tag{5.73}$$

式中，c_0、α_{ij}、β_{ijkl} 为常数。

根据 $\sigma_{ij}=\frac{\partial W}{\partial\varepsilon_{ij}}$ 可将应力 σ_{ij} 表示为

$$\sigma_{ij}=\alpha_{ij}+(\beta_{ijkl}+\beta_{klij})\varepsilon_{kl}\tag{5.74}$$

如果假定对应于初始无应力状态没有初应变，即 $\alpha_{ij}=0$。并且设 $C_{ijkl}=\beta_{ijkl}+\beta_{klij}$（显然有 $C_{ijkl}=C_{klij}$），则各向异性线弹性应力-应变关系的一般形式可表示为

$$\sigma_{ij}=C_{ijkl}\varepsilon_{kl} \tag{5.75}$$

该式与前述的广义 Hooke 定律表达式（5.26）在形式上是相同的，但两者在推导过程中存在重要的差异，即 $C_{ijkl}=C_{klij}$ 对于 Green 弹性材料而言，要求下标成对的顺序互换，即 $C_{(ij)(kl)}=C_{(kl)(ij)}$。此时式（5.26）中的三十六个弹性常数可减少至二十一个。

设 $c_0=0$，此时 $c_0=\alpha_{ij}=0$，即应变能密度 W 的参考状态是应力和应变均为 0。此时可确定 $\beta_{ijkl}=\beta_{klij}$，于是式（5.73）可简化为

$$W=\frac{1}{2}C_{ijkl}\varepsilon_{ij}\varepsilon_{kl}=\frac{1}{2}\sigma_{ij}\varepsilon_{ij} \tag{5.76}$$

式（5.76）采用矩阵形式表示为

$$\begin{Bmatrix}\sigma_x\\ \sigma_y\\ \sigma_z\\ \tau_{xy}\\ \tau_{yz}\\ \tau_{zx}\end{Bmatrix}=\begin{bmatrix}c_{11} & c_{12} & c_{13} & c_{14} & c_{15} & c_{16}\\ & c_{22} & c_{23} & c_{24} & c_{25} & c_{26}\\ & & c_{33} & c_{34} & c_{35} & c_{36}\\ & & & c_{44} & c_{45} & c_{46}\\ \text{对} & \text{称} & & & c_{55} & c_{56}\\ & & & & & c_{66}\end{bmatrix}\begin{Bmatrix}\varepsilon_x\\ \varepsilon_y\\ \varepsilon_z\\ \gamma_{xy}\\ \gamma_{yz}\\ \gamma_{zx}\end{Bmatrix} \tag{5.77}$$

式（5.77）中的常数 C_{ij}（i，$j=1$，6）与式（5.75）中的常数 C_{ijkl}（i，j，k，$l=1$，3）是对应的，例如：$C_{11}=C_{1111}$、$C_{15}=C_{1123}$、$C_{44}=C_{1212}$等。

5.3.1 正交各向异性线弹性应力-应变关系

对于正交各向异性材料，其具有关于三个相互垂直坐标轴的弹性对称性。将坐标轴 x、y、z 分别垂直于三个材料对称面，并且要求绕这些轴转动180°之后弹性性能不改变，此时坐标轴 x、y、z 被称为材料的主方向即主轴。通常，在坐标轴的变换 $x'_i=l_{ij}x_j$ 过程中，材料弹性对称性要求四阶张量 C_{ijkl} 满足：$C_{pqmn}=l_{ip}l_{jq}l_{km}l_{ln}C_{ijkl}$。式中：$l_{ij}$ 为对称变换张量，包含了转动轴 x'_i 对原轴 x_i 的方向余弦 $\cos(x'_i, x_j)$。

例如，考虑正交各向异性材料绕 z 轴转动180°之后的材料对称性，因此，$l_{ij}=\begin{bmatrix}-1 & 0 & 0\\ 0 & -1 & 0\\ 0 & 0 & 1\end{bmatrix}$。在这种情况下，$C_{pqmn}=l_{ip}l_{jq}l_{km}l_{ln}C_{ijkl}$ 给出以下关系式：$C_{1311}=-C_{1311}$、$C_{1322}=-C_{1322}$、$C_{1333}=-C_{1333}$、$C_{1313}=-C_{1313}$。即 $C_{1311}=C_{1322}=C_{1333}=C_{1313}=0$。此外，$C_{pqmn}=l_{ip}l_{jq}l_{km}l_{ln}C_{ijkl}$ 也给出以下关系式：$C_{2311}=C_{2322}=C_{2333}=C_{2313}=0$、$C_{1213}=C_{1223}=C_{1123}=C_{1113}=0$、$C_{2223}=C_{2213}=C_{3323}=C_{3313}=0$。

类似地，可得到正交各向异性材料分别绕 x 轴、绕 y 轴转动180°之后的材料对称性关系表达式，独立弹性常数减少至十二个。对于 Green 弹性材料，弹性常数进一步减少至九个。因而，正交各向异性弹性材料的一般线弹性应力-应变关系，采用矩阵形式表示为

$$\begin{Bmatrix}\sigma_x\\\sigma_y\\\sigma_z\\\tau_{xy}\\\tau_{yz}\\\tau_{zx}\end{Bmatrix}=\begin{bmatrix}c_{11}&c_{12}&c_{13}&0&0&0\\&c_{22}&c_{23}&0&0&0\\&&c_{33}&0&0&0\\&&&c_{44}&0&0\\\text{对}&\text{称}&&&c_{55}&0\\&&&&&c_{66}\end{bmatrix}\begin{Bmatrix}\varepsilon_x\\\varepsilon_y\\\varepsilon_z\\\gamma_{xy}\\\gamma_{yz}\\\gamma_{zx}\end{Bmatrix}\tag{5.78}$$

如果使用工程弹性模量，上式可改写为

$$\begin{Bmatrix}\sigma_x\\\sigma_y\\\sigma_z\\\tau_{xy}\\\tau_{yz}\\\tau_{zx}\end{Bmatrix}=\begin{bmatrix}\frac{1}{E_x}&-\frac{\nu_{yx}}{E_y}&-\frac{\nu_{zx}}{E_z}&0&0&0\\-\frac{\nu_{xy}}{E_x}&\frac{1}{E_y}&-\frac{\upsilon_{zy}}{E_z}&0&0&0\\-\frac{\nu_{xz}}{E_x}&\frac{\nu_{yz}}{E_y}&\frac{1}{E_z}&0&0&0\\&&&\frac{1}{G_{xy}}&0&0\\\text{对}&\text{称}&&&\frac{1}{G_{yz}}&0\\&&&&&\frac{1}{G_{zx}}\end{bmatrix}\begin{Bmatrix}\sigma_x\\\sigma_y\\\sigma_z\\\tau_{xy}\\\tau_{yz}\\\tau_{zx}\end{Bmatrix}\tag{5.79}$$

式中，E_x、E_y、E_z 分别沿 x、y、z 轴方向的杨氏模量；G_{xy}、G_{yz}、G_{zx} 分别为平行于坐标平面 x-y、y-z、z-x 的剪切模量。

例如，G_{xy} 表示为由剪应力 τ_{xy} 产生的剪应变 γ_{xy}；υ_{ij}（i，$j=x$，y，z）为泊松比，表示由 i 方向的拉应力在 j 方向上产生的压缩应变，如 υ_{xy} 表示由 x 轴方向的拉应力在 y 轴方向上产生的压缩应变。该式实际上包含了十二个弹性模量。由于 Green 弹性材料的对称性要求，因而有 $E_x\upsilon_{yz}=E_y\upsilon_{xy}$、$E_y\upsilon_{zy}=E_z\upsilon_{yz}$、$E_z\upsilon_{xz}=E_x\upsilon_{zx}$。因此只有九个独立的弹性模量。

5.3.2 横向各向同性线弹性应力-应变关系

对于横向各向同性材料，表现出关于某一个坐标轴的旋转弹性对称性。如果假设 z 轴为弹性对称轴，则各向同性平面为如图 5.11 所示的 x-y 平面。

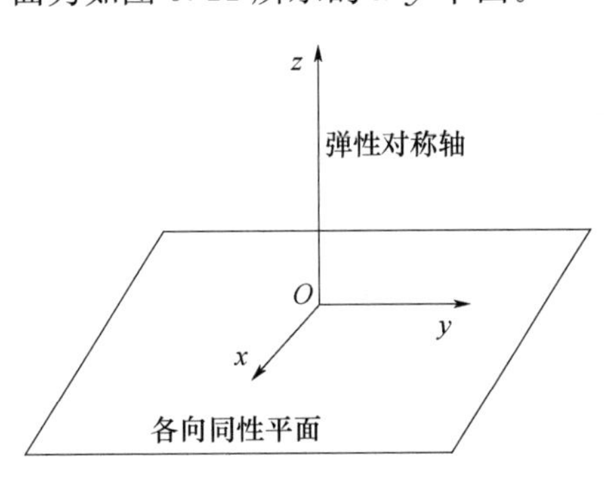

图 5.11　横向各向同性材料的坐标轴

横向各向同性对称条件通过简单施加附加条件，就可容易地从正交各向异性材料中得到，即对于任何关于 z 轴的转动变换 l_{ij}，表达式 $C_{pqmn}=l_{ip}l_{jq}l_{km}l_{ln}C_{ijkl}$ 必须满足

$$l_{ij}=\begin{bmatrix}\cos\alpha & \sin\alpha & 0\\ -\sin\alpha & \cos\alpha & 0\\ 0 & 0 & 1\end{bmatrix} \tag{5.80}$$

式中，α 为关于弹性对称轴 z 轴的转角。

材料的这条附加对称性条件，将独立的弹性常数由九个减少至五个。

横向各向同性弹性材料的一般线弹性应力-应变关系，采用矩阵形式表示为

$$\begin{Bmatrix}\varepsilon_x\\ \varepsilon_y\\ \varepsilon_z\\ \gamma_{xy}\\ \gamma_{yz}\\ \gamma_{zx}\end{Bmatrix}=\begin{bmatrix}d_{11} & d_{12} & d_{13} & 0 & 0 & 0\\ & d_{11} & d_{13} & 0 & 0 & 0\\ & & d_{33} & 0 & 0 & 0\\ & & & 2(d_{11}-d_{12}) & 0 & 0\\ \text{对} & \text{称} & & & d_{44} & 0\\ & & & & & d_{44}\end{bmatrix}\begin{Bmatrix}\sigma_x\\ \sigma_y\\ \sigma_z\\ \tau_{xy}\\ \tau_{yz}\\ \tau_{zx}\end{Bmatrix} \tag{5.81}$$

使用工程弹性模量，可将上式改写为

$$\begin{Bmatrix}\varepsilon_x\\ \varepsilon_y\\ \varepsilon_z\\ \gamma_{xy}\\ \gamma_{yz}\\ \gamma_{zx}\end{Bmatrix}=\begin{bmatrix}\frac{1}{E} & -\frac{\upsilon}{E} & -\frac{\upsilon'}{E'} & 0 & 0 & 0\\ -\frac{\upsilon}{E} & \frac{1}{E} & -\frac{\upsilon'}{E'} & 0 & 0 & 0\\ -\frac{\upsilon'}{E'} & -\frac{\upsilon'}{E'} & \frac{1}{E'} & 0 & 0 & 0\\ & & & \frac{1}{G} & 0 & 0\\ \text{对} & \text{称} & & & \frac{1}{G'} & 0\\ & & & & & \frac{1}{G'}\end{bmatrix}\begin{Bmatrix}\sigma_x\\ \sigma_y\\ \sigma_z\\ \tau_{xy}\\ \tau_{yz}\\ \tau_{zx}\end{Bmatrix} \tag{5.82}$$

式中，E、E'分别为各向同性平面、垂直于该平面的杨氏模量；$G=\dfrac{E}{2(1+\upsilon)}$为各向同性平面的剪切模量；$G'$为垂直于各向同性平面的剪切模量；$\upsilon$ 为泊松比，表示为由各向同性平面上的拉应力引起的同平面上的横向应变减小量；υ'也为泊松比，表示为由垂直于各向同性平面方向上的拉应力引起的各向同性平面上的横向应变减小量。

需要注意的是，5 个独立的常数为 E、E'、υ、υ'、G'，而 G 不是独立的常数。

对于各向同性线弹性材料，由于有 $\upsilon'=\upsilon$，$E'=E$，$G'=G$，因而上式可简化为与 $\{\varepsilon\}=[D]\{\sigma\}$一样具有两个弹性常数的形式。因此，对于线性各向同性材料本构方程，Green 公式与 Cauchy 公式的形式相同。

5.4 各向同性非线性弹性应力-应变关系

5.4.1 构建本构关系的一般方法

基于 Cauchy 弹性模型、Green 超弹性模型、亚弹性或增量模型推导本构方程，这是目前构建各向同性非线性弹性本构关系的一般方法。对于非线性弹性本构模型，主要有两种基

本方法：一种方法采用割线形式表示本构方程；另一种方法以切线应力-应变关系表示增量（或微分）应力-应变本构方程。

（1）Cauchy 形式的全应力-应变本构关系

对于 Cauchy 形式的弹性本构关系，当前的应力状态 σ_{ij} 唯一地表示成当前的应变状态 ε_{kl}，反之亦然。Cauchy 弹性形式的本构关系形如式（5.4），其弹性性质是可逆的，并且与路径无关。与路径无关也即应力由应变的当前状态唯一地确定，反之亦然。材料性质与达到当前应力或应变状态的应力历史或应变历史没有相关性。但是应变由应力唯一确定则不一定正确，并且不能保证 $W(\varepsilon_{ij})$ 和 $\Omega(\sigma_{ij})$ 的可逆性、路径无关性。

Cauchy 弹性类型的一般形式为 $\sigma_{ij}=F_{ij}(\varepsilon_{mn})$，或为 $\varepsilon_{ij}=F'_{ij}(\sigma_{mn})$。其特点为①应力 σ_{ij} 和应变 ε_{ij} 都是可逆的，并且与路径无关；②对于应变能 W 和余能 Ω，一般情况下并不总是能够保证其有可逆性、与路径无关性；③当应力唯一由应变决定或应变唯一由应力决定时，反过来却不一定都成立。附加条件是满足热力学定律和应力、应变的唯一前提；④通过对基于变割线模量（如 E_s、υ_s、K_s、G_s）的各向同性线弹性应力-应变关系的修正，是 Cauchy 弹性类型最普遍使用的模型，其参数有明确的物理意义，且容易由试验所确定。

（2）Green 超弹性形式的全应力-应变本构关系

弹性材料需满足热力学平衡方程，由此附加要求表征的弹性本构关系则称为 Green 超弹性形式的本构关系。Green 超弹性模型具有可逆性、路径无关性，并且整个加载循环过程中不会产生多余的能量从而满足热力学定律。此类本构关系的基础是假定 $W(\varepsilon_{ij})$ 或 $\Omega(\sigma_{ij})$ 为 $\sigma_{ij}=\dfrac{\partial W}{\partial \varepsilon_{ij}}$，$\varepsilon_{ij}=\dfrac{\partial \Omega}{\partial \sigma_{ij}}$。这也是 Green（超弹性）类型本构关系的一般形式，其特点为①应力 σ_{ij} 和应变 ε_{ij} 都是可逆的、与路径无关；②应变能 W、余能 Ω 都具有可逆性，并且与路径无关，模型满足热力学定律；③基于假设函数 W 和 Ω 的本构关系，具有极好的数学特性，并且可导出不同的通用关系式。但模型参数没有明确的物理意义，且确定方法复杂；④W 和 Ω 的函数形式可容易假定，并且能够再现材料特性，如非线性、膨胀性、交叉影响、应力或应变引发的各向异性等；⑤对于一般的 Green 类材料，通过施加能量函数 W 和 Ω 的外凸性约束，应力和应变的唯一性总可以得到满足。

对于初始各向同性弹性材料，根据应变张量 ε_{ij} 或应力张量 σ_{ij} 的任何三个独立的不变量分别表示 W、Ω，可得到各种非线性弹性的应力-应变关系。例如，如果 Ω 采用三个应力张量不变量 I_1、I_2、I_3 来表示，根据本构方程 $\varepsilon_{ij}=\dfrac{\partial \Omega}{\partial \sigma_{ij}}$则可得到如下本构关系：

$$\varepsilon_{ij}=\frac{\partial \Omega}{\partial I_1}\frac{\partial I_1}{\partial \sigma_{ij}}+\frac{\partial \Omega}{\partial I_2}\frac{\partial I_2}{\partial \sigma_{ij}}+\frac{\partial \Omega}{\partial I_3}\frac{\partial I_3}{\partial \sigma_{ij}} \tag{5.83}$$

令：$\phi_i=\phi_i(I_j)=\dfrac{\partial \Omega}{\partial I_i}$，$\phi_i$ 称为材料响应函数，于是，式（5.83）可表示为

$$\varepsilon_{ij}=\phi_1\delta_{ij}+\phi_2\sigma_{ij}+\phi_3\sigma_{im}\sigma_{jm} \tag{5.84}$$

对于各向同性线弹性材料，Cauchy 形式的弹性本构关系式和 Green 超弹性形式的本构关系式，都可简化为广义 Hooke 定律形式。然而，对于一般的各向异性线弹性材料，Cauchy 形式的弹性公式有三十六个弹性常数，而 Green 超弹性形式的弹性公式中，由于对 $\varepsilon_{ij}=\dfrac{\partial \Omega}{\partial \sigma_{ij}}$附加了对称性要求，因此只需要二十一个材料常数。本构方程 $\sigma_{ij}=\dfrac{\partial W}{\partial \varepsilon_{ij}}$、$\varepsilon_{ij}=\dfrac{\partial \Omega}{\partial \sigma_{ij}}$ 通常可改写为

$$\sigma_{ij}=C_{ijkl}\varepsilon_{kl}, \quad \varepsilon_{ij}=D_{ijkl}\sigma_{kl} \tag{5.85}$$

式中，C_{ijkl}、D_{ijkl}为四阶张量，分别取决于当前的应变状态、应力状态。

形如式（5.85）的这类本构关系式可归纳为割线公式，其中的张量C_{ijkl}、D_{ijkl}分别代表材料的割线刚度张量、割线柔度张量。对$\sigma_{ij}=\frac{\partial W}{\partial \varepsilon_{ij}}$、$\varepsilon_{ij}=\frac{\partial \Omega}{\partial \sigma_{ij}}$微分，将导出增量形式的应力-应变本构关系式，即

$$\mathrm{d}\sigma_{ij}=\frac{\partial^2 W}{\partial \varepsilon_{ij}\partial \varepsilon_{kl}}\mathrm{d}\varepsilon_{kl}=H_{ijkl}\mathrm{d}\varepsilon_{kl}, \quad \mathrm{d}\varepsilon_{ij}=\frac{\partial^2 \Omega}{\partial \sigma_{ij}\partial \sigma_{kl}}\mathrm{d}\sigma_{kl}=H'_{ijkl}\mathrm{d}\sigma_{kl} \tag{5.86}$$

式中，$\mathrm{d}\sigma_{ij}$，$\mathrm{d}\varepsilon_{ij}$分别为应力增量张量、应变增量张量；$H_{ijkl}$，$H'_{ijkl}$为四阶张量，其分量的对称矩阵在数学上分别被认为是应变密度函数$W(\varepsilon_{ij})$、余能密度函数$Q(\sigma_{ij})$的Hessian矩阵。

上述Cauchy弹性、Green超弹性形式的弹性本构关系，显示了全应力-应变的可逆性、路径无关性，并且限制了Green模型中的本构关系使之保证W、Ω的可逆性、路径无关性。以割线（全量）形式描述的材料特性既具有可逆性，又具有与路径无关性，但限于单调或比例加载范围。割线形式的本构关系已用于描述材料的非线性性质，并且大多数可简单扩展为各向同性线弹性应力-应变关系。对于这些各向同性线弹性模型，将两个弹性常模量（E、υ，或K、G）采用割线模量（E_s、υ_s，或K_s、G_s）代替，假定这些割线模量为应力不变量、应变不变量的函数。通过K_s、G_s描述的割线公式可导出相应的增量应力-应变关系表达式。

（3）亚弹性形式的增量应力-应变本构关系

使一种材料在任何意义下具有弹性的最低要求，是其应力和应变的增量张量之间存在着一一对应的关系。这些关系最简单的形式是通过材料响应模量，使得应变增量$\mathrm{d}\varepsilon_{ij}$与应力增量$\mathrm{d}\sigma_{ij}$构成线性关系。该模量取决于当前的应力$\sigma_{ij}$或应变$\varepsilon_{ij}$单一状态变量，具有以下四种典型的本构方程形式：

$$\begin{aligned}&\mathrm{d}\sigma_{ij}=C_{ijkl}(\sigma_{mn})\mathrm{d}\varepsilon_{kl}, \quad \mathrm{d}\sigma_{ij}=C_{ijkl}(\varepsilon_{mn})\mathrm{d}\varepsilon_{kl},\\&\mathrm{d}\varepsilon_{ij}=D_{ijkl}(\varepsilon_{mn})\mathrm{d}\sigma_{kl}, \quad \mathrm{d}\varepsilon_{ij}=D_{ijkl}(\sigma_{mn})\mathrm{d}\sigma_{kl}\end{aligned} \tag{5.87}$$

式中，C_{ijkl}，D_{ijkl}为材料的切线响应函数。响应函数C_{ijkl}，D_{ijkl}是其指定的自变量的一般函数，即应力张量或应变张量的函数。也就是说，C_{ijkl}、D_{ijkl}要么是应力张量的函数，要么是应变张量的函数。张量C_{ijkl}、D_{ijkl}通常称为材料切线刚度张量或模量、切线柔度张量或模量。

对于亚弹性材料，其响应一般是与路径有关的，即与应力历史或应变历史有关。亚弹性或增量本构关系通常归结为切线应力-应变本构模型。这类模型所表征的材料特性比割线形式（Cauchy型或Green型）更接近于实际材料性质。实际上，增量形式的本构关系包含了Cauchy亚弹性和Green超弹性本构关系，Cauchy弹性和Green超弹性本构关系是增量形式本构关系的极限情形。

亚弹性本构关系的特点为①路径相关性，即应力状态一般依赖于当前的应变状态和达到这种状态所经过的应力路径；②增量可逆性，即亚弹性材料在初始应力下的微小变形是可逆的；③不同的应力路径和初始条件，将导致不同的应力-应变关系，即必须指定初始条件才能得到唯一解；④亚弹性模型在某些加载-卸载循环过程中可能产生能量，从而违反热力学定律；⑤亚弹性模型材料参数确定方法复杂，且无明确的物理意义。

5.4.2 各向同性亚弹性本构方程

增量形式的本构模型所描述的应力状态，依据当前应变状态及其路径。通常，这类本构

关系由亚弹性材料的本构方程描述，即

$$d\sigma_{ij}=F_{ij}(d\varepsilon_{kl},\ \sigma_{mn}) \tag{5.88}$$

式中，F_{ij} 为张量响应函数。

本构方程（5.88）以应变增量张量 $d\varepsilon_{kl}$、当前的应力张量 σ_{mn} 的分量来表达应力增量张量 $d\sigma_{ij}$。岩土材料的非线性本构建模广泛采用增量本构关系，并且通常有两种途径：一种途径是基于非线性弹性本构关系进行推导；另一种途径是基于某一特殊类型的亚弹性模型建立本构方程。首先介绍增量（亚弹性）应力-应变关系的一般形式。

（1）各向同性材料

对于各向同性材料，式（5.88）中的张量响应函数 $F_{ij}(d\varepsilon_{kl},\ \sigma_{mn})$ 在整个坐标轴变换下须形式不变，即在坐标轴的任意转换 $x'_i=l_{ij}x_j$ 下，函数 F_{ij} 必须满足

$$F_{pq}(\sigma'_{ab},\ d\varepsilon'_{cd})=l_{pi}l_{qj}F_{ij}(\sigma_{mn},\ d\varepsilon_{kl}) \tag{5.89}$$

式中，$l_{ij}=\cos(x'_i,\ x_j)$ 是变换张量，由旋转（主）坐标轴 x'_i 对原坐标轴 x_i 的方向余弦组成；$\sigma'_{ab}=l_{am}l_{bn}\sigma_{mn}$ 为旋转坐标轴系中的应力张量的分量；$d\varepsilon'_{cd}=l_{ck}l_{dl}d\varepsilon_{kl}$ 为旋转坐标轴系中的应变张量的分量。

满足式（5.89）的各向同性条件的本构关系式（5.88）的最一般形式为

$$\begin{aligned}d\sigma_{ij}=&\alpha_0\delta_{ij}+\alpha_1 d\varepsilon_{ij}+\alpha_2 d\varepsilon_{ik}d\varepsilon_{kj}+\alpha_3\sigma_{ij}+\alpha_4\sigma_{ik}\sigma_{kj}+\alpha_5\cdot\\&(d\varepsilon_{ik}\sigma_{kj}+\sigma_{ik}d\varepsilon_{kj})+\alpha_6(d\varepsilon_{ik}d\varepsilon_{km}\sigma_{mj}+\sigma_{ik}d\varepsilon_{km}d\varepsilon_{mj})+\\&\alpha_7(d\varepsilon_{ik}\sigma_{km}\sigma_{mj}+\sigma_{ik}\sigma_{km}d\varepsilon_{mj})+\alpha_8(d\varepsilon_{ik}d\varepsilon_{km}\sigma_{mn}\sigma_{nj}+\sigma_{ik}\sigma_{km}d\varepsilon_{mn}d\varepsilon_{nj})\end{aligned} \tag{5.90}$$

式中，α_i 为材料响应系数。

一般情况下，α_i 是张量 $d\varepsilon_{ki}$ 和 σ_{mn} 的六个独立不变量和以下四个结合不变量的多项式函数：

$$Q_1=\sigma_{qp}d\varepsilon_{pq}、Q_2=\sigma_{qr}\sigma_{rp}d\varepsilon_{pq}、Q_3=\sigma_{rp}d\varepsilon_{pq}d\varepsilon_{qr}、Q_4=\sigma_{rs}\sigma_{sp}d\varepsilon_{pq}d\varepsilon_{qr} \tag{5.91}$$

式（5.90）对时间必须是齐次的，因而需要删除包含二次以及更高次幂的 $d\varepsilon_{mn}$。相应地，响应系数 α_2、α_6、α_8 须剔除，响应系数 α_1、α_5、α_7 须与 $d\varepsilon_{mn}$ 无关并且仅为 σ_{kl} 的函数，响应系数 α_0、α_3、α_4 在 $d\varepsilon_{mn}$ 中须为一次。据此可得到

$$\begin{aligned}d\sigma_{ij}=&\alpha_0\delta_{ij}+\alpha_1 d\varepsilon_{ij}+\alpha_3\sigma_{ij}+\alpha_4\sigma_{ik}\sigma_{kj}+\alpha_5\cdot\\&(\sigma_{kj}d\varepsilon_{ik}+\sigma_{ik}d\varepsilon_{kj})+\alpha_7(\sigma_{km}\sigma_{mj}d\varepsilon_{ik}+\sigma_{ik}\sigma_{km}d\varepsilon_{mj})\end{aligned} \tag{5.92}$$

式中，α_0、α_3、α_4 分别表示为 $\alpha_0=\beta_0 d\varepsilon_{nn}+\beta_1 Q_1+\beta_2 Q_2$、$\alpha_3=\beta_3 d\varepsilon_{nn}+\beta_4 Q_1+\beta_5 Q_2$、$\alpha_4=\beta_6 d\varepsilon_{nn}+\beta_7 Q_1+\beta_8 Q_2$。类似于 α_1、α_5、α_7，β_i 与 $d\varepsilon_{mn}$ 无关，并且仅为应力不变量的函数。于是可得到

$$\begin{aligned}d\sigma_{ij}=&(\beta_0 d\varepsilon_{nn}+\beta_1 Q_1+\beta_2 Q_2)\delta_{ij}+\alpha_1 d\varepsilon_{ij}+(\beta_3 d\varepsilon_{nn}+\beta_4 Q_1+\beta_5 Q_2)\sigma_{ij}+(\beta_6 d\varepsilon_{nn}+\\&\beta_7 Q_1+\beta_8 Q_2)\sigma_{ik}\sigma_{kj}+\alpha_5(\sigma_{kj}d\varepsilon_{ik}+\sigma_{ik}d\varepsilon_{kj})+\alpha_7(\sigma_{km}\sigma_{mj}d\varepsilon_{ik}+\sigma_{ik}\sigma_{km}d\varepsilon_{mj})\end{aligned} \tag{5.93}$$

该式在时间上是齐次的，因而可得到

$$\begin{aligned}d\sigma_{ij}=&(\beta_0 d\varepsilon_{nn}+\beta_1\sigma_{qp}d\varepsilon_{pq}+\beta_2\sigma_{qr}\sigma_{rp}d\varepsilon_{pq})\delta_{ij}+\alpha_1 d\varepsilon_{ij}+\\&(\beta_3 d\varepsilon_{nn}+\beta_4\sigma_{qp}d\varepsilon_{pq}+\beta_5\sigma_{qr}\sigma_{rp}d\varepsilon_{pq})\sigma_{ij}+(\beta_6 d\varepsilon_{nn}+\beta_7\sigma_{qp}d\varepsilon_{pq}+\\&\beta_8\sigma_{qr}\sigma_{rp}d\varepsilon_{pq})\sigma_{ik}\sigma_{kj}+\alpha_5(\sigma_{kj}d\varepsilon_{ik}+\sigma_{ik}d\varepsilon_{kj})+\\&\alpha_7(\sigma_{km}\sigma_{mj}d\varepsilon_{ik}+\sigma_{ik}\sigma_{km}d\varepsilon_{mj})\end{aligned} \tag{5.94}$$

式中，$d\sigma_{ij}$、$d\varepsilon_{ij}$ 分别为应力增量张量、应变增量张量。

式（5.94）为各向同性与时间无关的材料增量本构关系的最一般形式。

式（5.94）包含了十二个响应系数，这些系数是应力不变量多项式的函数，由试验以及试验曲线、拟合试验数据的模型来决定。该式实际上是应变增量张量 $d\varepsilon_{kl}$ 分量的线性函数，因而可方便地写成增量线性形式为

$$d\sigma_{ij}=C_{ijkl}d\varepsilon_{kl} \tag{5.95}$$

式中，C_{ijkl} 为材料响应张量，是应力张量 σ_{mn} 分量的函数，即 C_{ijkl}（σ_{mn}）。

上述亚弹性本构关系式（5.94）或式（5.95）体现了：①可逆性；②路径相关性；③不对称性；④考虑了亚弹性公式和 Cauchy 以及 Green 型弹性总应力-应变模型间的关系。

亚弹性材料中的微（增量）变形在初始应力状态下是可逆的。应力增量 $d\sigma_{ij}$ 对于不同的应力路径、初始条件的积分，会导致不同的应力-应变关系。对于 C_{ijkl} 的最一般形式，其描述的亚弹性所展示的重要特性是应力或应变引发的各向异性，因此体积响应和偏斜作用也就存在耦合（即相互作用）。同时，增量应力张量、增量应变张量的主方向也是不一致的。由应力引发的各向异性、耦合效应在模拟一些真实材料的性质中具有重要的特性，如岩土材料等，其非弹性膨胀或压缩为主要影响效应。

采用亚弹性本构关系描述弹性性质，须建立增量关系的积分条件。对于 $d\sigma_{ij}=C_{ijkl}d\varepsilon_{kl}$、$C_{ijkl}$ 的最一般形式，其增量关系的积分条件为

$$\frac{\partial C_{ijkl}}{\partial \varepsilon_{mn}}=\frac{\partial C_{ijmn}}{\partial \varepsilon_{kl}}\text{或}\frac{\partial C_{ijkl}}{\partial \sigma_{pq}}\frac{\partial \sigma_{pq}}{\partial \varepsilon_{mn}}=\frac{\partial C_{ijmn}}{\partial \sigma_{rs}}\frac{\partial \sigma_{rs}}{\partial \varepsilon_{kl}} \tag{5.96}$$

对于 C_{ijkl} 的最一般形式，当材料系数受到约束，并且上述条件对所有应力状态均有效，则亚弹性本构关系便可简化为 Cauchy 形式的弹性本构关系。此外，如果 $C_{ijkl}=C_{klij}$ 也可得到满足，则 $d\sigma_{ij}$ 表达式中的增量关系就可描述亚弹性本构关系。

（2）各向异性材料

对于材料的各向同性，要求对于任意的坐标轴变换 $x'_i=l_{ij}x_j$，根据变换应力 σ'_{ab}决定的张量 C_{pqrs}，必须与以原应力 σ_{mn}形式表达的变换张量 C_{ijkl} 保持一致，即

$$C_{pqrs}(\sigma'_{ab})=l_{pi}l_{qj}l_{rk}l_{sl}C_{ijkl}(\sigma_{mn}) \tag{5.97}$$

式中，$\sigma'_{ab}=l_{am}l_{bn}\sigma_{mn}$。

由于 $d\sigma_{ij}$ 和 $d\varepsilon_{kl}$ 是对称张量，C_{ijkl} 有以下对称量：$C_{ijkl}=C_{jikl}=C_{ijlk}=C_{jilk}$。满足这些条件的 C_{ijkl} 的最一般形式可表示为

$$\begin{aligned}C_{ijkl}=&A_1\delta_{ij}\delta_{kl}+A_2(\delta_{ik}\delta_{jl}+\delta_{jk}\delta_{il})+A_3\sigma_{ij}\delta_{kl}+\\&A_4\delta_{ij}\sigma_{kl}+A_5(\delta_{ik}\sigma_{jl}+\delta_{il}\sigma_{jk}+\delta_{jk}\sigma_{il}+\delta_{jl}\sigma_{ik})+A_6\delta_{ij}\sigma_{km}\sigma_{ml}+\\&A_7\delta_{kl}\sigma_{im}\sigma_{mj}+A_8(\delta_{ik}\sigma_{jm}\cdot\sigma_{ml}+\delta_{il}\sigma_{jm}\sigma_{mk}+\delta_{jk}\sigma_{im}\sigma_{ml}+\delta_{jl}\sigma_{im}\sigma_{mk})+\\&A_9\sigma_{ij}\sigma_{kl}+A_{10}\sigma_{ij}\sigma_{km}\sigma_{ml}+A_{11}\sigma_{im}\sigma_{mj}\sigma_{kl}+A_{12}\sigma_{im}\sigma_{mj}\sigma_{kn}\sigma_{nl}\end{aligned} \tag{5.98}$$

式中，A_i 为十二个材料系数，仅依赖于应力张量 σ_{ij} 的不变量。张量 C_{ijkl} 常称之为材料的切线刚度张量。

（3）逆本构关系

本构关系式（5.95）$d\sigma_{ij}=C_{ijkl}d\varepsilon_{kl}$ 的逆本构关系可写为

$$d\varepsilon_{kl}=D_{ijkl}d\sigma_{kl} \tag{5.99}$$

式中，D_{ijkl} 称为材料的切线柔度张量。D_{ijkl} 是应力张量 σ_{ij} 的函数，并且具有与 C_{ijkl} 相同的形式。

式（5.95）、式（5.99）采用矩阵形式分别表示为

$$\{d\sigma\}=[C_t]\{d\varepsilon\}\text{、}\{d\varepsilon\}=[C_t]^{-1}\{d\sigma\}=[D_t]\{d\sigma\} \tag{5.100}$$

式中，$\{d\sigma\}$、$\{d\varepsilon\}$分别为应力增量向量、应变增量向量；$[C_t]$、$[C_t]^{-1}$或$[D_t]$分别为6×6阶的材料刚度矩阵、柔度矩阵，其元素分别为应力张量σ_{ij}、应变张量ε_{ij}的函数。

对于C_{ijkl}的最一般形式，依据C_{ijkl}对应力张量σ_{ij}分量的依赖程度，可以建立不同阶（或次）的各向同性亚弹性模型。例如，假设C_{ijkl}是应力张量的线性函数，可得到一阶模型，如式（5.98）中的A_6至A_{12}为0，A_1、A_2只依赖第一应力不变量。此时，A_1、A_2为第一应力不变量的线性函数，因而总共需要七个材料常数。将A_1、A_2作为常数，并且忽略A_3至A_{12}的其他所有系数，将得到一个零阶亚弹性模型。对于各向同性线弹性材料，这个模型等同于一个增量 Hooke 定律。

5.4.3 基于线弹性本构关系的本构方程

一般来说，基于线弹性本构关系来推导各向同性非线性弹性本构方程有两种方法。一种方法是采用一个与应力不变量I_1、J_2、J_3相关的标量函数$F(I_1, J_2, J_3)$来替代$\varepsilon_{ij}=\frac{1+\upsilon}{E}\cdot\sigma_{ij}-\frac{\upsilon}{E}\sigma_{kk}\delta_{ij}$中的$\frac{1}{E}$；第二种方法是对$p=K\varepsilon_{kk}$、$s_{ij}=2Ge_{ij}$线性关系进行修正。

（1）方法一

采用该方法，应变张量ε_{ij}可表示为

$$\varepsilon_{ij}=(1+\upsilon)F\sigma_{ij}-\upsilon F\sigma_{kk}\delta_{ij} \tag{5.101}$$

式中的泊松比υ也可采用由应力不变量的函数来替代。该式为各向同性弹性材料的非线性应力-应变关系表达式。当标量函数$F(I_1, J_2, J_3)$取为常数$\frac{1}{E}$时，该式则退化为线性形式。这些方程代表了弹性即可逆的性质，因为应变状态仅由当前的应力状态唯一地确定，而无须考虑加载历史。

特别地，对于弹性材料，当在材料的平均响应与偏斜响应、或剪切响应之间正好存在一个简单的、并且合乎逻辑的分离，可将$p=K\varepsilon_{kk}$、$s_{ij}=2Ge_{ij}$改写为

$$\varepsilon_{kk}=(1-2\upsilon)F\sigma_{kk}、e_{ij}=(1+\upsilon)Fs_{ij} \tag{5.102}$$

式中，模量K、G采用E、υ的形式进行表达；$\frac{1}{E}$由标量函数$F(I_1, J_2, J_3)$代替。与线弹性关系不同的是，这里的ε_{kk}、e_{ij}表达式表明，通过不变量$I_1=\sigma_{kk}$、$J_2=\frac{1}{2}s_{ij}s_{ij}$、$J_3=\frac{1}{3}s_{ij}s_{jk}\cdot s_{ki}$使得标量函数$F(I_1, J_2, J_3)$在量上的变化，可看出在两种响应之间存在相互联系。这也意味着体积改变量ε_{kk}并不仅仅依赖于σ_{kk}。同样地，畸变或剪切变形e_{ij}也不仅仅依赖于应力偏量或剪切应力s_{ij}，它们相互依赖，并且通过标量函数$F(I_1, J_2, J_3)$的变化相互作用。

（2）方法二

该方法将线性本构方程$p=K\varepsilon_{kk}$、$s_{ij}=2Ge_{ij}$分别修正为

$$p=K_s\varepsilon_{kk},\ s_{ij}=2G_se_{ij} \tag{5.103}$$

式中，K_s、G_s分别为割线体积模量、割线剪切模量。

式（5.103）还可分别以八面体应变分量ε_{oct}、γ_{oct}形式表示的K_s、G_s标量函数来确定。

5.4.4 变模量增量应力-应变关系

在5.4.2节中，增量关系是基于某一特殊类型的亚弹性模型而单独建立的。这类模型

中，式（5.95）、式（5.99）中的材料响应张量 C_{ijkl}、D_{ijkl} 假设为依赖于不变量，但是并不依赖于应力或应变张量本身，也就是说对于式（5.98）中 C_{ijkl} 的系数 A_3 至 A_{12} 都为 0。此外，为了考虑材料的滞后特性，在初始加载以及随后的卸载、再加载中，采用材料响应函数的不同形式，即模型一般是不可逆的，甚至对于增量加载也是如此，这些模型现在称为变模量模型。

对于大多数工程材料，在非弹性阶段，卸载与加载具有完全不同的路径。当卸载至初始应力状态时，应变不能完全恢复从而产生永久应变。因此，为了使基于弹性的本构模型可以用于一般的应力历史条件中，需要考虑其卸载特性。为此，最常用的方法是引入加载准则，并且对加载、卸载特性使用不同的应力-应变关系。源于此，对于土这样一种材料，广泛应用了变模量模型。

基于各向同性线弹性本构模型可直接推导出增量应力-应变本构关系，可表示为

$$\mathrm{d}p=K_{\mathrm{t}}\mathrm{d}\varepsilon_{kk}，\ \mathrm{d}s_{ij}=2G_{\mathrm{t}}\mathrm{d}e_{ij} \tag{5.104}$$

式中，$\mathrm{d}p$、$\mathrm{d}\varepsilon_{kk}$ 分别为平均应力增量、体积应变增量；$\mathrm{d}s_{ij}$、$\mathrm{d}e_{ij}$ 分别为偏应力增量、偏应变增量；K_{t}、G_{t} 分别为切线体积模量、切线剪切模量，K_{t} 一般是静水压力的函数，而 G_{t} 则一般是假定为依赖于静水压力和第二应力不变量 J_2 的函数。

式（5.104）依赖于不变量，但不依赖于应力张量或应变张量自身。该本构方程将本构关系分成偏量部分、体积部分，从计算的角度看是很方便的，这自动排除了材料的膨胀，即偏应力增量不会造成体积的改变。变模量模型中的应力增量、应变增量的主方向（即主轴）是重合的。

变模量模型存在以下优点：①可很好地满足多种可行的试验。例如，单轴应变试验、用于土体的三轴压缩试验等；②这些模型主要基于曲线拟合技术，较容易拟合试验数据且计算方便，具有拟合循环加载下重复滞后数据的能力。

变模量模型存在以下不足：①本构关系为增量各向同性，忽略了体积应变、偏应力增量的交叉影响。②对于所有应力历史，不能够全部满足严格的理论要求，不存在唯一的应力-应变关系。③模型假设应变增量主轴总是与应力增量主轴重合，但这仅仅是在低应力水平下是正确的。对于岩土类材料似乎也是适合的，但目前缺乏足够的试验数据。④变模量本构关系不可逆，其增量加载也是如此，而亚弹性材料是可逆的。

5.4.5 一阶亚弹性模型

对于本构关系式（5.87）中的切线响应张量 C_{ijkl}、D_{ijkl} 在形式上被限制为各向同性，即材料的性质被假定为递增的各向同性。因而该本构关系不能考虑剪胀、应力诱发的各向异性等。在增量本构模型中，应力-应变关系是采用改变与应力或应变相关的切线模量的线弹性关系而直接得到的。在本节中，将介绍一种基于经典的低弹性理论、增量形式的一阶亚弹性本构模型。这种一阶本构关系用于土体材料具有很多优点。

（1）一般公式

式（5.87）中的四个本构关系描述的都是与时间无关的最一般形式，应力增量和应变增量通过切线响应张量 C_{ijkl} 或 D_{ijkl} 构成线性关系。C_{ijkl}、D_{ijkl} 仅仅依赖于单一状态变量，即要么是应力状态，要么是应变状态，但不能两者都是。

考虑本构关系 $\mathrm{d}\sigma_{ij}=C_{ijkl}(\sigma_{\mathrm{mn}})\mathrm{d}\varepsilon_{kl}$，如果假设材料性质是各向同性的，那么材料特性张量 $C_{ijkl}(\sigma_{\mathrm{mn}})$ 必须满足任何坐标变换下的各向同性条件。此时，$C_{ijkl}(\sigma_{\mathrm{mn}})$ 以最一般的形式给

出，表征该模型的十二个材料参数仅依赖于应力张量 σ_{ij}。

对于一个一阶的亚弹性材料，进一步假定张量 $C_{ijkl}(\sigma_{mn})$ 其应力仅仅是一次幂，那么切线刚度张量 C_{ijkl} 的最一般形式可表示为

$$
\begin{aligned}
C_{ijkl}=&(a_{01}+a_{11}\sigma_{rr})\delta_{ij}\delta_{kl}+\frac{1}{2}(a_{02}+a_{12}\sigma_{rr})(\delta_{ik}\delta_{jl}+\delta_{jk}\delta_{il})\\
&+a_{13}\delta_{ij}\delta_{kl}+\frac{1}{2}a_{14}(\sigma_{jk}\delta_{li}+\sigma_{jl}\delta_{ki}+\sigma_{ik}\delta_{lj}+\sigma_{il}\delta_{kj})\\
&+a_{15}\sigma_{kl}\delta_{ij}
\end{aligned}
\tag{5.105}
$$

式中，a_{01} 至 a_{15} 为七个材料常数。

一阶亚弹性模型的增量应力-应变关系表达式为

$$
\begin{aligned}
d\sigma_{ij}=&a_{01}\delta_{ij}d\varepsilon_{kk}+a_{02}d\varepsilon_{ij}+a_{11}\sigma_{pp}\delta_{ij}d\varepsilon_{kk}\\
&+a_{12}\sigma_{mm}d\varepsilon_{ij}+a_{13}\sigma_{ij}d\varepsilon_{kk}+a_{14}(\sigma_{jk}d\varepsilon_{ik}+\sigma_{ik}d\varepsilon_{jk})\\
&+a_{15}\sigma_{kl}\delta_{ij}d\varepsilon_{kl}
\end{aligned}
\tag{5.106}
$$

对于初始各向同性材料，这些关系式表示了一阶亚弹性本构关系的最一般形式。

式（5.106）中的最后三项描述应力引发的各向异性，即应力增张量 $d\sigma_{ij}$、应变增张量 $d\varepsilon_{ij}$ 的主方向通常是不一致的。如果除 a_{01}、a_{02} 外，其余参数被消除即零阶亚弹性形式，这样就可导出线弹性材料的广义 Hooke 定律表达式。

对于任何描述的加载（或应力）路径和初始条件，则可通过对亚弹性本构关系求积分而得到全应力-应变关系表达式。积分条件表示为

$$
\frac{\partial C_{ijkl}}{\partial \varepsilon_{np}}=\frac{\partial C_{ijnp}}{\partial \varepsilon_{kl}}，或\frac{\partial C_{ijkl}}{\partial \sigma_{rs}}\frac{\partial \sigma_{rs}}{\partial \varepsilon_{np}}=\frac{\partial C_{ijnp}}{\partial \sigma_{mq}}\frac{\partial \sigma_{mq}}{\partial \varepsilon_{kl}}
\tag{5.107}
$$

式中，$\dfrac{\partial \sigma_{rs}}{\partial \varepsilon_{np}}=C_{rsnp}$。

对于 Cauchy 弹性材料，也就是应力状态由应变状态唯一决定，而与应力历史无关，此时表达式（5.107）必须对所有的应力状态成立，这就给材料常数强加了某些约束。将表达式（5.105）代入积分条件式（5.107），并且要求与应力状态无关，这表明该条件必须同时满足 Cauchy 弹性性质的如下要求：

$$
\begin{aligned}
&a_{14}=0，a_{12}(3a_{11}+a_{12})=0，a_{12}a_{15}=0，\\
&a_{15}(3a_{11}+a_{15})=0，3a_{01}a_{12}+a_{02}(a_{12}-a_{13})=0
\end{aligned}
\tag{5.108}
$$

该式给出了表达式（5.106）所描述的 Cauchy 弹性行为的一般条件。此外，如果采用式（5.106）来描述亚弹性性质，则切线刚度张量 C_{ijkl} 必须满足对称条件 $C_{ijkl}=C_{klij}$，这样就可以引出必须满足的附加条件

$$
a_{13}=a_{15}
\tag{5.109}
$$

该式给出了为保证 Green 超弹性行为，除条件式（5.108）之外所必须满足的外加约束。

对于任何不满足式（5.108）、式（5.109）要求的材料性质（a_{01} 至 a_{15}）的其他组合，其全应力和应变决定于加载路径。此时，式（5.106）描述的性质通常是与路径相关的。

（2）常规试验路径的特殊形式

在大多数常用的土工试验中的加载期间，如三轴试验，应力和应变张量的主轴是一致的并且不转动。在这些情况下，合适地将主方向选做参考轴，仅仅考虑三个主应力和主应变，分开来考虑三种特殊的试验形式：静水压缩试验、常规三轴压缩试验（CTC）和一维固结试验（K_0 试验）。

① 静水压缩试验（HC）

对于 HC 试验，由于 $\sigma_1=\sigma_2=\sigma_3=\sigma_m$、$d\varepsilon_1=d\varepsilon_2=d\varepsilon_3=d\varepsilon_{oct}$，根据表达式（5.106）可得到以下增量表达式

$$d\sigma_m=(A+B\sigma_m)d\varepsilon_{oct} \tag{5.110}$$

A、B 分别定义为

$$\begin{aligned}A&=3a_{01}+a_{02}\\B&=9a_{11}+3a_{12}+3a_{13}+2a_{14}+3a_{15}\end{aligned} \tag{5.111}$$

对表达式（5.110）积分可得出 HC 试验的体积应力-应变关系表达式为

$$\sigma_m=\left(\frac{A}{B}+\sigma_c\right)e^{B\varepsilon_{oct}}-\frac{A}{B} \tag{5.112}$$

式中，σ_m、ε_{oct} 分别为八面体（平均）正应力和八面体正应变；σ_c 为初始静水（固结）压力。

通过试验得到 σ_m-ε_{oct} 曲线，再根据表达式（5.112）对该试验曲线进行拟合，可求出常数 A、B 的值。

② 常规三轴压缩试验（CTC）

当轴向应力 σ_1 增加时，即 $d\sigma_1>0$，此时在恒定的孔隙压力或约束压力下，即 $\sigma_2=\sigma_3$、$d\sigma_2=d\sigma_3=0$，根据这些条件再结合表达式（5.106）的详细展开，将得到以下微分形式的表达式

$$\begin{aligned}d\sigma_1&=(\alpha_1+\alpha_2\sigma_1+\alpha_3\sigma_3)d\varepsilon_1+(\alpha_4+\alpha_5\sigma_1+\alpha_6\sigma_3)d\varepsilon_3\\d\sigma_3&=(\beta_1+\beta_2\sigma_1+\beta_3\sigma_3)d\varepsilon_1+(\beta_4+\beta_5\sigma_1+\beta_6\sigma_3)d\varepsilon_3\end{aligned} \tag{5.113}$$

式中，α_1 至 α_6、β_1 至 β_6 分别定义为

$$\begin{aligned}&\alpha_1=a_{01}+a_{02} &&\beta_1=a_{01}\\&\alpha_2=a_{11}+a_{12}+a_{13}+2a_{14}+a_{15} &&\beta_2=a_{11}+a_{15}\\&\alpha_3=2a_{11}+2a_{12} &&\beta_3=2a_{11}+a_{13}\\&\alpha_4=2a_{01} &&\beta_4=2a_{01}+a_{02}\\&\alpha_5=2a_{11}+2a_{13} &&\beta_5=2a_{11}+a_{12}\\&\alpha_6=4a_{11}+2a_{15} &&\beta_6=4a_{11}+2a_{12}+2a_{13}+2a_{14}+2a_{15}\end{aligned} \tag{5.114}$$

由于 CTC 试验 $d\sigma_3=0$，根据表达式（5.113）第二式，可得到一个增量应变分量 $d\varepsilon_3$ 对增量应变分量 $d\varepsilon_1$ 的表达式为

$$\frac{d\varepsilon_3}{d\varepsilon_1}=-\frac{\beta_1+\beta_2\sigma_1+\beta_3\sigma_3}{\beta_4+\beta_5\sigma_1+\beta_6\sigma_3} \tag{5.115}$$

根据式（5.115）和式（5.113）中的第一式，可得到轴向应力 $d\sigma_1$ 与轴向应变 $d\varepsilon_1$ 之间的微分表达式为

$$\frac{d\sigma_1}{d\varepsilon_1}=(\alpha_1+\alpha_2\sigma_1+\alpha_3\sigma_3)-\frac{(\alpha_4+\alpha_5\sigma_1+\alpha_6\sigma_3)(\beta_1+\beta_2\sigma_1+\beta_3\sigma_3)}{\beta_4+\beta_5\sigma_1+\beta_6\sigma_3} \tag{5.116}$$

再根据式（5.115）和关系式 $d\varepsilon_v=d\varepsilon_1+2d\varepsilon_3$，可得到体积应变 $d\varepsilon_v$ 与轴向应变 $d\varepsilon_1$ 之间的微分表达式为

$$\frac{d\varepsilon_v}{d\varepsilon_1}=\frac{a_{02}+(a_{12}-2a_{15})\sigma_1+2(a_{12}+2a_{14}+a_{15})\sigma_3}{(2a_{01}+a_{02})+(2a_{11}+a_{12})\sigma_1+2(2a_{11}+a_{12}+a_{13}+a_{14}+a_{15})\sigma_3} \tag{5.117}$$

理论上，通过对式（5.116）、式（5.117）进行积分可得到 $\sigma_1-\varepsilon_1$、$\varepsilon_v-\varepsilon_1$ 之间的关系表达式，然而实际上积分是很困难的。因此，只有若干被挑选的点与试验数据相吻合。例如，为了达到这一目的，可以选择曲线的斜率。假定从初始静水压力状态进行 CTC 试验，

那么将 $\sigma_1=\sigma_3$ 代入式（5.116）、式（5.117），可以获得曲线的初始斜率，通过下式（简化后）将两个初始斜率联系起来：

$$\left.\frac{\mathrm{d}\sigma_1/\mathrm{d}\varepsilon_1}{\mathrm{d}\varepsilon_v/\mathrm{d}\varepsilon_1}\right|_{\sigma_1=\sigma_3}=A+B\sigma_3 \tag{5.118}$$

式中，对于 HC 试验，A、B 与表达式（5.110）相同。

对于一个特殊值，当式（5.116）、式（5.117）的两个初始斜率，与 HC 试验的式（5.112）一起与试验数据相拟合时，包含材料参数的四个计算方程式将为线性相关。

还可以采用破坏或失稳条件得到确定材料参数的附加关系式。破坏或失稳条件可定义为当应力没有变化时而产生了增加变形的应力条件。因而可以在拟合过程中应用峰值或破坏轴向应力 σ_{1f}（对于每一个 σ_3 的值），即对于 $\sigma_1=\sigma_{1f}$，通过设置表达式（5.116）为零来得到，即

$$(\alpha_1+\alpha_2\sigma_{1f}+\alpha_3\sigma_3)=\frac{(\alpha_4+\alpha_5\sigma_{1f}+\alpha_6\sigma_3)(\beta_1+\beta_2\sigma_{1f}+\beta_3\sigma_3)}{\beta_4+\beta_5\sigma_{1f}+\beta_6\sigma_3} \tag{5.119}$$

可以将式（5.119）中的条件，与试验确定的破坏轴向应力 σ_{1f}（和相应的 σ_3 的值）相吻合，以便获得包含从 a_{01} 至 a_{15} 的七个材料参数的许多方程，每一个方程对应于一组 σ_{1f} 和 σ_3。通过采用附加条件，如对应于 $\frac{\mathrm{d}\varepsilon_v}{\mathrm{d}\varepsilon_1}=0$ 的应力，或对应于每一个特殊的在破坏 $\sigma_1=\sigma_{1f}$ 时的斜率，可以同样地获得 CTC 试验中进一步的关系。事实上，在拟合材料参数过程中，可以选取 CTC 试验应力-应变曲线上许多的这样的应力特征点。

③ 一维固结试验（K_0 试验）

一维固结试验通常称为固结试验，即单轴应变试验或 K_0 试验。对应于该试验的边界条件和应力路径，使加载期间的横向应变为零，即 $\varepsilon_2=\varepsilon_3=0$、$\sigma_2=\sigma_3$。根据表达式（5.113），令 $\mathrm{d}\varepsilon_3=0$ 而直接获得由 $\mathrm{d}\varepsilon_1$（$\mathrm{d}\varepsilon_2=\mathrm{d}\varepsilon_3=0$）表示的 $\mathrm{d}\sigma_1$、$\mathrm{d}\sigma_3$（$\mathrm{d}\sigma_3=\mathrm{d}\sigma_2$）的两个增量形式，即

$$\begin{aligned}\mathrm{d}\sigma_1&=(\alpha_1+\alpha_2\sigma_1+\alpha_3\sigma_3)\mathrm{d}\varepsilon_1\\ \mathrm{d}\sigma_3&=(\beta_1+\beta_2\sigma_1+\beta_3\sigma_3)\mathrm{d}\varepsilon_1\end{aligned} \tag{5.120}$$

通常，假定在整个试验过程中，下面的条件总是能够得到满足的，即

$$\sigma_3=K_0\sigma_1 \tag{5.121}$$

式中，K_0 是在未受载时的侧压力系数。

在试验中，进一步将 K_0 的值假定为常数，如 $K_0=1-\sin\varphi$，其中 φ 为土的内摩擦角，这样就可估算出砂和正常固结黏土的 K_0 的值。采用式（5.121）中的约束，这样表达式（5.120）中的两个增量等式就不再独立，这样在积分中只能采用其中的一个。例如，考虑表达式（5.120）中的第一式，并且代入 σ_3，这样就可得到

$$\mathrm{d}\sigma_1=[\alpha_1+(\alpha_2+\alpha_3K_0)\sigma_1]\mathrm{d}\varepsilon_1 \tag{5.122}$$

将式（5.122）积分将得到以下的应力-应变关系表达式

$$\sigma_1=\left(\frac{A_1}{B_1}+\sigma_{1c}\right)\mathrm{e}^{B_1\varepsilon_1}-\frac{A_1}{B_1} \tag{5.123}$$

式中，σ_{1c} 为 σ_1 的初始值，而 σ_1 为试验中的初始固结应力。根据材料参数 a_{01} 至 a_{15} 将常数 A_1、B_1 分别定义为 $A_1=\alpha_1=a_{01}+a_{02}$、$B_1=\alpha_2+\alpha_3K_0=(a_{11}+a_{12})(1+2K_0)+a_{13}+2a_{14}+a_{15}$。

对于 HC 试验，表达式（5.123）与表达式（5.112）有相同的形式。通过将表达

式（5.123）与试验获得的曲线进行拟合，可估算出常数 A_1、B_1。

④ 模型特点

a. 亚弹性模型的增量特性可以描述土的非线性、应力路径相关性、应力诱发的各向异性、应力增量和应变增量主轴的不一致和剪胀性等。b. 当在材料参数上施加某些约束时，作为特殊极限情形，亚弹性（增量）模型包含了 Cauchy 弹性和 Green 超弹性割线模型的行为。c. 亚弹性模型的实用性存在一定的局限性，主要体现在确定模型参数所需要的试验特性和数量的限制。获得参数不只存在唯一的方法，可以采用参数的几个组合来拟合特殊的一组数据。d. 在模型参数与土的特性之间没有明显的关系。

5.4.6 基于应变能的本构方程

岩土类材料的非线性导致了各种非线性弹性本构关系的发展。可以采用两种方法来导出非线性弹性本构方程：一是基于更高阶的应变或应力分量（或其不变量），对弹性函数 W 或 Ω 做出假定的级数展开；二是将线弹性模型的本构关系进行推广或修正。

对于各向同性弹性材料，应变能密度 W 的本构方程可以采用应变张量 ε_{ij} 的三个独立的不变量来表示。如选择三个应变张量不变量：$I'_1=\varepsilon_{kk}$、$I'_2=\frac{1}{2}\varepsilon_{km}\varepsilon_{km}$、$I'_3=\frac{1}{3}\varepsilon_{km}\varepsilon_{kn}\varepsilon_{mn}$，则应变能密度函数 W 可表示为

$$W=W(I'_1, I'_2, I'_3) \tag{5.124}$$

根据 $\sigma_{ij}=\frac{\partial W}{\partial \varepsilon_{ij}}$ 可得到

$$\sigma_{ij}=\frac{\partial W}{\partial I'_1}\frac{\partial I'_1}{\partial \varepsilon_{ij}}+\frac{\partial W}{\partial I'_2}\frac{\partial I'_2}{\partial \varepsilon_{ij}}+\frac{\partial W}{\partial I'_3}\frac{\partial I'_3}{\partial \varepsilon_{ij}} \tag{5.125}$$

根据三个应变张量不变量 I'_1、I'_2、I'_3 可得到

$$\sigma_{ij}=\alpha_1\delta_{ij}+\alpha_2\varepsilon_{ij}+\alpha_3\varepsilon_{ik}\varepsilon_{jk} \tag{5.126}$$

式中，$\alpha_i=\alpha_i(I'_j)=\frac{\partial W}{\partial I'_i}$（$i=1, 2, 3$）为材料应变函数，包括三个方程，将这三个方程式联立，并且对其求导，可得到

$$\frac{\partial \alpha_i}{\partial I'_j}=\frac{\partial \alpha_i}{\partial I'_i} \tag{5.127}$$

由于 I'_1、I'_2、I'_3 的定义表达式中都出现三个独立的应变不变量，这些不变量的选择是任意的，既可以采用应变不变量 I'_1、I'_2、I'_3，也可以应用偏张量 e_{ij} 中的不变量 J'_1、J'_2、J'_3，甚至还可以混合采用如 I'_1、J'_2、J'_3。这种选择方式是为了方便分离材料应变函数 α_i。

根据 Cayley-Hamilton 理论，任何正整数幂的二阶张量，如应变张量 ε_{ij}，都可以由 3 个 ε_{ij} 的不变量的多项式函数为系数的 δ_{ij}、ε_{ij}、$\varepsilon_{ik}\varepsilon_{kj}$ 线性组合表示出来。因此，对 Cauchy 弹性材料，$\sigma_{ij}=F_{ij}(\varepsilon_{kl})$ 给出的最一般的应力-应变关系表达形式，能够以与式（5.126）完全一样的形式进行表达。实际上，式（5.126）是基于 Green 超弹性材料方程推导而来的。α_i 是 ε_{ij} 的不变量的无关的函数，并且不再受式（5.127）对 Green 超弹性材料的限制。所以，基于式（5.127）的一般关系式，并且使用各种不同的对 α_i 的假设函数形式，可推导出各种基于 Cauchy 和 Green 公式而得出的本构模型，如二阶、三阶和四阶等。仅有的不同在于，对 Green 超弹性材料所选择的 α_i 函数要受到式（5.127）的进一步限制。

考虑 W 以应变张量不变量 I'_1、I'_2、I'_3 的多项式形式展开，保留二阶至四阶的应变项，

则可将式（5.124）表示为

$$W=W(c_1I_1'^2+c_1I_2')+(c_3I_1'^3+c_4I_1'I_2'+c_5I_3')+(c_6I_1'^4+c_7I_1'^2I_2'+c_8I_1'I_3'+c_9I_2'^2) \tag{5.128}$$

式中，c_i（$i=1$，2，3，…，9）均为常数。

于是表达式 $\alpha_i=\alpha_i(I_j')=\dfrac{\partial W}{\partial I_i'}$ 可表示为

$$\begin{aligned}\alpha_1&=2c_1I_1'+3c_3I_1'^2+c_4I_2'+4c_6I_1'^3+2c_7I_1'I_2'+c_8I_3'\\ \alpha_2&=c_2+c_4I_1'+c_7I_1'^2+2c_9I_2'\\ \alpha_3&=c_5+c_8I_1'\end{aligned} \tag{5.129}$$

为简单起见，在某些情况下可只采用两个甚至一个应变不变量的函数来展开 W，采用应力不变量 I_1、I_2、I_3 或 I_1、J_2、J_3 来展开函数 Ω，这样根据 $\varepsilon_{ij}=\dfrac{\partial\Omega}{\partial\sigma_{ij}}$ 可得到不同的本构关系。如果选取应力不变量：$I_1=\sigma_{kk}$、$I_2=\dfrac{1}{2}\sigma_{km}\sigma_{km}$、$I_3=\dfrac{1}{3}\sigma_{km}\sigma_{kn}\sigma_{mn}$，则得到以下形式的本构关系

$$\varepsilon_{ij}=\phi_1\delta_{ij}+\phi_2\sigma_{ij}+\phi_3\sigma_{ik}\sigma_{jk} \tag{5.130}$$

式中，$\phi_i=\phi_i(I_j)=\dfrac{\partial\Omega}{\partial I_i}$。

根据以下关系式给出对材料应力函数 ϕ_i 的限制：

$$\frac{\partial\phi_i}{\partial I_j}=\frac{\partial\phi_i}{\partial I_i} \tag{5.131}$$

式（5.126）、式（5.130）所描述的各向同性材料模型的性质是可逆的，与路径无关的。作为一个线弹性模型，其应变（应力）状态仅由当前的应力（应变）状态所决定，而无须关心其加载历史。进一步说，在这些模型中，主应力轴和主应变轴总是重合的。

【例 5.5】 各向同性非线性弹性材料的性质由下列假定的多项式 Ω 进行描述：$\Omega(I_1、J_2、J_3)=aI_1^2+bJ_2+cJ_3^2$。式中：$a$、$b$、$c$ 为常数。(a) 采用常数 a、b、c 推导这种材料的应力-应变关系；(b) 推导简单拉伸（$\sigma_x=\sigma$，其他应力分量均为 0）的应力-应变关系，求出切线杨氏模量 E_t 的表达式。在简单拉伸中以应力 σ 定义的切线杨氏模量 E_t 为：$E_t=\dfrac{d\sigma}{d\varepsilon}$，初始切线模量 E_0 的值是多少；(c) 证明：当 $c=0$ 时，该本构方程退化为各向同性线弹性材料的本构方程，写出 a、b 与弹性模量 E、泊松比 υ 的关系式，并评述其结果。

求解如下：

(1) 根据定义 $I_1=\sigma_{kk}$、$J_2=\dfrac{1}{2}s_{km}s_{km}$、$J_3=\dfrac{1}{3}s_{km}s_{kn}s_{mn}$，可得到 $\dfrac{\partial I_1}{\partial\sigma_{ij}}=\delta_{ij}$、$\dfrac{\partial J_2}{\partial\sigma_{ij}}=s_{ij}$、$\dfrac{\partial J_3}{\partial\sigma_{ij}}=\dfrac{\partial J_3}{\partial s_{mn}}\dfrac{\partial s_{mn}}{\partial\sigma_{ij}}=s_{mk}s_{nk}\left(\delta_{im}\delta_{jn}-\dfrac{1}{3}\delta_{mn}\delta_{ij}\right)$，或 $\dfrac{\partial J_3}{\partial\sigma_{ij}}=s_{ik}s_{jk}-\dfrac{1}{3}s_{mk}s_{mk}\delta_{ij}=s_{ik}s_{jk}-\dfrac{2}{3}J_2\delta_{ij}$。根据 $\varepsilon_{ij}=\dfrac{\partial\Omega}{\partial\sigma_{ij}}$，可得到应力-应变关系表达式为 $\varepsilon_{ij}=\dfrac{\partial\Omega}{\partial J_2}\dfrac{\partial J_2}{\partial\sigma_{ij}}+\dfrac{\partial\Omega}{\partial I_1}\dfrac{\partial I_1}{\partial\sigma_{ij}}+\dfrac{\partial\Omega}{\partial J_3}\dfrac{\partial J_3}{\partial\sigma_{ij}}=\dfrac{\partial\Omega}{\partial J_2}s_{ij}+\dfrac{\partial\Omega}{\partial I_1}\delta_{ij}+\dfrac{\partial\Omega}{\partial J_3}\left(s_{ik}s_{jk}-\dfrac{2}{3}J_2\delta_{ij}\right)$。根据 $\Omega(I_1，J_2，J_3)=aI_1^2+bJ_2+cJ_3^2$，可得到 $\dfrac{\partial\Omega}{\partial I_1}=2aI_1$、$\dfrac{\partial\Omega}{\partial J_2}=b$、$\dfrac{\partial\Omega}{\partial J_3}=2cJ_3$。因此，上述应力-应变关系可以采用不变量表示为 $\varepsilon_{ij}=bs_{ij}+$

$2aI_1\delta_{ij}+2cJ_3s_{ik}s_{jk}-\frac{4}{3}cJ_2J_3\delta_{ij}=\left(2aI_1-\frac{4}{3}cJ_2J_3\right)\delta_{ij}+bs_{ij}+2cJ_3s_{ik}s_{jk}$。

（2）对于简单拉伸，唯一的非零应力分量为 $\sigma_x=\sigma$。因而有：$I_1=\sigma$、$J_2=\frac{1}{3}\sigma^2$、$J_3=\frac{2}{27}\cdot\sigma^3$。在（1）中的 ε_{ij} 表达式中，采用 $\varepsilon_{11}=\varepsilon$、$s_{11}=\frac{2}{3}\sigma$，可得到简单拉伸的应力-应变关系表达式为 $\varepsilon=\left(2a+\frac{2}{3}b\right)\sigma+\frac{8}{243}c\sigma^5$。将该式对 σ 求导可得 $\frac{d\varepsilon}{d\sigma}=2a+\frac{2}{3}b+\frac{40}{243}c\sigma^4$。根据切线杨氏模量 E_t 的定义 $E_t=\frac{d\sigma}{d\varepsilon}$，可得到切线杨氏模量 E_t 的表达式为 $E_t=\frac{1}{\left(2a+\frac{2}{3}b\right)+\frac{40}{243}c\sigma^4}$。当 $\sigma=0$ 时的 E_t 为初始切线模量 E_0，即 $E_0=\frac{1}{2a+\frac{2}{3}b}$。

（3）当 $c=0$ 时，上述 ε_{ij} 的表达式可简化为 $\varepsilon_{ij}=2aI_1\delta_{ij}+bs_{ij}$。根据该式可计算出简单拉伸情形的应变分量 ε_{22}。由于 $I_1=\sigma$、$s_{22}=-\frac{1}{3}\sigma$，因而可得 $\varepsilon_{22}=\left(2a-\frac{1}{3}b\right)\sigma$。对于简单拉伸的应力-应变关系，可表示为 $\varepsilon=\left(2a+\frac{2}{3}b\right)\sigma$。

根据上述分析可得到 $\frac{1}{E}=\frac{\varepsilon}{\sigma}=2a+\frac{2}{3}b$，$\upsilon=-\frac{\varepsilon_{22}}{\varepsilon_{11}}=\frac{2a-\frac{1}{3}b}{2a+\frac{1}{3}b}$。据此可解得系数 a、b 分别为 $a=\frac{1-2\upsilon}{6E}$，$b=\frac{1+\upsilon}{E}$。于是可得到 $\varepsilon_{ij}=\frac{1-2\upsilon}{3E}I_1\delta_{ij}+\frac{1+\upsilon}{E}s_{ij}$，$\Omega=\frac{1-2\upsilon}{6E}I_1^2+\frac{1+\upsilon}{E}J_2$。或者利用弹性模量 E、υ、K、G 之间的关系式，上述 ε_{ij}、Ω 的表达式可分别改写为 $\varepsilon_{ij}=\frac{1}{9K}\cdot I_1\delta_{ij}+\frac{1}{2G}s_{ij}$，$\Omega=\frac{1}{18K}I_1^2+\frac{1}{2G}J_2$。这就是根据各向同性线弹性模型中推导的表达式，与式（5.52）、例 5.4 所推导的表达式相同。对于线弹性材料，应变能密度 W 等于余能密度 Ω，因此上述的 Ω 表达式中分离出的两项，可从物理上进行解释，即能量密度由体积能量项 $\frac{1}{18K}I_1^2$、剪切能量项或称为畸变能量项 $\frac{1}{2G}J_2$ 组成。这两项是相互独立的，即静水应力不产生畸变，而剪切应力不产生体积的改变（膨胀），在这两项中也不会有交叉项或相互作用项。

【例 5.6】 假定一个非线性弹性模型 Ω 函数的多项式表示为 $\Omega=aJ_2+bJ_3$。式中：J_2，J_3 为应力偏张量 s_{ij} 的不变量。试推导这个模型的本构关系。

求解如下：由于 $\frac{\partial J_2}{\partial\sigma_{ij}}=s_{ij}$、$\frac{\partial J_3}{\partial\sigma_{ij}}=s_{ik}s_{jk}-\frac{2}{3}J_2\delta_{ij}$。根据 $\Omega=aJ_2+bJ_3$ 可得到 $\frac{\partial\Omega}{\partial J_2}=a$、$\frac{\partial\Omega}{\partial J_3}=b$。根据 $\varepsilon_{ij}=\frac{\partial\Omega}{\partial\sigma_{ij}}$，可得到 $\varepsilon_{ij}=\frac{\partial\Omega}{\partial J_2}\frac{\partial J_2}{\partial\sigma_{ij}}+\frac{\partial\Omega}{\partial J_3}\frac{\partial J_3}{\partial\sigma_{ij}}=as_{ij}+b\left(s_{ik}s_{jk}-\frac{2}{3}J_2\delta_{ij}\right)$。该式即所求的本构关系表达式。

5.4.7 基于路径无关的本构方程

在任何各向同性非线性弹性模型中，都可应用应力不变量、应变不变量的任何标量函数。在此基础上推导的本构模型具有 Cauchy 弹性类型，应变状态仅由当前应力所决定，反

之亦然。例如，对于任何一个给定的应力状态 σ_{ij}，标量函数 $F(I_1, J_2, J_3)$的值，以及由此而得到的式（5.101）中的应变分量 ε_{ij} 都可唯一确定，而无须考虑加载路径。但并不意味着由那些应力-应变关系计算而得到的 W 和 Ω 也是与路径无关的。这就需要特定的限制以确保 W 和 Ω 的路径无关性。

根据式（5.103）可得到 $\sigma_{ij}=2G_s e_{ij}+K_s\varepsilon_{kk}\delta_{ij}$，假定 K_s 和 G_s 为采用不变量 I'_1、J'_2、J'_3 表示的一般函数 $K_s(I'_1, J'_2, J'_3)$、$G_s(I'_1, J'_2, J'_3)$。此时，应变能密度函数 W 的表达式为

$$W(\varepsilon_{ij})=\int_0^{\varepsilon_{ij}}\sigma_{ij}\,\mathrm{d}\varepsilon_{ij}=\int_0^{J'_2}2G_s\mathrm{d}J'_2+\int_0^{I'_1}\frac{1}{2}K_s\mathrm{d}I'^2_1 \tag{5.132}$$

式中，$\mathrm{d}I'^2_1=2I'_1\mathrm{d}I'_1$。

类似地，如果 K_s 和 G_s 当作应力不变量 I_1、J_2、J_3 表示的一般函数 $K_s(I_1, J_2, J_3)$、$G_s(I_1, J_2, J_3)$，则余能密度函数 Ω 可表示为

$$\Omega=\int_0^{\sigma_{ij}}\varepsilon_{ij}\,\mathrm{d}\sigma_{ij}=\int_0^{J_2}\frac{\mathrm{d}J_2}{2G_s}+\int_0^{I}\frac{\mathrm{d}I_1^2}{18K_s} \tag{5.133}$$

为了使 W 与路径无关，上述应变能密度函数 W 的表达式中的积分，必须仅仅与 I'_1、J'_2的当前值相关。如果模量 K_s 和 G_s 为以下的表达式，那么可满足：$K_s=K_s(I'_1)$、$G_s=G_s(J'_2)$。由于 I'_1、J'_2与 ε_{oct}、γ_{oct}相关，因此可采用以下表达式

$$K_s=K_s(\varepsilon_{oct})、G_s=G_s(\gamma_{oct}) \tag{5.134}$$

同样地，为了使 Ω 与路径无关，K_s 和 G_s 分别当作只是 I_1、J_2 的函数，即

$$K_s=K_s(I_1)、G_s=G_s(J_2)，或 K_s=K_s(\sigma_{oct})、G_s=G_s(\tau_{oct}) \tag{5.135}$$

此外，K_s 和 G_s 应是正值，因此上述 W 和 Ω 表达式中的积分也总是正值，因为 I_1^2，J_2 是正值，这也确保了 W 和 Ω 总是正定的。当采用标量函数 $F(J_2)$ 代替杨氏模量的倒数 E^{-1}时，选择泊松比 $\upsilon=0.5$（不可压缩性）的原因，可看成是与上述关于路径无关条件的讨论是一致的。如果 $\upsilon\neq0.5$，则余能密度函数 Ω 可表示为

$$\Omega=\int_0^{J_2}(1+\upsilon)F(J_2)\mathrm{d}J_2+\int_0^{I_1}\frac{1-2\upsilon}{6}F(J_2)\mathrm{d}I_1^2 \tag{5.136}$$

式（5.136）中的第二个积分项与路径相关。

为了使 W 和 Ω 与路径无关，上述 W 和 Ω 表达式（5.132）、（5.136）中的被积函数应为全微分。首先，这规定了 K_s 和 G_s 对第三不变量 J_3 或 J'_3的依赖性；其次，如果 K_s 和 G_s 作为 I_1、J_2 或 I'_1、J'_2的函数，则必须满足某特定条件。

例如，当 K_s 和 G_s 以 I'_1、J'_2表达时，上述 W 的表达式中，为了保证被积函数是全微分的，必须满足以下条件：$\dfrac{2}{I'_1}\dfrac{\partial G_s}{\partial I'_1}=\dfrac{\partial K_s}{\partial J'_2}$。类似地，当 K_s 和 G_s 以 I_1、J_2 表达时，上述 Ω 的表达式中，为了保证被积函数是全微分的，必须满足以下条件：$\dfrac{9}{2G_s^2}\dfrac{\partial G_s}{\partial I_1}=\dfrac{I_1}{K_s^2}\dfrac{\partial K_s}{\partial J_2}$。

当 K_s 和 G_s 分别仅为 I_1 或 I'_1、J_2 或 J'_2的函数时，上述条件能够自动满足。表达式 $K_s=K_s(I'_1)$、$G_s=G_s(J'_2)$，$K_s=K_s(\varepsilon_{oct})$、$G_s=G_s(\gamma_{oct})$，$K_s=K_s(I_1)$、$G_s=G_s(J_2)$，$K_s=K_s(\sigma_{oct})$、$G_s=G_s(\tau_{oct})$，在实际应用中经常使用。

5.5 基于割线模量、切线模量的弹性应力-应变关系

5.5.1 基于割线模量 K_s、G_s 非耦合的本构方程

（1）一般形式

本节介绍的本构关系是各向同性线弹性应力-应变关系的简单扩展。

对于本构关系方程 $p=K\varepsilon_{kk}$、$s_{ij}=2Ge_{ij}$ 中描述的体积分量（静水）、状态偏斜分量可表示为式（5.103）：$p=K_s\varepsilon_{kk}$、$s_{ij}=2G_se_{ij}$。将式中的材料响应叠加，即可得到

$$\sigma_{ij}=K_s\varepsilon_{kk}\delta_{ij}+2G_se_{ij} \tag{5.137}$$

根据 $e_{ij}=\varepsilon_{ij}-\dfrac{1}{3}\varepsilon_{kk}\delta_{ij}$，可得到

$$\sigma_{ij}=\left(K_s-\frac{2}{3}G_s\right)\varepsilon_{kk}\delta_{ij}+2G_s\varepsilon_{ij} \tag{5.138}$$

（2）以八面体应力、应变表示的 K_s、G_s

有学者建议 K_s、G_s 分别表示为八面体正应变 ε_{oct}、八面体剪应变 γ_{oct} 的函数，见式（5.134）。

一般地，应力不变量、应变不变量的任何标量函数，可用在式（5.137）或式（5.138）中的割线模量 K_s、G_s 上。例如，采用 K_s（I_1，J_2，J_3）、G_s（I_1，J_2，J_3），或采用K_s（I'_1，J'_2，J'_3）、G_s（I'_1，J'_2，J'_3），都可用来描述不同的非线性弹性本构关系。在此基础上建立的本构模型一般是 Cauchy 弹性型，其应变状态由当前的应力状态唯一决定，而与加载路径无关，反之亦然。但这并不意味着由该应力-应变关系所得到的能量函数 W、Ω 也具有路径无关。必须在模量函数的选取上加上某些限制，才能保证 W、Ω 具有路径无关的性质。这些限制措施如体积模量 K_s 只能与不变量 I_1、I'_1，也即 σ_{oct} 和 ε_{oct} 相关；而剪切模量 G_s 只能是不变量 J_2、J'_2，也即 τ_{oct} 和 γ_{oct} 相关。

对于各向同性线弹性材料，在式（5.103）中仍然存在体积（平均或静水）响应与偏量（剪切）响应分离的情况。对于割线模量常用的函数形式，如 K_s（I_1，J_2）、G_s（I_1，J_2），通过标量函数值 K_s、G_s 随不变量 I_1、J_2 而变化，此两个响应函数就存在着一定的相互作用，这也意味着体积应变 ε_{kk} 不仅仅依赖于八面体正应力 $\sigma_{oct}=\dfrac{1}{3}I_1$，剪切（偏量）应变 e_{ij} 也不仅仅依赖于偏应力 s_{ij}。如果这些模量视为 I_1、J_2 的函数，则它们相互依赖，并且通过 K_s、G_s 的不变量而相互作用。

由于 $\varepsilon_{kk}=3\varepsilon_{oct}$、$p=\sigma_{oct}$，因此 $p=K\varepsilon_{kk}$ 可改写成 $\sigma_{oct}=3K_s\varepsilon_{oct}$。将 $s_{ij}=2Ge_{ij}$ 乘以 s_{ij} 并取平方根，再根据 τ_{oct}、γ_{oct} 的定义可得到 $\tau_{oct}=G_s\gamma_{oct}$。因此，八面体面上正应力 σ_{oct}、剪应力 τ_{oct}，分别与八面体正应变 ε_{oct}、剪应变 γ_{oct} 之间的关系，可表示为

$$\sigma_{oct}=3K_s\varepsilon_{oct},\quad \tau_{oct}=G_s\gamma_{oct} \tag{5.139}$$

（3）增量应力-应变关系

对式（5.139）微分可得到以下增量关系：

$$\mathrm{d}\sigma_{oct}=3K_t\mathrm{d}\varepsilon_{oct},\quad \mathrm{d}\tau_{oct}=G_t\mathrm{d}\gamma_{oct} \tag{5.140}$$

式中，K_t、G_t 分别为切线体积模量、切线剪切模量，分别表示为

$$K_t=K_s+\varepsilon_{oct}\frac{dK_s}{d\varepsilon_{oct}},\ G_t=G_s+\gamma_{oct}\frac{dG_s}{d\gamma_{oct}} \tag{5.141}$$

应力增量张量 $d\sigma_{ij}$ 分解为静水压力 $d\sigma_{oct}\delta_{ij}$、偏量 ds_{ij} 两部分，即

$$d\sigma_{ij}=d\sigma_{oct}\delta_{ij}+ds_{ij} \tag{5.142}$$

由于 $d\varepsilon_{oct}=\frac{1}{3}d\varepsilon_{kk}=\frac{1}{3}\delta_{kl}d\varepsilon_{kl}$，根据式（5.140）得到 $d\sigma_{oct}=3K_t d\varepsilon_{oct}=K_t\delta_{kl}d\varepsilon_{kl}$。对于偏应力增量 ds_{ij}，可采用以下方法求得。首先对式（5.103）中的 $s_{ij}=2G_s e_{ij}$ 微分，可得到偏应力增量 ds_{ij} 为 $ds_{ij}=2\left(e_{ij}\frac{dG_s}{d\gamma_{oct}}d\gamma_{oct}+G_s de_{ij}\right)$。根据式（5.141）切线剪切模量的定义 $G_t=G_s+\gamma_{oct}\frac{dG_s}{d\gamma_{oct}}$ 得到 $\frac{dG_s}{d\gamma_{oct}}=\frac{G_t-G_s}{\gamma_{oct}}$。由于 $\gamma_{oct}^2=\frac{4}{3}e_{rs}e_{rs}$，对该式求导可得到 $d\gamma_{oct}=\frac{4}{3}\frac{e_{rs}}{\gamma_{oct}}de_{rs}$。据此可得到 $ds_{ij}=2\left(\frac{4}{3}\frac{G_t-G_s}{\gamma_{oct}^2}e_{ij}e_{rs}+G_s\delta_{ir}\delta_{js}\right)de_{rs}$。由于 $de_{rs}=d\varepsilon_{rs}-\frac{1}{3}d\varepsilon_{mn}\delta_{rs}=\left(\delta_{rk}\delta_{sl}-\frac{1}{3}\delta_{rs}\delta_{kl}\right)d\varepsilon_{kl}$、$e_{kk}=0$，并且令 $\eta=\frac{4}{3}\frac{G_t-G_s}{\gamma_{oct}^2}$，因此得到：$ds_{ij}=2\left(\eta e_{ij}e_{kl}+G_s\delta_{ik}\delta_{jl}-\frac{1}{3}G_s\delta_{ij}\delta_{kl}\right)d\varepsilon_{kl}$。

通过上述分析，根据式（5.142）得到本构方程

$$d\sigma_{ij}=\left(\frac{3K_t-2G_s}{3}\delta_{ij}\delta_{kl}+2G_s\delta_{ik}\delta_{jl}+2\eta e_{ij}e_{kl}\right)d\varepsilon_{kl} \tag{5.143}$$

还可以得到增量应力-应变关系的另外一种形式。结合表达式 $d\varepsilon_{oct}=\frac{1}{3}\delta_{kl}d\varepsilon_{kl}$、$d\sigma_{oct}=3K_t d\varepsilon_{oct}$、$K_t=K_s+\varepsilon_{oct}\frac{dK_s}{d\varepsilon_{oct}}$，可得到 $d\sigma_{oct}=\left(K_s+\frac{dK_s}{d\varepsilon_{oct}}\varepsilon_{oct}\right)\delta_{kl}d\varepsilon_{kl}$。于是得到本构方程

$$d\sigma_{ij}=\left[2G_s\delta_{ik}\delta_{jl}+\left(K_s-\frac{2}{3}G_s\right)\delta_{ij}\delta_{kl}+\varepsilon_{oct}+\frac{dK_s}{d\varepsilon_{oct}}\delta_{ij}\delta_{kl}+2\eta e_{ij}e_{kl}\right]d\varepsilon_{kl} \tag{5.144}$$

5.5.2 基于割线模量 K_s、G_s 耦合的本构方程

通过应力不变量、应变不变量的标量函数，简单替换各向同性线弹性应力-应变关系中的材料常数，即可获得非线性弹性应力-应变关系本构方程。但这种方法会导致体积响应量、偏响应量的不耦合。

5.5.1 节中介绍了 K_s、G_s 分别为 ε_{oct}、γ_{oct} 的函数，即式（5.138）。也有学者提出将 K_s、G_s 分别视为 σ_{oct}、τ_{oct} 的函数，即

$$K_s=K_s(\sigma_{oct})\quad G_s=G_s(\tau_{oct}) \tag{5.145}$$

（1）校正函数

为了估计偏应力引起的体应变，引进一个校正函数。该函数认为部分由偏应力 τ_{oct} 引起的体应变 $\varepsilon_{oct}=\frac{1}{3}\varepsilon_{kk}$，反映了 ε_{oct} 对内应力、应变的依赖程度。这种内应力静水分量的影响通过纯偏应力下的关系 τ_{oct}-ε_{oct} 而反映出来，因此对于纯偏应力下给定的 ε_{oct}，这个静水应力分量记为 σ'_m，可表示为

$$\sigma'_m=3K_s\varepsilon_{oct} \tag{5.146}$$

根据试验得到的 τ_{oct}-ε_{oct} 关系，可以变换为 τ_{oct}-σ'_m 关系，于是可得到 σ'_m 与 τ_{oct} 的拟合函数关系为

$$\sigma'_m=\sigma'_m(\tau_{oct}) \tag{5.147}$$

（2）本构方程

首先将内静水压力 σ'_m 叠加至外应力状态 σ_{ij} 上，得到变化后的有效的应力状态为 σ'_{ij}，即 $\sigma'_{ij}=\sigma_{ij}+\sigma'_m\delta_{ij}$；然后，采用一般的割线模量表达式计算与变化后的应力状态相应的应变，因此应变 ε_{ij} 采用 σ_{ij}、σ'_m 表示，即

$$\varepsilon_{ij}=\frac{1}{2G_s}\sigma_{ij}+\left(\frac{1}{9K_s}-\frac{1}{6G_s}\right)\sigma_{kk}\delta_{ij}+\frac{1}{3K_s}\sigma'_m\delta_{ij} \tag{5.148}$$

该式前两项与线弹性本构方程中采用 K_s、G_s 替换 K、G 后的相应项相同，而第三项表示的是耦合效应。

5.5.3 基于割线模量 G_s、υ_s 的本构方程

如前所述，当采用与应力不变量、应变不变量有关的标量函数代替弹性常数，将各向同性线弹性关系（统称为 Hooke 定律）做一个简单的改变，就可直接得出各向同性非线性弹性模型的本构方程。这也是推导各向同性非线性弹性本构方程的最简单方法。

为了达到这个目的，可以根据主应力 σ_1、σ_2、σ_3，或根据应力不变量 I_1、I_2、I_3 或 J_1、J_2、J_3 来表示与应力状态有关的标量函数。同样地，也可根据主应变 ε_1、ε_2、ε_3，或应变不变量 I'_1、I'_2、I'_3 或 J'_1、J'_2、J'_3 来表示与应变状态有关的标量函数。因而，通过采用对于任何两个割线弹性模量（如 E_s，ν_s，K_s，G_s）的不同标量函数，可能描述各种非线性本构模型。尽管这种方法有明显的不足，但主要由于方法简单而被用于土体之类的材料。

需要注意的是，在上述所描述方法的基础上推导的各向同性弹性应力-应变关系，是一般 Cauchy 弹性形式的特例。无论加载途径如何，应变状态都可以从当前的应力状态中唯一地确定，或反之亦然。但没有唯一的逆关系。

（1）割线剪切模量 G_s

1972 年，Hardin 和 Drnevich 基于无黏性土、黏性土（未扰动的、重塑的）剪切应力-应变性质广泛试验研究基础上，提出了将割线剪切模量 G_s 作为所达到的最大剪切应变和静水压力函数的一个表达式，该函数关系以双曲线形式表示为

$$G_s=\frac{G_0}{1+(\gamma G_0/\tau_f)(1+a\mathrm{e}^{-b\gamma G_0/\tau_f})} \tag{5.149}$$

式中，G_0 为在剪应变为零处的初始切线剪切模量，也即 G_s 的最大值；γ 为最大剪应变，可以根据当前的主应变 $\gamma=|\varepsilon_1-\varepsilon_3|$ 表达。其中，ε_1、ε_3 分别为最大、最小的当前主应变；τ_f 为破坏时的最大或峰值剪切应力；a、b 为材料常数，可以根据试验曲线拟合得到，或根据 Hardin 和 Drnevich 给出的不同类型土的经验值选定。

该模型的主要优点在于，对于不同类型的土，式（5.149）中的参数和土的诸如孔隙比、饱和度以及塑性指数之间建立起广泛关系。例如，不用实际的试验数据，许多未扰动的黏土和砂的 G_0 可以根据下式算出（Hardin 和 Black，1968，1969）

$$G_0=1230\frac{(2.973-e)^2}{1+e}(OCR)^k\sqrt{\sigma_{oct}} \tag{5.150}$$

式中，e 为孔隙比；OCR 为超固结比；σ_{oct} 为（有效的）八面体正应力；k 值依赖于土的塑性指数 I_p。

当 $e=2.973$ 时，$G_0=0$；当 $e>2.973$ 时，G_0 平稳增加。当孔隙比 $e>2$ 时，计算得到的 G_0 值可能偏低，所以 Hardin 又提出了另外一种替代的表达式

$$G_0=\frac{A\ (OCR)^k}{0.3+0.7e^2}p_a\left(\frac{\sigma_{oct}}{p_a}\right)^n \tag{5.151}$$

式中，p_a 为大气压；A 为与尺寸无关的参数；n 为常数，其他参数同上。

当 $A=625$ 时，$n=0.5$。在 $0.4<e<1.2$ 的范围内，式（5.151）得出与式（5.150）几乎相同的结果。当孔隙比 e 值增大时，根据式（5.151）得出的 G_0 值总是减小的，这一点与式（5.150）不同。

（2）割线泊松比 υ_s

1976 年，Katona 等提出了割线泊松比 υ_s 的双曲线形式，即

$$\upsilon_s=\frac{\upsilon_{\min}+q\ (\gamma G_0/\tau_f)\ \upsilon_{\max}}{1+q\ (\gamma G_0/\tau_f)} \tag{5.152}$$

式中，$\upsilon_{\min}$为零剪应变处的泊松比；$\upsilon_{\max}$为在最大（破坏）剪应变处的泊松比；q 为决定双曲线形状的参数。

通过试验确定泊松比是困难的，所以式（5.152）中的三个参数很难稳定地确定。因此很难得到 υ_s 满意的结果。在实际应用中，通常采用假定一个恒定的割线泊松比 υ_s 的方法。当确定了割线剪切模量 G_s、割线泊松比 υ_s 后，其他弹性模量如 E_s 或 K_s 即可通过弹性常数间的关系进行换算，然后通过这些割线模量中的任何两个即可获得应力-应变关系本构方程，如：$\sigma_{ij}=\frac{E_s}{1+\upsilon_s}\varepsilon_{ij}+\frac{\upsilon_s E_s}{(1+\upsilon_s)(1-2\upsilon_s)}\varepsilon_{kk}\delta_{ij}$，$\varepsilon_{ij}=\frac{1+\upsilon_s}{E_s}-\frac{\upsilon_s}{E_s}\sigma_{kk}\delta_{ij}$，$\sigma_{ij}=\sigma_m\delta_{ij}+s_{ij}=K_s\varepsilon_{kk}\delta_{ij}+2G_s e_{ij}$，$\varepsilon_{ij}=\frac{1}{9K_s}\sigma_{kk}\delta_{ij}+\frac{1}{2G_s}s_{ij}$。对于三维、平面应变、轴对称等情形，其本构方程见第 5.2 节，其中的弹性常数 E、υ 以割线模量 E_s、υ_s 来代替。

（3）特点

通过上述讨论，割线模型具有以下特点：①该模型只包含了土的非线性、应力相关性等土的本构特性；②该模型计算简单；③由于体积（静水）响应与偏（剪切）响应不耦合，模型不能考虑诸如土的剪胀的特性；④应力张量与应变张量的主方向一致；⑤模型具有路径无关性。该模型的应用主要限于比例加载的范围。

5.5.4 基于切线模量 K_t、υ_t的双曲线本构模型

增量形式的各向同性线弹性应力-应变本构方程有两种形式：一种形式是根据切线模量 E_t、υ_t，或 E_t、K_t 表示的最常采用的双曲线模型；另一种形式是基于八面体正应力分量、八面体剪应力分量表示的切线模量 K_t、G_t 的增量形式的本构方程。本节介绍第一种形式，第二种形式将在 5.5.5、5.5.6 节中介绍。

双曲线模型包含有两个变切线模量 E_t、υ_t，或 E_t、K_t 各向同性模型，其增量形式的本构关系是直接建立在各向同性线弹性形式的基础之上，通过简单地采用应力相关的变切线模量 E_t、υ_t，来代替常模量 E、υ 而获得。1978 年提出的 Duncan 模型，已采用了切线模量 E_t、K_t。

根据变切线模量 E_t、υ_t，可将增量应力-应变关系表示为

$$d\sigma_{ij}=\frac{E_t}{1+\upsilon_t}d\varepsilon_{ij}+\frac{\upsilon_t E_t}{(1+\upsilon_t)(1-2\upsilon_t)}\delta_{ij}d\varepsilon_{kk} \tag{5.153}$$

式中，$\upsilon_t=\frac{3K_t-E_t}{6K_t}$。

式（5.153）即由 E_t、K_t 表示的增量应力-应变本构方程，其矩阵形式可为

$$\{d\sigma\}=[C_t]\{d\varepsilon\} \tag{5.154}$$

式中，$\{d\sigma\}$、$\{d\varepsilon\}$分别表示应力增矢量、应变增矢量；$[C_t]$为材料的切线刚度矩阵。

对于平面应变问题，即 $d\varepsilon_z=d\gamma_{zx}=d\gamma_{zy}=0$，式（5.154）可表示为

$$\begin{Bmatrix} d\sigma_x \\ d\sigma_y \\ d\tau_{xy} \end{Bmatrix}=\frac{E_t}{(1+\upsilon_t)(1-2\upsilon_t)}\begin{bmatrix} 1-\upsilon_t & \upsilon_t & 0 \\ \upsilon_t & 1-\upsilon_t & 0 \\ 0 & 0 & \frac{1-2\upsilon_t}{2} \end{bmatrix}\begin{Bmatrix} d\varepsilon_x \\ d\varepsilon_y \\ d\gamma_{xy} \end{Bmatrix}，并且\ d\sigma_z=\upsilon_t(d\sigma_x+d\sigma_y) \tag{5.155}$$

双曲线模型的不同形式已应用于大量土力学问题的有限元分析中。这种形式中最常用的模型利用下面得到的 E_t，以及另外一个切线模量的表达式，如不变的 υ_t、与应力相关的变量 υ_t、或与应力相关的 K_t。下面介绍表示变切线模量 E_t、υ_t、K_t 的各种表达式。通过采用这些变模量表达式，将考虑土的两个主要特性：非线性和路径相关性。

（1）杨氏切线模量 E_t

根据 1963 年 Kondner 提出的建议，CTC 试验中的黏土和砂的非线性应力-应变关系曲线可以采用双曲线近似，如图 5.12（a）所示，即

$$\sigma_1-\sigma_3=\frac{\varepsilon_a}{a+b\varepsilon_a} \tag{5.156}$$

式中，σ_1、σ_3 分别为最大、最小主应力；ε_a 为轴向应变，在 CTC 试验中，$\varepsilon_a=\varepsilon_1$；$a$、$b$ 为由试验确定的两个材料常数。

材料常数 a、b 的物理意义分别为 a 是初始切线模量 E_i 的倒数，b 是应力差$(\sigma_1-\sigma_3)$在应变为无穷大时的渐近值$(\sigma_1-\sigma_3)_{ult}$的倒数，与土的强度有关，如图 5.4（a）所示。

将式（5.156）转换成$\frac{\varepsilon_a}{\sigma_1-\sigma_3}=a+b\varepsilon_a$，则很容易确定材料常数 a、b。如图 5.12（a）所示。此时，a、b 分别为直线的截距、斜率。

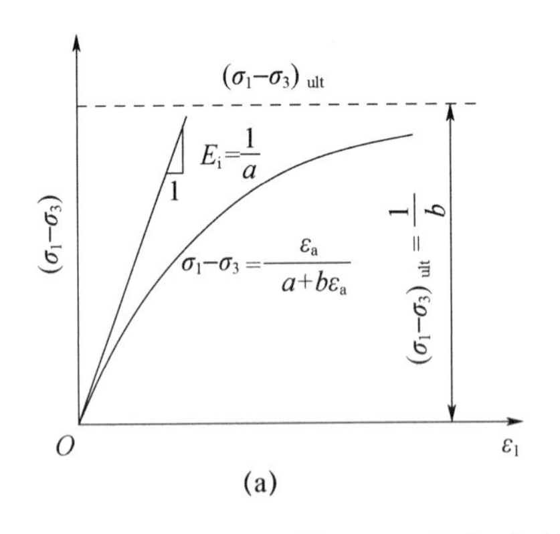

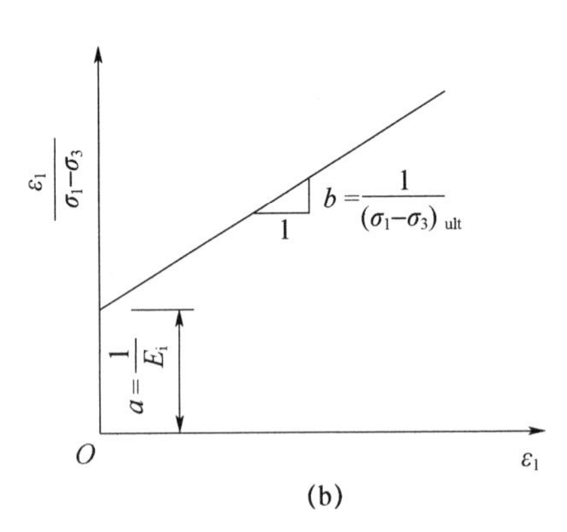

图 5.12 应力-应变曲线的双曲线表示

（a）双曲线应力-应变曲线；（b）转换的应力-应变曲线

通常，应力差$(\sigma_1-\sigma_3)$在应变为无穷大时的渐近值$(\sigma_1-\sigma_3)_{ult}$，比破坏时的压缩强度或应力差$(\sigma_1-\sigma_3)_f$ 稍微大一些。$(\sigma_1-\sigma_3)_{ult}$与$(\sigma_1-\sigma_3)_f$ 的关系可表示为

$$(\sigma_1-\sigma_3)_f=R_f\,(\sigma_1-\sigma_3)_{ult}=\frac{R_f}{b} \tag{5.157}$$

式中，R_f 称为破坏比。

一般情况下 R_f 的值小于 1。根据试验通过比较 $(\sigma_1-\sigma_3)_{ult}$ 与 $(\sigma_1-\sigma_3)_f$ 来确定 R_f 的值，用以评价双曲线近似表示应力-应变曲线形状的一个度量。当 $R_f=1$ 时对应于精确双曲线形状的应力-应变曲线，而较小的 R_f 的值对应于其他形状的应力-应变曲线。Duncan 和 Chang 的研究表明，R_f 值的变化范围为 0.75～1.0，与约束压力 σ_3 没有必然的联系。

实际情况是，试验点会偏离如图 5.12（b）所示的理想的线性关系，尤其在很低、很高的应变处。这表明真实土的应力-应变曲线在形状上不是精确的双曲线。为了使理论和试验结果尽可能一致，Kulhawy、Duncan 和 Chang 等推荐如图 5.12（b）所示的直线，与试验数据在对应于应力差 $\sigma_1-\sigma_3=0.75$、峰值强度 $(\sigma_1-\sigma_3)_f$ 的 95%的两点进行拟合。也就是说，在实际应用中，对于每一条应力-应变曲线只在如图 5.12（b）所示的直线上绘出两点（75%和 95%）来确定材料常数 a、b。

当参数 a、b 采用 E_i、R_f、$(\sigma_1-\sigma_3)_f$ 表示时，表达式（5.156）可表示为

$$\sigma_1-\sigma_3=\frac{\varepsilon_1}{\dfrac{1}{E_i}+\dfrac{\varepsilon_1 R_f}{(\sigma_1-\sigma_3)_f}} \tag{5.158}$$

对于大多数土体材料，试验结果表明土的强度与约束压力 σ_3 有关。Duncan 和 Chang 建议将 E_i、$(\sigma_1-\sigma_3)_f$ 的表达式作为约束压力 σ_3 的函数，采用了 1963 年 Janbu 提出的关系式，即根据最小主应力 σ_3，初始切线模量 E_i 表示为

$$E_i=Kp_a\left(\frac{\sigma_3}{p_a}\right)^n \tag{5.159}$$

式中，p_a 为大气压，其单位与 σ_3、E_i 相同；K、n 为无量纲的材料常数。

根据 $\lg\dfrac{\sigma_3}{p_a}-\lg\dfrac{E_i}{p_a}$ 的直线关系来确定参数 K、n。该直线的斜率为 n，其截距则为 $\lg K$。

根据 Mohr-Coulomb 准则，土的强度 $(\sigma_1-\sigma_3)_f$ 随 σ_3 的变化可表示为

$$(\sigma_1-\sigma_3)_f=\frac{2c\cos\varphi+2\sigma_3\sin\varphi}{1-\sin\varphi} \tag{5.160}$$

式中，c、φ 分别为黏聚力、内摩擦角。

通过 $(\sigma_1-\sigma_3)$ 对 ε_1 微分，可以得到切线模量 E_t 的表达式，即

$$E_t=\frac{\partial(\sigma_1-\sigma_3)}{\partial\varepsilon_1}=\frac{1}{E_i}\left[\frac{1}{E_i}+\frac{\varepsilon_1 R_f}{(\sigma_1-\sigma_3)_f}\right]^{-2} \tag{5.161}$$

再根据式（5.159）、式（5.160），于是可得到

$$E_t=Kp_a\left(\frac{\sigma_3}{p_a}\right)^n\left[1-\frac{R_f(1-\sin\varphi)(\sigma_1-\sigma_3)}{2(c\cos\varphi+\sigma_3\sin\varphi)}\right]^2 \tag{5.162}$$

该式即所需要的切线模量 E_t 的表达式。式中包含有五个参数：c、φ、R_f、K、n。这五个参数可根据常规三轴试验很容易获得。需要注意的是，该表达式只有最大和最小主应力 σ_1、σ_3，并没有考虑中间主应力 σ_2 的影响。

对于初始加载条件，除了 E_t 外，Duncan 和 Chang 采用了与表达式（5.159）中的 E_i 相同的卸载-再加载模量 E_{ur} 的与应力相关的表达式，即

$$E_{ur}=K_{ur}p_a\left(\frac{\sigma_3}{p_a}\right)^n \tag{5.163}$$

式中，指数 n 必定与开始加载的初始切线模量 E_i 中的 n 相同，否则模量数值 K_{ur} 一般会大于式（5.159）中的 K。

K_{ur}可以采用与K相同的方式精确确定，采用了一种最简单的加载-卸载准则。在该准则中，当应力水平的当前值，也称为流动强度，当$\dfrac{(\sigma_1-\sigma_3)}{(\sigma_1-\sigma_3)_f}$小于以前的最大值时，表明卸载-再加载条件。当然，对于没有应力水平变化的中性变载条件，会发生模棱两可和连续性问题。表达式（5.163）适用于卸载-再加载条件，而表达式（5.159）只适用于加载条件。1972年Lade针对在砂土的三轴试验中的各种应力路径，已经阐明了这个准则的有效性。

通过上述讨论，采用常值υ_t常常可以获得满意的结果。事实上，由于确定参数υ_t在试验上存在困难，所以建立变量υ_t的表达式常常不如E_t的表达式稳定。通过计算获得υ_t并不比合理估计的值更真实。因此在实际应用中，需要设法去描述建立在与应力相关的表达式υ_t的基础上的非线性体积变化特征。

（2）切线泊松比υ_t

1969年，Kulhawy等基于土的三轴试验，对土的体积变化特性进行了分析。结果表明，根据测得的体积应变计算的υ_t值随约束压力σ_3的增加而增加，提出了一个双曲线近似来描述CTC试验中的轴向应变、径向应变，即最大应变与最小应变之间的关系。采用一个用于确定E_t的同样的步骤，获得了υ_t的表达式，即

$$\upsilon_t=\frac{G-F\lg\dfrac{\sigma_3}{p_a}}{\left\{1-d(\sigma_1-\sigma_3)\left[kp_a\left(\dfrac{\sigma_3}{p_a}\right)^n\right]^{-1}\left[1-\dfrac{R_f(\sigma_1-\sigma_3)\ (1-\sin\varphi)}{2(c\cos\varphi+\sigma_3\sin\varphi)}\right]^{-1}\right\}^2} \tag{5.164}$$

该式包含有八个参数，即表达式（5.162）中的五个参数：c、φ、R_f、K、n，以及另外三个参数：G、F、d。这些参数可根据一系列的三轴，或平面应变压缩试验，通过体积变化的量测而确定。

在增量有限元分析中，υ_t需小于0.5。因此，当υ_t大于0.5时，采用表达式（5.164）来预测υ_t值的时候，常采用略小于0.5的υ_t值，比如0.49。对于不排水条件下的饱和土，υ_t为0.5表示在任何应力条件下零体积应变的条件，也即切线体积模量K_t的无限值。对于这些土，初始切线模量E_i、土的强度$(\sigma_1-\sigma_3)_f$不会随约束压力σ_3而改变。

（3）切线体积模量K_t

根据表达式（5.162），在高应力水平下，随着偏应力或应力差$(\sigma_1-\sigma_3)$增加，E_t的值大大减小。当υ_t值保持不变时，E_t值的这种减小意味着体积模量K_t和剪切模量G_t与E_t以同样的比例减小。G_t随应变或应力水平增加而减小是确实存在的，而K_t随着应力增大而显著减小，在试验中不能观察到。试验结果表明，体积模量K_t的值必定与偏应力$(\sigma_1-\sigma_3)$的大小无关，而仅仅依赖于静水压力。特别地，当土体破坏后，由于E_t减小到一个接近于零的很小的值，G_t和K_t也都减小至一个可以忽略的值。因此，假设土对于任何形式的变形必然没有抵抗能力，对于真实土的体积行为，这当然是不正确的，因为即使在破坏后真实土仍然能够保持附加的静水压力。因此可以得出结论，在本构关系中采用E_t和υ_t是不能真实表示土在破坏时、破坏后的性质。

作为E_t和υ_t的替代，1978年Duncan提出了由E_t、K_t表示的双曲线模型，该模型可以更方便、更好地表示土在接近破坏时、破坏后的性状。E_t的表达式仍然如上述给出的一样，而K_t的表达式作为约束压力σ_3的函数，即

$$K_t=K_b p_a\left(\frac{\sigma_3}{p_a}\right)^m \tag{5.165}$$

式中，K_b、m 为无量纲材料常数；p_a 为大气压，其单位与 σ_3、K_t 相同。

K_b、m 可以采用与表达式（5.159）中的 K、n 相同的方法进行确定。对于大多数土体材料，m 的值的变化范围为 0～1。

在有限元分析中，υ_t 的值须在 0 与 0.5 之间。这就给式（5.165）中的切线体积模量 K_t 施加了限制。当 K_t 在$\dfrac{E_t}{3}$～$17E_t$ 范围时，这就意味着 υ_t 值的变化范围为 0～0.49，因而满足了上述限制。

（4）特点

双曲线本构模型具有以下特征：①模型的概念和数学表达式都简单，所包含的参数与熟悉的$(\sigma_1-\sigma_3)_f$、E_i 等物理量有直接关系。②模型参数可以根据常规土工试验很容易确定。根据排水试验确定有效应力分析参数，采用不固结-不排水试验来获得全应力分析中所采用的参数。③模型考虑了土的两个主要特征：非线性和路径相关性。此外，在使用上述卸载-再加载模型时，可以合理估计土的非弹性。但可能产生处于或接近中性变载的连续性问题。④模型由于体积和偏响应解耦，所以不能表示剪切膨胀。这种剪切膨胀即由纯偏应力增量产生的体积应变。⑤建立在各向同性线弹性关系的简单修正的基础之上，该模型的本构关系是增量形式的各向同性。所以，应力和应变的增量张量的主方向总是一致的。试验现象表明，应变增量的主方向更接近应力的主方向，而不是应力增量的主方向。⑥模型没有考虑中间主应力对土的变形和强度特性的影响。⑦模型描述的增量形式不能考虑在峰值强度之后应变的软化性质，如密实砂和超固结黏土。

5.5.5 基于切线模量 K_t、G_t非耦合的增量本构方程

在推导以各向同性线弹性关系作简单改进为基础的增量本构关系的过程中，切线体积模量 K_t 和剪切模量 G_t 提供了一个可以任意选择的组合。K_t 与静水（体积）压力分量有关，而 G_t 与偏（剪切）分量相联系，可表示为 $d\sigma_m=K_t d\varepsilon_{kk}$，$ds_{ij}=2G_t de_{ij}$。该式表明，体积变化 $d\varepsilon_{kk}$ 由正应力增量的平均值（八面体）$d\sigma_m=d\sigma_{kk}/3$ 产生；偏应变（畸变）的变化 de_{ij} 是由偏斜应力变化量 ds_{ij} 产生。这两个分量之间不存在相互作用。切线体积模量 K_t 和切线剪切模量 G_t 分别定义为

$$K_t=\frac{d\sigma_m}{d\varepsilon_{kk}},\ G_t=\frac{d\tau_{oct}}{d\gamma_{oct}} \tag{5.166}$$

式中，$d\tau_{oct}$、$d\gamma_{oct}$分别为八面体剪应力增量和剪应变增量。

根据将模量 K_t 和 G_t 作为应力张量不变量、应变张量不变量而采用的表达式，可以得到各种增量形式的本构模型。为了这个目的，可以采用诸如主应力或主应变，以及八面体正应力和剪应力的不变量。特别地，建立在将模量 K_t 和 G_t 作为八面体正应力和剪应力或应变函数表达式的基础上，已经发展出许多这种目前可用于土体材料的本构模型。下面将介绍这种应用于土体材料的例子。

一旦确定了 K_t 和 G_t 的表达式，就可以将其代入本构方程 $d\sigma_m=K_t d\varepsilon_{kk}$ 和 $ds_{ij}=2G_t de_{ij}$，这样就可得到增量形式的应力-应变关系，即

$$d\sigma_{ij}=2G_t d\varepsilon_{ij}+\left(K_t-\frac{2}{3}G_t\right)\delta_{ij}\,d\varepsilon_{kk} \tag{5.167}$$

式（5.167）可写成 $\{d\sigma\}=[C_t]\{d\varepsilon\}$ 的矩阵形式。其中，一般三维情况的切线刚度矩阵 $[C_t]$ 具有与采用 K_t 和 G_t 代替 K、G 相同的形式。根据三维情况的一般形式，通过删除

适当的列和行，可以容易得到对应于平面应变、轴对称问题的矩阵形式。例如，对于平面应变情况，即 $d\varepsilon_z = d\gamma_{zx} = d\gamma_{zy} = 0$，有

$$\begin{Bmatrix} d\sigma_x \\ d\sigma_y \\ d\tau_{xy} \end{Bmatrix} = \begin{bmatrix} K_t + \frac{4}{3}G_t & K_t - \frac{2}{3}G_t & 0 \\ K_t - \frac{2}{3}G_t & K_t + \frac{4}{3}G_t & 0 \\ 0 & 0 & G_t \end{bmatrix} \begin{Bmatrix} d\varepsilon_x \\ d\varepsilon_y \\ d\gamma_{xy} \end{Bmatrix},$$

$$\text{且 } d\sigma_z = -\frac{3K_t - 2G_t}{2(3K_t + 2G_t)}(d\sigma_x + d\sigma_y) \tag{5.168}$$

（1）K_t 的表达式

1969 年，Domaschuk 和 Wade 基于无黏性土静水压力试验，提出了 K_t 与八面体应力 σ_{oct}（即平均正应力 σ_m）的线性表达式，即

$$K_t = K_t(\sigma_m) = K_0 + m\sigma_m \tag{5.169}$$

式中，K_0、m 为与土的相对密度有关的材料常数，分别表示直线方程（5.169）的截距（初始体积模量）和斜率。

1975 年，Domaschuk 和 Valliappan 采用指数函数关系的形式来描述黏性土的非线性应力-应变关系，如图 5.13所示，即

$$\frac{\sigma_m}{\sigma_{mc}} = \frac{\varepsilon_v}{\varepsilon_{vc}}\left[1 + \alpha\left(\frac{\varepsilon_v}{\varepsilon_{vc}}\right)^{n-1}\right] \tag{5.170}$$

式中，σ_m 为平均正应力，$\sigma_m = \sigma_{oct} = \sigma_{kk}/3$；$\varepsilon_v$ 为体应变，$\varepsilon_v = \varepsilon_{kk} = 3\varepsilon_{oct}$；$\sigma_{mc}$、$\varepsilon_{vc}$ 分别为 σ_m、ε_v 的特征值；α 为表示偏离直线程度的正常数；n 为形状参数。

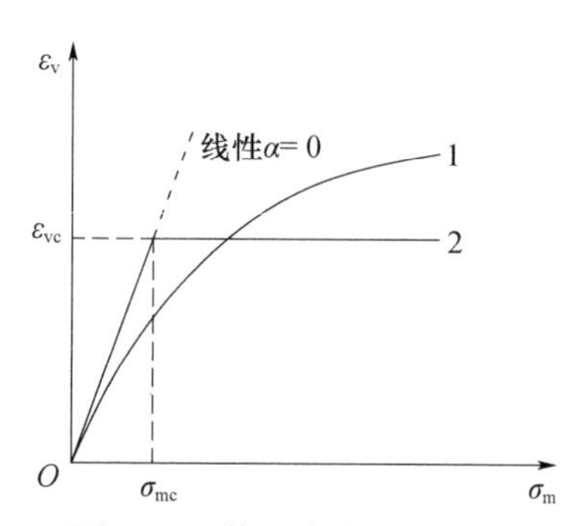

图 5.13　体积应力-应变关系
1—非线性；2—双线性
（弹性-理想塑性 $\alpha>0$ 和 $n\to\infty$）

表达式（5.170）可描述很宽范围内的体积应力-应变曲线。例如，当 $\alpha=0$ 时，该式描述的是一个线性关系；当 $\alpha>0$ 并且 $n\to\infty$时，定义为弹性-完全塑性型的双线性关系。所有其他的 n 值将描述非线性应力-应变关系。Domaschuk 和 Valliappan 采用 $\alpha=1$，通过对表达式（5.170）进行微分，可推导得到 K_t 的表达式，即

$$K_t = K_t(\varepsilon_v) = K_0(1 + n\varepsilon_{vn}^{n-1}) \tag{5.171}$$

式中，K_0 为初始体积模量，$K_0 = \frac{\sigma_{mc}}{\varepsilon_{vc}}$；$\varepsilon_{vn}$是一个标准化的体积应变，$\varepsilon_{vn} = \frac{\varepsilon_v}{\varepsilon_{vc}}$；$n$ 为表示 K_t 随体积应变增长的变化率。

通过将表达式（5.171）对试验确定值的拟合，可以确定三个参数：σ_{mc}、ε_{vc}、n。

（2）G_t 的表达式

切线剪切模量 G_t 的表达式通常是建立在偏（剪切）应力-应变关系的双曲线表达式基础上而得出的。Domaschuk 和 Wade 根据常数 p 的三轴压缩试验（如 TC 试验），采用双曲线近似表达试验获得的八面体剪切应力-应变关系曲线，从而得到 σ_{oct} 和 τ_{oct}，并且将 G_t 作为 σ_{oct} 和 τ_{oct}的函数，即

$$G_t = G_t(\sigma_m, \tau_{oct}) = G_0(1 - b\tau_{oct})^2 \tag{5.172}$$

式中，G_0 为初始剪切模量，是静水应力 σ_m 的函数；b 为表示 τ_{oct}最大（渐近）值倒数的材料参数，与土的剪切强度有关。

G_0、b 依赖于土的类型，可通过试验确定。

由于式（5.169）、式（5.172）将 σ_{oct} 和剪应力 τ_{oct} 来表示 K_t、G_t，考虑了中间主应力的影响。当然，双曲线模型同样的普通特征、优点和不足都存在于当前的模型之中。

5.5.6 基于切线模量 K_t、G_t 耦合的增量本构方程

在上述简单增量模型中，一个明显的缺点是不能包括静水响应和偏行为之间的耦合效应（即剪胀）。试验结果表明，纯偏斜应力将导致体积应变，高应力水平下表现得尤为明显，特别是对于密实土。因而在数学模型中包含这种耦合效应是必需的。为了考虑剪胀效应，有学者提出过几点建议来扩展上述简单的 K_t-G_t 本构关系。

（1）体积模量、剪切模量和膨胀模量

1976 年 Izumi 等提出的本构方程中，定义了三个不同形式的切线弹性模量，即体积模量 K_t、剪切模量 G_t 和膨胀模量 H_t：

$$K_t=\frac{d\sigma_m}{3d\varepsilon_{01}},\ G_t=\frac{d\tau_{oct}}{d\gamma_{oct}},\ H_t=\frac{d\tau_{oct}}{3d\varepsilon_{02}} \tag{5.173}$$

式中，$d\varepsilon_{01}$、$d\varepsilon_{02}$ 分别由 $d\sigma_m$、$d\tau_{oct}$ 产生的八面体正应变增量的分量，即纯静水应力增量只产生体积应变，而纯偏（剪切）应力增量将产生剪应变（偏应变）和体积应变。

可以分别从对试验获得的 σ_m-ε_{01} 曲线、τ_{oct}-ε_{02} 曲线和 τ_{oct}-γ_{oct} 曲线进行拟合的假定函数关系中来确定三个切线模量 K_t、G_t 和 H_t 的表达式。通常，K_t 表示为 σ_m 的函数，而 G_t、H_t 表示为 σ_m、τ_{oct} 的函数。

（2）耦合的增量应力-应变关系

增量应变张量 $d\varepsilon_{ij}$ 可表示为偏应变增量 de_{ij}、两个增量体积分量 $d\varepsilon_{01}$、$d\varepsilon_{02}$ 之和，即

$$d\varepsilon_{ij}=de_{ij}+(d\varepsilon_{01}+d\varepsilon_{02})\delta_{ij} \tag{5.174}$$

式中，$de_{ij}=\frac{1}{2G_t}ds_{ij}$；$d\varepsilon_{01}=\frac{1}{3K_t}d\sigma_m$；$d\varepsilon_{02}=\frac{1}{3H_t}d\tau_{oct}$。

表达式（5.174）也可表示为

$$d\varepsilon_{ij}=\frac{1}{2G_t}ds_{ij}+\frac{1}{3}\left(\frac{1}{K_t}d\sigma_m+\frac{1}{H_t}d\tau_{oct}\right)\delta_{ij} \tag{5.175}$$

八面体剪应力增量 $d\tau_{oct}$ 可表示为

$$d\tau_{oct}=\frac{\partial\tau_{oct}}{\partial\sigma_{mn}}d\sigma_{mn}=\sqrt{\frac{2}{3}}\frac{\partial\sqrt{J_2}}{\partial J_2}\frac{\partial J_2}{\partial\sigma_{mn}}d\sigma_{mn} \tag{5.176}$$

式中，$\tau_{oct}=\sqrt{\frac{2}{3}J_2}$。

按照隐含的微分，可以得到

$$d\tau_{oct}=\frac{1}{3\tau_{oct}}s_{mn}d\sigma_{mn} \tag{5.177}$$

根据 $ds_{ij}=d\sigma_{ij}-d\sigma_m\delta_{ij}$、$d\sigma_m=\frac{1}{3}d\sigma_{kk}$，可得增量形式的应力-应变关系表达式为

$$d\varepsilon_{ij}=\frac{1}{2G_t}d\sigma_{ij}+\left(\frac{1}{9K_t}-\frac{1}{6G_t}\right)d\sigma_{kk}\delta_{ij}+\frac{1}{9H_t\tau_{oct}}s_{mn}d\sigma_{mn}\delta_{ij} \tag{5.178}$$

6 土的弹性本构模型

6.1 概　　述

弹性材料的基本本构特性：①弹性变形可逆，加载-卸载-再加载的应力-应变关系相同；②当前变形状态仅与当前的应力有关，与应力路径、应力历史无关；③应力、应变符合叠加原理，应力增量及相应的应变增量相同；④正应力与剪应变、剪应力与正应变无耦合作用；⑤初始无应变状态对应初始无应力状态。如材料的力学性能在各个方向上是相同的，则称为各向同性材料。

土的应力-应变关系十分复杂，并且与诸多因素有关。土的宏观变形主要由土颗粒间的相对位置变化所致。在不同的应力水平下，由相同的应力增量所引起的应变增量就会不同，也即表现出非线性。一般土在加载过程中弹性和塑性变形几乎同时产生，没有明显的屈服点，所以土体材料也称为弹塑性材料。

加载后卸载至原应力状态时，土一般不会恢复到原来的应变状态，塑性应变往往占有较大的比例。在应力循环过程中，土的应力-应变曲线存在滞回圈，并且卸载时发生体缩。在应力较小的条件下，土体的塑性变形较小，可视其为弹性材料，外力只在位移作用点上做功，表现为弹性能的形式，位移与荷载路径无关。描述这种应力-应变关系的基本理论称为线性弹性理论，所依据的基本定律是 Hooke 定律。

基于广义 Hooke 定律的线弹性理论形式简单，参数少，物理意义明确，在岩土工程实践中得到广泛应用。土力学中计算应力采用弹性理论，计算变形采用直线变形体理论，即计算土体中的应力采用 Boussinesq 弹性理论，计算应变采用 Hooke 定律，计算变形采用分层总和法。早期土力学变形计算主要基于线弹性理论，现有的地基沉降计算方法的理论基础也主要是经典的线弹性理论。

计算地基的位移与沉降，线弹性模型只适用于不排水加载的情况，并且对破坏要求有较大的安全系数。有人建议在计算开挖问题时，如果不排水破坏的安全系数大于 1.5～2.0，可以采用线性弹性模型估计基坑的侧向压力与侧向位移。根据 Davis、Poulos 等的研究，线弹性模型的适用范围与土是否属于超固结有关。正常固结土在安全系数大于 4 时就开始发生屈服，严重超固结土在安全系数小于 2 时就开始发生屈服。

由于土的性质极为复杂，要想找到一个理想的本构模型在目前还难以办到。现有的本构模型尽管可以解决不同的工程问题，但各有其局限性。总之，比较实际的做法是针对某一特定的问题，考虑本构模型的合理性和实用性。也就是说，最好的本构模型应该是能够满足分析的需要，并且计算结果可靠又是数学形式最简单的。在土体本构模型发展过程中，一些被普遍接受和使用的模型都具有以下一些共性：第一，形式比较简单；第二，模型参数不多并且有明确的物理意义、容易采用简单的试验确定；第三，能够反映土体变形的主要本构特性等。

土的应力-应变关系是土力学中目前得到迅速发展的一个领域。对于土的应力-应变关系的本构模型，学者建议的数学模型有许多种，归纳起来可分为两大类：一类是弹性模型，包括线性弹性模型和非线性弹性模型，这是本章所要介绍的；另一类是弹塑性模型。

土体的基本变形特性之一是其应力-应变关系的非线性。为了反映土体的这种非线性，在弹性理论范畴内有两类模型：割线模型和切线模型。割线模型是计算材料应力-应变全量关系的模型，其弹性参数 E_s、υ_s，或者 K_s、G_s，是应变或应力的函数，而不再是常数，这样可以反映土体变性的非线性以及应力水平的影响。割线模型的另一个明显的优点是可应用于应变软化阶段。但该类模型理论上不够严密，不一定能保证解的稳定性和唯一性。切线模型是建立在增量应力-应变关系基础上的弹性模型，它实际上是一种采用分段线性化的广义 Hooke 定律的形式，其弹性参数 E_t、υ_t，或者 K_t、G_t，也是应变或应力的函数，但在每一级增量的情况下认为是常数，这样可较好地描述土体受力变形过程，因而得到广泛应用。

弹性本构关系可分为线性弹性本构关系和非线性弹性本构关系，如图 6.1 所示。线性弹性本构关系服从广义 Hooke 定律；而非线性弹性本构关系则是弹性理论中的广义 Hooke 定律的推广。

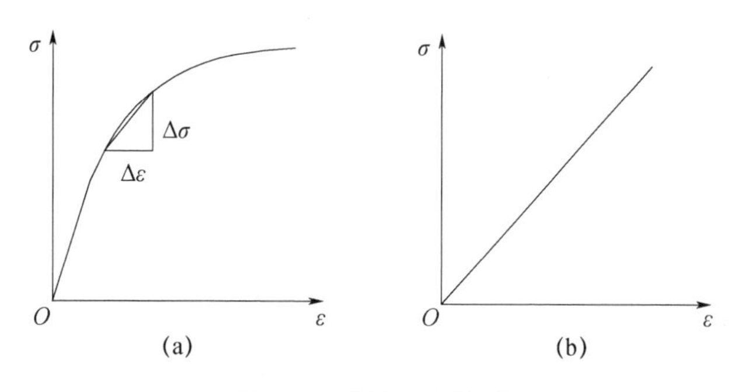

图 6.1　弹性本构关系

(a) 非线性弹性材料；(b) 线性弹性材料

在应力水平较大的条件下，土体的应力-应变关系既不是弹性的也不是线性的。一般地，对于单调加载的情况，土体的非弹性由变形模量取代弹性模量时，仍可按弹性处理，而对于有卸荷的情况下则再引入卸荷模量。对于土体的非线性，因应力-应变关系和轴应变-侧应变关系都不是直线，而具有曲线形态。当土体被视为弹性介质时，其弹性参数均取不同应力、应变下的切线值，如切线弹性模量 E_t 和切线泊松比 υ_t、切线体积模量 K_t 和切线剪切模量 G_t 等。此时，土体的应力-应变关系需采用增量形式来表示，建立变弹性本构模型。这样，非线性弹性模型的根本问题就在于正确确定各类增量型的弹性参数与应力-应变关系式（即增量型的本构模型）。

线弹性分析只适用于安全系数较大、不发生屈服的情况。实际上，土体在一般应力状态下都可能发生屈服，应力-应变关系是非线性的。因而采用线弹性分析是很不经济的。尽管采用线弹性理论描述土的应力-应变关系过于简化，但当应力水平不高且在一定的边界条件下，线弹性理论还是较为实用的。在土力学的地基附加应力计算中，目前还是采用线弹性理论的 Boussinesq 解或 Mindlin 解，在配合一定的经验计算地基变形时，能够为岩土工程问题提供实用的解答。

非线性模型实际上是指非线性弹性模型，是弹性理论中广义 Hooke 定律的推广，线弹性模型是非线性弹性模型的特例。非线性弹性模型大致可分为三类：Cauchy 弹性模型、Green 超弹性模型以及次弹性模型。Cauchy 弹性模型的弹性常数是应力或应变的函数，是广义 Hooke 定律的直接推广，弹性材料的应力或应变唯一取决于当前的应变或应力，并且假定应力与应变有一一对应的关系。Cauchy 弹性模型与 Green 超弹性模型属于高阶的非线性弹性理论模型。次弹性模型是指弹性材料的应力状态不仅与应变状态有关，还与达到该应力状态的应力路径有关，是一种在增量意义上的弹性模型，也即只有应力增量张量与应变增量张量之间存在一一对应的弹性关系，也称为最小弹性模型。

常见的非线性弹性本构模型有非线性 Mohr-Coulomb 模型、Duncan-Chang 双曲线模型和 K-G 模型等。Duncan-Chang 模型和 K-G 模型属于次弹性模型类型，是土的两种典型的非线性弹性模型，能够近似描述应力路径对土体应力-应变关系的影响，一般情况下仅适用于采用增量法描述土体的非线性性质。

由于土的应力-应变关系具有如图 6.2 所示的非线性特征，因而弹性模量 E 是变量，泊松比 υ 也不一定是常数。基于广义 Hooke 定律的增量非线性弹性模型认为，土体的应力-应变关系虽然是非线性的，但在应变微小增量时可认为是线性的，且服从增量线性的各向同性的广义 Hooke 定律。这种沿着应力或应变路径在增量意义上表示为弹性的性质也称为“次弹性”，其基本特征：(1) 应力或应变与应力路径相关，需要根据当前的应力状态求出新的应力增量；(2) 在当前的应力水平下，应力和应变具有增量意义上的可逆性；(3) 初始条件不同，则本构关系不同。在土的次弹性模型中，土的弹性参数一般可取不同应力、应变下的切线值，如切线弹性模量 E_t 和切线泊松比 υ_t（下标 t 表示与应力路径相关)，土的应力-应变关系一般采用增量形式。

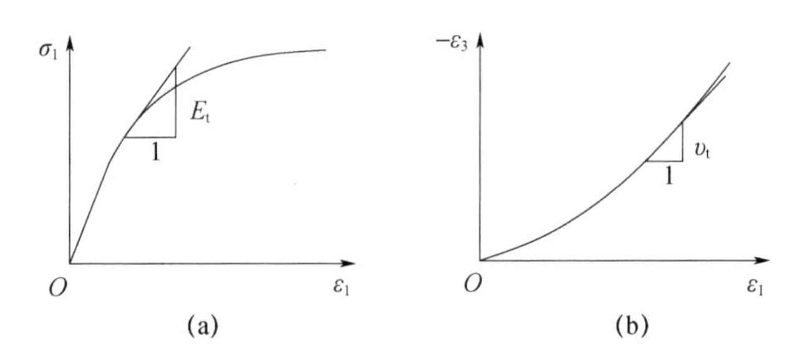

图 6.2　土的应力-应变关系曲线

(a) 轴应力与轴应变关系曲线；(b) 轴应变与水平应变关系曲线

以弹性模量 E 和泊松比 υ 为基本参数的本构模型称为 E-υ 模型。非线性 E-υ 模型主要基于常规三轴排水试验条件下土体的应力-应变关系非线性特征而提出的，模型建立思路是参照弹性模型中的弹性模量 E、泊松比 υ 的定义，采用增量法逼近非线性应力-应变关系曲线，对应的模型参数采用切线弹性模量 E_t 和切线泊松比 υ_t。Duncan-Chang 模型就是典型的非线性 E-υ 模型，以常规三轴固结排水剪切试验（CD 试验）得到的 $(\sigma_1-\sigma_3)$-ε_1 曲线以及 ε_v-ε_1 曲线是确定弹性常数 E_t、υ_t（或 B_t）等的基础。

以体变模量 K 和剪切模量 G 为基本参数的本构模型称为 K-G 模型。非线性 K-G 模型是基于等向固结排水试验（$q=0$，各向等压固结试验）和等 p 三轴固结排水剪切试验而提出的一类模型。由于土的应力-应变关系的非线性，体变模量 K 和剪切模量 G 也不一定是常数。该模型将应力和应变分别分解为球张量和偏张量两部分，分别建立球张量 p（σ_m）与 ε_v、偏张量 q 与 ε_s 之间的增量关系，一般通过等向固结排水试验确定体变模量 K，通过等 p 三轴固结排水剪切试验确定剪切模量 G。一般情况下，不考虑两个张量的交叉影响，即将球张量和偏张量分开考虑，这样的应力-应变关系称为非耦合的关系，这类 K-G 模型有 Domaschuk-Valliappan K-G 模型、Naylor K-G 模型等。有时为了反映土体的剪胀性，则需要考虑球张量和偏张量的交叉影响，即两者的耦合作用，这样的应力-应变关系称为耦合的关系，这类 K-G 模型有 Izumi-Verruijt K-G 模型、沈珠江 K-G 模型、成都科技大学修正 K-G 模型等。

Domaschuk-Valliappan K-G 模型将平均应力分量和偏应力分量严格分开，分别联系着土性的两个物理量，并独立进行测量，但未能考虑是否适合实际问题的应力路径。Naylor K-G 模型形式简单、使用方便，但不足之处是在确定参数 G 时采用等 p 三轴固结排水剪切试验，试验路径与实际问题的应力路径不一定完全一致，因而只能近似反映应力路径的影响。K-G 模型有一定的合理性和适用性，并且有许多特定形式。K-G 模型易于与应力状态相关联，从而得到一般解，但模型不能反映中主应力 σ_2 对土体变形的影响，也不能完全反映应力历史的影响，并且隐含土体各向同性的假定。此外，考虑球张量和偏张量耦合作用的 K-G 模型，对于一般的数值计算不太方便。

在土的非线性弹性模型中，一方面，由变形模量取代了弹性模量（有卸荷情况时，再引入卸荷模量）；另一方面，模量和其他弹性参数均取不同应力、应变条件下相应参数的切线值；此外，采用增量形式建立应力-应变关系的表达式。E-υ、E-B 得到了广泛应用，但 K-G 模型更具优越性。第一，K-G 模型反映了在球应力 p 和偏应力 q 作用下土体变形的弹性性质，便于通过等向固结排水试验和等 p 三轴固结排水剪切试验直接、独立且较为准确测定弹性参数；第二，模型引入球应力 p 和偏应力 q 两个分量反映土的复杂应力状态，也能考虑 K、G 对应变的交叉影响，能够得到一般解答；第三，模型还可考虑土的剪胀性和压硬性。

6.2 Duncan-Chang 模型

非线性弹性模型以 Duncan-Chang 双曲线模型为代表，其弹性常数由常规土工三轴试验确定。常规土工三轴试验是在保持围压 σ_3 不变的情况下，在轴向施加应力($\sigma_1-\sigma_3$)，也即只在轴向施加应力增量，据此可确定增量 Hooke 定律中的弹性常数。Duncan-Chang 双曲线模型正是从这一点出发，基于增量广义 Hooke 定律和常规三轴压缩（CTC）试验，假定主应力差与轴向应变的($\sigma_1-\sigma_3$)-ε_1 曲线、轴向应变与侧向应变的 ε_1-ε_3 曲线、体应变与轴向应变 ε_v-ε_1 曲线都为双曲线，分别建立了 E_t-υ_t 模型和 E_t-B_t 模型。由于概念清晰明确，理论推演严格，反映了土的非线性、压硬性和应变强化特性，同时其参数的确定和计算分析较为简单方便，该模型成为土体非线性弹性模型的代表，在国内、外的土工计算中得到广泛的应用。

由于常规三轴试验的侧压力增量 $\Delta\sigma_3=0$，($\sigma_1-\sigma_3$)-ε_a 关系曲线的斜率具有增量弹性模量的物理意义，($-\varepsilon_r$)-ε_a 关系曲线的斜率具有增量泊松比的物理意义，因此这样的确定方法在理论上是正确的。由于常规三轴试验中的围压 σ_3 不变，是一种特殊的加载路径，但并不妨碍由该模型确定的弹性常数可以采用其他加载路径。只要假定材料是各向同性的，沿 σ_1 方向增加 $\Delta\sigma$ 所确定的弹性常数，也可用于沿 σ_3 方向荷载增加的情况，同时适用 σ_1、σ_3 两个方向同时荷载增加的情况。其不足之处是假定材料为各向同性。

值得注意的是，如果按实际加载路径做试验，反而不能以$(\sigma_1-\sigma_3)$-ε_a关系曲线来确定弹性模量，因为此时的曲线斜率不具有弹性模量的物理意义。此外，平面应变试验在保持σ_3不变的情况下测得的$(\sigma_1-\sigma_3)$-ε_a关系曲线的斜率也不具有弹性模量的物理意义，因为$\Delta\sigma_2\neq0$。常规三轴试验的$(\sigma_1-\sigma_3)$-ε_a关系曲线的割线斜率不具有全量（割线）弹性模量的物理意义，因为全量侧压力不为0，且ε_a不等于全部的ε_1。这些都不可以用来确定弹性常数。

除了常规三轴试验外，其他一些试验中的$(\sigma_1-\sigma_3)$-ε_1的关系曲线也可采用双曲线进行描述，但其切线斜率不一定是切线变形模量E_t。如平面应变试验，如果平面应变方向主应力为σ_2，试验保持σ_3不变，增大σ_1直至破坏，得到$(\sigma_1-\sigma_3)$-ε_1的关系曲线也近似为双曲线，但这时

$$\frac{d(\sigma_1-\sigma_3)}{d\varepsilon_1}=\frac{E_t}{1-\upsilon_t^2} \tag{6.1}$$

饱和土的常规三轴固结不排水剪切试验可以用来确定总应力分析时的Duncan-Chang模型弹性参数，但$\upsilon_t=0.49$不变，且模型不能用于有效应力分析，因为$\sigma'=\sigma-u$，当$B=1.0$时，$u=A\cdot\Delta(\sigma_1-\sigma_3)$，则

$$\frac{d(\sigma_1-\sigma_3)}{d\varepsilon_1}=\frac{E_t}{1-A(1-2\upsilon_t)} \tag{6.2}$$

此外，不能采用CTE、TC、TE、RTC、RTE等三轴试验直接确定Duncan-Chang模型弹性参数。

由于模型是在σ_3保持不变的三轴试验基础上建立起来的，对于基坑开挖工况，当$\Delta\sigma_3<0$且变化较大时，计算误差会较大。一般来说，可从以下几个方面对Duncan-Chang模型进行修正：①对于某些大粒径土，内摩擦角可采用$\varphi=\varphi_0-\Delta\varphi\lg(\sigma_3/p_a)$；②采用平面应变试验中的$\varphi$，以反映平面应变条件下中主应力$\sigma_2$的影响；③采用$(\sigma_2+\sigma_3)/2$替代$\sigma_3$，以反映中主应力$\sigma_2$的影响。

6.2.1 本构方程

1963年，Kondner在黏土和砂土三轴试验基础上，提出可以采用双曲线来拟合一般土的三轴试验$(\sigma_1-\sigma_3)$-ε_a曲线，即

$$\sigma_1-\sigma_3=\frac{\varepsilon_a}{a+b\varepsilon_a} \tag{6.3}$$

式中，σ_1、σ_3分别为大、小主应力；ε_a为轴应变。对于常规三轴试验，$\varepsilon_a=\varepsilon_1$；$a$、$b$为试验常数。

Duncan等根据这一双曲线的应力-应变关系，提出了一种目前被广泛应用的增量弹性模型，一般称为Duncan-Chang模型。

（1）切线变形模量E_t

在常规土工三轴压缩试验中，式（6.3）也可表示为

$$\frac{\varepsilon_1}{\sigma_1-\sigma_3}=a+b\varepsilon_1 \tag{6.4}$$

根据式（6.4），$\frac{\varepsilon_1}{\sigma_1-\sigma_3}$-$\varepsilon_1$的关系为直线。因此，将常规三轴试验结果近似按此直线关系整理，该直线的截距、斜率分别a、b，如图6.3所示。

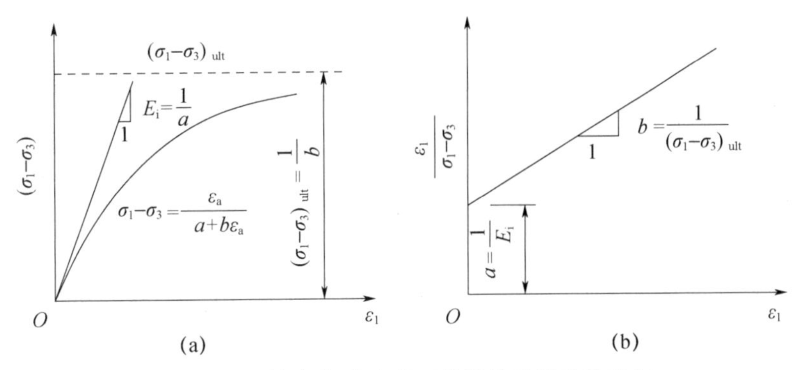

图 6.3 土的应力-应变的双曲线关系及参数确定

(a) $(\sigma_1-\sigma_3)$-ε_1 曲线；(b) $\frac{\varepsilon_1}{\sigma_1-\sigma_3}$-$\varepsilon_1$ 关系

Duncan-Chang 模型的弹性模量 E 可表示为

$$E=\frac{\Delta\sigma_1}{\Delta\varepsilon_1}=\frac{\Delta(\sigma_1-\sigma_3)}{\Delta\varepsilon_1}=\frac{\mathrm{d}(\sigma_1-\sigma_3)}{\mathrm{d}\varepsilon_1} \tag{6.5}$$

该式表明，增量 Hooke 定律中的弹性模量实际上是常规三轴试验中$(\sigma_1-\sigma_3)$-ε_1 关系曲线的切线斜率，称为切线弹性模量或切线变形模量，以 E_t 表示。这也是增量法概念下的切线变形模量 E_t 的定义，切线弹性模量 E_t 实际上是一个与应力路径相关的变量。

在常规三轴压缩试验中，由于 $\mathrm{d}\sigma_2=\mathrm{d}\sigma_3=0$，根据式（6.4）、式（6.5），得到切线模量 E_t 的表达式为

$$E_t=\frac{\mathrm{d}(\sigma_1-\sigma_3)}{\mathrm{d}\varepsilon_1}=\frac{a}{(a+b\varepsilon_1)^2} \tag{6.6}$$

根据式（6.6），当 $\varepsilon_1=0$ 时，可得到

$$E_t\big|_{\varepsilon_1=0}=\frac{a}{(a+b\varepsilon_1)^2}\bigg|_{\varepsilon_1=0}=\frac{1}{a} \tag{6.7}$$

$E_t\big|_{\varepsilon_1=0}$实际上是试验起始点$(\sigma_1-\sigma_3)$-$\varepsilon_1$ 曲线的斜率，即初始切线斜率，称为初始切线模量，以 E_i 表示，如图 6.3（a）所示，即

$$E_i=\frac{1}{a}，\text{或 } a=\frac{1}{E_i} \tag{6.8}$$

该式表明，在常规三轴试验中，参数 a 代表的是初始变形模量 E_i 的倒数。

围压 σ_3 对 E_i 的影响，可采用 1963 年 Janbu 提出的经验关系式，即

$$E_i=Kp_a\left(\frac{\sigma_3}{p_a}\right)^n \tag{6.9}$$

式中，p_a为大气压，一般取为 101.33kPa；K、n 为试验常数。

根据式（6.9）可知：$\lg\frac{E_i}{p_a}=\lg K+n\lg\frac{\sigma_3}{p_a}$，即 $\lg\frac{E_i}{p_a}$ $-\lg\frac{\sigma_3}{p_a}$成直线关系。如果绘制 $\lg\frac{E_i}{p_a}$-$\lg\frac{\sigma_3}{p_a}$ 直线图，如图 6.4所示，则 $\lg K$、n 分别为该直线的截距、斜率。

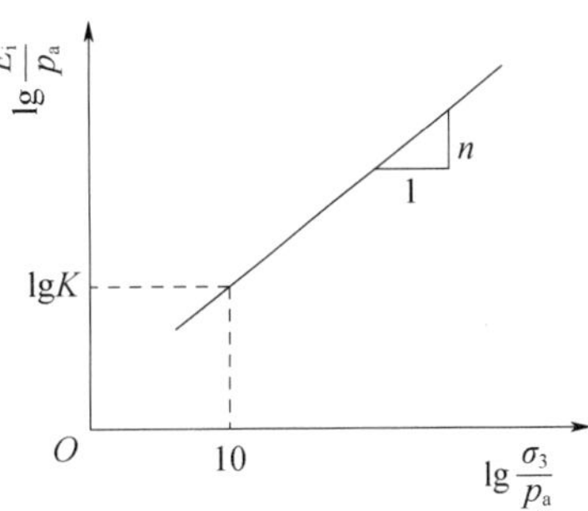

图 6.4 $\lg\frac{E_i}{p_a}$-$\lg\frac{\sigma_3}{p_a}$关系

根据式（6.6），当 $\varepsilon_1\rightarrow\infty$时，可得到

$$E_t\big|_{\varepsilon_1\to\infty}=\frac{a}{(a+b\varepsilon_1)^2}\bigg|_{\varepsilon_1\to\infty}=0 \tag{6.10}$$

该式表示的是$(\sigma_1-\sigma_3)$-ε_1双曲线的渐近线，该渐近线所对应的偏差应力为极限偏差应力，以$(\sigma_1-\sigma_3)_{ult}$表示，如图6.3（a）所示。

当$\varepsilon_1\to\infty$时，根据式（6.4）可得到

$$(\sigma_1-\sigma_3)_{utt}=\lim_{\varepsilon_1\to\infty}(\sigma_1-\sigma_3)=\lim_{\varepsilon_1\to\infty}\frac{\varepsilon_1}{a+b\varepsilon_1}=\frac{1}{b} \tag{6.11}$$

该式表明，在常规土工三轴试验中，参数b代表的是$(\sigma_1-\sigma_3)$-ε_1双曲线的渐近线所对应的极限偏差应力$(\sigma_1-\sigma_3)_{ult}$的倒数。也就是说，当$\varepsilon_1\to\infty$即土体濒临破坏时，$E_t\to 0$，参数$b$是极限主应力差（极限剪应力）$(\sigma_1-\sigma_3)_{ult}$的倒数，即

$$b=\frac{1}{(\sigma_1-\sigma_3)_{ult}} \tag{6.12}$$

在常规土工三轴试验中，如果应力-应变曲线近似于双曲线关系，则往往是根据一定的应变值，如采用轴向$\varepsilon_1=15\%$来确定土的强度$(\sigma_1-\sigma_3)_f$，对于应力-应变曲线有峰值点的情况，则取峰值点作为$(\sigma_1-\sigma_3)_f$，而不可能使$\varepsilon_1\to\infty$来求取$(\sigma_1-\sigma_3)_{ult}$。

由于轴向应变ε_1不可能无限大，实际上土试样在轴向应变达到一定值时就破坏了，这时的偏应力为$(\sigma_1-\sigma_3)_f$即土的抗剪强度。$(\sigma_1-\sigma_3)_f$总是小于$(\sigma_1-\sigma_3)_{ult}$的。也就是说，由于双曲线总是位于其渐近线的下面，因而极限偏差应力或应力差渐近值$(\sigma_1-\sigma_3)_{ult}$总是大于土的破坏强度$(\sigma_1-\sigma_3)_f$。因此，可定义破坏比$R_f$为

$$R_f=\frac{(\sigma_1-\sigma_3)_f}{(\sigma_1-\sigma_3)_{ult}} \tag{6.13}$$

破坏比R_f通常为0.75～1.00，并且假定与侧限压力σ_3无关。

于是可得到参数b为

$$b=\frac{1}{(\sigma_1-\sigma_3)_{ult}}=\frac{R_f}{(\sigma_1-\sigma_3)_f} \tag{6.14}$$

将式（6.8）、式（6.14）代入式（6.6），可得到切线变形模量E_t的表达式为

$$E_t=\frac{1}{E_i}\left[\frac{1}{E_i}+\frac{R_f}{(\sigma_1-\sigma_3)_f}\varepsilon_1\right]^{-2} \tag{6.15}$$

土的切线变形模量E_t相当于弹性理论中的杨氏模量。由于式（6.15）中既包含了应力差$(\sigma_1-\sigma_3)$项，也包含了应变ε_1项，这在实际使用中不够方便。如果消去式中的应变ε_1项，将E_t表示为只是应力的函数，这样则更方便有限元计算。

根据式（6.4）、式（6.8）、式（6.14），轴向应变ε_1可表示为

$$\varepsilon_1=\frac{a(\sigma_1-\sigma_3)}{1-b(\sigma_1-\sigma_3)}=\frac{\sigma_1-\sigma_3}{E_i\left[1-\frac{R_f(\sigma_1-\sigma_3)}{(\sigma_1-\sigma_3)_f}\right]} \tag{6.16}$$

因此，式（6.15）中的切线变形模量E_t可改写为

$$E_t=E_i\left[1-R_f\frac{\sigma_1-\sigma_3}{(\sigma_1-\sigma_3)_f}\right]^2 \tag{6.17}$$

根据Mohr-Coulomb破坏准则，破坏强度$(\sigma_1-\sigma_3)_f$与围压σ_3之间的关系可表示为

$$(\sigma_1-\sigma_3)_f=\frac{2c\cos\varphi+2\sigma_3\sin\varphi}{1-\sin\varphi} \tag{6.18}$$

将式（6.9）、式（6.18）代入式（6.17），则可得到切线变形模量E_t的表达式为

$$E_t=Kp_a\left(\frac{\sigma_3}{p_a}\right)^n\left[1-\frac{R_f(\sigma_1-\sigma_3)(1-\sin\varphi)}{2c\cos\varphi+2\sigma_3\sin\varphi}\right]^2 \tag{6.19}$$

该式不包含应变 ε_1 项，切线变形模量 E_t 只是应力的函数，E_t 随围压 σ_3 的增大而增大，并且有五个材料常数：K、n、c、φ、R_f。

表达式（6.19）也可简写成

$$E_t=E_i(1-R_fS)^2 \tag{6.20}$$

式中，S 为应力水平，可表示为

$$S=\frac{\sigma_1-\sigma_3}{(\sigma_1-\sigma_3)_f} \tag{6.21}$$

表达式（6.20）表明，切线变形模量 E_t 随应力水平 S 的增大而迅速减小。当轴向应变 ε_1 足够大即土试样濒临剪切破坏时，$(\sigma_1-\sigma_3)\to(\sigma_1-\sigma_3)_f$，$S\to1$，$E_t\to0$。

（2）切线泊松比 υ_t

根据 Kulhaway 的建议，Duncan 等根据一些试验资料，假定在常规土工三轴试验中的轴向应变 ε_1 与侧向应变 $-\varepsilon_3$ 之间也存在双曲线关系，即

$$\varepsilon_1=\frac{-\varepsilon_3}{f+D(-\varepsilon_3)} \tag{6.22}$$

式中，f、D 为试验常数。

式（6.22）可改写为

$$\frac{-\varepsilon_3}{\varepsilon_1}=f+D(-\varepsilon_3) \tag{6.23}$$

该式表明，$\frac{-\varepsilon_3}{\varepsilon_1}$-$(-\varepsilon_3)$ 为直线关系，其中的参数 f、D 分别为该直线的截距和斜率，如图 6.5 所示。

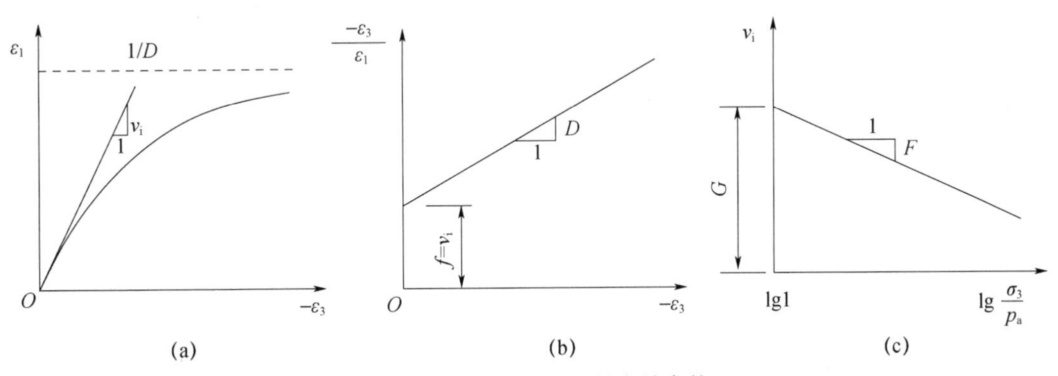

图 6.5 切线泊松比 υ_t 的有关参数

（a）ε_1-$(-\varepsilon_3)$ 双曲线；（b）$\frac{-\varepsilon_3}{\varepsilon_1}$-$(-\varepsilon_3)$ 线性关系；（c）$\upsilon_i-\lg\frac{\sigma_3}{p_a}$ 线性关系

在常规土工三轴试验中，根据 ε_v 与 ε_1 之间的关系间接得到 ε_3，其关系可表示为

$$\varepsilon_3=\frac{\varepsilon_v-\varepsilon_1}{2} \tag{6.24}$$

根据式（6.22）可得到 $-\varepsilon_3=\frac{f\varepsilon_1}{1-D\varepsilon_1}$，于是可得到泊松比 υ 为

$$\upsilon=\frac{\Delta(-\varepsilon_3)}{\Delta\varepsilon_1}=\frac{(1-D\varepsilon_1)f+D\varepsilon_1 f}{(1-D\varepsilon_1)^2}=\frac{f}{(1-D\varepsilon_1)^2} \tag{6.25}$$

该式表明，轴向应变 ε_1 与侧向应变 $-\varepsilon_3$ 关系曲线的切线斜率，具有增量泊松比的物理意义，称为切线泊松比，以 υ_t 表示。因此，增量法概念下的切线泊松比 υ_t 定义为

$$\upsilon_t=\frac{\mathrm{d}(-\varepsilon_3)}{\mathrm{d}\varepsilon_1}=\frac{f}{(1-D\varepsilon_1)^2} \tag{6.26}$$

当 $\varepsilon_1=0$ 即加载的初始阶段，亦即 $-\varepsilon_3=0$，此时的 υ_t 为初始泊松比，记为 υ_i。根据式（6.26)有

$$\upsilon_i=\lim_{\varepsilon_1\to 0}\frac{f}{(1-D\varepsilon_1)^2}=f \tag{6.27}$$

或者根据式（6.23）有 $\left.\frac{-\varepsilon_3}{\varepsilon_1}\right|_{\varepsilon_1\to 0}=f+D(-\varepsilon_3)\,|_{\varepsilon_3\to 0}=f$，而 $\left.\frac{-\varepsilon_3}{\varepsilon_1}\right|_{\varepsilon_3\to 0}$ 为初始泊松比 υ_i，即得到同样的结果。也即参数 f 是零应变时的切线泊松比 υ_i，如图 6.5（a)、(b）所示。

当 $-\varepsilon_3\to\infty$ 时，根据式（6.23）有 $\left.\frac{\varepsilon_1}{-\varepsilon_3}\right|_{-\varepsilon_3\to\infty}=\frac{1}{D}$，即 ε_1-$(-\varepsilon_3)$ 双曲线的渐近线的倒数为 D。如图 6.5（a）所示。参数 D 与围压 σ_3 有关但差异较小，一般取同组试样不同 σ_3 下所得到的 D 的平均值。

试验表明，土的初始泊松比 υ_i 与围压 σ_3 有关，υ_i 随 σ_3 的增加而减小。假定 υ_i-$\lg\frac{\sigma_3}{p_a}$ 成线性关系，即

$$\upsilon_i=f=G-F\lg\frac{\sigma_3}{p_a} \tag{6.28}$$

式中，G、F 为试验常数，确定方法如图 6.5（c）所示。

根据切线泊松比 υ_t 的定义式（6.26）可得到

$$\upsilon_t=\frac{\upsilon_i}{(1-D\varepsilon_1)^2} \tag{6.29}$$

再根据式（6.28)、式（6.16)、式（6.18)、式（6.9)，则可得到切线泊松比 υ_t 的表达式为

$$\upsilon_t=\frac{G-F\lg\frac{\sigma_3}{p_a}}{\left\{1-D(\sigma_1-\sigma_3)\left[Kp_a\left(\frac{\sigma_3}{p_a}\right)^n\right]^{-1}\left[1-\frac{R_f(\sigma_1-\sigma_3)(1-\sin\varphi)}{2c\cos\varphi+2\sigma_3\sin\varphi}\right]^{-1}\right\}^2} \tag{6.30}$$

该式表明，切线泊松比 υ_t 的表达式中有 8 个材料常数，即在切线变形模量 E_t 的表达式中的 5 个材料常数（K、n、c、φ、R_f）的基础上，增加了 3 个参数：G、F、D。其中参数 D 可取若干个不同围压 σ_3 的三轴试验的平均值。根据弹性理论，切线泊松比 υ_t 的取值范围为 0～0.5。

研究表明，表达式（6.30）计算结果常偏大，1974 年 Daniel 建议采用下式计算切线泊松比 υ_t，即

$$\upsilon_t=\upsilon_i+(\upsilon_{tf}-\upsilon_i)\frac{\sigma_1-\sigma_3}{(\sigma_1-\sigma_3)_f} \tag{6.31}$$

式中，υ_{tf} 为破坏时的泊松比。

式（6.31）实际上是假定 υ_t 在 υ_i 与 υ_{tf} 之间按应力水平 S 内插。υ_{tf} 可按试验结果建立类似式（6.30）的表达式，做近似处理，也可取 0.49。

1978 年 Duncan 等进一步提出采用体积模量 K_t 来代替 υ_t，K_t 的表达式为

$$K_t=K_b\left(\frac{\sigma_3}{p_a}\right)^m \tag{6.32}$$

式中，K_b、m 为土的材料常数，可根据常规三轴试验确定。

上述非线性弹性模型为 E-υ 模型中的一种，是目前国内外用得最广泛的，简称为Duncan模型。Duncan模型的主要优点是可以利用常规三轴试验测定所需的8个计算参数：K、n、R_f、c、φ、F、G、D。有研究者认为，按照Duncan模型计算所得到的变形值偏大。该模型没有考虑中主应力 σ_2、应力路径及剪胀性。

(3) 卸载-再加载模量 E_{ur}

如果三轴试验在某一阶段卸载，则卸载时的应力-应变曲线比初次加载时的应力-应变曲线更陡，如图6.6所示。如果继续再加载，应力-应变曲线也陡于初次加载时的应力-应变曲线，并且与卸载时的应力-应变曲线具有相近的坡度。由于初次加载时产生的应变在卸载时仅有部分恢复，所以土的性状是应力-应变关系是非线性的、应变是非弹性的（即弹塑性的）。卸载后再继续加载，常有一些滞后现象，但通过略去滞后作用而将卸载、再加载应力-应变变化的性质近似地认为是线性的、弹性的。

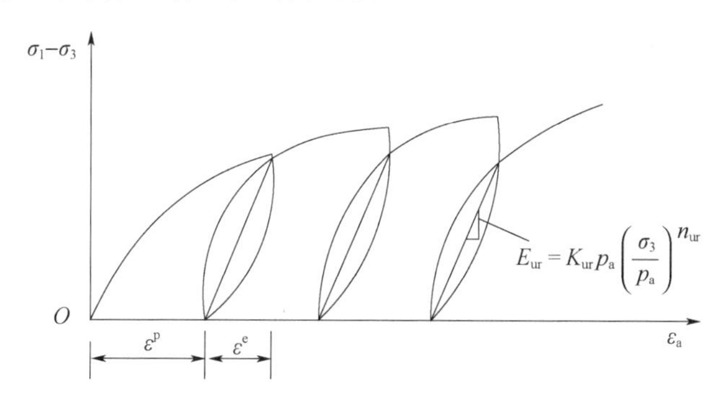

图6.6 土体的加载-卸载-再加载应力-应变曲线

为了反映土变形的可恢复部分与不可恢复部分，Duncan-Chang模型在弹性理论的范围内，采用了一种不同于初始加载模量的卸载-再加载模量方法。也就是说，当判断土体处于卸载状态或卸载后再加载状态时，应当采用卸载变形模量 E_{ur} 计算。

通过常规三轴压缩试验的卸载-再加载曲线确定其卸载模量。由于该过程中的应力-应变关系表现为一个滞回圈，在双曲线关系中的卸载-再加载模量都可采用相同的数值，所以采用一个平均斜率来代替，该平均斜率表示为 E_{ur}（即卸载-再加载模量），也称为卸载弹性变形模量、回弹模量。如图6.6所示，初始加载阶段的应力-应变曲线的斜率为 E_i，卸载-再加载阶段的平均斜率为 E_{ur}，显然有 $E_{ur}>E_i$。

可以采用以下标准选取 E_{ur} 和 E_i：当 $(\sigma_1-\sigma_3)<(\sigma_1-\sigma_3)_0$，且 $S<S_0$ 时，采用 E_{ur}；否则采用 E_i。$(\sigma_1-\sigma_3)_0$、S_0 分别为历史上曾经达到的最大应力和最大应力水平。

Duncan等假定，在不同的应力水平下的卸载-再加载循环中，平均斜率 E_{ur} 都接近相等，所以可认为在同样的围压 σ_3 的条件下，该平均斜率 E_{ur} 为常数。但 E_{ur} 随着围压 σ_3 的增大而增大。也就是说，E_{ur} 不随偏应力 $(\sigma_1-\sigma_3)$ 变化，只随围压 σ_3 而变化。

试验表明，在双对数坐标中，平均斜率 E_{ur} 与围压 σ_3 的关系近似为一条直线，即 $\lg\frac{E_{ur}}{p_a}$-$\lg\frac{\sigma_3}{p_a}$ 为直线关系。因此，卸载-再加载模量 E_{ur} 与围压 σ_3 可表示为

$$E_{ur}=K_{ur}p_a\left(\frac{\sigma_3}{p_a}\right)^{n_{ur}} \tag{6.33}$$

式中，K_{ur}、n_{ur}为材料参数；$\lg K_{ur}$、n_{ur}分别为 $\lg \frac{E_{ur}}{p_a}$-$\lg \frac{\sigma_3}{p_a}$直线的截距、斜率。如图 6.7 所示。式（6.33）中的参数 n_{ur} 与式（6.9）中的参数 n 相同。

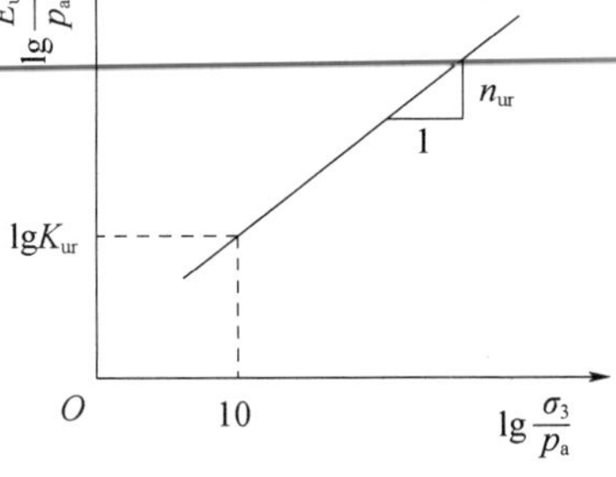

图 6.7 $\lg \frac{E_{ur}}{p_a}$-$\lg \frac{\sigma_3}{p_a}$关系

实际上，式（6.33）中的参数 n_{ur}，与式（6.9）中的参数 n 不会完全相等，但两者差别不会太大。当两个表达式中的参数 n、n_{ur}取为相等时，可采用式（6.9）中的参数 K 或式（6.33）中的 K_{ur} 来调整其误差，这样就可将 n、n_{ur}两个材料参数合并为一个参数 n。一般情况下，K_{ur}值常大于初次加载时的 K 值，即 $K_{ur}>K$。

Duncan-Chang 模型在加载、卸载时使用了不同的变形模量，从而可以反映土变形的不可恢复部分。但是，该模量毕竟不是弹塑性模型，没有离开弹性理论的框架及理论基础，因而在复杂应力路径中如何判断加载、卸载就成为一个问题。最初，Duncan 等根据三轴试验，采用$(\sigma_1-\sigma_3)$或 q 来判断加载、卸载，而没有考虑 σ_3 的变化，这显然是不合理的。1984 年 Duncan 等提出了加载函数，即

$$S_s=S\left(\frac{\sigma_3}{p_a}\right)^{\frac{1}{4}} \tag{6.34}$$

式中，S 为应力水平，见式（6.21）。

如果在加载历史中，加载函数的最大值为 S_{sm}，则临界应力水平为

$$S_m=S_{sm}\left(\frac{\sigma_3}{p_a}\right)^{-\frac{1}{4}} \tag{6.35}$$

如果 $S>S_m$，则为加载；如果 $S<\frac{3}{4}S_m$，则为卸载或再加载，此时可使用 E_{ur}；如果 $\frac{3}{4}S_m<S<S_m$，则采用 E_t 与 E_{ur}内插。显然，这是一种经验的方法。也有人提出了根据不同工程问题所采用的其他准则。

（4）E-B 模型

三轴试验表明，轴向应变 ε_1 与侧向应变 $-\varepsilon_3$ 之间的双曲线假设与实际情况相差较大，计算得到的非线性切线泊松比 υ_t 一般偏大，因而实际工程中计算得到的侧向变形量偏大。同时，使用切线泊松比 υ_t 在计算中也有一些不便之处。1980 年 Duncan 等人提出采用切线体积模量 B_t 代替切线泊松比 υ_t，即 E-B 模型，并提出了一种确定切线体积模量 B_t 的方法。关于 E-υ 模型与 E-B 模型哪一个更为适用，目前还存在不同的意见。

E-B 模型中的 E_t 与式（6.19）相同。引入了体变模量 B 来代替切线泊松比 υ_t。Duncan 等人定义的体积模量 B 是平均正应力 p 与体积应变 ε_v 之比，与 E、υ 之间的关系为

$$B=\frac{E}{3(1-2\upsilon)} \tag{6.36}$$

Duncan 等人假定，切线体积变形模量 B_t 与应力水平 S 无关，或者说与偏应力$(\sigma_1-\sigma_3)$无关，仅随围压 σ_3 而变化，也即$\frac{1}{3}(\sigma_1-\sigma_3)$与 ε_v 的关系为成比例的直线。对于同一个 σ_3，B_t 为常量，这相当于假定体积应变 ε_v 与偏应力$(\sigma_1-\sigma_3)$成比例的直线关系。由于$(\sigma_1-\sigma_3)$-ε_1 关系曲线为双曲线，ε_1-ε_v 关系曲线也是双曲线，且两者关系曲线相似。根据

Duncan 等人假定，对于同一个 σ_3，$\frac{(\sigma_1-\sigma_3)}{3}$-$\varepsilon_v$ 的关系曲线为一直线，但实际上$\frac{(\sigma_1-\sigma_3)}{3}$-$\varepsilon_v$ 关系不是直线，如图 6.8 所示。

于是 Duncan 等人取与应力水平 $S=70\%$相应的应力点，与原点连线的斜率作为平均斜率，该平均斜率作为切线体积变形模量 B_t，即

$$B_t=\frac{1}{3}\cdot\frac{(\sigma_1-\sigma_3)_{70\%}}{(\varepsilon_v)_{70\%}} \tag{6.37}$$

式中，$(\sigma_1-\sigma_3)_{70\%}$、$(\varepsilon_v)_{70\%}$分别为$(\sigma_1-\sigma_3)$达到 70%的$(\sigma_1-\sigma_3)_f$ 时的偏差应力和相应的体应变的试验值。

对于每一个 σ_3 为常数的三轴压缩试验，体变模量 B 就是一个常数。试验表明，体变模量 B 与围压σ_3 有关，两者在双对数坐标中可近似为直线关系，即 $\lg\frac{B}{p_a}$-$\lg\frac{\sigma_3}{p_a}$为直线关系，如图 6.9 所示。

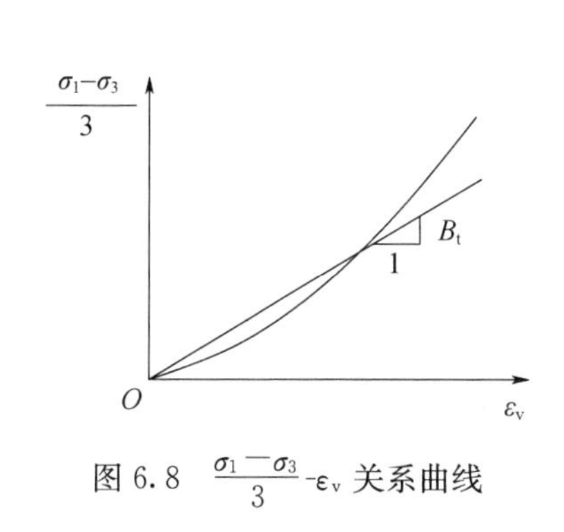

图 6.8 $\frac{\sigma_1-\sigma_3}{3}$-$\varepsilon_v$ 关系曲线

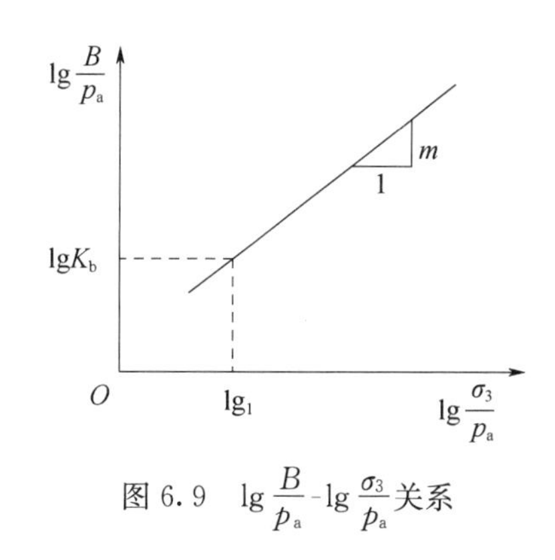

图 6.9 $\lg\frac{B}{p_a}$-$\lg\frac{\sigma_3}{p_a}$关系

因此，切线体变模量 B_t 与围压 σ_3 可表示为

$$B_t=K_b p_a\left(\frac{\sigma_3}{p_a}\right)^m \tag{6.38}$$

式中，K_b、m 为材料参数。$\lg K_b$、m 分别为直线 $\lg\frac{B_t}{p_a}$-$\lg\frac{\sigma_3}{p_a}$的截距、斜率。

(5) 参数的确定

非线性弹性 E-υ 模型，通常称为 Duncan-Chang 模型，可确定加载时的弹性参数，也可确定卸载时的弹性参数，因此非线性弹性 E-υ 模型有 8 个或 10 个参数：c、φ、R_f、K、n、G、F、D，以及 K_{ur}和 n_{ur}。

非线性弹性 E-B 模型，可确定加载时的弹性参数，也可确定卸载时的弹性参数，因此非线性弹性 E-B 模型有 7 个或 9 个参数：c、φ、R_f、K、n、K_b、m，以及 K_{ur}和 n_{ur}。

上述参数都可采用常规三轴固结排水剪切（CD）试验确定。为了确定这些参数，三轴试验土试样至少三个，一般不少于四个，以备校核。

在确定上述参数时，需要注意以下几点：第一，在确定参数 a、b 时，采用式（6.4）和图 6.3（b）来求取$\frac{\varepsilon_1}{\sigma_1-\sigma_3}$-$\varepsilon_1$ 之间的直线关系时，常发生低应力水平和高应力水平的试验点偏离直线的情况。因此，对于同一组试验因人而异可能会得到不同的 a、b 值。

第二，对于切线泊松比 υ_t，其中的参数确定的任意性更大。对于有剪胀性的土，在高应

力水平下，切线泊松比 υ_t 的确定的实际意义不大。为此，Duncan 等在总结许多试验资料的基础上，建议采用如下方法来计算相关参数。

对于参数 b，Duncan 等建议的方法为

$$b=\frac{1}{(\sigma_1-\sigma_3)_{ult}}=\frac{\left(\frac{\varepsilon_1}{\sigma_1-\sigma_3}\right)_{95\%}-\left(\frac{\varepsilon_1}{\sigma_1-\sigma_3}\right)_{70\%}}{(\varepsilon_1)_{95\%}-(\varepsilon_1)_{70\%}} \tag{6.39}$$

对于参数 a，Duncan 等建议的方法为

$$\frac{1}{ap_a}=\frac{E_i}{p_a}=\frac{1}{p_a}\frac{2}{\left(\frac{\varepsilon_1}{\sigma_1-\sigma_3}\right)_{95\%}+\left(\frac{\varepsilon_1}{\sigma_1-\sigma_3}\right)_{70\%}-\left(\frac{\varepsilon_1}{\sigma_1-\sigma_3}\right)_{ult}[(\varepsilon_1)_{95\%}+(\varepsilon_1)_{70\%}]} \tag{6.40}$$

对于参数 B_t，Duncan 等建议的方法为

$$B_t=\frac{\Delta p}{\Delta\varepsilon_v}=\frac{1}{3}\cdot\frac{(\sigma_1-\sigma_3)_{70\%}}{(\varepsilon_v)_{70\%}} \tag{6.41}$$

上述各式中，下标 95%、70%分别代表 $(\sigma_1-\sigma_3)$ 达到 95%、70%的 $(\sigma_1-\sigma_3)_f$ 时的有关试验数据。

采用上述各式对不同的围压 σ_3 下的试验结果进行计算，然后在双对数坐标中来确定相关参数，这样的计算结果离散性较小，也不会因人而异。

6.2.2 模型特点

Duncan-Chang 非线性弹性模型是双曲线模型，属于数学模型的范畴，也就是说以数学上的双曲线来模拟土的应力-应变关系曲线，并以此进行应力、应变分析。由于该模型最初是由 Duncan 和 Chang 两人所提出，因而也称为 Duncan-Chang 模型，又称为 Duncan-Chang 双曲线模型，或简称为 Duncan 模型，有时简称 D-C 模型。

由于该模型的非线性弹性参数 υ_t 的计算方法由 Kulhawy 首先提出，因而有人将 Duncan-Chang 模型也称为 Duncan-Chang-Kulhawy 模型。其弹性常数由常规三轴试验确定。该模型经过 Duncan 等人于 1978 年改进后，在工程实践中得到广泛应用。

Duncan-Chang 模型的基本特点：

（1）适用于 $(\sigma_1-\sigma_3)$-ε_1 关系曲线为硬化型的双曲线，以及 ε_1 与 $-\varepsilon_3$ 的关系曲线也为双曲线的情形。模型概念清晰、数学形式简单、试验参数都有明确的物理意义和几何意义，都可由常规三轴试验获得。

（2）模型反映了土体材料的非线性弹性，以及一定程度上的路径相关性（σ_3 为常数时）。当考虑卸载时，模型还考虑了土体材料的非弹性变形性质。模型适用应变硬化型材料。

（3）通过回弹模量 E_{ur} 与加载模量 E_t 的差别，部分体现了加载历史对变形的影响。通过 E_{ur} 在一定程度上模拟了卸载的情况。

（4）模型在加载、卸载时使用了不同的变形模量，从而可以反映土变形的不可恢复部分即塑性变形，但并没有区分土体的弹性变形和塑性变形。

（5）模型不适用应变软化类土体材料，也没有反映剪胀性。

（6）没有反映固结压力变化的差别，也没有反映加载、卸载对泊松比的影响，并且不能完全反映应力历史的影响。

（7）没有反映平均正应力 p 对剪应变 ε_s 的影响，即没有反映压缩与剪切的交叉影响。但是模型在确定参数时所用的体积应变包含了平均正应力 p 增加所引起的压缩，也包含了

剪切所引起的体积变化。

(8) 当 $\sigma_3=0$ 时，$E_i=0$，但这不符合实际情况。有人建议将 E_i 的表达式修正为

$$E_i=Kp_a\left(\frac{\sigma_3+\sigma_t}{p_a}\right)^n \tag{6.42}$$

式中

$$\sigma_t=2c\tan\left(\frac{\pi}{4}-\frac{\varphi}{2}\right) \tag{6.43}$$

(9) 模型采用 Mohr-Coulomb 破坏条件，以及 $\sigma_2=\sigma_3$ 的常规三轴试验条件，因此模型没有考虑中主应力 σ_2 对弹性常数 E、υ 的影响。因此，计算的 E_t、B_t 一般偏小。

实践中，常见的变形条件为平面应变条件，而常规三轴试验的应变条件为轴对称。有多种方法对此进行修正。第一种方法，即将 E_t、B_t 中的 σ_3、$(\sigma_1-\sigma_3)$分别采用球应力 p 和广义剪应力 q 代替，如

$$E_t=Kp_a\left(\frac{p}{p_a}\right)^n(1-R_f\cdot S)^2 \tag{6.44}$$

$$B_t=K_b p_a\left(\frac{p}{p_a}\right)^m \tag{6.45}$$

式中，S 为应力比，即

$$S=\frac{q}{q_f}=\frac{q}{qM_p} \tag{6.46}$$

式中，M_p 为 q-p 应力空间中破坏线的斜率，也可直接采用 c、φ 换算，即

$$M_p=\frac{6\sin\varphi}{3-\sin\varphi} \tag{6.47}$$

第二种方法，根据两种应力比条件，得到这两种条件下的摩擦角关系为

$$\frac{1}{\sin\varphi_c}-\frac{1}{\sin\varphi_p}=\frac{1}{3}b_p \tag{6.48}$$

式中，φ_c 为轴对称应力条件下的摩擦角；φ_p 为平面应变条件下的摩擦角；b_p 为 φ_c 与 φ_p 的相关系数。

根据 Bishop 的试验研究，b_p 可由下式确定

$$b_p=\frac{1-\sin\varphi_p}{2} \tag{6.49}$$

于是可得到

$$\sin\varphi_p+6\left(\frac{1}{\sin\varphi_c}-\frac{1}{\sin\varphi_p}\right)=1 \tag{6.50}$$

这样，根据常规三轴试验得到 φ_c 后，即可求得平面应变条件下的 φ_p，在将 φ_p 代替 Duncan-Chang 模型中的 φ，这就相当于考虑了中主应力 σ_2 对强度与变形的影响。

第三种方法，将 Duncan-Chang 模型中的 σ_3 换成 $\sigma_3\sqrt[3]{\sigma_3/\sigma_2}$。

第四种方法，将 Duncan-Chang 模型中的 σ_3 换成$\frac{\sigma_3+\sigma_2}{2}$。

※应用实例

(1) 试验材料

采用生物酶对膨胀土进行改良。试验材料为膨胀土、生物酶。

膨胀土试验土样取自某高速公路，取土深度为 2.0～2.5m，其主要物理力学指标：含水

率为28%、塑性指数I_p为38.0%、自由膨胀率为52%、标准吸湿含水率为5.0%、无荷膨胀率为8.2%、胀缩总率为3.5%。该土样为中膨胀土。

生物酶掺加量分别为0%、1%、2%、3%、4%、5%，为掺加的生物酶质量与膨胀土样干土的质量比。

三轴试验土样为直径39.1mm，高度80mm的圆柱形，其物理特性指标：含水率18.0%、干密度1.62g/cm^3、湿密度1.91g/cm^3。

（2）试验方法

试验采用GDS-Instruments三轴试验系统，依照《公路土工试验规程》（JTG 3430—2020）开展三轴固结排水剪切试验。三组试样分别在100kPa、200kPa和300kPa围压下进行固结，待固结完成后进行剪切试验。

（3）试验结果

试验得到不同生物酶掺加量的$(\sigma_1-\sigma_3)$（偏应力q）与轴向应变ε_1关系曲线。

（4）Duncan-Chang模型参数

Duncan-Chang模型相关参数拟合结果见表6.1。

表6.1 Duncan-Chang模型参数拟合结果

生物酶掺量（%）	σ_3 (kPa)	a ($\times10^{-2}$)	b ($\times10^{-3}$)	E_i (kPa)	$(\sigma_1-\sigma_3)_{ult}$ (kPa)	c (kPa)	φ (°)	K	n	R_f
0	100	0.0187	3.3847	5344.19	295.447	8.80	31.60	53.901	1.646	0.805
	200	0.0060	1.5876	16725.43	629.873					
	300	0.0031	0.9794	32600.45	1021.033					
1	100	0.0145	2.461	6878.55	406.339	12.10	32.40	69.295	1.564	0.800
	200	0.0049	1.283	20337.98	779.423					
	300	0.0026	0.917	38345.52	1090.340					
2	100	0.0111	2.191	9003.44	456.392	15.90	32.50	90.594	1.474	0.798
	200	0.0040	1.119	25010.74	893.815					
	300	0.0022	0.774	45465.83	1292.324					
3	100	0.0087	1.755	11458.93	569.866	22.10	32.60	115.292	1.468	0.798
	200	0.0032	1.026	31699.76	974.469					
	300	0.0017	0.749	57485.45	1335.827					
4	100	0.0063	1.636	15970.43	611.172	31.00	32.80	160.398	1.329	0.790
	200	0.0025	0.983	40122.26	1017.605					
	300	0.0015	0.652	68771.85	1533.978					
5	100	0.0048	1.4157	20727.139	706.340	40.50	33.10	207.872	1.219	0.791
	200	0.0021	0.8694	48249.734	1150.195					
	300	0.0013	0.6112	79095.208	1636.100					

（5）生物酶改良膨胀土应力-应变关系归一化特性

当采用Duncan-Chang模型对土的应力-应变关系进行归一化分析时，归一化的应力-应变关系可表示为$\frac{\varepsilon_1}{\sigma_1-\sigma_3}\cdot X=aX+bX\varepsilon_1$。式中：$X$为归一化因子。

在 Duncan-Chang 模型中，初始切线模量 E_i 为 a 的倒数，即 $E_i=1/a$；主应力差渐近值 $(\sigma_1-\sigma_3)_{ult}$ 为 b 的倒数，即 $(\sigma_1-\sigma_3)_{ult}=1/b$。归一化因子 X 需同时与 E_i、$(\sigma_1-\sigma_3)_{ult}$ 成正比，且 E_i 与 $(\sigma_1-\sigma_3)_{ult}$ 成正比。采用主应力差渐近值 $(\sigma_1-\sigma_3)_{ult}$ 作为归一化因子，则 $X=(\sigma_1-\sigma_3)_{ult}$。令 $aX=M$。由于 $bX=1$，可得归一化条件为 $(\sigma_1-\sigma_3)_{ult}=ME_i$。因此，$(\sigma_1-\sigma_3)_{ult}$ 作为归一化因子的条件是与 E_i 成线性关系，并且 M 为常数。根据拟合结果，各生物酶掺量下的 $(\sigma_1-\sigma_3)_{ult}$ 与 E_i 都成正比例关系，因而满足归一化条件。

根据不同生物酶掺量 z、不同围压 σ_3 条件下的应力-应变试验数据，对 $\frac{\varepsilon_1}{\sigma_1-\sigma_3}(\sigma_1-\sigma_3)_{ult}-\varepsilon_1$ 之间的关系进行线性拟合，其相关关系表达式为 $\frac{\varepsilon_1}{\sigma_1-\sigma_3}(\sigma_1-\sigma_3)_{ult}=1.001\varepsilon_1+3.774$。其相关系数 $R^2=0.9542$，具有较高的线性相关性，归一化程度较高。

生物酶掺量 z 与 $(\sigma_1-\sigma_3)_{ult}$ 的关系式为 $(\sigma_1-\sigma_3)_{ult}=\frac{0.608z+2.129}{0.797}p_a(\sigma_3/p_a)^{-0.095z+1.240}$。于是可得 $\sigma_1-\sigma_3=\frac{\varepsilon_1}{3.008+0.798\varepsilon_1}\cdot(0.608z+2.129)p_a(\sigma_3/p_a)^{-0.095z+1.240}$。该式即采用主应力差渐近值 $(\sigma_1-\sigma_3)_{ult}$ 作为归一化因子建立的生物酶改良膨胀土的应力-应变关系归一化方程。如设 $K_G=(0.608z+2.129)p_a(\sigma_3/p_a)^{-0.095z+1.240}$，$K_G$ 是生物酶掺量 z、围压 σ_3 的函数，于是可简写成：$\sigma_1-\sigma_3=\frac{\varepsilon_1}{3.008+0.798\varepsilon_1}\cdot K_G$。该式与式（6.3）类似。

6.3 Eisenstein-Law 模型

如何考虑应力路径对土的应力-应变关系的影响，还有待进一步研究。现介绍 Eisenstein 等的方法。1979 年 Eisenstein 与 Law 建议采用固结仪和等向固结试验求取变形模量，以考虑堤坝施工期间的应力路径。

对于固结仪、各向等压固结试验成果，可采用有效应力表达。

对于固结仪压缩试验

$$\varepsilon_1=C_m\left(\frac{\sigma'_a}{p_a}\right)^a \tag{6.51}$$

对于各向等压固结试验

$$\varepsilon_v=C_k\left(\frac{\sigma'}{p_a}\right)^b \tag{6.52}$$

式中，ε_1、ε_v 分别为垂直应变、体积应变；σ'_a、σ' 分别为垂直有效应力、各向均等应力；C_m、C_k、a、b 为试验常数。

根据上述两式，分别绘制双对数坐标图，即可求得上述 4 个参数。

对式（6.51）微分，可得到切线压缩模量 E'_s 的表达式为

$$E'_s=\frac{d\sigma'_a}{d\varepsilon_1}=\frac{p_a^a}{aC_m}\frac{1}{\sigma'^{a-1}_a} \tag{6.53}$$

对式（6.52）微分，得到切线体积模量 K' 的表达式为

$$K'=\frac{d\sigma'}{d\varepsilon_v}=\frac{p_a^b}{bC_k}\frac{1}{\sigma'^{b-1}_a} \tag{6.54}$$

值得注意的是，E'_s 和 K' 的表达式仅适用于非零应力状态。σ'_a 与 σ' 之间的关系可根据 ε_1

$=\varepsilon_v$ 而求得。

根据 Hooke 定律推导出有效杨氏模量 E'、泊松比 υ' 为

$$E'=\frac{9K'(E'_s-K)}{E'_s+3K'},\ \upsilon'=\frac{9K'-E'_s}{E'_s+3K'} \tag{6.55}$$

6.4 *K-G* 模型

非线性弹性模型的优点在于理论框架和数学表述的简单性。非线性弹性 K-G 模型中，体积模量 K 和剪切模量 G 分别反映了土在球应力 p 和偏应力 q 作用下的弹性性质，参数 K 和 G 的物理意义明确，可通过等向压缩试验和等 p 三轴剪切试验，直接、独立且较为准确地做出测定。同时，该模型引入球应力 p 和偏应力 q 两个应力分量来反映土的复杂应力状态，也能考虑它们对应变的交叉影响，考虑土的剪胀性和压硬性，并且在一定程度上近似反映应力路径因素，从这一角度有学者认为 K-G 模型优于 E-υ 模型。

1975 年，Domaschuk-Valliappan 基于等向固结排水试验和等 p 三轴固结排水剪切试验提出了 K-G 模型，自此国内外学者基于该模型进行了大量研究并提出多种修正模型，因而 K-G 模型得到较为深入的发展，概念上也更加完整。1976 年，Izumi-Verruijt 认为体积应变 ε_v 受到 p 和 q 的影响，剪切应变 ε_s 受 p 的影响较小，提出了能够反映剪胀性的包含剪胀模量 H_t 的三模量 K-G 模型。Battelino-Majes 通过实际路径三轴试验，提出了采用八面体应力-应变表示的 K-G 模型。1978 年 Naylor 考虑了压硬性建立了双模量模型，1982 年 Byrne 和 Eldridge 对于砂土建议了一个考虑了剪胀性的三模量模型。

沈珠江认为，p 和 q 对 ε_v 和 ε_s 有交叉影响，提出了考虑剪切胀缩性影响的 K-G 模型，该模型是一个可考虑压硬性和剪胀性的四模量模型。此后又建议了一个可考虑剪胀性的三模量模型。1979 年的水电部《土工试验规程》建议了基于广义 Hooke 定律的双模量模型，并且其参数确定方法保留在 1999 年版的《土工试验规程》。屈智炯等在 Naylor 修正模型的基础上提出成都科大 K-G 模型。

此外，有些研究还注意到应力路径、中主应力的影响，对 K-G 模型进行了各种改进。在上述模型中，考虑因素越全面则模型参数也越多，参数确定过程和模型应用也越复杂；而基于广义 Hooke 定律的双模量模型，概念清晰、形式简单、参数确定方便、易于实际应用。

6.4.1 基本框架

对于三维应力状态，通过引入球应力（平均正应力）p 和偏应力（广义剪应力）q 两个分量，反映土的复杂应力状态，而体积模量 K 和剪切模量 G 分别反映了土的 p、q 作用下的弹性性质。土的非线性弹性 K-G 模型的理论基础为弹性理论，在进行非线性弹性分析时，将应力、应变分解为球张量和偏张量两部分，p、q 分别与球应变（体积应变）ε_v 和偏应变（剪切应变）ε_s 相适应，采用切线体积模量 K_t 和切线剪切模量 G_t 描述应变关系，应力-应变关系增量形式为

$$d\varepsilon_v=\frac{dp}{K_t},\ d\varepsilon_s=\frac{dq}{3G_t} \tag{6.56}$$

（1）切线体积模量 K_t

根据增量广义 Hooke 定律有 $K_t=\Delta p/\Delta\varepsilon_v$，体现了 p-ε_v 关系曲线的切线斜率具有 K_t 的

物理意义。因此，通过等向固结排水试验，将 p-ε_v 关系曲线转换为近似直线的 ε_v-$\ln p$ 关系，其斜率为 K，截距为 ε_{v0}，如图 6.10 所示。

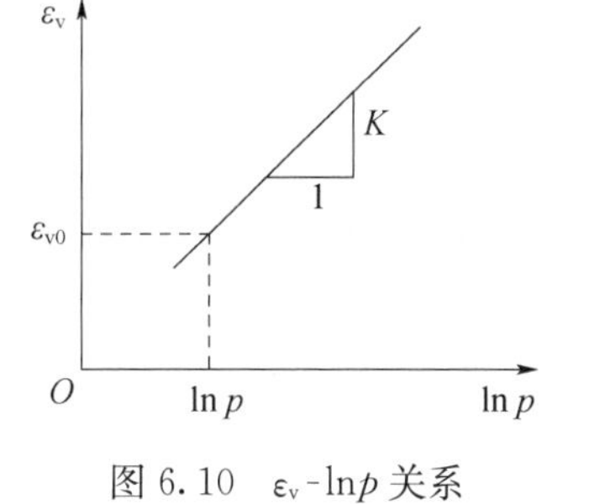

图 6.10 ε_v-$\ln p$ 关系

于是 ε_v-$\ln p$ 直线可表示为 $\varepsilon_v=\varepsilon_{v0}+K\ln p$，对其进行微分可得到

$$K_t=\frac{dp}{d\varepsilon_v}=\frac{p}{K} \tag{6.57}$$

在常规三轴试验中：$\sigma_2=\sigma_3$，$\varepsilon_2=\varepsilon_3$，则 $p=\frac{\sigma_1+2\sigma_3}{3}$。

（2）切线剪切模量 G_t

根据增量广义 Hooke 定律有 $3G_t=\Delta q/\Delta\varepsilon_s$，体现了 q-ε_s 关系曲线的切线斜率具有 $3G_t$ 的物理意义。在常规三轴试验中：$\varepsilon_v=\varepsilon_1+2\varepsilon_3$，$\varepsilon_s=2(\varepsilon_1-\varepsilon_3)/3=\varepsilon_1-\varepsilon_v/3$，$q=\sigma_1-\sigma_3$。通过球应力（平均正应力）$p$ 为常量的三轴固结排水剪切试验，由此获得的 q-ε_s 关系曲线的斜率即为 $3G_t$，可表示为

$$3G_t=\frac{dq}{d\varepsilon_s} \tag{6.58}$$

（3）应力-应变关系

广义 Hooke 定律可采用 E、υ 两个弹性参数表示，也可采用 K、G 两个弹性参数表示，因此 K-G 模型在做弹性增量分析时的应力-应变关系可表示为

$$\begin{Bmatrix} dp \\ dq \end{Bmatrix}=\begin{bmatrix} K_t & 0 \\ 0 & 3G_t \end{bmatrix}\begin{Bmatrix} d\varepsilon_v \\ d\varepsilon_s \end{Bmatrix} \tag{6.59}$$

球应力（平均正应力）p 只与球应变（体积应变）ε_v 相关，偏应力（广义剪应力）q 只与偏应变（剪切应变）ε_s 相关，这种应力-应变关系称为非耦合关系。这种非耦合的本构模型，如 Domaschuk-Valliappan$K$-G 模型、Naylor 修正 K-G 模型等，一般分别进行 $q=0$ 和 p 为常数的三轴试验，直接、独立、准确测定参数 K 和 G。耦合的 K-G 模型，如沈珠江 K-G 模型、成都科技大学修正 K-G 模型等，考虑 p 和 q 对 ε_v 和 ε_s 有交叉影响，表示为体积应变、剪切应变分别是球应力、偏应力的函数，即 $\varepsilon_v=f(p, q)$、$\varepsilon_s=f(p, q)$。通过 $q=0$、p 为常数或 $\eta=\frac{q}{p}$ 为常数的三轴试验得到函数 f_1 和 f_2，进而求解。这类模型考虑 p 和 q 对土体应变的交叉影响，考虑土的剪胀性和压硬性，在概念上更加完整，但确定参数的试验更为复杂。

6.4.2 Naylor 修正 *K*-*G* 模型

试验表明，砂土或其他粗颗粒土的应力-应变关系受试验方法的影响较大，工程实践中难以选取适当的模量和泊松比，因而有人认为土体的应力-应变关系采用杨氏模量和泊松比是不恰当的。Naylor 等人提出采用非线性体积模量 K 和非线性剪切模量 G，对土体的应力-应变关系特性进行描述，并且用于增量计算。

在 Domaschuk-Valliappan$K$-G 模型的基础上，Naylor 于 1978 年提出了 K_t 和 G_t 的数学表达式，建立了 Naylor 修正 K-G 模型，该模型应用较为广泛。在 Naylor 修正 K-G 模型中，体积应变 ε_v 只与球应力（平均正应力）p 相关，剪应变 ε_s 只与偏应力（广义剪应力）q 相关，没有考虑它们之间的交叉影响，属于非耦合的 K-G 模型，通过等向固结排水试验（$q=$

0）和等 p 三轴固结排水剪切试验分别测定相关参数。

（1）切线体积模量 K_t

Naylor 由试验得出，切线体积模量 K_t 随球应力 p 而增大，故在进行非线性弹性分析时建议 K_t 的表达式为

$$K_t = K_i + \alpha_K p \tag{6.60}$$

对式（6.57）积分并且结合式（6.60），得到体积应变 ε_v 与球应力 p 关系式为

$$\varepsilon_v = \frac{1}{\alpha_K}\ln\left(1+\frac{\alpha_K}{K_i}p\right) \tag{6.61}$$

式中，K_i 和 α_K 为反映球应力对切线体积模量 K_t 影响的试验参数，K_i 也称为初始切线体积模量。

K_i 和 α_K 可通过分级加载等向固结排水试验的 p-ε_v 关系曲线求得，具体方法如下，也可参见相关文献：①根据 p-ε_v 试验数据，分别以 p、ε_v 为纵坐标和横坐标，绘制 p-ε_v 关系曲线，并拟合 p-ε_v 的关系表达式 $p=f(\varepsilon_v)$；②根据 $K=\frac{dp}{d\varepsilon_v}$，计算各数据点的 K 值；③根据 K-p 数据，分别以 K、p 为纵坐标和横坐标，绘制 K-p 关系曲线，按照直线关系对其进行拟合，该直线的截距、斜率分别为 K_i 和 α_K。

（2）切线剪切模量 G_t

Naylor 由试验得出，切线剪切模量 G_t 随球应力（平均正应力）p 增大而增大，但随偏应力（广义剪应力）q 增大而减小，其建议 G_t 的表达式为

$$G_t = G_i + \alpha_G p + \beta_G q \tag{6.62}$$

式中，G_i 和 α_G 为反映球应力 p 对切线剪切模量 G_t 影响的试验参数，β_G 为反映偏应力 q 对切线剪切模量 G_t 影响的试验参数，且 $\alpha_G>0$，$\beta_G<0$。

G_i、α_G 和 β_G 可由三轴试验中 p、q 的组合满足 M-C 准则时，即 $G_t=0$ 得到。

当 $G_t=0$ 时土体破坏，破坏线方程为

$$q = n + mp \tag{6.63}$$

结合式（6.62）可得到

$$q = -\frac{G_i}{\beta_G} - \frac{\alpha_G}{\beta_G}p \tag{6.64}$$

比较式（6.63）、式（6.64），并结合式（6.62），可得到

$$G_i = -n\beta_G,\ \alpha_G = -m\beta_G,\ \beta_G = \frac{G_t}{q-n-mp} \tag{6.65}$$

对式（6.58）积分，并结合式（6.62）或式（6.63），可得到剪切应变 ε_s 与球应力 p、偏应力 q 关系式为

$$\varepsilon_s = \frac{1}{3\beta_G}\ln\left(1+\frac{\beta_G}{G_i+\alpha_G p}q\right) \tag{6.66}$$

或

$$\varepsilon_s = \frac{1}{3\beta_G}\ln\left(1-\frac{1}{n+mp}q\right) \tag{6.67}$$

式中，G_i 为初始切线剪切模量。

通过等 p 三轴固结排水剪切试验，得到不同等 p 条件下的 q-ε_s 曲线和破坏线方程 $q=n+mp$，求应力水平 $S_L=0.65\sim0.95$ 的各 β_{Gi} 的平均值$\overline{\beta_G}$，作为式（6.65）计算的 β_G 值，进

而求得参数 G_i 和 α_G。具体方法如下，也可参见文献：①根据 q-ε_s 曲线，确定不同等 p 条件下土体破坏状态时的 q 值，分别以 q、p 为纵坐标和横坐标，绘制 q-p 关系曲线，按照直线关系对其进行拟合，该直线的截距、斜率则分别为 n 和 m。②分别计算不同 p 值条件下的 $\beta_G=\frac{1}{3\varepsilon_s}\ln\left(1-\frac{1}{n+mp}q\right)$。式中，$q$ 值按土体破坏状态时 q 值的 0.65～0.95 的应力水平计，ε_s 则为相应 q 值的剪应变。这样可得应力水平为 0.65～0.95、不同 p 值、q 值条件下的 β_{Gi}，取其平均值 $\overline{\beta_G}$ 作为 β_G 值。③根据式（6.65）计算 G_i 和 α_G。

6.4.3 其他形式 K-G 模型

（1）Domaschuk-Valliappan K-G 模型

1975 年，Domaschuk-Valliappan 在做非线性弹性分析时，建议采用体积变形模量 K 和剪切模量 G 以替代实践中常用的杨氏模量 E 和泊松比 υ。假设土体为各向同性，应力与应变方向重合。体积应变 ε_v 只与球应力（平均正应力）p 相关，剪应变 ε_s 只与偏应力（广义剪应力）q 相关，土体的应力-应变关系为非耦合的关系，可分别通过等向固结排水试验（$q=0$）和等 p 三轴固结排水剪切试验测定相关参数。

Domaschuk 等通过一系列的试验，测定 K、G 随应力水平变化的规律。假设等向固结排水试验（$q=0$，即各向等压固结试验，常规三轴剪切试验的固结过程可看作各向等压固结试验）的 p-ε_v 关系可近似用幂函数表示，等 p（p 为常数）三轴固结排水剪切试验的 q-ε_s 关系可近似用双曲线表示。

①采用各向等压固结试验测定体积变形模量 K 值

各向等压固结试验即土试样在静水压力 σ_m（p）（$\sigma_m=\sigma_1=\sigma_2=\sigma_3$）作用下排水固结，测得体积应变 ε_v 与平均应力 p 之间的关系曲线，如图 6.11（a）所示。将 ε_v-p 曲线表示为半对数曲线，于是 ε_v 与 $\ln p$ 便有了如图 6.11（b）所示的直线关系，即

$$\varepsilon_v=\varepsilon_{vc}-\lambda\ln p \tag{6.68}$$

式中，λ 为 ε_v-$\ln p$ 曲线直线段的斜率；ε_{vc} 为对应于初始等向应力 p_{mc} 的体积应变。

将 p-ε_v 曲线考虑为幂函数关系，采用 Jennings 所推荐的方法进行拟合，即

$$\frac{p}{p_{mc}}=\frac{\varepsilon_v}{\varepsilon_{vc}}\left(1+\alpha\left|\frac{\varepsilon_v}{\varepsilon_{vc}}\right|^{n-1}\right) \tag{6.69}$$

式中，α 为非负常数，表示偏离直线的程度，如图 6.11（a）所示；p_{mc}、ε_{vc} 分别为初始的各向等压应力及相应的体积应变的特征值；n 为形状参数。

当 $\alpha=0$ 时，上式描述的是线性的应力-应变关系；当 $\alpha>0$、$n\to\infty$ 时，可确定弹塑性应力-应变关系；当 n 为其他值时，则描述在线弹性、弹塑性之间的非线性应力-应变关系。对于粉土、黏土的各向等压应力-应变关系，取 $n=1$ 是恰当的。对于一系列的应力-应变试验资料，可采用最小二乘法估计上式中的参数 p_{mc}、ε_{vc}、n 值。

令 $\alpha=1$，式（6.69）改写为

$$p=\frac{p_{mc}}{\varepsilon_{vc}}\left(\varepsilon_v+\varepsilon_v\left|\frac{\varepsilon_v}{\varepsilon_{vc}}\right|^{n-1}\right) \tag{6.70}$$

对式（6.70）微分，可得到切线体积变形模量 K_t 的表达式，即

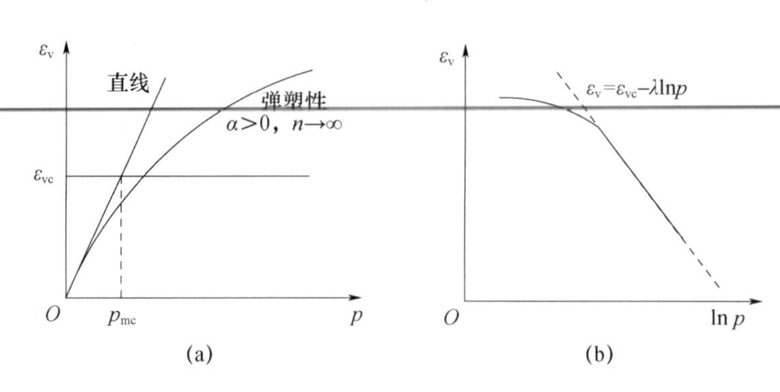

图 6.11　各向等压应力-应变曲线

(a) ε_v-p 曲线；(b) ε_v-$\ln p$ 曲线

$$K_t=\frac{dp}{d\varepsilon_v}=\frac{p_{mc}}{\varepsilon_{vc}}\left(1+n\left|\frac{\varepsilon_v}{\varepsilon_{vc}}\right|^{n-1}\right) \tag{6.71}$$

令 $K_i=\frac{p_{mc}}{\varepsilon_{vc}}$，称为初始体积模量，于是式（6.71）简化为

$$K_t=K_i\left(1+n\left|\frac{\varepsilon_v}{\varepsilon_{vc}}\right|^{n-1}\right) \tag{6.72}$$

上述式中的三个参数 p_{mc}、ε_{vc}、n 的物理意义为 p_{mc}、ε_{vc}用以确定初始体积变形模量 K_i；n 表示体积变形模量随体积应变增加的增加率。

②采用平均正应力 p 为常数的三轴排水压缩试验测定剪切模量G 值

根据 Domaschuk 等的建议，p 为常数的三轴排水压缩试验即土试样先在前期固结压力 p_c 下各向等压固结，然后应力减小至固结比 $p/p_c=1.0$、0.8、0.6、0.4、0.2 不同的应力水平下，分别处于平衡状态。然后在轴向应力增加、同时减小围压 σ_3 以使 p 保持为常数的条件下，直至土试样剪切破坏。

通过选取不同的 p_c 重复上述试验，这样可得到多个试验的应力-应变曲线，假设每一组试验都可以采用 Kondner 的两个参数的双曲线关系进行表达，即

$$\frac{q}{3}=\frac{\varepsilon_s}{a+b\varepsilon_s} \tag{6.73}$$

式中，a、b 为试验常数。

将式（6.73）改写为$\frac{\varepsilon_s}{q/3}=a+b\varepsilon_s$，即$\frac{\varepsilon_1}{q/3}$-$\varepsilon_1$ 关系为直线。因此将三轴试验结果按照$\frac{\varepsilon_1}{q/3}$-$\varepsilon_1$ 近似采用直线拟合，该直线的截距、斜率分别 a、b，如图 6.12 所示。

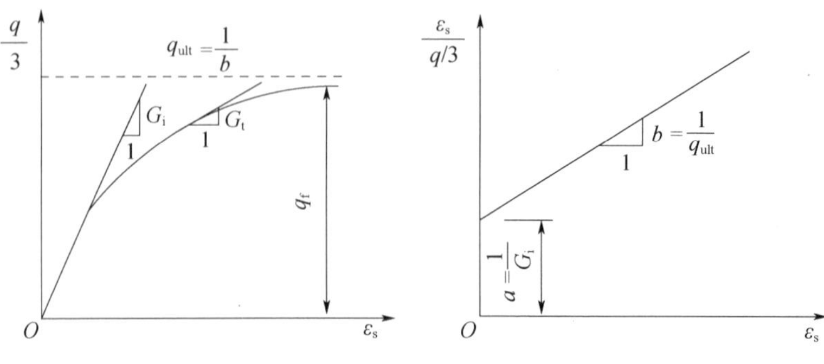

图 6.12　$q/3$-ε_s 及$\frac{\varepsilon_s}{q/3}$-$\varepsilon_s$ 曲线

根据切线剪切模量的定义 $3G_t=\dfrac{\Delta q}{\Delta\varepsilon_s}$，可得到

$$G_t=\frac{d\left(\frac{q}{3}\right)}{d\varepsilon_s}=\frac{a}{(a+b\varepsilon_s)^2} \tag{6.74}$$

当 $\varepsilon_s=0$ 即加载的初始阶段，切线剪切模量 G_t 则为初始剪切模量 G_i，即

$$G_i=\frac{a}{(a+b\varepsilon_s)^2}\bigg|_{\varepsilon_s=0}=\frac{1}{a} \tag{6.75}$$

该式表明，参数 a 为初始剪切模量 G_i 的倒数，即 $a=\dfrac{1}{G_i}$。

根据 $\dfrac{q}{3}=\dfrac{\varepsilon_s}{a+b\varepsilon_s}$，当 $\varepsilon_s\to\infty$ 时，有

$$\frac{q}{3}\bigg|_{\varepsilon_s\to\infty}=\frac{\varepsilon_s}{a+b\varepsilon_s}\bigg|_{\varepsilon_s\to\infty}=\frac{1}{b} \tag{6.76}$$

该式表示的是，$\dfrac{q}{3}\bigg|_{\varepsilon_s\to\infty}$ 为 $\dfrac{q}{3}$-ε_s 曲线的渐近线，该渐近线所对应的偏差应力为极限偏差应力，以 q_{ult} 表示，如图 6.12 所示。

定义破坏比 R_f 为

$$R_f=\frac{q_f}{q_{ult}} \tag{6.77}$$

式中，q_f 为土体破坏时的所对应的剪切应力，即 $q_f=\dfrac{1}{3}(\sigma_1-\sigma_3)_f$。于是破坏比 R_f、参数 b 可分别表示为

$$R_f=q_f b,\quad b=\frac{R_f}{q_f} \tag{6.78}$$

于是切线剪切模量 G_t 可表示为

$$G_t=\frac{a}{(a+b\varepsilon_s)^2}=\frac{1}{a}\left(1-b\,\frac{q}{3}\right)^2 \tag{6.79}$$

根据试验结果，土样破坏时的偏应力 q_f 可表示为

$$q_f=10^{\alpha}\left(\frac{p}{p_c e_{ic}}\right)^{\beta} \tag{6.80}$$

式中，α、β 为试验常数；e_{ic} 为土体的初始孔隙比。

将式（6.78）、式（6.80）代入式（6.79），切线剪切模量 G_t 可表示为

$$G_t=G_i\left[1-\frac{R_f}{10^{\alpha}}\frac{q}{3}\left(\frac{p}{p_c e_{ic}}\right)^{-\beta}\right]^2 \tag{6.81}$$

初始切线剪切模量 G_i 的计算可参照 1963 年 Janbu 提出的经验公式，采用下式

$$G_i=K_G p_a\left(\frac{p}{p_a}\right)^n \tag{6.82}$$

式中，K_G、n 为试验常数；p_a 为大气压；p 为球应力（平均正应力），对于常规三轴试验 $p=\dfrac{\sigma_1+2\sigma_3}{3}$。在加载的初始阶段，由于 $\sigma_1=\sigma_3$，即 $p=\sigma_3$。因此式（6.82）可改写为

$$G_i=K_G p_a\left(\frac{\sigma_3}{p_a}\right)^n \tag{6.83}$$

（2）SL237-030—1999*K-G* 模型

《土工试验规程——土的变形参数试验》（SL237-030—1999）中的 *K-G* 模型是一种非耦合的 *K-G* 模型，参数 K_t 和 G_t 的求解方法如下：

第一，根据 p-ε_v 关系曲线求解切线体积模量 K_t

根据等向固结排水试验，绘制 p-ε_v、$\ln p$-ε_v、$\lg p$-ε_v 关系曲线，如图 6.13 所示，于是可得到

$$\lambda_1=\frac{d\varepsilon_v}{d(\ln p)},\ \lambda_1'=\frac{d\varepsilon_v}{d(\lg p)} \tag{6.84}$$

由于 $\lg p=\frac{\ln p}{\ln 10}=0.434\ln p$，则

$$\lambda_1=0.434\lambda_1' \tag{6.85}$$

于是可得到

$$K_t=\frac{dp}{d\varepsilon_v}=\frac{p\cdot d(\ln p)}{d\varepsilon_v}=\frac{p}{\frac{d\varepsilon_v}{d(\ln p)}}=\frac{p}{\lambda_1}=\frac{p}{0.434\lambda_1'} \tag{6.86}$$

该式是根据 $\ln p$-ε_v 或 $\lg p$-ε_v 关系曲线的斜率，来求解切线体积模量 K_t 的方法。

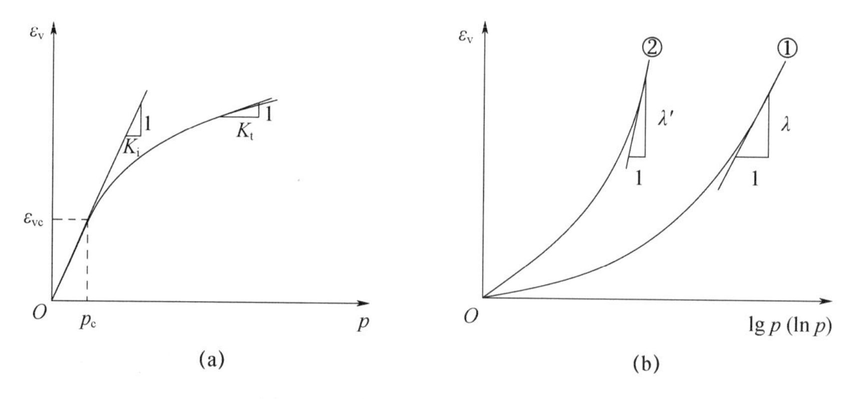

图 6.13　等向固结排水试验曲线

（a）p-ε_v 关系曲线；（b）$\ln p$-ε_v、$\lg p$-ε_v 关系曲线

第二，根据 q-ε_s 关系曲线求解切线剪切模量 G_t

根据等 p 三轴固结排水剪切试验，绘制 q-ε_s 关系曲线，如图 6.14 所示。

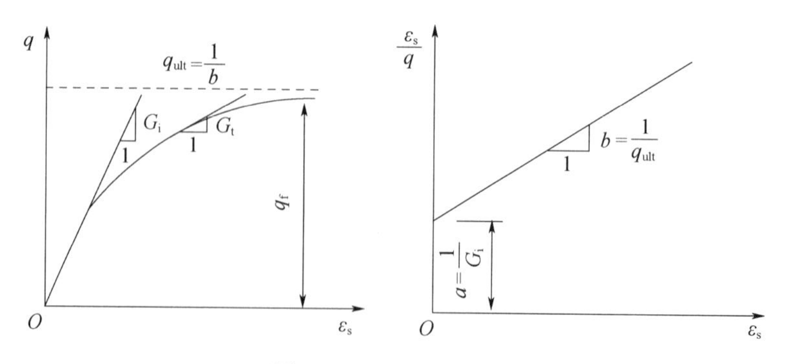

图 6.14　q-ε_s 关系曲线

假设 q-ε_s 关系曲线为双曲线，即

$$q=\frac{\varepsilon_s}{a+b\varepsilon_s} \tag{6.87}$$

式中，a、b 为试验常数。

式（6.87）可改写成$\frac{\varepsilon_s}{q}=a+b\varepsilon_s$，即$\frac{\varepsilon_s}{q}$-$\varepsilon_s$ 关系为直线，该直线的截距、斜率分别为 a、b。因此，将等 p 三轴固结排水剪切试验的 q-ε_s 数据，按照$\frac{\varepsilon_s}{q}$-ε_s 坐标进行整理，近似按照直线进行拟合，该直线的截距、斜率即分别为式（6.87）中的参数 a、b。

根据式（6.87），当 $\varepsilon_s\to\infty$时，有$q\big|_{\varepsilon_s\to\infty}=\frac{1}{b}$，表示的是 q-ε_s 双曲线的渐近线，该渐近线所对应的偏差应力为极限偏差应力，以 q_{ult}表示，如图 6.14 所示。于是式（6.87）中的参数 b 可表示为$b=\frac{1}{q_{ult}}$。实际上，土的剪切应变 ε_s 在达到无穷大前就剪切破坏了，因此可定义破坏比 R_f 为

$$R_f=\frac{q_f}{q_{ult}} \tag{6.88}$$

式中，q_f 为土体破坏时的剪切应力，对于常规三轴试验，$q_f=(\sigma_1-\sigma_3)_f$，即土体的破坏强度或抗剪强度。

于是破坏比可表示为 $R_f=q_f b$。因此，参数 b 可表示为

$$b=\frac{R_f}{q_f} \tag{6.89}$$

根据 Mohr-Coulomb 准则$(\sigma_1-\sigma_3)_f=\frac{2c\cos\varphi+2\sigma_3\sin\varphi}{1-\sin\varphi}$，于是可得到

$$b=\frac{R_f\ (1-\sin\varphi)}{2c\cos\varphi+2\sigma_3\sin\varphi} \tag{6.90}$$

根据式（6.87）得到 $\varepsilon_s=\frac{aq}{1-bq}$，再根据切线剪切模量 G_t 的定义 $G_t=\frac{\Delta q}{3\Delta\varepsilon_s}$，可得到

$$G_t=\frac{\mathrm{d}q}{3\mathrm{d}\varepsilon_s}=\frac{a}{3\ (a+b\varepsilon_s)^2}=\frac{1}{3a}(1-bq)^2 \tag{6.91}$$

当 $\varepsilon_s=0$ 时，可得到

$$G_t\big|_{\varepsilon_s=0}=\frac{a}{3\ (a+b\varepsilon_s)^2}\bigg|_{\varepsilon_s=0}=\frac{1}{3a} \tag{6.92}$$

该式表示的是，加载初始阶段的切线剪切模量 G_t 为初始剪切模量，以 G_i 表示，即

$$G_i=\frac{1}{3a}，或\ a=\frac{1}{3G_i} \tag{6.93}$$

也就是说，式（6.87）中的参数 a 是 $3G_i$ 的倒数，于是可得到

$$G_t=G_i\ (1-bq)^2 \tag{6.94}$$

采用与 Duncan-Chang 模型相类似的方法，设

$$G_i=K_G p_a\left(\frac{p}{p_a}\right)^n \tag{6.95}$$

式中，p_a 为大气压；p 为平均正应力（球应力）；K、n 为试验常数。

对于常规三轴试验，$p=\frac{\sigma_1+2\sigma_3}{3}$。在加载的初始阶段，由于 $\sigma_1=\sigma_3$，因此 $p=\sigma_3$；参数

K、n 可根据 $\lg\frac{G_i}{p_a}$-$\lg\frac{p}{p_a}$的直线关系拟合得到。

将式（6.95）、式（6.90），代入式（6.94），可得到切线剪切模量 G_t 的表达式为

$$G_t=K_G p_a\left(\frac{\sigma_3}{p_a}\right)^n\left[1-\frac{R_f(\sigma_1-\sigma_3)(1-\sin\varphi)}{2c\cos\varphi+2\sigma_3\sin\varphi}\right]^2 \tag{6.96}$$

式中，对于常规土工三轴试验，$q=\sigma_1-\sigma_3$。

（3）Izumi-Verruijt 耦合 K-G 模型

上述的 K-G 模型都没有考虑 p、q 对 ε_v、ε_s 的交叉影响，这类模型包括 Domaschuk-Valliappan 模型、Naylor 模型及其修正模型、SL237-030—1999K-G 模型等。

1976 年，Izumi-Verruijt 在研究中认为，ε_v 受 p 和 q 的影响，ε_s 受 p 的影响较小。该模型考虑了剪应力增量 dq 对体积应变增量 $d\varepsilon_v$ 的影响，是一种三参数模型，其增量形式的应力-应变关系表示为

$$d\varepsilon_v=\frac{1}{K_t}dp+\frac{1}{H_t}dq,\ d\varepsilon_s=\frac{1}{3G_t}dq \tag{6.97}$$

式中，H_t 为切线剪胀模量，K_t和 G_t分别切线体积模量、切线剪切模量。

三参数 H_t、K_t、G_t都是 p 和 q 的函数，可通过试验确定。

6.4.4 沈珠江 K-G 模型

球应力（平均正应力）p 只与球应变（体积应变）ε_v 相关，偏应力（广义剪应力）q 只与偏应变（剪切应变）ε_s 相关，这种应力-应变关系称为非耦合的关系。一般分别进行 $q=0$ 和 p 为常数的三轴试验，直接、独立、准确测定参数 K 和 G。耦合的 K-G 模型，如沈珠江 K-G 模型、成都科技大学修正 K-G 模型等，考虑 p 和 q 对 ε_v 和 ε_s 有交叉影响，即 $\varepsilon_v=f_1(p,q)$、$\varepsilon_s=f_2(p,q)$。通过 $q=0$、p 为常数或 $\eta=\frac{q}{p}$ 为常数的三轴试验得到函数 f_1 和 f_2，进而求解。这类模型考虑 p 和 q 对土体应变的交叉影响，考虑土的剪胀性和压硬性，在概念上更加完整，但确定参数的试验上更为复杂。K-G 模型最重要的改进是考虑两个张量交叉影响，沈珠江 K-G 模型是这方面的代表模型之一。

（1）本构方程

1977 年，沈珠江在研究中认为，p 和 q 对 ε_v 和 ε_s 都有交叉影响，因而采用两函数 f_1 和 f_2 表示土的应力-应变全量关系，该模型本构方程的全量形式为

$$\varepsilon_v=f_1(p,q),\ \varepsilon_s=f_2(p,q) \tag{6.98}$$

写成增量形式为

$$\left.\begin{aligned} d\varepsilon_v=\frac{\partial f_1}{\partial p}dp+\frac{\partial f_1}{\partial q}dq=Adp+Bdq \\ d\varepsilon_s=\frac{\partial f_2}{\partial p}dp+\frac{\partial f_2}{\partial q}dq=Cdp+Ddq \end{aligned}\right\} \tag{6.99}$$

上述表达式指出了球应力（平均应力）p 可以产生剪应变 ε_s，偏应力 q 可以产生体积应变 ε_v。因此，式（6.99）所表示的模型实际上是一个考虑交叉影响的交叉模型。

球应力（平均应力）p 对剪应变（偏应变）ε_s 的影响，反映了土的压硬性；而偏应力 q 对体积应变（球应变）ε_v 的影响，则反映了土的剪胀性，这是土力学中的基本原理。所以，基于上述应力-应变关系特性建立起来的模型，可以描述土体的压硬性和剪胀性。

由于考虑 p 对 ε_s 的影响（压硬性）、q 对 ε_v 的影响（剪胀性）这种交叉影响时，当建立函数 f_1 和 f_2，并求得$\frac{\partial f_1}{\partial p}$、$\frac{\partial f_1}{\partial q}$、$\frac{\partial f_2}{\partial p}$、$\frac{\partial f_2}{\partial q}$时，其值的倒数分别具有压缩模量 K_t、剪胀模量 K_d、压硬模量 G_t、剪切模量 G_d 的物理意义。因此，沈珠江 K-G 模型是一个包含四个模量的 K-G 模型。

对于式（6.99）所表示的沈珠江 K-G 模型来说，确定其中的两个函数 f_1 和 f_2 是模型应用的关键。

（2）函数 f_1 的确定

函数 f_1 采用等向固结排水试验（$q=0$，即各向等压固结试验）、以及不同的 $\eta=\frac{q}{p}$ 等比加载固结试验确定。

对于正常固结土，将不同的 η 为常数的等比加载固结试验的 e-ln$p$ 曲线绘制在同一个 e-ln$p$ 坐标系中，发现各个 e-ln$p$ 曲线呈现出基本上平行的直线，如图 6.15 所示。

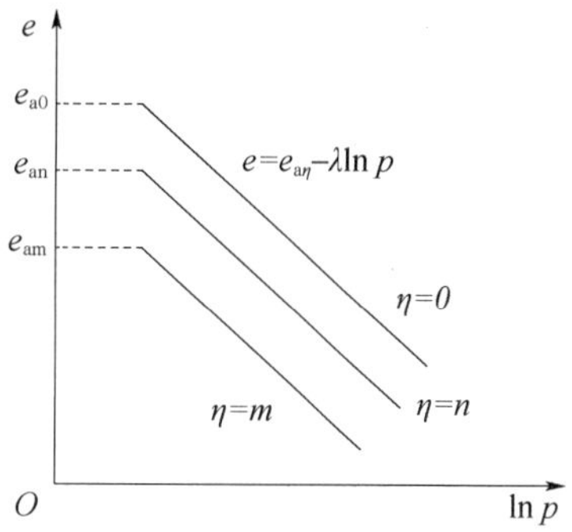

图 6.15　正常固结土的 e-ln$p$ 曲线

图 6.15 表明，对于不同的 η 的固结线，当 p 的变化相同时，所产生的体积应变 ε_v 相同，即 q 的增加并不引起土体的体积变化。因此，体积应变 ε_v 可表示为

$$e=e_{a\eta}-\lambda\ln p \tag{6.100}$$

式中，$e_{a\eta}$为不同 η 所对应直线的纵截距，λ 为直线斜率。

与等压固结试验所得到的 $\varepsilon_v=\varepsilon_{vc}-\lambda\ln p$ 的不同之处在于，式（6.100）考虑了 η 的影响。

由于 $\varepsilon_v=\frac{e}{1+e_0}$，因此体积应变 ε_v 可表示为

$$\varepsilon_v=\frac{e_{a\eta}}{1+e_0}-\frac{\lambda}{1+e_0}\ln p \tag{6.101}$$

令 $\psi(\eta)=\frac{e_{a\eta}}{1+e_0}$，于是体积应变 ε_v 可表示为

$$\varepsilon_v=\psi(\eta)-\frac{\lambda}{1+e_0}\ln p \tag{6.102}$$

该式即针对正常固结土而建立的函数 f_1 的表达式。式中，$\psi(\eta)$随 η 由 0 增大至 $M=\left(\frac{q}{p}\right)_f$ 而减小，但两者之间仍可得到直线关系，直线的斜率为$\frac{\partial \psi(\eta)}{\partial \eta}$。

式（6.102）表明，体积应变 ε_v 与球应力（平均应力）p 有关，同时与应力比 η 有关。偏应力（广义剪应力）q 对体积应变 ε_v 的影响被认为是次要的而被忽略。对于超固结土，由于剪切过程中可能产生剪胀，因此 e-ln$p$ 曲线不一定平行，剪应力可以引起体变，q 对体积应变 ε_v 的影响不能忽略。确定这一类土的函数 f_1 的表达式比较困难。

（3）函数 f_2 的确定

函数 f_2 采用等 p 三轴固结排水剪切试验确定。q-ε_s 曲线如图 6.16 所示。

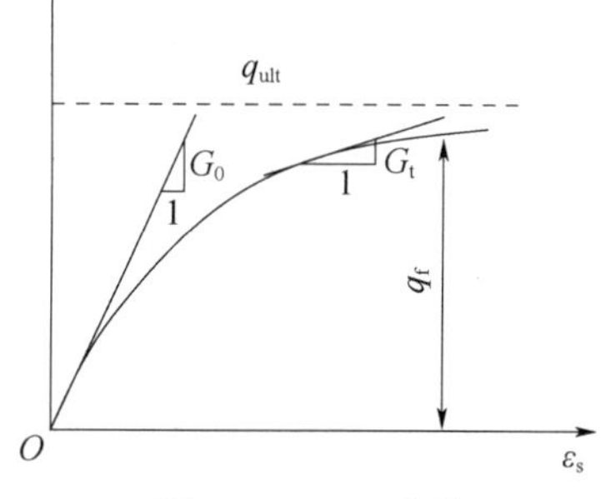

图 6.16　q-ε_s 曲线

对于函数 f_2，对于不同的等 p 三轴固结排水剪切试验，

其 q-ε_s 曲线可表示为

$$q=\frac{\varepsilon_s}{\frac{1}{G_0}+\frac{\varepsilon_s}{q_f}} \tag{6.103}$$

令：$\zeta=\frac{\varepsilon_s}{\varepsilon_v}$，将不同的等 p 三轴固结排水剪切试验 q-ε_s 曲线进行归一化处理，如图 6.17 所示。于是式（6.103）所表示的 q-ε_s 曲线可以表示为

$$\eta=\frac{q}{p}=\frac{\varepsilon_s}{a+b\varepsilon_s} \tag{6.104}$$

式中，a 和 b 是 p 的函数，即 $a=\frac{p}{G_0}$，$b=\frac{p}{q_f}$。

根据式（6.104），当 η 为常数时，ε_s 也应为常数。但实际上，由于 $\varepsilon_s=\frac{2}{3}(\varepsilon_1-\varepsilon_3)=\frac{2}{3}\varepsilon_1$，并不是常数。因此，只有将 ε_s 转换成 $\zeta=\frac{\varepsilon_s}{\varepsilon_v}$ 才能符合实际情况。在单轴压缩（一维固结）时，$\varepsilon_3=0$，$\varepsilon_v=\varepsilon_1+2\varepsilon_3=\varepsilon_1$，$\zeta=\frac{\varepsilon_s}{\varepsilon_v}=\frac{2}{3}$ 为常数。此时，η、ζ 都为常数。

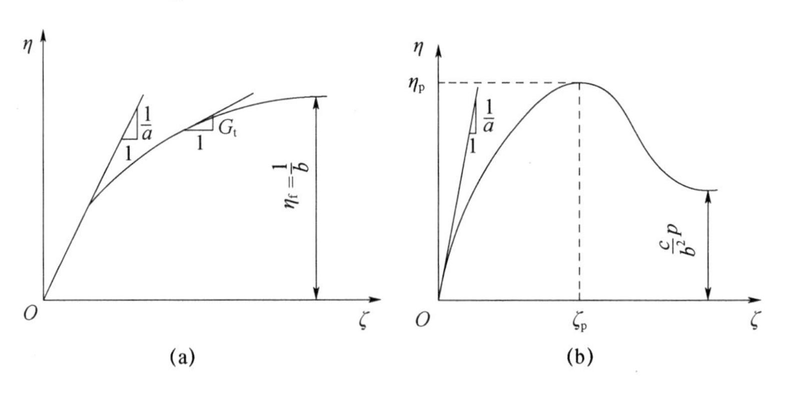

图 6.17 归一化的 η-ζ 曲线

（a）应变硬化曲线；（b）应变软化曲线

因此，在建立函数 f_2 时，对于 η-ζ 的硬化、软化曲线，应分别采用以下形式

$$\eta=\frac{\zeta}{a+b\zeta},\ \eta=\frac{\zeta(a+c\zeta)}{(a+b\zeta)^2} \tag{6.105}$$

式中，a、b、c 为试验常数。如图 6.17 所示。

上述两式即函数 f_2 的表达式。

在硬化的 f_2 函数中，当 $\zeta\to\infty$ 时可得

$$b=\frac{1}{\eta_f} \tag{6.106}$$

令 $\beta=\frac{\partial\eta}{\partial\zeta}$，则

$$\beta=\frac{a}{(a+b\zeta)^2} \tag{6.107}$$

当 $\zeta\to 0$ 时可得

$$a=\frac{1}{\beta} \tag{6.108}$$

在软化的 f_2 函数中，当 $\zeta \to \infty$ 时可得

$$\frac{c}{b^2}=\eta_R \tag{6.109}$$

因 $\beta=\frac{a+(2c-b)\zeta}{(a+b\zeta)^3}a$，当 $\zeta \to 0$ 时可得 $a=\frac{1}{\beta}$。令 $\beta=0$ 可得峰值点对应的 ζ_p、η_p，即

$$\zeta_p=\frac{a}{b-2c}、\eta_p=\frac{1}{4\ (b-c)} \tag{6.110}$$

（4）应力-应变关系

在函数 f_1 和 f_2 诸参数求解的基础上，即可得到 $\frac{\partial f_1}{\partial p}$、$\frac{\partial f_1}{\partial q}$、$\frac{\partial f_2}{\partial p}$、$\frac{\partial f_2}{\partial q}$，对式（6.102）、式（6.105）微分，于是可得到

$$\mathrm{d}\varepsilon_v=\left[\frac{\lambda}{1+e}-\eta\cdot\frac{\partial\psi\ (\eta)}{\partial\eta}\right]\frac{\mathrm{d}p}{p}+\frac{\partial\psi\ (\eta)}{\partial\eta}\frac{\mathrm{d}q}{p} \tag{6.111}$$

$$\mathrm{d}\varepsilon_s=\left[\frac{\varepsilon_v}{\beta}+\zeta\cdot\frac{\partial\psi\ (\eta)}{\partial\eta}\right]\frac{\mathrm{d}q}{p}+\left[\zeta\left(\frac{\lambda}{1+e}-\eta\cdot\frac{\partial\psi\ (\eta)}{\partial\eta}\right)-\frac{\eta\varepsilon_v}{\beta}\right]\frac{\mathrm{d}p}{p} \tag{6.112}$$

上述应力-应变关系表达式考虑了应力交叉的影响，在对土体特性描述上相比于其他 K-G 模型更加完善，但是在模型参数的确定上以及具体应用上都不够方便。

6.4.5 成都科技大学修正 K-G 模型

当考虑球张量、偏张量的交叉影响时，纯剪切可以产生体积变形，平均应力的改变可以产生剪切变形，这样就可得到以下关系式：

$$\mathrm{d}\varepsilon_v=\frac{\partial\varepsilon_v}{\partial p}\mathrm{d}p+\frac{\partial\varepsilon_v}{\partial q}\mathrm{d}q、\mathrm{d}\varepsilon_s=\frac{\partial\varepsilon_s}{\partial p}\mathrm{d}p+\frac{\partial\varepsilon_s}{\partial q}\mathrm{d}q \tag{6.113}$$

体积应变增量 $\mathrm{d}\varepsilon_v$ 也可表示为

$$\frac{\mathrm{d}\varepsilon_v}{\mathrm{d}p}=\frac{\partial\varepsilon_v}{\partial p}+\frac{\partial\varepsilon_v}{\partial q}\frac{\mathrm{d}q}{\mathrm{d}p} \tag{6.114}$$

式（6.114）中的 $\frac{\mathrm{d}\varepsilon_v}{\mathrm{d}p}$ 即 $\frac{1}{K_t}$。令 $\frac{\partial\varepsilon_v}{\partial p}$、$\frac{\partial\varepsilon_v}{\partial q}$ 分别为 $\frac{1}{K_{tp}}$、$\frac{1}{K_{tq}}$，则式（6.114）可改写为

$$\frac{1}{K_t}=\frac{1}{K_{tp}}+\frac{1}{K_{tq}}\frac{\mathrm{d}q}{\mathrm{d}p} \tag{6.115}$$

式中，K_t 为耦合切线体积变形模量；K_{tp} 为各向等压球应力 p 作用下的体积变形模量；K_{tq} 为偏应力作用下的体积变形模量。

式（6.115）表明，土体的体积变形不仅由球应力 p 引起，而且由偏应力 q 的球应力比的耦合 q/p 作用所引起。该式的第二部分还反映了剪胀的影响。式（6.113）中的 $\mathrm{d}\varepsilon_s$ 表达式表明，平均应力 p 与剪应力 q 的改变将引起剪切变形。结合 $\mathrm{d}\varepsilon_s=\frac{1}{3G_t}\mathrm{d}q$ 可得

$$\frac{1}{G_t}=3\left[\frac{\partial\varepsilon_s}{\partial p}\frac{\mathrm{d}p}{\mathrm{d}q}+\frac{\partial\varepsilon_s}{\partial q}\right]或\frac{1}{3G_t}=\frac{1}{G_p}\frac{\mathrm{d}p}{\mathrm{d}q}+\frac{1}{G_q} \tag{6.116}$$

式中，G_t 为切线剪切模量；G_p 为压硬模量，$G_p=\frac{\partial p}{\partial\varepsilon_s}$；$G_q$ 为偏剪模量，$G_q=\frac{\partial q}{\partial\varepsilon_s}$。

通过上述分析，式（6.115）、式（6.116）是以体变模量 K_t、剪切模量 G_t 为参数的微分表达式，为考虑土的剪胀性、应变软化性的非线性 K-G 模型的一般表达式，是目前不同形式的修正 K-G 模型的基础。Naylor 认为，体积变形模量 K 是随平均法向应力 σ_m 增大而

增大的；剪切模量随平均法向应力 σ_m 增大而增大，但随剪应力增大而减小。在进行非线性弹性分析时建议的 K、G 的表达式分别为 $K_t=K_i+\alpha_K p$，$G_t=G_i+\alpha_G p+\beta_G q$。式中：$K_i$、$\alpha_K$、$G_i$、$\alpha_G$、$\beta_G$ 为试验常数。一般情况下，$\alpha_K>0$、$\alpha_G>0$、$\beta_G<0$。K_i、α_K 可由各向等压固结的 ε_v-p 曲线求得；当应力组合满足 Mohr-Coulomb 破坏条件时，从而使得 $G_t=0$，于是得到 G_i、α_G、β_G。1987 年，成都科技大学基于 Naylor 模型提出了简化 K-G 模型。

（1）切线体积模量 K_t

研究指出，体积应变 ε_v 与球应力（平均正应力）p、以及偏应力（广义剪应力）q 相关。在一般应力变化的情况下，ε_v 是两部分应力变化各自独立作用的结果，即

$$\varepsilon_v=f(p,\ q)=\varepsilon_{vp}+\varepsilon_{vq} \tag{6.117}$$

式中，ε_{vp}、ε_{vq} 分别为 p、q 作用下产生的体积应变。

对式（6.117）微分，可得到

$$\frac{d\varepsilon_v}{dp}=\frac{\partial \varepsilon_{vp}}{\partial p}+\frac{\partial \varepsilon_{vq}}{\partial q}\cdot\frac{dq}{dp} \tag{6.118}$$

令 $K_t=\frac{dp}{d\varepsilon_v}$、$K_{tp}=\frac{\partial p}{\partial \varepsilon_{vp}}$、$K_{tq}=\frac{\partial p}{\partial \varepsilon_{vq}}$，则得到

$$\frac{1}{K_t}=\frac{1}{K_{tp}}+\frac{1}{K_{tq}}\cdot\frac{dq}{dp} \tag{6.119}$$

式中，K_{tp} 为受 p 影响的模量；K_{tq} 为受 q 影响的模量。

模量 K_{tp} 可由等向固结排水试验确定，即

$$K_{tp}=\alpha_K p^{\gamma_K}+K_i \tag{6.120}$$

模量 K_{tq} 可由非等向固结排水试验确定，通过 $\eta=\frac{dq}{dp}$-ε_v 关系曲线得到 K_{tq}：

$$\frac{1}{K_{tq}}=\beta_K(\eta+1)\zeta_K p^{-1}+\theta_K p^{-1} \tag{6.121}$$

于是式（6.119）可改写成

$$\frac{1}{K_t}=\frac{1}{\alpha_K p^{\gamma_K}+K_i}+[\beta_K(\eta+1)\zeta_K p^{-1}+\theta_K p^{-1}]\cdot\eta \tag{6.122}$$

式中，α_K、γ_K 为等向固结排水试验参数；K_i 为初始体积变形模量，由等向固结排水试验确定；β_K、ζ_K 为非等向固结排水试验参数；θ_K 为等 p 三轴固结排水剪切试验参数；η 为应力比，$\eta=\frac{dq}{dp}$。

当应力比 η 较小时，且 $\gamma_K=1$，式（6.122）可简化为 $K_t=K_i+\alpha_K p$。该式即 Naylor K-G 模型形式，这样就与 Naylor 模型相同。这也说明了 Naylor 模型在应力比较小，且不计剪应力对固结的影响才是适用的。

（2）切线剪切模量 G_t

当考虑球张量和偏张量的交叉影响，纯剪切可以产生体积变形，平均应力的改变可产生剪切变形，剪应力和平均应力将引起剪切变形，根据式（6.118）的方法可得到

$$\frac{d\varepsilon_s}{dq}=\frac{\partial \varepsilon_{sp}}{\partial p}\frac{dq}{dp}+\frac{\partial \varepsilon_{sq}}{\partial q} \tag{6.123}$$

于是可得到切线剪切模量 G_t，与式（6.116）同。

由于 Mohr-Coulomb 破坏准则一般没有考虑中主应力的影响，因此宜直接采用破坏线 $q=a+bp$ 代替 Mohr-Coulomb 破坏准则作为土的破坏准则。大量试验表明，只有在应力水

平 $S=\dfrac{q}{q_f}=0.65\sim0.95$ 范围即屈服极限至破坏峰值之间，G_t 等值线才与破坏线接近平行，并且与应力 p、q 呈线性关系。此时，切线剪切模量 G_t 可采用 Naylor 的表达式：$G_t=G_i+\alpha_G p+\beta_G q$。令 $G_t=0$ 可得 $q=-\dfrac{G_i}{\beta_G}-\dfrac{\alpha_G}{\beta_G}p$。将该式与破坏线方程 $q=a+bp$ 进行比较可得 $G_i=-a\beta_G$、$\alpha_G=-b\beta_G$。于是得到 $\beta_G=\dfrac{G_t}{q-a-bp}$。根据上述公式以及平行于 $G_t=0$ 的等值线，即可求得 $G_t=G_i+\alpha_G p+\beta_G q$ 中的参数 G_i、α_G、β_G。

(3) 考虑土的剪胀性、应变软化性的修正 K-G 模型

第一，考虑土的剪胀性的本构方程

式（6.119）中的 K_{tp} 由各向等压固结试验确定。根据式（6.120），采用类似式（6.60）的表达式，即 K_{tp} 的表达式为

$$K_{tp}=K_i+\alpha_K p \tag{6.124}$$

根据式（6.61），通过分级加载等向固结排水试验得到 ε_v-p 关系曲线，由此求得

$$\varepsilon_{vp}=\frac{1}{\alpha_K}\ln\frac{K_i+\alpha_K p}{K_i} \text{或 } d\varepsilon_{vp}=\frac{1}{K_i+\alpha_K p}dp \tag{6.125}$$

式（6.119）中的 K_{tq} 由剪切试验求得。在剪切试验中，体变增量 $d\varepsilon_v$ 表示为

$$d\varepsilon_v=d\varepsilon_{vp}+d\varepsilon_{vq} \tag{6.126}$$

对于 p 为常数的剪切试验，ε_v 即为 ε_{vq}；对于 σ_3 为常数的剪切试验，根据 ε_v 与 ε_s 的关系，ε_v 可分解为 ε_{vp}、ε_{vq} 两部分，从而求得 ε_{vq}，则 K_{tq} 可在 ε_{vq}-q 关系曲线中求得。

研究表明，K_{tq} 可根据 Hansen 定义的剪胀角的概念，以及剑桥模型的理论求得，也可根据土的一般流动规则导出，即

$$\frac{d\varepsilon_s^p}{d\varepsilon_v^p}=\frac{1-C}{M-q/p} \tag{6.127}$$

式中，C 为常数，为应力比 $\eta=q/p$ 的函数。对于相适应的流动规则，即 $C=0$，则上式可改写为

$$d\varepsilon_{vq}=(M-\eta)\,d\varepsilon_s \tag{6.128}$$

式中，M 为临界状态线的斜率，或残余状态的临界坡降线的斜率；η 为残余强度应力比。

通过上述分析，可求得考虑土的剪胀性的本构方程表达式为

$$d\varepsilon_v=\frac{1}{K_i+\alpha_K p}dp+(M-\eta)\,d\varepsilon_s \tag{6.129}$$

第二，考虑土的应变软化性的本构方程

设应变软化曲线的表达式为

$$\eta=\frac{q}{p}=A\frac{B\varepsilon_s^2+\varepsilon_s}{\varepsilon_s^2+1} \tag{6.130}$$

式中，η 为应力比；A、B 为试验常数；ε_s 为广义应变。

式（6.130）为应力-应变状态方程，反映了广义应变和剪应力、球应力之间的全量关系。

令 $F_1=A\dfrac{B\varepsilon_s^2+\varepsilon_s}{\varepsilon_s^2+1}-\dfrac{q}{p}=0$。由隐函数的微分法则可得到

$$d\varepsilon_s=\left(-\frac{\partial F_1}{\partial p}\Big/\frac{\partial F_1}{\partial \varepsilon_s}\right)dp+\left(-\frac{\partial F_1}{\partial q}\Big/\frac{\partial F_1}{\partial \varepsilon_s}\right)dq \tag{6.131}$$

定义$\frac{1}{G_p}=-\frac{\partial F_1}{\partial p}\Big/\frac{\partial F_1}{\partial \varepsilon_s}$、$\frac{1}{G_q}=-\frac{\partial F_1}{\partial q}\Big/\frac{\partial F_1}{\partial \varepsilon_s}$，其中：$G_p$、$G_q$ 分别称为压硬模量、偏剪模量（见前述）。于是上式（6.131）可改写成

$$d\varepsilon_s=\frac{1}{G_p}dp+\frac{1}{G_q}dq \tag{6.132}$$

该式与 $d\varepsilon_s=\frac{1}{3G_t}dq$ 一样，为应力-应变关系的增量方程。将两式结合，同样可得到与前述相同的表达式：$\frac{1}{3G_t}=\frac{1}{G_p}\cdot\frac{dp}{dq}+\frac{1}{G_q}$。

将 F_1 分别对 p、q、ε_v 微分，即

$$\frac{\partial F_1}{\partial p}=\frac{q}{p^2}、\frac{\partial F_1}{\partial q}=-\frac{1}{p}、\frac{\partial F_1}{\partial \varepsilon_s}=A\frac{1+2B\varepsilon_s-\varepsilon_s^2}{(\varepsilon_s^2+1)^2} \tag{6.133}$$

于是可得到

$$\frac{1}{G_p}=-\frac{q(\varepsilon_s^2+1)^2}{Ap^2(1+2B\varepsilon_s-\varepsilon_s^2)}、\frac{1}{G_q}=\frac{q(\varepsilon_s^2+1)^2}{Ap(1+2B\varepsilon_s-\varepsilon_s^2)} \tag{6.134}$$

通过上述分析，可求得考虑土的应变软化性的本构方程表达式为

$$d\varepsilon_s=-\frac{q(\varepsilon_s^2+1)^2}{Ap^2(1+2B\varepsilon_s-\varepsilon_s^2)}dp+\frac{q(\varepsilon_s^2+1)^2}{Ap(1+2B\varepsilon_s-\varepsilon_s^2)}dq \tag{6.135}$$

根据式（6.130），当 $\varepsilon_s\to\infty$时，对应的残余强度的应力比 η_r 为

$$\eta_r=AB \tag{6.136}$$

将 η 的表达式对 ε_s 微分并且令其为零，可以得到峰值应变 ε_{sf} 为

$$\varepsilon_{sf}=B+\sqrt{B^2+1} \tag{6.137}$$

于是可得到

$$A=\frac{2\eta_r\varepsilon_{sf}}{\varepsilon_{sf}-1}、B=\frac{\varepsilon_{sf}^2-1}{2\varepsilon_{sf}} \tag{6.138}$$

通过上述分析，当求出 G_p、G_q 后就可得到G_t，而要求出 G_p、G_q 则需要先求得系数 A、B，只有求得 ε_{sf}、η_r 后才能计算得到系数 A、B。因此，计算切线剪切模量 G_t 实际上是确定ε_{sf}和 η_r。峰值应变 ε_{sf}可以直接根据试验曲线求得，而 η_r 则与土的强度有关。

峰值应变 ε_{sf}值的大小一般与围压 σ_3 有关，围压 σ_3 值越大则峰值应变 ε_{sf}值也越大，两者之间的关系一般可表示为

$$\varepsilon_{sf}=k\left(\frac{\sigma_3}{p_a}\right)^n \tag{6.139}$$

式中，k、n 为无量纲的试验常数；p_a 为大气压。

通过上述分析，式（6.129）、式（6.125）为考虑土的剪胀性、应变软化性的成都科技大学修正 K-G 模型的应力-应变关系表达式。

※应用实例

试验材料与 Duncan-Chang 模型中的应用实例相同。试验采用 GDS-Instruments 三轴试验系统，分别采用饱和固结模块及应力路径模块，对上述土样进行等向固结排水试验和等 p 三轴固结排水剪切试验。

（1）在等向固结排水试验中，采用 2 个试样进行平行测定，使其在 10 级围压 σ_3［50、100、150、200、250、300、350、400、450、500（kPa）］下排水固结，待试样固结完成后再开始下一级加载，固结完成以排水量稳定为标准，排水量取 2 次平行测定的算术平均值，

据此绘制 ε_v-p 关系曲线。

（2）在等 p 三轴固结排水剪切试验中，采用 3 组试样，分别在 100kPa、200kPa 和 300kPa 围压下进行固结，待固结完成后进行剪切试验。剪切过程中保持 $p=(\sigma_1+2\sigma_3)/3$ 值不变，使仪器按照 $\Delta\sigma_1/\Delta\sigma_3=2$ 的关系增大 σ_1，减小 σ_3。剪切速率为 0.05mm/min，直至轴向应变超过 15%时终止试验。试验过程中记录相应的测力计读数、轴向位移计读数和排水量。据此绘制等 p 固结三轴排水剪切试验的 ε_v-q 和 ε_s-q 曲线。

（3）试验结果

根据试验分别得到 ε_v-p、ε_s-q 试验曲线。

（4）Naylor 修正 K-G 模型参数

通过对等向固结排水试验得到的 ε_v-p 数据进行拟合运算，可分别得到初始切线体积模量 $K_i=1253.50$kPa 和系数 $\alpha_K=15.68$。

根据 q-ε_s 关系曲线确定破坏线方程 $q=n+mp$，参数拟合结果为 $n=16.80$、$m=1.17$。

根据的 n、m 值，以及应力水平 $S_L=0.65\sim0.95$ 对应的偏应变 ε_s 值，按式 $\varepsilon_3=\frac{1}{3\beta_G}\ln\left(1-\frac{1}{n+mp}q\right)$计算 β_{Gi}，取 β_{Gi}的平均值作为 β_G，结果为 $\beta_G=-0.086$。

根据 β_G、$G_i=-n\beta_G$、$\alpha_G=-m\beta_G$、$\beta_G=\frac{G_t}{q-n-mp}$可计算得到参数 G_i 和 α_G 分别为$G_i=1.445$MPa、$\alpha_G=0.101$。

7 塑性力学基本理论

7.1 概　　述

7.1.1 基本概念

（1）屈服与破坏

屈服与破坏是塑性力学中的重要概念与内容。没有屈服就没有塑性变形。研究屈服与破坏的条件和准则对于工程实践来说具有重要意义。

例如，地基在外荷载作用下其应力将发生变化，地基中一点的应力组合达到某一界限值时，该点处的土体即处于屈服或破坏状态，变形会急剧增长，但由于周围土体的约束限制作用，这种变形不能无限制发展。不容许地基中出现任何屈服当然是不现实的，也是不经济的。地基在结构物外荷载作用下，总会有一定范围内的土体处于屈服状态。如果这种屈服的范围不超过一定的深度、或未形成贯通的滑动面，地基就处于稳定状态。反之，地基就会出现较大的变形直至发生破坏。

初始屈服是材料第一次由弹性状态进入塑性状态的标志，初始屈服点所对应的应力称为初始屈服应力。对于理想塑性材料，其屈服应力在材料的变形过程中保持不变，当达到初始屈服状态时即视为破坏状态，即屈服与破坏在同一应力状态下达到，屈服即破坏，屈服准则即破坏准则。

应变硬化或强化是指当材料初始屈服后，随着应力和变形的增加，屈服应力不断提高的现象，也称为加工硬化。应变软化是指当材料初始屈服后，随着应力和变形的增加，屈服应力不断提高，但提高至一定程度后而减小的现象。对于加工硬化材料，屈服只是一个阶段，也即屈服面逐渐发展至破坏面的阶段，其初始屈服面并不是破坏面，屈服准则与破坏准则相似但不相同。土体材料是一种复杂的加工硬化材料，屈服面的变化取决于应力水平、应力路径等，其初始屈服仅仅是产生弹性应变、塑性应变的界限，并不是土体的破坏，屈服与破坏是两个不同的概念。

相继屈服是指屈服应力变化后的屈服现象，也称为后继屈服，相应的屈服应力称为相继屈服应力。由于相继屈服只有在塑性加载过程中才会出现，所以相继屈服又称为加载屈服，相应的屈服应力又称为相继屈服应力或加载应力。

实际上，相继屈服指的是材料产生初始屈服后塑性应变随应力继续发展的现象。对于应变硬化材料，当达到初始屈服后继续加载而出现的后继屈服点，会随着应变增加成为新的屈服点。对于材料进入塑性状态后卸载再加载的情形，理想塑性材料的再加载的屈服点与初始屈服点相重合，而应变硬化材料再加载的屈服点会高于初始屈服点。

破坏是指材料变形过大或丧失对外力抵抗能力的现象。破坏时的应力称为破坏应力或强度。对于理想塑性材料，产生无限制的塑性流动就称为破坏，没有相继屈服阶段，屈服就意味着破坏，只不过屈服与破坏的变形不同而已。

对于加工硬化材料，相继屈服或加载应力达到一定程度后，屈服应力不再增加，材料产生无限制的塑性变形即破坏。正常固结黏土、松砂等就属于这种类型。对于应变软化材料，如密砂、超固结黏土等，当相继屈服或加载应力达到某一数值后，随着变形的继续增加，屈服应力不增反降，产生应变软化。当屈服应力下降到一定程度后就不再减小时，此时所对应的应力就称为峰值应力。实际上，屈服应力达到峰值应力后，就意味着材料的破坏，因此峰值应力又称为峰值强度（简称强度）。软化后保持不变的应力称为残余应力或残余强度。

总之，对于理想塑性材料，屈服与破坏含义相同；对于应变硬化、或应变软化材料，屈服一般是指初始屈服或相继屈服；对于岩土材料，从初始屈服至破坏需要经过屈服阶段，破坏是土体屈服发展的最终结果。

（2）屈服条件、屈服函数、屈服准则

屈服是指材料由弹性状态进入塑性状态的过程；屈服条件是指材料出现塑性变形时应力满足的条件；屈服准则是指材料是否屈服的判断标准。破坏是指材料的无限塑性状态，破坏准则是指材料所能达到的应力状态的极限，是材料破坏与否的判断标准。

简单应力状态下的屈服条件非常明确。在复杂应力状态下，屈服条件一般是应力状态或应变状态的函数，也称为屈服函数；加载条件一般是加载应力或应变与硬化参量的函数，也称为加载函数；破坏条件一般是破坏应力或应变与破坏参量的函数，也称为破坏函数。屈服函数是指在应力空间中表达屈服界限范围（即屈服面）的应力组合的数学表达式。初始屈服函数、后继屈服函数可分别表示为

$$f(\sigma_{ij})=0,\ f(\sigma_{ij},\ H)=0 \tag{7.1}$$

式中，f 为屈服函数；σ_{ij} 为应力张量；H 为反映材料塑性性质的参数，一般为是塑性应变的函数，称为硬化参数或硬化参量，可以不只一个。

一般地，确定屈服函数有两种方法：一是基于某些假定；二是通过试验确定。

对于各向同性材料，应力与主方向无关，也即屈服条件与坐标轴选择无关，因此屈服函数可假定为主应力或应力不变量的函数。例如，屈服函数可假定为 $f(\sigma_1,\sigma_2,\sigma_3)=0$、$f(I_1,\sqrt{J_2},\theta_\sigma)=0$、$f(p,q,\theta_\sigma)=0$、$f(\sigma_{\text{oct}},\tau_{\text{oct}},\theta_\sigma)=0$ 等。屈服条件也可假定为应变状态及有关参量的函数，如将屈服条件表示为主应变，或应变不变量的函数。以应变表示的屈服条件或屈服函数有时更为方便。对于应变软化材料，两种形式可以通过本构关系互换。

通过试验间接确定屈服函数的方法，是基于应力与应变以及其增量同轴的假设。在应力空间中直接根据试验确定的塑性应变增量的方向，然后根据正交原理，类似绘制流网，绘制与这些增量方向相正交的曲线簇，这些曲线簇就是塑性势的轨迹。然后根据 Drucker 假设，塑性势函数 g 与屈服函数 f 是一致的，从而可间接确定屈服轨迹和屈服函数。黄文熙模型和清华弹塑性模型就是这样建立起来的。

通常，屈服函数指的是 $f(\sigma_{ij},H)=0$。如果假定 σ_{ij} 是三个主应力的函数，则屈服函数可表示为 $f(\sigma_1,\sigma_2,\sigma_3,H)=0$。在土的弹塑性模型中，其屈服函数通常只包含有两个应力不变量。根据屈服函数 $f(\sigma_{ij},H)=0$，屈服准则一般可表示如下的形式：

$$f(\sigma_{ij})=k \tag{7.2}$$

式中，$f(\sigma_{ij})$为屈服函数，可简化为 f；k 为与应力历史有关的常数，或是随应力历史而变的变量。屈服函数与坐标选择无关，是应力不变量的函数。对于某一 k 值，屈服函数 f 在应力空间对应某一个确定的曲面，称为屈服面。当 k 值变化时，屈服函数 f 对应一系列的屈服面。

理想弹塑性材料在未屈服时只有弹性变形，一旦屈服就产生塑性变形，并且塑性变形不断发展直至破坏，破坏准则也就是屈服准则。k 是不变的常数，屈服面是一个固定的曲面即破坏面。对于岩土类材料，屈服和破坏是不同的。破坏是剪应力达到抗剪强度，在剪应力远小于抗剪强度时可能会屈服，甚至在完全不受剪应力、只有体积应力作用时，岩土材料也会产生塑性变形，也会屈服。屈服面是一系列的曲面，而不像破坏面那样只是一个固定的曲面。

屈服准则可以用来判断弹塑性材料被施加一应力增量后，是加载还是卸载，或是中性变载，也即判断材料是否屈服、是否产生塑性变形的准则，即加载时会同时产生弹性应变增量、塑性应变增量，而卸载时仅产生弹性应变增量。在运用屈服准则时，由当前应力各分量计算屈服函数 f 值。如 $f<k$ 时，材料处于弹性变形阶段，在应力空间内相应的点落在屈服面以内；当 $f=k$ 时，材料屈服。屈服函数 f 有可能超过 k，但此时的 k 值提高了，仍然保持 $f=k$。这是由于屈服后材料硬化的结果。屈服的标准改变了，也就是材料硬化了，也即 k 增大了。k 如何变化的规律称为硬化规律。

（3）屈服面与屈服轨迹

屈服函数一般是应力分量及相应硬化参量的函数。如果将其对应的图形表示在应力空间内，将是三个六维空间的超曲面，称为屈服曲面（简称屈服面）。由于这些超曲面在现实的三维几何空间内无法表达，因此一般将屈服函数表示在三个主应力或三个应力不变量组成的三维物理空间内。这样就可以清楚地看到其几何形状，也便于理解和直观分析。

对于塑性硬化材料来说，随着塑性变形的发展，材料的屈服面扩大；对于塑性软化材料来说，随着塑性变形的发展，材料的屈服面缩小。它们都有初始屈服面和加载屈服面（或称为后继屈服面）。加载屈服面随应力或应变增长而变化，为了解决这一问题，一般采用引入一个与塑性变形有关的硬（软）化参量 H，以反映屈服面随硬（软）化程度而发生胀（缩）或移动的规律，当然这应以能模拟材料实际变化为前提，因而加载屈服函数可写成 $f(\sigma_{ij}, H)=0$。加载屈服函数随加载的增大，在初始屈服函数与最终破坏函数之间变化。屈服面的形状与采用的屈服准则有关，屈服面的大小、位置与采用的硬化参量 H 有关，且与胀缩、移动等的规律有关。

对于理想塑性材料，当应力点落在屈服面以内时处于弹性状态；当应力点落在屈服面上时处于塑性状态。应力点不可能超出屈服面以外。对于应变硬化材料，屈服面可以产生平移、转动或扩大，这时的屈服面就是相继屈服面，或称为加载屈服面。破坏曲面一般是加载曲面的极限。对于应变软化材料，加载曲面还可以由破坏曲面往内收缩，但仍然是加载曲面，材料仍然处于塑性状态。对于土体材料，由于具有静水压力影响剪切与屈服，并且单纯的静水压力也可以产生屈服的特点，因此其屈服与破坏曲面不止一个，可以有两个及以上。一般说来，剪切破坏曲面、加载曲面等与剪切屈服面相似，静水压力加载曲面与静水压力屈服面相似。由于单纯的静水压力不可能使材料“压”坏，因而没有单纯的压缩破坏曲面。

屈服准则采用几何方法来表示即屈服面和屈服轨迹。简单说，屈服面是屈服函数在三维应力空间中的几何图形，而屈服轨迹是这一屈服面与某个二维应力平面的交线。屈服面有两个主要功能：一是判别加载、卸载；二是随硬化参量的变化确定硬化模量。因此，如果能够找到其他的，且能完成上述两项功能的方法，屈服面也可不要。无屈服面模型主要需要替代屈服面的第一项功能。

图 7.1（a）所示的是一种最简单的圆锥形屈服面；图 7.1（b）所示为圆锥形屈服面在 p-q 平面上的屈服轨迹；图 7.1（c）所示为圆锥形屈服面在 π 平面上的屈服轨迹。由于在增量弹塑性模型中，超越目前屈服面的应力变化都将引起新的屈服，并且产生新的屈服面，所以屈服面和屈服轨迹是一系列的曲面簇或曲线簇。如图 7.1（b）所示，如果应力状态 A 位于某一屈服面 f_1 上，在应力增量 $d\sigma$ 下屈服面变化至 f_2，这是一个加载的过程，将同时产生弹性应变增量、塑性应变增量；如果应力增量 $d\sigma$ 使得应力状态 A 向当前的屈服面 f_1 内部运动，则是卸载过程，将只产生弹性应变增量。

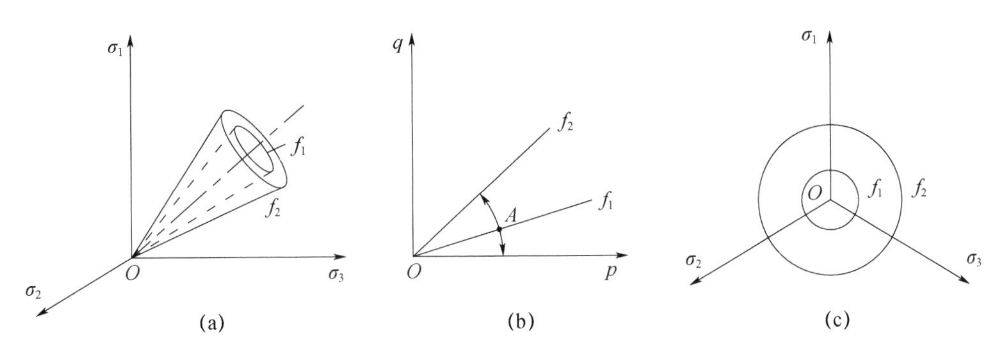

图 7.1 开口锥形屈服面及屈服轨迹

（a）主应力空间；（b）p-q 平面；（c）π 平面

在塑性理论中，屈服面一般有两类：一类是开口锥形的屈服面；另一类是“帽子”形闭合屈服面。开口锥形的屈服面如图 7.1 所示，是一条包围原点的封闭曲线，并且是关于坐标原点的对称、外凸的曲线。屈服仅与塑性剪应变有关，该类型的屈服面主要反映塑性剪切变形。材料的硬化仅表现在锥体直径的增大，并且以破坏面为极限。岩土类材料的屈服与剪应力、正应力都有关，因而该类型屈服面对于描述岩土类材料有明显缺陷，仅适用金属材料。“帽子”形屈服面是在开口形屈服面上增加一个向外扩展的曲面，如图 7.2 所示，该曲面代表加工硬化的屈服面。由于形如帽子，因而称为“帽子”形屈服面。该类型屈服面假定原代表破坏面的锥体不变，帽子曲面将弹性区封闭，在 p-q 平面中其屈服轨迹与 p 轴相交。因此该类屈服面能考虑土体材料在球应力 p 作用下产生塑性体积应变，能够更好地反映岩土类材料的屈服特性。

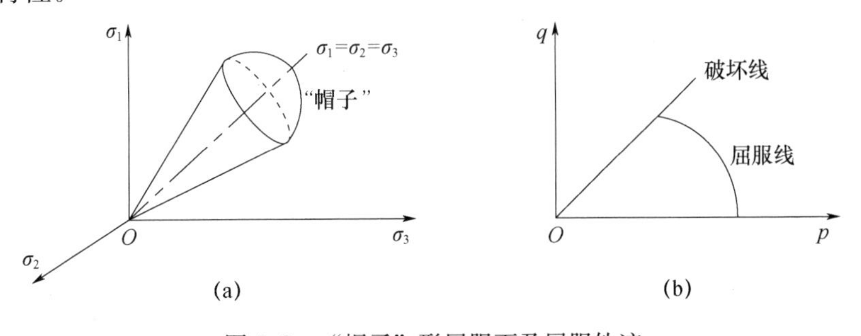

图 7.2 “帽子”形屈服面及屈服轨迹

（a）主应力空间；（b）p-q 平面

对于岩土材料来说，加载屈服面包括剪切屈服面、体积屈服面等。剪切屈服函数常采用与强度破坏函数相同的形式，其中的材料常数随加载而增大，逐渐由初始屈服面的值增大至破坏时的对应值，且将其与硬化参量 H 相联系，称为等向硬化。屈服函数所表示的几何图形的大小，可按随硬化参量 H 增大而胀缩的等向硬化规律来确定；屈服函数所表示的几何图形的位置，可按随硬化参量 H 增大而移动（一般来说无转动）的运动硬化规律来确定；屈服函数所表示的几何图形的大小、位置组合变化来使加载屈服面的变化与土的实际状况相吻合。

剪切屈服面的形状，可在 π 平面、子午面内的图形表示。π 平面可表示剪应力关系，子午面可表示剪应力与平均正应力之间的关系。在 π 平面内，剪切屈服面的形状一般可为圆形、正六边形、不等边六边形等，且由初始屈服面做等向硬化；在子午面内，剪切屈服面一般为直线型、双曲线型、幂函数型、指数函数型等。其中双曲线型的剪切屈服面有两类：一类是以 Mohr-Coulomb 直线为渐近线；另一类是以水平线为渐近线。

体积屈服函数一般是以塑性体应变为硬化参量的等值面，称为帽盖模型，包括初始屈服面函数、加载屈服面函数。在 π 平面内，其形状与所采用的屈服准则一致；在子午面内，其形状一般有弹头形、椭圆形、水滴形等。

体积屈服面与剪切屈服面都应光滑连接形成一个封闭的屈服面。一般来说，体积屈服面采用与直线连接，也可采用与椭圆、或其他曲线相连接，或统一为其他曲线，如弹头形、椭圆形、水滴形等，形成统一的屈服面。这些不同的封闭屈服面，如果只采用一个硬化参量，有时很难与试验相符，如超固结土，在软化前只考虑弹性应变，软化后才考虑有塑性应变，而这样的分析将得不到符合实际的缓变过渡的软化型应力-应变曲线。因此，可采用双硬化参量：塑性体应变 ε_v^p、塑性剪应变 ε_s^p。

如果在每一个应力点上，其屈服特性分别采用剪切屈服面、体积屈服面来共同表示，每一种屈服面可称为部分屈服面。将应力空间分为四个区，部分屈服面则共同组成双重屈服面。当将应力空间（p、q、$\eta=q/p$）分为三个区，此时有三部分屈服面，共同组成三重屈服面。由更多的部分屈服面共同组成多重屈服面。这可以在一定程度上反映非等向硬化特性。

Roscoe 提出塑性体积屈服面的概念，即在屈服面内为弹性变形，在屈服面外为塑性变形。Mroz 提出多重屈服面模型，对应向外扩展的套叠屈服面，其模量逐渐降低。如果只保留多重屈服面的最小屈服面（即初始屈服面）、最大屈服面（即状态屈服面），将其他屈服面的模量与这两个屈服面上的对偶应力以及在其间的距离建立内插关系，从而得到连续变化的模量，则称为边界面模型或双屈服面模型，模型的应力-应变曲线也是连续的。如果连初始屈服面也不要，就成为单屈服面模型。

（4）p-q 平面上的屈服轨迹

屈服函数一般是应力不变量的函数，如三个主应力 σ_1、σ_2、σ_3，三个应力不变量 I_1、I_2、I_3，三个偏应力不变量 J_1、J_2、J_3 等。有不少弹塑性本构模型假定屈服函数 f 仅是 I_1、I_2 的函数，或者是 p、q 的函数，写成 f（p，q）而忽略 I_3 的影响。这样，屈服函数 f（p，q）就与广义 von Mises 准则一样，在主应力空间对应着以空间对角线为轴的回转面。由于自变量只有两个，可在以 p、q 为坐标轴的平面坐标系中表示屈服函数，这样屈服面就成了屈服曲线，或称为屈服轨迹。

在岩土本构模型发展初期，有一些模型假定岩土材料无塑性体积应变，将岩土材料的屈服仅仅与塑性剪切应变相联系，假定屈服函数与破坏函数形式一样，屈服面与破坏面相似，破坏面只是最外层的一个屈服面。在主应力空间内，屈服面是以空间对角线为轴心的开口锥面，除原点以外不与空间对角线相交。在 p-q 平面内，屈服面是向上倾斜的曲线，除原点以外不与 p 轴相交，如图 7.3（a）所示。

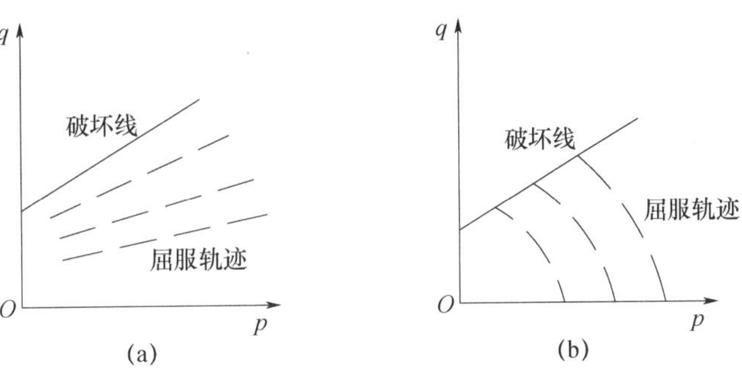

图 7.3　屈服轨迹

（a）开口形；（b）帽子形

由于岩土材料存在塑性体积应变，即使在 $q=0$ 的条件下，p 也会引起岩土材料的塑性体积应变，会发生屈服。因此屈服面应该与 p 轴相交，如图 7.3（b）所示。这种屈服面相当于给弹性区加了一个“帽子”，即弹性区不再是开口的，而是被“帽子”封闭起来。采用这类屈服面的本构模型称为“帽子”模型。研究表明，只有“帽子”类弹塑性本构模型才能较好地反映岩土类材料的体积变形特性。

采用开口的锥形屈服面，或闭口的“帽子”形屈服面的弹塑性本构模型，称为单屈服面弹塑性本构模型。由于开口的锥形屈服面主要反映塑性剪切应变，而“帽子”形（或称帽盖形）屈服面主要反映塑性体积变形，因此有人提出采用双屈服面的本构模型，即将开口的锥形屈服面与闭口的“帽子”形屈服面两者结合起来。双屈服面弹塑性本构模型可以克服单屈服面本构模型的一些缺点，也有人提出采用多屈服面的本构模型。

经典的塑性理论是在金属受力变形和加工的基础上建立的，以剪应力作为简单的加载、卸载准则是最通常的形式。在 p-q 空间（平面）中，屈服面表示为一条平行于 p 轴的直线，如图 7.4（a）中的直线①所示。从微观角度看，土的不可恢复的塑性应变主要是由土颗粒间的相互位置的变化（即错动或挤密），以及土颗粒本身的破碎所引起的。尤其是当土颗粒受到外力后，从一个较高的势能状态进入相对较低势能的较为稳定的状态时，其位移是不可恢复的。对于土这种摩擦材料，在等应力比作用下，从理论上讲土颗粒间是几乎不发生相对滑动的，所以许多土的本构模型选择了 p-q 平面上过原点的射线，如图 7.4（a）中的直线②所示，作为土的屈服轨迹，而其空间上为各种锥面，这可以反映土作为一种摩擦力为主的材料的变形与强度的特性。

在各向等压、或平均主应力增加的等比应力的条件下，土体中土颗粒的相互靠近，也会导致土体结构的破坏、土颗粒的破碎、土体孔隙的减小，同时还会产生土体的塑性体应变。因而各种与 p 轴相交的“帽子”屈服面也是土的本构模型常用的形式，如图 7.4（a）中的曲线③所示。

有些土的本构模型具有上述两组屈服面，即锥面与“帽子”屈服面。有人将两者结合起来，采用如图 7.4（a）中的曲线④所示的这种统一的形式。如果采用 von Mises 屈服准则、

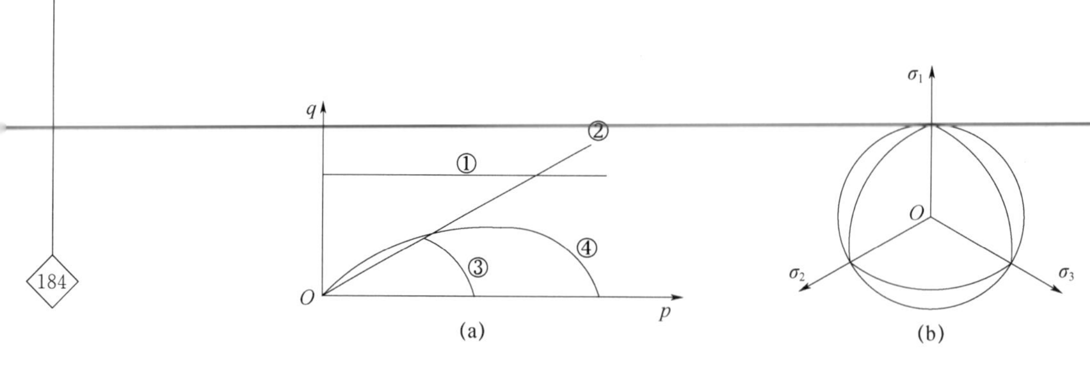

图 7.4　几种屈服轨迹图示

(a) p-q 平面；(b) π 平面

或广义的 von Mises 屈服准则，则在 π 平面上的屈服轨迹为圆形。如图 7.4 (b) 所示。实际上，在 π 平面上土的屈服轨迹更接近 Mohr-Coulomb 准则。所以采用各种在 π 平面上没有角点的、平滑梨形的封闭曲线作为屈服轨迹，就更加符合实际情况。

(5) 偏平面上的屈服轨迹

屈服曲面包括加载曲面以及破坏曲面等，与偏平面或 π 平面，或以某一个 θ_σ 为常数的平面（常称为子午面）的交线称为屈服曲线或破坏曲线。偏平面上的屈服曲线只与 J_2、J_3 或 θ_σ、μ_σ 有关；子午面上的屈服曲线只与 I_1（或 p）、J_2 有关。因此，在土的塑性力学中研究偏平面或子午面上的屈服曲线，对研究屈服与破坏有着重要的意义。图 7.5 所示为偏平面或 π 平面的屈服曲线示意图。

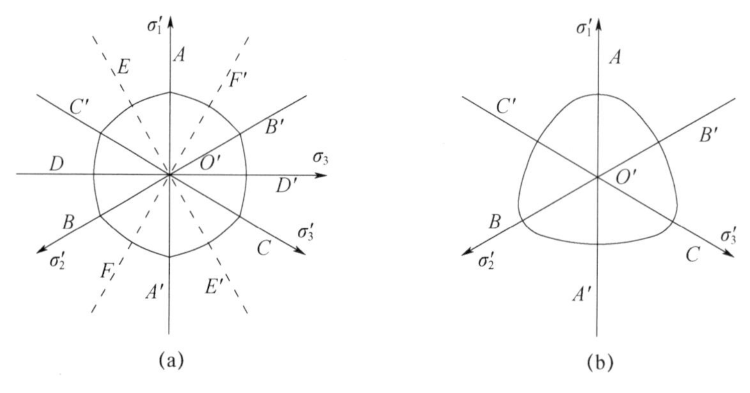

图 7.5　偏平面或 π 平面的屈服曲线

(a) 金属类材料；(b) 岩土类材料

偏平面或 π 平面上的屈服曲线具有以下一些特性：①屈服曲线是一条封闭曲线。②屈服曲线相对于坐标原点为外凸曲线；③只要研究 π 平面上一个60°扇形内的屈服曲线。在初始屈服曲线以内处于弹性状态。如果屈服曲线不封闭，则表示将出现永不屈服的状态。由于不可能存在这种情形，因此屈服曲线必须是封闭的。对于岩土材料，在纯静水压力作用下屈服时，屈服曲线就是静水压力线，投影到偏平面就是偏平面上的坐标原点。

对拉、压屈服曲线相同的金属材料，屈服曲线为十二个30°的扇形对称图形，如图 7.5 (a) 所示。对于拉、压屈服曲线不相同的岩土材料，屈服曲线为六个60°的扇形对称图形，如图 7.5 (b) 所示。对于各向同性材料，屈服与三个应力主轴的取向、排列顺序等无关，屈服曲线在 π 平面上是三个120°的扇形对称图形。

（6）土的屈服轨迹

土的屈服准则很难严格准确地确定。这主要是由于土实际上常常并没有十分严格的加载、卸载，或弹性、塑性变形的分界。许多试验在卸载-再加载过程中也会产生塑性应变。此外，由于应力路径的影响，在某一应力状态下，土体的应变不是唯一的，加载、卸载也难以唯一地确定。所以，土的屈服准则一般是基于经验以及某些假设而建立的。

最基本的方法是，基于上述对于土的摩擦特性、压缩特性的认识，假设一定的屈服面，如锥形或帽子形等，然后假定适当的硬化参数 H，使得计算的应力-应变关系符合试验结果。实际上，许多土的本构模型就是采用了此方法。

另外一种方法是，根据屈服准则的定义，直接通过试验来确定土在一定的应力平面上的屈服轨迹。具体的方法是，利用三轴试验在 p-q 应力平面上的不断变化的应力路径，通过相应的应力-应变曲线来判断加载、卸载，然后得到小段的屈服轨迹，再采用曲线来拟合得到屈服函数。这种方法的不足之处是，不同的应力路径得到的结果可能不同，并且应力-应变曲线上的屈服点有时不容易清晰界定，因而整理出一套完整的屈服轨迹和屈服面就比较困难。图 7.6 表示的是一系列的三轴试验的应力路径。试样首先加载至 A 点，随后沿着三段直线变化应力至 A' 点。根据应力-应变曲线，可以大体上判断这两点处于同一个屈服轨迹上。因而可以采用 AA' 一段屈服轨迹来表示。

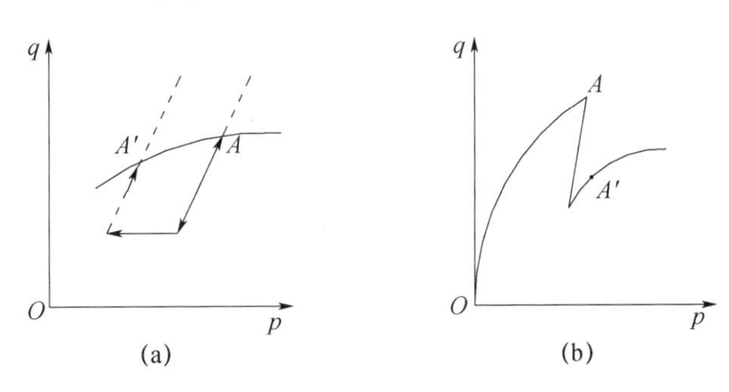

图 7.6 根据试验确定土的屈服轨迹

（a）屈服轨迹；（b）对应的应力-应变关系

7.1.2 塑性本构理论

假定材料在屈服前是完全弹性体，并且是各向同性、均质的。在弹性变形过程中，假定弹性常数不随先前发生了多少应变而变化，并且与应力路径、应变路径都无关。这就意味着弹性应变状态是某一瞬间相应的弹性应力状态的单值函数，而与如何达到这个应力状态的路径无关。

当材料屈服并且发生塑性变形后，其应变状态与应力的历史有关，并且应力-应变关系一般是非线性的。对于这个问题，目前存在两种不同的理论：一种理论认为，应力-应变关系仍然是应力分量与应变分量之间的关系，称为全量理论或形变理论；另一种理论则认为，由于塑性变形的不可恢复性，应力与应变没有单值关系，而是增量关系，称为增量理论，或流动理论。全量理论和增量理论统称为塑性本构理论或本构定律。

（1）塑性全量本构理论

全量理论是描述材料在塑性状态时的应力-应变之间的关系的理论，即全量应力 σ_{ij} 与全量应变 ε_{ij} 之间的本构关系的理论，或称为塑性全量本构理论。当规定了具体的应力或应变路径之后，就可以沿应力或应变路径积分，从而建立起相应的全量形式的塑性本构关系方程。

在许多工程应用中，物理非线性比不可逆性、历史相关性等更为重要。1925 年 Henchy 根据非线性弹性理论，提出了一个称为塑性形变理论的最简单的塑性理论。该理论基于以下三个假定：①塑性应变张量 ε_{ij}^{p} 主轴总与应力张量 σ_{ij} 的主轴重合；②塑性偏应变张量 e_{ij}^{p} 与偏应力张量 s_{ij} 成比例；③不发生塑性体积变化。这时，就有可能建立起相应的全量形式的塑性应力-应变本构关系。当主动加载时，塑性全量本构理论就相当于非线性弹性本构理论。

应力张量、应变张量都可以分解为偏应力和静水压力两部分：

$$\sigma_{ij}=s_{ij}+\frac{1}{3}\sigma_{kk}\delta_{ij}\text{，}\ \varepsilon_{ij}=e_{ij}+\frac{1}{3}\varepsilon_{kk}\delta_{ij} \tag{7.3}$$

式中，σ_{kk}、ε_{kk} 分别表示为应力、应变的第一不变量。

由于应变可分为弹性、塑性两部分，因而

$$\varepsilon_{ij}=\varepsilon_{ij}^{e}+\varepsilon_{ij}^{p}=e_{ij}^{e}+e_{ij}^{p}+\frac{1}{3}(\varepsilon_{kk}^{e}+\varepsilon_{kk}^{p})\delta_{ij} \tag{7.4}$$

根据上述第三条假设可导出 $\varepsilon_{kk}^{p}=0$，因此式（7.4）可改写为

$$\varepsilon_{ij}=e_{ij}^{e}+e_{ij}^{p}+\frac{1}{3}\varepsilon_{kk}^{e}\delta_{ij} \tag{7.5}$$

根据上述第二条假设可导出

$$e_{ij}^{p}=\phi s_{ij} \tag{7.6}$$

式中，ϕ 为表示材料强化的标量函数。在加载过程中，ϕ 为正，卸载时为 0。

式（7.6）也表示塑性应变张量 ε_{ij}^{p} 的主轴和应力张量 σ_{ij} 的主轴重合，即第一条假设。应力与弹性应变的关系可表示为

$$e_{ij}^{e}=\frac{1}{2G}s_{ij}\text{，}\ \varepsilon_{kk}^{e}=\frac{1}{3K}\sigma_{kk} \tag{7.7}$$

式中，G、K 分别为剪切模量、体积模量。

根据上述分析，可得到金属材料的 Henchy 应力-应变关系为

$$\varepsilon_{ij}=\left(\frac{1}{2G}+\phi\right)s_{ij}+\frac{1}{9K}\sigma_{kk}\delta_{ij} \tag{7.8}$$

在塑性形变理论中，对于强化的材料，假定只要塑性变形继续，应力状态 σ_{ij}（s_{ij} 和 σ_{kk}）就唯一确定应变状态 ε_{ij}。所以，只要不发生卸载，它们就与割线形式的非线性弹性应力-应变本构关系相一致。

（2）塑性增量本构理论

增量理论是描述材料在塑性状态时的应力-应变增量（或应变速率）之间的本构关系的理论。塑性变形曾经与黏性液体的流动相提并论，因此在研究塑性变形时引用了速度的概念，流动理论的名称由此而来。现在除某些特殊情况以外，一般都不用应变率而采用应变增量的概念，所以称为增量理论。

一般地，全量理论在数学表达形式上比较简单，便于实际应用，但是其应用范围主要适用简单加载的情况。增量理论不受加载方式的限制，但是由于描述的是应力与应变增量之间的关系，因此在实际应用中需要按照加载过程中的应变路径进行积分，但即使采用最简单的增量理论计算也是相对复杂的。Илъюшии 曾经证明，在简单加载的情况下，增量理论与全量理论是一致的。也有研究者指出，由于应变状态与应力历史有关，并且应力-应变关系一

般是非线性的，应力与应变之间不存在唯一的对应关系，因此在研究材料的塑性变形中，对一般的复杂加载历史和应力路径不可能建立起全量本构关系，必须建立应力增量与应变增量之间的本构关系，即必须采用增量理论。

在推导应力-应变的增量本构关系过程中，总的应变增量 $d\varepsilon_{ij}$ 可假设分为弹性应变增量 $d\varepsilon_{ij}^{e}$ 与塑性应变增量 $d\varepsilon_{ij}^{p}$ 两部分。弹性应变增量 $d\varepsilon_{ij}^{e}$ 可采用增量 Hooke 定律来定义，而塑性应变增量 $d\varepsilon_{ij}^{p}$ 基于三个基本假设：①存在一个屈服面；②有确定的应力-塑性应变增量关系的一般形式的流动法则；③具有相应的强化或硬化法则。除此之外，塑性增量本构理论还要求材料在受力过程中符合能量守恒定律，或热力学第一定律，这就是材料稳定性的 Drucker 公设和 Илъюшии 塑性公设。

由于土的特殊的变形本构特性，其应力-应变关系不是唯一的，建立全量型的塑性应力-应变关系的条件非常苛刻，对于岩土类材料来说几乎是不现实的，因而在土的塑性力学中常采用应力与应变的增量理论（即 $d\sigma_{ij}$ 与 $d\varepsilon_{ij}$ 之间的本构关系），而不是全量理论（即 σ_{ij} 与 ε_{ij} 之间的本构关系）。

7.1.3 土的塑性力学基本特征

（1）弹性力学的基本特征

对于符合 Hooke 定律的线弹性材料，具有以下基本特征：①应力与应变具有弹性性质即可逆性。②应力与应变单值关系，即与应力路径、应力历史无关。③应力与应变符合叠加原理。④正应力与剪应变、剪应力和正应变无耦合关系。也就是说，正应力只产生正应变，剪应力只产生剪应变。⑤主应力与正应变方向一致。

当应力水平较低时，土体材料可视为弹性材料，适用弹性力学；但大多数情况下，土体材料的本构关系适用塑性力学。

（2）经典塑性力学的基本特征

对于弹塑性材料，具有以下特征：①塑性变形不可逆。②应力与应变关系没有唯一对应关系。③应力-应变关系具有非线性，以及由此而引起的应力与应变的不可叠加性。如图 7.7所示，在塑性变形阶段，对塑性硬化材料施加应力 σ_1 时产生的应变为 ε_1，施加应力达 σ_2 时产生的应变为 ε_2，而当施加的应力为 $\sigma_1+\sigma_2$，相应的应变则不为 $\varepsilon_1+\varepsilon_2$，此时的应变与应力所处的阶段、材料的应力-应变关系非线性程度有关。④静水压力不产生屈服，服从 Tresca 准则和 von Mises 准则。⑤Drucker 公设只适用于理想塑性和硬化塑性，不适用于应变软化塑性。

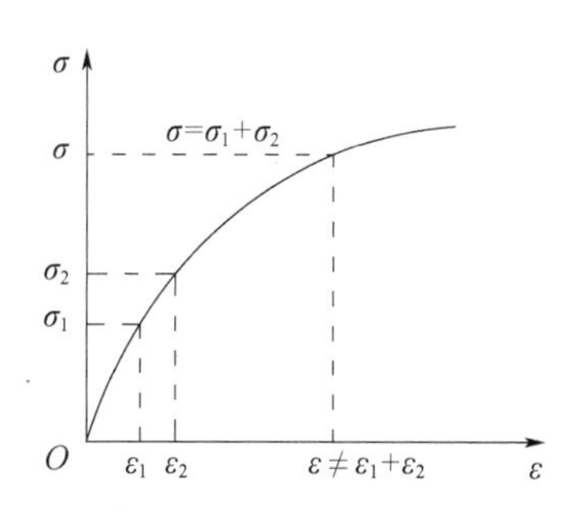

图 7.7　塑性状态下应力-应变关系

经典塑性理论描述的本构关系只适用于金属材料与纯黏土（即 $\varphi=0$ 的不排水情况），与土体材料的本构关系有较大区别。金属材料只有剪切强度，内摩擦角可视为零，并且不发生塑性体积的变化。这些概念已经引用到土力学中的稳定性、地基承载力、土压力等问题的分析。

土材料不同于金属等一般固体材料，其性状非常复杂：①土体材料既不是理想的弹性材料，也不是理想的塑性材料，而是应变硬化或软化的弹塑性材料；②土体的屈服与破坏准则受到静水压力、中主应力的影响；③土体的塑性应变增量方向一般不与其屈服面正交。

正因为土材料表现出如此特性，建立和完善土材料性状的所有方面的普遍模型，总是需要经过长时间的研究工作，而工程实践问题又亟待解决，因此人们不得不将土的性状做高度简化而引用经典土力学理论。例如，在稳定性分析、土压力计算中，将土视为刚塑性材料；在地基、土坝等的应力、沉降分析中，将土当作线弹性材料。当然，这样处理完全忽视了土材料的应力-应变关系的非线性、弹塑性性质，因此土的性状过分简化总是不能令人满意。

在 Terzaghi 创建现代土力学学科之前，塑性理论就已经在土力学中得到应用。但这些塑性理论基本上是刚塑性理论、弹性-理想塑性理论。这两种塑性理论关于屈服与破坏具有相同的意义，都认为土体达到屈服条件之前是不计土体的变形，或是线性弹性应力-应变关系，一旦应力状态达到屈服条件时，土体的应变就趋于无穷大或者无法确定。在简单应力状态下，其应力-应变关系如图 7.8（a）、（b）所示。

对于刚塑性理论、弹性-理想塑性理论，其屈服准则可能是 Mohr-Coulomb 准则、von Mises 准则、或者是 Tresca 准则，以及它们的广义形式。这些经典的塑性理论模型长期以来用于分析与解决与土有关的工程问题，如地基承载力问题、土压力问题、边坡稳定性问题等。其共同特点是只考虑处于极限平衡（塑性区）条件、或土体破坏时的终极条件，而不计土体的变形和应力过程。在增量弹塑性理论模型中，土的弹性阶段、塑性阶段不能截然分开，土体的破坏也只是这种应力变形的最后阶段。

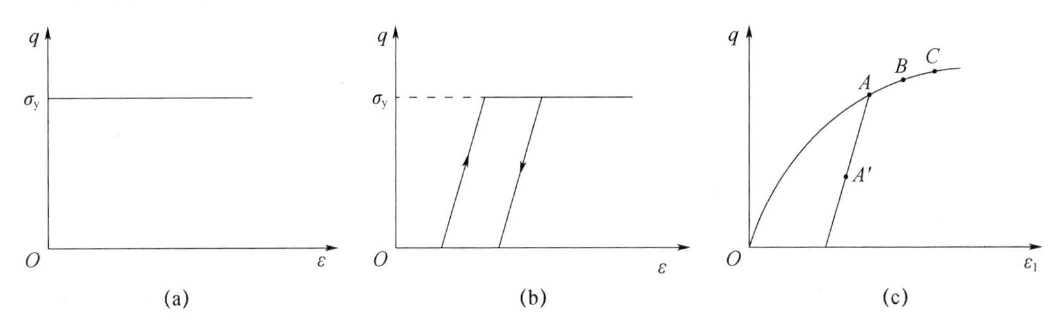

图 7.8　不同塑性理论模型的应力-应变关系曲线

（a）刚塑性模型；（b）弹性-理想塑性模型；（c）弹塑性模型

（3）土的塑性力学基本假设

岩土类材料的本构特性非常复杂，要建立起完全反映其本构特性的、普遍的弹塑性增量本构关系几乎是不可能的，当然也没有必要。通常的方法是针对岩土类材料的主要本构特性建立其应力-应变本构关系。在建立岩土类材料的塑性增量本构关系之前，需要对这类材料做出一些必要的合理的假设：①小变形；②弹塑性不耦合；③初始各向同性；④对于应力导致的各向异性，一般假设主应力轴不发生偏转，即硬化过程中应力主轴方向不变；⑤应变增量 $d\varepsilon_{ij}$ 可以分解为弹性应变增量 $d\varepsilon_{ij}^{e}$、塑性应变增量 $d\varepsilon_{ij}^{p}$ 两部分；⑥本构关系不受时间、或应变速率的影响。

当应变和位移呈非线性相关时称为大变形或几何非线性。相对于几何非线性，应力和应变之间的非线性或弹塑性本构关系称为物理非线性。

（4）土的弹塑性本构关系

塑性本构关系与应力历史、应力路径等有关，从本质上讲是增量型的，全量型只不过是增量型的特例。土的增量型本构关系的体积应变 ε_v、剪应变 ε_s 可分别表示为

$$d\varepsilon_v = f_1(p, q, dp, dq), \quad d\varepsilon_s = f_2(p, q, dp, dq) \tag{7.9}$$

或写成显示形式为

$$d\varepsilon_v = \frac{1}{K_p}dp + \frac{1}{K_q}dq, \quad d\varepsilon_s = -\frac{1}{G_p}dp + \frac{1}{G_q}dq \tag{7.10}$$

式中，K_p、K_q、G_p、G_q 分别为弹塑性压缩模量、剪缩模量、压硬模量、剪切模量，都是应力和应力路径的函数。

K_q 以剪缩为正，剪胀为负，反映剪应力与体积应变的耦合关系；G_p 反映压应力对剪应变的影响，压应力增加剪应变减小。

式（7.10）中，应变增量包含弹性分量、塑性分量两部分，即

$$d\varepsilon_v = d\varepsilon_v^e + d\varepsilon_v^p, \quad d\varepsilon_s = d\varepsilon_s^e + d\varepsilon_s^p \tag{7.11}$$

式中，$d\varepsilon_v^e$、$d\varepsilon_s^e$ 分别为弹性体积应变增量、弹性剪切应变增量；$d\varepsilon_v^p$、$d\varepsilon_s^p$ 分别为塑性体积应变增量、塑性剪切应变增量。

根据增量广义 Hooke 定律得到弹性分量为

$$d\varepsilon_v^e = \frac{1}{3K}dp, \quad d\varepsilon_s^e = \frac{1}{3G}dq \tag{7.12}$$

式中，K、G 分别为弹性体积压缩模量、弹性剪切模量。当弹塑性不耦合时，K 和 G 均为常量。

对于塑性应变分量，可以表示为

$$d\varepsilon_v^p = \frac{1}{K_p^p}dp + \frac{1}{K_q^p}dq, \quad d\varepsilon_s^p = -\frac{1}{G_p^p}dp + \frac{1}{G_q^p}dq \tag{7.13}$$

式中，$K_p^p = \frac{1}{K_p} - \frac{1}{3K}$ 为塑性体积压缩模量；$K_q^p = \frac{1}{K_p}$ 为塑性剪缩模量；$G_p^p = \frac{1}{G_p}$ 为塑性压硬模量；$G_q^p = \frac{1}{G_p} - \frac{1}{3G}$ 为塑性剪切模量。上标 p 表示塑性，下标 p 和 q 分别表示与平均正应力、广义剪应力相关。

增量型塑性本构关系的一般形式为

$$d\varepsilon_v = \frac{1}{3K}dp + \frac{1}{K_p^p}dq + \frac{1}{K_q^p}dq, \quad d\varepsilon_s = \frac{1}{3G}dq - \frac{1}{G_p^p}dp + \frac{1}{G_q^p}dq \tag{7.14}$$

式（7.14）也可写成其他的应力或应力不变量、应变或应变不变量的形式，也可写成以应变增量表示应力增量的形式。

（5）土的屈服与破坏特性

土体材料的屈服与破坏具有以下特性：①具有应变硬化，或应变软化特性，因而土体材料的屈服函数与破坏函数不同。②三个主应力，或三个应力不变量都对屈服或破坏有影响，即代表剪应力的 $\sqrt{J_2}$ 影响屈服与破坏，并且静水压力 p 及剪应力 q 或偏应力第三不变量 J_3（θ_σ、μ_σ）对屈服与破坏也有影响。③单纯的静水压力也可以产生屈服。④拉压的屈服与破坏强度不同。⑤高压下，屈服和破坏与静水压力呈现出非线性关系。⑥属于剪切破坏。⑦初始为各向异性、应力导致的各向异性。

（6）一般岩土塑性力学的局限性

①岩土塑性力学建立在 Drucker 公设、正交流动法则的基础上，因而塑性势函数取决于屈服函数，塑性应变增量与应力具有唯一性而与增量无关，原则上说只适应于理想塑性和应变硬化材料。②岩土塑性力学给出了屈服曲面，通过正交流动法则对应一个塑性势面，要求

两者一致并且相同。经典塑性位势理论只有一个塑性势面和一个屈服面。经典塑性理论首先规定了屈服函数或屈服面，然后按正交流动法则、或根据试验结果确定塑性势函数，一般是$g=f$。③经典塑性力学无法计算由应力主轴旋转产生的塑性变形。

7.2 屈服准则

研究材料的弹塑性应力-应变关系，首先需要确定屈服准则。屈服准则是考虑任何可能的应力组合下有关弹性极限的一种假说，即应力达到弹性极限后出现塑性变形的条件，所以屈服准则又称为塑性条件，与应力历史无关。

（1）单轴应力状态下的弹性极限

单轴应力作用下的屈服条件最为简单。在组合应力状态下，弹性极限成为应力空间中的一条曲线、一个曲面或超曲面。弹性极限的数学表达式为

$$f(\sigma_{ij}, k)=0 \tag{7.15}$$

式中，f称为屈服函数；k为与材料有关的常数。

屈服函数f的特定形式与材料特性有关。当$f=0$时的面称为屈服面。在硬化阶段，屈服面的大小、形状、位置等都可能发生改变。所以，为了明确起见，初始状态的屈服面、屈服函数分别称为初始屈服面、初始屈服函数；而相应的硬化阶段的面、函数分别称为后继屈服面、后继屈服函数。也可采用“加载”来替代“屈服”这个词，比如，采用加载面来替代屈服面。

（2）各向同性材料的屈服条件

对于各向同性材料，三个主应力足以唯一确定应力状态，并且任何两个主应力的交换不改变屈服函数的形式。因此，其屈服条件$f(\sigma_{ij}, k)=0$中的σ_{ij}可采用σ_1，σ_2，σ_3，或I_1、I_2、I_3，也可采用I_1、J_2、J_3。

（3）各向异性材料的屈服准则

对于各向异性材料，由于其各方向的材料特性不同，那么主应力的方向起决定性作用，从而各向异性材料的屈服准则须采取$f(\sigma_{ij})=0$的形式。

（4）与静水压力相关性材料的屈服条件

对于静水压力不敏感的材料，静水压力部分可从应力张量σ_{ij}中扣除，即$\sigma_{ij}-p\delta_{ij}=s_{ij}$。因此，与静水压力无关的各向同性材料屈服准则的最一般形式可表示为

$$f(J_2, J_3)=k \tag{7.16}$$

各向同性材料有两类：与静水压力无关的材料、与静水压力相关的材料。这两类材料一般分别称为无摩阻（或非摩阻）材料、摩阻材料。金属材料为无摩阻材料，而岩土材料为摩阻材料。与静水压力无关的屈服准则有 Tresca 屈服准则、von Mises 屈服准则等；与静水压力相关的屈服准则有 Mohr-Coulomb 准则、Drucker-Prager 准则等。

（5）与屈服面形状相关性的屈服条件

一类是单一开口的屈服面。如 von Mises 准则、Tresca 准则，Mohr-Coulomb 准则，Lade-Duncan 准则；另一类是统一状态边界面，如 Roscoe 屈服面与 Hvorslev 屈服面理论。

研究表明：①大多数土的破坏条件是在 von Mises 条件与 Mohr-Coulomb 条件之间；②采用 Mohr-Coulomb 条件来说明三轴压缩试验，略微低估了平面应变时的真正强度，而 von Mises 条件则可能过分高估；③当中间主应力分量不大，即θ_σ接近30°时，真正的破坏

条件比较接近 von Mises 模型，而不是接近 Mohr-Coulomb 模型。

统一状态边界面虽然不能普遍适用所有可能的应力状态，但为描述土的性状提供了一个极好的定性模型，该模型将 Cassagrande、Rendulic、Coulomb、Hvorslev 准则，以及临界状态等这些看来没有联系的概念结合到一起。但这类模型的复杂性，以及推求参数的困难，使得其应用受到限制。

（6）单参数和双参数屈服条件

单参数准则包括 Tresca 准则、von Mises 准则、Lade-Duncan 准则等；双参数准则包括 Mohr-Coulomb 准则、广义 Tresca 准则、Drucker-Prager 准则、Lade 准则等。

在三维应力空间中，可采用偏平面内的交线、静水平面内的子午线等来描述屈服准则。这些准则有一个共同的基本假设：主应力空间的各向同性、外凸性。主应力空间的各向同性的假设，主要用于简化屈服准则的数学描述。一些强度各向异性的岩土材料，需要考虑材料轴的加载方向。大多数土体材料，采用各向同性的假设也并不是不合理。外凸性的假设，是建立在总体稳定观点基础之上的。实际上，天然黏土却具有非外凸屈服面的情况。

在大多数土的本构模型中，都是假设屈服准则与破坏准则具有相同的表现形式。在完全弹塑性的假设下，只存在一个曲面作为屈服面和破坏面，并且该曲面在应力空间中是固定不变的。对于应变强化材料，单屈服面模型、多屈服面模型都可以采用该假设。对于单屈服面模型，屈服面的位置、大小由强化参数所决定。当屈服面达到最大尺寸、或者达到距离适当的参考状态（如静水轴）时，就认为达到极限状态。典型的双屈服面模型，由一个外部的位置固定的破坏面、一个内部的几何相似的屈服面所组成。该内部屈服面在破坏面范围以内扩展、收缩、移动，当屈服面达到破坏面，或者说与破坏面相接触时，即达到极限状态。

Tresca 准则、von Mises 准则在土体材料中的应用十分有限，常用于计算无排水黏土地基或边坡的破坏荷载，其强化参数可根据代表性土样的不排水试验获得。无黏性土的渗透性较大，足以允许排水发生，因此该两个准则在无黏性土中应用较少。

Tresca 准则用于土时有三个主要缺陷：首先，该准则剪切强度与静水压力或约束压力无关。这一假设对于土来说通常是不正确的。其次，该准则压缩、拉伸具有相同的破坏应力。而对于土材料，试验结果表明压缩强度远大于拉伸强度。最后，该准则没有考虑中间主应力的影响。但是，该准则可用于根据全应力分析不排水条件的饱和土问题。

Lade-Duncan 准则、或者基于 Lade-Duncan 准则修正后的 Lade 准则，对于无黏性土是很有用的模型。Lade-Duncan 准则考虑了静水屈服特性、中间主应力的影响、偏平面上非圆的轨迹等。Lade 准则还可应用于正常固结黏土。

Mohr-Coulomb 准则是一个最常用于表示岩土材料的屈服破坏准则，其简单性非常适合于极限分析方法，并且常用于平面问题的分析。但也有三个主要不足：一是假定中间主应力对破坏无影响，而这与试验结果相反；二是该准则的破坏包络线是直线，这实际上假设了强度参数 φ 是常值，而实际上 φ 是随静水压力或约束压力而变化的；三是该准则的破坏面有弯角或奇点。

Tresca 准则、广义 Tresca 准则都属于 Mohr-Coulomb 准则的体系，是 Mohr-Coulomb 准则 $\varphi=0$ 时的特殊情形。

7.2.1 Mohr-Coulomb 准则

如果将土体材料视为理想塑性、或应变硬化材料，都可将 Mohr-Coulomb 准则视为屈服准则。Mohr-Coulomb 准则简称 M-C 准则。

(1) Mohr-Coulomb 准则的 Coulomb 形式、Mohr 形式

1773 年，Coulomb 就提出了土的强度理论，其表达式为

$$\tau_f = c + \sigma_n \tan\varphi \tag{7.17}$$

式中，c、φ 为土的屈服或破坏参数，分别称为土的黏聚力、内摩擦角，现在一般统称为抗剪强度指标；σ_n 为受剪切面上的法向应力，其符号取压为正值。

如果在物体内某一点的一个平面上有 $\tau_n = \tau_f$，则表示该点土就破坏（即屈服）。这就是 Coulomb 屈服准则。该准则也是以剪应力作为判断土的破坏的标准，因而 Mohr-Coulomb 准则的 Coulomb 形式可表示为

$$f = \tau - \sigma\tan\varphi - c = 0 \tag{7.18}$$

但是该剪应力并不是最大剪应力，而是相应于土体破坏时主剪应力的极限值 τ_f，即抗剪强度。实质上，土破坏取决于剪切面上的剪应力与法向应力之比，或剪切面倾斜角达到其最大值，故 Coulomb 准则又称为最大倾角理论。

Mohr 准则假设最大剪应力为屈服决定性因素，与 Tresca 屈服准则相比，剪应力 τ 的临界值不是常数，而是在那一点上同一平面上正应力 σ 的函数，即

$$|\tau| = f(\sigma) \tag{7.19}$$

式中，$f(\sigma)$ 是由试验确定的函数。

根据应力状态的 Mohr 图，式（7.19）意味着，当最大主圆的半径与包络曲线相接时，将发生屈服。如图 7.9 所示，Mohr 根据强度破坏时的极限应力状态的多个应力圆，求得与这些应力圆相切的包络线。早在 1934 年，Leon 等提出该包络线为抛物线、双曲线比较接近实际。但在静水压力不大的情况下，仍然沿用 Coulomb 直线包络线做简化计算，因而 Mohr 包络线最简单的形式是一条直线，如图 7.10 所示。

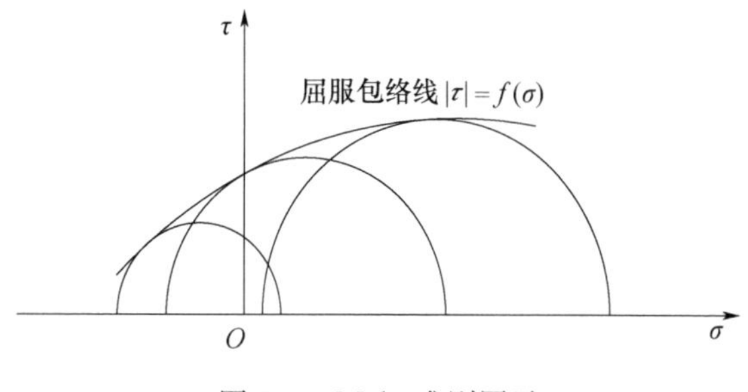

图 7.9　Mohr 准则图示

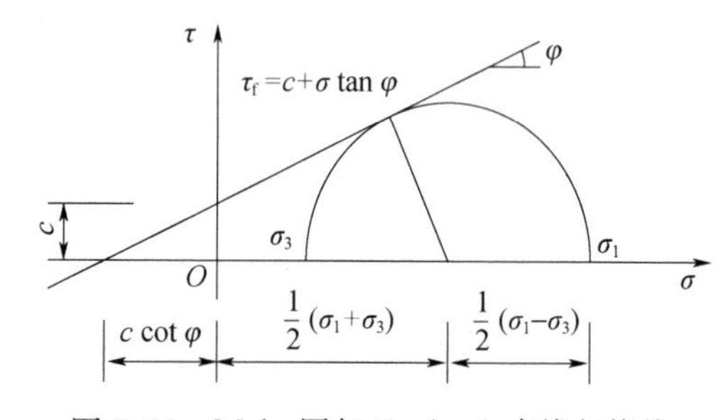

图 7.10　Mohr 圆与 Coulomb 直线包络线

直线形式的包络线方程即 1773 年 Coulomb 提出的 $|\tau| = c + \sigma\tan\varphi$。与该式相关的屈服准则称为 Mohr-Coulomb 准则。对于无摩阻材料，由于 $\varphi = 0$ 则该式简化为 $|\tau| = c$，即 Tresca 屈服准则，其黏聚力等于纯剪切时的屈服应力，此时 Mohr-Coulomb 准则退化为 Tresca 准则。因此，Mohr-Coulomb 准则可视为 Tresca 屈服准则的推广。

材料破坏发生在最大的 Mohr 圆正好与破坏包络线相切时的应力状态，这也就意味着中间主应力 σ_2 对破坏没有影响。由如图 7.10 所示的几何关系，该直线方程可表示为

$$\frac{\sigma_1 - \sigma_3}{2} = \frac{\sigma_1 + \sigma_3}{2}\sin\varphi + c\cos\varphi \tag{7.20}$$

或

$$f\left(\frac{\sigma_1-\sigma_3}{2}-\frac{\sigma_1+\sigma_3}{2}\sin\varphi-c\cos\varphi\right)=0 \tag{7.21}$$

该式即通常所称的 Mohr-Coulomb 屈服准则，也即破坏准则。f 为表达平面应力状态的 Mohr-Coulomb 屈服函数。

据此，Mohr-Coulomb 准则也可写成以下形式：

$$f=(\sigma_1-\sigma_3)-(\sigma_1+\sigma_3)\sin\varphi-2c\cos\varphi=0 \tag{7.22}$$

该式即 Mohr-Coulomb 准则的 Mohr 形式。

（2）Mohr-Coulomb 准则的应力不变量形式

Mohr-Coulomb 准则数学形式简单，并且有很好的精确性，因而在土的实际分析中得到广泛应用。实际上，该准则有不同的表达形式。

①根据主应力 $\sigma_1\geqslant\sigma_2\geqslant\sigma_3$，可表示为式（7.20），或

$$\sin\varphi=\frac{\sigma_1-\sigma_3}{\sigma_1+\sigma_3+2c\cot\varphi} \tag{7.23}$$

②根据应力不变量 I_1、J_2、θ_σ，可表示为

$$f(I_1, J_2, \theta_\sigma)=\frac{1}{3}I_1\sin\varphi-\sqrt{J_2}\sin\left(\theta_\sigma+\frac{\pi}{3}\right)+\frac{\sqrt{J_2}}{\sqrt{3}}\cos\left(\theta_\sigma+\frac{\pi}{3}\right)\sin\varphi+c\cos\varphi=0 \tag{7.24}$$

或表示为

$$f(I_1, J_2, \theta_\sigma)=-I_1\sin\varphi+\frac{\sqrt{J_2}}{2}[3(1+\sin\varphi)\sin\theta_\sigma+\sqrt{3}(3-\sin\varphi)\cos\theta_\sigma]-3c\cos\varphi=0 \tag{7.25}$$

③根据应力不变量 σ_{m}、J_2、θ_σ，可表示为

$$f(\sigma_{\mathrm{m}}, J_2, \theta_\sigma)=\sigma_{\mathrm{m}}\sin\varphi-\sqrt{J_2}\left(\cos\theta_\sigma+\frac{1}{\sqrt{3}}\sin\varphi\sin\theta_\sigma\right)+c\cos\varphi=0 \tag{7.26}$$

④根据应力不变量 ζ、ρ、θ_σ，可表示为

$$f(\zeta, \rho, \theta_\sigma)=-\sqrt{2}\zeta\sin\varphi+\sqrt{3}\rho\sin\left(\theta_\sigma+\frac{\pi}{3}\right)-\rho\cos\left(\theta_\sigma+\frac{\pi}{3}\right)\sin\varphi-\sqrt{6}c\cos\varphi=0 \tag{7.27}$$

或表示为

$$f(\zeta, \rho, \theta_\sigma)=-\sqrt{6}\zeta\sin\varphi+\frac{\rho}{2}[3(1+\sin\varphi)\sin\theta_\sigma+\sqrt{3}(3-\sin\varphi)\cos\theta_\sigma]-3\sqrt{2}c\cos\varphi=0 \tag{7.28}$$

以上各式中的 θ_σ 的范围为 $0\leqslant\theta_\sigma\leqslant\frac{\pi}{3}$。

当 $\sigma_1\geqslant\sigma_2\geqslant\sigma_3$ 时，Mohr-Coulomb 准则可表示为

$$\frac{1}{2}(\sigma_1-\sigma_3)\cos\varphi=c-\left[\frac{1}{2}(\sigma_1+\sigma_3)+\frac{1}{2}(\sigma_1-\sigma_3)\sin\varphi\right]\tan\varphi \tag{7.29}$$

令 $f_{\mathrm{t}}=\frac{2c\cos\varphi}{1+\sin\varphi}$、$f_{\mathrm{c}}=\frac{2c\cos\varphi}{1-\sin\varphi}$，于是式（7.29）可改写为

$$\frac{\sigma_1}{f_t}-\frac{\sigma_3}{f_c}=1 \tag{7.30}$$

式中，f_t、f_c 分别为简单拉伸、压缩强度。

令 $m=\frac{f_c}{f_t}=\frac{1+\sin\varphi}{1-\sin\varphi}$，则式（7.30）可改写为

$$m\sigma_1-\sigma_3=f_c \tag{7.31}$$

例如，设 $m=1.0$、2.0、5.0，对于主应力的不同顺序，需要改变式（7.31）。平面应力状态下 Mohr-Coulomb 准则在 σ_1-σ_2 平面上的完整的轨迹，如图 7.11所示。

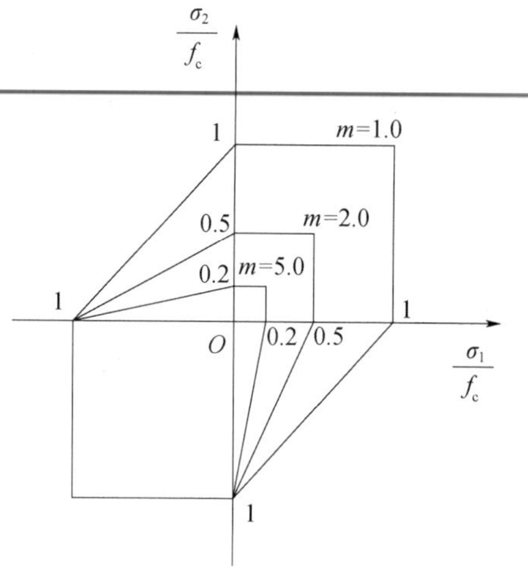

图 7.11　σ_1-σ_2 平面上 Mohr-Coulomb 准则

对于 $\sigma_{yy}=0$ 的平面应力状态，设中间主应力 $\sigma_2=0$，在 σ_{xx}-τ_{xy} 平面中，最大主应力 $\sigma_{\max}=\frac{1}{2}\sigma_{xx}+\sqrt{\frac{\sigma_{xx}^2}{4}+\tau_{xy}^2}$、最小主应力 $\sigma_{\min}=\frac{1}{2}\sigma_{xx}-\sqrt{\frac{\sigma_{xx}^2}{4}+\tau_{xy}^2}$。由于 $f_c=mf_t$、$\sigma_1=\sigma_{\max}$、$\sigma_3=\sigma_{\min}$，于是屈服轨迹可表示为 $\left(\frac{\sigma_{xx}}{f_t'}+\frac{m-1}{2}\right)^2+\frac{(m+1)^2}{m}\left(\frac{\tau_{xy}}{f_t'}\right)^2=\left(\frac{m+1}{2}\right)^2$。因而 Mohr-Coulomb 准则在 σ_{xx}-τ_{xy} 平面上的屈服轨迹的图形，如图 7.12 所示。

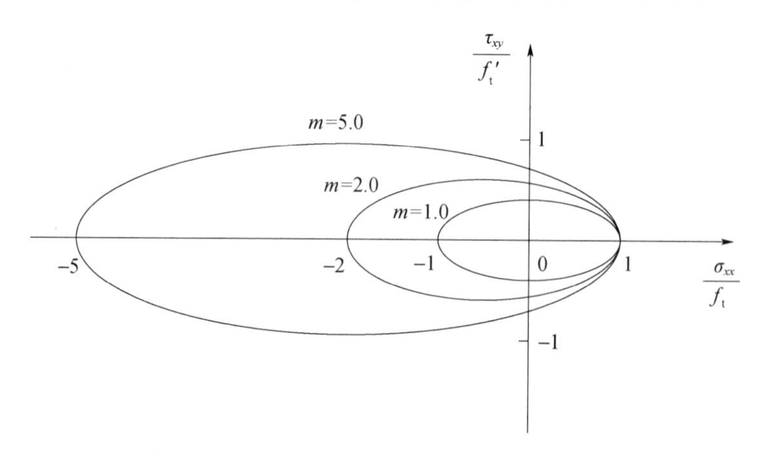

图 7.12　σ_{xx}-τ_{xy} 平面上的 Mohr-Coulomb 准则

（3）Mohr-Coulomb 准则的物理意义

Mohr-Coulomb 准则为考虑了正应力或平均应力作用的最大主剪应力或单一剪应力屈服理论，其物理意义在于：当剪切面上的剪应力与正应力之比达到最大时，材料发生屈服与破坏。根据 Mohr-Coulomb 准则的 Mohr 形式可以得到：中主应力 σ_2 或第二、第三主剪应力不影响屈服与破坏，并且是 $\sigma_1>\sigma_2>\sigma_3$ 条件下的简化形式。

（4）Mohr-Coulomb 准则的屈服曲面及屈服曲线

Mohr-Coulomb 准则在 τ-σ 平面坐标系中的屈服或破坏曲线，如图 7.10 所示。当 $\sigma_1>\sigma_2>\sigma_3$，Mohr-Coulomb 准则采用与其 Mohr 形式相似的六个方程组表示，即

$$f=\{(\sigma_1-\sigma_2)^2-[(\sigma_1+\sigma_2)\sin\varphi+2c\cos\varphi]^2\}\cdot$$
$$\{(\sigma_2-\sigma_3)^2-[(\sigma_2+\sigma_3)\sin\varphi+2c\cos\varphi]^2\}\cdot$$

$$\{(\sigma_3-\sigma_1)^2-[(\sigma_3+\sigma_1)\sin\varphi+2c\cos\varphi]^2\}=0 \tag{7.32}$$

①当 $\sigma_1>\sigma_2>\sigma_3$ 时，$(\sigma_1-\sigma_3)=\pm[(\sigma_1+\sigma_3)\sin\varphi+2c\cos\varphi]$

②当 $\sigma_1>\sigma_3>\sigma_2$ 时，$(\sigma_1-\sigma_2)=\pm[(\sigma_1+\sigma_2)\sin\varphi+2c\cos\varphi]$

③当 $\sigma_2>\sigma_1>\sigma_3$ 时，$(\sigma_2-\sigma_3)=\pm[(\sigma_2+\sigma_3)\sin\varphi+2c\cos\varphi]$

该式所表达的屈服面为一个以 λ 线为中心的并不规则的六角锥体，如图 7.13 所示：①在主应力空间内，Mohr-Coulomb 准则是一个以空间对角线，或静水压力线为对称轴的六角锥体，如图 7.13（a）所示；②在偏平面或 π 平面内的屈服曲线，是偏平面与主应力空间六角锥体面的交线，沿坐标轴正、负方向分别得到不同的截距而形成不规则的六边形，如图 7.13（b）所示；③在 $\sigma_2=0$ 平面（即 σ_1-σ_3 平面）内的屈服曲线，是 $\sigma_2=0$ 的平面与主应力空间六角锥体面的交线，为一个不等边的六角形，六条线代表六种不同的应力屈服条件，如图 7.13（c）所示。当 $\sigma_2\neq0$ 时，图 7.13（c）中的六边形沿 $\sigma_1=\sigma_3$ 直线向上平移和扩大，说明了平均应力和中主应力 σ_2 对屈服的影响。

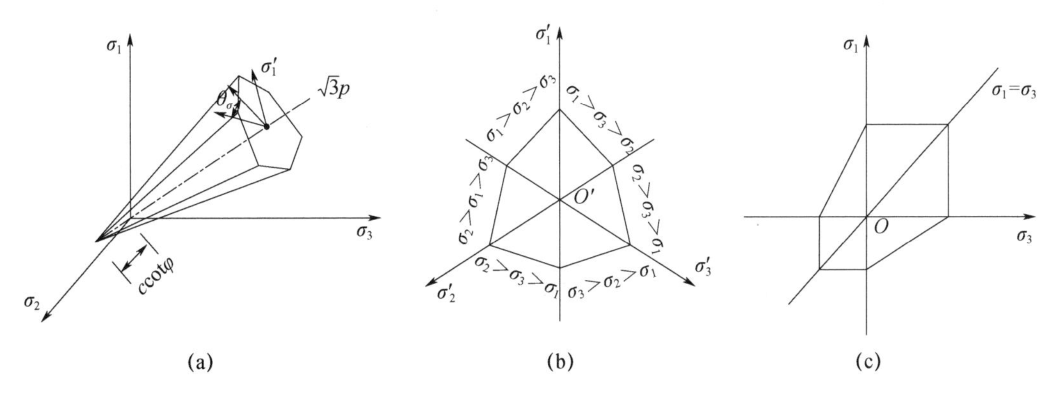

图 7.13　Mohr-Coulomb 准则的屈服面与屈服轨迹

（a）主应力空间；（b）偏平面；（c）$\sigma_2=0$ 平面

对于图 7.14 来说，图中的 A、B 两点分别为 π 平面迹线，与主轴压缩、拉伸试验的破坏线的两个交点。π 平面迹线与静水压力线交点 O'，与 A、B 两点之间的距离分别为 $O'A$ 与 $O'B$，分别表示受压、受剪强度，现比较 $O'A$ 与 $O'B$ 的大小。

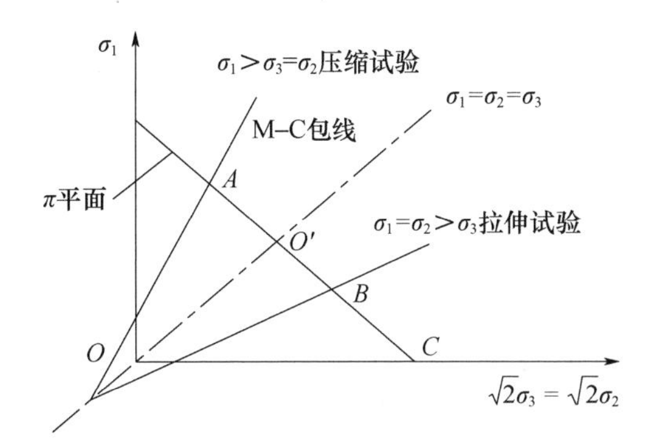

图 7.14　π 平面上三轴试验

由于 $\tan\theta_\sigma=\dfrac{2\sigma_2-\sigma_1-\sigma_3}{\sqrt{3}(\sigma_1-\sigma_3)}=\dfrac{\mu_\sigma}{\sqrt{3}}$，因此可得到 $\sigma_m=\dfrac{\sigma_1+\sigma_2+\sigma_3}{3}=\dfrac{\sigma_1+\sigma_3}{2}+\dfrac{\mu_\sigma}{6}(\sigma_1-\sigma_3)$，

或 $\sigma_1+\sigma_3=2\sigma_m-\frac{\mu_\sigma}{3}(\sigma_1-\sigma_3)$。根据式（7. 23）可得到 $\sigma_1-\sigma_3=\dfrac{2c\cos\varphi+2\sigma_m\sin\varphi}{1+\frac{\mu_\sigma}{3}\sin\varphi}$。

对于三轴压缩、拉伸，由于分别有 $\mu_\sigma=-1$、$\mu_\sigma=+1$，因此受压、受拉时的抗剪强度 $(\sigma_1-\sigma_3)_c$、$(\sigma_1-\sigma_3)_1$ 分别为 $\dfrac{6c\cos\varphi+6\sigma_m\sin\varphi}{3-\sin\varphi}$、$\dfrac{6c\cos\varphi+6\sigma_m\sin\varphi}{3+\sin\varphi}$，其比值为 $\dfrac{(\sigma_1-\sigma_3)_c}{(\sigma_1-\sigma_3)_1}=\dfrac{3+\sin\varphi}{3-\sin\varphi}\geqslant 1$。据此可知 Mohr-Coulomb 屈服曲线为不规则的六角形，如图 7.13 所示。这是因为法向受压时，摩擦力使得抗剪强度增加，法向受拉时抗剪强度降低，因而三轴压缩、拉伸两者的强度是不同的，屈服曲线沿坐标轴正、负不对称，导致屈服曲线呈现不规则形状。

由于式（7.32）屈服函数形式太繁，有研究者选用另外三个不变量来代替，即 $\sigma_m=\frac{1}{3}I_1$、J_2、θ_σ，于是可得到三个主应力的表达式为

$$\begin{bmatrix}\sigma_1\\ \sigma_2\\ \sigma_3\end{bmatrix}=\frac{2}{\sqrt{3}}\sqrt{J_2}\begin{bmatrix}\cos\left(\theta_\sigma+\frac{\pi}{6}\right)\\ \sin\theta_\sigma\\ -\cos\left(\theta_\sigma-\frac{\pi}{6}\right)\end{bmatrix}+\begin{bmatrix}\sigma_m\\ \sigma_m\\ \sigma_m\end{bmatrix} \tag{7.33}$$

于是可得到三向应力状态条件下的 Mohr-Coulomb 准则为

$$f\left[\frac{1}{3}I_1\sin\varphi-\left(\cos\theta_\sigma+\frac{\sin\theta_\sigma\sin\varphi}{\sqrt{3}}\right)\sqrt{J_2}+c\cos\varphi\right]=0 \tag{7.34}$$

令 $\theta_\sigma=\pm30°$，根据式（7.34），在 p-q 平面上可绘制出两条 Mohr-Coulomb 屈服线，如图 7.15 所示。

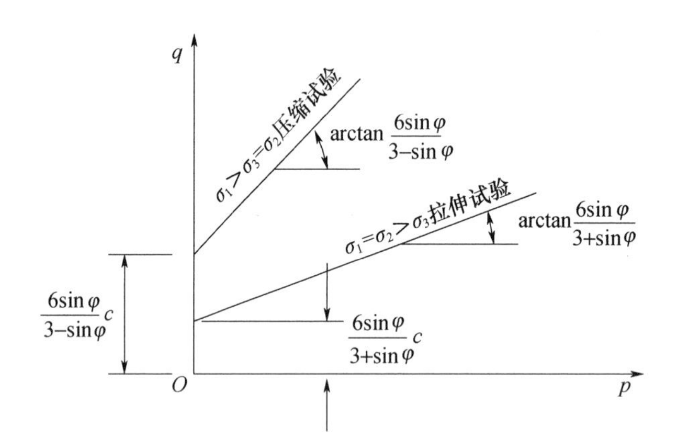

图 7.15　p-q 平面上的 Mohr-Coulomb 准则

如果不考虑内摩擦角 φ 即 $\varphi=0$，则式（7. 34）表示为 Tresca 准则。Mohr-Coulomb 准则与 Tresca 准则的关系如图 7.16 所示。

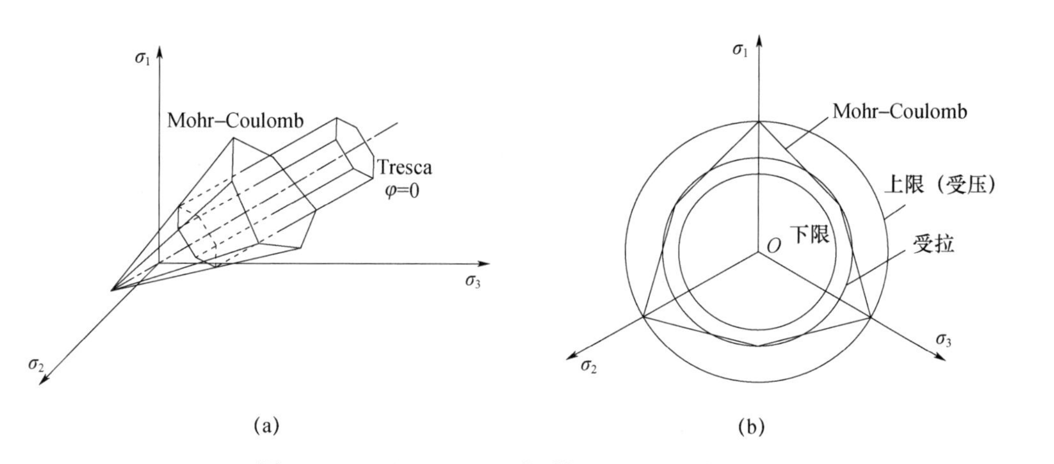

图 7.16 Mohr-Coulomb 准则与 Tresca 准则的关系

例如，当 $\varphi=0°$、$30°$、$60°$时，相应 Mohr-Coulomb 准则在 π 平面上的轨迹如图 7.17 所示。在主应力空间中，Mohr-Coulomb 准则的屈服面表示为一个不规则的六角棱锥，如图 7.17（a）所示；在 π 平面上的偏轨迹如图 7.17（a）所示；在子午线为直线，如图 7.17（b）所示。

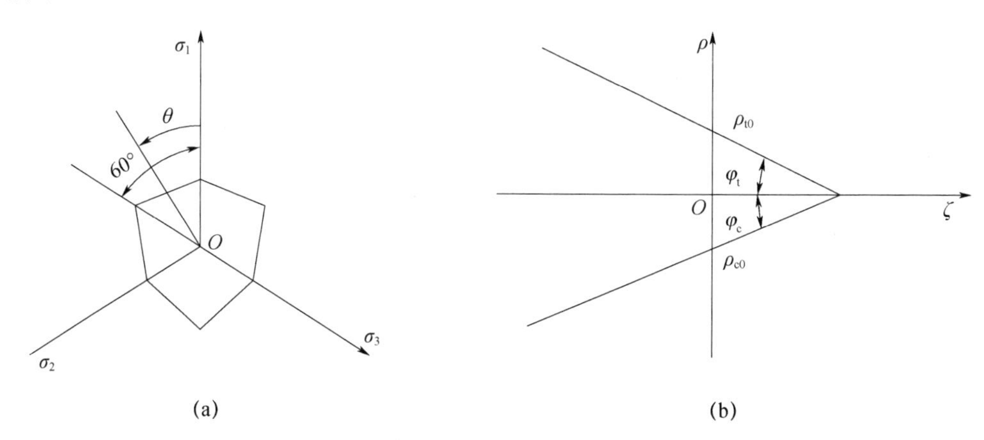

图 7.17 Mohr-Coulomb 准则屈服轨迹

（a）π 平面；（b）子午面

绘制图 7.17（a）所示的不规则六边形，只需要两个特征长度 ρ_{t0}、ρ_{c0}。而这两个特征值可根据上面给出的 f（ζ，ρ，θ_σ）表达式得到。即 $\zeta=0$、$\theta_\sigma=60°$、$\sqrt{J_2}=\rho_{t0}=\dfrac{2\sqrt{6}\,c\cos\varphi}{3+\sin\varphi}$；以及 $\zeta=0$、$\theta_\sigma=0°$、$\sqrt{J_2}=\rho_{c0}=\dfrac{2\sqrt{6}\,c\cos\varphi}{3-\sin\varphi}$。这两个特征值的比值为$\dfrac{\rho_{t0}}{\rho_{c0}}=\dfrac{3-\sin\varphi}{3+\sin\varphi}$。由于 φ、$\sin\varphi$ 不可能为负，因而 $\rho_c>\rho_t$。由于 Mohr-Coulomb 准则在偏平面全部是几何相似的，所以对于任何偏平面$\dfrac{\rho_{t0}}{\rho_{c0}}$为常数，亦即对于不同的 I_1 中的 ζ 值$\dfrac{\rho_{t0}}{\rho_{c0}}$为常数。

如图 7.17（a）所示，这是一簇关于不同 φ 值的 Mohr-Coulomb 准则的偏平面。压缩、拉伸破坏包络线（即子午线）如图 7.17（b）所示。压缩对应于 $\theta_\sigma=0°$、拉伸对应于 $\theta_\sigma=60°$。在 TC（$\sigma_1>\sigma_2=\sigma_3$）、TE（$\sigma_1<\sigma_2=\sigma_3$）这两种三轴状态试验应力路径下，分别导致了在压缩、拉伸子午线上的破坏。

Mohr-Coulomb 准则在 π 平面上的轨迹如图 7.18 所示。

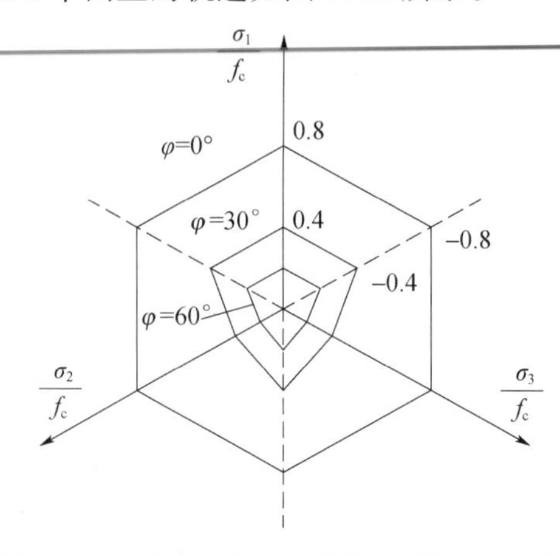

图 7.18　Mohr-Coulomb 准则在 π 平面上的轨迹

（5）Mohr-Coulomb 准则特点

①该准则最大的优点是能反映土体材料不同的抗压、抗拉强度，以及对正应力敏感性，并且形式简单、实用。②材料参数仅有两个：c、φ，并且可通过常规土工试验方法进行测定。③不能反映 σ_2 对屈服与破坏的影响，也不能反映静水压力引起屈服的特性，并且屈服面有棱角。正因为 Mohr-Coulomb 准则的这些不足，有学者对其提出了多种修正方法，从而提出了多种新的岩土屈服与破坏准则。

7.2.2　Tresca 准则和广义 Tresca 准则

（1）Tresca 准则

Tresca 准则是 Mohr-Coulomb 准则 $\varphi=0$ 时的特殊情形，是一种与静水压力无关的单参数准则。该屈服准则主要适合金属材料和 $\varphi=0$ 的纯黏土，其主要不足是没有考虑正应力、中主应力 σ_2、静水压力对屈服的影响，并且屈服曲面具有棱角。1864 年提出的 Tresca 准则是第一个应用于金属材料的屈服准则，该准则假定当一点的最大剪切应力达到极限值时发生屈服，因此也称为最大剪应力准则。如果以主应力表达这一准则，则 Tresca 准则的数学表达式为

$$\max\left(\frac{1}{2}|\sigma_1-\sigma_2|，\frac{1}{2}|\sigma_2-\sigma_3|，\frac{1}{2}|\sigma_3-\sigma_1|\right)=k \tag{7.35}$$

或表示为

$$\tau_{\max}=\frac{1}{2}k \tag{7.36}$$

式中，$\tau_{\max}$ 为最大剪应力；k 为试验常数。

该式表明，当最大剪应力达到一定数值时，材料开始进入塑性状态。Tresca 在材料力学中称为第三强度理论。式（7.35）也可表示为 $\max(|\sigma_1-\sigma_2|，|\sigma_2-\sigma_3|，|\sigma_3-\sigma_1|)=k$。根据 Mohr-Coulomb 准则可得到

$$f=[(\sigma_1-\sigma_2)^2-4k^2][(\sigma_2-\sigma_3)^2-4k^2][(\sigma_3-\sigma_1)^2-4k^2]=0 \tag{7.37}$$

根据偏应力不变量 J_2、J_3，上式可写成

$$f=4J_2^3-27J_3^2-36k^2J_2^2+96k^4J_2-64k^6=0 \tag{7.38}$$

采用 J_2、θ，或 ρ、θ，则可分别表示为

$$f(J_2,\ \theta)=2\sqrt{J_2}\sin\left(\theta+\frac{\pi}{3}\right)-2k=0,\ f\ (\rho,\ \theta)\ =\rho\sin\left(\theta+\frac{\pi}{3}\right)-\sqrt{2}k=0 \quad (7.39)$$

式中，θ 为相似角或应力 Lode 角，其变化范围为 $0°\leqslant\theta\leqslant60°$。

上述各式表明，Tresca 屈服准则与不变量 I_1 无关，即该准则不依赖于静水压力。式（7.35）还可表示为$(\sigma_1-\sigma_2)=\pm2k$、$(\sigma_2-\sigma_3)=\pm2k$、$(\sigma_3-\sigma_1)=\pm2k$。对于 $\sigma_1>\sigma_2>\sigma_3$ 则可简化为

$$\sigma_1-\sigma_3=\pm2k,\ 或\sqrt{J_2}\cos\theta_\sigma-k_{\mathrm{T}}=0 \quad (7.40)$$

在上述各式中，以 Tresca 准则的材料参数 k 代替了黏聚力 c，可由试验确定。当试验为单向压缩时，$\sigma_2=\sigma_3=0$、$\sigma_1=\sigma_s$，因此可得 $k=\frac{1}{2}\sigma_s$；当试验为纯剪切时，$\sigma_2=0$、$\sigma_3=-\sigma_1=\tau_s$，由此可得 $k=\tau_s$。有 $\sigma_s=2\tau_s$。有文献说明两者相差没有这么大。

在主应力空间内，Tresca 屈服准则的屈服曲面是一个以静水压力线、或空间对角线为轴的正六角柱体，如图 7.19（a）所示；在偏平面上，Tresca 屈服准则的屈服曲线是一个正六边形，如图 7.19（b）所示；在 $\sigma_2=0$ 的平面上，Tresca 屈服准则的屈服曲线是一个具有两个直角的六边形，如图 7.19（c）所示。在 p-q 平面上，Tresca 屈服准则的屈服曲线是两条平行于 p 轴的直线，说明该准则与静水压力无关。

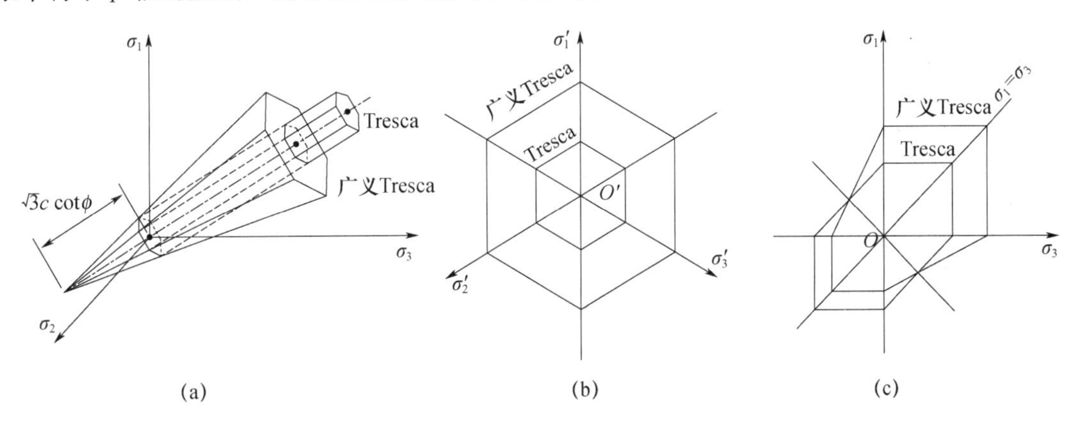

图 7.19 Tresca 屈服准则

（a）主应力空间；（b）π 平面；（c）$\sigma_2=0$ 平面

在偏平面上，$f(J_2,\ \theta)=2\sqrt{J_2}\sin\left(\theta+\frac{\pi}{3}\right)-2k=0$ 表示一条直线，是偏平面上屈服轨迹的一部分，即如图 7.19（c）中直角边。其他的五个主应力按照大小顺序，每一个主应力都在偏平面上适当的屈服轨迹区域给出一条相似的直线，即可得到如图 7.19（c）所示的规则的六边形轨迹。由于 Tresca 屈服准则与 I_1 无关，因而可将屈服面演绎成主应力空间中的规则的平行六面棱柱体，如图 7.19（a）所示。因此，图 7.19（c）所示的双轴应力状态下的屈服轨迹，实际上是该柱状面相应于 $\sigma_2=0$ 坐标平面的横截面。

对于平面应力状态，当规定 $\sigma_2=0$ 时，Tresca 准则改写成 $\sigma_1=\sigma_3=\pm2k$、$(\sigma_3-\sigma_1)=\pm2k$。即 $\sigma_1-\sigma_3$ 应力平面内的六条直线所围成的六边形，即图 7.19（c）。

例如：对于 $\sigma_{yy}=-\sigma_0$、0、$+\sigma_0$ 的三个不同值，在平面应力状态（σ_{xx}，σ_{yy}，τ_{xy}）下，最大剪应力 $\tau_{\max}=\sqrt{\left(\frac{\sigma_{xx}-\sigma_{yy}}{2}\right)^2+\tau_{xy}^2}$。那么 Tresca 屈服准则变为$\sqrt{\left(\frac{\sigma_{xx}-\sigma_{yy}}{2}\right)^2+\tau_{xy}^2}=k$，或

表示为$(\sigma_{xx}-\sigma_{yy})^2+4\tau_{xy}^2=4k^2=\sigma_0^2$。该式描述的是$\sigma_{xx}$-$\tau_{xy}$平面上的椭圆，如图7.20所示。

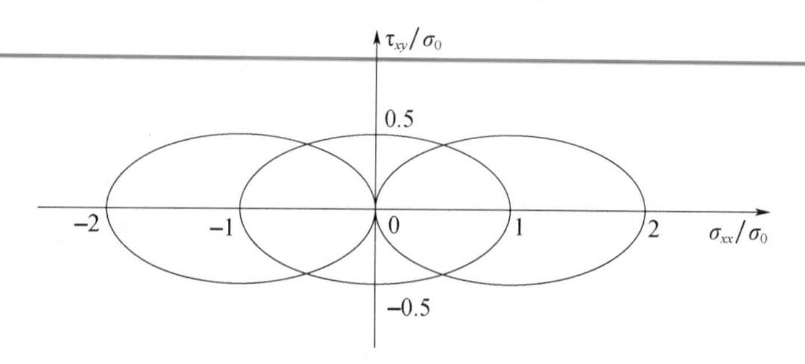

图7.20　σ_{xx}-τ_{xy}平面上的Tresca屈服准则

（2）广义Tresca准则

为了克服Tresca准则没有考虑静水压力对屈服的影响，在Tresca准则的基础上加上一个静水压力。因此，广义Tresca准则可表示为

$$f=[(\sigma_1-\sigma_2)-k_1+\alpha I_1][(\sigma_2-\sigma_3)-k_1+\alpha I_1][(\sigma_3-\sigma_1)-k_1+\alpha I_1]=0 \tag{7.41}$$

或表示为

$$\sqrt{J_2}\cos\theta_\sigma-\alpha I_1-k_1=0 \tag{7.42}$$

式中，$\theta_\sigma=-30°\sim+30°$。

广义Tresca准则相当于拉、压强度相等的Mohr-Coulomb准则。在主应力空间中，广义Tresca准则的屈服曲面是一个以静水压力线为轴的等边六角椎体，如图7.19（a）所示；在π平面、$\sigma_2=0$平面上，广义Tresca准则的屈服曲线分别为正六边形、不等边六边形，分别如图7.19（b）、（c）所示。

7.2.3　von Mises准则

针对Tresca屈服准则的不足，von Mises于1913年提出了一种能量屈服准则，即von Mises屈服准则。早在1904年，Huber就提出过同样的准则，因而又称为Huber-Mises准则。von Mises准则是材料力学中的第四强度理论，即能量强度理论。

von Mises屈服准则有以下特点：能同时考虑三个主应力对屈服与破坏的影响；与Tresca准则一样，都是与静水压力无关的单参数准则，最常使用于金属材料。在von Mises屈服准则的屈服函数中含有三个主应力，说明von Mises屈服准则与三个主应力有关。又由于其屈服函数含有与形状变化（畸变）有关的偏应力第二不变量J_2，因此当材料的形状变化达到一定程度后开始屈服，von Mises屈服准则故而又称为能量屈服准则，或称为八面体剪切准则、最大剪切能量准则、畸变能准则。von Mises认为，当$J_2=k_1$时材料就进入屈服，这里的k_1是试验常数。

（1）屈服函数

von Mises屈服准则认为：当畸变能达到某一临界限值时，材料开始出现塑性性质。由于屈服之前的弹性剪切变形作用，储存在材料中的单位体积畸变能W_d为

$$W_d=\frac{1+\upsilon}{E}J_2 \tag{7.43}$$

式中，E、υ分别为弹性模量、泊松比。

由于畸变能W_d与偏应力张量的第二不变量J_2有关，所以von Mises屈服准则也称为

J_2 理论或八面体剪应力准则，其简单形式为

$$J_2-k_1^2=0 \tag{7.44}$$

式中，J_2 为偏应力张量的第二不变量；k_1 为 von Mises 屈服准则即纯剪切状态下材料的屈服应力，由试验确定。当单轴拉、压时，屈服发生在 $\sigma_1=\sigma_s$、$\sigma_2=\sigma_3=0$，此时 $k_1=\frac{1}{\sqrt{3}}\sigma_0$，该式即单轴拉、压时的 von Mises 屈服准则。当试验为纯剪切试验时，$k_1=\tau_s$。

根据 J_2 的定义，von Mises 屈服准则可表示为

$$f=(\sigma_1-\sigma_2)^2+(\sigma_2-\sigma_3)^2+(\sigma_3-\sigma_1)^2-6k_1^2=0 \tag{7.45}$$

由于 $\tau_{oct}=\sqrt{\frac{2}{3}J_2}$，von Mises 屈服准则又可表示为

$$f=\tau_{oct}-\sqrt{\frac{2}{3}}k_1=0 \tag{7.46}$$

根据偏应力 $r_\sigma=\frac{2}{\sqrt{3}}\sqrt{J_2}$，von Mises 屈服准则也可表示为

$$f=r_\sigma-\frac{2}{\sqrt{3}}k_1=0 \tag{7.47}$$

当 von Mises 屈服函数采用 τ_{oct}，说明八面体面上的剪应力达到一定值时材料开始屈服；如果 von Mises 屈服函数采用偏应力 r_σ，说明 von Mises 屈服函数不包含有 I_1、J_3 或 θ_σ。所以 von Mises 屈服准则可用于对静水压力、应力 Lode 角 θ_σ 不敏感的材料。

又由于 $\rho=\sqrt{2J_2}$，因此 von Mises 屈服准则可表示为

$$f=\rho-\sqrt{2}k=0 \tag{7.48}$$

（2）屈服面

在主应力空间中，von Mises 准则的屈服曲面为一个以空间对角线、或静水压力线为轴的圆柱体面，圆柱体的半径为 $r_\sigma=\tau_\sigma$，如图 7.21（a）所示；在偏平面上，von Mises 准则的屈服曲线为一个以原点为圆心、半径为 $r_\sigma=\tau_\sigma$ 的圆，如图 7.21（b）所示；在 $\sigma_2=0$ 的平面上，von Mises 准则的屈服曲线为一个以原点为中心的椭圆，如图 7.21（c）所示。

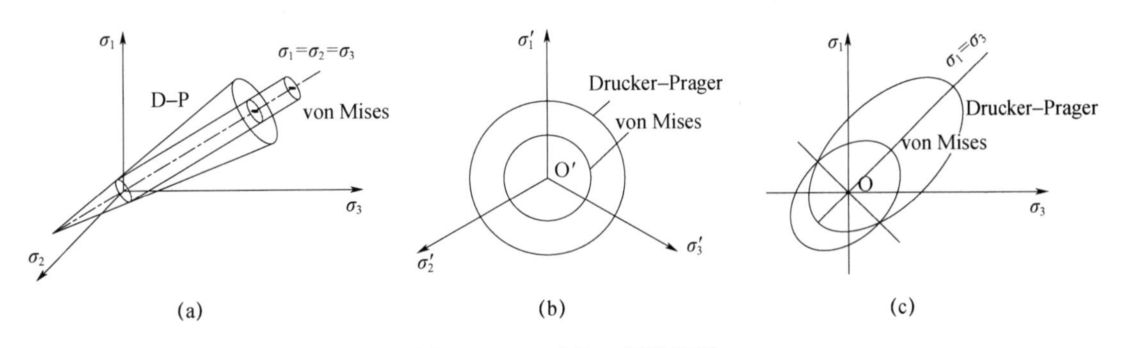

图 7.21 von Mises 屈服准则

（a）主应力空间；（b）偏平面；（c）$\sigma_2=0$ 平面

式（7.44）$J_2-k_1^2=0$ 表明，von Mises 屈服面为主应力空间的圆柱面，其回转轴与 $\sigma_1=\sigma_2=\sigma_3$ 的静水压力轴一致，屈服面与偏平面相交所得到的横截面为半径 $\rho=\sqrt{2}k$ 的圆。在双向应力状态下，von Mises 屈服面为圆柱体与坐标面 $\sigma_3=0$ 相交的横截面来描述，此时 von

Mises 屈服函数 $\sigma_1^2+\sigma_2^2-\sigma_1\sigma_2=3k_1^2=\sigma_0^2$。该式为 $\sigma_1-\sigma_3$ 平面上的椭圆，如图 7.21（c）所示。

在主应力空间中，Tresca 准则的一般形式为 $[(\sigma_1-\sigma_2)^2-4k^2][(\sigma_2-\sigma_3)^2-4k^2]\cdot[(\sigma_3-\sigma_1)^2-4k^2]=0$。令 $\sigma_3=0$，则有 $[(\sigma_1-\sigma_2)^2-4k^2][\sigma_2^2-4k^2][\sigma_1^2-4k^2]=0$。据此可得到 $\sigma_1-\sigma_2=\pm 2k$、$\sigma_2=\pm 2k$、$\sigma_1=\pm 2k$。该式描述了在双轴应力空间中材料的屈服，如图 7.22中的虚线六边形所示。

根据式（7.44），此时有 $J_2=\dfrac{1}{3}(\sigma_1^2+\sigma_2^2-\sigma_1\sigma_2)$，这样在 σ_1-σ_2 空间中 von Mises 屈服准则（或 J_2 理论）就简化成双轴应力状态（$\sigma_3=0$），因此可得到 $\sigma_1^2+\sigma_2^2-\sigma_1\sigma_2=3k^2$。该式为一椭圆方程，其图形如图 7.22 中的实线椭圆所示。

采用 Mohr 圆求解应力状态（σ_{11}，σ_{12}），最大剪应力为 $\tau_{\max}=\sqrt{\dfrac{1}{4}\sigma_{11}^2+\sigma_{12}^2}$。此时，Tresca 屈服条件可表示为 $\sqrt{\dfrac{1}{4}\sigma_{11}^2+\sigma_{12}^2}=k$，即 $\sigma_{11}^2+4\sigma_{12}^2=4k^2$。该式为一椭圆方程，其图形如图 7.23 中的虚线。令 $\sigma_{22}=\sigma_{33}=\sigma_{23}=\sigma_{31}=0$。此时，von Mises 屈服条件可表示：$\sigma_{11}^2+3\sigma_{12}^2=3k^2$。该式为一椭圆方程，如图 7.23 中的实线。

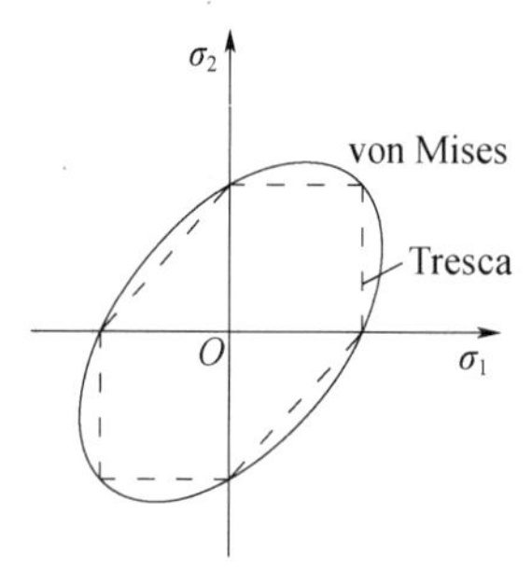

图 7.22　在 σ_1-σ_2 空间中的屈服线

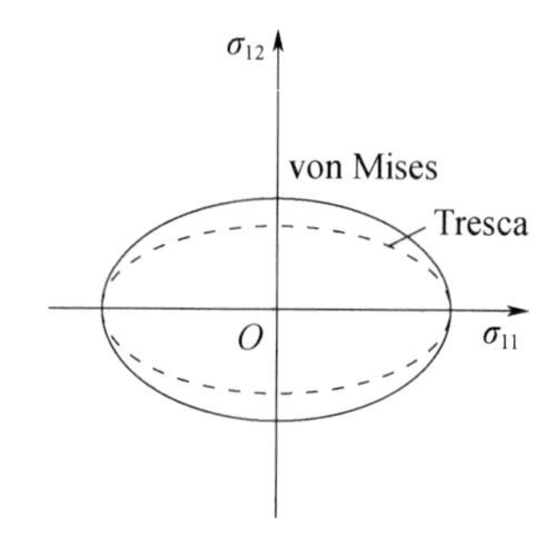

图 7.23　在 σ_{11}-σ_{12}空间中的屈服线

（3）与 Tresca 准则比较

Tresca 屈服准则和 von Mises 屈服准则有一个共同点：只有黏聚力 c 而无内摩擦角 φ，因而都与静水压力无关。一般金属材料与饱和黏土都具有这样的特点，两个屈服准则都为试验所验证。

Tresca 准则认为最大剪应力达到临界值时材料发生屈服或延性破坏，属于最大剪应力屈服准则。von Mises 准则假设八面体剪应力 τ_{oct} 达到其临界值时材料屈服或破坏，属于能量屈服准则。两者的差别可通过简单的拉压试验、纯剪切试验测定的屈服参数进行比较，如图 7.24 所示。

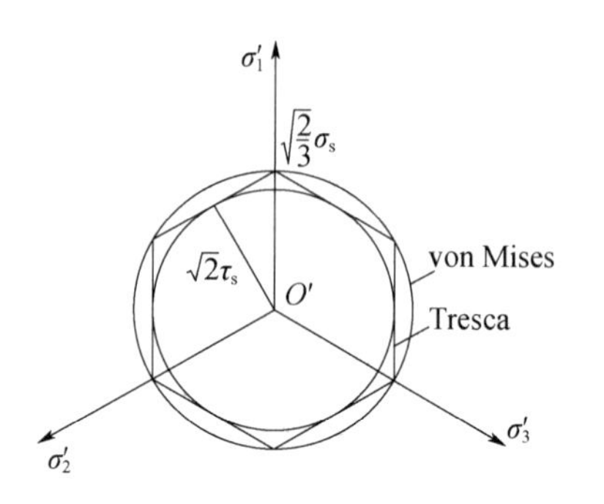

图 7.24　von Mises 准则与 Tresca 准则的比较

如果规定 von Mises 准则与 Tresca 准则在单向拉、压时拟合，即 $\sigma_{sM}=\sigma_{sT}=\sigma_s$，则 von Mises 准则的屈服曲线是 Tresca 准则的屈服曲线的外接圆，其半径为 $r_\sigma=\sqrt{2}\,k_M=\sqrt{\dfrac{2}{3}}\sigma_s$。此时两者的剪切屈服极限比为 $\dfrac{\tau_{sM}}{\tau_{sT}}=\dfrac{2}{\sqrt{3}}$；如果规定两者的屈服极限相同，即 $\tau_{sM}=\tau_{sT}=\tau_s$，则 von Mises 准则

的屈服曲线是 Tresca 准则的屈服曲线的内切圆，其半径为 $r_\sigma=\sqrt{2}\tau_s$。此时两者的单向拉（压）屈服极限比为$\frac{\sigma_{sM}}{\sigma_{sT}}=\frac{\sqrt{3}}{2}$。如图 7.24 所示。如果采用纯剪切试验确定试验常数，这时两种屈服条件重合，则 von Mises 内接于 Tresca 正六边形。

von Mises 屈服准则考虑了中间主应力对屈服强度有影响，而 Tresca 屈服准则仅仅考虑最大剪应力的影响。由于 Tresca 正六边形边角处的转角，在数值处理上很复杂，因此 von Mises 屈服准则的数学表达式在实际应用中要方便一些。

7.2.4 Drucker-Prager 准则

1952 年提出的 Drucker-Prager 准则，是 von Mises 准则的简单修正。该准则克服了 von Mises 准则没有考虑静水压力之不足，是一个与静水压力相关的双参数准则。Drucker-Prager 准则也称为广义 von Mises 准则，简称为 D-P 准则。

（1）屈服函数

Drucker-Prager 准则首先扩展了 Tresca 准则，其次扩展了 von Mises 准则。

实际上，Tresca 准则、von Mises 准则与静水压力分量（σ_{oct}或 I_1）相关的土工试验结果相反，因而将静水压力相关性应用于土体材料时，得不到这些准则。Drucker 在 Tresca 准则的基础上，提出了扩展的 Tresca 准则，这是一个双参数准则，采用数学表达式为

$$\max\left[\frac{1}{2}|\sigma_1-\sigma_2|,\ \frac{1}{2}|\sigma_2-\sigma_3|,\ \frac{1}{2}|\sigma_3-\sigma_1|\right]=k+\alpha I_1 \tag{7.49}$$

对于 $\sigma_1\geqslant\sigma_2\geqslant\sigma_3$，则有

$$\frac{1}{2}(\sigma_1-\sigma_3)=k+\alpha I_1 \tag{7.50}$$

式中，k、α 是两个由试验确定的材料常数。在 Mohr-Coulomb 破坏准则中，这两个参数分别与强度参数 c、φ 有关。

在主应力空间中，对应于扩展的 Tresca 破坏准则的破坏面是一个直立的六边形锥面，其偏截面是一个正六边形。这与 Mohr-Coulomb 破坏准则的非正六边形形成对比，与 Mohr-Coulomb 准则一样，扩展的 Tresca 破坏面也有弯角，因而在三维问题上，数学处理同样不方便。

作为对 von Mises 模型的简单修正，Drucker 与 Prager 提出了第二个扩展准则，即众所周知的 Drucker-Prager 准则，或称为扩展的 von Mises 准则。

根据应力不变量 I_1、J_2，Drucker-Prager 准则可表示为

$$f(I_1,\ J_2)=\sqrt{J_2}-\alpha I_1-k=0 \tag{7.51}$$

如果根据 $\zeta=\frac{1}{\sqrt{3}}I_1$、$\rho=\sqrt{2J_2}$，Drucker-Prager 准则可表示为以下形式

$$f(\zeta,\ \rho)=\rho-\sqrt{6}\alpha\zeta-\sqrt{2}k=0 \tag{7.52}$$

此外，根据 σ_m、J_2、p、q、σ_σ、τ_σ，Drucker-Prager 准则有等价的不同形式，即

$$f(\sigma_m,\ J_2)=3\alpha\sigma_m-\sqrt{J_2}+k=0,\ f(p,\ q)=q-3\sqrt{3}\alpha p-\sqrt{3}k=0,$$
$$f(\sigma_\sigma,\ \tau_\sigma)=\tau_\sigma-\sqrt{6}\alpha\sigma_\sigma-\sqrt{2}k=0 \tag{7.53}$$

式中，α、k 为两个正的材料常数，可由试验确定。依据相应的应力状态，α、k 在几个方面与 Mohr-Coulomb 准则强度参数 c、φ 有关。

Drucker-Prager 准则也表示为

$$f\ (I_1,\ J_2)\ =\alpha I_1+\sqrt{J_2}-k=0 \tag{7.54}$$

当 $\alpha=0$ 时，式（7.54）或式（7.51）可改写为 $\sqrt{J_2}-k=0$，即 von Mises 屈服准则的数学表达式 $f\ (J_2)\ =J_2-k^2=0$。也就是说，当 $\alpha=0$ 时，Drucker-Prager 准则退化为 von Mises 准则。正因此 Drucker-Prager 准则也称为广义的 von Mises 准则。

（2）屈服面

在主应力空间中，Drucker-Prager 准则的屈服面为一个以空间对角线为轴的圆锥面，如图 7.25（a）所示。如果不考虑内摩擦角 φ 则为 von Mises 准则，如图 7.25（a）所示。在子午面、π 平面上，Drucker-Prager 准则的屈服曲线分别如图 7.25（b）、（c）所示。

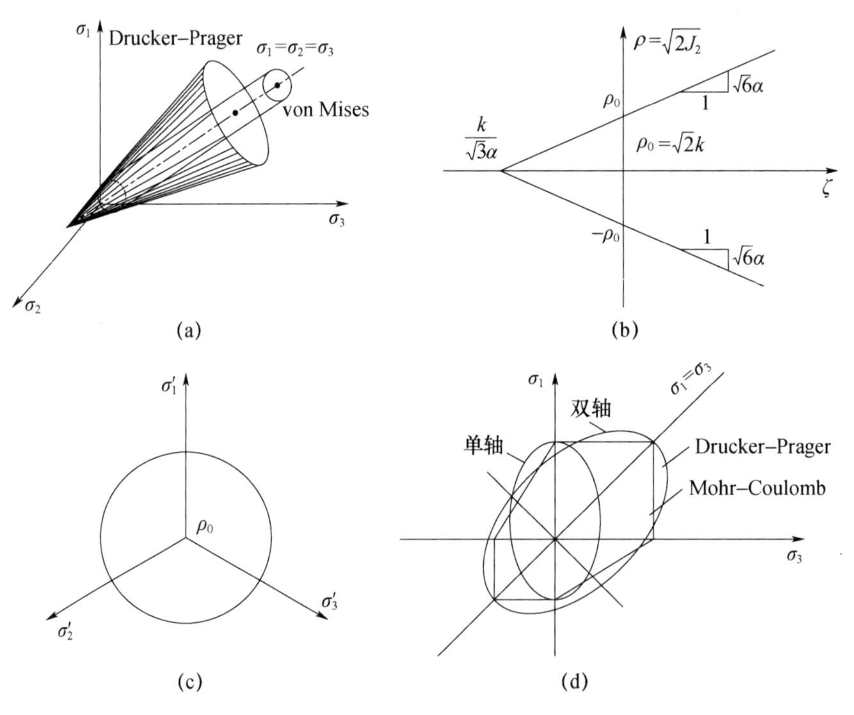

图 7.25　Drucker-Prager 准则

（a）主应力空间；（b）拉、压子午面；（c）π 平面；（d）$\sigma_2=0$ 平面

双轴应力即 $\sigma_2=0$ 状态下，Drucker-Prager 准则可由圆锥与 $\sigma_2=0$ 坐标面的相交面进行描述。将 $\sigma_2=0$ 代入 Drucker-Prager 准则表达式（7.54）中，此时有 $I_1=\sigma_1+\sigma_3$、$J_2=\frac{1}{3}\cdot(\sigma_1^2+\sigma_3^2-\sigma_1\sigma_3)$，于是可得到 $\alpha\ (\sigma_1+\sigma_3)\ +\sqrt{\frac{1}{3}(\sigma_1^2+\sigma_2^2-\sigma_1\sigma_3)}-k=0$。或表示为：$(1-3\alpha^2)(\sigma_1^2+\sigma_3^2)-(1+6\alpha^2)\sigma_1\sigma_3+6k\alpha(\sigma_1+\sigma_3)-3k^2=0$。该式为如图 7.25（d）所示的中心偏移的椭圆。也就是说，在 $\sigma_2=0$ 的平面上，Drucker-Prager 准则的屈服曲线为一个圆心在 $\sigma_1=\sigma_3$ 轴上，但偏离了原点的椭圆。

对于平面应力的情形，当 $\alpha\leqslant\frac{1}{2\sqrt{3}}$ 时，Drucker-Prager 准则的屈服曲线在 σ_1-σ_3 平面内为椭圆，当 $\alpha>\frac{1}{2\sqrt{3}}$ 时为抛物线，或双曲线。

（3）Drucker-Prager 准则的几何与物理意义

屈服函数 $f(\sigma_\sigma, \tau_\sigma)$ 反映了在偏平面上 $p=\frac{1}{\sqrt{3}}\rho_\sigma=$ 常数，或 π 平面上 $\rho_\sigma=0$，因此，Drucker-Prager 准则的屈服曲线为一个以半径 $r_\sigma=\sqrt{2J_2}$ 的圆。这是该准则的几何意义。Drucker-Prager 准则的屈服函数 $f(I_1, \sqrt{J_2})$、$f(p, q)$ 分别反映了 I_1 和 $\sqrt{J_2}$、p 和 q 对屈服或破坏的影响；当 $\alpha=0$ 时，Drucker-Prager 准则就还原为 von Mises 准则。因此，Drucker-Prager 准则是同时考虑了平均应力或体积应变能，以及偏应力第二不变量或形状变化能的能量屈服准则。这是该准则的物理意义。

（4）材料参数 α、k

屈服函数式（7.54）是 Drucker 和 Prager 根据平面应变状态导出的。如果对 θ_σ 取不同的值，则可得到不同形式的 α、k 表达式，由此也可得到大小不同的圆锥形屈服面，统称为广义的 von Mises 屈服条件。将 α、k 称为 Drucker-Prager 屈服条件。

在针对平面应变情形下的承载力的问题的时候，如果希望采用 Drucker-Prager 准则和 Mohr-Coulomb 准则得出一个相同的极限荷载或塑性破坏荷载，那么必须利用下面两个条件来确定参数 α、k：一是平面应变的变形条件；二是每单位体积中相同的机械能耗散率条件。在这些条件的基础上，Drucker 和 Prager 将材料常数之间的关系确定为

$$\alpha=\frac{\sin\varphi}{\sqrt{3}\sqrt{3+\sin^2\varphi}}=\frac{\tan\varphi}{\sqrt{9+12\tan^2\varphi}},\quad k=\frac{\sqrt{3}c\cos\varphi}{\sqrt{3+\sin^2\varphi}}=\frac{3c}{\sqrt{9+12\tan^2\varphi}} \tag{7.55}$$

材料参数 α、k 与 c、φ 有多种拟合方法。

平面应变条件下材料参数 α、k，实际上是 Drucker-Prager 屈服面圆锥体与 Mohr-Coulomb 准则屈服曲面六边锥体内切时的 α、k。这是因为，当 Drucker-Prager 准则圆锥体屈服面为 Mohr-Coulomb 准则的六边锥体屈服面的内切圆时，Mohr-Coulomb 准则屈服极限达到极小值，即在切点处对 Mohr-Coulomb 准则有 $\frac{\partial f}{\partial \theta_\sigma}=0$。

根据图 7.26，Mohr-Coulomb 准则的屈服函数可表示为 $f(p, q, \theta_\sigma)=\frac{1}{\sqrt{3}}q\cdot\left(\cos\theta_\sigma+\frac{1}{\sqrt{3}}\sin\theta_\sigma\sin\varphi\right)-p\sin\varphi-c\cos\varphi=0$。将该式对 θ_σ 求偏导并令其等于零，因此有 $\frac{\partial f}{\partial \theta_\sigma}=\frac{1}{\sqrt{3}}q\left(-\sin\theta_\sigma+\frac{1}{\sqrt{3}}\cos\theta_\sigma\sin\varphi\right)=0$，由此可得到 $\tan\theta_\sigma=\frac{1}{\sqrt{3}}\sin\varphi$。根据该式也可得到 $\sin\theta_\sigma=\frac{\sin\varphi}{\sqrt{3+\sin^2\varphi}}$、$\cos\theta_\sigma=\frac{\sqrt{3}}{\sqrt{3+\sin^2\varphi}}$。于是最终可得到 $f(p, q)=\frac{q}{3}\frac{3+\sin^2\varphi}{\sqrt{3+\sin^2\varphi}}-p\sin\varphi-c\cos\varphi=0$，或表示为 $f(p, q)=\frac{q}{\sqrt{3}}-\frac{\sqrt{3}\sin\varphi}{\sqrt{3+\sin^2\varphi}}p-\frac{\sqrt{3}c\cos\varphi}{\sqrt{3+\sin^2\varphi}}=0$。与 Drucker-Prager 准则的屈服函数 $f(p, q)$ 相对比较可得到材料参数 α、k，即式（7.55）。这就证明了 Drucker-Prager 准则为 Mohr-Coulomb 准则的内切圆与平面应变条件是等价的，也说明了平面应变条件下的应力 Lode 角与 φ 的关系为 $\tan\theta_\sigma=\frac{1}{\sqrt{3}}\sin\varphi$ 是正确的。

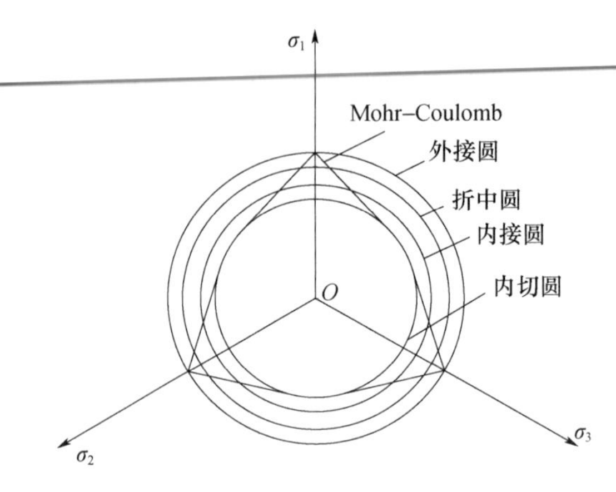

图 7.26　偏平面 Drucker-Prager 准则与 Mohr-Coulomb 准则的拟合关系

Mohr-Coulomb 准则的六边形屈服面不光滑并且有尖角。这些六边形尖角可能会导致其应用于塑性理论时数值计算困难，因为需要计算屈服面的法线矢量。Drucker-Prager 准则可视为 Mohr-Coulomb 准则为避免这些困难而做的光滑近似。Drucker-Prager 准则可以通过调整圆锥的大小，来适应 Mohr-Coulomb 准则。

如果 Drucker-Prager 圆与 Mohr-Coulomb 六边形的外顶点相接，即将两个曲面沿压缩子午线 ρ_c 重合，那么 Drucker-Prager 准则 α、k 与 Mohr-Coulomb 准则 c、φ 之间的关系可表示为

$$\alpha=\frac{2\sin\varphi}{\sqrt{3}\ (3-\sin\varphi)},\quad k=\frac{6c\sin\varphi}{\sqrt{3}\ (3-\sin\varphi)} \tag{7.56}$$

相应于上述参数的 Drucker-Prager 圆锥与 Mohr-Coulomb 六边形棱锥外接，如图 7.27 所示。Drucker-Prager 圆锥也可以通过拉伸子午线 ρ_t，外接于 Mohr-Coulomb 六边形。因此，两个准则的常数有以下关系：

$$\alpha=\frac{2\sin\varphi}{\sqrt{3}\ (3+\cos\varphi)},\quad k=\frac{6c\sin\varphi}{\sqrt{3}\ (3-\sin\varphi)} \tag{7.57}$$

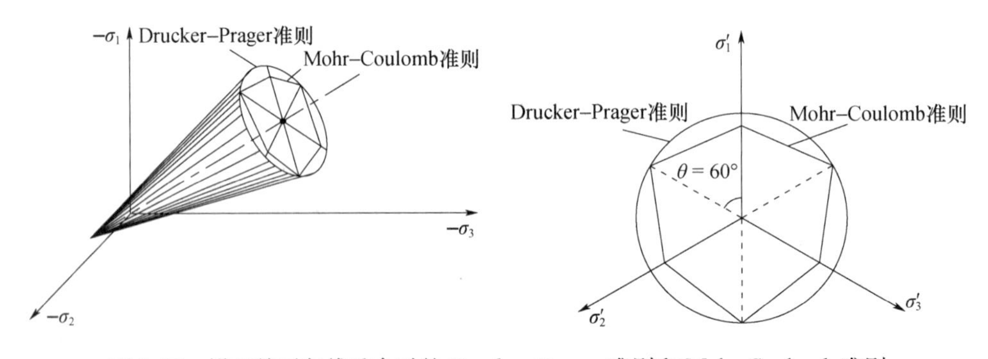

图 7.27　沿压缩子午线重合时的 Drucker-Prager 准则和 Mohr-Coulomb 准则

Mohr-Coulomb 屈服函数 $f\left[\frac{1}{3}I_1\sin\varphi-\left(\cos\theta_\sigma+\frac{\sin\theta_\sigma\sin\varphi}{\sqrt{3}}\right)\sqrt{J_2}+c\cos\varphi\right]=0$ 所表示的三向应力状态条件下的屈服面，具有角隅性质，即应力落在屈服面的脊上，如图 7.26 所示，

则导数的方向不定。为此，在实际计算中，Drucker 和 Prager 对上述三向应力状态条件下的 Mohr-Coulomb 破坏函数进行了改进，并且做出了使得角隅圆滑而成为一个内切圆锥面的建议。这是三向应力状态条件下的 Mohr-Coulomb 破坏面的下限。如果要得到任何 π 平面上的这个下限，必须使上述破坏函数对 θ_σ 最小。即当 $\theta_\sigma=\arctan\dfrac{\sin\varphi}{\sqrt{3}}$、或 $\theta_\sigma=2\arctan\dfrac{\sqrt{3}-\sqrt{3+\sin^2\varphi}}{\sin\varphi}$ 时，f 为最小。于是得到 f 的表达式为 $f=\dfrac{\sin\varphi}{\sqrt{3}\sqrt{3+\sin^2\varphi}}I_1-\sqrt{J_2}+\dfrac{\sqrt{3}c\cos\varphi}{\sqrt{3+\sin^2\varphi}}=0$。令：$\alpha=\dfrac{\sin\varphi}{\sqrt{3}\sqrt{3+\sin^2\varphi}}$、$k=\dfrac{\sqrt{3}c\cos\varphi}{\sqrt{3+\sin^2\varphi}}$，则上式简化为：$f=\alpha I_1-\sqrt{J_2}+k=0$。

上述分析展示出了将 Drucker-Prager 准则作为 Mohr-Coulomb 准则的一个近似而相匹配的条件的重要性。有多种方法可用于将 Drucker-Prager 圆锥面来近似表示 Mohr-Coulomb 六边形表面。当两个平面的顶点在其空间对顶线上一致时，则只需要一个附加的匹配条件。

例如，如果两个平面在 $\theta=0°$ 的压力子午线 ρ_c 上一致时，如图 7.28 中的 A 点所示，那么两组材料常数 α、k 与 c、φ 存在式（7.56）的关系，表示一个圆锥外接六角形的锥面，该圆锥表示 Mohr-Coulomb 破坏面的外边界。另一方面，如图 7.28 中的 B 点所示，通过 $\theta=60°$ 的拉力子午线 ρ_t 的内部圆锥，具有式（7.57）的常数关系。

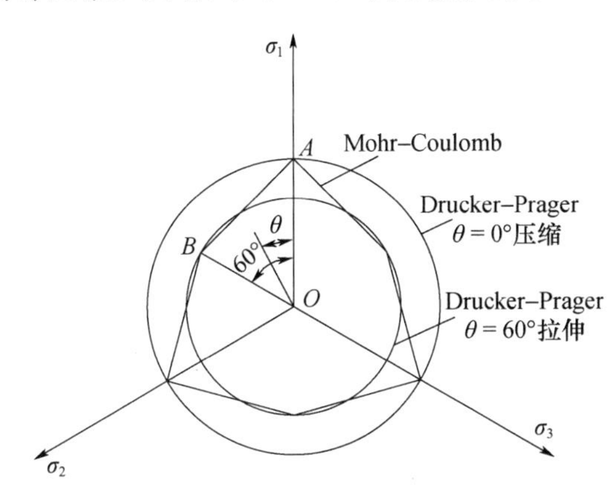

图 7.28　具有不同匹配条件的 Drucker-Prager 准则和 Mohr-Coulomb 准则

α、k 表达式有不同的形式，采用不同的公式计算结果是不同的。根据 Zienkiewicz 等的研究，根据不同的 α、k 值计算得到的极限荷载甚至可相差 4～5 倍之多。为了消除这种误差，Chugh 建议不要根据 c、φ 来计算 α、k，最好采用真三轴仪直接按照上述三向应力状态条件下的 Mohr-Coulomb 破坏函数来确定 α、k 这两个参数。有研究认为，α、k 这两个参数采用角隅式的 Mohr-Coulomb 表示法比圆滑式的 Mohr-Coulomb 表示法更为恰当。

值得注意的是，考虑静水压力的广义 Tresca 屈服条件，在应力空间中为内接于广义 von Mises 圆锥的正六边角锥体。广义 Tresca 屈服条件还可以有各种定义。有研究者认为，角隅式的 Mohr-Coulomb 屈服条件可视为广义的 Tresca 屈服条件。Kirkpatrick 以及 Green、Bishop 前后采用密实砂进行三轴试验，对广义 von Mises 屈服条件、广义 Tresca 屈服条件、Mohr-Coulomb 屈服条件等进行了验证。结果表明，上述三种屈服条件中，Mohr-Coulomb 屈服条件比较符合土的实际屈服情况。

（5）Drucker-Prager 准则与 von Mises 准则的共同特点

①两个准则都属于能量屈服与破坏准则，都考虑了中主应力 σ_2 的影响；屈服面光滑没有棱角，有利于塑性应变增量方向的确定。②两个准则数学形式都简单、参数少，易于通过试验测定，或由 Mohr-Coulomb 准则的材料参数换算得到。③von Mises 准则没有考虑静水压力对屈服的影响，一般只适用于金属类材料或 $\varphi=0$ 的软黏土的总应力分析，而 Drucker-Prager 准则考虑了静水压力对屈服与破坏的影响，可适用于岩土类材料的本构模型。

（6）Drucker-Prager 准则的特点

Drucker-Prager 准则具有以下特点：①该准则数学形式简单，只有两个参数 α、k 且容易根据常规三轴试验确定。②该准则屈服面光滑，数学上可以很方便地应用于三维问题。③该准则考虑了静水压力的影响。但是，由于在子午面上的破坏面轨迹是直线，对于静水压力的有限范围内，只有当破坏包络线的弯曲可以忽略不计时，才可以得出合理的结果。④该准则不依赖于不变量 θ，所以在偏平面上的轨迹是圆，但这与试验结果矛盾。⑤该准则考虑了中间主应力的影响，这一点与 Mohr-Coulomb 准则不同。但是，如果不仔细从试验结果中选择材料常数 α、k，那么将不能保证正确的表示这些影响，而且还可能会导致预测与试验结果之间的严重的不一致。

Mohr-Coulomb 准则、扩展的 Tresca 准则、Drucker-Prager 准则等这三个准则，在 I_1 为常数的偏平面上的轨迹，如图 7.29 所示。

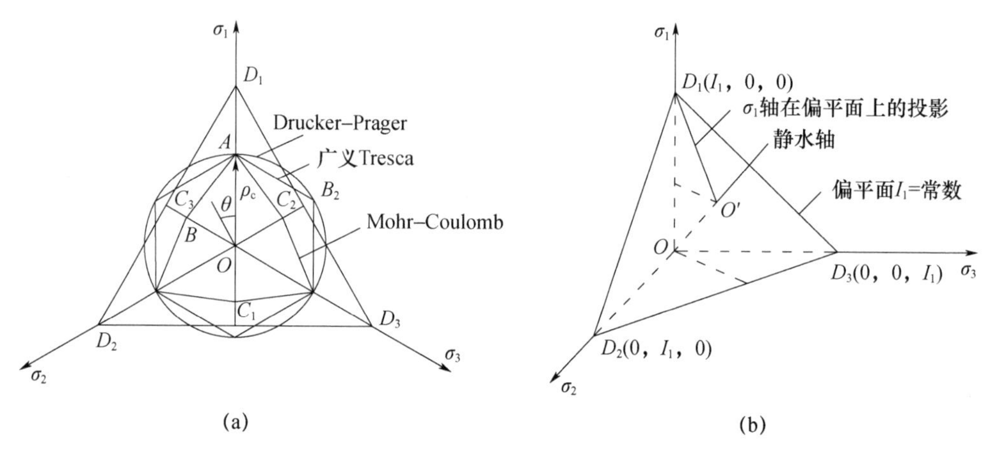

图 7.29　偏平面内的屈服准则

（a）三轴压缩；（b）三轴拉伸

图 7.29 中应力点 D_1、D_2、D_3 定义为 I_1 为常数的偏平面，分别与坐标面（$\sigma_1=0$、$\sigma_2=0$、$\sigma_3=0$）的相交点。坐标轴 σ_1、σ_2、σ_3 在该偏平面上的投影距离为 $O'D_1=O'D_2=O'D_3=\sqrt{\frac{2}{3}}I_1$。为简单起见，只考虑无黏性土 $c=0$ 的情况，并且假定沿着压力子午线 $\theta=0°$的方向得到三个准则，也即在如图 7.29（a）所示的 A 点处，当三轴压缩破坏（$\sigma_1>\sigma_2=\sigma_3$）时，所有准则都一致。

可以看到，当中间主应力达到最大主应力的区域时，也即当主应力状态达到 $\theta=60°$、$b=1$时的三轴拉伸状态，扩展的 Tresca 准则的偏斜轨迹经过相交线 D_1D_2、D_2D_3、D_3D_1 的外边，如图 7.29（b）所示。这意味着相应的破坏应力状态位于负的有效应力空间中。很明显，这对于无黏性土是不可能存在的。

对于 Drucker-Prager 圆轨迹内切三角形 $D_1D_2D_3$ 的情况，在三轴压缩中参数的极限可根据 $O'A=O'C_1$ 即 $\rho_c=\sqrt{2J_2}=\frac{1}{\sqrt{6}}I_1$ 而得到。这将导致在三轴试验中 $\alpha=\frac{\sqrt{J_2}}{I_1}=\frac{1}{2\sqrt{3}}$。对于 Mohr-Coulomb 准则，这相应于三轴压缩试验中的 $\varphi=36.9°$。所以，对于 $\varphi>36.9°$的土体材料，当 Drucker-Prager 准则与扩展的 Tresca 准则沿着压力子午线方向与 Mohr-Coulomb 准则相匹配时，将产生与实际不符的结果。

7.2.5 Zienkiewice-Pande 准则

为了克服 Mohr-Coulomb 准则的棱边或角尖，考虑到屈服与静水压力的非线性关系，以及 σ_2 对强度的影响，在分析了 Mohr-Coulomb 准则的 Mohr 形式后，Zienkiewice-Pande 于 1975 年提出了 Zienkiewice-Pande 屈服准则，简称 Z-P 准则，其一般形式为

$$f=\beta p^2+\alpha_1 p-k+\left[\frac{q}{g(\theta_\sigma)}\right]^n=0 \tag{7.58}$$

式中，p 为平均应力；q 为广义剪应力；$g(\theta_\sigma)$ 为 π 平面上的屈服曲线的形状函数；α_1 和 β 为系数；n 为指数，一般为 0，1 或 2；k 为屈服参数。

α_1、β、n、k 四个参数决定着子午面上的屈服曲线的形状。当 $n=1$ 时，子午面上的屈服曲线为直线；当 $n=2$ 时，子午面上的屈服曲线为二次曲线。Zienkiewice-Pande 准则选用 $n=2$的双曲线、抛物线、椭圆三种二次屈服曲线，如图 7.30 所示。

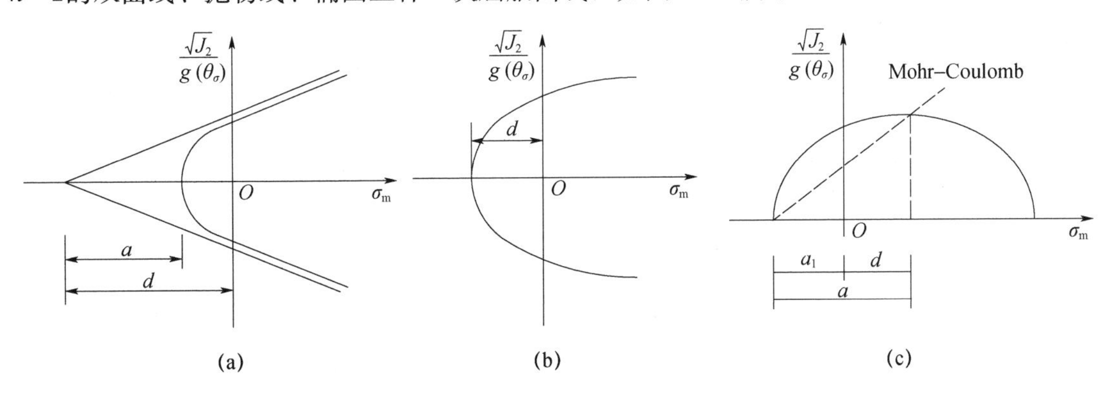

图 7.30　Zienkiewice-Pande 准则在 p-q 子午面屈服曲线

（a）双曲线；（b）抛物线；（c）椭圆

Zienkiewice-Pande 准则针对 Mohr-Coulomb 准则的不足进行了修正与推广，其三种屈服曲线在 p-q 子午面上都是光滑曲线，有利于数值计算，并且在一定程度上考虑了屈服曲线与静水压力的非线性关系、单纯的静水压力可以引起屈服，以及 σ_2 对屈服的影响。该准则的屈服曲线假设为双曲线、抛物线或椭圆，通过形状函数 $g(\theta_\sigma)$反映中主应力σ_2 对屈服的影响。Zienkiewice-Pande 准则在岩土本构模型中常有应用，例如著名的修正 Cam-clay 模型就是采用了椭圆型屈服曲线。

（1）双曲线型的屈服曲线

Zienkiewice-Pande 准则的双曲线方程表示为

$$\left(\frac{p-d}{a}\right)^2-\left(\frac{q_c}{b}\right)^2-1=0 \tag{7.59}$$

式中，a、b、d 为双曲线参数，其几何意义如图 7.30（a）所示；q_c为三轴压缩的广义剪应

力。将该双曲线方程与 Zienkiewice-Pande 准则的一般形式即式（7.58）相比较，并且以 Mohr-Coulomb 准则的压缩枝为双曲线的渐近线，取 $g(-30°)=1$，可以得到

$$\beta=-\frac{b^2}{a^2}=-\tan^2\overline{\varphi}，\ \alpha_1=-\overline{c}\tan^2\overline{\varphi}，\ k=\overline{c}^2-a^2\tan^2\overline{\varphi} \tag{7.60}$$

式中，$\tan\overline{\varphi}=\frac{b^2}{a^2}=\frac{6\sin\varphi}{3-\sin\varphi}$，$\overline{c}=\frac{bd}{a}=\frac{6c\cos\varphi}{3-\sin\varphi}$。

（2）抛物线型的屈服曲线

Zienkiewice-Pande 准则的抛物线方程表示为

$$q^2-\frac{p+d}{a}=0 \tag{7.61}$$

式中，a、d 为抛物线参数，其几何意义如图 7.30（b）所示；a 为抛物线焦点至顶点的距离的 4 倍之倒数。

将该抛物线方程与 Zienkiewice-Pande 准则的一般形式即式（7.58）相比较，并且使抛物线在 p_1、q_1 点与 Mohr-Coulomb 准则的压缩枝上的 p_1、q_1 点重合，此时 $q(\theta_\sigma)=1$。由此可得到

$$\beta=0，\ \alpha_1=-a^{-1}=\frac{72\sin\varphi}{(3-\sin\varphi)^2}[p_1\sin\varphi+c\cos\varphi]，$$

$$k=\frac{d}{a}=\frac{36}{(3-\sin\varphi)^2}[c^2\cos^2\varphi-p_1\sin^2\varphi] \tag{7.62}$$

这表明：抛物线只能在 p_1、q_1 点与 Mohr-Coulomb 准则的相应点拟合。当改变拟合点 p_1、q_1 点的位置时，α_1 和 k 将相应改变。

（3）椭圆型的屈服曲线

Zienkiewice-Pande 的椭圆方程表示为

$$\left(\frac{q}{b}\right)^2+\left(\frac{p+d}{a}\right)^2-1=0 \tag{7.63}$$

式中，a、b、d 为椭圆曲线参数，其几何意义如图 7.30（c）所示。

为保证服从正交流动法则，应使椭圆曲线在 q 轴的顶点与 Mohr-Coulomb 准则的直线进行拟合，如图 7.30（c）所示。当 $q(\theta_\sigma)=1$ 时，将该椭圆曲线方程与 Zienkiewice-Pande 准则的一般形式即式（7.58）相比较可得到

$$\beta=-\frac{b^2}{a^2}=-\tan^2\overline{\varphi}、\ \alpha_1=2d\frac{b^2}{a^2}=2d\tan^2\overline{\varphi}、\ k=\overline{c}^2+2\overline{c}d\tan\overline{\varphi} \tag{7.64}$$

式中，$\tan\overline{\varphi}$ 和 $\overline{c}$ 同上。

为了使 π 平面上的屈服曲线光滑，并且在 $\theta_\sigma=\pm30°$时与 Mohr-Coulomb 准则拟合，要求形状函数 $g(\theta_\sigma)$满足：①当 $\theta_\sigma=\pm30°$时，$\frac{\mathrm{d}g(\theta_\sigma)}{\mathrm{d}\theta_\sigma}=0$；②$g(-30°)=1$；③$g(+30°)=K=\frac{3-\sin\varphi}{3+\sin\varphi}$。其中 K 代表三轴拉、压强度之比。满足这些条件的形状函数 $g(\theta_\sigma)$有多种选择，其中 Gudehus 和 Arygris 提出了一种简单形式：$g(\theta_\sigma)=\frac{2K}{(1+K)-(K-1)\sin3\theta_\sigma}$，如图 7.31 所示。而

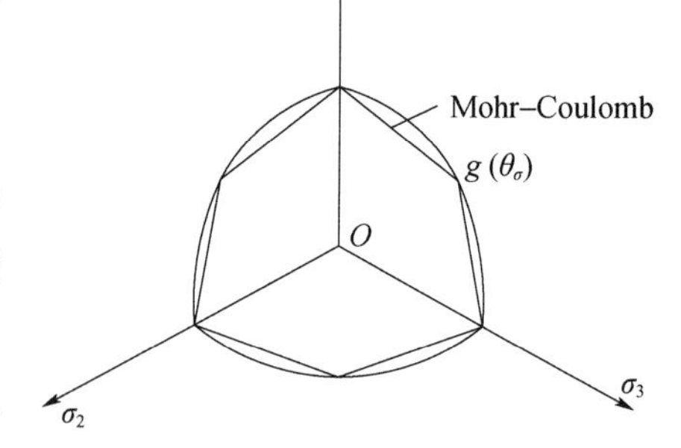

图 7.31　偏平面上的形状函数

Mohr-Coulomb 准则的形状函数为 $g(\theta_\sigma)=\dfrac{3-\sin\varphi}{2(\sqrt{3}\cos\theta_\sigma+\sin\theta_\sigma\sin\varphi)}$。这两种形状函数$g(\theta_\sigma)$在 π 平面、或偏平面上的图形如图 7.31 所示。设置形状函数的目的就是要将 Mohr-Coulomb 准则在 π 平面上的六角抹去。

7.2.6 Lade-Duncan 准则

1975 年，Lade 和 Duncan 等根据砂的真三轴试验资料，建立了针对无黏性土的锥体屈服准则，称为 Lade-Duncan 屈服准则。该准则是一个单屈服面、单参数准则，考虑了 $I_1-\sqrt{J_2}$ 平面内线性压力相关强度，以及偏平面内的 θ 相关强度。因此，Lade-Duncan 准则考虑了诸如静水压力敏感性、中间主应力 σ_2 的影响、偏平面上非圆的轨迹等。然而屈服面具有直的子午线，即在 Mohr 图中直的破坏包络线，限于考虑静水（约束）压力有限范围内的情况。

（1）屈服函数

根据应力第一、第三不变量 I_1、I_3，Lade-Duncan 屈服准则的屈服函数可表示为

$$f(I_1,\ I_3)=\frac{I_1^3}{I_3}-k=0,\ \text{或}\ f(I_1,\ I_3)=I_1^3-kI_3=0 \tag{7.65}$$

式中，k 为屈服参数或应力水平参数，是一个依赖于土的密度或初始孔隙比的常数。

当破坏时 $f=f_{\mathrm{f}}$，$k=k_{\mathrm{f}}$，k_{f} 为破坏参数。

式（7.65）实际上是 Lade 和 Duncan 等建议按等向硬化理论的加载条件，k 随应力水平而变化，从各向等压固结时的 27 增大至破坏时的 k_{f}。当 $k=k_{\mathrm{f}}$ 时，屈服面（加载面）与破坏面重合。卸载时，屈服面就保持在过去曾经施加过的最大应力水平位置不变。在这种情况下只有弹性变形，k 保持不变。当加载时使得 k 的数值增大才产生塑性变形。

根据各种应力不变量 I_1、I_2、I_3、J_2、J_3、θ、ζ、ρ 之间的关系，式（7.65）所表示的破坏面可写成不同的数学形式。例如，依据不变量 I_1、J_2、J_3，式（7.65）可改写为

$$f(I_1,\ J_2,\ J_3)=J_3-\frac{1}{3}I_1J_2+\left(\frac{1}{27}-\frac{1}{k}\right)I_1^3=0 \tag{7.66}$$

根据不变量 I_1、J_2、θ，式（7.65）可改写为

$$f(I_1,\ J_2,\ \theta)=\frac{2}{3\sqrt{3}}\sqrt{J_2^3}\cos3\theta-\frac{1}{3}I_1J_2-\left(\frac{1}{27}-\frac{1}{k}\right)I_1^3=0 \tag{7.67}$$

依据 ζ、ρ、θ，式（7.65）可改写为

$$f(\zeta,\ \rho,\ \theta)=2\rho^3\cos3\theta-3\sqrt{2}\zeta\rho^2+54\sqrt{2}\left(\frac{1}{27}-\frac{1}{k}\right)\zeta^3=0 \tag{7.68}$$

（2）屈服面

在主应力空间内，Lade-Duncan 准则的屈服曲面为一个顶点在原点、以静水压力线为轴线、随应力水平不断扩展的开口曲边三角锥体，如图 7.32（a）所示。对于加工硬化材料，当连续增加荷载时，假定屈服面（加载面）与破坏面相似，并且围绕静水轴对称膨胀，即锥体的直径逐渐加大，以破坏面为它们的极限。

在偏平面或 π 平面上，Lade-Duncan 准则的屈服曲线（在偏平面上的投影）为一簇随静水压力不断扩大的曲边三角形。当静水压力增大时，曲边三角形曲率变小；当静水压力减小时，曲边三角形曲率变大并且接近圆形，最后当静水压力为 0（即 $p=0$）时曲边三角形收缩

为一点，如图 7.32（b）所示。在 σ_1-$\sqrt{2}\sigma_3$ 子午面上，Lade-Duncan 准则的屈服曲线为一簇通过原点的射线，如图 7.32（c）所示。

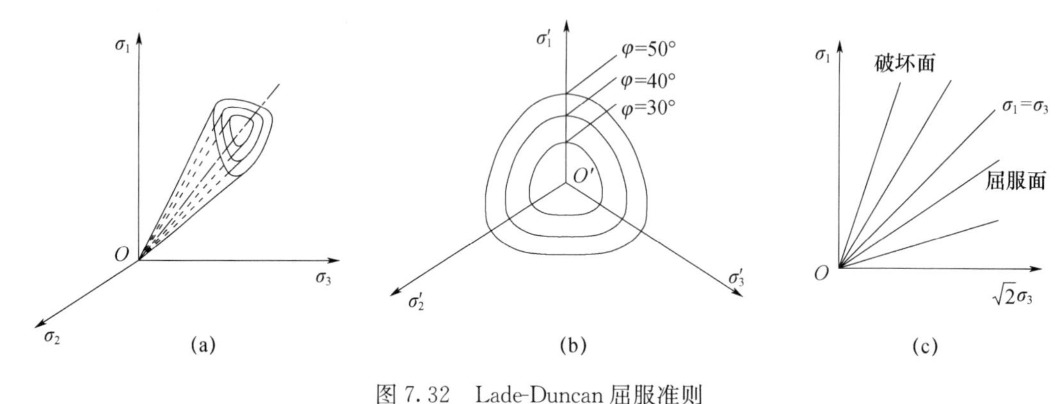

图 7.32　Lade-Duncan 屈服准则

（a）主应力空间；（b）偏平面；（c）σ_1-$\sqrt{2}\sigma_3$ 子午面

（3）Lade-Duncan 准则的几何与物理意义

Lade-Duncan 准则的屈服曲线为应力的三次曲线，反映了三个主应力 σ_1、σ_2、σ_3，或三个应力不变量 I_1、I_2、I_3 对屈服与破坏的影响。这里的屈服与破坏强度以内摩擦角 φ 表示，这一特点说明了 Mohr-Coulomb 准则所没有反映的。Lade-Duncan 准则屈服曲面光滑无棱角，但是只适用砂类土，不能适用超固结黏土等具有黏聚力的大多数岩土类材料，也不能反映单纯的静水压力、比例加载时产生的屈服现象，不能反映高应力水平作用下的屈服曲线与静水压力的非线性关系。因而，1977 年提出了具有两个屈服面的 Lade 屈服准则。Lade 双屈服面准则可进一步应用于正常固结黏土。

（4）屈服面特征

在主应力空间中，由上述表达式所定义的屈服面形状为锥体，并且锥体的顶点位于坐标轴的原点，如图 7.32（a）所示。在常规三轴压缩条件下，对应于 $\varphi=30°$（$k=41.7$）、45°（$k=62.5$）、50°（$k=115.3$）的屈服面的偏截面也示于图中，如图 7.32（b）所示。

由于各向同性的假定，偏轨迹具有60°的对称性。由于 k 的值接近于 27 时，偏轨迹更圆。随着 k 值的增加，偏轨迹变得更像三角形。显然，由于静水压缩应力状态，即 $\sigma_1=\sigma_2=\sigma_3$、$k_1=27$，不会导致破坏，所以根据试验获得的 $k>27$ 的条件常常会得到满足。根据 Lade-Duncan 准则，中间主应力 σ_2（$\sigma_1\geqslant\sigma_2\geqslant\sigma_3$）对土的强度的影响：对于 σ_2 的所有值，破坏时的比率$\frac{I_1^3}{I_3}$为常数。即该准则假定，对于 $0\leqslant b\leqslant 1$ 的所有值，比率$\frac{I_1^3}{I_3}$的值不变。b 是 σ_2 相对大小的度量。在子午面内，Lade-Duncan 屈服面的交线是直线。这意味着可确定无黏性土（即 $c=0$）的 k 与内摩擦角 φ（Mohr-Coulomb 准则）之间的关系。根据无黏性土的 Mohr 破坏包络线为直线，可得到破坏时的 σ_1、σ_3 关系为 $\sin\varphi=\frac{\sigma_1-\sigma_3}{\sigma_1+\sigma_3}$，破坏时的应力比为 $\alpha=\frac{\sigma_1}{\sigma_3}=\frac{1+\sin\varphi}{1-\sin\varphi}$。根据 $b=\frac{\sigma_2-\sigma_3}{\sigma_1-\sigma_3}$，可将破坏时的应力比$\frac{\sigma_2}{\sigma_3}$表示为$\frac{\sigma_2}{\sigma_3}=b(\alpha-1)+1$。最后，根据式（7.65），陈惠发给出的表达式为

$$k=\frac{[\alpha(1+b)+(2-b)]^2}{b\alpha^2+(1-b)\alpha} \tag{7.69}$$

式中，b 为应力路径参数，$b=\dfrac{\sigma_2-\sigma_3}{\sigma_1-\sigma_3}=\dfrac{\sigma_2/\sigma_3-1}{\alpha-1}=2\mu_\sigma-1$。

当破坏时，$\alpha_f=(\sigma_1/\sigma_3)_f=\dfrac{1+\sin\varphi}{1-\sin\varphi}$、$b_f=\dfrac{(\sigma_2/\sigma_3)_f-1}{\alpha_f-1}$。因此，参数 α 反映了大主应力 σ_1、小主应力 σ_3 之比值；参数 b 反映了中主应力 σ_2 的相对大小。

因此，Lade-Duncan 准则也可表示为

$$f(\alpha, b, k)=\frac{[\alpha(1+b)+(2-b)]^3}{b\alpha^2+(1-b)\alpha}-k=0 \tag{7.70}$$

（5）Lade-Duncan 准则的主要特性

①该准则只有一个参数 k（$k_1>27$），可以很容易地根据常规三轴试验确定。②该准则包含了应力不变量 I_1、I_3，或者包含了不变量 I_1、J_2、θ。因此该准则考虑了静水压力和中间主应力 σ_2 对土的强度的影响。③该准则在主应力空间中为一个顶点在原点的锥面，锥面的轴为静水应力轴。④由于各向同性的假设，偏轨迹具有60°对称轴。⑤该准则可应用于一般的三维应力状态。⑥在子午面（θ 为常数）内，该准则的破坏面是笔直的，即该模型暗示了 Mohr 破坏包络线是一条直线，因而强度参数 φ 假定为常数，不随约束压力而变化。⑦该准则考虑了中间主应力 σ_2，这样在破坏时的比率$\dfrac{I_1^3}{I_3}$对于所有 σ_2 的值保持不变。这暗含了强度参数 φ 与参数 b 之间的唯一关系。

7.2.7 Lade 准则

1977 年 Lade 在 Lade-Duncan 准则基础上，提出了具有两个屈服面的双参数屈服准则，称为 Lade 屈服准则，并且于 1979 年又进行了修正与完善。Lade 屈服面具有剪切屈服面和压缩屈服面。由于 Lade 准则假设了两个屈服函数，对应两个不同的屈服面，因而称为 Lade 双屈服面准则，或称为修正 Lade-Duncan 准则。该准则可用于无黏性土和正常固结黏土本构关系建模。

（1）屈服函数

Lade 屈服准则的屈服函数包括剪切屈服函数、压缩屈服函数。

试验结果表明，大多数土的破坏包络线是弯曲的，尤其是在约束（静水）压力较大的范围内。随着约束压力的增加，内摩擦角 φ 将减小。前述的所有准则都不能够包括这些特征。1977 年，Lade 扩展了简单的单参数 Lade-Duncan 准则，并且考虑了破坏包络线的弯曲。根据应力第一、第三不变量 I_1、I_3，Lade 准则表示为

$$f_p(I_1, I_3, m, k)=\left(\frac{I_1^3}{I_3}-27\right)\left(\frac{I_1}{p_a}\right)^m-k=0 \tag{7.71}$$

式中，m、k 为材料常数；p_a 为大气压力，与 I_1 单位相同。

采用 p_a 的目的是使得参数 m、k 变得无量纲。式（7.71）即 Lade 准则的剪切屈服函数，或表示为

$$f_p(I_1, J_2, \theta_\sigma, m, k)=9I_1J_2+6\sqrt{3}J_2^{3/2}\sin\theta_\sigma\left[\left(\frac{I_1}{p_a}\right)^m+\frac{1}{27}k\right]-\frac{1}{27}kI_1^3=0 \tag{7.72}$$

Lade 准则的压缩屈服函数为

$$f_c(I_1, I_2, r)=I_1^2+2I_2-r^2=0 \tag{7.73}$$

或表示为

$$f_c(\sigma_1,\ \sigma_2,\ \sigma_3,\ r)=\sigma_1^2+\sigma_2^2+\sigma_3^2-r^2=0 \tag{7.74}$$

式中，k 和 r 分别为剪切、压缩的应力水平，当破坏时 $f_p=f_f$，$k=k_f$，m 和 k_f 为材料参数。

（2）屈服面

根据 Lade 准则的剪切屈服函数式（7.72），剪切或剪胀屈服面反映了三个应力不变量 I_1、J_2、J_3（θ_σ）对屈服与破坏的影响。在主应力空间内，剪切屈服面是以静水压力线或空间对角线为对称轴，母线为三次曲线并且不通过原点的一簇开口曲边三角锥体。当 k 增大时剪切屈服面扩大，以破坏面 k_f 为其极限，如图 7.33（a）所示。

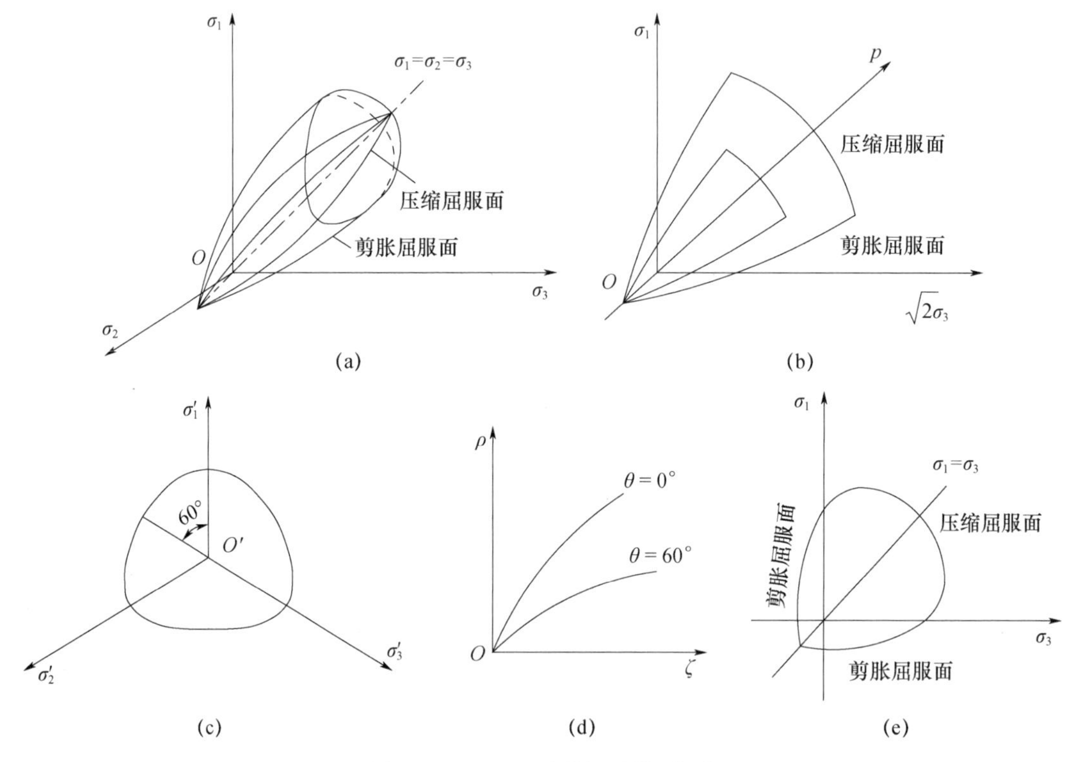

图 7.33　Lade 双屈服面屈服准则

（a）主应力空间；（b）σ_1-$\sqrt{2}\sigma_3$ 平面；（c）π 平面；（d）子午面；（e）$\sigma_2=0$ 平面

在含有静水轴的平面上，破坏面的轨迹，如子午面、θ 为常数和三轴面是弯曲的，分别如图 7.33（b）、(d）所示，并且其曲率随 m 值的增大而增大。对于 $m=0$，表达式 f_p（I_1，I_3，m，k）$=\left(\dfrac{I_1^3}{I_3}-27\right)\left(\dfrac{I_1}{p_a}\right)^m-k=0$ 变成表达式 $f_p(I_1,\ I_3,\ k)=\dfrac{I_1^3}{I_3}-k=0$，而屈服面变成锥形具有直的子午线。

在 I_1 为常数的偏平面上，屈服曲线为以 $\sqrt{J_2}$、θ_σ 为参变量的三次曲线，与 Lade-Duncan 准则的屈服面相似，也为一簇曲边三角形，如图 7.33（b）所示。在 σ_1-$\sqrt{2}\sigma_3$ 平面上（常规三轴仪试验平面），屈服曲线为一簇应力的三次曲线，如图 7.33（b）所示。这样就克服了 Mohr-Coulomb 准则、Lade-Duncan 准则屈服极限随静水压力直线增大，以及不能反映比例加载时产生屈服的不足。在 σ_1-$\sqrt{2}\sigma_3$ 子午面上屈服曲线的曲率取决于材料参数 m，其取值范围为 0 与 1 之间，当 $m=0$ 时，子午面上的屈服曲线退化为 Lade-Duncan 准则的屈服曲线。

根据 Lade 准则的压缩屈服函数 $f_c(\sigma_1, \sigma_2, \sigma_3, r)$，在主应力空间内，压缩屈服面为一个以原点为球心，以 $r=\sqrt{\sigma_1^2+\sigma_2^2+\sigma_3^2}$ 为球径的一簇同心球面。球形屈服面反映了材料的剪缩特性和单纯的静水压力可以产生屈服的特性，这正好反映了岩土类材料单纯承受静水压力不会产生破坏的特性。在 $\sigma_2=0$ 平面上，屈服与破坏曲线的形状如图 7.33（e）所示。

（3）材料参数 m、k

Lade 双屈服面准则的材料参数 m 代表 σ_1-$\sqrt{2}\sigma_3$ 平面上剪切屈服曲线的弯曲程度，k 为剪切屈服参数或应力水平。m、k 可根据三轴试验，绘制破坏时的 $\lg\dfrac{I_3}{I_1^3}-\lg\dfrac{p_a}{I_1}$ 的关系曲线，采用近似直线拟合，该直线的斜率为 m，直线在 $\lg\dfrac{p_a}{I_1}=1$ 处的纵坐标为 k。Lade 统计的三轴试验资料，得到 $m=0\sim0.5$、$k=20\sim280$。

（4）Lade 准则特点

①剪切屈服、压缩屈服联合构成了完整的 Lade 双屈服面准则。从物理意义上讲，剪切屈服面反映了岩土类材料在剪应力作用下产生塑性剪切变形、塑性体积膨胀即“剪胀”；而压缩屈服面反映了“剪缩”性和单纯的静水压力产生的体积压缩。②Lade 准则屈服面通常向静水轴方向外凸。在 Mohr 图中，这表明内摩擦角通常随着静水压力增加而减小。对于静水应力较大范围的情况，这一点已经在试验中得到验证。然而，对于很高的静水压力值的情况，这时土体中的土颗粒的压碎变得重要，试验结果表明，破坏包络线张开并且变直，亦即破坏面变成锥形。③考虑了三个主应力、或应力不变量对屈服与破坏的影响，参数少并且易于采用常规三轴试验测定，同时考虑了岩土类材料的拉、压强度不同效应，适应范围广。④Lade-Duncan准则没有考虑单纯的静水压力作用下可以产生屈服、剪缩性、比例加载所产生的屈服现象，也没有反映剪胀屈服线与静水压力的非线性相关的特性，而 Lade 准则克服了这些不足，在理论上更加完善。⑤Lade-Duncan 准则和 Lade 准则在主应力空间、偏平面与子午面上的屈服曲面（线）均为光滑曲面（线），锥体的顶点除外。⑥Lade-Duncan 准则和 Lade 准则的屈服曲线为应力的三次函数，比一次曲线的 Tresca 准则、二次曲线的 Zienkiewice-Pande 准则要复杂一些。

综上所述，Lade-Duncan 准则和 Lade 准则是较好的岩土类材料的屈服与破坏准则，特别是 Lade 双屈服面准则在理论上比较完善。作为破坏准则可代替 Mohr-Coulomb 准则应用于岩土边坡稳定性分析、土压力、地基承载力等塑性极限平衡分析、极限分析。

7.3 流动法则

7.3.1 塑性位势理论

（1）塑性势的概念

屈服准则给出了材料屈服的判断标准，但没有给出屈服后应变增量各分量之间按何种比例变化的规则。

对于弹性阶段，广义 Hooke 定律规定了应变增量的各个分量为常量，表示应变增量是应力增量的线性组合，应变增量的方向完全取决于应力增量。所谓应变增量的方向是指在以应变分量为坐标轴构成的应变空间内，应变增量分量的合成矢量 $\Delta\varepsilon$ 的方向，如图 7.34 所示。这个合成矢量 $\Delta\varepsilon$ 的方向就规定了应变增量各分量之间的比例关系。

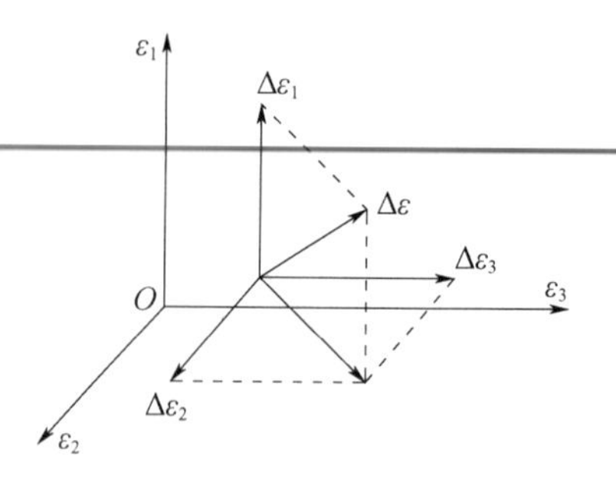

图 7.34　应变增量方向

塑性变形或称为塑性流动，与其他性质的流动一样，可看成由某种势的不平衡引起的，这种势称为塑性势。1928 年，von Mises 提出了塑性位势的概念，即 von Mises 塑性位势理论。该理论基于弹性势函数求解弹性本构关系的方法，将弹性势概念推广到塑性理论。假设塑性流动状态也存在某种塑性势函数，并且是应力状态的标量函数，表示为 $g(\sigma_{ij})$，简写为 g。塑性流动的方向与塑性势函数 g 的梯度或外法线方向相同。

由于塑性势函数 g 代表了材料在塑性变形过程中的某种位能或势能，可以设想任何加工硬化材料或软化材料，在不同应力状态下含有不同的塑性势，也称为塑性位势，即塑性应变能，因此称为塑性势能函数。因而塑性位势理论又称为塑性位势流动理论。塑性势函数 g 对应力分量的微分决定了塑性应变增量的比例。von Mises 塑性位势流动理论的数学表达式为

$$d\varepsilon_{ij}^{p}=d\lambda\frac{\partial g}{\partial\sigma_{ij}} \tag{7.75}$$

式（7.75）也称为流动法则，表明塑性应变增量方向总是与塑性势面 g 成正交关系，因此又称为正交条件、正交法则、正交规律或正交定律。式中的 $d\lambda$ 是一个贯穿整个加载历史的非负标量函数，简称塑性因子，表示塑性应变增量的大小，其作用是确定塑性应变增量矢量 $d\varepsilon_{ij}^{p}$ 的长度或大小；$\frac{\partial g}{\partial\sigma_{ij}}$ 为梯度矢量，规定了塑性应变增量矢量 $d\varepsilon_{ij}^{p}$ 的方向，也就是塑性势能面 $g=0$ 在当前应力点的法线方向，代表塑性势面法线的方向余弦。$d\lambda\frac{\partial g}{\partial\sigma_{ij}}$ 表示塑性应变增量各分量与塑性势面法线方向余弦成正比。

由于塑性势函数 g 是应力的函数，因而可在应力空间内进行表示。塑性势函数 g 在应力空间中的图形即塑性势面。在应力空间内将塑性势相等的点连接起来，形成许多等势面，称为塑性势面。例如，在主应力空间中，将该塑性位势函数同量的塑性势点连起来，即可得到一个塑性势面，如图 7.35（a）所示；该塑性位势函数（或塑性势面）在 q-p 平面上则为一条塑性势线。

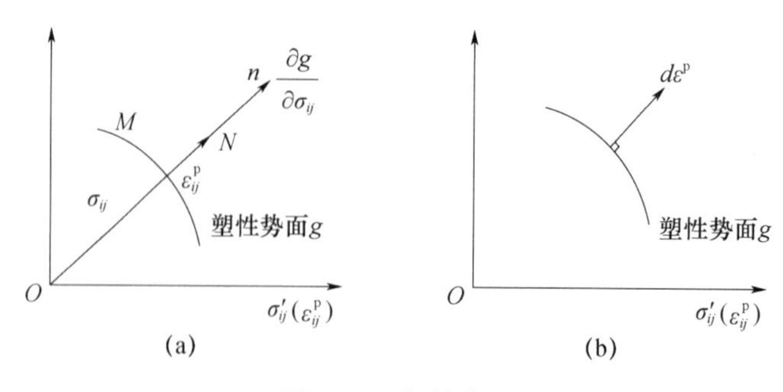

图 7.35　塑性势面

如图 7.35 所示，材料内的各点都可以根据其应力状态 σ_{ij}，在塑性势面上确定其相应的

位置 M 点。塑性理论指出，在塑性势面上任一点的塑性应变增量 $d\varepsilon_{ij}^{p}$ 可以用一个矢量 $\overrightarrow{MN}$ 来表示，$d\varepsilon_{ij}^{p}$ 的方向总是与塑性势面正交。如果将应力空间与应变空间进行重叠，则式（7.75）表示塑性应变增量的方向与塑性势面的法线方向一致，也就是说与塑性势面正交。根据试验资料可整理出各种应力状态下塑性应变增量的方向，也就是塑性势面的法向。应力空间内各点的塑性势面方向确定后，就可找出塑性势函数 g。

对于各向同性的弹性本构关系来说，应变增量与应力增量的方向一致。对于塑性本构关系来说，塑性应变增量 $d\varepsilon_{ij}^{p}$ 与应力增量 $d\sigma_{ij}$ 的方向并不一致。塑性应变增量 $d\varepsilon_{ij}^{p}$ 的方向与屈服函数（或塑性势函数）的梯度方向有关。这种建立塑性应变增量方向（或塑性流动方向）与屈服函数（或塑性势函数）的梯度方向之间的关系的理论称为塑性流动理论，或称为塑性位势理论。在流体力学中，由于流体的流动速度方向总是沿着速度等势面的梯度方向，因此塑性位势理论与理想流体问题类似，因而又称为塑性流动理论，简称流动法则。实际上，流动法则是确定塑性应变增量方向的一个假定。

如果应力分量采用平均正应力（球应力）p 和广义剪应力（偏应力）q，应变分量采用体积应变 ε_v 和偏应变 ε_s，在 p-q 平面内可表示出塑性势线，可表示为

$$d\varepsilon_{v}^{p}=d\lambda\frac{\partial g}{\partial p},\ d\varepsilon_{s}^{p}=d\lambda\frac{\partial g}{\partial q} \tag{7.76}$$

式（7.75）只是流动规则的一种表示形式，$d\varepsilon_{ij}^{p}=d\lambda\dfrac{\partial f}{\partial\sigma_{ij}}$ 是流动规则的另外一种表示形式，该式表明塑性应变增量与通过该点的加载曲面（即屈服面 f）成正交关系。将这两个表达式进行比较，在 Drucker 公设成立的条件下必然有 $g=f$。也就是说，塑性势函数与加载函数相同。通常，将 $g=f$ 的流动规则称为相适应的流动规则。研究指出，只要弹性系数保持常数（非耦合），塑性流动一定服从相适应的流动规则。但是对于无黏性土，有人认为应采用不相适应的流动规则（即 $g\neq f$）。

（2）塑性势面与屈服面的关系

塑性势面与屈服面的关系可表述为①塑性势面用来确定应变增量方向，屈服面用来确定应变增量大小（即 $d\lambda$）；②塑性势面与屈服面要求相对应，但不要求相同；③塑性势面可以任意选取，但必须线性无关。屈服面不能任意选取，必须与所选的塑性势面相对应，并且应有明确的几何与物理意义。

弹塑性理论认为，经过应力空间的任何一点必有一塑性势面，常采用塑性位势理论来确定塑性应变增量的方向，塑性应变增量可以用塑性位势函数对应力的微分表示正交法则。但沈珠江认为，与屈服面不一样，塑性势是一个可有可无的概念。塑性势是从塑性应变方向引申出来的，试验能够测定塑性应变方向，但不能够直接测出塑性势。反过来说，有了塑性应变方向就可以建立相应的模型，用不着再求助于塑性势。

对于塑性应变方向，与加载路径无关的传统假设已经被证明不符合实际情况。到目前为止，已经有不少研究者对正常固结黏性土进行了不同加载路径的试验，结果表明，至少在 q-p 平面内塑性应变方向与加载方向之间存在密切关系，这也从另一方面说明可能不存在与加载路径无关的规定方向的势函数。

对于弹塑性非耦合材料，塑性势函数必然等于加载函数（即屈服函数）。也就是说，材料必然服从相适应的流动规则。对于弹塑性耦合材料，塑性应变增量虽然没有正交的流动规则，但塑性变形规律可由加载函数、耦合矩阵所完全确定，而不必另外再假设一个塑性势函数。

不相适应的流动规则所认为的塑性应变增量与加载曲面无关，看来是不合适的。一些学者建议放弃使用塑性势理论、相适应的和不相适应的流动规则。

（3）塑性势函数

土体在加载过程中会产生塑性应变。为了描述土体的弹塑性应力-应变关系，必须定义出塑性应变增量矢量 $d\varepsilon_{ij}^{p}$ 的方向和大小，即各分量的比率，以及相应于应力增量 $d\sigma_{ij}$ 的大小。如果塑性势面与屈服面具有相同的形状，也就是 $g=f$，那么流动法则是与屈服条件相关联的，其数学表达式为 $d\varepsilon_{ij}^{p}=d\lambda\dfrac{\partial f}{\partial \sigma_{ij}}$。该式所示的正交条件较为简单，但以其为基础发展起来的任何应力-应变关系，对一个给定的边界值问题有唯一解。

①von Mises 形式的塑性势函数

von Mises 函数在应力空间中表示圆柱体，其偏平面或 π 平面如图 7.36 所示。

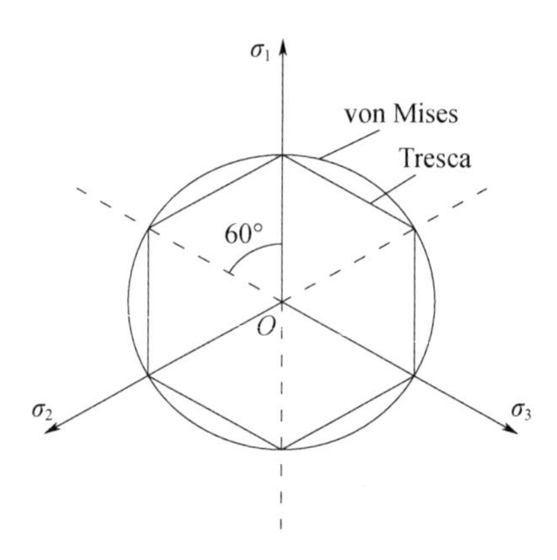

图 7.36　偏平面上 von Mises 准则和 Tresca 准则

von Mises 形式的塑性势函数可表示为

$$g(J_2,\ k)=\sqrt{J_2}-k=0 \tag{7.77}$$

式中，k 为常数。

因此，根据流动法则式（7.75）可得

$$d\varepsilon_{ij}^{p}=s_{ij}\,d\lambda \tag{7.78}$$

该式表明，应力主轴和塑性应变增量张量主轴一致。St. Venant 于 1870 年第一次提出了应变增量主轴与应力增量主轴重合的概念。根据式（7.78）可得到

$$d\varepsilon_{kk}^{p}=s_{kk}\,d\lambda=0 \tag{7.79}$$

对于这种类型的材料，体积变化是纯弹性的，不产生塑性体积变化。

根据表达式（7.78）可推导得到

$$\frac{d\varepsilon_x^p}{s_x}=\frac{d\varepsilon_y^p}{s_y}=\frac{d\varepsilon_z^p}{s_z}=\frac{d\gamma_{xy}^p}{2\tau_{xy}}=\frac{d\gamma_{yz}^p}{2\tau_{yz}}=\frac{d\gamma_{zx}^p}{2\tau_{zx}}=d\lambda \tag{7.80}$$

该式即 Prandtl-Reuss 应力-应变方程，是 Prandtl 于 1925 年扩展了 Levy-Mises 方程式（7.81）而得到的。这是第一次提出了在平面应变情况下的理想弹塑性材料的应力-应变本构关系。在大塑性流动问题中，弹性应变可以忽略不计，此时材料可视为理想刚性塑性体，总的应变增量 $d\varepsilon_{ij}$ 可认为等于塑性应变增量 $d\varepsilon_{ij}^{p}$，其应力-应变关系可表示为

$$d\varepsilon_{ij}=s_{ij}\,d\lambda \tag{7.81}$$

或表示为

$$\frac{d\varepsilon_x}{s_x}=\frac{d\varepsilon_y}{s_y}=\frac{d\varepsilon_z}{s_z}=\frac{d\gamma_{xy}}{2\tau_{xy}}=\frac{d\gamma_{yz}}{2\tau_{yz}}=\frac{d\gamma_{zx}}{2\tau_{zx}}=d\lambda \tag{7.82}$$

该式即 Levy-Mises 应力-应变本构方程，由 Levy 于 1871 年和 von Mises 于 1913 年分别提出。

②Tresca 形式的塑性势函数

在 $\sigma_1>\sigma_2>\sigma_3$ 的条件下，相应的 Tresca 形式的塑性势能函数为

$$g(\sigma_1,\ \sigma_3,\ k)=\sigma_1-\sigma_3-2k=0 \tag{7.83}$$

式中，k 为常数。

由于在顶点处的塑性应变增量的方向是不确定的，要想克服这个难点的一个方法是，使顶点处光滑，并且将 Tresca 势能面看作这个光滑面的极限情况。为此，可采用 Tresca 函数的另外一种形式：

$$g(J_2,\ \theta,\ k)=\sqrt{J_2}\sin\left(\theta+\frac{\pi}{3}\right)-k=0 \tag{7.84}$$

式中，θ 为应力 Lode 角。当 $\theta=0$、或 $\theta=\frac{\pi}{3}$时，式（7.84）简化为

$$\sqrt{J_2}=\frac{1}{\sqrt{3}}\sigma_0 \tag{7.85}$$

该式实际上就是 von Mises 屈服准则。顶点处的塑性应变方向由外接的 Tresca 面的 von Mises 面来确定。相反地，塑性势能面的顶点能够被看作光滑表面的极限情况，并且对于角点处仍然可以作为光滑面而可以应用于流动法则。如，相应于 Tresca 面的光滑面就是 von Mises 面。

7.3.2 流动规则假定

流动规则有以下两种假定：相关联的流动规则、不相关联的流动规则。

（1）相关联的流动规则

该流动规则假定塑性势函数与屈服函数一致，塑性势面即屈服面，表示为 $g=f$，由 Drucker 公设只能得出相关联的流动规则。

图 7.37（a）中，纵、横坐标分别为抽象的应力、应变，$ABCD$ 表示了一个加载卸载循环。

第一，初始状态 A 在弹性区，加载至 B 屈服，再在塑性状态下继续加载至 C，然后卸载，退至 D。$ABCD$ 所围成的阴影部分的面积，即此循环过程中所做的功，为正功（>0）。这一过程在应力空间内的变化可表示为图 7.37（b）所示。初始应力为 σ_{ij}^0，处于弹性阶段，施加 $\Delta\sigma_{ij}$ 至 σ_{ij} 屈服，最后达到 $\sigma_{ij}+\Delta\sigma_{ij}$。后一部分应力增量 $\delta\sigma_{ij}$ 引起塑性变形。这种应力关系可表示为 $\Delta\sigma_{ij}=\sigma_{ij}-\sigma_{ij}^0+\delta\sigma_{ij}$。

之后按原路径卸载 $\delta\sigma_{ij}$ 退至 σ_{ij}，再由 σ_{ij} 退至 σ_{ij}^0。这一过程在弹性范围内可为任意路径。在加载卸载循环中弹性功为 0，所做的只是塑性功，根据 Drucker 公设该塑性功为正，即图 7.37（a）中的阴影部分的面积：$\delta W_p=\int\Delta\sigma_{ij}\,d\varepsilon_{ij}^p>0$。于是可得到 $\delta W_p=\int(\sigma_{ij}-\sigma_{ij}^0)\,d\varepsilon_{ij}^p+\int\delta\sigma_{ij}\,d\varepsilon_{ij}^p>0$，$(\sigma_{ij}-\sigma_{ij}^0)\delta\varepsilon_{ij}^p+\beta\delta\sigma_{ij}\,d\varepsilon_{ij}^p>0$。式中，$\beta$ 为 0～1 的系数。

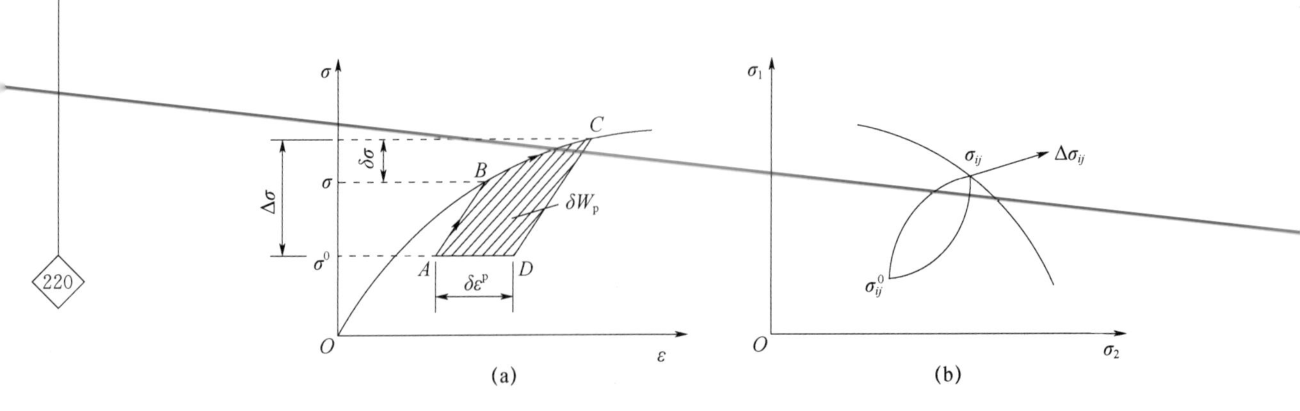

图 7.37　加载卸载过程中所做功

（a）塑性功；（b）应力路径

第二，如果初始应力就在屈服面上，$\sigma_{ij}^0=\sigma_{ij}$，则：$\delta\sigma_{ij}\delta\varepsilon_{ij}^{\mathrm{p}}>0$。于是可得到$(\sigma_{ij}-\sigma_{ij}^0)\delta\varepsilon_{ij}^{\mathrm{p}}>-\beta\delta\sigma_{ij}\delta\varepsilon_{ij}^{\mathrm{p}}$。

第三，由于$\delta\sigma_{ij}\delta\varepsilon_{ij}^{\mathrm{p}}$是一个负的高阶微量，因而有$(\sigma_{ij}-\sigma_{ij}^0)\delta\varepsilon_{ij}^{\mathrm{p}}\geqslant 0$。将应变坐标系重叠于应力坐标系，则该式左边是两个向量的标量积，不小于 0 表示这两个向量所成的角度小于或等于90°。$\delta\sigma_{ij}$与σ_{ij}^0无关，对于所有弹性区内的σ_{ij}^0都适合。由此可得到以下结论：

①代表初始应力σ_{ij}^0的所有点都必须落在与$\delta\varepsilon_{ij}^{\mathrm{p}}$垂直的平面的另一侧。这对屈服面上的所有点都成立，因而屈服面是凸的。假如屈服面是凹的，就能找到某些情况使得两个向量$(\sigma_{ij}-\sigma_{ij}^0)$、$\delta\varepsilon_{ij}^{\mathrm{p}}$之间的夹角大于90°，即式$(\sigma_{ij}-\sigma_{ij}^0)\delta\varepsilon_{ij}^{\mathrm{p}}\geqslant 0$不成立；

②$\delta\varepsilon_{ij}^{\mathrm{p}}$必须与屈服面垂直。如果不垂直也会存在某些区域，使得$(\sigma_{ij}-\sigma_{ij}^*)\delta\varepsilon_{ij}^{\mathrm{p}}<0$。

由于塑性应变增量$\delta\varepsilon_{ij}^{\mathrm{p}}$方向与塑性势面正交，由于屈服面正交，在任一点都如此，这只有两种曲面重合才有可能，即$f=g$。由此，由 Drucker 公设只能得出相关联的流动规则。

（2）不相关联的流动规则

对于岩土类材料，由试验得出的塑性应变增量方向有时并不与屈服面正交，采用相关联流动规则计算出的应力-应变关系与试验结果相差较大。由此有人提出采用不相关联流动规则，即$f\neq g$。从本质上来说，岩土材料采用不相关联的流动规则更合适。但由于计算工作量大，许多模型仍采用相关联的流动规则。

在应力空间内一点，如屈服面与塑性势面不一致，则必然存在某一区域，该部分在屈服面$f(\sigma_{ij})$以外但又在塑性势面$g(\sigma_{ij})$以内，$\delta\sigma_{ij}\delta\varepsilon_{ij}^{\mathrm{p}}<0$，即两个向量间的夹角大于90°，也就是说，此时荷载增量做功为负值，Drucker 公设不适用。但此时应力全量在塑性应变增量上做的功是正功，即$(\sigma_{ij}+\delta\sigma_{ij})\delta\varepsilon_{ij}^{\mathrm{p}}>0$。两个向量$(\sigma_{ij}+\delta\sigma_{ij})$、$\delta\varepsilon_{ij}^{\mathrm{p}}$的夹角小于90°。对于软化情形而言，由于应力达到峰值后降低（即$\delta\sigma<0$），而应变仍在发展（即$\delta\varepsilon_{ij}^{\mathrm{p}}>0$），因而$\delta\sigma_{ij}\delta\varepsilon_{ij}^{\mathrm{p}}<0$。因而软化不符合 Drucker 公设。

7.3.3　流动法则分解

von Mises 塑性位势流动法则可以分解为体积流动法则、剪切流动法则。

（1）塑性势函数g与 Lode 角θ_σ无关时

设$g=g\ (p,\ q)$，这时 von Mises 塑性位势理论式（7.75）可改写为

$$\mathrm{d}\varepsilon_{ij}^{\mathrm{p}}=\mathrm{d}\lambda\left(\frac{\partial g}{\partial p}\frac{\partial p}{\partial \sigma_{ij}}+\frac{\partial g}{\partial q}\frac{\partial q}{\partial \sigma_{ij}}\right) \tag{7.86}$$

由于$\frac{\partial p}{\partial \sigma_{ij}}=\frac{1}{3}\delta_{ij}$、$\frac{\partial q}{\partial \sigma_{ij}}=\sqrt{3}\frac{\partial \sqrt{J_2}}{\partial J_2}\frac{\partial J_2}{\partial \sigma_{ij}}=\frac{\sqrt{3}}{2\sqrt{J_2}}s_{ij}$，于是可得到

$$\mathrm{d}\varepsilon_{ij}^{\mathrm{p}}=\mathrm{d}\lambda\left(\frac{1}{3}\frac{\partial g}{\partial p}\delta_{ij}+\frac{\partial g}{\partial q}\frac{\sqrt{3}}{2\sqrt{J_2}}s_{ij}\right) \tag{7.87}$$

由此也可得到

$$\mathrm{d}\varepsilon_{\mathrm{v}}^{\mathrm{p}}=\mathrm{d}\varepsilon_{ii}^{\mathrm{p}}=\mathrm{d}\lambda\frac{\partial g}{\partial p} \tag{7.88}$$

$$\mathrm{d}e_{ij}^{\mathrm{p}}=\mathrm{d}\varepsilon_{ij}^{\mathrm{p}}-\frac{1}{3}\mathrm{d}\varepsilon_{\mathrm{v}}^{\mathrm{p}}\delta_{ij}=\mathrm{d}\lambda\frac{\partial g}{\partial q}\frac{\sqrt{3}}{2\sqrt{J_2}}s_{ij} \tag{7.89}$$

根据增量广义剪应变 $\mathrm{d}\varepsilon_{\mathrm{s}}^{\mathrm{p}}$ 的定义：$\mathrm{d}\varepsilon_{\mathrm{s}}^{\mathrm{p}}=\sqrt{\frac{2}{3}\mathrm{d}e_{ij}^{\mathrm{p}}\mathrm{d}e_{ij}^{\mathrm{p}}}$，可得

$$\mathrm{d}\varepsilon_{\mathrm{s}}^{\mathrm{p}}=\mathrm{d}\lambda\frac{\partial g}{\partial q} \tag{7.90}$$

根据式（7.88）、式（7.90），说明了流动法则可以分解为体积流动法则和剪切流动法则。体积流动法则说明了平均应力的变化只引起塑性体积应变增量的变化；剪切流动法则说明了纯剪切应力（以广义剪应力 q 表示）只引起剪应变增量（以广义剪应变 $\mathrm{d}\varepsilon_{\mathrm{s}}^{\mathrm{p}}$ 表示）的变化。

在 p-q 平面上，流动法则的分解如图 7.38 所示。

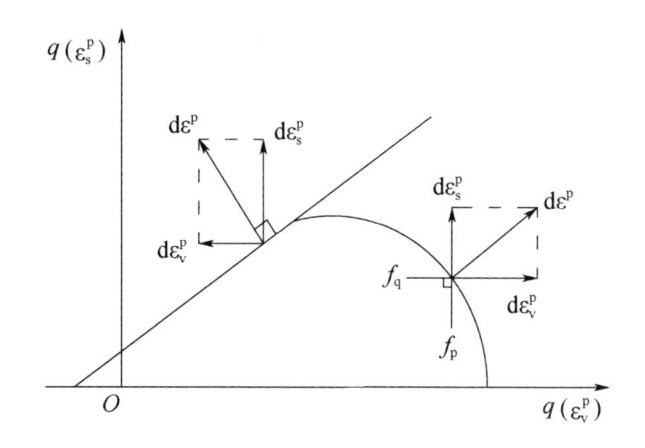

图 7.38　流动法则在 p-q 子午面上的分解

（2）塑性势函数 g 与 Lode 角 θ_σ 有关时

设 $g=g(p, q, \theta_\sigma)$，通过类似上述的推导可得到

$$\mathrm{d}\varepsilon_{\mathrm{v}}^{\mathrm{p}}=\mathrm{d}\lambda\frac{\partial g}{\partial p},\ \mathrm{d}\varepsilon_{\mathrm{s}}^{\mathrm{p}}=\mathrm{d}\lambda\sqrt{\left(\frac{\partial g}{\partial q}\right)^2+\left(\frac{1}{q}\frac{\partial g}{\partial \theta_\sigma}\right)^2} \tag{7.91}$$

该式说明了应力 Lode 角 θ_σ 对偏平面上的塑性流动方向有影响。这时有两类屈服面、或塑性势面：一是与 von Mises 准则、或 Drucker-Prager 准则相关联的势函数 $g=f=f(p, q)$；二是与 Mohr-Coulomb 准则相关联的势函数 $g=f=f(p, q, \theta_\sigma)$。当定义增量广义剪应变 $\mathrm{d}\varepsilon_{\mathrm{s}}^{\mathrm{p}}$ 在 π 平面上的应变增量 Lode 角为 $\theta_{\mathrm{d}\varepsilon}$ 时，$\theta_{\mathrm{d}\varepsilon}$ 与 θ_σ 的关系可表示为 $q\frac{\partial q}{\partial \theta_\sigma}\tan(\theta_{\mathrm{d}\varepsilon}-\theta_\sigma)=\frac{\partial q}{\partial \sigma_{ij}}$。于是可得到

$$\mathrm{d}\varepsilon_{\mathrm{s}}^{\mathrm{p}}\cos(\theta_{\mathrm{d}\varepsilon}-\theta_\sigma)=\mathrm{d}\lambda\frac{\partial g}{\partial q} \tag{7.92}$$

上述分析中，两个 $d\varepsilon_s^p$ 的表达式是等价的。当 $\theta_{d\varepsilon}=\theta_\sigma$ 时，两个 $d\varepsilon_s^p$ 的表达式就可简化为与 θ_σ 无关的式（7.90）。

7.3.4 相关联流动法则

根据 Drucker 假设，对于稳定材料：$d\sigma_{ij}d\varepsilon_{ij}^p\geqslant0$。如果要满足该式，$d\varepsilon_{ij}^p$ 必须正交于屈服面，同时屈服面必须是外凸的。这就是说，塑性势面 g 与屈服面 f 必须是重合的，即 $g=f$。这被称为相适应的流动规则，或相关联流动规则。

相适应的流动规则满足经典塑性理论所要求的材料稳定性，能够保证解的唯一性。如果 $g\neq f$ 即不相适应的流动规则，则不能保证解的唯一性。在不同的土的本构模型中，塑性势函数 g 有时采用假设的方法给定，有时通过试验的塑性应变增量来确定。

目前，大量的研究工作集中在寻求土的塑性势，并且将塑性势面与屈服面分开进行定义，以发展不相适应规律的塑性理论，比较著名的如 Lade 等的研究。

（1）与 von Mises 屈服准则相关联的流动法则

当塑性流动与 von Mises 屈服准则相关联时有

$$g=f=q-k_m=0 \tag{7.93}$$

根据流动法则分解为体积流动法则和剪切流动法则，可得到

$$d\varepsilon_v^p=d\lambda\frac{\partial f}{\partial p}=0,\quad d\varepsilon_s^p=d\lambda\frac{\partial f}{\partial q}=d\lambda \tag{7.94}$$

这说明：①与 von Mises 屈服准则相关联流动时，塑性体积应变增量为 0；②在 p-q 平面上，塑性流动方向即 $d\varepsilon_s^p$ 的方向与 q 一致，如图 7.39（a）所示；③在偏平面上，$d\varepsilon^p$ 的方向沿屈服面的外法线即半径方向，与 θ_σ 无关，如图 7.39（b）所示。

（2）与 Drucker-Prager 屈服准则相关联的流动法则

当塑性流动与 Drucker-Prager 屈服准则相关联时有

$$g=f=\frac{1}{\sqrt{3}}q-3\alpha p-k=0 \tag{7.95}$$

同样，根据流动法则分解为体积流动法则和剪切流动法则，可得到

$$d\varepsilon_v^p=d\lambda\frac{\partial f}{\partial p}=-3\alpha d\lambda,\quad d\varepsilon_s^p=d\lambda\frac{\partial f}{\partial q}=\frac{1}{\sqrt{3}}d\lambda \tag{7.96}$$

这说明：①与 Drucker-Prager 屈服准则相关联流动时，将产生塑性体积应变，其大小为 $3\alpha d\lambda$，负号表示为剪胀；②在 p-q 平面上，塑性流动方向即 $d\varepsilon^p$ 的方向如图 7.39（a）所示；③在偏平面上，塑性流动方向即 $d\varepsilon^p$ 的方向沿屈服面的外法线即半径方向，如图 7.39（b)所示。

（3）与 Mohr-Coulomb 屈服准则相关联的流动法则

将 Mohr-Coulomb 屈服准则表示为 p、q、θ_σ 的形式，当塑性流动与 Mohr-Coulomb 屈服准则相关联时有

$$g=f=\frac{1}{\sqrt{3}}\left(\cos\theta_\sigma+\frac{1}{\sqrt{3}}\sin\theta_\sigma\sin\varphi\right)q-3\alpha p-c\cos\varphi=0 \tag{7.97}$$

该式在 $\theta_\sigma=\mp\frac{\pi}{6}$ 的子午面上可简化为

$$g=f=q-\frac{6\sin\varphi}{3\mp\sin\varphi}p-\frac{6c\cos\varphi}{3\mp\sin\varphi}=0 \tag{7.98}$$

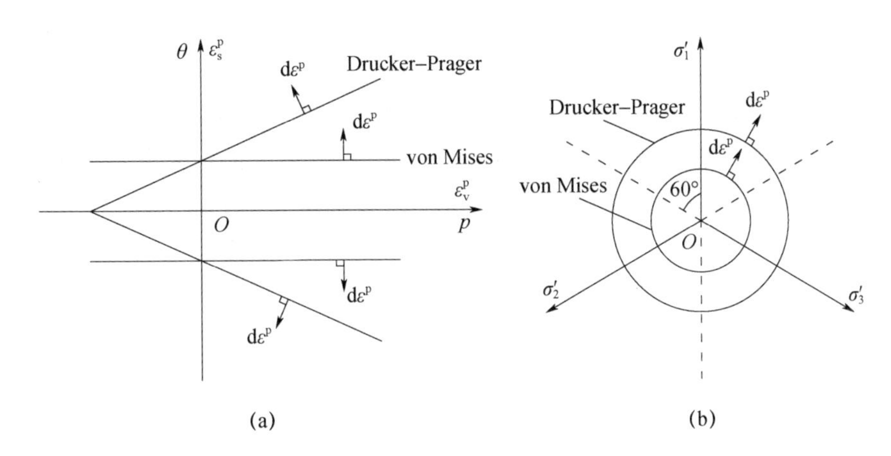

图 7.39　与 von Mises 准则、Drucker-Prager 准则相关联的流动法则

(a) p-q 子午面；(b) 偏平面

同样根据流动法则分解为体积流动法则和剪切流动法则，可得到

$$\mathrm{d}\varepsilon_v^p=\mathrm{d}\lambda\frac{\partial f}{\partial p}=-\frac{6\sin\varphi}{3\mp\sin\varphi}\mathrm{d}\lambda,\ \mathrm{d}\varepsilon_s^p=\mathrm{d}\lambda\frac{\partial f}{\partial q}=\mathrm{d}\lambda \tag{7.99}$$

这说明：①与 Mohr-Coulomb 屈服准则相关联流动时，将产生塑性体积应变，其大小为 $\frac{6\sin\varphi}{3\mp\sin\varphi}\mathrm{d}\lambda$，负号表示为剪胀；②在偏平面上，由于 f 与 θ_σ 有关，应当按照塑性势函数与 θ_σ 有关时的 $\mathrm{d}\varepsilon_s^p$ 表达式来计算 $\mathrm{d}\varepsilon_s^p$。由于 θ_σ 影响 $\mathrm{d}\varepsilon_s^p$，因而 $\theta_{\mathrm{d}\varepsilon}\neq\theta_\sigma$。

根据上述流动法则，同一个静水压力 p 值时的三轴压缩与三轴拉伸体积应变之比为

$$\frac{\mathrm{d}\varepsilon_{vp}^p}{\mathrm{d}\varepsilon_{vt}^p}=\frac{3+\sin\varphi}{3-\sin\varphi} \tag{7.100}$$

式中，$\mathrm{d}\varepsilon_{vp}^p$、$\mathrm{d}\varepsilon_{vt}^p$ 分别为三轴压缩、三轴拉伸时的剪胀量。

式 (7.100) 说明，对于拉、压强度不同的材料，其压缩、拉伸试验产生的体积应变是不相同的。试验研究表明，基于与 Mohr-Coulomb 屈服准则相关联的流动法则计算所得到的体积应变 $\mathrm{d}\varepsilon_v^p$，大于实测值，因而需要采用与 Mohr-Coulomb 屈服准则不相关联的流动法则。

7.3.5 奇异屈服面与多重屈服面的流动法则

这种流动法则针对理想塑性材料，即假设 $g=f=\phi$。式中：g、f、ϕ 分别为塑性势面、屈服面、加载面函数。对于硬化材料，只需要将屈服面改为加载面即可。

(1) 奇异屈服面的流动法则

对于正则屈服面而言，其流动法则采用 von Mises 塑性位势理论的数学表达式。对于屈服面上出现奇异线（在平面上则为奇异点）或尖角的情形，例如 Tresca 屈服准则的屈服曲线在 π 平面上有六个奇异点，这时在两个屈服面的交点，即奇异点上的塑性流动法则，可按两侧屈服面产生的塑性应变增量的线性组合进行计算，即

$$\mathrm{d}\varepsilon_{ij}^p=\mathrm{d}\lambda_1\frac{\partial f_1}{\partial\sigma_{ij}}+\mathrm{d}\lambda_2\frac{\partial f_2}{\partial\sigma_{ij}} \tag{7.101}$$

式中，$\mathrm{d}\lambda_1$ 和 $\mathrm{d}\lambda_2$ 分别为与屈服面 f_1 和 f_2 相对应的塑性标量因子。

这里所述的奇异点是由两个屈服面相交所形成的，但这种奇异点两侧的屈服面性质是相同的，因而这种屈服面仍然是单一屈服面。Tresca 屈服准则的六个屈服面其性质相同，都

是剪切屈服面，因而仍然属于单一屈服面。

在屈服面的奇异点上，由于 $d\lambda_1$ 和 $d\lambda_2$ 与 $d\sigma_{ij}$ 有关，因此 $d\lambda_1$ 和 $d\lambda_2$ 不仅影响 $d\varepsilon_{ij}^p$ 的幅值，也影响合成的 $d\varepsilon_{ij}^p$ 的方向。这一点与正则加载面的流动法则不同。在不影响计算精度的条件下，为了方便计算可将屈服面在奇异点附近一个小的 θ_σ 范围内进行光滑化处理。这时奇异点消失，即可按照正则屈服面的流动法则计算塑性应变增量 $d\varepsilon_{ij}^p$ 的大小。

（2）多重屈服面的流动法则

在应力空间中，如果一个点出现两个、或两个以上的性质不同的屈服面，这种屈服面则称为双屈服面、或多重屈服面。例如岩土类材料常使用的体积屈服面和剪切屈服面就是典型的双屈服面。

在两类性质不同的屈服面上的奇异点，其流动法则仍然可采用上述线性组合方式，只不过此时的屈服面 f_1 和 f_2 性质不相同。例如，某点处存在着剪切屈服面 f_q 和压缩屈服面 f_p，塑性应变增量 $d\varepsilon_{ij}^p$ 的方向就是由 f_q 和 f_p 的线性组合而成的，只不过此时 $d\lambda_1=d\lambda_2=d\lambda$。$d\varepsilon_{ij}^p$ 的模为

$$|d\varepsilon^p|=d\lambda\sqrt{\left(\frac{\partial f_p}{\partial p}\right)^2+\left(\frac{\partial f_q}{\partial q}\right)^2}。\tag{7.102}$$

7.3.6 Prandtl-Reuss 流动理论

Prandtl-Reuss 流动理论基于以下三个假设：①塑性应变增量 $d\varepsilon_{ij}^p$ 主轴与当前应力 σ_{ij} 主轴重合；②塑性偏应变增量 de_{ij}^p 与偏应力张量 s_{ij} 成比例；③不发生塑性体积变化。

（1）Prandtl-Reuss 应力-应变增量关系

与形变理论相比较，流动理论中的应力-应变关系是以增量的形式给出的。根据与形变理论表达式 $e_{ij}^p=\phi s_{ij}$ 相同的方式，给出塑性（偏）应变增量为

$$d\varepsilon_{ij}^p=de_{ij}^p=d\lambda s_{ij}\tag{7.103}$$

式中，$d\lambda$ 是一个正的标量因子。

式（7.101）表示的关系称为 Prandtl-Reuss 应力-应变增量关系。该式实际上是基于 1930 年 Reuss 对符合相适应的流动规则的假定：塑性应变增量在一个加载的瞬间，都正比于瞬时应力偏量和瞬时剪应力，即

$$\frac{de_x^p}{s_x}=\frac{de_y^p}{s_y}=\frac{de_z^p}{s_z}=\frac{de_{xy}^p}{\tau_{xy}}=\frac{de_{yz}^p}{\tau_{yz}}=\frac{de_{zx}^p}{\tau_{zx}}=d\lambda\tag{7.104}$$

采用张量符号简写成 $de_{ij}^p=d\lambda s_{ij}$。式中：$d\lambda=\frac{3}{2}\frac{d\varepsilon_s^p}{q}$。因此，对于一个完全塑性材料，可以表达为

$$de_{ij}^p=\frac{3}{2}\frac{d\varepsilon_s^p}{q}s_{ij}\tag{7.105}$$

由于总偏应变增量 de_{ij} 是弹性偏应变增量 de_{ij}^e 和塑性偏应变增量 de_{ij}^p 之和，即 $de_{ij}=de_{ij}^e+de_{ij}^p$。这时考虑了塑性区的弹性应变。结合 $s_{ij}=2Ge_{ij}$、式（7.105）可得到

$$de_{ij}=\frac{ds_{ij}}{2G}+\frac{3}{2}\frac{d\varepsilon_s^p}{q}s_{ij}，或\ de_{ij}=\frac{ds_{ij}}{2G}+\frac{3}{2}\frac{dq}{qH'}s_{ij}\tag{7.106}$$

式中，广义应力 q、广义应变增量 $d\varepsilon_s^p$ 的张量表达式分别为 $q=\sqrt{\frac{3}{2}s_{ij}s_{ij}}$、$d\varepsilon_s^p=\sqrt{\frac{2}{3}de_{ij}^p de_{ij}^p}$；

$H'=\frac{dq}{d\varepsilon_s^p}$相应于广义应力 q 与广义塑性应变 $\int d\varepsilon_s^p$ 关系曲线的坡度。这些弹性-完全塑性材料的本构方程称为 Prandtl-Reuss 方程。

（2）J_2 理论

根据 von Mises 屈服准则，以及与之相关联的流动法则，所导出的理想弹塑性应力-应变关系就是 Prandtl-Reuss 本构模型。在这种情况下，屈服函数 f 和势能函数 g 定义为

$$f=g=\sqrt{J_2}-k \tag{7.107}$$

式中，k 为常数。

Prandtl-Reuss 模型可能是工程实践中用得最广泛，也许是最简单的理想弹塑性材料的模型，也称为 J_2 理论。

由于 von Mises 准则也可表示为 $g=f=q-k=0$，或 $q=\sqrt{\frac{3}{2}s_{ij}s_{ij}}=k$、$s_{ij}s_{ij}=\frac{2}{3}q^2$。其微分形式为 $s_{ij}s_{ij}=\frac{2}{3}q\mathrm{d}q=\frac{4}{9}q^2H'\mathrm{d}\lambda$。于是得到 $2Gs_{ij}(\mathrm{d}e_{ij}-s_{ij}\mathrm{d}\lambda)=\frac{9}{4}q^2H'\mathrm{d}\lambda$。据此可得到

$$\mathrm{d}\lambda=\frac{s_{ij}\mathrm{d}e_{ij}}{S} \tag{7.108}$$

式中，$S=\frac{2}{3}q^2\left(1+\frac{H'}{3G}\right)$。

由于塑性体积应变增量为零，则式（7.108）可改写成 $\mathrm{d}\lambda=\frac{s_{ij}\mathrm{d}\varepsilon_{ij}}{S}=\frac{3}{2}\frac{\mathrm{d}\varepsilon_s^p}{q}$。

1967 年，Yamada 重新令偏应变增量 $\mathrm{d}e_{ij}$ 的定义为

$$\mathrm{d}e_{ij}=\mathrm{d}\varepsilon_{ij}-\delta_{ij}\frac{\mathrm{d}\varepsilon_{ii}}{3}，\mathrm{d}\varepsilon_{ij}=\mathrm{d}\varepsilon_x+\mathrm{d}\varepsilon_y+\mathrm{d}\varepsilon_z \tag{7.109}$$

因此可得到偏应力增量 $\mathrm{d}s_{ij}$ 的表达式，并且令 $s_{ij}\mathrm{d}\varepsilon_{ij}=s_{kl}\mathrm{d}\varepsilon_{kl}$，则

$$\mathrm{d}s_{ij}=2G\left(\mathrm{d}e_{ij}-s_{ij}\frac{s_{kl}\mathrm{d}\varepsilon_{kl}}{S}\right)=2G\left(\mathrm{d}\varepsilon_{ij}-\delta_{ij}\frac{\mathrm{d}\varepsilon_{ii}}{3}-s_{ij}\frac{s_{kl}\mathrm{d}\varepsilon_{kl}}{S}\right) \tag{7.110}$$

总应力增量可定义为

$$\mathrm{d}\sigma_{ij}=\mathrm{d}s_{ij}+\frac{E}{3(1-2\mu)}\delta_{ij}\mathrm{d}\varepsilon_{ij}=\mathrm{d}s_{ij}+\frac{2G(1+\mu)}{3(1-2\mu)}\delta_{ij}\mathrm{d}\varepsilon_{ij} \tag{7.111}$$

最终可得到总应力增量的表达式为

$$\mathrm{d}\sigma_{ij}=2G\left(\mathrm{d}\varepsilon_{ij}-\frac{\mu}{1-2\mu}\delta_{ij}\mathrm{d}\varepsilon_{ii}-s_{ij}\frac{s_{kl}\mathrm{d}\varepsilon_{kl}}{S}\right) \tag{7.112}$$

（3）Levy-Mises 应力-应变增量关系

对于弹性部分，假设一个线性各向同性的关系为

$$\mathrm{d}\varepsilon_{ij}^e=\frac{1}{2G}\mathrm{d}s_{ij}+\frac{1}{9K}\mathrm{d}\sigma_{kk}\delta_{ij} \tag{7.113}$$

于是总的应力-应变增量关系可表示为

$$\mathrm{d}\varepsilon_{ij}=\frac{1}{2G}\mathrm{d}s_{ij}+\frac{1}{9K}\mathrm{d}\sigma_{kk}\delta_{ij}+\mathrm{d}\lambda s_{ij} \tag{7.114}$$

对于刚塑性材料，弹性应变增量 $\mathrm{d}\varepsilon_{ij}^e$ 与塑性应变增量 $\mathrm{d}\varepsilon_{ij}^p$ 相比较是很小的，因此其总的应力-应变增量关系可表示为

$$\mathrm{d}\varepsilon_{ij}=\mathrm{d}\varepsilon_{ij}^p=\mathrm{d}\lambda s_{ij} \tag{7.115}$$

该式称为 Levy-Mises 应力-应变增量本构方程。

例如，对于理想弹-塑性 J_2 模型材料，有效应力 σ_e 是一个常数，即 $\sigma_e=\frac{3}{\sqrt{2}}\tau_{oct}=\sqrt{3J_2}=\sqrt{\frac{3}{2}s_{ij}s_{ij}}$。于是得到 $s_{ij}s_{ij}=\frac{2}{3}\sigma_e^2=\frac{2}{3}\sigma_y^2$。因此可得到 $s_{ij}\mathrm{d}s_{ij}=0$。

偏应变增量 $\mathrm{d}e_{ij}$ 可表示为 $\mathrm{d}e_{ij}=\frac{1}{2G}\mathrm{d}s_{ij}+\mathrm{d}\lambda s_{ij}$。该式两边同乘以 s_{ij}，即 $s_{ij}\mathrm{d}e_{ij}=\frac{1}{2G}\cdot s_{ij}\mathrm{d}s_{ij}+\mathrm{d}\lambda s_{ij}s_{ij}$。即 $s_{ij}\mathrm{d}e_{ij}=\mathrm{d}\lambda s_{ij}s_{ij}=\frac{2}{3}\mathrm{d}\lambda\sigma_y^2$。于是有 $\mathrm{d}\lambda=\frac{3}{2}\frac{1}{\sigma_y^2}s_{ij}\mathrm{d}e_{ij}$。

根据 $\mathrm{d}e_{ij}=\frac{1}{2G}\mathrm{d}s_{ij}+\mathrm{d}\lambda s_{ij}$、$\mathrm{d}\lambda=\frac{3}{2}\frac{1}{\sigma_y^2}s_{ij}\mathrm{d}e_{ij}$，可得到 $\mathrm{d}s_{ij}=2G\left(\mathrm{d}e_{ij}-\frac{3}{2}\frac{1}{\sigma_y^2}s_{ij}s_{ij}\mathrm{d}e_{ij}\right)=2G\cdot\left(\mathrm{d}e_{ij}-\frac{3}{2}\frac{1}{\sigma_y^2}s_{ij}s_{kl}\mathrm{d}e_{kl}\right)$。于是可得到理想弹-塑性 J_2 模型材料的应力-应变增量关系为 $\mathrm{d}\sigma_{ij}=2G\cdot\left(\mathrm{d}e_{ij}-\frac{3}{2}\frac{1}{\sigma_y^2}s_{ij}s_{kl}\mathrm{d}e_{kl}\right)+K\mathrm{d}\sigma_{kk}\delta_{ij}$。

7.4 硬化规则

对于应变硬化材料，硬化规律说明屈服面以何种运动规律产生硬化。硬化定律具体说明屈服面为何会硬化，也就是规定硬化函数与硬化参数的具体内容。在加载过程中，硬化材料加载面的形状、大小以及加载面中心的位置，甚至加载面的主方向等，都有可能随着加载应力、加载路径等的变化而发生变化。在应力空间中，加载面的形状、大小以及加载面中心位置的变化规律称为硬化规律或硬化模型。确定加载面依据哪些具体的硬化参量而产生硬化的规律称为硬化定律。

本节将硬化规律和硬化定律统称为硬化规则。

7.4.1 加载卸载准则

（1）塑性加载条件

塑性加载条件或称加载条件，就是保证产生新的塑性变形的条件，或是使应力继续保持在屈服面或相继屈服面上的条件。加载准则是保证实现上述加载条件的应力变化条件，或应变变化条件。当不满足加载条件时则称为卸载，或中性变载。

对于单向拉、压简单应力状态，只要通过其应力增大或减小就可判断是加载还是卸载，其加载卸载准则可表示：对于理想塑性，加载为 $\sigma_{ij}\mathrm{d}\sigma_{ij}=0$；卸载为 $\sigma_{ij}\mathrm{d}\sigma_{ij}<0$。对于硬化塑性，加载为 $\sigma_{ij}\mathrm{d}\sigma_{ij}>0$；卸载为 $\sigma_{ij}\mathrm{d}\sigma_{ij}<0$。

对于复杂应力状态，不能通过简单的应力增减来判断是加载还是卸载，需要建立与复杂应力状态相对应的加载、卸载准则。

（2）理想弹塑性材料的加载、卸载

理想弹塑性材料加载面与屈服面相同，屈服条件不变，塑性加载条件就是屈服条件，可表示为 $f(\sigma_{ij})=0$。当应力点保持在屈服面上时称为加载；当应力点从屈服面上改变到屈服面之内时称为卸载。加载、卸载准则可表示为

$$弹性状态：f(\sigma_{ij})<0$$

$$\text{对于加载：} f(\sigma_{ij})=0\text{、}\mathrm{d}f=\frac{\partial f}{\partial\sigma_{ij}}\mathrm{d}\sigma_{ij}=0$$

$$\text{对于卸载：} f(\sigma_{ij})=0\text{、}\mathrm{d}f=\frac{\partial f}{\partial\sigma_{ij}}\mathrm{d}\sigma_{ij}<0 \tag{7.116}$$

在应力空间中，屈服面的外法线方向 n 向量的分量与$\frac{\partial f}{\partial \sigma_{ij}}$成正比，则$\frac{\partial f}{\partial \sigma_{ij}}\mathrm{d}\sigma_{ij}=0$ 表示 $n\cdot\mathrm{d}\sigma=0$，即应力点只能沿屈服面上变化，属于加载；而$\frac{\partial f}{\partial \sigma_{ij}}\mathrm{d}\sigma_{ij}<0$ 表示 $n\cdot\mathrm{d}\sigma<0$，即应力增量向量指向屈服面内，属于卸载。如图 7.40 所示。由于屈服面不能扩大，$\mathrm{d}\sigma$ 不能指向屈服面之外。

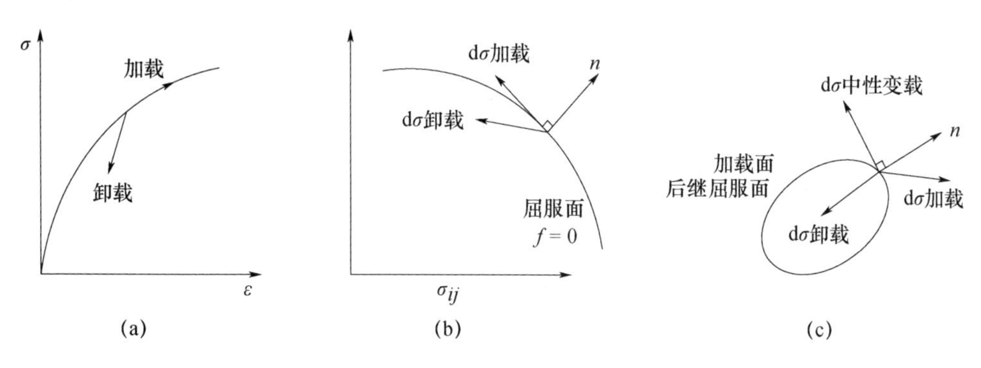

图 7.40　加载、卸载示意图

(a) 单轴；(b) 理想塑性；(c) 加工硬化

对于理想塑性材料，屈服面在应力空间中是固定的。因此，仅仅在应力路径上的屈服面上移动时才产生塑性变形。因此塑性流动的加载条件可写成

$$f=0 \text{ 以及 } \mathrm{d}f=\frac{\partial f}{\partial\sigma_{ij}}\mathrm{d}\sigma_{ij}=0 \tag{7.117}$$

如果在一个应力增量之后，新的应力状态仍然在弹性范围之内，即 $f<0$，那么对于应力路径起点在屈服面上的这种特殊情况，弹性状态的加载条件则可表示为

$$f=0 \text{ 以及 } \mathrm{d}f=\frac{\partial f}{\partial\sigma_{ij}}\mathrm{d}\sigma_{ij}<0 \tag{7.118}$$

因此，理想塑性材料出现弹性状态的条件为 $f<0$ 或 $f=0$，以及 $\mathrm{d}f=\frac{\partial f}{\partial \sigma_{ij}}\mathrm{d}\sigma_{ij}<0$。但是，当应力点沿着屈服面移动时（即 $f=0$、$\mathrm{d}f=0$），并不总是引起塑性变形，而有可能被归至中性变载的情形。假定此时变形是纯弹性的，因此加载准则可定义为

$$f=0 \text{ 并且 } \mathrm{d}f=\frac{\partial f}{\partial\sigma_{ij}}\mathrm{d}\sigma_{ij}=0\text{，为加载、或中性变载；}$$

$$f=0 \text{ 并且 } \mathrm{d}f=\frac{\partial f}{\partial\sigma_{ij}}\mathrm{d}\sigma_{ij}<0\text{，为卸载} \tag{7.119}$$

根据上述准则，并不能区别加载、中性变载过程。有人提出表述加载准则的不同形式，可以采用应变增量代替应力增量以做出判断，即

$$f=0 \text{ 并且 } \mathrm{d}f=\frac{\partial f}{\partial\sigma_{ij}}C_{ijkl}\mathrm{d}\varepsilon_{kl}>0\text{，为加载；}$$

$$f=0 \text{ 并且 } \mathrm{d}f=\frac{\partial f}{\partial\sigma_{ij}}C_{ijkl}\mathrm{d}\varepsilon_{kl}=0\text{，为中性变载；}$$

$$f=0 \text{ 并且 } df=\frac{\partial f}{\partial \sigma_{ij}}d\sigma_{ij}<0\text{，为卸载} \tag{7.120}$$

式中，C_{ijkl} 为弹性刚度张量。

对于理想塑性材料，式（7.120）所示的加载准则形式更具有普遍性也更为适用。即使当 $df=\frac{\partial f}{\partial \sigma_{ij}}d\sigma_{ij}=0$ 时也能找到塑性应变增量的值为 0。

①正则屈服面的加载、卸载准则

当屈服函数连续可微时，相应的屈服面就称为正则屈服面。对于理想塑性材料，其屈服面在应力空间中的形状、大小与位置都不发生变化，保证应力变化不脱离屈服面的条件就是加载准则，否则就是卸载准则。

在应力空间中，$\frac{\partial f}{\partial \sigma_{ij}}$ 代表屈服面 f 在应力点 σ_{ij} 的梯度矢量的方向，或屈服面 f 的外法线方向，$df=\frac{\partial f}{\partial \sigma_{ij}}d\sigma_{ij}=0$ 表示应力增量 $d\sigma_{ij}$ 方向与屈服面 f 的外法线方向，或梯度矢量方向 $\boldsymbol{n}$ 相正交。$df=\frac{\partial f}{\partial \sigma_{ij}}d\sigma_{ij}<0$ 表示应力增量 $d\sigma_{ij}$ 方向指向屈服面 f 以内，如图 7.41（a）所示。

因此，在应力空间中，正则屈服面或正则加载面的加载、卸载条件又可表示为 $f(\sigma_{ij})=0$，当 $\boldsymbol{n}d\boldsymbol{\sigma}=0$ 时为加载；当 $\boldsymbol{n}d\boldsymbol{\sigma}<0$ 时为卸载。

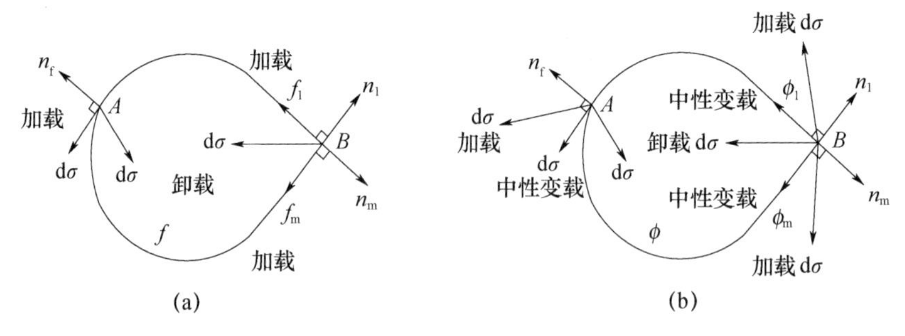

图 7.41 加载、卸载准则

②非正则屈服面的加载、卸载准则

当屈服函数不是处处连续可微，或屈服面具有棱角（即奇异点）时，这种屈服面称为非正则屈服面。此时，在屈服面的正则点上，正则屈服面或加载面的加载卸载条件仍然是适用的。但当应力点落在两个屈服面 f_l、f_m 的交点时，非正则屈服面的加载、卸载准则可表示为 $f_l=f_m=0$。当 $\max(df_l, df_m)=0$ 时为加载；当 $df_l<0$ 并且 $df_m<0$ 时为卸载。在主应力空间中，非正则点的加载卸载准则，如图 7.41（a）中的 B 点所示。

（3）硬化材料的加载、卸载

应变硬化材料，或加工硬化或强化材料，其塑性加载条件为 $f(\sigma_{ij}, H)=0$。式中：H 为应变硬化参量，是度量材料由于塑性变形引起的内部微观结构变化的参量，可以不只一个。H 与塑性变形有关，可以是塑性应变各种分量、塑性功，或是代表热力学状态的内变量的函数。在力学中，内变量是不可直接观察与测量的量，如塑性变形、塑性功等。可以直接观察与测量的量，如应力、应变等，称为外变量。

如果应力状态趋向于移出屈服面的趋势，则可获得一个加载的过程，产生弹塑性变形。如果应力状态趋向于移进屈服面以内的趋势，则为卸载过程，此时只有弹性变形发生，加载面仍然保持不变。应力点沿着当前的屈服面移动，这个过程称为中性变载，与之相关的是弹性变形。

加工硬化材料的加载、卸载准则与理想弹塑性材料不同，其加载、中性变载、卸载等的准则可用数学形式表示为：

$$f=0 \text{ 并且 } \mathrm{d}f=\frac{\partial f}{\partial \sigma_{ij}}\mathrm{d}\sigma_{ij}>0\text{，为加载；}$$

$$f=0 \text{ 并且 } \mathrm{d}f=\frac{\partial f}{\partial \sigma_{ij}}\mathrm{d}\sigma_{ij}=0\text{，为中性变载；}$$

$$f=0 \text{ 并且 } \mathrm{d}f=\frac{\partial f}{\partial \sigma_{ij}}\mathrm{d}\sigma_{ij}<0\text{，为卸载} \tag{7.121}$$

塑性应变增量 $\mathrm{d}\varepsilon_{ij}^{\mathrm{p}}$ 的方向只依赖于应力张量 σ_{ij}，而与应力增量张量 $\mathrm{d}\sigma_{ij}$ 无关；塑性应变增量 $\mathrm{d}\varepsilon_{ij}^{\mathrm{p}}$ 的大小则与应力增量张量 $\mathrm{d}\sigma_{ij}$ 有关。

①正则加载面的加载、卸载准则

根据应变硬化材料的塑性加载条件，可得到全微分形式为 $\mathrm{d}f=\frac{\partial f}{\partial \sigma_{ij}}\mathrm{d}\sigma_{ij}+\frac{\partial f}{\partial H}\mathrm{d}H=0$。这说明加载面的变化是由于应力增量 $\mathrm{d}\sigma_{ij}$ 和硬化参量的变化 $\mathrm{d}H$ 而引起的，而硬化参量的变化 $\mathrm{d}H$ 是由于应力增量 $\mathrm{d}\sigma_{ij}$ 或塑性应变增量 $\mathrm{d}\varepsilon_{ij}^{\mathrm{p}}$ 而产生。

如图 7.41（b）所示，在正则加载面上，硬化材料的加载卸载准则可以只由应力的变化是否离开加载面来反映。与理想塑性材料的正则屈服面加载卸载准则相比，此处的屈服函数 f 需满足 $f=0$、$\mathrm{d}f>0$ 才表示加载，说明加载面因应变硬化而扩大。此外，这里多了一个中性变载条件，这意味着应力点在加载面上变化即 $f=0$，由于塑性内变量 H 不发生变化即不产生新的塑性变形，只产生弹性变形即 $\mathrm{d}f=0$，此时又不是卸载，因而称为中性变载。

正则屈服面（或正则加载面）上的加载卸载准则也可以采用加载面梯度矢量的方向，或加载面外法线方向 $\boldsymbol{n}$ 与应力增量矢量方向 $\mathrm{d}\boldsymbol{\sigma}$ 表示为 $f=0$。当 $\boldsymbol{n}\mathrm{d}\boldsymbol{\sigma}>0$ 时为加载；当 $\boldsymbol{n}\mathrm{d}\boldsymbol{\sigma}=0$ 是为中性变载；当 $\boldsymbol{n}\mathrm{d}\boldsymbol{\sigma}<0$ 为卸载。

在主应力空间中，应力增量 $\mathrm{d}\sigma_{ij}$ 的方向指向加载面之外为加载；应力增量 $\mathrm{d}\sigma_{ij}$ 的方向指向加载面之内为卸载；应力增量 $\mathrm{d}\sigma_{ij}$ 的方向沿加载面切向变化时为中性变载。

②非正则（奇异）加载面的加载、卸载准则

如果加载面由几个正则加载面构成，则在加载面的交线或交点上，加载面的梯度方向出现不连续，或出现奇异线或奇异点。此时，在各个正则面的正则点上，上述正则加载面的加载卸载准则仍然是适用的。但是在奇异点处的加载面 ϕ_l、ϕ_{m} 的交点处，其加载卸载准则为：$\phi_l=\phi_{\mathrm{m}}=0$。当 $\max\left(\frac{\partial \phi_l}{\partial \sigma_{ij}}\mathrm{d}\sigma_{ij}, \frac{\partial \phi_{\mathrm{m}}}{\partial \sigma_{ij}}\mathrm{d}\sigma_{ij}\right)>0$ 时为加载；当 $\max\left(\frac{\partial \phi_l}{\partial \sigma_{ij}}\mathrm{d}\sigma_{ij}, \frac{\partial \phi_{\mathrm{m}}}{\partial \sigma_{ij}}\mathrm{d}\sigma_{ij}\right)=0$ 时为中性变载；当 $\max\left(\frac{\partial \phi_l}{\partial \sigma_{ij}}\mathrm{d}\sigma_{ij}, \frac{\partial \phi_{\mathrm{m}}}{\partial \sigma_{ij}}\mathrm{d}\sigma_{ij}\right)<0$ 时为卸载。这说明由加载面 ϕ_l、ϕ_{m} 中的最大一个加载面增量 $\max(\partial \phi_l, \partial \phi_{\mathrm{m}})$ 来决定是加载、卸载还是中性变载。

需要说明的是，上述加载卸载准则不适用应变软化材料。因为应变软化材料在加载时表现为加载面收缩，即 $\mathrm{d}f<0$，这时与卸载准则无法进行区别。当采用应变空间的加载面时，应变软化材料的加载面在应变空间仍然继续扩大，不会收缩，因此可将加载卸载准则采用应

变形式来表示。如果令应变空间的加载条件为 $f(\varepsilon_{ij}, H')=0$。式中：$H'$为应变硬化参量。这时应变空间的加载卸载准则可表示为

$$f=0,\ \text{当}\frac{\partial f}{\partial \varepsilon_{ij}}\mathrm{d}\varepsilon_{ij}>0\ \text{时为加载；}$$
$$\text{当}\frac{\partial f}{\partial \varepsilon_{ij}}\mathrm{d}\varepsilon_{ij}=0\ \text{时为中性变载；}$$
$$\text{当}\frac{\partial f}{\partial \varepsilon_{ij}}\mathrm{d}\varepsilon_{ij}<0\ \text{时为卸载} \tag{7.122}$$

该准则同时适用理想塑性、应变硬化、应变软化材料。对于理想塑性材料而言，没有中性变载，$\partial f=0$ 即加载，$\partial f<0$ 即卸载，不会出现 $\partial f>0$ 的情形。在应变空间中，加载、卸载时的应变增量矢量方向都是指向加载面的外侧，中性变载时的应变增量矢量方向指向加载面切线方向。

对于非正则应变屈服面的加载卸载准则可表示为

$$f=0,\ \text{当}\max\left(\frac{\partial f_l}{\partial \varepsilon_{ij}}\mathrm{d}\varepsilon_{ij},\ \frac{\partial f_\mathrm{m}}{\partial \varepsilon_{ij}}\mathrm{d}\varepsilon_{ij}\right)>0\ \text{时为加载；}$$
$$\text{当}\max\left(\frac{\partial f_l}{\partial \varepsilon_{ij}}\mathrm{d}\varepsilon_{ij},\ \frac{\partial f_\mathrm{m}}{\partial \varepsilon_{ij}}\mathrm{d}\varepsilon_{ij}\right)=0\ \text{时为中性变载；} \tag{7.123}$$
$$\text{当}\max\left(\frac{\partial f_l}{\partial \varepsilon_{ij}}\mathrm{d}\varepsilon_{ij},\ \frac{\partial f_\mathrm{m}}{\partial \varepsilon_{ij}}\mathrm{d}\varepsilon_{ij}\right)<0\ \text{时为卸载}$$

对于应变硬化，采用屈服函数对加载、卸载进行判断，其方法如下：其一，$f=0$ 时表示应力状态在屈服面上，此时$\frac{\partial f}{\partial \sigma_{ij}}\mathrm{d}\sigma_{ij}>0$，表示为加载，同时产生弹性应变增量 $\mathrm{d}\varepsilon^\mathrm{e}$、塑性应变增量 $\mathrm{d}\varepsilon^\mathrm{p}$；如果$\frac{\partial f}{\partial \sigma_{ij}}\mathrm{d}\sigma_{ij}=0$，则表示为中性变载，此时只产生弹性应变增量 $\mathrm{d}\varepsilon^\mathrm{e}$；如果$\frac{\partial f}{\partial \sigma_{ij}}\mathrm{d}\sigma_{ij}<0$，则表示为卸载，也只产生弹性应变增量 $\mathrm{d}\varepsilon^\mathrm{e}$。其二，$f<0$ 时，表示为应力状态在现有屈服面内，微小的应力变化则只产生弹性应变增量 $\mathrm{d}\varepsilon^\mathrm{e}$。

另一方面，对于强化材料，如果应力状态与屈服面相交，并且试图移出当前的曲面边界，则弹-塑性状态就会出现。在这种情况下，塑性变形的加载条件可定义成

$$f=0\ \text{以及}\ \mathrm{d}f=\frac{\partial f}{\partial \sigma_{ij}}\mathrm{d}\sigma_{ij}>0 \tag{7.124}$$

7.4.2 硬化规律

硬化规律也称为硬化模型。在加载过程中，屈服面不断改变它的形状，以使应力点总是位于其上。然而，有无数个屈服面的演化形式可以满足这个条件，因而不是一个简单地确定加载面如何发展的问题。实际上，这是一个塑性加工强化理论中的主要问题之一。硬化规律是控制加载面发展的规则，也称为强化法则。

对于复杂应力状态，目前的试验资料还不足以完整地确定加载面的变化规律，这就需要对加载面的运动、变化规律等做一些假设。常采用三个简单的强化法则：各向同性强化法则、随动强化法则、混合强化法则。由于岩土类材料具有应变软化性质，其硬化加载面在应力空间中扩大，其软化加载面则缩小，但对硬化模型来说并无本质区别。因此，以下介绍的硬化规律或硬化模型同样适用于具有应变软化性质的材料。

一般地，可以假设加载面在主应力空间中不发生转动，即主应力方向保持不变。然后做以下两个假定：

① 屈服面中心、形状不变，而大小随硬化参数而变化。采用这种假定，对硬化材料来说屈服面不断扩大，而对于软化材料来说屈服面可缩小，相当于做了塑性变形各向同性的假定，称为等向硬化。

② 屈服面形状、大小都不变化，硬化只是改变其位置，称为运动硬化或随动硬化。这种硬化是材料在反复的周期荷载作用下出现的硬化规律。在动力问题中常采用这种假定。

各向同性硬化或强化即等向硬化或软化，是指加载面在应力空间中只做形状相似的扩大即硬化、或缩小即软化；机动或运动硬化即随动强化，是指加载面在应力空间中做形状、大小不变的平移运动；混合硬化是指加载面在应力空间中同时发生形状相似的大小变化、平移运动。机动硬化和混合硬化统称为非等向硬化，而混合硬化是等向硬化与机动硬化的组合，机动硬化定律包括 Prager 硬化定律和 Ziegler 硬化定律。上述 3 个强化法则亦即硬化类型。

在偏平面上，各种硬化模型的加载面如图 7.42（a）所示。单向拉压时的硬化规律如图 7.42（b）所示。

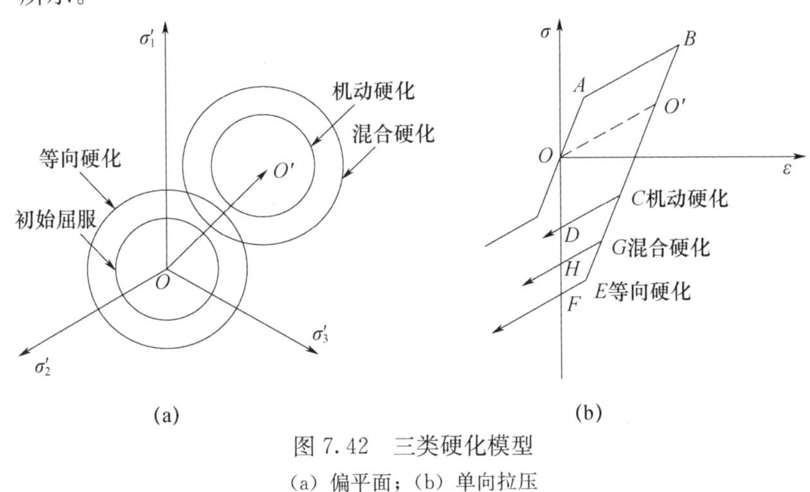

图 7.42　三类硬化模型

（a）偏平面；（b）单向拉压

（1）各向同性硬化模型

如果材料的力学特性或行为不受内部结构方向的影响，则称为是各向同性的。初始各向同性的材料在变形的过程中保持为各向同性，或变为各向异性。各向异性材料的力学行为取决于其内部结构的方向。工程材料在塑性变形过程中会硬化，硬化可以用定义各向同性（或等向）、或各向异性的准则来描述。

各向同性（或等向）硬化意味着在应变过程中，初始各向同性材料仍然保持各向同性。但是初始各向同性材料在各向异性应变过程中，会表现出各向异性行为。实际上，初始各向异性材料在各向同性硬化、或各向异性硬化过程中会表现为各向异性。

各向同性硬化即等向硬化，如图 7.42（a）所示。该强化法则假设加载过程中的屈服面均匀膨胀，没有畸变和移动。也就是说，屈服面保持原来的形状、中心和方向，但是屈服面均匀地膨胀和收缩。该法则的屈服面可表示为

$$f(\sigma_{ij},\ H)=f_0(\sigma_{ij})-k\,(H) \tag{7.125}$$

式中，$k\,(H)$ 为强化函数或增（长）函数，用以确定屈服面的大小；H 为强化参数，表示材料的塑性加载历史。

k（H）取决于塑性应变的大小。这是一种由强化参数或硬化参量 H 的显示表达式。H 可以是塑性应变 ε_{ij}^{p}、或塑性功 W_p 等的函数。

一般地，岩土类材料的塑性模型都可采用各向同性的硬化模型。该模型形式简单，但没有考虑 Bauschinger 效应和岩土类材料的拉、压强度不同的特性，以及应力导致的各向异性等。例如，对于 von Mises 材料，$f_0(\sigma_{ij})$ 可以作为偏应力张量的第二不变量 J_2，那么可以将 von Mises 屈服准则表示为

$$f(\sigma_{ij}, H)=J_2-k(H) \tag{7.126}$$

许多超固结黏土、紧密砂等材料，其应力-应变曲线具有明显的峰值，既有应变硬化阶段，又有应变软化阶段。1972 年，Hoeg 将等向强化模型扩展到等向软化。对于 von Mises 屈服条件，Hoeg 提出如下的扩展加载条件：

$$f=k^2\left(1+\frac{H'}{3G}\right)-J_2 \tag{7.127}$$

式中，G 为剪切模量；H' 为广义剪应力 q 与广义塑性剪应变 ε_s^p 关系曲线的斜率。

当 $H'=0$ 时，上式就为 von Mises 屈服条件；当 $H'>0$ 时，表示材料强化，屈服面不断膨胀，即截面中心位置与形状不变，而屈服面不断增大；当 $H'<0$ 时，表示材料软化，此时屈服面不断收缩。实际上，材料软化就意味着已处于破坏状态，因为材料的强度在不断降低，待到收缩至最终屈服面时，材料就已进入流动状态。

例如，对于具有初始单轴屈服应力 σ_0（>0）的 von Mises 材料模型，如果随后的加载试验过程为（σ，τ）＝（0，0）→（$2\sigma_0$，0）→（0，$2\sigma_0$）→（$2\sigma_0$，$2\sigma_0$），并且在每一步加载步骤中均为比例加载。假设这种材料的性质遵循各向同性强化法则，其初始屈服面，以及在加载路径结束时在（σ，τ）空间中的后继屈服面均为椭圆，如图 7.43 所示。

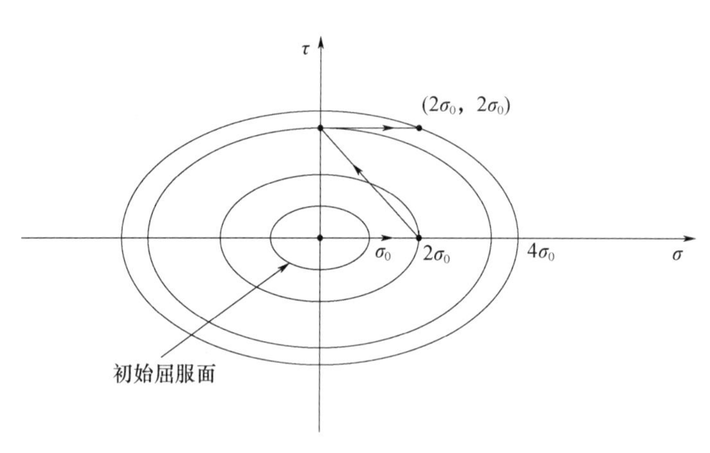

图 7.43　在三个比例加载路径末的后继屈服面

在单轴试验中，$\sigma_x=\sigma$、$\sigma_y=\sigma_z=0$，于是 $J_2=\frac{1}{3}\sigma^2+\tau^2$。根据 von Mises 准则 $f(J_2)=J_2-k^2=0$，可得到屈服函数：$f=\frac{1}{3}\sigma^2+\tau^2-k^2=0$。由于材料初始屈服发生在 $\sigma_1=\sigma_0$、$\sigma_2=\sigma_3=0$、$\tau=0$，因此根据 $J_2=(\sigma_1-\sigma_2)^2+(\sigma_2-\sigma_3)^2+(\sigma_3-\sigma_1)^2=6k^2$，可得到 $k^2=\frac{1}{3}\sigma_0^2$。于是初始屈服面为 $f=\frac{1}{3}\sigma^2+\tau^2-\frac{1}{3}\sigma_0^2=0$。

对于后继屈服面，当应力点为（$2\sigma_0$，0）时，材料屈服发生在$\sigma_1=2\sigma_0$、$\sigma_2=\sigma_3=0$、$\tau=0$，可得到$k^2=\frac{4}{3}\sigma_0^2$。此时的后继屈服面为$f=\frac{1}{3}\sigma^2+\tau^2-\frac{4}{3}\sigma_0^2=0$。当应力点为（0，$2\sigma_0$），材料屈服发生在$\sigma_x=0$、$\sigma_y=\sigma_z=0$、$\tau=2\sigma_0$，可得到$J_2=\frac{1}{3}\sigma^2+\tau^2=4\sigma_0^2$，于是$k^2=4\sigma_0^2$。此时的后继屈服面为$f=\frac{1}{3}\sigma^2+\tau^2-4\sigma_0^2=0$。当应力点为（$2\sigma_0$，$2\sigma_0$），材料屈服发生在$\sigma_x=2\sigma_0$、$\sigma_y=\sigma_z=0$、$\tau=2\sigma_0$，可得到$J_2=\frac{1}{3}\sigma^2+\tau^2=\frac{4}{3}\sigma_0^2+4\sigma_0^2=\frac{16}{3}\sigma_0^2$，于是$k^2=\frac{16}{3}\sigma_0^2$。此时的后继屈服面为$f=\frac{1}{3}\sigma^2+\tau^2-\frac{16}{3}\sigma_0^2$。

（2）机动硬化模型

机动或运动硬化模型，即随动强化模型，假设加载面在一个方向发生硬化之后，会在相反的方向产生同样程度的弱化。反映在主应力空间中，加载面只做形状、大小不变的刚体平移，如图 7.42（a）所示。即随动强化法则假设在塑性变形过程中，加载面在应力空间做刚体移动而没有转动。因此，初始屈服面的大小、形状和方向仍然保持不变。

Prager 为该强化法则提供了一个考虑 Bauschinger 效应的简单方法，该硬化模型适用于周期性、或反复加载条件下的动力塑性模型，以及静力模拟等。采用图 7.44 进行说明。

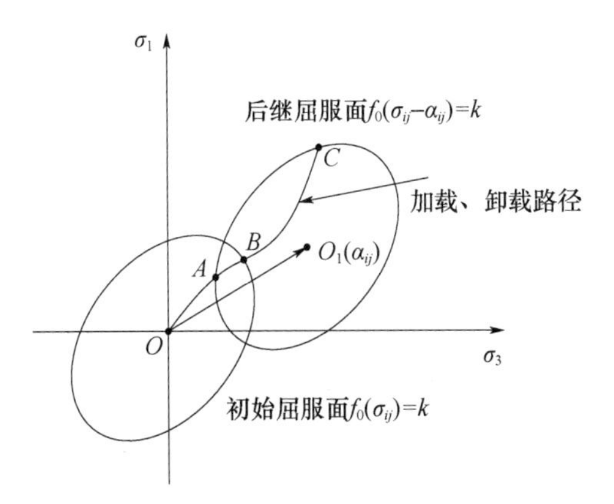

图 7.44　随动强化的后继屈服面

机动硬化的弹性范围不随加载而变化，其屈服面一般表示为

$$f(\sigma_{ij},\alpha_{ij})=f_0(\sigma_{ij}-\alpha_{ij})-k=0 \tag{7.128}$$

式中，k为常数；α_{ij}为反应力或称为背应力。

反应力α_{ij}给出了加载面中心的坐标，其物理意义是反映了加载面移动之后中心位置处的应力大小，几何意义是反映了主应力空间中加载面中心的平移距离。反应力α_{ij}在塑性加载过程中是变化的，常采用折减应力$\bar{\sigma}_{ij}=\sigma_{ij}-\alpha_{ij}$。

①Prager 强化法则

随动强化法则的关键是确定反应力α_{ij}。式（7.128）表明，由于塑性流动时反应力α_{ij}发生变化，所以应力空间中的屈服面发生平移，但是保持初始的形状和大小。显然，运动硬化模型的形成涉及反应力α_{ij}的演化规律，α_{ij}可以是塑性应变、应力的函数。Prager 假定屈服面保持其原有的形状和大小，沿着塑性应变率张量的方向移动，如图 7.45 所示。

确定反应力α_{ij}的最简单的方法就是建立$d\alpha_{ij}$与$d\varepsilon_{ij}^p$线性关系，这就是 Prager 于 1955 年

提出的强化法则，称为 Prager 强化法则（即 Prager 随动硬化定律），也称为线性随动硬化定律。Prager 提出的运动硬化假定，在塑性流动过程中屈服面在应力空间中平移，而其大小、形状不变，其初始屈服面的简单形式为

$$d\alpha_{ij}=c\,d\varepsilon_{ij}^{p} \qquad (7.129)$$

式中，c 为材料常数，可由单向拉压试验确定。

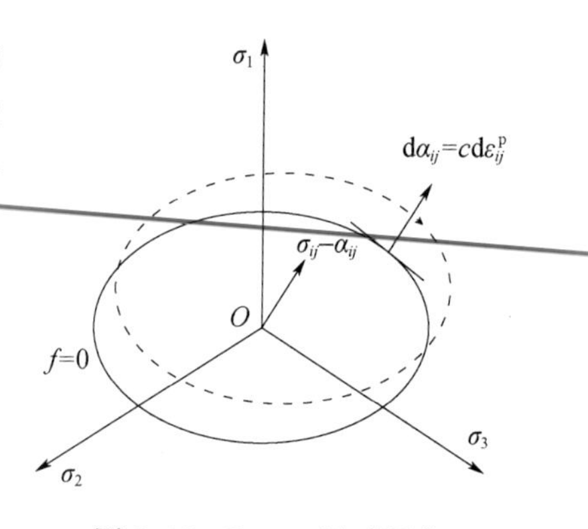

图 7.45　Prager 运动硬化

参数 c 说明一个给定材料的性质，也可能是状态变量的函数，比如说是强化参数的函数等。式（7.129）Prager 硬化定律为线性机动硬化，并且 $d\alpha_{ij}$ 与 $d\varepsilon_{ij}^{p}$ 的方向相同，即加载面沿塑性应变增量方向、或加载面的外法线方向移动。但该定律不能反映 σ_{ij} 的某一个分量的增量为 0 时，相应的应力移动增量分量 $d\alpha_{ij}$ 却不一定为 0 时的特殊情况。例如，对于常规三轴压缩试验，$d\sigma_3=0$、$d\sigma_1\neq0$，而 $d\varepsilon_3\neq0$ 或 $d\alpha_3\neq0$，Prager 硬化定律就不能反映这类情形。

如果采用相关联流动法则，$d\varepsilon_{ij}^{p}$ 平行于应力空间中屈服面上的当前应力点的法线矢量。在这种情况下，Prager 强化法则等于假设矢量 $d\alpha_{ij}$ 是屈服面的法线。

例如：对于遵循相关联流动法则、Prager 强化法则的 von Mises 材料，设在(σ-τ)应力空间中初始屈服面为 $f=\frac{1}{3}\sigma^2+\tau^2-k=0$。根据式（7.129）可得到 $d\alpha_{ij}=s_{ij}c\,d\lambda$。令刚好达到屈服面的应力状态为（$\sigma_a$，$\tau_a$），则塑性变形刚开始之后的后继屈服面可表示为：$f=\frac{1}{3}\cdot\left(\sigma-\frac{2}{3}\sigma_a c\,d\lambda\right)^2+(\tau-\tau_a c\,d\lambda)^2-\left[k-\frac{2}{9}\sigma_a^2c^2(d\lambda)^2\right]=0$。该式表明，Prager 强化法则导致后继屈服面在加载过程中，不仅有平移而且有大小的改变。因此，Prager 强化法则不能遵循随动强化法则的定义。

②Ziegler 强化法则

Prager 理论可以较好地应用于一维问题，但是对于二维或三维问题不能给出一致的预测结果。1959 年，Ziegler 针对 Prager 模型的上述不足提出了另一种运动硬化理论，即 Ziegler 运动硬化模型或 Ziegler 强化法则。Ziegler 假定，在塑性流动过程中加载屈服面中心在应力空间中沿折减应力矢量 $\bar{\sigma}_{ij}=\sigma_{ij}-\alpha_{ij}$ 方向平移，如图 7.46 所示，即

$$d\alpha_{ij}=d\mu(\sigma_{ij}-\alpha_{ij}) \qquad (7.130)$$

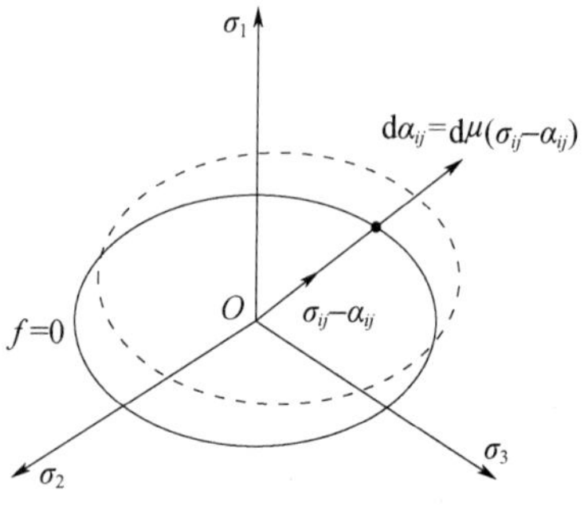

图 7.46　Ziegler 运动硬化

式中，$d\mu$ 是一个正的比例系数。

$d\mu$ 与其所经历的变形历史有关。为简单起见，$d\mu$ 可假设为以下的简单形式

$$d\mu=a\,d\kappa \qquad (7.131)$$

式中，a 为正的标量，表示给定材料的性质，也可能是状态变量的函数，比如是 κ 的函数。

例如，对于遵循相关联流动法则、Ziegler 强化法则的 von Mises 材料，对于初始屈服面 $f=\frac{1}{3}\sigma^2+\tau^2-k=0$，那么刚好达到屈服面的应力状态为（$\sigma_a$，$\tau_a$）的后继屈服面可表示为

$f=\frac{1}{3}(\sigma-\sigma_a d\mu)^2+(\tau-\tau_a d\mu)^2-k=0$。该式表明，采用 Ziegler 强化法则时，屈服面中心移动了应力点（$\sigma_a d\mu$，$\tau_a d\mu$），但初始屈服面大小、形状、方向均保持不变。

（3）混合强化法则

在塑性加载过程中，屈服面不但膨胀或收缩，并且发生平移，则称为混合硬化。Hodge 于 1957 年将随动强化、各向同性强化结合起来，得到一个更具一般性的法则，称为混合强化法则，即

$$f(\sigma_{ij},\ \alpha_{ij},\ \kappa)=f_0(\sigma_{ij}-\alpha_{ij})-k(\kappa)=0 \tag{7.132}$$

在这种情况下，加载面既有均匀膨胀又有平移。加载面均匀膨胀采用 k（κ）度量，加载面平移采用 α_{ij} 确定。但加载面仍然保持最初的形状。采用混合强化法则，就可以通过调整 k（κ）、α_{ij} 两个参数，来模拟 Bauschinger 效应的不同程度。在结合两种强化法则的同时，将塑性应变增量 $d\varepsilon_{ij}^{p}$ 分为两个共线的分量：

$$d\varepsilon_{ij}^{p}=d\varepsilon_{ij}^{pi}+d\varepsilon_{ij}^{pk} \tag{7.133}$$

式中，$d\varepsilon_{ij}^{pi}$ 与屈服面的膨胀有关；$d\varepsilon_{ij}^{pk}$ 与屈服面的平移有关。

假设 $d\varepsilon_{ij}^{pi}$、$d\varepsilon_{ij}^{pk}$ 这两个应变分量为

$$d\varepsilon_{ij}^{pi}=Md\varepsilon_{ij}^{p},\ d\varepsilon_{ij}^{pk}=(1-M)\ d\varepsilon_{ij}^{p} \tag{7.134}$$

式中，M 为混合强化参数，其值范围为 $0\leqslant M\leqslant 1$。混合强化参数 M 的值就是调节两种强化法则的贡献，以及模拟 Bauschinger 效应的不同程度。当 $M=0$ 时，该法则恢复为随动强化；当 $M=1$ 时，该法则恢复为各向同性强化。

混合硬化模型可以反映不同程度的 Bauschinger 效应、初始各向异性，以及应力导致的各向异性，更加适用全面反映周期性、或反向加载条件下的材料特性。一般说来，岩土类材料在沉积或地质形成过程中，都具有不同程度的初始各向异性，例如沉积过程中形成的正交各向异性，并且具有应力导致的各向异性或 Bauschinger 效应等。因此，对于静力和单调加载的情形，一般使用各向同性硬化模型；对于周期性、随机动力加载的情形，则采用非等向硬化模型；非等向硬化模型常使用 Ziegler 机动硬化定律。

7.4.3 硬化定律

硬化规则描述的是关于加载面上的材料应力状态。硬化函数包含了加载函数（即屈服函数）f、硬化参量 H，以及塑性势函数 g。各种弹塑性本构模型的差别最终可体现在硬化函数的差异上，即体现在加载函数 f、硬化参量 H，以及塑性势函数 g 的差异上。硬化函数不同，则塑性应变或不同，屈服面的位置也不同，对应的硬化参量 H 也就不同。

硬化参量 H 随屈服面位置而变化的规律称为硬化定律，是决定应力增量 $d\sigma_{ij}$ 能够引起多少塑性应变增量 $d\varepsilon_{ij}^{p}$，即决定塑性因子 $d\lambda$ 的一个准则。采用不同的硬化参量 H，如塑性应变 ε_{ij}^{p}、广义塑性剪应变 ε_{s}^{p}、塑性体应变 ε_{v}^{p}、塑性功 W_p 等，可以推导出硬化模量 A 的不同表达式。

（1）硬化函数与一致性条件

加载面的发展实际上表示了塑性应变增量的大小，加载函数 f 的一般形式为

$$f(\sigma_{ij}-\zeta_{ij},\ H)=0 \tag{7.135}$$

式中，ζ_{ij} 为加载面的中心位置；H 为硬化参数。

在应力增加后，由于应力点仍需要保留在扩大后的加载面上，因而其一致性条件为

$$df=\frac{\partial f}{\partial \sigma_{ij}}d\sigma_{ij}+\frac{\partial f}{\partial \zeta_{ij}}d\zeta_{ij}+\frac{\partial f}{\partial H}dH=0 \tag{7.136}$$

该式也称为加工硬化或软化材料的相容性条件。即加载后应力点仍保持在新的加载面上、或由此而对 $d\sigma_{ij}$、$d\zeta_{ij}$、dH 施加的约束条件。其中：$d\zeta_{ij}$ 反映加载面平移的距离，由机动硬化规律决定；dH 反映加载面大小的变化，由各向同性硬化规律决定。

（2）硬化参数

材料屈服后，屈服准则 $f(\sigma_{ij})=k$ 中的 k、或者式（7.135）中的 H 会变化。k 随什么因素变化、如何变化的规律称为硬化定律。k 的变化有以下三种情形：①材料屈服后 k 增大，即材料变硬了，称为硬化；②材料屈服后 k 减小，即材料变软了，称为软化；③材料屈服后 k 不变，称为理想塑性变形。上述三种情形可统称为“硬化”，此时硬化是一个包含软化在内的广义概念。

第一，硬化与应力历史有关

只有应力状态达到屈服标准后材料才会进一步发生硬化。材料达到屈服后自然就发生塑性变形，或者说做了塑性功。因此，可以采用塑性变形或者塑性功作为衡量硬化发展程度，称为硬化参数，以 H 表示。硬化可称为应变硬化或功硬化。k 是硬化参数 H 的函数，两者关系可表示为 $k=f(H)$。完整的屈服准则表示为 $f(\sigma_{ij})=f(H)$。因此，屈服准则的一般形式可表示为 $f(\sigma_{ij},H)=0$。对于一个确定的 H，屈服准则给出一个确定的函数，在应力空间对应一个确定的屈服面。例如，取塑性偏应变为硬化参数，可引申出 Drucker-Prager 屈服准则为 $-\beta I_1+\sqrt{J_2}=k=f(\varepsilon_s^p)$。该式表示一系列随塑性偏应变 ε_s^p 不断向外扩大的圆锥面，在同一锥面上的塑性偏应变 ε_s^p 值相等。

第二，硬化定律与屈服函数相联系

如果假定硬化参数 H 为塑性功 W_p，即在应力空间中的一个屈服面上各点的塑性功相等，也就是说屈服面就是应力空间内塑性功相等的点的轨迹。如果硬化参数假定为塑性体积应变 ε_v^p，屈服面就成了应力空间中塑性体积应变 ε_v^p 相等的点的轨迹。

因此，所取的硬化参数不同，屈服函数的形式也就不同。屈服函数和硬化定律都是在试验基础上所做出的假定，并且这两种假定之间须匹配。至于怎样的硬化定律及相应的屈服函数的假定更为合理，需要通过试验验证。

第三，屈服面不受应力路径的影响

对于应力空间内的一点 σ_{ij}，达到该点的应力路径可以多样，但只能确定一个屈服函数 f 的值，也就是说屈服面不受应力路径的影响。

假定屈服面不受应力路径的影响，也就是假定硬化参数也不受应力路径的影响，这是由于屈服面与硬化参数是相对应的。但严格说来，应力路径对硬化参数是有影响的。例如，不同的应力路径达到同一应力状态所做的塑性功 W_p 是不同的。再如，不同的应力路径的塑性体积应变 ε_v^p 也不一定相同。但是，如果考虑应力路径对屈服面、硬化参数的影响，将使问题变得复杂，所以一般情况下总是忽略这种影响。但这不表示塑性应变各分量也不受应力路径的影响，事实上采用增量法求解，不同的应力路径会得到不同的应变分量。

对于硬化参数，有以下几种假定：塑性功 W_p、塑性体积应变 ε_v^p、塑性剪应变 ε_s^p、塑性总应变 ε^p，以及 ε_v^p 与 ε_s^p 的某种函数组合等。硬化参数 H 是有一定的物理意义的。例如，假定硬化参数 H 是塑性应变的函数，即 $H=H(\varepsilon_{ij}^p)$。对于土体材料来说，塑性应变实质上反映了土体中土颗粒间的相对位置的变化和土颗粒破碎的量，即土的状态与组构发生变化的情

况。土体受力后，其状态与组构变化的内在尺度，从宏观上影响土的应力-应变关系。

（3）硬化模量

塑性标量因子 $\mathrm{d}\lambda$ 与硬化模量 A、应力增量 $\mathrm{d}\sigma_{ij}$ 有关。因此，只要知道了硬化模量 A，就可以将其代入流动法则表达式，从而建立起应力增量 $\mathrm{d}\sigma_{ij}$ 与塑性应变增量 $\mathrm{d}\varepsilon_{ij}^{\mathrm{p}}$ 之间的增量本构关系。这也说明了如何求取硬化模量 A 是问题的关键。实际上，硬化定律就是讨论如何建立硬化模量 A 的数学表达式。

一般地，假设硬化参数 H 和 ζ_{ij} 都是塑性应变 $\varepsilon_{ij}^{\mathrm{p}}$、应力历史的函数，即

$$H=H\ (\varepsilon_{ij}^{\mathrm{p}}),\ \zeta_{ij}=\zeta_{ij}\ (\varepsilon_{kl}^{\mathrm{p}}) \tag{7.137}$$

①对于各向同性硬化，由于 ζ_{ij} 不变化，$\mathrm{d}\lambda=h\partial f=\dfrac{1}{A}\dfrac{\partial f}{\partial\sigma_{ij}}\mathrm{d}\sigma_{ij}$、$\mathrm{d}\varepsilon_{ij}^{\mathrm{p}}=\mathrm{d}\lambda\dfrac{\partial g}{\partial\sigma_{ij}}$，因而有

$$\mathrm{d}H=\frac{\partial H}{\partial\varepsilon_{jj}^{\mathrm{p}}}\mathrm{d}\varepsilon_{ij}^{\mathrm{p}}=\frac{1}{A}\frac{\partial H}{\partial\varepsilon_{ij}^{\mathrm{p}}}\frac{\partial g}{\partial\sigma_{ij}}\frac{\partial f}{\partial\sigma_{kl}}\mathrm{d}\sigma_{kl} \tag{7.138}$$

式中，A 为硬化模量。

②对于机动硬化，如果采用 Prager 硬化模型，由于加载面中心位置移动的增量 $\mathrm{d}\zeta_{ij}$ 与塑性应变增量 $\mathrm{d}\varepsilon_{ij}^{\mathrm{p}}$ 成正比，即塑性应变增量 $\mathrm{d}\varepsilon_{ij}^{\mathrm{p}}$ 的方向为加载面法线的方向。此时，由于硬化参量 H 不变，因而有

$$\mathrm{d}\zeta_{ij}=c\mathrm{d}\varepsilon_{ij}^{\mathrm{p}}=c\frac{1}{A}\frac{\partial g}{\partial\sigma_{ij}}\frac{\partial f}{\partial\sigma_{kl}}\mathrm{d}\sigma_{kl} \tag{7.139}$$

根据式（7.136）可得到

$$\frac{\partial f}{\partial\sigma_{ij}}\mathrm{d}\sigma_{ij}=-\frac{\partial f}{\partial\zeta_{ij}}\mathrm{d}\zeta_{ij} \tag{7.140}$$

这表明：$\mathrm{d}\sigma_{ij}$ 与 $\mathrm{d}\zeta_{ij}$ 同时增加或减小，两者同号；加载函数对 σ_{ij} 的梯度方向与对 ζ_{ij} 的梯度方向相反。

再根据一致性条件即式（7.136），可得到

$$A=c\frac{\partial g}{\partial\sigma_{ij}}\frac{\partial f}{\partial\sigma_{ij}}-\frac{\partial f}{\partial\sigma_{ij}}\frac{\partial H}{\partial\varepsilon_{ij}^{\mathrm{p}}}\frac{\partial g}{\partial\sigma_{ij}}=A_1+A_2 \tag{7.141}$$

式中，$A_1=c\dfrac{\partial g}{\partial\sigma_{ij}}\dfrac{\partial f}{\partial\sigma_{ij}}$，为随动硬化模量；$A_2=-\dfrac{\partial f}{\partial\sigma_{ij}}\dfrac{\partial H}{\partial\varepsilon_{ij}^{\mathrm{p}}}\dfrac{\partial g}{\partial\sigma_{ij}}$，为等向硬化模量。

式（7.141）为硬化模量 A 的一般表达式。该式表明，混合硬化的硬化模量 A 由两部分组成：一部分为机动硬化模量 A_1；另一部分为等向硬化模量 A_2。这也表明了，不同的硬化参量或硬化参数 H 和 c，就可形成不同的硬化定律。对于随动硬化模量 A_1，如果采用线性假定，则只需要求取常数 c；对于等向硬化，根据硬化参量 H 的不同，可以得到不同的硬化模量 A_2。例如，各向同性硬化时有 $A_1=0$、$A=A_2$。

塑性功硬化定律认为塑性功 W_{p} 是引起材料硬化的根本原因，硬化参量 H 与应变历史有关，积分应当沿应变路径进行。因此可将硬化参量 H 设为 $H=W_{\mathrm{p}}=\int\sigma_{ij}\mathrm{d}\varepsilon_{ij}$。将该式代入等向硬化模量 A_2 的表达式中，可得到硬化模量 A 为

$$A=A_2=-\frac{\partial f}{\partial W_{\mathrm{p}}}\frac{\partial g}{\partial\sigma_{ij}}\sigma_{ij} \tag{7.142}$$

如果塑性势函数 g 是 n 阶函数，根据欧拉齐次函数定理 $\dfrac{\partial g}{\partial\sigma_{ij}}\sigma_{ij}=ng$，于是上式可改写为 $A=A_2=-ng\dfrac{\partial f}{\partial W_{\mathrm{p}}}$。Hill、Lade、Duncan 等曾用过该加工硬化定律。

再如，ε_{ij}^{p} 硬化定律认为塑性应变 ε_{ij}^{p} 是引起材料硬化的根本原因。因此，硬化参量 $H=\varepsilon_{ij}^{p}$。将之代入等向硬化模量 A_2 的表达式，可得到硬化模量 A 为

$$A=A_2=-\frac{\partial f}{\partial \varepsilon_{ij}^{p}}\frac{\partial g}{\partial \sigma_{ij}} \tag{7.143}$$

ε_{v}^{p} 和 ε_{s}^{p} 硬化定律认为，塑性体积应变 ε_{v}^{p} 和塑性剪切应变 ε_{s}^{p} 的共同作用，是引起材料硬化的根本原因。因此，硬化参量为 $H=H$（ε_{v}^{p}，ε_{s}^{p}）。其中：$\varepsilon_{v}^{p}=\int \mathrm{d}\varepsilon_{v}^{p}$、$\varepsilon_{s}^{p}=\int\sqrt{\frac{2}{3}\mathrm{d}e_{ij}^{p}\mathrm{d}e_{ij}^{p}}$。式中，$\mathrm{d}e_{ij}^{p}$ 为应变偏量的增量，$\mathrm{d}e_{ij}^{p}=\mathrm{d}\varepsilon_{ij}^{p}-\frac{\mathrm{d}\varepsilon_{v}^{p}}{3}\delta_{ij}$，其中：$\delta_{ij}$ 为 Kronechar 符号，当 $i=j$ 时为 1，当 $i\neq j$ 时为 0。这两式表明，ε_{v}^{p}、ε_{s}^{p} 均需沿应变路径积分。如果假设 f、g、H 都与应力 Lode 角 θ_σ 无关，则可得到

$$A=A_2=-\frac{\partial f}{\partial H}\left(\frac{\partial H}{\partial \varepsilon_{v}^{p}}\frac{\partial g}{\partial p}+\frac{\partial H}{\partial \varepsilon_{s}^{p}}\frac{\partial g}{\partial q}\right) \tag{7.144}$$

对于非剪胀土，Prevost、Hoeq、黄文熙等曾用过该硬化定律。

当硬化参量 H 与塑性剪切应变 ε_{s}^{p} 无关时，即 $H=H$（ε_{v}^{p}），此时硬化模量 A 为

$$A=A_2=-\frac{\partial f}{\partial H}\frac{\partial H}{\partial \varepsilon_{v}^{p}}\frac{\partial g}{\partial p} \tag{7.145}$$

这就是体积应变硬化定律。在岩土塑性模型中，帽子类模型的帽子硬化定律采用的就是体积应变硬化定律。采用塑性体积应变 ε_{v}^{p} 为硬化参数，相应的屈服面总是帽子型的。这种假定可以较好地反映土体的体积变形特性。Roscoe、Burland 等曾将该硬化定律用于正常固结黏土和超固结土。

当硬化参量 H 与塑性体积应变 ε_{v}^{p} 无关时，即 $H=H$（ε_{s}^{p}），此时硬化模量 A 为

$$A=A_2=-\frac{\partial f}{\partial H}\frac{\partial H}{\partial \varepsilon_{s}^{p}}\frac{\partial g}{\partial q} \tag{7.146}$$

这就是剪应变硬化定律。一般的金属材料、纯黏土的不排水分析，都是采用这类剪应变硬化定律。采用塑性偏应变 ε_{s}^{p} 作为硬化参数，相应的屈服面只能是开口的锥形面。Prevost、Hoeq 等将该硬化定律应用于应变软化土。

（4）塑性因子 $\mathrm{d}\lambda$

一般情况下，根据屈服准则、流动规则、硬化定律来推导增量弹塑性模型中的 $\mathrm{d}\lambda$。当 $f(\sigma_{ij},\ H)=0$、$\frac{\partial f}{\partial \sigma_{ij}}\mathrm{d}\sigma_{ij}>0$ 时表明是加载的情况，则将屈服函数 f 微分可得到

$$\mathrm{d}f=\frac{\partial f}{\partial \sigma_{ij}}\mathrm{d}\sigma_{ij}+\frac{\partial f}{\partial H}\mathrm{d}H=0 \tag{7.147}$$

根据 $H=H(\varepsilon_{ij}^{p})$ 可得到

$$\frac{\partial f}{\partial \sigma_{ij}}\mathrm{d}\sigma_{ij}+\frac{\partial f}{\partial H}\frac{\partial H}{\partial \varepsilon_{ij}^{p}}\mathrm{d}\varepsilon_{ij}^{p}=0 \tag{7.148}$$

根据 $\mathrm{d}\varepsilon_{ij}^{p}=\mathrm{d}\lambda\frac{\partial g}{\partial \sigma_{ij}}$ 得到

$$\frac{\partial f}{\partial \sigma_{ij}}\mathrm{d}\sigma_{ij}+\frac{\partial f}{\partial H}\frac{\partial H}{\partial \varepsilon_{ij}^{p}}\mathrm{d}\lambda\frac{\partial g}{\partial \sigma_{ij}}=0 \tag{7.149}$$

于是可得到

$$\mathrm{d}\lambda=-\frac{\dfrac{\partial f}{\partial \sigma_{ij}}\mathrm{d}\sigma_{ij}}{\dfrac{\partial f}{\partial H}\dfrac{\partial H}{\partial \varepsilon_{ij}^{\mathrm{p}}}\dfrac{\partial g}{\partial \sigma_{ij}}} \tag{7.150}$$

设 $A=-\dfrac{\partial f}{\partial H}\dfrac{\partial H}{\partial \varepsilon_{ij}^{\mathrm{p}}}\dfrac{\partial g}{\partial \sigma_{ij}}$，则式（7.150）可改写成

$$\mathrm{d}\lambda=\frac{1}{A}\frac{\partial f}{\partial \sigma_{ij}}\mathrm{d}\sigma_{ij} \tag{7.151}$$

式中，A 称为塑性硬化模量。塑性硬化模量 A 是硬化参数 H 的函数。

在 p-q 应力空间中，设各函数与应力 Lode 角 θ 无关，则有

$$\mathrm{d}\lambda=\frac{1}{A}\left(\frac{\partial f}{\partial p}\mathrm{d}p+\frac{\partial f}{\partial p}\mathrm{d}q\right) \tag{7.152}$$

式中，$A=-\dfrac{\partial f}{\partial H}\left(\dfrac{\partial H}{\partial \varepsilon_{\mathrm{v}}^{\mathrm{p}}}\dfrac{\partial g}{\partial p}+\dfrac{\partial H}{\partial \varepsilon_{\mathrm{s}}^{\mathrm{p}}}\dfrac{\partial g}{\partial q}\right)$

表达式 $\mathrm{d}\varepsilon_{ij}^{\mathrm{p}}=\mathrm{d}\lambda\dfrac{\partial g}{\partial \sigma_{ij}}$ 也可写成 $\mathrm{d}\varepsilon_{\mathrm{v}}^{\mathrm{p}}=\mathrm{d}\lambda\dfrac{\partial g}{\partial p}$，$\mathrm{d}\varepsilon_{\mathrm{s}}^{\mathrm{p}}=\mathrm{d}\lambda\dfrac{\partial g}{\partial q}$。

例如，对于运动硬化材料，设屈服函数为 $f(\sigma_{ij},\alpha_{ij})=f_0(\sigma_{ij}-\alpha_{ij})-k=0$。根据 Prager 模型 $\mathrm{d}\alpha_{ij}=c\mathrm{d}\varepsilon_{ij}^{\mathrm{p}}$，可得到 $\mathrm{d}\alpha_{ij}=cd\lambda\dfrac{\partial g}{\partial \sigma_{ij}}$。根据上述屈服函数，以及一致性条件，可得到 $\dfrac{\partial f}{\partial \sigma_{ij}}\cdot\mathrm{d}\sigma_{ij}+\dfrac{\partial f}{\partial \alpha_{ij}}\mathrm{d}\alpha_{ij}=0$。

令 $p_{ij}=\sigma_{ij}-\alpha_{ij}$，屈服函数可改写为 $f(\sigma_{ij},\alpha_{ij})=f_0(p_{ij})-k(\alpha_{ij})=0$，可得到 $\dfrac{\partial f}{\partial \sigma_{km}}=\dfrac{\partial f}{\partial p_{ij}}\cdot\dfrac{\partial p_{ij}}{\partial \sigma_{km}}=\dfrac{\partial f}{\partial p_{ij}}\delta_{ik}\delta_{jm}=\dfrac{\partial f}{\partial p_{km}}$、$\dfrac{\partial f}{\partial \alpha_{km}}=\dfrac{\partial f}{\partial p_{ij}}\dfrac{\partial p_{ij}}{\partial \alpha_{km}}=\dfrac{\partial f}{\partial p_{ij}}(-\delta_{ik}\delta_{jm})=-\dfrac{\partial f}{\partial p_{km}}$，即 $\dfrac{\partial f}{\partial \sigma_{ij}}=-\dfrac{\partial f}{\partial \alpha_{ij}}$。于是可得到 $\dfrac{\partial f}{\partial \sigma_{ij}}\mathrm{d}\sigma_{ij}=\dfrac{\partial f}{\partial \sigma_{ij}}c\mathrm{d}\lambda\dfrac{\partial g}{\partial \sigma_{ij}}$。据此可得到塑性因子 $\mathrm{d}\lambda$ 的表达式为 $\mathrm{d}\lambda=\dfrac{1}{c}\cdot\dfrac{\dfrac{\partial f}{\partial \sigma_{ij}}\mathrm{d}\sigma_{ij}}{\dfrac{\partial f}{\partial \sigma_{ij}}\dfrac{\partial g}{\partial \sigma_{ij}}}=\dfrac{1}{c}\dfrac{\mathrm{d}f}{\dfrac{\partial f}{\partial \sigma_{ij}}\dfrac{\partial g}{\partial \sigma_{ij}}}$。这样就可以确定出反应力 α_{ij}、塑性应变增量 $d\varepsilon_{ij}^{\mathrm{p}}$，从而求得应变增量 $\mathrm{d}\varepsilon_{ij}$。

对于 Ziegler 模型 $\mathrm{d}\alpha_{ij}=\mathrm{d}\mu(\sigma_{ij}-\alpha_{ij})$，可得到 $\mathrm{d}\mu=\dfrac{\dfrac{\partial f}{\partial \sigma_{ij}}\mathrm{d}\sigma_{ij}}{\dfrac{\partial f}{\partial \sigma_{ij}}(\sigma_{ij}-\alpha_{ij})}=\dfrac{\mathrm{d}f}{\dfrac{\partial f}{\partial \sigma_{ij}}(\sigma_{ij}-\alpha_{ij})}$。于是反应力张量的增量 $\mathrm{d}\alpha_{ij}$ 可表示为 $\mathrm{d}\alpha_{ij}=\dfrac{\mathrm{d}f}{\dfrac{\partial f}{\partial \sigma_{ij}}(\sigma_{ij}-\alpha_{ij})}(\sigma_{ij}-\alpha_{ij})$。由于 Ziegler 硬化中的一致性条件没有涉及塑性应变，因此塑性应变不能从一致性条件中推导出来。通常假定存在塑性模量，以至于可以得到塑性应变增量 $\mathrm{d}\varepsilon_{ij}^{\mathrm{p}}$ 的表达式为 $\mathrm{d}\varepsilon_{ij}^{\mathrm{p}}=\dfrac{1}{K_{\mathrm{p}}}\dfrac{\dfrac{\partial g}{\partial \sigma_{ij}}}{\dfrac{\partial f}{\partial \sigma_{ij}}\dfrac{\partial g}{\partial \sigma_{ij}}}\mathrm{d}f$。式中：$K_{\mathrm{p}}$ 为塑

性模量的材料常数，可由单向压缩或拉伸试验确定。这样可求得应变增量 $d\varepsilon_{ij}$。

7.5 塑性公设

7.5.1 Drucker 公设

(1) Drucker 假定

1951 年，Drucker 提出一个假定：设强化材料的单元体原来处于某一应力状态，如果对其再作用一个附加应力，然后移除（可假设为加载、卸载都缓慢进行，从而可以认为整个过程都是等温的），那么：①在加载过程中，附加应力做正功；②在加载、卸载的一个完整的循环过程中，如果产生塑性变形，则附加应力做正功；如果不产生塑性变形即纯弹性变形，则附加应力所做的功为零。该假定现在一般称为 Drucker 公设。

设在 $t=t_0$ 时原来的平衡应力状态为 σ_{ij}^0，可位于加载面上，也可位于加载面内，该状态在应力空间中由点 A 表示，如图 7.47（a）所示。

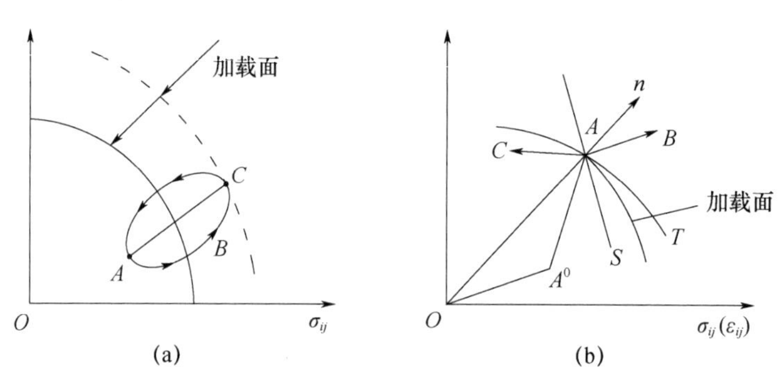

图 7.47　应力空间和加载路径

（a）应力空间；（b）加载路径

现在考虑加载路径 $A\to B\to C$。$t=t_1$ 时，应力点 B 正好开始到达加载面上，此时的应力为 σ_{ij}；由 B 点继续加载，直至 $t=t_2$（$t_2>t_1$）的 C 点，这时的加载面如图 7.47（a）中的虚线。在此期间应力增加到 $\sigma_{ij}+d\sigma_{ij}$，并且产生塑性应变 $d\varepsilon_{ij}^p$。然后卸去附加应力，在 $t=t_3$ 时应力状态又回到 σ_{ij}^0，即在应力空间中由 C 点，通过某种途径又回到 A 点，如图 7.47（a）所示。由于弹性变形可逆，所以在上述循环过程中，弹性应变能的变化为零，塑性应变只在加载过程中即 $t_1\leqslant t\leqslant t_2$ 过程中才产生。根据 Drucker 公设，在闭合的应力循环内，附加应力所做的塑性功 W_p，或耗散的能量应该有 $W_p=\int_{t_1}^{t_2}(\sigma_{ij}-\sigma_{ij}^0)d\varepsilon_{ij}^p dt$。该式应该在任何情况下都是正确的。设 $\delta t=t_2-t_1>0$ 是微小的量，于是可按 Taylor 级数展开为：$W_p=(\sigma_{ij}-\sigma_{ij}^0)d\varepsilon_{ij}^p|_{t_1}\delta t+\frac{1}{2}[d\sigma_{ij}d\varepsilon_{ij}^p+(\sigma_{ij}-\sigma_{ij}^0)(d\varepsilon_{ij}^p)^2]_{t_1}(\delta t)^2+o(\delta t)^3$。当 $\sigma_{ij}\neq\sigma_{ij}^0$ 时，第二、第三项可以省略，由 $W_p\geqslant 0$ 得到 $(\sigma_{ij}-\sigma_{ij}^0)d\varepsilon_{ij}^p\geqslant 0$。当 $t=t_1$，$\sigma_{ij}=\sigma_{ij}^0$ 时，第一项为零，由 $W_p\geqslant 0$ 得到 $d\sigma_{ij}d\varepsilon_{ij}^p\geqslant 0$。

(2) 屈服面或加载面外凸性

如图 7.47（b）所示，使应力空间 σ_{ij} 与塑性应变空间 ε_{ij}^p 的坐标重合。用向量 $\overrightarrow{OA^0}$、$\overrightarrow{OA}$

分别表示σ_{ij}^0、σ_{ij}，用向量$\overrightarrow{AB}$表示$d\varepsilon_{ij}^p$，用向量$\overrightarrow{AC}$表示$d\sigma_{ij}$。这时，$(\sigma_{ij}-\sigma_{ij}^0)d\varepsilon_{ij}^p\geqslant 0$就表示两向量点积非负，即$\overrightarrow{A^0A}\cdot\overrightarrow{AB}\geqslant 0$。该式表示两个向量$\overrightarrow{A^0A}$，$\overrightarrow{AB}$之间的夹角不大于90°。过$A$点做垂直于向量$\overrightarrow{AB}$的$S$平面。如果使得上式成立，则需$A^0$点位于$S$平面的一侧，即位于加载面上或其内的所有应力点$A^0$，只能在过加载面上任何点所示$S$平面的同侧。这就是说，加载面必须是外凸的。这里所说的外凸也包括了加载面是平的情况。这就是$(\sigma_{ij}-\sigma_{ij}^0)d\varepsilon_{ij}^p\geqslant 0$的几何意义。

（3）塑性应变增量矢量的正交性

向量$\overrightarrow{AB}$代表$d\varepsilon_{ij}^p$，现在讨论向量$\overrightarrow{AB}$的方向问题。设A点处于处于光滑的加载面上，该点的外法线向量为n，作一个切平面T与n垂直。如果$\overrightarrow{AB}$的方向不与n的方向重合，则总可以找到一点A^0，使得$(\sigma_{ij}-\sigma_{ij}^0)d\varepsilon_{ij}^p\geqslant 0$不成立，即两个向量$\overrightarrow{A^0A}$，$\overrightarrow{AB}$之间的夹角大于90°，也即$\overrightarrow{A^0A}$与$d\varepsilon_{ij}^p$方向的夹角大于90°。因此，$d\varepsilon_{ij}^p$必须与加载面（$\phi=0$）的外法线重合。也就是说，塑性变形增量的向量必须垂直于加载面。

（4）$d\varepsilon_{ij}^p$与$d\sigma_{ij}$线性相关

上述分析说明了，加载面的外凸性和应变增量的正交性。

根据矢量分析，在数量场中的每一点的梯度垂直于该点的等值面，并且指向函数增大的方向。根据这一性质，如果将加载面的外法线方向用加载函数梯度矢量$\left(其分量为\dfrac{\partial f}{\partial\sigma_{ij}}\right)$来表示，则塑性应变增量的正交性可用$d\varepsilon_{ij}^p=d\lambda\dfrac{\partial f}{\partial\sigma_{ij}}$表示。这样，该式就是$d\varepsilon_{ij}^p$的方向的数学表达式。式中：$d\lambda$为比例系数。

（5）稳定性条件

$(\sigma_{ij}-\sigma_{ij}^0)d\varepsilon_{ij}^p\geqslant 0$也称为Drucker稳定性条件。满足这个条件的材料，如理想弹塑性材料、加工硬化材料等，称为稳定材料。

7.5.2 Drucker公设推论

通过强化材料在单向拉伸试验中的两个简单观测结果，Drucker的稳定塑性材料的定义得到推广。这两个观测结果可通过如图7.48中的简单应力-应变曲线进行描述。

如图7.48（a）所示。对于强化材料，在某种应力状态σ条件下，应力增量$d\sigma$将会产生相同符号的应变增量$d\varepsilon$，即

$$d\sigma_{ij}d\varepsilon_{ij}\geqslant 0，或\ d\sigma_{ij}(d\varepsilon_{ij}^e+d\varepsilon_{ij}^p)\geqslant 0 \tag{7.153}$$

式中，“=”用于理想塑性材料的塑性流动，即不需要应力改变的应变增加。由于$d\sigma d\varepsilon^e$描述了弹性应变能的增量，所以总是为正的，这也表明了式（7.153）的充分条件为

$$d\sigma_{ij}d\varepsilon_{ij}\geqslant 0 \tag{7.154}$$

式中的“=”也可用于强化材料的卸载阶段的特性描述。对于如图7.48（b）所示的不稳定材料，由于$d\sigma<0$、$d\varepsilon^p>0$，即$d\sigma d\varepsilon^p<0$，因而式（7.154）将失效。这反映了应变软化响应的不稳定特性。

如图7.48（a）所示，耗散于一个循环加载中的塑性变形功指的是面积$ABCD$。一个加载循环包括三个阶段：①第一个阶段是弹性变形阶段，是指从已存在的点A的弹性应力状态σ^0至点B的σ弹性变形阶段，其中σ是后继屈服应力，$\sigma^0<\sigma$；②第二个阶段是弹塑性变

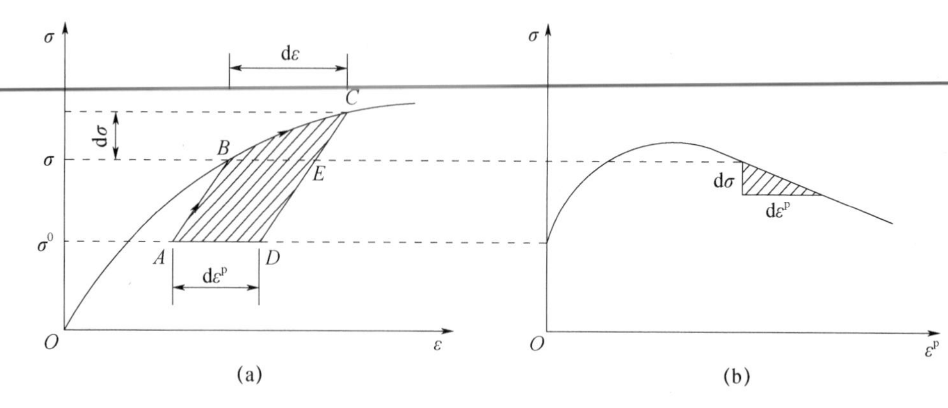

图 7.48　考虑材料的稳定性

(a) 稳定；(b) 不稳定

形阶段，是指从点 B 至点 C 的 $\sigma+d\sigma$ 的弹塑性变形阶段，其中 $d\sigma$ 是由塑性应变增量 $d\varepsilon^{p}$ 所引起的正应力增量；③第三个阶段是卸载阶段，是指 $d\sigma$ 的耗散至点 D（即初始状态）σ^{0} 的卸载阶段。

对于稳定性状类型，要求由增加应力在相应的应变改变上所做的功必须是非负的。由于弹性能的可恢复性，这种在应力循环上所做的总功由图 7.38（a）所示的阴影面积 $ABCD$ 表示。$ABCD$ 的面积为 $ABED$ 的面积与 BCE 的面积之和，这样就可得到

$$(\sigma-\sigma^{0})\, d\varepsilon_{ij}^{p}+\frac{1}{2}d\sigma_{ij}\, d\varepsilon_{ij}^{p}\geqslant 0 \tag{7.155}$$

当 $\sigma=\sigma^{0}$ 时，即 $d\sigma_{ij}\, d\varepsilon_{ij}\geqslant 0$，此时式（7.155）与式（7.154）相同。

此外，如果 $\sigma\neq\sigma^{0}$，那么 $\sigma-\sigma^{0}$ 的值很可能远大于 $d\sigma$。为了满足不等式（7.155）的要求，显然需要有

$$(\sigma_{ij}-\sigma_{ij}^{0})\, d\varepsilon_{ij}^{p}\geqslant 0 \tag{7.156}$$

需要注意的是，对于强化材料，只有在 $d\varepsilon_{ij}=0$ 的条件下，式（7.156）中的"="才适用。也就是说，当施加和卸除增加的应力时，只会产生弹性应变的改变。也可以这样说，如果循环的初始状态无应力，即 $\sigma^{0}=0$，那么不等式（7.156）变为 $d\sigma_{ij}\, d\varepsilon_{ij}\geqslant 0$。这说明了所消耗的塑性功增量是非负的。

式（7.154）有时涉及小范围稳定性，即小稳定性。式（7.156）表示的是大范围的稳定性，即大稳定性，也称为 Drucker 稳定性条件。Drucker 就一般的多轴应力状态下稳定性材料推广了这两种条件，这就是众所周知的 Drucker 稳定性假设，从而形成了塑性应力-应变关系发展的基础，提供了边值问题解的唯一性的充分条件。

7.5.3　Илъюшин 公设

Drucker 强化公设只适用于稳定材料，不完全适用应变软化类型的不稳定性材料，并且是在应力空间中进行表述的。1961 年，依留辛（Илъюшин）在应变空间内提出的塑性公设，可同时适用稳定性、非稳定性材料。Илъюшин 公设可表述为：在弹塑性材料的一个完整的应变循环过程中，外部作用的做功为非负。如果外部作用的做功为正功，表示产生了塑性变形；如果外部作用的做功为零，则只产生弹性变形。

设在应变空间中取一个应变循环，从 ε_{ij}^{0} 出发再回到 ε_{ij}^{0}，要求在一个等温的应变循环中，

外力所做的功为 W 非负。根据 Илъюшии 公设可表示为

$$W=\int_{\varepsilon_{ij}^{0}}\sigma_{ij}\,\mathrm{d}\varepsilon_{ij}\geqslant 0 \tag{7.157}$$

在只有弹性变形时，才有 $W=0$；在有塑性变形时，$W>0$。Илъюшии 公设可适用于不稳定性材料及弹塑性耦合（即弹性模量随塑性变形而变化）的情况。

7.5.4 塑性公设适用性

Drucker 强化公设只适用于 $\mathrm{d}\sigma_{ij}\mathrm{d}\varepsilon_{ij}\geqslant 0$ 的稳定材料阶段。当 $\mathrm{d}\sigma_{ij}\mathrm{d}\varepsilon_{ij}<0$ 时，Drucker 公设就不成立，但 Илъюшии 公设则成立。如图 7.48 所示，当应力点由 C 点移动到 D 点时，$\mathrm{d}\sigma_{ij}<0$、$\mathrm{d}\varepsilon^{\mathrm{p}}>0$，因而 $\mathrm{d}\sigma_{ij}\mathrm{d}\varepsilon^{\mathrm{p}}<0$，此时，也不满足 Drucker 公设。但由于 $\mathrm{d}\varepsilon_{ij}=\mathrm{d}\varepsilon_{ij}^{\mathrm{e}}+\mathrm{d}\varepsilon_{ij}^{\mathrm{p}}>0$，因而有 $\sigma_{ij}\mathrm{d}\varepsilon_{ij}>0$，此时满足 Илъюшии 公设。Илъюшии 公设能够适用于非稳定性材料。在应变空间中，随着塑性变形的增大，屈服面也不断扩大，所以基于在应变空间中提出的 Илъюшии 塑性公设，对稳定性材料、非稳定性材料都是适用的。研究指出，Drucker 公设只是 Илъюшии 公设的充分条件，不是必要条件。

对于岩土材料来说，其变形常常不遵守相关联流动法则，即不遵守 Drucker 公设，其塑性应变增量的方向并不与应力存在唯一性，但与应力增量有关，并且当主应力轴方向发生变化时也会引起塑性应变。但由于计算工作量大，许多模型仍采用相关联的流动规则。

8 土的弹塑性本构模型

8.1 概　　述

在增量塑性理论中，对于塑性变形需做以下三方面的假定：①屈服准则与破坏准则；②流动规则；③硬化规律。不同形式的弹塑性本构模型，这三个方面假定的具体形式也是不同的。以此为基础，塑性理论就可以跟踪应力变化所引起的塑性应变在其大小和方向上的变化，得到塑性应变（增量）变化的全过程，并与弹性应变（增量）变化的全过程相结合，就可建立完整的弹塑性本构模型。

屈服条件确定了开始出现塑性变形的应力条件。这些条件称为屈服函数或屈服面。当应力在屈服面以内变化时，只产生弹性变形；当应力超出该屈服面后则产生塑性变形。屈服面的形状与采用的屈服准则有关，屈服面的大小、位置与采用的硬化参量 H 有关，且与胀缩、移动等的规律有关。为了描述弹塑性应力-应变关系，必须定义出塑性应变增量矢量 $d\varepsilon_{ij}^{p}$ 的方向和大小。在塑性理论中，流动法则确定塑性应变增量矢量 $d\varepsilon_{ij}^{p}$ 的方向、或塑性应变增量张量的各个分量之间的比例关系。也就是说，确定塑性应变增量方向的规则称为流动法则。塑性应变增量矢量 $d\varepsilon_{ij}^{p}$ 的大小则由一致性条件来确定，确定塑性应变增量大小的法则称为硬化定律。

根据表达式 $d\varepsilon_{ij}^{p}=d\lambda\dfrac{\partial g}{\partial \sigma_{ij}}$ 就很容易理解塑性理论的基本概念。

（1）塑性势函数 g 是应力状态 σ_{ij} 的标量函数，表示的是某个应力空间中的一个平面或曲面，即塑性势面。$\dfrac{\partial g}{\partial \sigma_{ij}}$ 表示的是塑性势面标量函数 g 对应力坐标 σ_{ij} 的导数，其物理意义为标量场 g 的梯度。一般情况下，梯度 $\dfrac{\partial g}{\partial \sigma_{ij}}$ 垂直于标量场 g 所示的曲面的表面，也即塑性应变增量的方向垂直于塑性势面。正因为如此，$d\varepsilon_{ij}^{p}=d\lambda\dfrac{\partial g}{\partial \sigma_{ij}}$ 也称为正交条件。

（2）$d\lambda$ 为塑性因子，确定了 $d\lambda$ 也就确定了相应于应力增量 $d\sigma_{ij}$ 的塑性应变增量 $d\varepsilon_{ij}^{p}$ 的大小。确定塑性因子 $d\lambda$ 的规则即硬化规则。因此，硬化规则是确定塑性应变增量矢量 $d\varepsilon_{ij}^{p}$ 的长度或大小的规则。硬化规则也称为一致性条件。

（3）塑性势面也可理解为加载面，随加载而在屈服面向破坏面方向发展。因此塑性势函数也可理解为加载函数。塑性理论认为，塑性势函数 g 可与屈服函数 f 相同，也可不同。当采用 $g=f$ 时为相适应的流动法则，此时可表示为 $d\varepsilon_{ij}^{p}=d\lambda\dfrac{\partial g}{\partial \sigma_{ij}}=d\lambda\dfrac{\partial f}{\partial \sigma_{ij}}$，故而 $d\varepsilon_{ij}^{p}=$

$d\lambda \frac{\partial g}{\partial \sigma_{ij}}$也称为流动法则。当 $g \neq f$ 时则为不相适应的流动法则，但塑性理论一般将塑性势函数 g 取为与屈服函数 f 相近似的形式。

（4）尽管表达式 $d\varepsilon_{ij}^{p}=d\lambda \frac{\partial g}{\partial \sigma_{ij}}$中没有具体涉及屈服函数 f，但塑性势面的位置、大小、形状与屈服面有关，也即塑性势函数 g 与屈服函数 f 有关。而确定屈服面 f 的规则称为屈服准则。换言之，屈服准则用于确定屈服函数 f 和塑性势函数 g。

由于塑性势函数 g 是应力状态的函数，因此可表示为 $g(\sigma_{ij}, H)=0$。式中，σ_{ij} 表示应力状态；H 表示硬化参量。可以从以下三方面理解：

①硬化参量 H 或称为硬化参数确定了塑性势面的位置、大小、形状，并且随屈服面而变化，这种变化规律称为硬化规律。硬化规律是决定应力增量 $d\sigma_{ij}$ 能够引起多少塑性应变增量 $d\varepsilon_{ij}^{p}$，即决定塑性因子 $d\lambda$ 的一个准则。所以，确定了硬化参量 H 才能确定塑性应变增量 $d\varepsilon_{ij}^{p}$ 的大小。

②塑性理论认为，塑性应变 ε_{ij}^{p}、广义塑性剪应变 ε_{s}^{p}、塑性体应变 ε_{v}^{p}、塑性功 W_{p} 等可以作为硬化参量，因此硬化参量 H 就有不同的函数表达式。例如，当采用塑性应变 ε_{ij}^{p} 作为硬化参量时，硬化函数就可表示为 $H=H(\varepsilon_{ij}^{p})$。

③硬化参量 H 有一定的物理意义。例如，$H=H(\varepsilon_{ij}^{p})$ 的物理意义与 ε_{ij}^{p} 相同，即反映了土中颗粒间的相对位置的变化和土颗粒破碎情况，也就是土的状态与组构发生变化的情况。

根据 Drucker 假设，对于稳定材料 $d\sigma_{ij} d\varepsilon_{ij}^{p} \geqslant 0$，因此塑性应变增量 $d\varepsilon_{ij}^{p}$ 的方向必须正交于屈服面，同时屈服面也必须是外凸的。这就是说，塑性势面 g 与屈服面 f 必须是重合的，即 $g=f$。这被称为相适应的流动规则，或相关联流动规则。如果塑性势能面 g 与屈服面 f 具有相同的形状，那么流动法则是与屈服条件相关联的。此时，塑性应变沿着当前加载面的法线方向产生。

相适应的流动规则满足经典塑性理论所要求的材料稳定性，能够保证解的唯一性。如果 $g \neq f$，即不相适应的流动规则，不能保证解的唯一性。在不同的土的本构模型中，塑性势函数 g 有时采用假设的方法给定，有时通过试验的塑性应变增量来确定。

对于岩土材料来说，其变形常常不遵守相关联流动法则，即不遵守 Drucker 塑性公设，其塑性应变增量的方向并不与应力存在唯一性，但与应力增量有关，并且当主应力轴方向发生变化时也会引起塑性应变。因此，单屈服面弹塑性本构模型常不能合理描述岩土材料的体缩和体胀。因此一些学者提出了许多改进，如双屈服面理论、非相关联流动法则等。

土的塑性力学是在经典塑性力学理论的基础上，基于理想塑性理论的某些基本假设，如正交流动法则、硬化规律等，再结合土体材料特殊的本构特征而建立起来的塑性理论，是变形固体力学与土力学紧密相结合而发展起来的新兴边缘学科。土的塑性力学基本内容之一是土的弹塑性本构理论及模型。塑性本构关系理论与弹性本构关系理论有许多相似的概念和方法，弹塑性本构关系一般包含弹性本构关系。

由于土的应力-应变关系具有非线性、弹塑性的特征，因此在模拟土的这种应力-应变关系特征方面，一方面采用非线性弹性本构模型；另一方面则采用弹塑性本构模型。土的非线性弹性模型是假定土体的全部变形都是弹性的，通过改变弹性参数的方法来反映土体应力-应变关系的非线性。而土的弹塑性本构模型将总变形分为弹性变形和塑性变形两部分。对于弹性应变（增量），采用广义 Hooke 定律进行计算。而对于塑性应变（增量），则需要采用

塑性理论来求解。在土的弹塑性本构模型研究领域方面，国内外学者所提出的模型各具特色，其共同点是本构模型建立在增量塑性理论基础之上。

在大多数土的本构模型中，假设其屈服准则与破坏准则具有相同的形式。在完全弹-塑性假设下，只存在一个表面作为屈服面和破坏面。该平面在应力空间中是固定的。对于应变强化材料，无论是单屈服面模型还是多屈服面模型，均可被采用。就单屈服面模型而言，其屈服面的尺寸、位置由强化参数决定。当达到屈服面的最大尺寸，或达到距离适当的参考状态（如静水轴的偏移）时，就可达到极限状态。典型的双屈服面模型由一个位置固定的外部破坏面和一个几何相似的内部屈服面构成。内部屈服面可在破坏面以内的范围内扩展、收缩以及移动。当屈服面与破坏面接触时，则达到极限状态。

土的弹塑性本构模型就研究方法而言可分为两类：一类是经验模型，如沈珠江双屈服面模型等。这类模型是从具体的试验资料中直接确定屈服函数、加工硬化规律等，从而建立土的应力-应变关系的计算模型；另一类是从能量的物理概念出发，推导出屈服函数、加工硬化规律等，从而建立土的应力-应变关系的计算模型。这类模型主要有 Cam-clay 模型等。

土的弹塑性本构模型也可根据材料特性进行分类，即包括理想塑性模型、应变硬化（或软化）塑性模型、其他模型等三大类。理想塑性模型主要有 von Mises 模型、Drucker-Prager 模型等。理想塑性模型又可分为与静水压力无关的无摩擦型模型、与静水压力有关的摩擦型模型等。“摩擦”是指由于静水压力的作用而使得材料的屈服极限得到提高的特性。von Mises 模型属于无摩擦型的理想塑性模型，与静水压力无关。Drucker-Prager 模型，也称广义 von Mises 模型，属于摩擦型的理想塑性模型，与静水压力有关。各向同性应变硬化（或软化）弹塑性模型主要有 Cam-clay 模型、Lade-Duncan 模型。其他模型主要有塑性内时模型、Prevost 非等向硬化模型、Desai 塑性模型等。

弹塑性本构模型是当代土力学中研究土的本构关系的一个主要课题，由于在解决屈服条件、流动规律、硬化定律这三大问题，即解决屈服面 f、塑性势面 g、硬化参量 H 上的理论和方法不同，就形成了多种不同形式的弹塑性本构模型，目前国内外比较著名的弹塑性本构模型有：①建立在“临界状态土力学”基础上的 Cam-clay 模型、修正 Cam-clay 模型等；②建立在试验基础上、能够考虑土的剪胀性的 Lade-Duncan 模型、Lade 模型等；③建立在采用试验寻求塑性势面、屈服面以及符合相关联流动规则硬化参量基础上的黄文熙模型、清华模型、“南水”模型等；④建立在空间强度发挥面思路基础上的松冈元模型；⑤在上述模型基础上的改进模型。

相对于非线性弹性模型，弹塑性本构模型能更好地反映土体的实际变形特性、硬化或软化特性、剪胀或剪缩特性、中主应力以及应力路径等的影响。经典的理想塑性模型正在被能够反映土体的硬化、软化特性的本构模型所代替；非帽子类模型正在向帽子类模型方向发展；不少本构模型采用不相适应的流动法则。

根据试验资料在推导弹塑性模型过程中，由于常需要做一些补充或假设，导致出现了不同类型的本构模型，这有时也是对土的塑性理论的不同理解所致。以帽子类模型为例，对帽子屈服面就有过不同的假设，如 Drucker 假设为球形，Roscoe 曾经假设为弹头形后来又修改为椭圆形状，魏汝龙、黄文熙等在其提出的模型中均假设为椭圆。

对于屈服面来说，一些学者认为，通过应力空间中的任一点可以有两个或以上的屈服面。早期的双屈服面模型，完全是为了使模型计算结果与试验数据符合得更好，如修正 Cam-clay 模型、Lade 模型等。此外，为了更好地模拟土的复杂的应力-应变关系特性、应力

路径的影响等，将应力张量、应变张量分解为球张量、偏张量。从这一概念出发，提出了压缩屈服面、剪切屈服面，以及多重屈服面等。例如，1980 年沈珠江提出部分屈服面概念后，又于 1984 年提出三重屈服面模型。

在土的本构模型研究中，一方面要注意发展能够深入揭示土体特性的较复杂的模型；另一方面本构关系的研究要注意实用性。确定和鉴别已有模型的意义不亚于提出新的模型。土体的变形特性十分复杂，受到剪胀性、硬化软化、应力路径、天然地基土的各向异性等的影响。除了提出新的理论和计算模型外，还需要改进现有模型增加其功能，使其能表现上述土体的变形特性。

如果土体的各种复杂特性都在模型中得以体现，必然会使模型十分复杂而无法应用。过分追求理论上的严密有时并不能起到预想的效果。本构模型的发展应注重，抓住土体变形的主要特性，略去次要因素，力求模型简单和实用。同时要对参数进行研究，要注意参数的变化范围和可能出现的限制值，如果不能很好地确定模型中的参数，虽然建立了模型的本构方程，模型也可能不具实用性。

8.2　Cam-clay 模型

1958 年，英国剑桥大学 Roscoe 提出了状态边界面、临界状态线的概念。1963 年，Roscoe、Schofield、Thurairajah 在塑性力学加工硬化理论基础上，对正常固结重塑黏土建立了弹塑性帽子模型。该模型采用广义 von Mises 准则、帽子屈服面、相关联流动法则和等向硬化规律，以塑性体积应变作为硬化参数，基于能量原理建立屈服函数，现在一般称为原始 Cam-clay 模型。1968 年，Burland 建议了修正的 Cam-clay 模型，随后 Roscoe、Burland 将其推广到一般三维应力状态，并逐渐发展成为临界状态土力学。

Cam-clay 模型以及修正 Cam-clay 模型是第一个采用增量塑性理论建立起来的土的应力-应变关系模型，是国际上非常著名的土的弹塑性本构模型。原始 Cam-clay 模型适用正常固结黏土、弱超固结黏土，其理论基础为土的临界状态，因而又称为临界状态模型。该模型属于各向同性应变硬化（即等向硬化）的弹塑性模型，其加载面或屈服面即 Roscoe 面为弹头形状，如图 8.1 所示。原始 Cam-clay 模型、修正 Cam-clay 模型都采用相关联的流动法则，以塑性体积应变 ε_v^p 作为硬化参量，能较好地适用正常固结土和弱超固结土，参数少并且可采用常规三轴试验测定。其不足之处是，仅采用塑性体积应变 ε_v^p 作为硬化参量，对剪切变形的影响考虑不够充分，对砂土来说就不能考虑其剪切引起的体积膨胀等特性。因此，有学者建议增加一个以塑性剪切变形做硬化参量的剪切屈服面，比如直线、抛物线或双曲线等。Burland 将原始 Cam-clay 模型推广到严重超固结黏土、砂土等材料，相应的加载面或屈服面（即 Roscoe 面）也修改为椭圆形状，如图 8.1 所示，从而提出了修正 Cam-clay 模型。

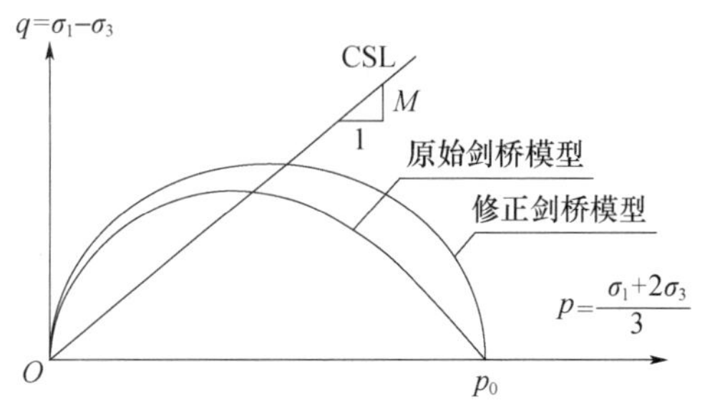

图 8.1　Cam-clay 模型的屈服面

目前所说的 Cam-clay 模型一般是指修正 Cam-clay 模型。对比原始 Cam-clay 模型，修正 Cam-clay 模型的参数没有增加，参数的测定方法也没有改变。

8.2.1 原始 Cam-clay 模型

Roscoe 等人在临界状态土力学中提出了状态边界面的概念。状态边界面由五条曲线组成：正常固结线 NCL、临界状态线 CSL、Roscoe 线、Hvorslev 线和零拉应力线。

正常固结线 NCL 是指正常固结土在等向压缩条件下的应力-应变曲线。临界状态线 CSL 是指当达到临界状态时，塑性剪应变无限增大，塑性体积应变增量和有效应力增量为 0，土体处于完全塑性状态，此时所有的有效应力终点均位于同一条直线（应力比 $\eta=M$）上，该直线称为临界状态线。Roscoe 线是指 Roscoe 面在 p-q 面上的投影线。排水和不排水试验路径表明，变量 p、q 和孔隙比 e 之间存在着唯一的关系，它们均位于同一个曲面上，这个面称为 Roscoe 面。Hvorslev 线是指在相同孔隙比 e 下，对于超固结土在不同超固结程度下的不排水峰值强度所确定的破坏线。该破坏线高于临界状态线 CSL。零拉应力线是指 $\sigma_3=0$ 时的单轴压缩排水应力路径。

等向压缩条件下，由于 $q=0$，因而正常固结线 NCL 在 p-q 平面上与 p 轴重合，在 e-p 平面上则为一条随平均正应力 p 增大、孔隙比 e 逐渐减小的曲线，其表达式为

$$e=e_N-\lambda\ln p \tag{8.1}$$

式中，λ 为正常固结土的压缩曲线在 e-$\ln p$ 坐标系中的直线斜率；e_N 为正常固结线 NCL 在 $p=1$kPa下对应的孔隙比。

临界状态条件下，由于应力比 $\eta=M$，因而临界状态线 CSL 在 p-q 平面上为一条过原点且斜率等于 M 的直线，在 e-p 平面上与正常固结线 NCL 平行，其表达式为

$$e_f=e_C-\lambda\ln p_f \tag{8.2}$$

式中，e_C 为临界状态线 CSL 在 $p=1$kPa 下对应的孔隙比。

试验表明，在饱和排水和不排水条件下的有效应力路径，均具有相同的形态和数值。对于初始应力状态位于正常固结线 NCL 上的任一点，该点对应于相应的平均正应力 p，当沿着不同的路径剪切时，应力状态（p，q）开始发生变化，孔隙比 e 也不断变化，其应力路径在 p-q-e 空间内形成一条由正常固结线 NCL 至临界状态线 CSL 的空间曲线，由对应不同平均正应力 p 的这些空间曲线构成一个连接 NCL 线、CSL 线的特殊曲面，这个曲面即 Roscoe 面，如图 8.2 所示。

对于正常固结黏土，任何应力路径都位于 Roscoe 面上，即正常固结黏土的 Roscoe 面对不同的试验是唯一的，与加载路径无关，并且一切加载路径都不能逾越 Roscoe 面。因此，Roscoe 面是正常固结黏土的状态边界面。对于等向固结至同一密度的土，当进行不同总应力路径下的不排水试验时，由于体积不发生变化，并且均位于 Roscoe 面上，因而具有相同的有效应力路径。因此，Roscoe 面是一个体积应变的等值面，即当应力在 Roscoe 面上移动时，由于所产生的塑性体积应变增量与弹性体积应变增量符号相反，使得体积应变增量为 0，因而 Roscoe 面上的体积应变保持为常数。

Hvorslev 线为超固结土的强度包线。对于不同的等效应力 p_e（对应相应的孔隙比 e），具有相应的 Hvorslev 线，在 p-q-e 空间内则形成一个 Hvorslev 面。将所有的对应于相应等效应力 p_e 的 Hvorslev 线，采用等效应力 p_e 归一化后，可得到一条相同的曲线，该曲线即 Hvorslev 线。超固结土的状态边界面也是唯一的，其一切应力状态均不可逾越该状态边界面。

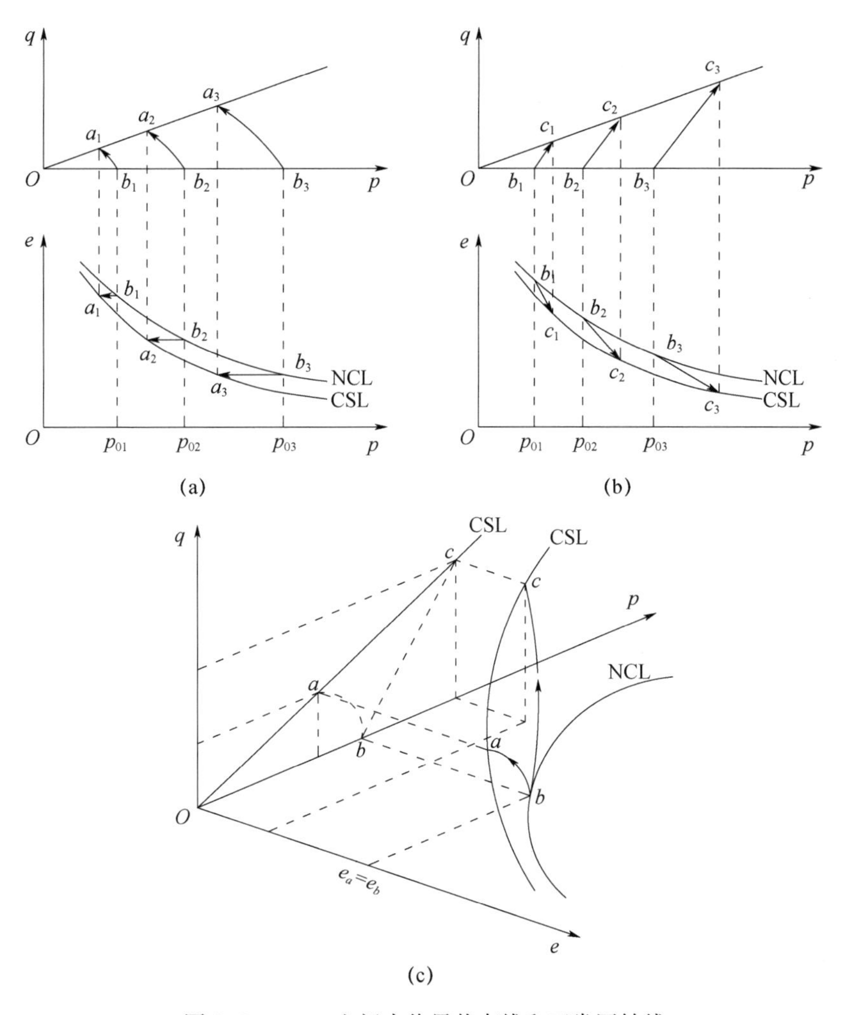

图 8.2　p-q-e 空间内临界状态线和正常固结线

正常固结线 NCL、临界状态线 CSL、Roscoe 线、Hvorslev 线和零拉应力线在 p-q-e 空间内形成一个完整的状态边界面，该曲面包围了一个应力状态可能的区域，黏土的任何应力状态不可超越该区域。如图 8.3 所示。

(1) 屈服函数和塑性势函数

Cam-clay 模型采用相关联流动法则，其屈服函数 f 与塑性势函数 g 形式相同。因此，通过求取塑性势函数 g 来得到屈服函数 f。方法如下：

首先，假定应力 σ_{ij} 与塑性应变增量 $\mathrm{d}\varepsilon_{ij}^{\mathrm{p}}$ 主轴方向一致，使得应力空间与塑性应变增量空间主轴重合。当考虑应力空间内某曲面与塑性应变增量方向正交，则正交条件为

$$\mathrm{d}\sigma_1\mathrm{d}\varepsilon_1^{\mathrm{p}}+\mathrm{d}\sigma_2\mathrm{d}\varepsilon_2^{\mathrm{p}}+\mathrm{d}\sigma_3\mathrm{d}\varepsilon_3^{\mathrm{p}}=\mathrm{d}p\mathrm{d}\varepsilon_{\mathrm{v}}^{\mathrm{p}}+\mathrm{d}q\mathrm{d}\varepsilon_{\mathrm{s}}^{\mathrm{p}}=0 \tag{8.3}$$

或写成

$$\frac{\mathrm{d}p\mathrm{d}\varepsilon_{\mathrm{v}}^{\mathrm{p}}}{\mathrm{d}q\mathrm{d}\varepsilon_{\mathrm{s}}^{\mathrm{p}}}=-1 \tag{8.4}$$

其次，如果使得 p 轴与 $\mathrm{d}\varepsilon_{\mathrm{v}}^{\mathrm{p}}$ 轴重合、q 轴与 $\mathrm{d}\varepsilon_{\mathrm{s}}^{\mathrm{p}}$ 轴重合，并且能够满足式 (8.4) 的曲面即塑性势面，当能够确定塑性应变增量方向（或塑性应变增量比）与应力 (p，q) 之间的关系就可确定塑性势面。塑性势面如图 8.4 所示。

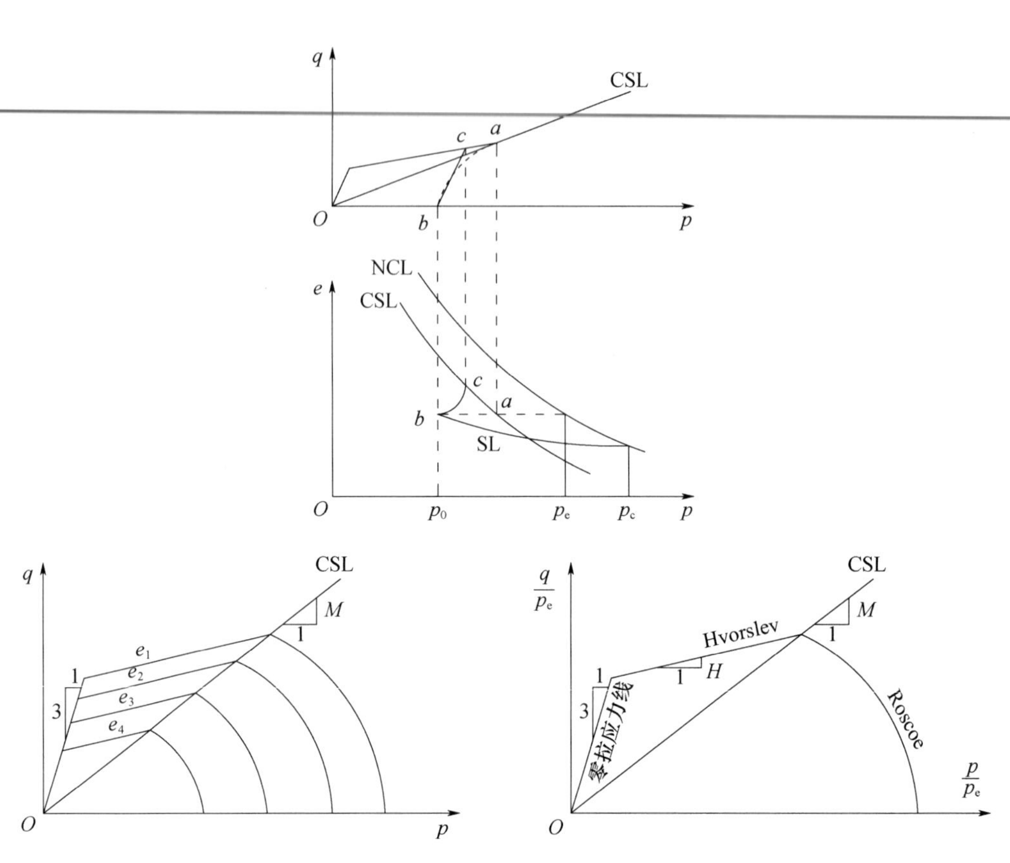

图 8.3　Hvorslev 线与完整的状态边界面

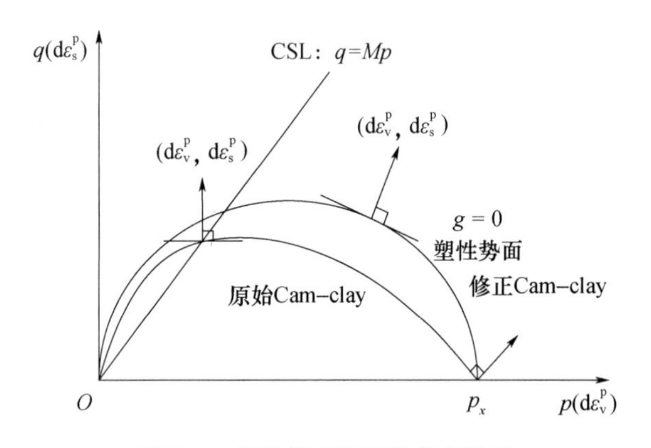

图 8.4　塑性势面和塑性应变增量

根据能量方程可求得塑性应变增量方向（或塑性应变增量比）与应力（p，q）之间的关系式如下：

$$dW_p=\sigma_1 d\varepsilon_1^p+\sigma_2 d\varepsilon_2^p+\sigma_3 d\varepsilon_3^p=p d\varepsilon_v^p+q d\varepsilon_s^p \tag{8.5}$$

在 Cam-clay 模型中，由于考虑剪切破坏时有 $q_f=Mp$、$d\varepsilon_v^p=0$，并且对正常固结土破坏时的体积应变增量为 0，即剪切时为体积压缩。因此式（8.5）可改写成

$$dW_p=p d\varepsilon_v^p+q d\varepsilon_s^p=q_f d\varepsilon_s^p=Mp d\varepsilon_s^p \tag{8.6}$$

于是可得到

$$\frac{q}{p}=M-\frac{\mathrm{d}\varepsilon_{\mathrm{v}}^{\mathrm{p}}}{\mathrm{d}\varepsilon_{\mathrm{s}}^{\mathrm{p}}} \tag{8.7}$$

该式即Cam-clay模型中的应力比-应变增量比的关系式，也称剪胀方程，可理解为一个试验规律的拟合公式，如图8.5所示。

再次，联立正交条件式（8.4）、剪胀方程式（8.7），可得到微分方程

$$\frac{\mathrm{d}q}{\mathrm{d}p}+M-\frac{q}{p}=0 \tag{8.8}$$

该式的解即塑性势函数的表达式 $g=0$，即

$$g=M\ln p+\frac{q}{p}-C=0 \tag{8.9}$$

式中，C 为积分常数。

式（8.9）可采用图8.6中的曲线表示。

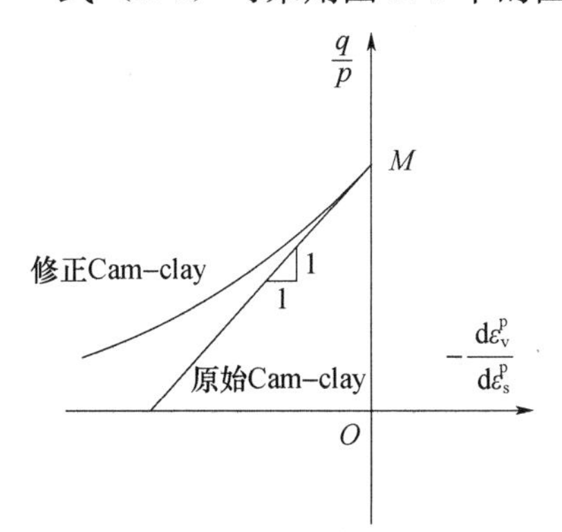

图8.5　Cam-clay模型应力比-应变增量比关系

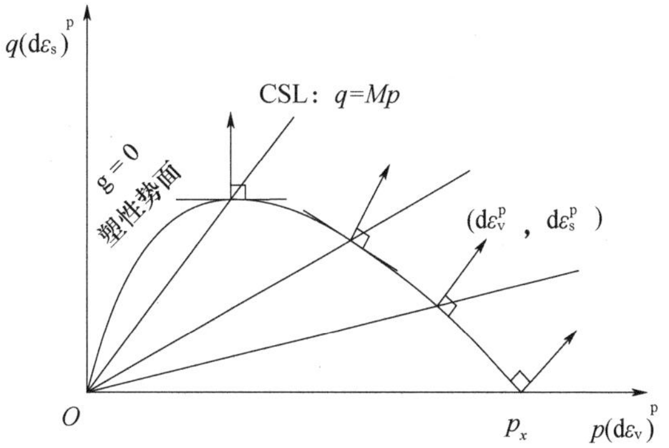

图8.6　Cam-clay模型塑性势面与应变增量方向

根据Cam-clay模型中的应力比-应变增量比的关系即式（8.7），当 $q/p=0$ 时，$\mathrm{d}\varepsilon_{\mathrm{v}}^{\mathrm{p}}/\mathrm{d}\varepsilon_{\mathrm{s}}^{\mathrm{p}}=M$；当 $q/p=M$ 时，$\mathrm{d}\varepsilon_{\mathrm{v}}^{\mathrm{p}}=0$。塑性势面与塑性应变增量方向正交。

最后，当采用屈服函数 f 与塑性势函数 g 相等的相关联流动法则时，根据塑性势函数式（8.9）可得到屈服函数 f 的表达式为

$$f=M\ln p+\frac{q}{p}-C=0 \tag{8.10}$$

令 p_x 表示 $q=0$ 时的平均正应力，则 $C=M\ln p_x$。于是式（8.10）可改写成

$$f=M\ln p+\frac{q}{p}-M\ln p_x=0 \tag{8.11}$$

式（8.11）可采用图8.6中的曲线表示。当应力状态在屈服曲线上变化时，土体不发生塑性应变增量；当应力状态在屈服曲线内部变化时，土体只产生弹性应变。屈服曲线内是应变的弹性区域，屈服曲线以外区域是应变的弹塑性区域，此区域随着 p_x 增大，屈服曲线也相应相似扩大。临界状态线CSL为达到破坏时的临界状态线。

（2）硬化规律

根据塑性应变增量方向（比）、塑性应变是否发生的屈服条件，还不能确定塑性应变的大小。所以需要引入硬化准则的概念。

根据图 8.7 所示的等向固结（$\sigma_1=\sigma_2=\sigma_3=p$）试验结果，将压缩试验的加载-卸载-再加载曲线绘制成 e-ln$p$ 曲线，由于该曲线近似为直线，加载、卸载段直线的斜率不同，可分别设为 λ、κ。等向固结试验（$q=0$）可考虑最简单的情形，即 p 从 p_0（对应于 e_0）增大至 p_x。而卸载段、再加载段直线斜率相近，且压缩指数 C_c 与加载段直线斜率 λ 之间的关系可表示为 $\lambda=0.434C_c$。根据图 8.7，压缩关系可表示为

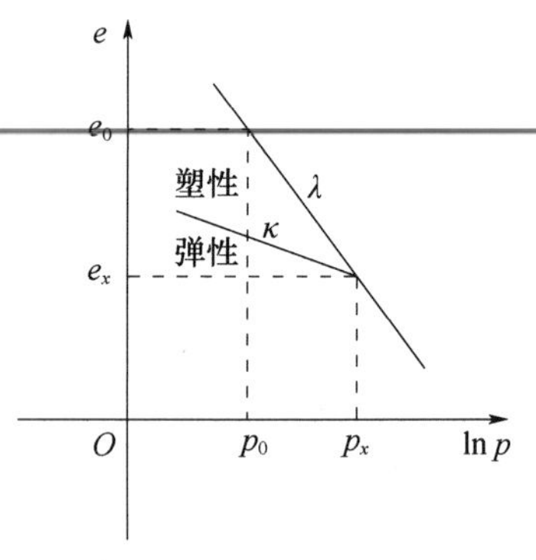

图 8.7　等向固结、再压缩试验的应力孔隙比关系

$$\Delta e=e-e_0=-\lambda\ln\frac{p_x}{p_0} \tag{8.12}$$

由于总体积应变 ε_v、弹性体积应变 ε_v^e 分别为

$$\varepsilon_v=\frac{-\Delta e}{1+e_0}=\frac{\lambda}{1+e_0}\ln\frac{p_x}{p_0},\ \varepsilon_v^e=\frac{\kappa}{1+e_0}\ln\frac{p_x}{p_0} \tag{8.13}$$

因此，塑性体积应变 ε_v^p 为

$$\varepsilon_v^p=\varepsilon_v-\varepsilon_v^e=\frac{\lambda-\kappa}{1+e_0}\ln\frac{p_x}{p_0} \tag{8.14}$$

将式（8.14）改写成 $\ln p_x=\frac{1+e_0}{\lambda-\kappa}\varepsilon_v^p+\ln p_0$，再根据屈服函数 f 式（8.11），可得到

$$M\ln p+\frac{q}{p}-M\left(\frac{1+e_0}{\lambda-\kappa}\varepsilon_v^p+\ln p_0\right)=0 \tag{8.15}$$

将式（8.15）进行整理，可得到

$$f=\frac{\lambda-\kappa}{1+e_0}\ln\frac{p}{p_0}+\frac{\lambda-\kappa}{1+e_0}\frac{1}{M}\frac{q}{p}-\varepsilon_v^p=0 \tag{8.16}$$

该式即为 Cam-clay 模型中以塑性体积应变 ε_v^p 作为硬化参量的屈服函数 f。屈服面与土性参数 M、λ、κ、e_0 有关，式（8.16）可简记为

$$f=f(p,\ q,\ \varepsilon_v^p)=0 \tag{8.17}$$

塑性理论中一般采用 $f=f(\sigma_{ij},\ H)=0$ 表示屈服函数，将式（8.17）与之对比可知，在 Cam-clay 模型中，应力 σ_{ij} 采用 p、q 表示，硬化参量 H 相当于塑性体积应变 ε_v^p。

Cam-clay 模型屈服曲线上的塑性体积应变 ε_v^p 的值是相等的，塑性体积应变 ε_v^p 可由等向固结试验得出。对于非等向固结试验，在其剪切时，由于可知塑性体积应变 ε_v^p、塑性应变增量比 $\frac{d\varepsilon_v^p}{d\varepsilon_s^p}$，因而可求解得到塑性剪应变 ε_s^p。根据等向固结试验求解体应变的大小（绝对值）是 Cam-clay 模型的特点。

随着屈服曲线向外扩展，塑性体积应变 ε_v^p 值逐渐增大。根据式（8.16）可得到塑性体积应变 ε_v^p 的表达式为

$$\varepsilon_v^p=\frac{\lambda-\kappa}{1+e_0}\ln\frac{p}{p_0}+\frac{\lambda-\kappa}{1+e_0}\frac{1}{M}\frac{q}{p} \tag{8.18}$$

根据式（8.18）中右边的第一项，当平均正应力 p 增大（固结）时，塑性体积应变 ε_v^p 增大；根据式（8.18）中右边的第二项，当 q/p 增大（剪切）时，塑性体积应变 ε_v^p 也增大。

（3）流动法则

流动法则的目的，是使得塑性应变增量与屈服函数相联系。这样，在得到塑性体积应变增量的基础上，进一步得到塑性剪切应变增量。

根据 Cam-clay 模型中的相关联流动法则的假定，塑性势函数与屈服面函数相等，塑性应变增量 $d\varepsilon_{ij}^{p}$ 的方向与塑性势函数 g 的曲线正交方向相同，即

$$d\varepsilon_{ij}^{p}=d\lambda\frac{\partial g}{\partial\sigma_{ij}}，\text{或 } d\varepsilon_{ij}^{p}=d\lambda\frac{\partial f}{\partial\sigma_{ij}} \tag{8.19}$$

式中，$d\lambda$ 是标量；$\frac{\partial g}{\partial\sigma_{ij}}$ 表示与塑性势函数 g 的曲线正交的方向。

根据式（8.19），只要求解得到 $d\lambda$ 与屈服函数相关的具体表达式，就可求得塑性应变增量 $d\varepsilon_{ij}^{p}$。根据式（8.17）可得到

$$df=\frac{\partial f}{\partial p}dp+\frac{\partial f}{\partial q}dq+\frac{\partial f}{\partial\varepsilon_{v}^{p}}d\varepsilon_{v}^{p}=0 \tag{8.20}$$

根据式（8.19），可得到式（8.20）中的 $d\varepsilon_{v}^{p}=d\lambda\frac{\partial f}{\partial p}$，于是可得到

$$d\lambda=-\frac{\frac{\partial f}{\partial p}dp+\frac{\partial f}{\partial q}dq}{\frac{\partial f}{\partial\varepsilon_{v}^{p}}\frac{\partial f}{\partial p}} \tag{8.21}$$

（4）本构方程

根据式（8.16），可得到$\frac{\partial f}{\partial p}=\frac{\lambda-\kappa}{1+e_0}\frac{1}{M}\frac{1}{p}\left(M-\frac{q}{p}\right)$，$\frac{\partial p}{\partial\sigma_{ij}}=\frac{\delta_{ij}}{3}$，$\frac{\partial f}{\partial q}=\frac{\lambda-\kappa}{1+e_0}\frac{1}{M}\frac{1}{p}$，$\frac{\partial q}{\partial\sigma_{ij}}=\frac{3(\sigma_{ij}-p\delta_{ij})}{2q}$，$\frac{\partial f}{\partial\varepsilon_{v}^{p}}=-1$。于是可得到$\frac{\partial f}{\partial\sigma_{ij}}=\left[\frac{1}{3}\left(M-\frac{q}{p}\right)\delta_{ij}+\frac{3(\sigma_{ij}-p\delta_{ij})}{2q}\right]\frac{\lambda-\kappa}{1+e_0}\frac{1}{M}\frac{1}{p}$，以及 $d\lambda=dp+\frac{dq}{M-\eta}$，其中 $\eta=\frac{q}{p}$。根据式（8.19）可得到

$$d\varepsilon_{ij}^{p}=\left(dp+\frac{dq}{M-\eta}\right)\frac{\lambda-\kappa}{1+e_0}\frac{1}{M}\frac{1}{p}\left[\frac{1}{3}(M-\eta)+\frac{3(\sigma_{ij}-p)}{2q}\right] \tag{8.22}$$

该式即 Cam-clay 模型要求的塑性应变增量 $d\varepsilon_{ij}^{p}$ 的一般表达式。据此可得到塑性体积应变增量 $d\varepsilon_{v}^{p}$、塑性剪切应变增量 $d\varepsilon_{s}^{p}$ 的表达式为

$$\begin{Bmatrix}d\varepsilon_{v}^{p}\\d\varepsilon_{s}^{p}\end{Bmatrix}=\frac{\lambda-\kappa}{1+e_0}\frac{1}{M}\frac{1}{p}\begin{bmatrix}M-\eta & 1\\1 & \frac{1}{M-\eta}\end{bmatrix}\begin{Bmatrix}dp\\dq\end{Bmatrix} \tag{8.23}$$

根据广义 Hooke 定律可写出弹性应变增量 $d\varepsilon_{ij}^{e}$ 的表达式为

$$d\varepsilon_{ij}^{e}=\frac{1+\upsilon}{E}d\sigma_{ij}-\frac{\upsilon}{E}d\sigma_{kk}\delta_{ij} \tag{8.24}$$

式中，E 为弹性模量，$E=3(1-2\upsilon)\frac{(1+e_0)}{\kappa}p$。

弹性模量 E 的表达式可根据各向同性条件下 $d\varepsilon_{\upsilon}^{e}=d\varepsilon_{ii}^{e}=\frac{3(1-2\upsilon)}{E}dp$、$d\varepsilon_{v}^{e}=\frac{\kappa}{1+e_0}\frac{dp}{p}$ 得到。

式（8.24）中的泊松比 υ 通常假定为 0、0.3 或 1/3。

根据上述分析，Cam-clay 模型求解土的总应变公式为 $d\varepsilon_{ij}=d\varepsilon_{ij}^{e}+d\varepsilon_{ij}^{p}$。其中，弹性应变增量 $d\varepsilon_{ij}^{e}$ 由式（8.24）求得，塑性应变增量 $d\varepsilon_{ij}^{p}$ 由式（8.22）求取。各式中共有五个土性参数：λ、κ、e_0、M（或 φ）、υ。

8.2.2 修正 Cam-clay 模型

原始 Cam-clay 模型的塑性势曲线在与 p 轴相交处，并不与 p 轴正交，如图 8.4 所示，即在此处同时有体积应变增量和剪应变增量。对于等向固结即应力在 p 轴移动的情形来说，由于应力沿着 p 轴变化，因而塑性剪切应变增量 $d\varepsilon_s^p=0$，只有塑性体积应变增量 $d\varepsilon_v^p$，并且其方向沿 p 轴（水平轴）变化，这种情况显然与实际情况不符。针对这一情况，Burland 等人于 1968 年提出了修正 Cam-clay 模型。该模型采用椭圆形的塑性势面，塑性势曲线与屈服曲线相同，并且与 p 轴正交，如图 8.4 所示的椭圆塑性势曲线。对比原始 Cam-clay 模型，修正 Cam-clay 模型的参数没有增加，参数的测定方法也没有改变。

（1）基本试验曲线

Cam-clay 模型的提出，是基于对正常固结黏土、弱超固结黏土等进行了大量的等向压缩与膨胀试验、不同固结压力条件的三轴固结排水与不排水剪切试验。

将常规三轴仪中黏土的等向压缩与膨胀（或回弹）试验结果，结果绘制于 υ-ln$p$ 半对数坐标图中，如图 8.8所示。

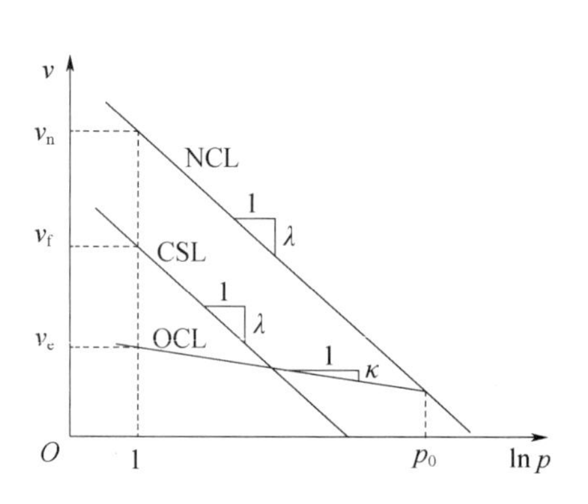

图 8.8　等向压缩、膨胀试验曲线

图中 υ 称为比体积，表示单位体积土颗粒与孔隙体积（以孔隙比 e 表示）之和，即 $\upsilon=1+e$；p 为等向固结压力或静水压力。

正常固结土的初压曲线由等向压缩试验得到，称为等向压缩试验曲线或等向固结曲线，简称 NCL；忽略加载过程中的滞回环，等向卸载膨胀或再压缩曲线则相当于超固结土的压缩曲线，简称 OCL；剪切破坏时的 υ-ln$p$ 曲线称为破坏线，或称为临界状态线 CSL 在 υ-ln$p$ 平面的投影，由常规三轴固结排水、不排水试验得到。

NCL、OCL、CSL 均近似为直线，并且 NCL 和 CSL 近似平行。三条直线 NCL、OCL、CSL 的方程分别为

$$\nu=\nu_n-\lambda\ln p,\quad \nu=\nu_e-\kappa\ln p,\quad \nu=\nu_f-\lambda\ln p \tag{8.25}$$

式中，λ、κ 分别为 NCL、OCL 的斜率；ν_n、ν_e、ν_f 分别为 NCL、OCL、CSL 三条直线上的 $p=1$ 时的比体积 $\nu=(1+e)$；λ、κ，以及 ν_n、ν_e 与土的性质有关，ν_f 与土的性质、固结压力有关。

等向固结曲线也可通过 κ_0 固结（无侧向应变）与膨胀试验，然后换算为等向固结曲线。通过 e-lg$p$ 曲线得到压缩系数 C_c、膨胀系数 C_s，然后进行换算可得到

$$\lambda=\frac{C_c}{2.303},\quad \kappa=\frac{C_s}{2.303} \tag{8.26}$$

将正常固结黏土试样、弱超固结黏土试样，在不同的固结压力下开展排水、不排水剪切试验，将试验结果绘制在 ν-p-q 的平面中。在常规三轴试验条件下，广义剪应力 $q=\sigma_1-\sigma_3$。无论是排水剪，还是不排水剪，剪切破坏的 p-q、p-ν、q-ν 等关系曲线，分别为一条直线或一条曲线。这说明了正常固结黏土、或弱超固结黏土在破坏时的 ν-p-q 之间存在着唯一对应的关系。

(2) 临界状态线 CSL

将三轴剪切试验的 ν-p-q 的唯一对应关系绘制在 ν-p-q 组成的三维空间中，这种关系则可表示为一条空间曲线，这条曲线就是破坏线在 ν-p-q 三维空间中的运动轨迹，称为临界状态线，简称为 CSL 线。实际上，临界状态线 CSL 就是破坏点在 ν-p-q 空间运动轨迹的连线。

临界状态线 CSL 的方程为式（8.25）中的 $\nu=\nu_f-\lambda\ln p$。在 q-p 空间可表示为

$$q=Mp \tag{8.27}$$

于是 CSL 线的方程可以统一写成

$$q=Mp=Me^{\frac{\nu_f-\nu}{\lambda}} \tag{8.28}$$

这实际上就是 CSL 线在 q-ν 平面上的曲线方程。对于三轴压缩试验：

$$M=\frac{6\sin\varphi}{3-\sin\varphi} \tag{8.29}$$

(3) Roscoe 面或状态边界面

在 ν-p-q 空间中，对于三轴固结排水、或不排水路径，沿正常固结曲线随固结压力 p_c 变化而运动的轨迹所构成的空间曲面，称为 Roscoe 面或称为状态边界面。

ν-p-q 空间可以分为两部分：可能应力状态区、不可能应力状态区。可能应力状态区在 Roscoe 面以内、或 Roscoe 面上；不可能应力状态区则在 Roscoe 面以外，即应力状态不可能超越 Roscoe 面。因此，Roscoe 面是正常固结黏土、或弱超固结黏土的一种应力状态边界面、或物态边界面。因此，Roscoe 面又称为状态边界面。

(4) 破坏面或 Hvorslev 面

对于正常固结、或弱超固结的黏土、松砂等，破坏面就是临界状态线 CSL 与其在 p-q 平面投影线（抗剪强度线）所构成的平面。应力状态点一旦落在破坏面上，就意味着该点已经产生破坏。

对于具有应变软化性质的严重超固结黏土、密实砂土等，其破坏点一般是在临界状态线 CSL 以上的应力峰值点。强度峰值点在 ν-p-q 空间构成的平面就称为这类具有应变软化性质材料的破坏面。由于这类材料的抗剪强度线又称为 Hvorslev 线，因此具有应变软化性质材料的破坏面又称为 Hvorslev 破坏面，简称 Hvorslev 面。

对于黏土类材料，由于其不能承受拉应力，当 $\sigma_3=0$ 时其强度 $q=\sigma_1=2c$，故 $p=\sigma_1/3=2c/3$，因此 Hvorslev 面在 ν-p-q 空间不能在 ν 轴以上与 q 轴相交，而是与 q-ν 平面成 1∶3 的倾角。该平面称为无拉力墙。应力在该墙面内，材料处于弹性状态。当应力达到墙顶即 Hvorslev 面上时，材料发生单向压缩破坏。

根据上述破坏面、Hvorslev 面的定义，应力状态点也不可能超越破坏面，因此破坏面也是一种状态边界面。在 ν-p-q 空间中，由无拉力墙、Hvorslev 面、Roscoe 面构成了完整的状态边界面。如果将 Hvorslev 面、Roscoe 面等，在 p-q 面上归一化，绘制在 p/p_c-q/q_c 平面上，则无拉力墙、Hvorslev 面、Roscoe 面等，就构成了以 p/p_c 轴为底的封闭曲线，构成了完整的归一化的状态边界线，如图 8.9 所示。其中，p_c 为固结压力。

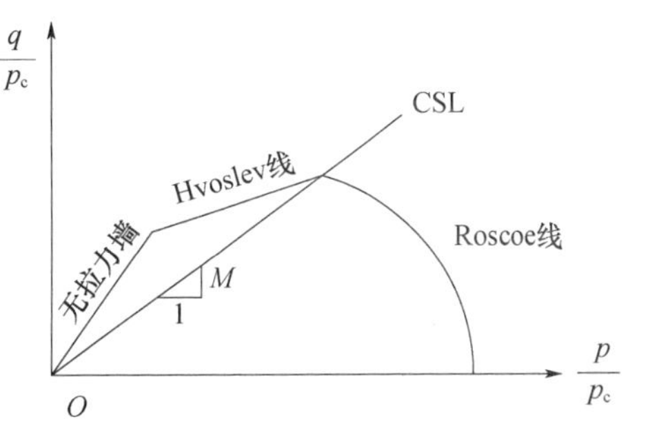

图 8.9 归一化的状态边界线

修正 Cam-clay 模型的状态边界面、破坏面等，也可以在主应力空间中进行表示。对于正常固结的、弱超固结的黏土，其破坏面是一个以原点为顶点，以静水压力线为中心的六边形锥面。其屈服面则是一个半椭球面，就好像一顶半椭球形的“帽子”倒扣在破坏锥体的开口端。随着硬化，这个半椭球形的“帽子”不断扩大。当应力点位于屈服面或破坏面以内时，材料处于弹性状态；当应力点位于屈服面上时，材料处于塑性状态；当应力点位于破坏面时，材料就处于破坏状态。应力状态不可能超越屈服面和破坏面。屈服面与破坏面的交线为临界状态点的迹线。因此，带帽的六边形锥体是另一种形式的状态边界面。具有这种帽子屈服面的模型一般称为帽子类模型。修正 Cam-clay 模型就是帽子类模型的一种类型。

（5）弹性墙与屈服曲线

在 ν-p-q 空间中，以平行于 q 轴的直线为母线，沿膨胀线移动与 Roscoe 面和破坏面相交而成的空间曲面就称为弹性墙。这样的弹性墙有许多个。修正 Cam-clay 模型假设当应力在这样的“墙面”内变化时，只产生弹性变形，故称为弹性墙。根据弹性墙的定义，膨胀曲线就是弹性墙在 ν-p 平面上的投影，并且只有当应力达到墙顶，即 Roscoe 面上时，才会产生塑性变形。因此，定义弹性墙与 Roscoe 面交线为一条屈服曲线。故一个弹性墙对应于一条屈服曲线。

根据屈服曲线的定义，屈服曲线在 ν-p 平面上的投影就是膨胀曲线，屈服曲线在 p-q 平面上的投影是一条曲线。通过固结应力为 p_c 的不排水应力路径与屈服曲线两者性质是不同的。前者是不排水面与 Roscoe 面的交线，位于不排水面内，其上 $\Delta\nu=0$；后者是弹性墙与 Roscoe 面的交线，是一条空间曲线，在屈服线上虽然有 $\Delta\nu^p=0$，但是没有弹性体积变化。在 p-q 平面上，屈服曲线的方程可表示为

$$f(p,\ q,\ H_a)=p^2-p_c p+\left(\frac{q}{M}\right)^2=0 \tag{8.30}$$

式中，p_c 为固结压力，在这里就是硬化参数 H_a，即 $H_a=p_c$；M 为破坏线的斜率。

屈服线方程也可表示为

$$f(p,\ q,\ H_a)=\left(\frac{p-p_c}{p_c/2}\right)^2+\left(\frac{q}{Mp_c/2}\right)^2-1=0 \tag{8.31}$$

该式表明，在 p-q 平面上修正 Cam-clay 模型的屈服曲线是一个以(0，$p_c/2$)为圆心、以 $p_c/2$ 为长半轴、以 $Mp_c/2$ 为短半轴的椭圆。由于拉、压时的 M 不同，相应的短半轴长度不同，就形成了如图 8.10 所示的两个半椭圆。

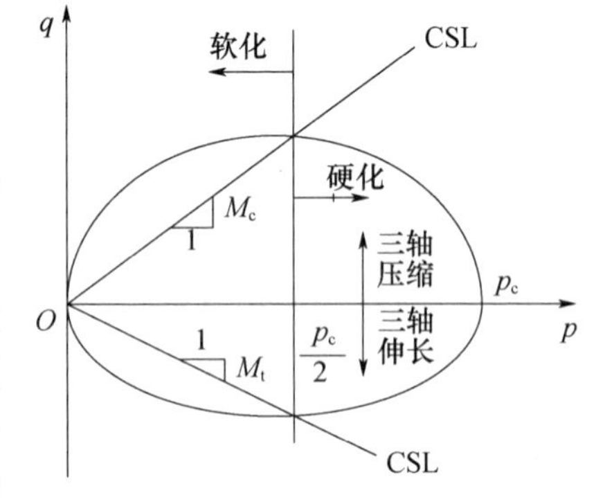

图 8.10 修正 Cam-clay 模型的屈服曲线

上述在 p-q 平面上的屈服曲线的方程是根据能量原理推导出来的。实际上，与其他模型一样，可以直接假设屈服曲面的形状与方程。由于屈服曲线位于 Roscoe 面上，因此上述的屈服曲线方程也是以 p_c 为参量的 Roscoe 面的方程，或状态边界面的方程。也可以将 Roscoe 面定义为屈服曲线沿正常固结线或临界状态线平移而构成的空间曲面。这就是屈服曲线与 Roscoe 面，以及等向压缩试验曲线（初压曲线）NCL、临界状态线 CSL 的相互关系。

（6）基本假设

修正 Cam-clay 模型在推导过程中做了以下一些假设：①在 ν-p-q 空间中存在弹性墙；②在 Roscoe 面以下没有弹性剪应变；③服从相关联流动法则；④在一条屈服曲线上，塑性体积应变 ε_v^p 为常数。

对于第一个假设，应力在弹性墙内变化，可以得到相应的弹性体积应变增量为

$$d\varepsilon_v^e=\frac{-d\nu}{\nu}=\frac{\kappa}{\nu}\frac{dp}{p} \tag{8.32}$$

式中，ν 为与 p 相对应的比体积。

由于比体积 ν 减小时压缩体积应变增大，因而两者符号相异。按照广义 Hooke 定律有 $dp=K_t d\varepsilon_v^e$，因此可求得切线弹性体积模量 K_t 为

$$K_t=\frac{dp}{d\varepsilon_v^e}=\frac{\nu}{\kappa}p \tag{8.33}$$

对于第二个假设，这就是说：$d\varepsilon_s^e=0$，即 $d\varepsilon_s^p=d\varepsilon_s$，$G=\infty$。

对于第三个假设，即 $g=f=\phi$，于是可得

$$\frac{d\varepsilon_v^p}{d\varepsilon_s^p}=\frac{\partial f/\partial p}{\partial f/\partial q} \tag{8.34}$$

对于第四个假设，即 $d\varepsilon_v^p=0$，而 $d\varepsilon_v^e\neq 0$。由于一条屈服曲线对应着一个 p_c 值，这实际上等于假设硬化函数为

$$H=p_c=H(\varepsilon_v^p) \tag{8.35}$$

（7）硬化参数和硬化模量

根据上述基本假设①、②、④，利用能量原理推导出的屈服曲线表达式（8.30），或式（8.31），屈服曲线如图 8.10 所示。

设硬化参数为 p_c，即 $H=p_c$，是塑性体积应变 ε_v^p 的函数。见式（8.35）。并且设硬化模量为 A。根据图 8.8 可得 $p=1$ 处的塑性比体积 ν^p 为

$$\nu^p=\nu_e-\nu_n=-(\lambda-\kappa)\ln p_c \tag{8.36}$$

相应的塑性体积应变 ε_v^p 为

$$\varepsilon_v^p=-\frac{\Delta\nu^p}{\nu_n}=\frac{\lambda-\kappa}{\nu_n}\ln p_c \tag{8.37}$$

或表示为

$$\ln p_c=\frac{\nu_n}{\lambda-\kappa}\varepsilon_v^p \tag{8.38}$$

于是得到硬化函数 H 为

$$H=e^{\frac{\nu_n}{\lambda-\kappa}\varepsilon_v^p} \tag{8.39}$$

该式即塑性体积应变 ε_v^p 硬化规律的硬化函数式。将式（8.39）微分后可得到

$$\frac{dH}{d\varepsilon_v^p}=\frac{\nu_n}{\lambda-\kappa}p_c \tag{8.40}$$

根据塑性体积应变硬化规律，将屈服曲线 $f(p,q,H_a)$ 的表达式、硬化函数 H 微分后的表达式，再结合硬化模量 A 的表达式 $A=-\frac{\partial\phi}{\partial H}\frac{\partial H}{\partial\varepsilon_v^p}\frac{\partial g}{\partial p}=-\frac{\partial f}{\partial H}\frac{\partial H}{\partial\varepsilon_v^p}\frac{\partial f}{\partial p}$，可得到硬化模量 A 为

$$A=\frac{\nu_n}{\lambda-\kappa}p_c p(2p-p_c) \tag{8.41}$$

(8) 修正 Cam-clay 模型本构方程

①ε_v^p 与 p、q 的本构关系

将式 (8.30) 改写为

$$p_c = p\frac{M^2+\eta^2}{M^2} \tag{8.42}$$

式中，η 为剪压比，$\eta=\frac{q}{p}$，反映剪应力与静水压力比值的大小。

由于剪切开始前，$q=0$ 即 $\eta=0$；剪切破坏时，$q=Mp$ 即 $\eta=M$。因此剪压比 η 的变化范围为 0 与 M 之间，上述 p_c 可改写成

$$\ln p_c = \ln p + \ln\frac{M^2+\eta^2}{M^2} \tag{8.43}$$

于是可得到

$$\varepsilon_v^p = \frac{\lambda-\kappa}{\nu_n}\left(\ln p + \ln\frac{M^2+\eta^2}{M^2}\right) \tag{8.44}$$

该式说明了在不同的屈服曲线上的 ε_v^p、p、q (η) 之间的变化关系。这也是全量形式的塑性体积应变 ε_v^p 与应力 p、q 的本构关系方程。

②$d\varepsilon_v^p$ 与 dp、dq 的本构关系表达式

对式 (8.44) 微分后，就可得到增量形式的塑性体积应变 $d\varepsilon_v^p$ 的表达式，即

$$d\varepsilon_v^p = \frac{\lambda-\kappa}{\nu}\left(\frac{dp}{p} + \frac{2\eta d\eta}{M^2+\eta^2}\right) \tag{8.45}$$

式中，p 是任意变化的，ν 不是 ν_n 而是与 p 相对应的 ν。这是增量形式的塑性体积应变 ε_v^p 与应力 p、q 的本构方程。

根据式 (8.32)、式 (8.45)，总的体积应变增量 $d\varepsilon_v$ 可表示为

$$\begin{aligned} d\varepsilon_v &= d\varepsilon_v^e + d\varepsilon_v^p \\ &= \frac{\kappa}{\nu}\frac{dp}{p} + \frac{\lambda-\kappa}{\nu}\left(\frac{dp}{p} + \frac{2\eta d\eta}{M^2+\eta^2}\right) = \frac{\lambda}{\nu}\frac{dp}{p} + \frac{\lambda-\kappa}{\nu}\frac{2\eta d\eta}{M^2+\eta^2} \end{aligned} \tag{8.46}$$

这是增量形式的弹塑性体积应变本构方程。

③$d\varepsilon_s^p$ 与 dp、dq 的本构关系表达式

根据基本假设③相关联流动法则，即式 (8.34)，对式 (8.30) 分别求$\frac{\partial f}{\partial p}$、$\frac{\partial f}{\partial q}$后可得到$\frac{d\varepsilon_v^p}{d\varepsilon_s^p} = \frac{2p-p_c}{2q}M^2$。再根据式 (8.42) 可得到

$$\frac{d\varepsilon_v^p}{d\varepsilon_s^p} = \frac{M^2-\eta^2}{2\eta} \tag{8.47}$$

根据式 (8.45)、式 (8.47)，可得到塑性剪应变增量 $d\varepsilon_s^p$ 的表达式为

$$d\varepsilon_s^p = \frac{2\eta}{M^2-\eta^2}d\varepsilon_v^p = \frac{2\eta}{M^2-\eta^2}\frac{\lambda-\kappa}{\nu}\left(\frac{dp}{p} + \frac{2\eta d\eta}{M^2+\eta^2}\right) \tag{8.48}$$

根据基本假设②弹性剪应变 $d\varepsilon_s^e=0$ 即 $d\varepsilon_s^P=d\varepsilon_s$，得到总的剪应变增量 $d\varepsilon_s$ 为

$$d\varepsilon_s = \frac{2\eta}{M^2-\eta^2}\frac{\lambda-\kappa}{\nu}\left(\frac{dp}{p} + \frac{2\eta d\eta}{M^2+\eta^2}\right) \tag{8.49}$$

④矩阵形式

根据上述分析，就可得到修正 Cam-clay 模型的弹塑性本构方程的矩阵形式为

$$\begin{bmatrix} d\varepsilon_v \\ d\varepsilon_s \end{bmatrix}=\frac{2\eta}{M^2-\eta^2}\frac{\lambda-\kappa}{\nu}\begin{bmatrix} \frac{\lambda}{\lambda-\kappa}\frac{M^2+\eta^2}{2\eta} & 1 \\ 1 & \frac{2\eta}{M^2+\eta^2} \end{bmatrix}\begin{bmatrix} \frac{dp}{p} \\ d\eta \end{bmatrix} \tag{8.50}$$

该式即以应力表示应变的增量形式的修正 Cam-clay 模型的本构方程，并且是以体积应变增量 $d\varepsilon_v$、剪应变增量 $d\varepsilon_s$ 的形式出现。式中矩阵所有元素都不为 0，说明正应力不但产生体积应变，也影响剪应变；剪应力不仅产生剪切应变，也产生体积应变。这证明了 Cam-clay 模型考虑了岩土类材料的剪胀性（对于正常固结黏土表现为剪缩性）和压硬性。

根据能量方程也可推导出修正 Cam-clay 模型的本构方程。修正 Cam-clay 模型假定的能量方程为 $dW_p=pd\varepsilon_v^p+qd\varepsilon_s^p=p\sqrt{(d\varepsilon_v^p)^2+(Md\varepsilon_s^p)^2}$。式中，$M=q/p$ 为应力比。整理上式可得到$\frac{d\varepsilon_v^p}{d\varepsilon_s^p}=\frac{M^2p^2-q^2}{2pq}$。该式表示的是修正 Cam-clay 模型的应力比 $M=\frac{q}{p}$ 与应变增量比$\frac{d\varepsilon_v^p}{d\varepsilon_s^p}$之间的关系，如图 8.5 所示。

根据塑性势函数与塑性应变增量正交的条件式（8.4），比照 Cam-clay 模型的推导，可得到$\frac{dq}{dp}=+\frac{M^2-(q/p)^2}{2(q/p)}$。该式的解即为修正 Cam-clay 模型的塑性势函数 $g=0$，即 $g=q^2+M^2p^2-Cp=0$。式中，C 为积分常数。

当等向固结时，也就是 $q/p=0$，此时塑性剪切应变增量 $d\varepsilon_s^p=0$；当 $q/p=M$ 时，也就是破坏时，塑性体积应变增量 $d\varepsilon_v^p=0$。因此是合理的。根据相关联的流动法则，即屈服函数与塑性势函数相等，屈服函数 $f=0$ 为 $f=q^2+M^2p^2-Cp=0$。当 $q=0$ 时，$p=p_x$，因而 $C=M^2p_x$，于是可得到 $f=q^2+M^2p^2-M^2p_xp=0$。根据该式可绘制得到椭圆形的屈服面，如图 8.4 所示。修正 Cam-clay 模型的屈服面形状显然不同于原始 Cam-clay 模型。

比照 Cam-clay 模型的推导，还可得到修正 Cam-clay 模型的屈服函数为 $f=\frac{\lambda-\kappa}{1+e_0}\ln\frac{p}{p_0}+\frac{\lambda-\kappa}{1+e_0}\ln\left(1+\frac{q^2}{M^2p^2}\right)-\varepsilon_v^p=0$。于是可得到$\frac{\partial f}{\partial p}=\frac{\lambda-\kappa}{1+e_0}\frac{1}{p}\frac{M^2p^2-q^2}{M^2p^2+q^2}$，$\frac{\partial f}{\partial q}=\frac{\lambda-\kappa}{1+e_0}\frac{2q}{M^2p^2+q^2}$，$\frac{\partial f}{\partial \sigma_{ij}}=\frac{\lambda-\kappa}{1+e_0}\left[\frac{M^2p^2-q^2\delta_{ij}}{M^2p^2+3q^2p}+\frac{3(\sigma_{ij}-p\delta_{ij})}{M^2p^2+q^2}\right]$。于是可得到 $d\lambda=dp+\frac{2pq}{M^2p^2-q^2}dq$。最后得到 $d\varepsilon_{ij}^p=\left(dp+\frac{2pq}{M^2p^2-q^2}dq\right)\frac{\lambda-\kappa}{1+e_0}\left[\frac{M^2p^2-q^2\delta_{ij}}{M^2p^2+3q^2p}+\frac{3(\sigma_{ij}-p\delta_{ij})}{M^2p^2+q^2}\right]$。该式即为修正 Cam-clay 模型要求的塑性应变增量 $d\varepsilon_{ij}^p$ 的一般表达式。据此可得到塑性体积应变增量 $d\varepsilon_v^p$、塑性剪切应变增量 $d\varepsilon_s^p$ 的表达式为：$d\varepsilon_v^p=\left(dp+\frac{2pq}{M^2p^2-q^2}dq\right)\frac{\lambda-\kappa}{1+e_0}\frac{1}{p}\frac{M^2p^2-q^2}{M^2p^2+q^2}$，$d\varepsilon_s^p=\left(dp+\frac{2pq}{M^2p^2-q^2}dq\right)\frac{\lambda-\kappa}{1+e_0}\cdot\frac{1}{p}\frac{2pq}{M^2p^2+q^2}$。

（9）修正 Cam-clay 模型参数与特点

修正 Cam-clay 模型共有三个参数：λ、κ、M，都可根据常规三轴试验确定：①参数 λ、κ 可以根据不同的 σ_3 的等向压缩试验、膨胀试验绘制出 ν-$\lg p$ 曲线，然后求出体积压缩指数 C_c、膨胀指数 C_s，再根据 $\lambda=\frac{C_c}{2.303}$、$\kappa=\frac{C_s}{2.303}$计算。②参数 M 可以通过三轴排水剪切试

验、或不排水剪切试验，绘制出破坏时的 p-q 曲线，该曲线近似为直线，其斜率即参数 M 值。或先求出内摩擦角 φ，根据 $M=\dfrac{6\sin\varphi}{3-\sin\varphi}$ 计算。

Cam-clay 模型有以下特点：①Cam-clay 模型是一个等向硬化塑性模型，在正常固结黏土中应用了应变硬化塑性理论。其基本假设有一定的试验依据，基本概念明确，如临界状态线、状态边界面、弹性墙等，都有明确的几何意义和物理意义。②原始 Cam-clay 模型其加载面或屈服面为弹头型的，只适用正常固结、弱超固结黏土。修正 Cam-clay 模型的加载面或屈服面为椭圆，除了适用正常固结、弱超固结黏土，还适用严重超固结黏土、砂土等材料。③模型考虑了岩土类材料的静水压力屈服特性、压硬性、剪胀性（严重超固结黏土）、剪缩性（正常固结黏土、弱超固结黏土）。④模型参数只有三个，测定方法简单、易于推广应用。⑤模型采用 Mohr-Coulomb 准则，没有考虑中主应力 σ_2 的影响；同时没有反映高应力作用下强度随平均应力为曲线变化的特性；破坏面有尖角，在尖角处塑性应变增量方向不易确定。⑥弹性墙是为了简化计算而假设的，实际上并不存在弹性墙，在弹性墙内加载，仍然会出现塑性变形，特别是会产生剪变形。后来模型在原弹性墙内增加了一个剪切屈服面，就比较符合实际。

8.2.3 魏汝龙模型

魏汝龙沿用 Cam-clay 模型的思路，同样利用能量原理、正交流动法则，得到了比 Cam-clay 模型更为普遍的正常固结黏土的屈服方程。魏汝龙模型仍然采用相适应的流动法则，以塑性体积应变 ε_v^p、塑性剪切应变 ε_s^p 为硬化参数，考虑了弹性剪应变 $d\varepsilon_s^e$，并且功能的假定更为全面，这是不同于 Cam-clay 模型的地方。试验研究表明，魏汝龙模型接近实测情况，较之修正 Cam-clay 模型有更大的适应性。Cam-clay 模型、魏汝龙模型都是单屈服面模型。

（1）能量方程

魏汝龙在沿用 Cam-clay 模型的思路建立模型时，不再假定能量方程中哪一部分为 0，而是考虑了塑性应变的多个分量，在修正 Cam-clay 模型的基础上，能量方程为

$$dW_p=pd\varepsilon_v^p+qd\varepsilon_s^p=pR\sqrt{(\alpha d\varepsilon_v^p)^2+(\beta d\varepsilon_s^p)^2} \tag{8.51}$$

式中，R 为内能消耗因子；α、β 为引入的参数，当 $\alpha=1/2$、$\beta=M/3$ 时，式（8.51）形式与修正 Cam-clay 模型相同。

（2）屈服面

修正 Cam-clay 模型的屈服面是一个经过原点的椭圆，而魏汝龙模型的屈服面同样是椭圆，但屈服面不再过原点，因而更具一般性，如图 8.11 所示。

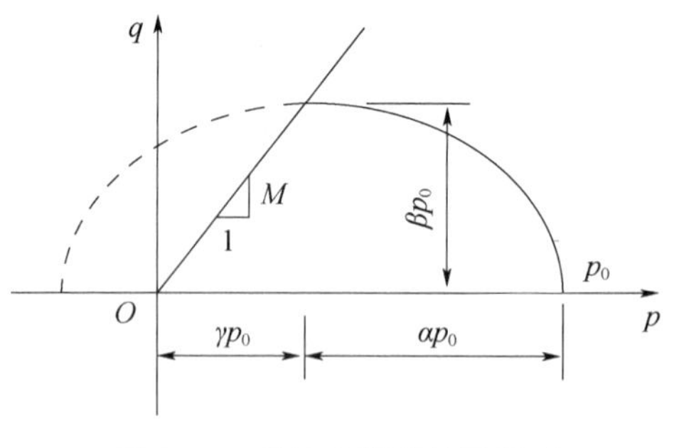

图 8.11　魏汝龙模型的屈服面

魏汝龙模型的屈服面方程为

$$f(p,q)=\left(\frac{p-\gamma p_0}{\alpha}\right)^2+\left(\frac{q}{\beta}\right)^2-p_0^2=0 \tag{8.52}$$

式中，α、β、γ 为决定屈服面形状的形状参数，如图 8.11 所示，$\alpha=1-\gamma$、$\beta=M\gamma$。

式（8.52）也是一个椭圆方程。当 $\alpha=\gamma=\dfrac{1}{2}$ 时，该式就简化为修正 Cam-clay 模型的屈

服函数表达式。因此，Cam-clay 模型只是魏汝龙模型的特例。

（3）本构方程

①弹性应变

弹性体积应变增量 $d\varepsilon_v^e$、弹性剪切应变增量 $d\varepsilon_s^e$ 的表达式分别为

$$d\varepsilon_v^e=\frac{\kappa}{1+e}\frac{dp}{p},\quad d\varepsilon_s^e=\frac{dq}{3G} \tag{8.53}$$

②塑性应变

塑性体积应变增量 $d\varepsilon_v^p$、塑性剪切应变增量 $d\varepsilon_s^p$ 的表达式分别为

$$\begin{aligned}d\varepsilon_v^p&=\frac{\lambda-\kappa}{(\alpha^2R-\gamma)Rp}\left[(1-\gamma R)\ dp+\frac{\eta(\alpha^2-\gamma^2)}{\beta^2}dq\right],\\ d\varepsilon_s^p&=\frac{(\lambda-\kappa)\ (\alpha^2-\gamma^2)\eta}{\beta^2(\alpha^2R-\gamma)Rp}\left[dp+\frac{\alpha^2-\gamma^2}{\beta^2\ (1-\gamma R)}dq\right]\end{aligned} \tag{8.54}$$

（4）模型参数

魏汝龙模型有以下参数：α、β、γ、R、λ、κ。

8.3 其他单屈服面模型

8.3.1 Lade-Duncan 模型

1975 年，Lade 与 Duncan 在砂土真三轴试验基础上提出单剪切屈服面弹塑性本构模型，即著名的 Lade-Duncan 模型。该模型的破坏、屈服、塑性势等的函数表达形式都是相似的，因而它们在应力空间中的形状也是相似的。只是破坏面为屈服面、塑性势面的外限。这些曲面在不同的应力空间中的形状如图 8.12 所示。在主应力空间中，这些曲面为一锥体，顶点在应力轴的原点。当连续加载时，屈服面、塑性势面将以空间对角线为中心膨胀，锥体径向加大，以破坏面为极限，它们在 π 平面上类似梨形。

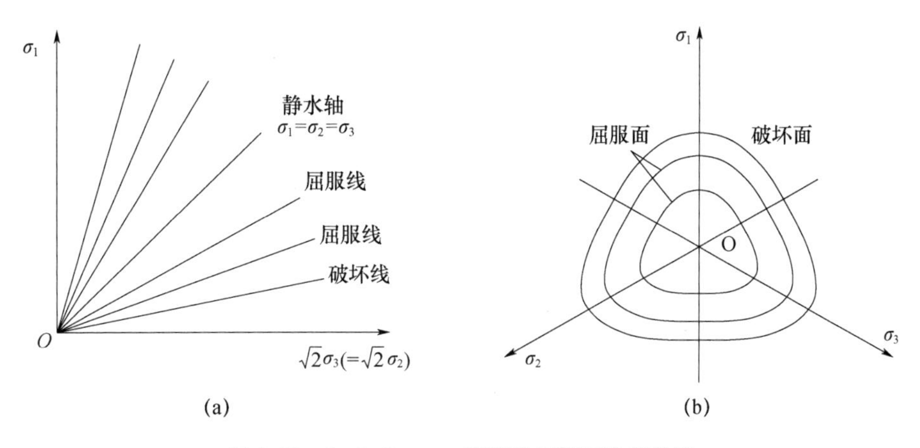

图 8.12 Lade-Duncan 模型的屈服面及其轨迹

（a）三轴平面；（b）π 平面

Lade-Duncan 模型基于 Lade-Duncan 屈服准则，采用不相适应的流动法则，以塑性功

W_p 为硬化参数来描述砂土的屈服面演化规律，较好地反映了砂土的破坏及其剪胀性，并且能够考虑中主应力 σ_2、应力路径等的影响，在大多数情况下能够比较正确地模拟砂土的应力、应变性状，成为适用砂土、正常固结黏土应力变形分析的代表性弹塑性模型。Lade-Duncan 模型认为初始加载就同时存在弹性应变和塑性应变，假设砂土是各向同性的，因而属于各向同性硬化模型。近年来，有学者采用该模型分析了粉土、黄土、黏性土的应力-应变关系，取得了一系列有意义的研究成果。

（1）屈服准则

Lade-Duncan 屈服准则为剪切屈服型，屈服面为剪切型屈服面，其剪切加载条件最终发展为破坏条件。其屈服条件或加载函数 f，也即剪切屈服面方程，可表示为

$$f=\frac{I_1^3}{I_3}-k=0 \tag{8.55}$$

式中，I_1、I_3 分别为主应力的第一、第三不变量；k 为加载条件。当 $k=k_f$ 时，即为破坏条件。

（2）流动法则

屈服函数 f 从各向等压固结时的值不断增大至破坏时的值 k_f，即屈服面最终与破坏面重合，是应力水平的一个反映。如果卸载、或保持应力水平不变而改变应力的大小，即屈服面保持在过去曾经施加过的最高应力水平的位置不变。这时就只有弹性变形，屈服函数 f 的值不变。当加载后使 f 值增大时，才发生附加的塑性变形。

Lade 试验研究表明，对于砂土，假设塑性势面与屈服面一致是不准确的。Lade-Duncan 模型采用不相关联流动法则，塑性势面 g 与屈服面 f 不重合但有相同的形式，材料参数不同，即

$$g=I_1^3-k_1 I_3=0 \tag{8.56}$$

式中，k_1 为塑性势函数的硬化参量，是一个与 σ_3 无关且取决于塑性势函数 g 的常数，可由三轴试验确定。假定 k_1 对某一 f 或 k 值为常数，这说明一个 f 对应着一个 g，但两者不一致或不重合。

（3）硬化规律

Lade-Duncan 模型采用各向同性的加工硬化定律，即认为塑性功 W_p 与应力水平（硬化程度）f 之间存在唯一关系，但与应力路径无关，因而采用塑性功作为硬化参量，即

$$k_1=H(W_p)=H\left(\int \sigma_{ij}\,\mathrm{d}\varepsilon_{ij}^{p}\right) \tag{8.57}$$

式中，W_p 为塑性功。

假设塑性势参数 k_1 与屈服参数 k 存在如图 8.13 所示的关系，可表示为

$$k_1=Ak+27\ (1-A) \tag{8.58}$$

式中，A 为试验参数。

根据不同试验点的 k、k_1 之间的关系，绘制 $k-k_1$ 关系曲线，从而确定参数 A。

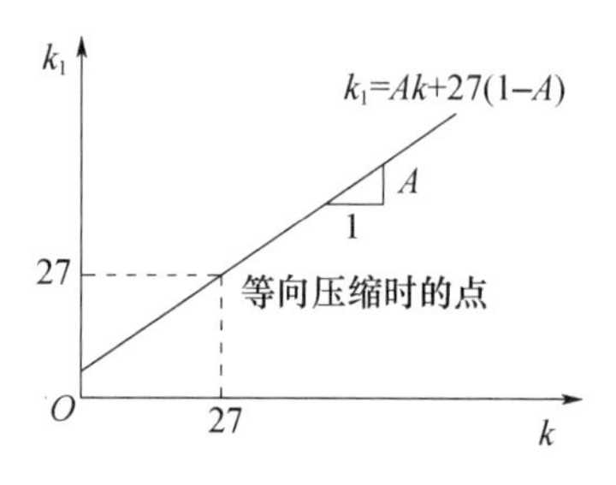

图 8.13　塑性势参数 k_1 与屈服参数 k 的关系

（4）塑性因子 dλ

根据试验得到 $(k-k_t)$-W_p 曲线，假定该曲线近似为双

曲线，即

$$(k-k_t)=\frac{W_p}{a+bW_p} \tag{8.59}$$

式中，a、b 为试验常数，也称为硬化参数；k_t 为等向固结时的 k 值，即 $f=k\text{-}W_p$ 双曲线在纵坐标上的截距。试验表明，$k_t\approx 27$。

试验表明，当 $k\leqslant k_t$（≈ 27）时，塑性功 W_p 的值较小，即产生的塑性应变较小，可忽略不计，此时认为只有弹性应变而无塑性应变。对式（8.59）微分可得到

$$\mathrm{d}W_p=\frac{a\mathrm{d}(k-k_t)}{[1-b(k-k_t)]^2} \tag{8.60}$$

由于 $W_p=\int\sigma_{ij}\mathrm{d}\varepsilon_{ij}^p$ 在 p、q 为坐标轴的应力平面中可表示为：$\mathrm{d}W_p=p\mathrm{d}\varepsilon_v^p+q\mathrm{d}\varepsilon_s^p$，因此对式（8.57）微分可得到

$$\mathrm{d}g=\mathrm{d}k_1=H'\mathrm{d}W_p=H'(p\mathrm{d}\varepsilon_v^p+q\mathrm{d}\varepsilon_s^p) \tag{8.61}$$

根据 $\mathrm{d}\varepsilon_v^p=\mathrm{d}\lambda\frac{\partial g}{\partial p}$、$\mathrm{d}\varepsilon_s^p=\mathrm{d}\lambda\frac{\partial g}{\partial q}$，得到

$$\mathrm{d}W_p=\mathrm{d}\lambda\left(p\frac{\partial g}{\partial p}+q\frac{\partial g}{\partial q}\right) \tag{8.62}$$

由于塑性势函数 g 为三次齐次方程，运用欧拉方程可得到

$$p\frac{\partial g}{\partial p}+q\frac{\partial g}{\partial q}=ng=3g \tag{8.63}$$

于是可得到

$$\mathrm{d}\lambda=\frac{\mathrm{d}g}{3gH'}=\frac{\mathrm{d}W_p}{3g} \tag{8.64}$$

根据式（8.56）和式（8.60），可得

$$\mathrm{d}\lambda=\frac{a\mathrm{d}(k-k_t)}{3(I_1^3-k_1I_3)[1-b(k-k_t)]^2} \tag{8.65}$$

根据式（8.59），绘制$\frac{W_p}{k-k_t}$-W_p 关系曲线，采用直线近似拟合，该直线的截距、斜率即分别为参数 a、b，如图 8.14 所示。

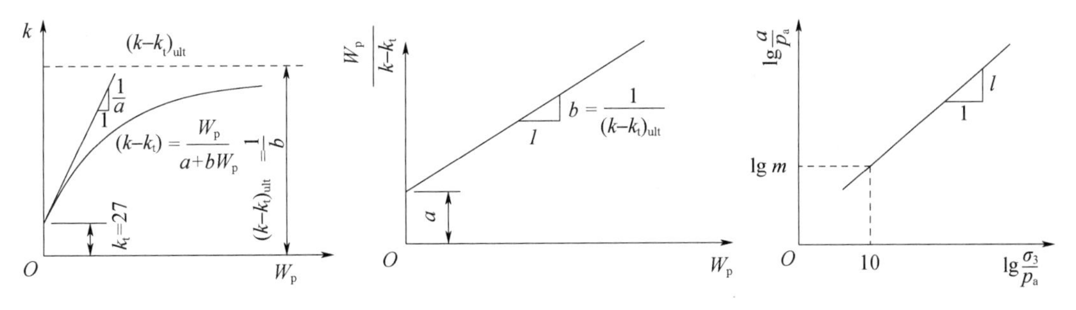

图 8.14 硬化曲线的 k-W_p 关系

参数 a 实际上是$(k-k_t)$-W_p 双曲线初始切线斜率的倒数。试验表明，参数 a 与围压 σ_3 有关，可表示为

$$a=mp_a\left(\frac{\sigma_3}{p_a}\right)^l \tag{8.66}$$

式中，m、l 为无因次数，由试验确定，确定方法如图 8.14 所示。

参数 b 则是当 $W_p \to \infty$ 很大时的（$k-k_t$）值，即双曲线的渐近值（$k-k_t)_{ult}$ 的倒数，如图 8.14 所示。$(k-k_t)_f$ 与 $(k-k_t)_{ult}$ 的关系可采用破坏比 R_f 表示，即

$$R_f = \frac{(k-k_t)_f}{(k-k_t)_{ult}} \tag{8.67}$$

因此有

$$b = \frac{R_f}{(k-k_t)_f} \tag{8.68}$$

根据式（8.65）最终可得到

$$d\lambda = \frac{1}{3} m p_a \left(\frac{\sigma_3}{p_a}\right)^l (I_1^3 - k_1 I_3)^{-1} \left[1 - R_f \frac{k-k_t}{(k-k_t)_f}\right]^{-2} d(k-k_t) \tag{8.69}$$

（5）本构方程

Lade-Duncan 模型将土体的应变分解为弹性应变、塑性应变两部分，即

$$\varepsilon_{ij} = \varepsilon_{ij}^e + \varepsilon_{ij}^p,\ 或\ d\varepsilon_{ij} = d\varepsilon_{ij}^e + d\varepsilon_{ij}^p \tag{8.70}$$

式中，ε_{ij}、$d\varepsilon_{ij}$ 为总应变、总应变增量；ε_{ij}^e、$d\varepsilon_{ij}^e$ 为弹性应变、弹性应变增量；ε_{ij}^p、$d\varepsilon_{ij}^p$ 为塑性应变、塑性应变增量。

①弹性应变增量 $d\varepsilon_{ij}^e$

对于弹性应变增量 $d\varepsilon_{ij}^e$，可根据广义 Hooke 定律求解，即

$$\begin{Bmatrix} \Delta\varepsilon_1^e \\ \Delta\varepsilon_2^e \\ \Delta\varepsilon_3^e \end{Bmatrix} = \frac{1}{E_{ur}} \begin{Bmatrix} \Delta\sigma_1 - \upsilon(\Delta\sigma_2 + \Delta\sigma_3) \\ \Delta\sigma_2 - \upsilon(\Delta\sigma_3 + \Delta\sigma_1) \\ \Delta\sigma_3 - \upsilon(\Delta\sigma_1 + \Delta\sigma_2) \end{Bmatrix} \tag{8.71}$$

式中，E_{ur} 为卸载-再加载的弹性模量；υ 为卸载-再加载的泊松比。

弹性模量 E_{ur} 由卸载曲线求得，其表达式与 Duncan-Chang 模型一样，即 $E_{ur} = K_{ur} p_a \left(\frac{\sigma_3}{p_a}\right)^{n_{ur}}$。式中：$K_{ur}$ 为卸载-再加载模量数，为无量纲参数；n_{ur} 为卸载-再加载模量指数，与初始切线模量 E_i 中的 n 值相近，为无量纲参数；p_a 为大气压，其单位与 σ_3 相同。

对于弹性变形部分，有时也可采用常规三轴试验曲线的初始模量 E_i 代替 E_{ur}，可以假设泊松比 υ 为常数。在计算弹性应变时，假设泊松比 $\upsilon=0$，即在三轴压缩试验中，由于轴向应力不大时轴向应变接近体积应变，可认为不产生侧向应变。

②塑性应变增量 $d\varepsilon_{ij}^p$

对于塑性应变增量 $d\varepsilon_{ij}^p$，根据塑性增量理论进行求解。塑性势面 g 随屈服面 f 而变化，两者为一一对应关系，即一个 k 对应一个塑性参数即 $g = I_1^3 - k_1 I_3 = 0$ 中的 k_1。一般情况下：$k_1 < k$。如果令 $k_1 = k$ 时，则塑性势面 g 与屈服面 f 重合，此时为相关联流动法则。Lade-Duncan 模型的流动法则表示为

$$d\varepsilon_{ij}^p = d\lambda \frac{\partial g}{\partial \sigma_{ij}} = d\lambda \left(\frac{\partial g}{\partial I_1}\frac{\partial I_1}{\partial \sigma_{ij}} + \frac{\partial g}{\partial I_3}\frac{\partial I_3}{\partial \sigma_{ij}}\right) \tag{8.72}$$

将式（8.72）展开，可表示为

$$d\varepsilon_x^p = d\lambda k_1 \left(\frac{3}{k_1} I_1^2 - \sigma_y\sigma_z + \tau_{yz}^2\right),\ d\varepsilon_y^p = d\lambda k_1 \left(\frac{3}{k_1} I_1^2 - \sigma_z\sigma_x + \tau_{zx}^2\right),$$

$$d\varepsilon_z^p = d\lambda k_1 \left(\frac{3}{k_1} I_1^2 - \sigma_x\sigma_y + \tau_{xy}^2\right),\ d\gamma_{xy}^p = d\lambda k_1 (4\sigma_z\tau_{xy} - 4\tau_{zx}\tau_{zy}),$$

$$d\gamma_{yz}^{p}=d\lambda k_1(4\sigma_x\tau_{yz}-4\tau_{xy}\tau_{xz}),\ d\gamma_{zx}^{p}=d\lambda k_1(4\sigma_y\tau_{zx}-4\tau_{yx}\tau_{yz}) \tag{8.73}$$

采用应力不变量可表示为

$$\begin{Bmatrix} d\varepsilon_1^p \\ d\varepsilon_2^p \\ d\varepsilon_3^p \end{Bmatrix}=d\lambda\begin{Bmatrix} 3I_1^2-k_1\sigma_2\sigma_3 \\ 3I_1^2-k_1\sigma_3\sigma_1 \\ 3I_1^2-k_1\sigma_1\sigma_2 \end{Bmatrix} \tag{8.74}$$

式（8.74）即 Lade-Duncan 模型塑性应变增量表达式。其中应力增量 $d\sigma_{ij}$ 包含在 $d\lambda$ 之中。塑性因子 $d\lambda$ 反映了塑性应变增量 $d\varepsilon_{ij}^p$ 的大小，k_1 为与 $d\varepsilon_{ij}^p$ 方向有关的塑性势因子。上式中每一列都包括正应力项、剪应力项，说明 Lade-Duncan 模型反映了岩土类材料的压硬性与剪胀性。当加上弹性应变增量 $d\varepsilon_{ij}^e$，并且求出 $d\lambda$、k_1 后，上式就构成了完整的弹塑性本构关系。

（6）模型参数

根据式（8.71）、式（8.55）和式（8.74），Lade-Duncan 本构方程中共有九个参数：三个弹性常数 E_i、n、υ；两个塑性参数 k、k_1；式（8.69）中含有四个参数：m、l、k_t、R_f。

①黏结应力 σ_0

塑性参数 k 也称为破坏参数。对于黏性土，根据 Ewy 的建议引入黏结应力 $\sigma_0=c\cot\varphi$ 对应力不变量进行修正，使得 Lade-Duncan 准则能够合理描述黏性土的强度特性。于是式（8.55）中的应力不变量可表示为

$$I_1=\sigma_1+\sigma_2+\sigma_3+3c\cot\varphi,\ I_3=(\sigma_1+c\cot\varphi)(\sigma_2+c\cot\varphi)(\sigma_3+c\cot\varphi) \tag{8.75}$$

对于常规三轴压缩状态，式（8.75）可表示为

$$I_1=\sigma_1+2\sigma_3+3c\cot\varphi,\ I_3=(\sigma_1+c\cot\varphi)(\sigma_3+c\cot\varphi)^2 \tag{8.76}$$

式中，c、φ 分别为土体的黏聚力、内摩擦角。

②塑性泊松比 υ^p

对于塑性势函数中的塑性参数 k_1，需要首先定义塑性泊松比 υ^p，即

$$-\upsilon^p=\frac{d\varepsilon_3^p}{d\varepsilon_1^p} \tag{8.77}$$

式中，$d\varepsilon_1^p$、$d\varepsilon_3^p$ 分别为轴向、侧向塑性应变增量。

对于常规三轴压缩状态，根据式（8.74），可对式（8.77）改写为

$$-\upsilon^p=\frac{3I_1^2-k_1\sigma_1\sigma_3}{3I_1^2-k_1\sigma_3^2} \tag{8.78}$$

在三轴试验中，根据 $\varepsilon^e=\frac{\sigma}{E_t}=\frac{\sigma(a+b\varepsilon)^2}{a}$，将轴向总应变、侧向总应变分别分解为各个方向的弹性应变和塑性应变，再根据式（8.77）求得塑性泊松比 υ^p。塑性泊松比 υ^p 拟合方法如下：首先，将轴向应变分解为轴向弹性应变、轴向塑性应变。根据 q-ε_1 曲线，其轴向弹性应变为 $\varepsilon_1^e=\frac{\sigma_1}{E_{t1}}=\frac{\sigma_1(a_1+b_1\varepsilon_1)^2}{a_1}$，轴向塑性应变为 $\varepsilon_1^p=\varepsilon_1-\varepsilon_1^e$。然后，将侧向应变分解为侧向弹性应变、侧向塑性应变。根据侧向应变 ε_3 与偏应力 q 关系曲线呈现出近似双曲线特征，可采用 $q=\frac{\varepsilon_3}{a_3+b_3\varepsilon_3}$ 函数关系进行拟合。根据 q-ε_3 试验曲线，其侧向弹性应变为 $\varepsilon_3^e=\frac{\sigma_1(a_3+b_3\varepsilon_3)^2}{a_3}$，轴向塑性应变为 $\varepsilon_3^p=\varepsilon_3-\varepsilon_3^e$。

③塑性势参数 k_1

根据式（8.78）可得到塑性势参数 k_1 的表达式为

$$k_1=\frac{3I_1^2(1+\upsilon^p)}{\sigma_3(\sigma_1+\sigma_3\upsilon^p)} \tag{8.79}$$

对于塑性势参数 k_1，可采用不同围压 σ_3 下的三轴试验结果，根据塑性应变增量比 $-\upsilon^p=\frac{d\varepsilon_3^p}{d\varepsilon_1^p}$ 进行拟合确定。

④硬化参数 a、b、k_t，R_f

硬化参数 a、R_f、b 拟合方法分别见式（8.66）至式（8.68）。k_t 为不同 σ_3 的 k-W_p 曲线的最小截距。

（7）模型特点

Lade-Duncan 模型具有以下特点：①模型形式简单，所有参数都可根据常规三轴试验确定，反映了三个主应力，或应力不变量对屈服与破坏的影响，且屈服面光滑。②可考虑砂土的剪胀性。在塑性应变增量各个分量与应力之间的关系表达式中，通过两部分来反映砂土剪应力对正应变的影响。同时在计算 $d\lambda$ 时先计算 dW_p，这也反映了剪胀的影响。此外，还考虑了压硬性等岩土类材料的本构特性。③模型只适用正常固结黏土和砂土，不适用超固结黏土。模型的屈服面在主应力空间中是以直线为母线的锥体，没有反映静水屈服特性。④模型的屈服面、破坏面、塑性势面在子午面上的投影都是直线，不能反映平均应力的影响，也不能反映 φ' 随 σ_3 的变化。⑤对于应力按比例增大的加载情况，Lade-Duncan 模型将只产生弹性变形，不产生塑性应变。如不能反映常规固结试验即各主应力之间的比值不变的应力路径，因为固结试验表明既有弹性变形也有塑性变形。因此，该模型反映的体积应变偏大、轴应变偏小。⑥模型使用了不相关联流动法则，使得计算的塑性体积应变比较接近实际，但是不能反映体缩。

Lade 于 1977 年对 Lade-Duncan 模型进行了修正，提出了双屈服面的 Lade 模型。Lade 模型将 Lade-Duncan 模型的直线屈服轨迹改为弯曲的，并且加了一个圆形帽子屈服面，这样可以反映比例加载条件、应变软化和强度随围压 σ_3 变化等因素。

8.3.2 Lade-Kim 模型

Lade 与 Duncan 在砂土真三轴试验基础上，于 1975 年提出一种适用砂土的单屈服面弹塑性本构模型。Lade-Duncan 模型的屈服面为剪切型屈服面，将砂土视为加工硬化材料，采用不相关联流动法则，将塑性功作为硬化参量，其屈服函数可通过试验资料拟合得到，是一种各向同性硬化塑性模型。该模型主要反映剪切屈服，没有充分反映体积屈服。Lade 在剪切屈服面的基础上增加了一个体积屈服面，提出了具有两个屈服面的修正 Lade-Duncan 模型，即 Lade 模型。1988 年，Lade 与 Kim 通过采用一个塑性功硬化参数的方法，将 Lade 模型中的剪切屈服面、体积屈服面统一在一起，形成了单一封闭的单屈服面模型，称为 Lade-Kim 模型。这样，Lade 模型又回到单屈服面模型。这样做的好处是，屈服面封闭光滑，克服了 Lade 模型中的两个屈服面在主应力空间中不能密闭连接的问题，同时减少了模型参数。

Lade-Kim 模型包括无黏聚力摩擦材料的 Lade-Kim 模型、有黏聚力摩擦材料的 Lade-Kim 模型。

(1) 无黏聚力摩擦材料的 Lade-Kim 模型

①剪切屈服面

砂土在三维应力状态下的剪切屈服面表示为

$$f_q=\left(\frac{I_1^3}{I_3}-27\right)\left(\frac{I_1}{p_a}\right)^m-\eta_1=0 \tag{8.80}$$

式中，η_1 反映了剪切屈服面尖点锥角的大小；m 反映了剪切屈服面在子午面上的弯曲程度。

剪切屈服面尖点锥角随 η_1 值而增大；剪切屈服面的弯曲程度随 m 值而变小，当 $m=0$ 时剪切屈服面在子午面上的投影为斜直线。

②塑性势面

Lade 与 Kim 认为，砂土的塑性势面介于 von Mises 屈服面、Lade 屈服面之间，可表示为

$$g_p=\left[\psi_1\frac{I_1^3}{I_3}-\frac{I_1^2}{I_2}-\psi_2\right]\left(\frac{I_1}{p_a}\right)^\mu \tag{8.81}$$

式中，ψ_1 为权重系数，反映曲边三角形$\frac{I_1^3}{I_3}$与圆形$\frac{I_1^2}{I_2}$的比例关系；ψ_2 为控制塑性势面与静水轴相交位置的参数；μ 为确定塑性势面向着静水轴的弯曲程度的参数。

式 (8.81) 所描述的塑性势面，在三轴平面上的形状如图 8.15 所示。

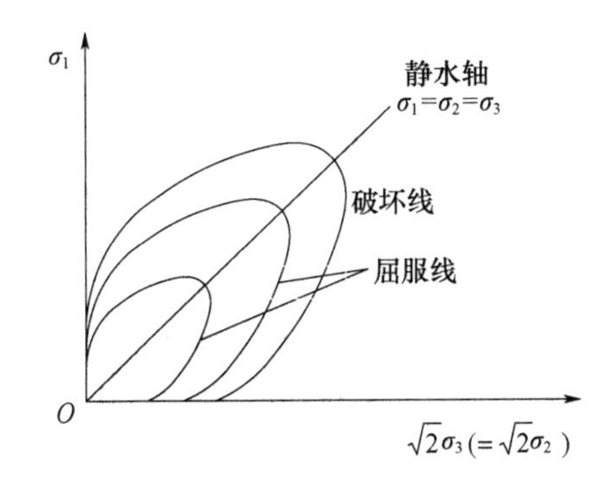

图 8.15 三轴平面上的 Lade-Kim 塑性势面

③流动法则

相应的塑性势面流动法则表示为

$$\mathrm{d}\varepsilon_{ij}^p=\mathrm{d}\lambda_p\frac{\partial g_p}{\partial\sigma_{ij}} \tag{8.82}$$

该式展开为

$$\mathrm{d}\varepsilon_1^p=\mathrm{d}\lambda_p\left(\frac{I_1}{p_a}\right)^\mu\left[G-(\sigma_2+\sigma_3)\frac{I_1^3}{I_2^2}-\psi_1\sigma_2\sigma_3\frac{I_1^3}{I_3^2}\right]$$

$$\mathrm{d}\varepsilon_2^p=\mathrm{d}\lambda_p\left(\frac{I_1}{p_a}\right)^\mu\left[G-(\sigma_3+\sigma_1)\frac{I_1^3}{I_2^2}-\psi_1\sigma_3\sigma_1\frac{I_1^3}{I_3^2}\right]$$

$$\mathrm{d}\varepsilon_3^p=\mathrm{d}\lambda_p\left(\frac{I_1}{p_a}\right)^\mu\left[G-(\sigma_1+\sigma_2)\frac{I_1^3}{I_2^2}-\psi_1\sigma_1\sigma_2\frac{I_1^3}{I_3^2}\right] \tag{8.83}$$

式中，$G=\psi_1(\mu+3)\frac{I_1^2}{I_3}-(\mu+2)\frac{I_1}{I_2}+\psi_2\mu\frac{1}{I_2}$ (8.84)

④功硬化规律

通过砂土的等向压缩试验，塑性功随等向压缩应力而增大，可表示为

$$W_{\mathrm{p}}=cp_{\mathrm{a}}\left(\frac{I_1}{p_{\mathrm{a}}}\right)^{p} \tag{8.85}$$

根据试验结果，封闭的单屈服面可表示为

$$f_{\mathrm{p}}=\left(\psi_1\frac{I_1^3}{I_3}-\frac{I_1^2}{I_2}\right)\left(\frac{I_1}{p_{\mathrm{a}}}\right)^{h}\mathrm{e}^{q} \tag{8.86}$$

式中，ψ_1 与前相同；h 为控制屈服面向着静水轴的弯曲程度的常数；q 为变量，随应力水平而变化。

当 $q=0$ 时对应等向压缩状态；$0<q<1$ 时对应应变硬化过程；$q=1$ 时对应剪切破坏状态。对于等向压缩，上式转化为

$$f_{\mathrm{p}}=(27\psi_1+3)\left(\frac{I_1}{p_{\mathrm{a}}}\right)^{h} \tag{8.87}$$

根据式（8.87），并且类比式（8.85），可得到

$$W_{\mathrm{p}}=dp_{\mathrm{a}}f_{\mathrm{p}}^{\rho}\ 或\ f_{\mathrm{p}}=\left(\frac{1}{d}\frac{W_{\mathrm{p}}}{p_{\mathrm{a}}}\right)^{\frac{1}{\rho}} \tag{8.88}$$

式中，$d=\dfrac{c}{(27\psi_1+3)^{\rho}}$，$\rho=\dfrac{p}{h}$。

当塑性功 W_{p} 为常数时，式（8.88）所描述的是一个塑性功等值迹线的屈服面，该屈服面随塑性功增大而不断向外扩大。

⑤应变软化

图 8.16 给出了岩土材料各向同性功硬化、功软化示意图。材料先遵循各向同性功硬化过程，当达到剪切破坏后，即 $q=1$、$S=1$，转入功软化过程。

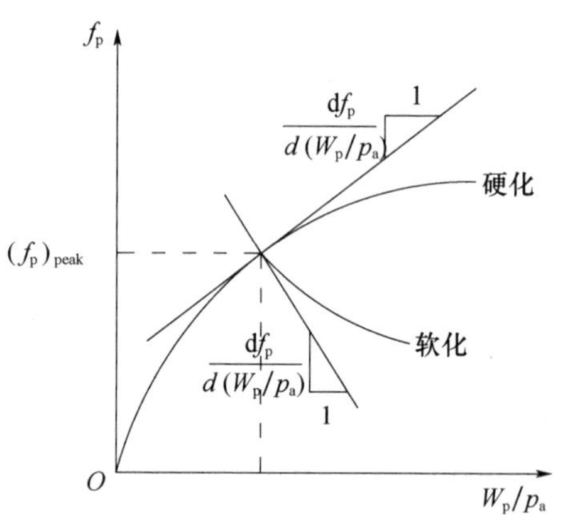

图 8.16　功硬化与功软化

功软化可表示为

$$f'_{\mathrm{p}}=A\mathrm{e}^{-B\frac{W_{\mathrm{p}}}{p_{\mathrm{a}}}} \tag{8.89}$$

式中，A、B 为均为正值的待定常数。

在较低的围压作用下，Lade 和 Kim 假定在峰值点处软化曲线的斜率、硬化曲线的斜率相等、但符号相反，进而再依据峰值点处的塑性功连续性，就可求出参数 A、B，分别表示为

$$A=(f_{\mathrm{p}})_{\mathrm{peak}}\mathrm{e}^{B\left(\frac{W_{\mathrm{p}}}{p_{\mathrm{a}}}\right)_{\mathrm{peak}}},\quad B=\left.\frac{\mathrm{d}f_{\mathrm{p}}}{\mathrm{d}(W_{\mathrm{p}}/p_{\mathrm{a}})}\right|_{\mathrm{hard,peak}}\frac{1}{(f_{\mathrm{p}})_{\mathrm{peak}}} \tag{8.90}$$

⑥$\mathrm{d}\lambda_{\mathrm{p}}$

根据式（8.81）、式（8.82）得到

$$\mathrm{d}\lambda_{\mathrm{p}}=\frac{\mathrm{d}W_{\mathrm{p}}}{\mu g_{\mathrm{p}}} \tag{8.91}$$

再根据塑性流动法则 $\mathrm{d}\varepsilon_{ij}^{\mathrm{p}}=\mathrm{d}\lambda_{\mathrm{p}}\dfrac{\partial g_{\mathrm{p}}}{\partial\sigma_{ij}}$，就可求得塑性应变增量 $\mathrm{d}\varepsilon_{ij}^{\mathrm{p}}$，进而求得砂土的总应

变：$d\varepsilon_{ij}=d\varepsilon_{ij}^{e}+d\varepsilon_{ij}^{p}$。

对于硬化阶段，与式（8.88）$W_p=dp_a f_p^{\rho}$ 相对应的塑性功增量表达式为

$$dW_p=dp_a\rho f_p^{\rho-1}df_p \tag{8.92}$$

对于软化阶段，与式（8.89）相对应的塑性功增量表达式为

$$dW_p=-\frac{1}{B}p_a f'^{-1}_p df'_p \tag{8.93}$$

（2）有黏聚力摩擦材料的 Lade-Kim 模型

①剪切屈服面、塑性势面的延伸

如图 8.17 所示，为了考虑黏聚力对破坏强度的影响，可将原三维主应力坐标沿静水轴平移，于是新坐标系中的法向应力等于原法向应力、拉应力 αp_a 进行叠加，即

$$\bar{\sigma}_{ij}=\sigma_{ij}+\delta_{ij}ap_a \tag{8.94}$$

式中，a 为无量纲参数；δ_{ij} 为 Kronecker Delta 符号。

于是应力不变量表示为

$$\left.\begin{aligned}I_1&=\sigma_1+\sigma_2+\sigma_3+3ap_a\\I_2&=(\sigma_1+ap_a)(\sigma_2+ap_a)+(\sigma_2+ap_a)(\sigma_3+ap_a)+(\sigma_3+ap_a)(\sigma_1+ap_a)\\I_3&=(\sigma_1+ap_a)(\sigma_2+ap_a)(\sigma_3+ap_a)\end{aligned}\right\} \tag{8.95}$$

据此，分别对剪切屈服函数式（8.80）、塑性势函数式（8.81）进行修正，这样就得到具有黏聚力摩擦型材料的剪切破坏面表达式、塑性势面表达式。

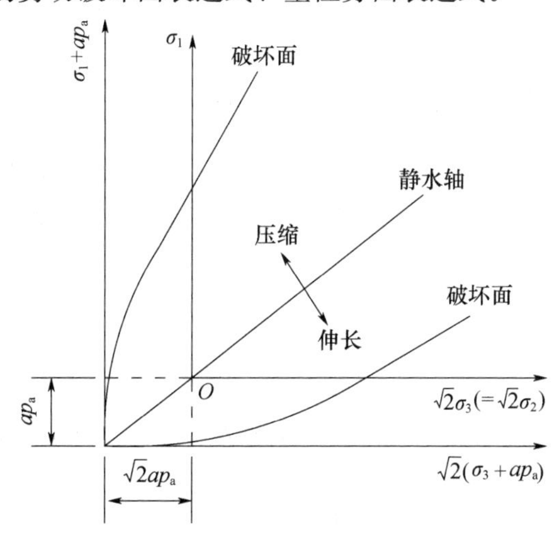

图 8.17　Lade-Kim 屈服面的平移

②塑性功等值迹线对应的屈服面的延伸

同样，对流动法则 $d\varepsilon_{ij}^{p}=d\lambda_p\dfrac{\partial g_p}{\partial\sigma_{ij}}$、塑性功等值迹线对应的屈服函数式（8.88）、式（8.89）进行修正。

③初始屈服面的假定

在拉伸状态下，材料在破坏前通常表现为弹性。为了模拟这一特性，通常假定一个初始屈服面，同时通过新、旧坐标系的两个坐标点，并且与修正后的塑性功等值迹线对应的屈服面形状相似。

初始屈服面的物理意义是，当应力路径处于初始屈服面时，材料表现为弹性；随着应力路径超出初始屈服面，材料进入弹塑性状态，此时弹性、塑性变形同时出现，并且后继屈服面不断扩大；当后继屈服面发展到与剪切破坏面相交时，材料发生破坏；随后，材料启动新的应变软化机制。

（3）模型参数

①塑性势面中的参数 ψ_1、ψ_2、μ

塑性应变增量罗德角 $\omega_{\dot{\varepsilon}}$ 是指塑性应变增量矢量方向与 $d\varepsilon_1^p$ 轴之间的夹角，即

$$\tan\omega_{\dot{\varepsilon}}=\frac{\sqrt{3}\,(d\varepsilon_2^p-d\varepsilon_3^p)}{2d\varepsilon_1^p-d\varepsilon_2^p-d\varepsilon_3^p} \tag{8.96}$$

再根据流动法则中的 $d\varepsilon_{ij}^p$ 展开式可得到参数 ψ_1，即

$$\psi_1=-\frac{I_3^2}{I_1I_2^2}\frac{\sqrt{3}\,(\sigma_2-\sigma_3)-(2\sigma_1-\sigma_2-\sigma_3)\tan\omega_{\dot{\varepsilon}}}{\sqrt{3}\,(\sigma_1\sigma_2-\sigma_3\sigma_1)-(\sigma_3\sigma_1+\sigma_1\sigma_2-2\sigma_1\sigma_2)\tan\omega_{\dot{\varepsilon}}} \tag{8.97}$$

岩土材料的参数 ψ_1 与剪切破坏式（8.80）中的参数 m 有直接的对应关系，可表示为

$$\psi_1=0.00155m^{-1.27} \tag{8.98}$$

三轴试验状态有：$-\upsilon^p=\dfrac{d\varepsilon_3^p}{d\varepsilon_1^p}$。对于砂土的三轴试验，由于 $\sigma_1>\sigma_3=\sigma_2$，因此有

$$\zeta_y=\frac{1}{\mu}\zeta_x-\psi_2 \tag{8.99}$$

式中，$\zeta_y=\psi_1\dfrac{I_1^3}{I_3}-\dfrac{I_1^2}{I_2}$，$\zeta_x=\dfrac{1}{1+\upsilon^p}\left[\dfrac{I_1^3}{I_2^2}(\sigma_1+\sigma_3+2\upsilon^p\sigma_3)+\psi_1\dfrac{I_1^4}{I_3^2}(\sigma_1\sigma_3+\upsilon^p\sigma_3^2)\right]-3\psi_1\dfrac{I_1^3}{I_3}+2\dfrac{I_1^2}{I_2}$。

在 ζ_y、ζ_x 坐标中拟合两者的直线关系，其截距、斜率则分别为 $-\psi_2$、$\dfrac{1}{\mu}$。

②塑性功中的参数 c、p

基于砂土的等向固结试验，绘制 $\lg\dfrac{W_p}{p_a}$-$\lg\dfrac{I_1}{p_a}$ 关系曲线，采用直线近似拟合，其截距、斜率分别为 c、p。

③功硬化中的参数 h、q

对于在某塑性功等值迹线屈服面上的两点 E、F，如果分别处于静水轴、剪切破坏面上，即 $f_p=\left(\psi_1\dfrac{I_1^3}{I_3}-\dfrac{I_1^2}{I_2}\right)\left(\dfrac{I_1}{p_a}\right)^h e^q$ 中的参数 q 分别为 $q=0$，$q=1$，则有 $(27\psi_1+3)\left(\dfrac{I_{1E}}{p_a}\right)^h=\left(\psi_1\dfrac{I_{1F}^3}{I_{3F}}-\dfrac{I_{1F}^2}{I_{2F}}\right)\left(\dfrac{I_{1F}}{p_a}\right)^h e$。于是可得到参数 h：

$$h=\lg^{-1}\frac{I_{1E}}{p_a}\lg\left[(27\psi_1+3)^{-1}\left(\psi_1\frac{I_{1F}^3}{I_{3F}}-\frac{I_{1F}^2}{I_{2F}}\right)\left(\frac{I_{1F}}{p_a}\right)^h e\right] \tag{8.100}$$

定义偏应力水平 S：

$$S=\frac{1}{\eta_1}\left(\frac{I_1^3}{I_3}-27\right)\left(\frac{I_1}{p_a}\right)^m \tag{8.101}$$

式中，偏应力水平 $0\leqslant S\leqslant 1$。当 $S=0$ 时处于静水压力状态；当 $S=1$ 时处于剪切破坏状态。

参数 q 随偏应力水平 S 的变化而变化。根据试验结果，参数 q 可根据式（8.86）、式（8.88）确定，即

$$q=\ln\left[\left(\frac{1}{d}\frac{W_p}{p_a}\right)^{\frac{1}{\rho}}\left(\psi_1\frac{I_1^3}{I_3}-\frac{I_1^2}{I_2}\right)^{-1}\left(\frac{I_1}{p_a}\right)^{-h}\right] \tag{8.102}$$

在应变硬化区，参数 q 与偏应力水平 S 之间存在以下关系：

$$S=\frac{q}{\alpha+\beta q} \tag{8.103}$$

由于 $q=1$ 对应于 $S=1$，于是可得到 $\beta=1-\alpha$。试验表明，当偏应力水平 $S=0.8$ 时，求解得到的 α 最具代表性，即

$$\alpha=\frac{1-S}{S}\frac{q_{0.8}}{1-q_{0.8}}=\frac{1}{4}\frac{q_{0.8}}{1-q_{0.8}} \tag{8.104}$$

于是可得到参数 q 的表达式为

$$q=\frac{\alpha S}{1-(1-\alpha)S} \tag{8.105}$$

当获得参数 h、q，以及参数 c、p 后，就可以根据式（8.88）对塑性功等值迹线的屈服面进行预测。研究表明，采用塑性功等值迹线作为屈服面同时考虑了塑性剪应变、塑性体积应变。

综上所述，Lade-Kim 模型有以下十二个参数：①弹性参数 K_{ur}、n、υ，采用三轴压缩试验确定；②破坏准则参数 m、η_1，采用三轴压缩试验确定；③塑性势面中的参数 ψ_1、ψ_2、μ，采用三轴压缩试验确定；④塑性功中的参数 c、p，由等向固结排水试验确定；⑤功硬化，或屈服准则参数 h、q，由等向固结排水试验、三轴压缩试验共同确定。

8.3.3 von Mises 模型

（1）屈服准则

von Mises 模型属于与静水压力无关的、无摩擦型的理想塑性模型，采用与静水压力无关的 von Mises 屈服准则。von Mises 屈服准则为

$$f(J_2)=J_2-k_m^2=0 \tag{8.106}$$

（2）流动法则

von Mises 模型采用相关联流动法则，即 $g=f$，因而塑性应变增量 $d\varepsilon_{ij}^p$ 为

$$d\varepsilon_{ij}^p=d\lambda\frac{\partial f}{\partial\sigma_{ij}}=d\lambda s_{ij} \tag{8.107}$$

（3）本构关系

根据 K、G 模型的 $d\varepsilon_{ij}^e=\frac{1}{2G}ds_{ij}+\frac{1}{3K}dp\delta_{ij}$，因而完整的弹塑性本构关系为

$$d\varepsilon_{ij}=d\varepsilon_{ij}^e+d\varepsilon_{ij}^p=\frac{1}{2G}ds_{ij}+\frac{1}{9K}dI_1\delta_{ij}+d\lambda s_{ij} \tag{8.108}$$

式中，当 $d\lambda=0$ 或 $J_2=k^2$、$dJ_2=0$ 时为塑性加载；当 $d\lambda<0$ 或 $J_2<k^2$、$dJ_2<0$ 时为弹性卸载。

式（8.108）即经典塑性理论中的 Prandtl-Ruess 方程。由于 $s_{ii}=0$，因而由相关联流动法则可得到 $d\varepsilon_v^p=d\varepsilon_{ii}^p=0$，即 Prandtl-Ruess 方程或 von Mises 材料没有塑性体积应变。

如果弹性变形与塑性变形相比较可以忽略不计时，式（8.108）可简化为

$$d\varepsilon_{ij}=d\varepsilon_{ij}^p=d\lambda s_{ij} \tag{8.109}$$

这就是经典塑性理论中的理想塑性 Levy-Mises 方程。

（4）模型参数

根据上述分析，塑性应变增量 $d\varepsilon_{ij}^p$ 只与偏应力 s_{ij} 有关，与应力增量 $d\sigma_{ij}$ 无关。当材料达

到屈服后，塑性变形可以无限增大，因而只能确定偏应力 s_{ij}，但不能确定塑性应变增量 $d\varepsilon_{ij}^{p}$，也即此时的 $d\lambda$ 还不能够确定。但是，当 $d\varepsilon_{ij}^{p}$ 与 s_{ij} 的关系给定后，$d\lambda$ 就是确定的。由于 $d\varepsilon_{ii}^{p}=0$，则 $d\varepsilon_{ij}^{p}=de_{ij}^{p}$，于是可得塑性功增量为

$$dW_{p}=\sigma_{ij}d\varepsilon_{ij}^{p}=d\lambda(\sigma_{m}\delta_{ij}+s_{ij})s_{ij}=d\lambda s_{ij}s_{ij}=2d\lambda J_{2}=2d\lambda k^{2} \tag{8.110}$$

因而得到

$$d\lambda=\frac{dW_{p}}{2k^{2}} \tag{8.111}$$

式中，k 为 von Mises 材料常数。

当确定了 k、塑性偏应变增量 de_{ij}^{p}、偏应力（屈服应力）s_{ij}，就可以求得塑性比例因子 $d\lambda$。Prandtl-Ruess 方程可进一步表示为

$$d\varepsilon_{ij}=d\varepsilon_{ij}^{e}+d\varepsilon_{ij}^{p}=\frac{1}{2G}ds_{ij}+\frac{1}{9K}dI_{1}\delta_{ij}+\frac{s_{ij}s_{mn}de_{mn}^{p}}{2k^{2}} \tag{8.112}$$

写成应变增量表示的应力增量的逆式则为

$$d\sigma_{ij}=Kd\varepsilon_{kk}\delta_{ij}+2Ge_{ij}-\frac{Gs_{mn}de_{mn}^{p}}{k^{2}}s_{ij} \tag{8.113}$$

（5）模型特点

von Mises 模型具有以下特点：①$d\varepsilon_{ij}^{p}$ 取决于当前的偏应力 s_{ij}，与达到此应力状态的 $d\sigma_{ij}$、或ds_{ij} 无关。②$d\varepsilon_{ij}^{p}$ 主轴与应力 σ_{ij} 主轴、或偏应力 s_{ij} 主轴同轴。③材料屈服与静水压力无关，即 $d\varepsilon_{v}^{p}=d\varepsilon_{ii}^{p}=0$。④$d\varepsilon_{ij}^{p}$ 各分量之间的比值相同，都等于 $d\lambda$。$d\lambda$ 与塑性功增量 dW_{p} 有关。⑤没有反映剪胀性、压硬性等岩土类材料的主要本构特性，仅仅适用于 $\varphi=0$ 时的纯黏性土的不排水总应力的分析。von Mises 模型优点是构造与静水压力有关的、摩擦型的理想塑性模型，或等向、非等向硬化等复杂的岩土本构模型的基础。

8.3.4 Drucker-Prager 模型

1952 年，Drucker 和 Prager 基于广义 von Mises 屈服准则（即 Drucker-Prager 屈服准则），提出适合于岩土类材料的弹塑性本构模型，即 Drucker-Prager 模型。该模型属于与静水压力有关的、摩擦型的理想塑性模型。

（1）屈服准则

广义 von Mises 屈服准则即 Drucker-Prager 屈服准则，可表示为

$$f(p,\sqrt{J_{2}})=\sqrt{J_{2}}-3\alpha p-k=0 \tag{8.114}$$

式中，α、k 为材料常数或称为塑性参数。

（2）流动法则

Drucker-Prager 模型采用相关联流动法则，即 $g=f$，因而塑性应变增量 $d\varepsilon_{ij}^{p}$ 为

$$d\varepsilon_{ij}^{p}=d\lambda\frac{\partial f}{\partial\sigma_{ij}}=d\lambda\left(\frac{\partial f}{\partial p}\frac{\partial p}{\partial\sigma_{ij}}+\frac{\partial f}{\partial\sqrt{J_{2}}}\frac{\partial\sqrt{J_{2}}}{\partial\sigma_{ij}}\right)=d\lambda\left(-\alpha\delta_{ij}+\frac{1}{2\sqrt{J_{2}}}s_{ij}\right) \tag{8.115}$$

由于 $s_{ii}=0$，可得到 $d\varepsilon_{v}^{p}=d\varepsilon_{ii}^{p}=-3\alpha d\lambda$。由于规定静水压力以压为正，因此该式中的负号表示在剪切过程中产生了剪胀。值得注意的是，试验中实际测到的剪胀量小于该式的计算量，这可以通过采用不相关联流动法则予以修正。

（3）本构方程

①弹性应变增量 $d\varepsilon_{ij}^{e}$

通过增量广义 Hooke 定律，可得弹性应变增量 $d\varepsilon_{ij}^{e}$ 为

$$d\varepsilon_{ij}^{e}=\frac{1}{2G}ds_{ij}+\frac{1}{3K}dp\delta_{ij} \tag{8.116}$$

②塑性应变增量 $d\varepsilon_{ij}^{p}$

根据流动法则得到塑性应变增量为

$$d\varepsilon_{ij}^{p}==d\lambda\left(-\alpha\delta_{ij}+\frac{1}{2\sqrt{J_2}}s_{ij}\right) \tag{8.117}$$

因而完整的弹塑性本构关系为

$$d\varepsilon_{ij}=d\varepsilon_{ij}^{e}+d\varepsilon_{ij}^{p}=\frac{1}{2G}ds_{ij}+\frac{1}{3K}dp\delta_{ij}+d\lambda\left(\frac{1}{2\sqrt{J_2}}s_{ij}-\alpha\delta_{ij}\right) \tag{8.118}$$

写成应变增量表示的应力增量的逆式为

$$d\sigma_{ij}=Kd\varepsilon_{v}\delta_{ij}+2Ge_{ij}-d\lambda\left(\frac{G}{\sqrt{J_2}}s_{ij}-3K\alpha\delta_{ij}\right) \tag{8.119}$$

该式即 Drucker-Prager 模型的本构方程。$d\lambda$ 由加载条件 $df=\frac{\partial f}{\partial \sigma_{ij}}d\sigma_{ij}=0$ 确定。

（4）塑性因子 $d\lambda$

由于 Drucker-Prager 模型为理想塑性模型，根据相关联流动法则可得到

$$d\lambda=\frac{\frac{G}{\sqrt{J_2}}s_{ij}-3K\alpha\delta_{ij}}{9\alpha^2K+G}d\varepsilon_{ij}=\frac{\frac{G}{\sqrt{J_2}}s_{ij}de_{ij}-3K\alpha d\varepsilon_{v}}{9\alpha^2K+G} \tag{8.120}$$

该式说明，Drucker-Prager 模型的塑性因子 $d\lambda$，与弹性常数 K 和 G、屈服常数 α、屈服应力 s_{ij} 以及应变增量 $d\varepsilon_{ij}$ 等有关。

（5）模型参数

Drucker-Prager 模型有四个参数：弹性常数 K 和 G、塑性参数 α 和 k。K、G 可由卸载试验确定。α、k 采用与 Mohr-Coulomb 准则的不同拟合方法，由材料常数 c、φ 换算而得到。α 和 k 的选择对 Drucker-Prager 模型的计算结果有较大的影响，一般可以选取折中锥（即压缩锥与拉伸锥的平均值）较为合理。

（6）模型特点

Drucker-Prager 模型有以下特点：①采用简单的方法考虑了静水压力 p 对屈服与强度的影响，模型参数少、计算简单；②考虑了岩土类材料的剪胀性，之后的许多岩土类材料的等向、非等向塑性模型，都是基于此进行修正与扩充而发展起来的；③该模型没有反映材料三轴拉、压的不同的强度特性，也没有反映单纯的静水压力可能引起的屈服与破坏，以及应力 Lode 角 θ_σ 对塑性流动的影响。

8.3.5 黄文熙模型

黄文熙模型通过常规三轴试验、等向压缩试验直接确定塑性势函数和屈服函数，通过选取合适的硬化参量使得屈服面与塑性势面相同，满足相关联流动法则，从而建立土的弹塑性本构模型，是一种直接以土工试验为基础的著名的弹塑性本构模型。李广信通过引入应力 Lode 角 θ_σ，将基于 p-q 应力平面所建立的黄文熙模型推广至三维应力空间，提出清华模型，

也称为清华三维模型。

黄文熙模型以及清华模型，都是不首先假设屈服面函数、塑性势函数，而是根据试验确定的各应力状态下的塑性应变增量的方向，然后根据相适应的流动规则来确定屈服面，再根据试验结果确定其硬化参数。这是一个假设最少的弹塑性模型。

(1) 屈服函数与塑性势函数

首先，根据各向等压固结试验、三轴压缩试验，分别得到 ε_v-ln$p$ 曲线、$(\sigma_1-\sigma_3)$-ε_1 曲线和 ε_v-ε_1 曲线，据此分离弹性应变和塑性应变。对于轴向应变 ε_1，卸载前与完全卸载后的应变差即弹性应变 ε_1^e，而塑性应变 ε_1^p 为总的轴向应变 ε_1 与弹性应变 ε_1^e 的应变差。假设纯剪切不引起弹性体积应变 ε_v^e，弹性体积应变的变化 $d\varepsilon_v^e$ 完全由静水压力的增量 dp 所引起。这样就可由各向等压固结试验的 ε_v-ln$p$ 曲线中的卸载-再加载曲线段选取，采用公式 $\varepsilon_v^p=\varepsilon_v-\varepsilon_v^e$ 计算塑性体积应变 ε_v^p，并根据 $\varepsilon_s^p=\varepsilon_1^p-\dfrac{1}{3}\varepsilon_v^p$ 计算广义塑性应变分量（塑性剪切应变）ε_s^p。

其次，根据所得到的试验曲线，确定相应在曲线上的任一点 $M(p,q)$ 的塑性应变分量 ε_v^p 和 ε_s^p。将 $M(p,q)$ 点绘在 p-q 坐标系（p-q 平面）中，根据不同点的 ε_s^p 按加工硬化规律的 H_a（如 $H_a=W_p$）函数计算出相应的 H_a 的值，将 H_a 的数值标注于相应的 M 点处，然后绘出 H_a 的等值线图。这些等值线就表示加载函数 $f(p,q,H_a)=0$ 的轨迹。假定的硬化规律不同，加载函数 f 也会不同，加载函数并没有固定的形式。

最后，将 ε_v^p、ε_s^p 与 p、q，在 p-q 平面中相应地同轴，如图 8.18 所示。在图中的任一点 $M(p,q)$ 用一个小箭头来表示已经确定的 ε_v^p 与 ε_s^p 的合成的塑性应变增量的方向。将这些小箭头连接起来，能够绘制出一个流线簇，如图 8.18 虚线所示。与流线正交的一组实线就是塑性势线 g 的轨迹，称为等势线。如果计算得到的 $g\neq f$，此时可改变硬化规律 H_a 重新试算，直至 $g=f$。当 g 与 f 相一致时，得到满足正交流动法则即相关联流动法则的屈服函数。

基于上述试验成果，塑性势面近似为椭圆，塑性势函数 g 则采用椭圆方程表示，即

$$g=f=\left(\frac{p-H_a}{BH_a}\right)^2+\left(\frac{q}{CH_a}\right)^2-1=0 \tag{8.121}$$

式中，B、C 为椭圆屈服面参数，为独立于硬化参量 H_a 的常数。

该式描述的屈服面形状，是一簇比例椭圆，如图 8.19 所示。

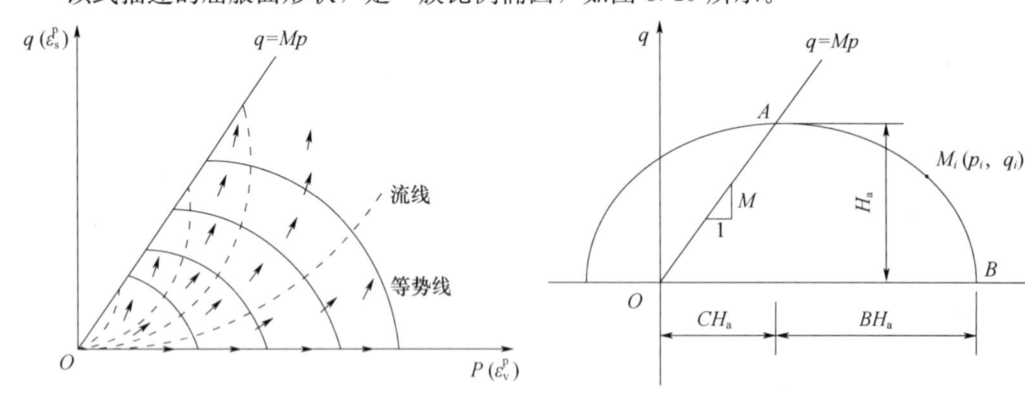

图 8.18　黄文熙模型塑性势面确定方法

图 8.19　黄文熙模型的屈服面

(2) 硬化参量

黄文熙模型假设硬化参量 H_a 是 ε_v^p、ε_s^p 的函数。由于同一屈服面上的硬化特性相同，并

且必然等效于 ε_{v0}^{p}，即等向压缩路径下达到该屈服面的 ε_{v0}^{p} 所对应的 p 为 p_0，即 $p_0=\varphi(\varepsilon_{v0}^{p})$。在塑性势函数 g 中，令 $q=0$，则有

$$H_a=\frac{1}{1+B}p_0=\frac{1}{1+B}\varphi(\varepsilon_{v0}^{p}) \tag{8.122}$$

试验表明，ε_v^p-ε_s^p 曲线簇近似为直线，可采用 ε_{v0}^{p} 归一化为直线，如图 8.20 所示，并且有 $p_0=p_a(m_1+m_2\varepsilon_{v0}^{p})^{m_4}$、$\varepsilon_{v0}^{p}=\varepsilon_v^p-k_1\varepsilon_s^p$，即

$$p_0=p_a(m_1+m_2\varepsilon_{v0}^{p}-m_2k_1\varepsilon_s^p)^{m_4}=p_a(m_1+m_2\varepsilon_{v0}^{p}+m_3\varepsilon_s^p)^{m_4} \tag{8.123}$$

于是得到

$$H_a=\frac{1}{1+B}p_a(m_1+m_2\varepsilon_{v0}^{p}+m_3\varepsilon_s^p)^{m_4} \tag{8.124}$$

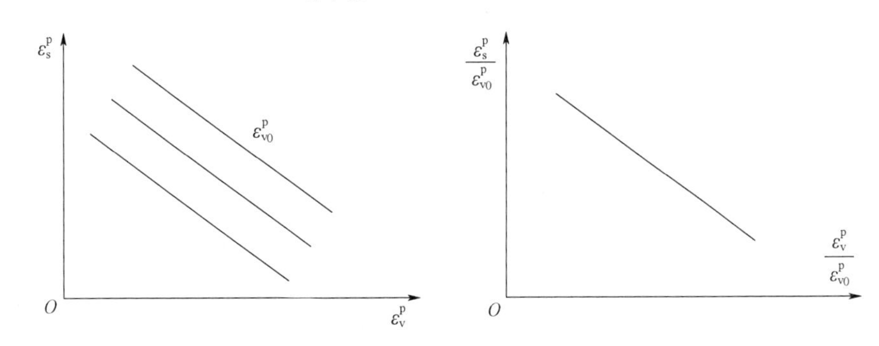

图 8.20 ε_v^p-ε_s^p 曲线

（3）本构方程

在求得硬化参量 H_a 后，即可求得硬化模量 A，进而得到塑性因子 $d\lambda$，最后得到塑性应变分量 $d\varepsilon_{ij}^{p}$，根据弹性应变分量 $d\varepsilon_{ij}^{e}$ 从而组成最终的弹塑性模型的本构方程，即

$$A=-\frac{\partial f}{\partial H_a}\left(\frac{\partial H_a}{\partial \varepsilon_v^p}\frac{\partial g}{\partial p}+\frac{\partial H_a}{\partial \varepsilon_s^p}\frac{\partial g}{\partial q}\right),\ d\lambda=\frac{1}{A}\frac{\partial f}{\partial \sigma_{ij}}d\sigma_{ij}$$

$$d\varepsilon_{ij}^{p}=d\lambda\frac{\partial f}{\partial \sigma_{ij}},\ d\varepsilon_{ij}=d\varepsilon_{ij}^{e}+d\varepsilon_{ij}^{p} \tag{8.125}$$

（4）模型参数

①屈服面参数 B、C

通过对屈服函数表达式微分求得屈服面参数 B、C。

对式（8.125）微分得到 $\frac{dq}{dp}=-\frac{C^2}{B^2}\frac{p-H_a}{q}$，于是得到

$$H_a=\frac{1}{B^2-1}\left(\sqrt{B^2p^2+(B^2-1)\frac{B^2}{C^2}q^2}-p\right) \tag{8.126}$$

对于塑性势面 g 上的任一点 $M_i(p_i,q_i)$，有 $\frac{dq}{dp}=\tan\omega_i=\omega_i=-\frac{C^2}{B^2}\frac{p_i-H_{ai}}{q_i}$。于是

$$\omega_i=-\frac{C^2}{B^2}x_i+\frac{C^2}{B^2(B^2-1)}\left(-x_i+\sqrt{x_i^2B^2+\frac{B^2(B^2-1)}{C^2}}\right) \tag{8.127}$$

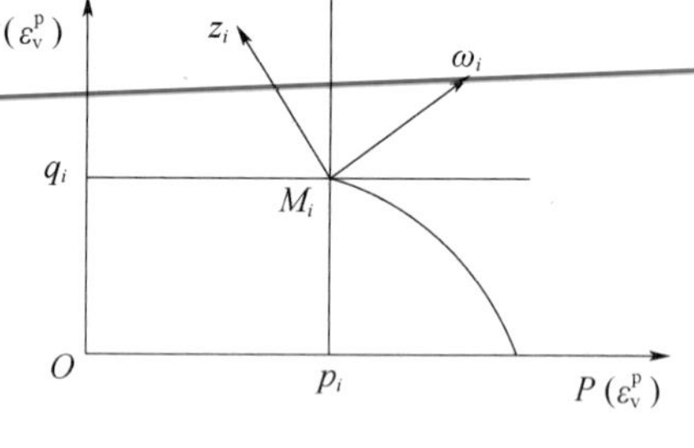

图 8.21　椭圆屈服面参数 B、C 求解

令 $y_i=-\dfrac{\Delta\varepsilon_v^p}{\Delta\varepsilon_s^p}=\tan z_i$。如果理论与试验没有偏差，则为相关联流动因有 $-\dfrac{dq}{dp}=\dfrac{\Delta\varepsilon_{vi}^p}{\Delta\varepsilon_{si}^p}$，因此根据图 8.21所示，需有 $y_i=\omega_i$ 或 $z_i=\omega_i$。据此，在已知 x_i、y_i 的情况下拟合试验曲线，使其尽量满足 $y_i=\omega_i$ 或 $z_i=\omega_i$，从而得到椭圆屈服面参数 B、C。

②硬化参数 m_i

对于硬化参数 m_1、m_2、m_3、m_4，可采用等向固结试验和三轴试验确定。

③弹性参数 K、G

弹性体积模量 K 可由各向等压固结试验的 ε_v-$\ln p$ 曲线的卸载-再加载曲线段求取；弹性剪切模量 G 可以从 σ_3 为常数的 q-ε_s 曲线的卸载-再加载曲线段求取。

8.3.6　清华三维模型

清华弹塑性模型可反映土的剪胀性，也可用于三维应力状态，适用砂土和黏土。Cam-clay 模型是其对于正常固结土的特殊形式。

（1）屈服面

根据三轴试验结果，计算各个应力状态下的塑性应变：$\varepsilon_v^p=\varepsilon_v-\varepsilon_v^e$，$\varepsilon_s^p=\varepsilon_s-\varepsilon_s^e$。

对于其中的 ε_v^e、ε_s^e，采用上述 K、G 表达式确定的参数进行计算，绘制不同围压 σ_3 下的三轴试验的 ε_v^e-ε_s^e 关系曲线；然后在 p-q 平面上对应的应力点处，绘制其塑性应变增量方向，如图 8.18 中的黄文熙模型等势线与流线图中的小箭头表示。这实际上就是 ε_v^e-ε_s^e 关系曲线对应于该应力点的切线方向。

将图中的小箭头方向连线就如同“流线”；与其对应的正交的“等势线”即塑性势轨迹。按照 Drucker 的假设，即相适应的流动规则，$f=g$，则塑性势轨迹即在 p-q 平面上的屈服轨迹。采用适当的函数表示，则为屈服函数。

许多土的三轴试验结果表明，这个屈服轨迹大体上是一组比例椭圆，可表示为

$$f=g=\left(\frac{p-h}{kh}\right)^2+\left(\frac{q}{rh}\right)^2-1=0 \tag{8.128}$$

该式即黄文熙模型屈服函数式（8.121），包含了两个试验常数：k、r，它们与椭圆的长、短轴长度有关。根据式（8.128）可以得到硬化参数 h 为

$$h=\frac{1}{k^2-1}\left(\sqrt{k^2p^2+\frac{k^2-1}{r^2}q^2}-p\right) \tag{8.129}$$

将椭圆屈服轨迹表达式 $f=g$ 微分，并且将硬化参数 h 代入，根据正交规则可得到

$$-\frac{d\varepsilon_v^p}{d\varepsilon_s^p}=\frac{dq}{dp}=-r^2x+\frac{r^2}{k^2-1}\left[-x+\sqrt{x^2k^2+\frac{k^2-1}{r^2}}\right] \tag{8.130}$$

式中，$x=\dfrac{p}{q}=\dfrac{1}{\eta}$。

式（8.130）是满足于正交于椭圆屈服面的塑性应变增量方向的方程式。只要将所有的

试验点绘制在 z-η 坐标系中，然后根据 $-\dfrac{d\varepsilon_v^p}{d\varepsilon_s^p}$ 的表达式去拟合试验点，从而可确定试验常数 k、r。其中 $z=\arctan\left(-\dfrac{d\varepsilon_v^p}{d\varepsilon_s^p}\right)$。

（2）硬化参数

由于各向等压的应力状态 $p=p_0$、$q=0$，因而根据式（8.129）可得到

$$h=\frac{p_0}{1+k} \tag{8.131}$$

对于各向等压试验，p_0 与塑性体应变 ε_{v0}^p 存在一一对应关系，所以 $h=\dfrac{p_0}{1+k}$ 又可表示为 ε_{v0}^p 的函数。根据各向等压试验中的卸载应力-应变关系，一般可将 p_0、ε_{v0}^p 之间的关系表示为

$$p_0=p_a\frac{1}{m_4}(\varepsilon_{v0}^p+m_6)^{m_5} \tag{8.132}$$

需要注意的是，p_0、ε_{v0}^p 之间的函数关系也可以表示为其他的形式。

根据上述两个表达式，可得到

$$p_0=\frac{p_a}{1+k}\frac{1}{m_4}(\varepsilon_{v0}^p+m_6)^{m_5} \tag{8.133}$$

对于任一个屈服面，其硬化参数 h 是相等的，也即在一个屈服面上，根据硬化参数 h 的表达式，各向等压应力点（p_0，$q=0$），与其他应力点之间的关系满足于

$$p_0=\frac{1}{k-1}\left(\sqrt{k^2p^2+\frac{k^2-1}{r^2}q^2}-p\right) \tag{8.134}$$

在一个屈服面上，各向等压的塑性体应变 ε_{v0}^p 与其他的应力状态的塑性体应变（ε_v^p，$\bar{\varepsilon}^p$）之间，也应该满足一定的关系，以使得该屈服面上的各点的硬化参数为常数。

将所有的同一个屈服面上的 ε_{v0}^p 与（ε_v^p，ε_s^p）之间的关系绘制在同一 ε_v^p-ε_s^p 坐标系中，就得到一条曲线，采用不同的 ε_{v0}^p 可得到一组曲线 L_1、L_2、L_3、…、L_n，由此可看出同一个屈服面上 ε_v^p、ε_s^p 之间存在如下关系：$\varepsilon_{v0}^p=f(\varepsilon_v^p,\varepsilon_s^p)$。这种关系的最简单的形式为线性关系，即 $\varepsilon_{v0}^p=\varepsilon_v^p+m_3\varepsilon_s^p$。也可表示为 $\dfrac{\varepsilon_v^p}{\varepsilon_{v0}^p}=1-m_3\dfrac{\varepsilon_s^p}{\varepsilon_{v0}^p}$。令 $E_1=\dfrac{\varepsilon_v^p}{\varepsilon_{v0}^p}$、$E_2=\dfrac{\varepsilon_s^p}{\varepsilon_{v0}^p}$，则该式可简化为 $E_1=1-m_3E_2$。如图 8.20 所示。

根据上述表达式，可得到硬化参数 h 的表达式为

$$h=\frac{p_a}{1+k}\frac{1}{m_4}(m_6+\varepsilon_v^p+m_3\varepsilon_s^p)^{m_5} \tag{8.135}$$

需要注意的是，某些函数形式可根据试验资料适当确定，以较准确和简便为标准。

在上述的函数形式中，共有九个试验常数：计算弹性应变的弹性参数 K_0、G_0、n；屈服函数中的常数 k、r；硬化参数中的常数 m_3、m_4、m_5、m_6。这些常数可通过各向等压试验、常规三轴试验以及它们的卸载试验进行确定。

（3）模型的三维形式

上述模型是在 p-q 应力平面中建立起来的，与应力 Lode 角 θ 无关。这就意味着其破坏轨迹、屈服轨迹在 π 平面上是圆周。但这显然不符合土的实际情况。为了建立三维的弹塑性模型形式，最主要的是确定屈服面在 π 平面上的轨迹的形状及其函数表达式。

采用前述方法可以得到 π 平面上的屈服轨迹。这种屈服轨迹可以采用平面上的两段相切

的圆弧组成。试验与理论都证明了在 π 平面上，其屈服轨迹与破坏轨迹都是相同的。所以其破坏轨迹与屈服轨迹可采用如图 8.22 所示的双圆弧表示。这两段圆弧的圆心，一个在 σ_3 轴上，一个在 σ_1 轴上，在 $\theta=\theta_0$ 处相切。

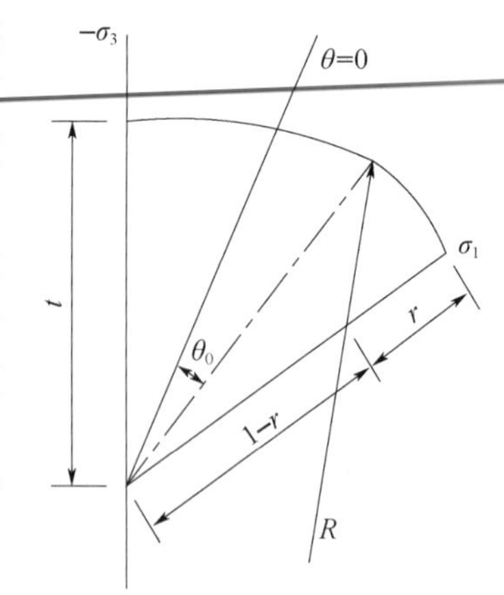

图 8.22　清华模型双圆弧屈服面

在三维形式的屈服方程中，需要引入一个形状参数 $\alpha(\theta)$，该参数为随应力 Lode 角 θ 而变化的形状函数，表示了在 π 平面上的屈服轨迹的形状。试验表明，它也表示了破坏面在 π 平面上的轨迹的形状。

对于三维情形 π 平面：$q=q_m\alpha(\theta)$，其中 q_m 为三轴压缩子午面上的 q 值。在 π 平面上，q 原来的形式为 $q=q_m=rH_a\sqrt{1-\left(\frac{p-H_a}{kH_a}\right)^2}$，引入形状参数 $\alpha(\theta)$ 后改写为 $q=q_m\alpha(\theta)=\alpha(\theta)rH_a\sqrt{1-\left(\frac{p-H_a}{kH_a}\right)^2}$，于是得到 $\left(\frac{p-H_a}{kH_a}\right)^2+\left[\frac{q}{\alpha(\theta)rH_a}\right]^2-1=0$，即

$$f=\left(\frac{p-h}{kh}\right)^2+\left[\frac{q}{\alpha(\theta)rh}\right]^2-1=0 \tag{8.136}$$

破坏方程为 $\frac{q}{p}=M_c\alpha(\theta)$。其中 M_c 为常规三轴试验得到的破坏应力比，即 $M_c=\frac{q_c}{p}$。屈服面方程中的两个参数，其确定方法同前。对于形状参数 $\alpha(\theta)$ 可根据真三轴试验确定。试验表明，在 π 平面上的屈服轨迹与破坏轨迹形状相同，均可采用双圆弧表示，圆心分别在 σ_3、σ_1 轴上。两段圆弧在 $\theta=\theta_0$ 处相切，如图 8.22 所示。两段圆弧上的形状函数 $\alpha(\theta)$ 分别取为 $\alpha_1(\theta)$、$\alpha_2(\theta)$，可表示为如下的形式：

当 $\theta>\theta_0$ 时，

$$\alpha_1=\frac{1}{t(1-2t)}\Big[(1-t)(2t^2+1)\cos(30°-\theta)-\sqrt{(1-t)^2(2t^2+1)^2\cos^2(30°-\theta)+t^2(2t-1)(2-2t+3t^2-2t^3)}\Big] \tag{8.137}$$

当 $\theta<\theta_0$ 时，

$$\alpha_2=\frac{1}{1+2t-2t^2}\Big[(1-t)(2t^2+t+2)\cos(30°+\theta)+\sqrt{(1-t)^2(2t^2+t+2)^2\cos^2(30°+\theta)+(1+2t-2t^2)(4t^3-4t^2+4t-3)}\Big] \tag{8.138}$$

式中，$\theta_0=\arctan\frac{4t^3-4t^2+t-3}{\sqrt{3}(4t^3+3t+1)}$；$t$ 为三轴伸长 $\theta=30°$、三轴压缩 $\theta=-30°$ 试验所得到的强度比，即 $t=\frac{M_t}{M_c}$；M_t 为三轴伸长试验中的破坏应力比，即 $M_t=\frac{q_t}{p}$。

(4) 流动法则

采用相关联流动法则，即

$$d\varepsilon_v^p=d\lambda\frac{\partial f}{\partial p},\ ds_s^p=d\lambda\sqrt{\left(\frac{\partial f}{\partial q}\right)^2+\left(\frac{1}{q}\frac{\partial f}{\partial \theta_\sigma}\right)^2} \tag{8.139}$$

需要注意的是，式 (8.139) 中的 $d\varepsilon_s^p$ 在 π 平面上的方向与应力方向不相重合。

（5）本构方程

在求得硬化参量 H_a 后，即可求得硬化模量 A，进而得到塑性因子 $d\lambda$，最后得到塑性应变分量 $d\varepsilon_{ij}^{p}$，根据弹性应变分量 $d\varepsilon_{ij}^{e}$ 从而组成最终的弹塑性模型的本构方程。

弹性应变部分 $d\varepsilon_{ij}^{e}$ 采用 K-G 模型计算。根据各向等压试验的卸载曲线确定其中的体变模量 K；根据常规三轴试验确定其中的剪切模量 G。其一般形式可表示为

$$K=K_0 p, \quad G=G_0 p_a \left(\frac{\sigma_3}{p_a}\right)^n \tag{8.140}$$

8.4　双屈服面模型

8.4.1　殷宗泽模型

在现有的本构模型中，单屈服面的弹塑性帽子类模型（如修正 Cam-clay 模型、黄文熙模型）在一般加载路径下能够取得较为精确的结果，但此类模型将偏应力不变、围压减小的应力路径当作卸荷回弹，实际上土体在此类受力情况下，将会发生较大的塑性剪切变形，甚至破坏。可见“帽子”内加载，土体依然会发生塑性屈服，即不能反映 p 减小时会引起塑性剪应变。

单屈服面弹塑性本构模型在反映土体变形特性方面有一定的缺陷。以 Cam-clay 模型为代表的帽子类本构模型只能够反映剪缩，不能够很好地反映土体的剪胀。土体受力后不但发生体积屈服，而且有可能产生剪切屈服，并且有时可能产生剪缩也有可能产生剪胀。因此，单屈服面模型不能够概括土体应力变形的基本特征。

少数单屈服面帽子类模型虽然能够考虑剪胀，但需要满足高应力水平的条件。基于理想弹塑性理论的锥形单屈服面弹塑性本构模型虽然可以反映剪胀，但在反映各向等压引起的塑性体积应变、剪缩等方面又存在不足。因此，如果考虑将这两种屈服面结合起来形成双屈服面本构模型，就可以综合两方面的优点。

殷宗泽认为在单屈服面帽子类模型内还存在一个屈服面，因而提出了一个“椭圆-抛物线双屈服面模型”。该模型是双屈服面弹塑性本构模型的代表性模型之一，能够很好地反映剪胀，也能反映平均应力（球应力）p 减小时产生的塑性体积应变 ε_v^p。殷宗泽模型的建模思路的基础是 Cam-clay 模型与 Duncan-Chang 模型，综合了这两种模型的优点，同时改进了单屈服面模型的不足，模型参数具有明确的物理意义。

（1）基本假定

殷宗泽模型认为，土体在变形过程中，土颗粒滑移同时引起压缩、膨胀两种变形。如果引起压缩的土颗粒滑移占优势，土体变形表现为土颗粒滑移后引起体积压缩的位移特性，即宏观的压缩变形；如果引起膨胀的土颗粒滑移占优势，土体变形则表现为土颗粒滑移后引起体积膨胀的位移特性，即宏观的膨胀变形。因此，土体的塑性变形 $d\varepsilon^p$ 由两部分组成：一部分与土体压缩相联系的塑性变形 $d\varepsilon_1^p$，另一部分与膨胀相联系的塑性变形 $d\varepsilon_2^p$，即塑性总应变为

$$d\varepsilon^p = d\varepsilon_1^p + d\varepsilon_2^p \tag{8.141}$$

（2）屈服面

殷宗泽模型在 p-q 平面上的屈服轨迹如图 8.23 所示，为椭圆＋抛物线的双屈服面。

图中 f_1 为与土体压缩相联系的屈服轨迹，在 p-q 平面上为椭圆，称为第一屈服面、体

积屈服面或剪缩屈服面，f_2 为与塑性膨胀相联系的屈服轨迹，在 p-q 平面上为抛物线，称为第二屈服面、剪切屈服面或剪胀屈服面。

体积屈服轨迹 f_1、剪切屈服轨迹 f_2 将 p-q 平面分为四个区：A_0、A_1、A_2、A_3，分别为弹性区、仅与第一屈服有关的塑性区、仅与第二屈服有关的塑性区、两种屈服所引起的塑性变形同时存在的区。p、q 的变化可能使得应力点落在不同的区域。

对于弹性区 A_0，相对于相继屈服面上的应力点 p、q 都处于回弹状态，该区域内不产生塑性变形。当应力落在其他区域时：①当 q 不变而 p 减小时，应力状态落入 A_2 区，同时产生塑性剪应变和塑性膨胀应变（剪胀）；②当 q 不变而 p 增大时，应力状态落入 A_1 区，体积变形是压缩的；③当 p 不变 q 增大，或者 p、q 同时增大，应力状态落入 A_3 区，产生塑性剪应变，以及产生因 f_1 引起的压缩应变和因 f_2 引起的膨胀应变。当应力水平较低时，f_2 线较平坦即体积膨胀应变较小，而 f_1 较陡即压缩应变较大，综合表现为压缩应变。当应力水平较大时，压缩应变、膨胀应变叠加后是压缩还是膨胀，则需要看哪一个占据主导地位，这取决于相应的参数。

（3）屈服面方程

①与压缩相联系的屈服方程 f_1

针对上述两种塑性应变 $d\varepsilon_1^p$ 和 $d\varepsilon_2^p$，该模型分别建立不同形式的屈服准则和硬化规律，以达到反映土体塑性应变的目的。

针对与压缩有关的第一种塑性应变 $d\varepsilon_1^p$，该模型基本上采用了修正 Cam-clay 模型，以塑性体积应变 ε_v^p 作为硬化参数，相应的屈服轨迹在 p-q 平面上为椭圆，如图 8.23 所示，对应的与土体压缩相联系的屈服方程 f_1 为

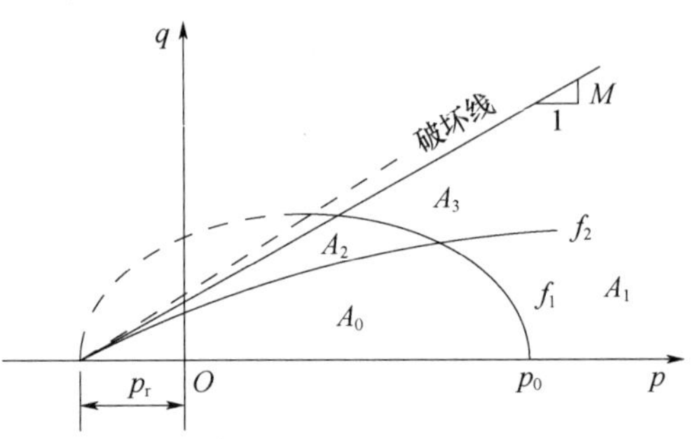

图 8.23　椭圆-抛物线双屈服面模型

$$f_1=p+\frac{q^2}{M_1^2(p+p_r)}-p_0=0 \tag{8.142}$$

式中，p_a 为大气压，一般取值为 $p_a=101.33\text{kPa}$；p_r 为破坏线在 p 轴上的截距，如图 8.23 所示，$p_r=c\cot\varphi$；M_1 为反映椭圆形态的参数，与应力-应变曲线（破坏线）的性状有关，在数值上略大于 Cam-clay 模型中的参数 M；p_0 为屈服轨迹与 p 轴交点的横坐标，隐含硬化函数之意；p 为平均正应力；q 为偏应力。

假定 $\varepsilon_v^p\approx\varepsilon_v$，该模型得到

$$p_0=\frac{h\varepsilon_v^p}{1-t\varepsilon_v^p}p_a \tag{8.143}$$

式中，h、t 为与土体剪缩有关的模型参数，可通过拟合体应变相关曲线而得到。

式（8.143）即与压缩相联系的屈服准则的硬化规律。

②与膨胀相联系的屈服方程 f_2

模型假定土体体积的膨胀变形由两部分组成：一部分由平均压应力减小所引起的回弹变形；另一部分由剪切所引起的塑性膨胀变形。在不考虑拉应力存在的情况下，塑性膨胀变形 $d\varepsilon_2^p$ 仅仅与剪应力、剪应变相联系。

针对与膨胀有关的第二种塑性应变 $d\varepsilon_2^p$，以塑性剪应变 ε_s^p 作为硬化参数。殷宗泽根据土的三轴试验结果，假定与塑性膨胀相联系的屈服轨迹 f_2 在 p-q 平面上为抛物线，如图 8.23

所示，对应的屈服方程 f_2 为

$$f_2=\frac{aq}{G}\sqrt{\frac{q}{M_2(p+p_r)-q}}-\varepsilon_s^p=0 \tag{8.144}$$

式中，a 为反映土体剪胀性大小的参数，与应力水平为 0.75～0.95 区间的应力-应变曲线有关；M_2 为数值上略大于 Cam-clay 模型中的参数 M 的参数；G 为弹性剪切模量，回弹情况下 $G=\frac{E}{2(1+\upsilon)}$，其中 E 为弹性模量，假定回弹时的模量为加载时的非线性模量 E_t 的 2 倍，即 $E=2Kp_a\left(\frac{\sigma_3}{p_a}\right)^n$，假定土的泊松比 $\upsilon=0.3$，于是有

$$G=\frac{1}{1.3}Kp_a\left(\frac{\sigma_3}{p_a}\right)^n \text{或} G=K_Gp_a\left(\frac{p}{p_a}\right)^n \tag{8.145}$$

式中，K_G、n 为无因次试验参数。

（4）模型参数

殷宗泽模型共有九个参数 [M_1、M_2、h、t、a、K（或 K_G）、n、c、φ]，可根据常规三轴试验进行确定。其中 c、φ 采用排水试验确定，K（或 K_G）、n 采用与 Duncan-Chang 模型相同的方法进行确定，其余五个参数采用经验方法进行确定。

①参数 h、t 的确定方法

首先令 $p_{ht}=p+\frac{q^2}{M_1^2(p+p_r)}$，将 f_1 的表达式改写为 $\varepsilon_v^p=\frac{p_{ht}}{hp_a+tp_{ht}}$ 并微分，即

$$d\varepsilon_v^p=\frac{hp_a}{(hp_a+tp_{ht})^2}dp_{ht} \tag{8.146}$$

再令 $B=\frac{dp_{ht}}{d\varepsilon_v^p}$，则得到 $\sqrt{\frac{B}{p_a}}=\sqrt{h}+\frac{t}{\sqrt{h}}\cdot\frac{p_{ht}}{p_a}$。该式表明，$\sqrt{\frac{B}{p_a}}$-$\frac{p_{ht}}{p_a}$ 为直线，其截距、斜率分别为 $\sqrt{h}$、$\frac{t}{\sqrt{h}}$。因此，在坐标系 $\sqrt{\frac{B}{p_a}}$、$\frac{p_{ht}}{p_a}$ 中点绘两者的关系曲线，采用近似直线进行拟合，该直线的截距、斜率分别为 $\sqrt{h}$、$\frac{t}{\sqrt{h}}$，如图 8.24 所示。

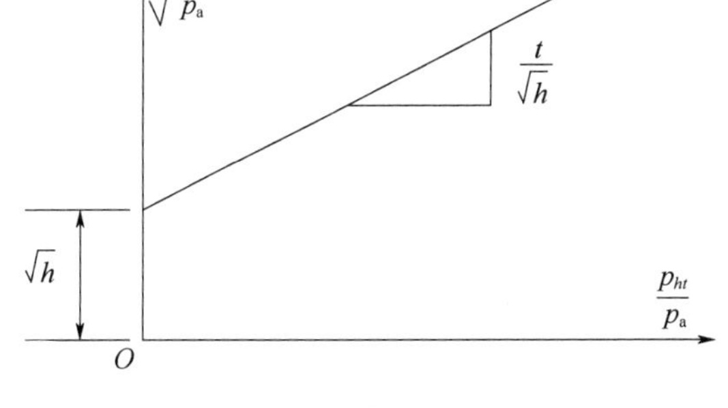

图 8.24 求解参数 h、t

②参数 M_1 的确定方法

参数 M_1 可表示为

$$M_1=(1+0.25\beta^2)M \tag{8.147}$$

式中，$M=\frac{6\sin\varphi}{3-\sin\varphi}$；$\beta$ 为应力水平 $S=75\%$ 时的体积应变 ε_v 与轴向应变 ε_1 之比值，即 $\beta=\frac{\varepsilon_v}{\varepsilon_1}$。取各试验曲线 β 的平均值。

③参数 M_2、a 的确定方法

首先估算塑性剪应变 ε_s^p，按以下经验公式估算：

$$\varepsilon_s^p = (0.3-0.1d)\,\varepsilon_1 \tag{8.148}$$

式中，ε_1 为轴向应变；d 为ε_v-ε_1 曲线中应力水平从 75%至 95%的一段的斜率，取各试验曲线的平均值。

将屈服方程 f_2 改写成

$$\frac{p+p_r}{q} = \frac{a^2}{M_2}\left(\frac{q}{G\varepsilon_s^p}\right)^2 + \frac{1}{M_2} \tag{8.149}$$

该式表明，$\frac{p+p_r}{q}$-$\left(\frac{q}{G\varepsilon_s^p}\right)^2$ 为直线，其截距、斜率分别为 $\frac{1}{M_2}$、$\frac{a^2}{M_2}$。因此，在坐标系 $\frac{p+p_r}{q}$、$\left(\frac{q}{G\varepsilon_s^p}\right)^2$ 中点绘两者的关系曲线，采用近似直线进行拟合，该直线的截距、斜率分别为$\frac{1}{M_2}$、$\frac{a^2}{M_2}$，如图 8.25 所示。

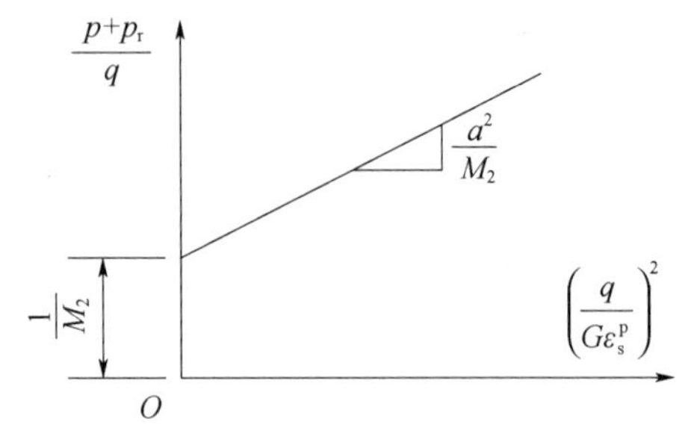

图 8.25　求解参数 M_2、a

（5）本构方程

①弹性应变

$$d\varepsilon_1^e = \frac{dq}{2G(1+\upsilon)},\quad d\varepsilon_v^e = \frac{dp}{K} = \frac{dq}{3K} = \frac{dq(1-2\upsilon)}{2G(1+\upsilon)} \tag{8.150}$$

②与剪缩屈服面相关的塑性应变

对式（8.142）、式（8.143）微分，可得到$\frac{\partial f_1}{\partial p}dp + \frac{\partial f_1}{\partial q}dq = \frac{\partial H(\varepsilon_v^p)}{\partial \varepsilon_v^p}d\varepsilon_v^p$，于是可得到

$$d\varepsilon_{v1}^p = \frac{hp_a}{hp_a + \left[p + \frac{q^2}{M_1^2(p+p_r)}\right]t}\left\{\left[1 - \frac{q^2}{M_1^2(p+p_r)^2}\right]dp + \frac{2q}{M_1^2(p+p_r)}dq\right\} \tag{8.151}$$

通过相关联的流动法则，则可计算出与剪缩屈服面相关的塑性应变，即 $d\varepsilon_{v1}^p = d\lambda_1\frac{\partial g}{\partial p} = d\lambda_1\frac{\partial f_1}{\partial p}$，$d\varepsilon_{s1}^p = d\lambda_1\frac{\partial g}{\partial q} = d\lambda_1\frac{\partial f_1}{\partial q}$。于是可得到

$$d\varepsilon_{s1}^p = \frac{\partial f_1}{\partial q}\left(\frac{\partial f_1}{\partial p_1}\right)^{-1}d\varepsilon_{v1}^p = \frac{2q(p+p_r)}{M_1^2(p+p_r)^2 - q^2}d\varepsilon_{v1}^p \tag{8.152}$$

③与剪胀屈服面相关的剪切应变

对（8.144）微分得到$\frac{\partial f_2}{\partial p}dp + \frac{\partial f_2}{\partial q}dq = \frac{\partial H(\varepsilon_s^p)}{\partial \varepsilon_s^p}d\varepsilon_s^p$，于是可得到

$$d\varepsilon_{s2}^p = \frac{a}{G}\sqrt{\frac{q}{M_2(p+p_r)-q}}dq + \frac{aM_2q^{0.5}(p+p_r)dq + q^{1.5}dp}{2G[M_2(p+p_r)-q]^{1.5}} \tag{8.153}$$

$$d\varepsilon_{v2}^p = \frac{-M_2q}{3M_2(p+p_r)-2q}d\varepsilon_{s2}^p \tag{8.154}$$

④总应变

总应变表示为

$$d\varepsilon_1 = d\varepsilon_1^e + d\varepsilon_{s1}^p + d\varepsilon_{s2}^p,\quad d\varepsilon_v = d\varepsilon_v^e + d\varepsilon_{v1}^p + d\varepsilon_{v2}^p \tag{8.155}$$

8.4.2 “南水”模型

1990 年，沈珠江等提出了中国内地第一个双屈服面弹塑性本构模型，简称“南水”模型，其应力-应变关系表达式具有 Cam-clay 模型的形式，有关参数则类似 Duncan-Chang 模型，可以从常规三轴试验的应力-应变-体变关系曲线中得到。该模型结合了 Cam-clay 模型、Duncan-Chang 模型的优点，分别采用体积屈服面、剪切屈服面来描述土的屈服特性，因而较 Cam-clay 模型更全面。

(1) 双屈服面方程

“南水”模型只将屈服面看作弹性区域的边界，不再将屈服面与硬化参数相联系，采用体积屈服面和剪切屈服面等两个屈服面来描述土体的屈服特性，如图 8.26 所示。

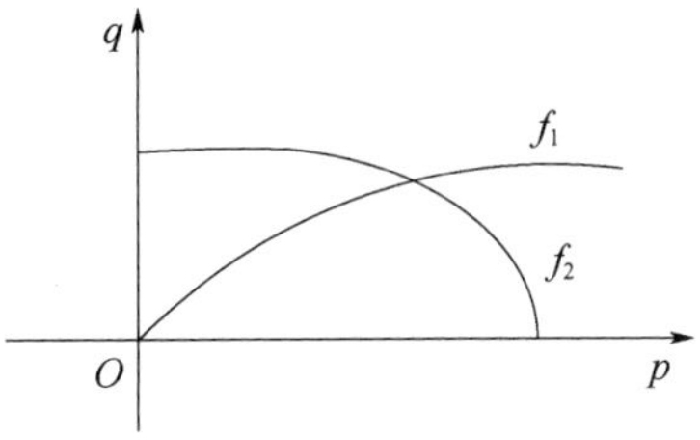

图 8.26 “南水”模型的双屈服面

该模型的双屈服面方程为

$$f_1 = p^2 + r^2 q^2, \quad f_2 = \frac{q^s}{p} \tag{8.156}$$

式中，r、s 为屈服面参数，可根据土性特点进行调整，其值的大小影响屈服面 f_1、f_2 的形状；p 为球应力，q 为偏应力。

(2) 体积应变增量 $\Delta\varepsilon_v$ 和剪应变增量 $\Delta\varepsilon_s$

根据正交流动规则，应变增量为

$$\{\Delta\varepsilon\} = [D]_e^{-1}\{\Delta\sigma\} + A_1\left\{\frac{\partial f_1}{\partial \sigma}\right\}\Delta f_1 + A_2\left\{\frac{\partial f_2}{\partial \sigma}\right\}\Delta f_2 \tag{8.157}$$

式中，A_1、A_2 分别为相应于屈服面 f_1、f_2 的塑性系数，是应力状态的函数，与应力路径无关。

体积应变增量 $\Delta\varepsilon_v$ 和剪应变增量 $\Delta\varepsilon_s$ 的表达式分别为

$$\Delta\varepsilon_v = \frac{\Delta p}{B_e} + A_1\frac{\partial f_1}{\partial p}\Delta f_1 + A_2\frac{\partial f_2}{\partial p}\Delta f_2 \tag{8.158}$$

$$\Delta\varepsilon_s = \frac{\Delta q}{3G_e} + A_1\frac{\partial f_1}{\partial q}\Delta f_1 + A_2\frac{\partial f_2}{\partial q}\Delta f_2 \tag{8.159}$$

(3) 塑性系数 A_1、A_2

根据式 (8.156) 可得 $\Delta f_1 = 2p\Delta p + 2r^2 q\Delta q$，$\Delta f_2 = -q^s\Delta p/p^2 + sq^{s-1}\Delta q/p$，$\frac{\partial f_1}{\partial p} = 2p$，$\frac{\partial f_1}{\partial q} = 2r^2 q$，$\frac{\partial f_2}{\partial p} = -\frac{q^s}{p^2}$，$\frac{\partial f_2}{\partial q} = \frac{sq^{s-1}}{p}$。

根据切线变形模量 $E_t = \Delta\sigma_1/\Delta\varepsilon_1$、切线体积比 $u_t = \Delta\varepsilon_v/\Delta\varepsilon_1$，可得到 $u_t/E_t = \Delta\varepsilon_v/\Delta\sigma_1$，$(3-u_t)/(3E_t) = \Delta\varepsilon_s/\Delta\sigma_1$。

塑性系数 A_1、A_2 的表达式分别为

$$A_1 = \frac{1}{4p^2}\frac{\eta\left(\frac{9}{E_t} - \frac{3u_t}{E_t} - \frac{3}{G_e}\right) + 2s\left(\frac{3u_t}{E_t} - \frac{1}{B_e}\right)}{2(1+3r^2\eta)(s+r^2\eta^2)} \tag{8.160}$$

$$A_2 = \frac{p^2 q^2}{q^{2s}}\frac{\eta\left(\frac{9}{E_t} - \frac{3u_t}{E_t} - \frac{3}{G_e}\right) - 2r^2\eta\left(\frac{3u_t}{E_t} - \frac{1}{B_e}\right)}{2(3s-\eta)(s+r^2\eta^2)} \tag{8.161}$$

式中，$\eta=q/p$；G_e为弹性剪切模量，$G_e=E_{ur}/[2(1+\upsilon)]$；$B_e$为弹性体积模量，$B_e=E_{ur}/[3(1-2\upsilon)]$；$\upsilon$为泊松比，一般取为0.3；$E_{ur}$为卸载-再加载模量，一般大于初次加载的$E$值。

（4）模型参数

塑性参数A_1、A_2的表达式（8.160）、式（8.161）中包含了六个参数，也就是“南水”模型的参数：①屈服面形状参数r、s；②弹性参数B_e、G_e；③弹性参数E_t、u_t。

两个屈服面形状参数r、s可人为设定，另外四个参数都可通过常规三轴固结排水剪切试验得到q-ε_1、ε_v-ε_1、q-ε_s等关系曲线后确定。这些参数的确定方法如下：

①屈服面形状参数r、s

屈服面形状参数r、s的值的大小影响屈服面f_1、f_2的形状，可根据土性特点进行调整，其值的大小可人为设定，一般取为2或3，两个参数值可相同或相异。

②弹性参数B_e、G_e

模型假定土体的应力-应变关系q-ε_1曲线近似呈双曲线特征，可以采用Kondner等人提出的双曲线方程$q=\dfrac{\varepsilon_1}{a_1+b_1\varepsilon_1}$来描述。式中$a_1$的倒数为初始切线模量$E_i$。根据Janbu的经验公式$E_i=K_1 p_a\left(\dfrac{\sigma_3}{p_a}\right)^{n_1}$确定$E_i$与$\sigma_3$的关系。取$E_{ur}=2E_i$计算$B_e$

$$B_e=\frac{E_{ur}}{3(1-2\upsilon)} \tag{8.162}$$

模型同样假定土体的应力-应变关系q-ε_s曲线近似呈双曲线特征，同样采用双曲线方程$q=\dfrac{\varepsilon_s}{a_2+b_2\varepsilon_s}$来描述。式中$a_2$的倒数为初始切线剪切模量$G_i$，根据初始切线剪切模量$G_i$来计算$G_e$：

$$G_i=K_2 p_a\left(\frac{\sigma_3}{p_a}\right)^{n_2},\ G_e=\frac{G_i}{2(1+\upsilon)} \tag{8.163}$$

从上述分析可知，弹性参数B_e、G_e分别隐含了参数K_1、n_1和K_2、n_2。K_i和n_i可由常规三轴试验基于Duncan-Chang模型拟定。

③弹性参数E_t、u_t

“南水”模型中，基于Duncan-Chang模型计算切线变形模量E_t，其表达式为$E_t=K_1 p_a\cdot\left(\dfrac{\sigma_3}{p_a}\right)^{n_1}\left[1-\dfrac{R_f(1-\sin\varphi)(\sigma_1-\sigma_3)}{2c\cos\varphi+2\sigma_3\sin\varphi}\right]^2$。式中共有五个参数，即$K_1$、$n_1$、$R_f$、$c$、$\varphi$，其拟合方法与Duncan-Chang模型相同。其中参数K_1、n_1同上。

“南水”模型假定常规三轴试验中的ε_v-ε_1曲线为抛物线，如图8.27所示，土体在剪切过程中先剪缩后剪胀，据此计算切线体积比u_t，其表达式为

$$u_t=2C_d\left(\frac{\sigma_3}{p_a}\right)^d\frac{E_iR_f}{\sigma_1-\sigma_3}\frac{1-R_d}{R_d}\left(1-\frac{S}{1-S}\cdot\frac{1-R_d}{R_d}\right) \tag{8.164}$$

式中，C_d、d、R_d为代替E-ν模型中的F、D、G的三个参数。

如果土体只产生剪缩，无剪胀发生，ε_v-ε_1曲线呈现出近似双曲线特征，如图8.28所示，因此不能直接采用基于抛物线关系的u_t公式进行计算。

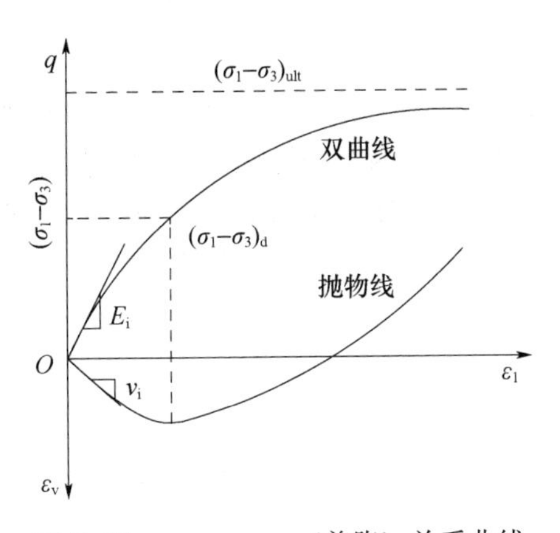

图 8.27　q-ε_1、ε_v-ε_1（剪胀）关系曲线

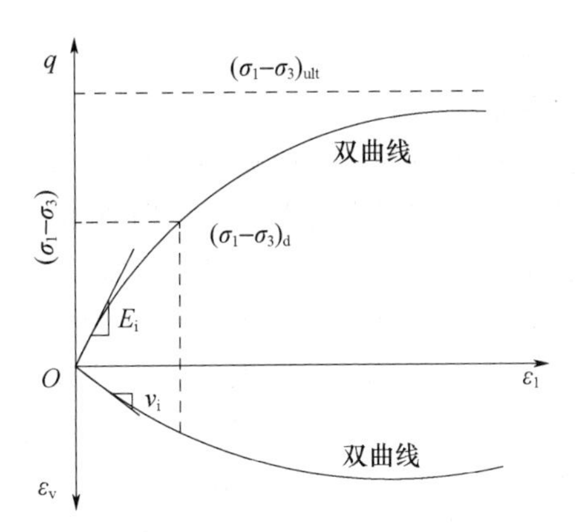

图 8.28　q-ε_1、ε_v-ε_1（剪缩）等关系曲线

当土体的 ε_v-ε_1 曲线呈现双曲线特征，因而采用双曲线形式进行拟合，即

$$\varepsilon_v=\frac{\varepsilon_1}{a_3+b_3\varepsilon_1} \tag{8.165}$$

于是可得到切线体积比 u_t 为

$$u_t=\frac{\Delta\varepsilon_v}{\Delta\varepsilon_1}=\frac{a_3}{(a_3+b_3\varepsilon_1)^2} \tag{8.166}$$

土体产生轴向压缩和体缩，因而可设压缩应变为正，即 $\varepsilon_1>0$，$\varepsilon_v>0$，同样 $\Delta\varepsilon_1>0$，$\Delta\varepsilon_v>0$。此外，由于 $\varepsilon_v<\varepsilon_1$，根据 $\varepsilon_v=\varepsilon_1+2\varepsilon_3$，可得 $\varepsilon_3<0$，即土体侧向伸长，同样 $\Delta\varepsilon_3<0$。根据切线泊松比定义 $\mu_t=\frac{-\Delta\varepsilon_3}{\Delta\varepsilon_1}$，可得

$$u_t=\frac{\Delta\varepsilon_v}{\Delta\varepsilon_1}=\frac{\Delta\varepsilon_1+2\Delta\varepsilon_3}{\Delta\varepsilon_1}=1+\frac{2\Delta\varepsilon_3}{\Delta\varepsilon_1}=1-2\mu_t \tag{8.167}$$

于是可得

$$\mu_t=\frac{1}{2}-\frac{a_3}{2(a_3+b_3\varepsilon_1)^2} \tag{8.168}$$

当 $\varepsilon_1=0$ 时为初始剪切状态，此时的切线泊松比 μ_t 为初始切线泊松比 μ_i，即

$$\mu_i=\frac{1}{2}-\frac{1}{2a_3} \tag{8.169}$$

此时的切线体积比 u_t 则为初始切线体积比 u_i，即

$$u_i=1/\alpha_3=1-2u_i \tag{8.170}$$

根据 $\varepsilon_v=\frac{\varepsilon_1}{a_3+b_3\varepsilon_1}$ 可知，在 $\frac{\varepsilon_1}{\varepsilon_v}$-$\varepsilon_1$ 坐标系下为一直线，其截距、斜率分别为 a_3、b_3。

8.4.3　Lade 模型

1975 年，Lade 和 Duncan 在砂土真三轴试验基础上建立了 Lade-Duncan 模型。该模型为单剪切屈服面弹塑性本构模型，采用非相关联流动法则，以塑性功为硬化参数来描述砂土的屈服面的演化规律。由于 Lade-Duncan 模型的屈服面、塑性势面是开口的锥形，所以只会产生塑性体胀，即剪胀。只有弹性体变是正的，也即加载有弹性体缩。土在各向等压的应力下不会发生屈服，不会产生塑性应变。但这显然不符合土的变形特性。此外，在该模型中，土的破坏面、屈服面、塑性势面的子午线都是直线，这不能反映围压 σ_3、或者平均应力 p

对土的破坏面、屈服面的影响。

为此，Lade 和 Duncan 于 1977 年对 Lade-Duncan 模型进行了修正，提出了具有双屈服面的修正 Lade-Duncan 模型，或称为 Lade 模型。Lade 模型的两个屈服面为曲线锥形的剪切屈服面 f_p、球形帽子形的体积屈服面 f_c。剪切屈服面 f_p 采用非相关联流动法则，以反映平均主应力 p 对土体屈服（破坏）面、塑性势面的影响；体积屈服面 f_c 采用相关联流动法则，以反映平均主应力 p 对土体体积屈服的影响。

Lade 主要做了以下几个方面的修正：

① 为了反映比例加载时产生的屈服现象，并且克服直线锥面屈服面产生过大的剪胀，将 Lade-Duncan 模型的屈服面改为曲面锥形屈服面，称为塑性剪胀屈服面 f_p。在塑性剪切屈服面 f_p 上，服从不相关联流动法则，即 $f_p \neq g_p$。

② 在 Lade-Duncan 模型屈服面的锥面开口端，增加了一个球形的帽子形屈服面，称为塑性压缩屈服面，或体积屈服面 f_c，以考虑岩土类材料在单纯的静水压力作用下的屈服特性，以及一些材料的剪缩特性。在体积屈服面 f_c 上，服从正交（相关联）流动法则，即 $f_c = g_c$，如图 8.29 所示。

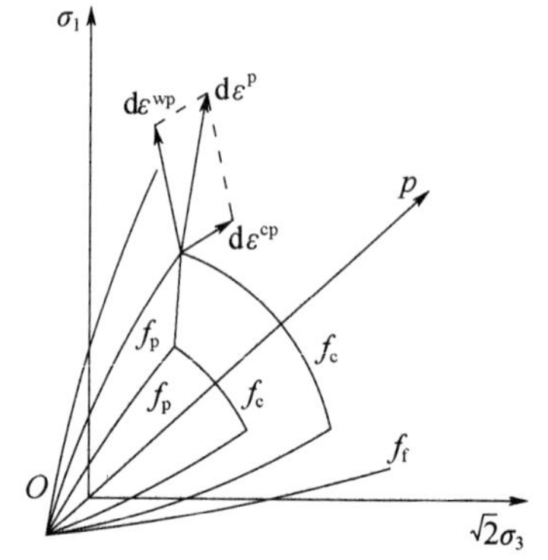

图 8.29　Lade 模型屈服面

Lade 提出的球形帽子形的体积屈服面 f_c 不引起土体破坏；而剪切屈服面 f_p 为曲线锥形，能够逐渐导致土体的最终破坏。

Lade 模型将土体的应变 $d\varepsilon_{ij}$ 同样分解为弹性应变 $d\varepsilon_{ij}^e$、塑性应变 $d\varepsilon_{ij}^p$ 两部分，但塑性应变 $d\varepsilon_{ij}^p$ 则分解为两部分：剪切屈服引起的塑性应变，即塑性剪胀应变 $d\varepsilon_{ij}^{wp}$；体积屈服引起的塑性塌落应变，即塑性压缩应变 $d\varepsilon_{ij}^{cp}$。

塑性应变增量的组成与分解，如图 8.29 所示。在 σ_1-$\sqrt{2}\sigma_3$ 平面上，f_p 与 f_c 将应力区域分为三部分。当应力点落在 f_p 与 f_c 以内时，材料处于弹性卸载或再加载阶段。当应力点落在 f_c 上时，材料产生 $d\varepsilon_{ij}^{cp}$ 同时产生剪缩；当应力点落在 f_p 上时，材料产生 $d\varepsilon_{ij}^{wp}$ 同时产生剪胀。当应力点落在 f_p 与 f_c 的交点上时，同时产生与 f_c 对应的 $d\varepsilon_{ij}^{cp}$ 和与 f_p 对应的 $d\varepsilon_{ij}^{wp}$，此时还产生弹性应变 $d\varepsilon_{ij}^e$。图 8.29 只给出了 $d\varepsilon_{ij}^{wp}$、$d\varepsilon_{ij}^{cp}$ 的向量合成关系，没有给出 $d\varepsilon_{ij}^e$。

(1) 屈服面与屈服函数

Lade 模型有两个屈服面：剪切屈服面 f_p、压缩屈服面 f_c。屈服函数可分别表示为

$$f_p = \left(\frac{I_1^3}{I_3} - 27\right)\left(\frac{I_1}{p_a}\right)^m - \eta_1 = 0,\quad f_c = I_1^2 + 2I_2 - \eta_c = 0 \tag{8.171}$$

式中，m 为幂次，反映锥面线的曲率大小。当 $m=0$ 时的锥面线就退化为 Lade-Duncan 模型的直线锥面；η_1 为剪切时的硬化参量，土体破坏时 $f_p = f_f$、$\eta_1 = \eta_f$；η_c 为压缩时的硬化参量。

压缩屈服面 f_c 可写成 $f_c = I_1^2 + 2I_2 = \sigma_1^2 + \sigma_2^2 + \sigma_3^2 - r^2 = 0$ 的形式。该式表明，Lade 模型的压缩屈服面与塑性势面为球面型曲面。Lade 模型的曲线锥面与 Lade-Duncan 模型的直线锥面、Lade 模型的剪胀塑性势面的关系如图 8.30 所示。

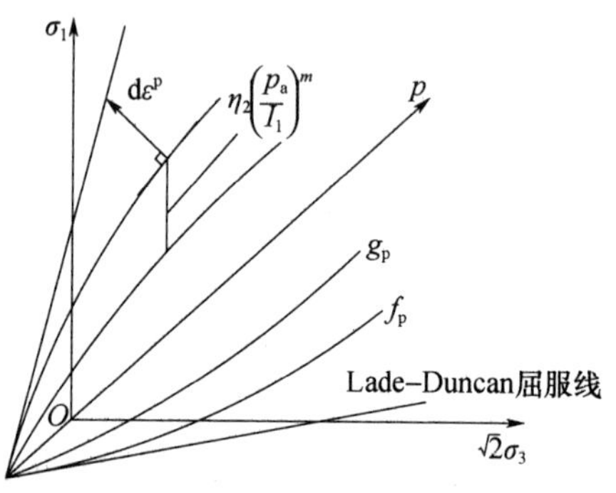

图 8.30　Lade 模型 f_p、g_p 的关系

(2) 塑性势函数与流动法则

Lade 模型有两个塑性势面：剪切塑性势面 g_p、压缩塑性势面 g_c。g_p 与 f_p 的形状相似，但不相等，采用不相关联流动法则，即 $d\varepsilon_{ij}^{wp}=d\lambda_p \dfrac{\partial g_p}{\partial \sigma_{ij}}$；$g_c$ 与 f_c 相同，采用相关联流动法则，即 $d\varepsilon_{ij}^{cp}=d\lambda_c \dfrac{\partial f_c}{\partial \sigma_{ij}}$。压缩塑性势函数 g_c、剪切塑性势函数 g_p 分别为

$$g_p=I_1^3-27I_3-\eta_2 I_3\left(\frac{p_a}{I_1}\right)^m=0,\ g_c=f_c=I_1^2+2I_2-\eta_c=0 \tag{8.172}$$

式中，η_2 为剪切时的塑性势参数。

一个 f_p 对应一个 g_p，从而对应一个 η_2，表示为

$$\eta_2=\frac{3(1+\upsilon^p)I_1^2-27\sigma_3(\sigma_1+\upsilon^p\sigma_3)}{\sigma_3(\sigma_1+\upsilon^p\sigma_3)-m(1+\upsilon^p)\dfrac{I_3}{I_1}}\left(\frac{p_a}{I_1}\right)^{-m} \tag{8.173}$$

式中，υ_p 为塑性泊松比。

在三轴压缩状态下，塑性泊松比的定义为 $\upsilon^p=\dfrac{-d\varepsilon_3^p}{d\varepsilon_1^p}$。其中 $d\varepsilon_1^p$、$d\varepsilon_3^p$ 分别为轴向、侧向剪切塑性应变增量。

在常规三轴压缩状态下，由于围压 σ_3 相同，η_2 与 f_p 近似为直线关系，并且不同的 σ_3 对应的直线相互平行，即各直线的斜率相等，而直线的截距不同但与围压 σ_3 有关。η_2 与 f_p、σ_3 的函数关系可表示为

$$\eta_2=Sf_p+R\left(\frac{\sigma_3}{p_a}\right)^{-2}+t \tag{8.174}$$

式中，S 为 η_2-f_p 直线的斜率；η_2-f_p 直线的截距与 $\sqrt{\dfrac{\sigma_3}{p_a}}$ 成直线关系，其截距、斜率分别为参数 t、R。

当 $\eta_2<f_p$ 时，土体遵循非相关联流动法则。当偏应力 q 水平较低时，$\eta_2<0$，对应于土体处于压缩状态。当偏应力 q 水平较高时，$\eta_2>0$，对应于土体处于膨胀状态。当围压 σ_3 较大时，土体表现出更为显著的受压状态。

(3) 硬化定律

Lade 模型中的剪切屈服面 f_p、压缩屈服面 f_c，都采用塑性功 W_p 作为硬化参量，即

$$f_p=\eta_1=H(W_p^w)=\int\sigma_{ij}\,d\varepsilon_{ij}^{wp},\ f_c=n_c=H(W_p^c)=H_c\int\sigma_{ij}\,d\varepsilon_{ij}^{cp} \tag{8.175}$$

f_p、f_c 都是正的单调增加函数。对于剪切硬化规律来说，可通过常规三轴试验得到。如果假定 f_c 的唯一性，则 f_c 与应力路径无关。由于体积屈服面 f_c 不引起土体破坏，因此对于压缩硬化规律 f_c，可通过三轴等向固结排水试验确定。

根据三轴剪切试验结果，硬化参量 η_1 与 W_p^w 之间的关系可表示为

$$f_p=\eta_1=ae^{-b}W_p^w\left(\frac{W_p^w}{p_a}\right)^{1/\chi} \tag{8.176}$$

式中，a、b、χ 为试验参数，对一定的 σ_3 均为常数。

对于常规三轴压缩状态，式中的三个参数可分别表示为

$$a=f_{\text{ppeak}}(ep_a/W_{\text{ppeak}}^w)^{1/\chi},\ b=1/(qW_{\text{ppeak}}^w)$$

$$\chi=[\lg(W_{\mathrm{ppeak}}^{\mathrm{w}}/W_{\mathrm{p60}})-(1-W_{\mathrm{p60}}^{\mathrm{w}}/W_{\mathrm{ppeak}}^{\mathrm{w}})\lg e]/\lg(f_{\mathrm{ppeak}}/f_{\mathrm{p60}}) \tag{8.177}$$

式中，$W_{\mathrm{ppeak}}^{\mathrm{w}}$、$f_{\mathrm{ppeak}}$ 为 f_{p}-$\dfrac{W_{\mathrm{p}}^{\mathrm{w}}}{p_{\mathrm{a}}}$ 曲线的峰值点；$f_{\mathrm{p60}}=0.6f_{\mathrm{ppeak}}$；$W_{\mathrm{p60}}^{\mathrm{w}}$ 为与 f_{p60} 相对应的剪切塑性功；e 为自然对数基底。

根据 f_{p}-$\dfrac{W_{\mathrm{p}}^{\mathrm{w}}}{p_{\mathrm{a}}}$ 试验结果，$W_{\mathrm{ppeak}}^{\mathrm{w}}$ 与围压 σ_3 的关系可表示为

$$W_{\mathrm{ppeak}}^{\mathrm{w}}=Kp_{\mathrm{a}}\left(\frac{\sigma_3}{p_{\mathrm{a}}}\right)^{l} \tag{8.178}$$

式中：K、l 为试验常数。

参数 χ 与围压 σ_3 的关系可表示为

$$\chi=\alpha+\beta\frac{\sigma_3}{p_{\mathrm{a}}} \tag{8.179}$$

式中，α、β 为试验常数。

在等向压缩状态下，由于 $\sigma_1=\sigma_2=\sigma_3=p$，则有 $f_{\mathrm{c}}=n_{\mathrm{c}}=I_1^2+2I_2=3p^2$、$W_{\mathrm{p}}^{\mathrm{c}}=\int\sigma_{ij}\mathrm{d}\varepsilon_{ij}^{\mathrm{cp}}=3\int p\mathrm{d}\varepsilon_{\mathrm{v}}^{\mathrm{p}}$。根据等向固结试验数据将 f_{c}、$W_{\mathrm{p}}^{\mathrm{c}}$ 关系曲线采用幂函数形式进行拟合，即

$$W_{\mathrm{p}}^{\mathrm{c}}=K_1p_{\mathrm{a}}\left(\frac{f_{\mathrm{c}}}{p_{\mathrm{a}}^2}\right)^{n_1} \tag{8.180}$$

于是硬化参量 η_{c} 与 $W_{\mathrm{p}}^{\mathrm{c}}$ 之间的关系可表示为

$$f_{\mathrm{c}}=\eta_{\mathrm{c}}=p_{\mathrm{a}}^2\left(\frac{1}{K_1}\frac{W_{\mathrm{p}}^{\mathrm{c}}}{p_{\mathrm{a}}}\right)^{1/n_1} \tag{8.181}$$

（4）塑性因子

根据式（8.172）g_{p} 表达式可得到 $\sigma_{ij}\dfrac{\partial g_{\mathrm{p}}}{\partial\sigma_{ij}}=3g_{\mathrm{p}}+m\eta_2I_3\left(\dfrac{p_a}{I_1}\right)^m$，再根据 $\mathrm{d}W_{\mathrm{p}}=\sigma_{ij}\mathrm{d}\varepsilon_{ij}^{\mathrm{p}}=\sigma_{ij}\mathrm{d}\lambda\dfrac{\partial g}{\partial\sigma_{ij}}$ 可得到 $\mathrm{d}\lambda_{\mathrm{p}}=\dfrac{\mathrm{d}W_{\mathrm{p}}^{\mathrm{w}}}{\sigma_{ij}\dfrac{\partial g_{\mathrm{p}}}{\partial\sigma_{ij}}}$。因此，剪切塑性因子 $\mathrm{d}\lambda_{\mathrm{p}}$ 可表示为

$$\mathrm{d}\lambda_{\mathrm{p}}=\frac{\mathrm{d}W_{\mathrm{p}}^{\mathrm{w}}}{3g_{\mathrm{p}}+m\eta_2I_3\left(\dfrac{p_{\mathrm{a}}}{I_1}\right)^m} \tag{8.182}$$

对 $W_{\mathrm{p}}^{\mathrm{c}}$ 表达式微分可得到 $\mathrm{d}W_{\mathrm{p}}^{\mathrm{c}}=K_1n_1p_{\mathrm{a}}\left(\dfrac{p_{\mathrm{a}}^2}{f_{\mathrm{c}}}\right)^{1-n_1}\mathrm{d}\dfrac{f_{\mathrm{c}}}{p_{\mathrm{a}}^2}$。根据 $\mathrm{d}\lambda_{\mathrm{c}}=\dfrac{\mathrm{d}W_{\mathrm{p}}^{\mathrm{c}}}{\sigma_{ij}\dfrac{\partial f_{\mathrm{p}}}{\partial\sigma_{ij}}}$，可得到压缩塑性因子 $\mathrm{d}\lambda_{\mathrm{c}}$ 为

$$\mathrm{d}\lambda_{\mathrm{c}}=\frac{\mathrm{d}W_{\mathrm{p}}^{\mathrm{c}}}{2f_{\mathrm{c}}} \tag{8.183}$$

（5）塑性剪胀应变 $\mathrm{d}\varepsilon_{ij}^{\mathrm{wp}}$

塑性剪胀应变也称为塑性剪切应变。在塑性剪胀变形中，塑性体应变永远是负值，也即是塑性剪胀。屈服面、塑性势面、破坏面均在 Lade-Duncan 模型的直子午线锥面的基础上进行了改造，变成微弯曲的形式。

破坏面方程为 $\eta_1=\left(\dfrac{I_1^3}{I_3}-27\right)\left(\dfrac{I_1}{p_{\mathrm{a}}}\right)^m$。式中：$\eta_1$ 为一个常数。屈服面方程为 $f_{\mathrm{p}}=$

$\left(\frac{I_1^3}{I_3}-27\right)\left(\frac{I_1}{p_a}\right)^m$，$f_p<\eta_1$。式中：$f_p$ 为一个变量，随加载过程而增加。塑性势面方程为 $g_p=I_1^3-\left[27+\eta_2\left(\frac{p_a}{I_1}\right)^m\right]I_3$。塑性剪胀应变可表示为

$$d\varepsilon_{ij}^{wp}=\frac{\chi W_p^w df_p}{f_p(1-b\chi W_p^w)\left[3g_p+m\eta_2\left(\frac{p_a}{I_1}\right)^m I_3\right]}\frac{\partial g_p}{\partial \sigma_{ij}} \tag{8.184}$$

(6) 塑性塌陷应变 $d\varepsilon_{ij}^{cp}$

塑性塌陷应变也称为塑性压缩应变。为了反映在 p 作用下的土体的塑性体积压缩，即在压力下土体的“塌陷”，模型增加了一组帽子形屈服面，表示为 $f_c=I_1^2+2I_2$。以塌陷塑性功 W_p^c 为硬化参数，并且采用相适应的流动规则，即 $W_p^c=\int d\sigma_{ij}d\varepsilon_{ij}^{cp}$，$d\varepsilon_{ij}^{cp}=d\lambda_c\frac{\partial f_c}{\partial \sigma_{ij}}$。于是可得到 $d\lambda_c=\frac{dW_p^c}{2f_c}$。进而得到塑性塌陷应变 $d\varepsilon_{ij}^{cp}$的表达式为

$$d\varepsilon_{ij}^{cp}=\frac{p}{f_c}K_1n_1p_a\left(\frac{p_a^2}{f_c}\right)^{1-n_1}d\frac{f_c}{p_a^2} \tag{8.185}$$

(7) 本构方程

对于弹性应变增量 $d\varepsilon_{ij}^e$，仍然根据 Lade-Duncan 模型的方法，即采用广义 Hooke 定律求解。总的弹塑性应变增量 $d\varepsilon_{ij}$ 为弹性应变增量 $d\varepsilon_{ij}^e$、压缩应变增量 $d\varepsilon_{ij}^{cp}$、剪切应变增量 $d\varepsilon_{ij}^{wp}$之和，即

$$d\varepsilon_{ij}=d\varepsilon_{ij}^e+d\varepsilon_{ij}^{cp}+d\varepsilon_{ij}^{wp} \tag{8.186}$$

该式即 Lade 模型的本构关系方程。

(8) 模型参数

Lade 模型包含了十四个参数：一般弹性常数 K_{ur}、n、ν；塑性压缩常数 η_c、K_1、n_1；塑性剪切常数 η_p、m、S、t、R、a、b、χ;。这些参数都可通过常规三轴试验和等向固结试验确定。

(9) 模型特点

Lade 模型具有以下特点：①考虑了岩土类材料的单纯静水压力屈服特性以及剪胀性、压硬性；②考虑了屈服曲线与静水压力曲线相关的特性，即屈服曲线在子午面上为曲线形；③考虑了中主应力 σ_2 及应力 Lode 角 θ_σ 对屈服与破坏的影响；④对塑性膨胀应变采用不相关联流动法则，避免产生过大的剪胀性；⑤屈服面光滑，有利于塑性应变增量的计算；⑥考虑了黏聚力、或抗拉强度之后，可以适用于黏土等各种岩土类材料；⑦模型共有十四个参数，它们取值正确与否，都将影响计算结果，并且在两个屈服面的交线上仍然存在尖角或奇异点。总之，Lade 双屈服面弹塑性模型在理论上比较完善，但由于参数多，在工程应用上还不多见。

参考文献

[1] 杨桂通．弹性力学［M］．3 版．北京：高等教育出版社，2018.

[2] 杨桂通．弹塑性力学引论［M］．2 版．北京：清华大学出版社，2013.

[3] 李同林．应用弹塑性力学［M］．武汉：中国地质大学出版社，2002.

[4] 丁大钧．工程塑性力学（修订版）［M］．南京：东南大学出版社，2007.

[5] 王仲仁，苑世剑，胡连喜，等．弹性与塑性力学基础［M］．2 版．哈尔滨：哈尔滨工业大学出版社，2004.

[6] 毕继红，王晖．工程弹塑性力学［M］．2 版．天津：天津大学出版社，2008.

[7] 李立新，胡盛德．塑性力学基础［M］．北京：冶金工业出版社，2009.

[8] 卓卫东．应用弹塑性力学［M］．2 版．北京：科学出版社，2020.

[9] 张鹏，王传杰，朱强．弹塑性力学基础理论与解析应用［M］．3 版．哈尔滨：哈尔滨工业大学出版社，2020.

[10] 丁勇．弹性与塑性力学引论［M］．北京：中国水利水电出版社，2016.

[11] 熊保林．无黏性土压塑性本构理论［M］．北京：科学出版社，2015.

[12] 吴刚．扰动状态概念理论及其应用［M］．北京：科学出版社，2016.

[13] 钱家欢，殷宗泽．土工原理与计算［M］．2 版．北京：中国水利水电出版社，1996.

[14] 陈惠发，A. F. 萨里普．弹性与塑性力学［M］．余天庆，王勋文，刘再华，等译．北京：中国建筑工业出版社，2004.

[15] 陈惠发，A. F. 萨里普．混凝土和土的本构方程［M］．余天庆，王勋文，刘西拉，等译．北京：中国建筑工业出版社，2004.

[16] 张学言，闫澍旺．岩土塑性力学基础［M］．天津：天津大学出版社，2004.

[17] 李广信．高等土力学［M］．2 版．北京：清华大学出版社，2016.

[18] 卢廷浩，刘祖德，等．高等土力学［M］．北京：机械工业出版社，2006.

[19] 张锋．计算土力学［M］．北京：人民交通出版社，2007.

[20] 杨光华，李广信，介玉新．土的本构模型的广义位势理论及其应用［M］．北京：中国水利水电出版社，2007.

[21] 谢定义，姚仰平，党发宁．高等土力学［M］．北京：高等教育出版社，2008.

[22] 罗汀，姚仰平，侯伟．土的本构关系［M］．北京：人民交通出版社，2010.

[23] 郑颖人，孔亮．岩土塑性力学［M］．北京：中国建筑工业出版社，2010.

[24] 屈智炯，刘恩龙．土的塑性力学［M］．2 版．北京：科学出版社，2011.

[25] 陈晓平，杨光华，杨雪强．土的本构关系［M］．北京：中国水利水电出版社，2011.

[26] 李元松．高等岩土力学［M］．武汉：武汉大学出版社，2013.

[27] 任青阳．土的本构关系数值建模研究［M］．北京：科学出版社，2018.

[28] 孙钧．岩土材料流变及其工程应用［M］．北京：中国建筑工业出版社，1999.

[29] ROSCOE K H，SCHOFIELD A N，WROTH C P. On The Yielding of Soils［J］．Géotechnique，1958，8（1）：22-53.

[30] BURLAND J B . The Yielding and Dilation of Clay [J] . Geotechinique，1965，15 (2)：211-214.

[31] ROSCOE K H，BURLAND J B. On the generalised stress-strain behaviour of "wet" clay [J] . Engineering Plasticity，1968：535-609.

[32] SINGH A，MITCHELL J K. General stress-strain-time function for soils [J] . Journal of the Soil Mechanics and Foundations Division，ASCE，1968，94 (SM1)：21-46.

[33] DOMASCHUK L，VaLLIAPPAN P. Nonlinear settlement analysis by finite elements [J] . Journal of the Geotechnical Engineering Division，ASCE，1975，101 (GT7)：601-614.

[34] LADD C C，FOOTT R，ISHIHARA K，et al. Stress-deformation and strength characteristics [J] . state-of the-art report//Proc 9th Int Conf Soil Mech Found Eng. Tokyo，1977 (2)：421-494.

[35] BURLAND J B. On the compressibility and shear strength of natural clays [J] . Geotechnique，1990，40 (3)：329-378.

[36] MESRI G，REBERS-CORDERO E，SHIELDS D R，et al. Shear stress-strain-time behavior of clays [J] . Geotechnique，1981，31 (4)：537-552.

[37] GUTIERREZ M，NYGARD R，HOEG K，et al. Normalized undrained shear strength of clay shales [J] . Engineering Geology，2008，99 (1-2)：31-39.

[38] VARDANEGA P J，BOLTON M D. Stiffness of clays and silts：normalizing shear modulus and shear strain [J] . Journal of Geotechnical and Geoenvironmental Engineering，2013 (13)：1575-1589.

[39] SANDLER I S，DIMAGGIO F L，BALADI G Y. Generalized cap model for geologic materials [J] . Journal of Geotechnical & Geoenvironmental Engineering，1976，102 (12)：683-699.

[40] AMERASINGHE S F，KRAFT L M. Application of a Cam-Clay model to overconsolidated clay [J] . International Journal for Numerical & Analytical Methods in Geomechanics，2010，7 (2)：173-186.

[41] BANERJEE S，PAN Y W. Transitional Yielding Model for Clay [J] . Journal of Geotechnical Engineering，1986，112 (2)：170-186.

[42] MITA K A，DASARI G R，LO K W. Performance of a Three-Dimensional Hvorslev-Modified Cam Clay Model for Overconsolidated Clay [J] . International Journal of Geomechanics，2013，4 (4)：296-309.

[43] HSIEH H S，KAVAZANJIAN E J，BORJA R I. Double-yield-surface Cam-clay plasticity model. I：Theory [J] . Journal of Geotechnical Engineering，1990，116 (9)：1381-1401.

[44] ARAI K，HASHIBA S，KITAGAWA K. A unified approach to time effects in anistropically consolidated clays [J] . Soils & Foundations，2008，28 (4)：147-164.

[45] NAMIKAWA T. Delayed plastic model for time - dependent behaviour of materials [J] . International Journal for Numerical & Analytical Methods in Geomechanics，2001，25 (6)：605-627.

[46] YIN J H，Graham J. Elastic viscoplastic modelling of the time-dependent stress-strain behavior [J] . Canadian Geotechnical Journal，1999，36 (4)：736-745.

[47] NAYLOR D J. A continuous plasticity version of the critical state model [J]. International Journal for Numerical Methods in Engineering, 1985, 21 (7): 1187-1204.

[48] HENKEL D J. The relationships between the effective stresses and water content in saturated clays [J]. Geotechnique, 1960, 10 (2): 41-54.

[49] 项良俊，王清，王朝阳，等．新岩滑坡膨胀性软岩 Duncan-Chang 模型及归一化特性研究 [J]．长江科学院院报，2013，30 (7)：64-68.

[50] 张勇，孔令伟，孟庆山，等．武汉软土固结不排水应力-应变归一化特性分析 [J]．岩土力学，2006，27 (9)：1509-1513，1518.

[51] 李作勤．黏土归一化性状的分析 [J]．岩土工程学报，1987，9 (5)：67-75.

[52] 胡再强，马素青，李宏儒，等．非饱和黄土非线性 K-G 模型试验研究 [J]．岩土力学，2012，33 (S1)：56-60.

[53] 楚锡华，孔科，徐远杰．基于扰动状态概念与 E-B 模型的粗粒料力学行为模拟 [J]．应用力学学报，2012，29 (2)：141-147.

[54] 王常明，匡少华，王钢城，等．结构性土固结不排水剪特性的一种描述方法 [J]．岩土力学，2010，31 (7)：2035-2039.

[55] 朱剑锋，徐日庆，王兴陈，等．考虑扰动影响的砂土弹塑性模型 [J]．岩石力学与工程学报，2011，30 (1)：193-201.

[56] 徐日庆，张俊，朱剑锋，等．考虑扰动影响的修正 Duncan-Chang 模型 [J]．浙江大学学报（工学版），2012，46 (1)：1-7.

[57] 陈晨，赵文，刘博，等．基于扰动理论的沈阳中粗砂本构模型 [J]．东北大学学报（自然科学版），2017，38 (3)：418-423.

[58] 周葆春，汪墨，李全华，等．黏性土非线性弹性 K-G 模型的一种改进方法 [J]．岩土力学，2008，29 (10)：2725-2730.

[59] 魏汝龙．正常压密黏土的塑性势 [J]．水利学报，1964，(6)：9-19.

[60] 魏汝龙．正常压密黏土的本构定律 [J]．岩土工程学报，1981，3 (3)：10-18.

[61] 杨林德，张向霞．剑桥模型可反映剪切变形的一种修正 [J]．岩土力学，2007，28 (1)：7-11.

[62] 张培森，施建勇．考虑形状参数影响对 MCC 修正及其实现与验证 [J]．岩土工程学报，2009，31 (1)：26-31.

[63] 姚仰平，张丙印，朱俊高．土的基本特性、本构关系及数值模拟研究综述 [J]．土木工程学报，2012，45 (3)：127-150.

[64] 黄文熙．硬化规律对土的弹塑性应力-应变模型影响的研究 [J]．岩土工程学报，1980，2 (1)：1-11.

[65] 殷宗泽．一个土体的双屈服面应力-应变模型 [J]．岩土工程学报，1988，10 (4)：65-71.

[66] SALCCB A F，CHEN W F，张学言．土的本构关系综述 [J]．力学进展，1987，17 (2)：261-268.

[67] 罗刚，张建民．邓肯-张模型和沈珠江双屈服面模型的改进［J］．岩土力学，2004，25（6）：887-890.

[68] 王庭博，陈生水，傅中志．“南水”双屈服面模型的两点修正［J］．同济大学学报（自然科学版），2016，44（3）：362-368.

[69] 蔡新，杨杰，郭兴文，等．胶凝砂砾石料弹塑性本构模型研究［J］．岩土工程学报，2016，38（9）：1569-1577.

[70] 张宗亮，贾延安，张丙印．复杂应力路径下堆石体本构模型比较验证［J］．岩土力学，2008，29（5）：1147-1151.